Tous nos ouvrages sont disponibles aux

Éditions Decoopman
Ferrières
30440 Saint-Laurent-le-Minier
Tel : +33 (0)4.67.73.90.95
web : www.decoopman.com
e.mail : editions@decoopman.com

Olivier Lacaux
Jean Castanier

I.S.B.N. 978-2-36965-025-6

Dépot légal : 1er trimestre 2015

Ouvrages parus
dans la même collection :

- *Des mécanismes élémentaires* - W.E. Loche
- *Traité pratique des engrenages* - L. Wève
- *Distribution de la vapeur* - M. Castelnau
- *Fabriquer des moteurs Stirling* - A. Ross
- *Moteurs* - Tome 1 et 2 - Max de Nansouty
- *Moteurs & Gazogènes* – L. Letombe
- *L'Artillerie moderne de monde industriel)* – L. Huard
- *La Marine de guerre de monde industriel)* – L. Huard
- *Locomotive & Chemin de Fer* – L. Figuier
- *Engrenages & Transmissions* – G. Franche
- *La machine locomotive* – E. Sauvage
- *Gouvernails à vapeur FARCOT* – J. Farcot
- *Les bateaux à vapeur* – L. Figuier
- *Les Locomobiles* – L. Figuier
- *La machine à vapeur T1* – E. Sauvage
- *La machine à vapeur T2* – E. Sauvage
- *Manuel du moteur Stirling pour le modéliste* – D. Lyonnet
- *Les chemins de fer* – A. Guillemin
- *Tiroirs et distributeurs de vapeur* – A. Madamet
- *La Marine de guerre – A. Sauvaire–Jourdan*
- *L'A.B.C. du Chauffeur* – H. Mathieu
- *La navigation sous–marine* – G.L. Pesce
- *Histoire de la machine à vapeur* – R.H. Thurston
- *Les paquebots à grande vitesse* – M. Dumoulin
- *Les Moteurs* – H. de Graffigny
- *Les Torpilles* – E. Hennebert
- *507 Mouvements mécaniques* – H. Brown
- *Les Machines* – E. Collignon
- *La Vapeur* – A. Guillemin

LA NAVIGATION SOUS-MARINE

G.L. PESCE

1906

PRÉFACE

De tout temps les hommes se sont passionnés pour l'acquisition de facultés qui leur semblaient interdites par la nature : ils ont cherché, par exemple, à voler dans les airs comme l'oiseau, à plonger dans les eaux comme le poisson.

C'est de ce vif attrait pour l'inconnu que sont nées les recherches sur la navigation aérienne et la navigation sous-marine.

Le livre si remarquablement documenté de M. Pesce nous fait connaître les progrès successifs réalisés dans le cours des siècles passés par les pionniers de la navigation sous-marine qui ont souvent payé leur audace de leur vie.

Je remercie bien sincèrement l'auteur des termes dans lesquels il apprécie ma contribution aux progrès de cette question si intéressante. Il nous renseigne exactement sur l'état actuel de la construction des sous-marins.

Je voudrais indiquer ici l'avenir qui paraît réservé à ces bâtiments.

I. - Rôle des sous-marins dans les guerres modernes

Dès l'apparition des sous-marins, des idées diamétralement opposées ont été émises et soutenues avec acharnement de part et d'autre.

Tandis que les partisans des cuirassés déclaraient que les nouveaux engins étaient inutilisables, que c'étaient des joujoux ingénieux, des instruments de laboratoire et rien de plus, les champions de la navigation sous-marine tombaient dans les exagérations inverses et proclamaient que le sous-marin à lui seul pouvait conquérir et garder l'empire des mers.

A mon avis *in media stat virtus* : le sous-marin ne peut suffire à toutes les tâches. Il ne peut courir les océans et être maître de la haute mer.

Mais, ces réserves faites, il reste encore au sous-marin un vaste champ d'action qui justifie largement les efforts faits par les principales nations maritimes pour l'étude et la construction de cet engin. Un fait très important est à bien remarquer dès qu'on aborde la question. C'est celui-ci : on peut combattre un cuirassé avec un autre cuirassé, mais on ne peut lutter contre un sous-marin au moyen d'un autre sous-marin, ainsi que Fulton le disait il. y a plus d'un siècle : « Deux flottilles de Nautilus ne peuvent se combattre. »

Lorsqu'une nation met en construction un certain nombre de cuirassés, une autre nation plus riche peut en construire un plus grand nombre. Elle annihile ainsi d'une façon absolue l'effort de la première.

Au contraire, si un État construit vingt sous-marins, l'État voisin peut en construire quarante s'il le veut. Cette dernière flottille est dans l'impossibilité complète d'empêcher la première, quoique moins nombreuse, d'agir contre ses vaisseaux de haut bord. Il y a là un fait qui domine toute la discussion, et il importe de ne pas le perdre de vue dans ce qui va suivre.

En effet, c'est à cause de cela qu'un pays, même plus faible que son adversaire, peut prendre l'offensive contre lui : tel est le cas de la France ou de l'Allemagne, vis-à-vis de l'Angleterre ; de la Suède, contre la Russie, etc.

Il faut aussi se rappeler que *depuis Salamine jusqu'à Tsoushima, toutes les grandes batailles navales se sont livrées en vue de terre.* Cette simple remarque montre que les sous-marins pourront intervenir dans les grandes batailles navales futures.

Puisqu'il s'agit ici d'utilisation militaire, je ne puis mieux faire que de céder la parole aux gens du métier. Voici quelques opinions exprimées par des officiers de marine :

> Les sous-marins doivent leur inappréciable utilité à ce fait qu'ils peuvent se cacher sous l'eau comme les troupes de terre se cachent au moyen de retranchements et d'abris naturels.
>
> Bénéficiant de cette protection et de cette invisibilité ils possèdent, dans certaines conditions, une puissance offensive qui ne peut être négligée. En outre, en attendant que leur puissance soit connue, ils agiront énormément sur le moral de l'ennemi.
>
> Toutefois, bien qu'ils aient un vaste champ d'action, ils ne peuvent remplacer les bâtiments de combat, les croiseurs et les torpilleurs rapides. Ils sont particulièrement nécessaires à une nation ne possédant qu'un petit nombre de cuirassés à opposer à une puissance navale hors de pair. *Ceci s'applique aux sous-marins tels qu'on les construit aujourd'hui. Mais si leurs progrès marchent parallèlement à ceux des autres navires de guerre, leur champ d'utilisation est appelé à grandir dans de vastes proportions*[1].

Il faut bien remarquer que ces lignes ont été écrites en 1896. Elles montrent que les esprits clairvoyants ne se sont pas trompés, dès ce moment, sur l'avenir des sous-marins, dont il n'existait alors que quelques échantillons bien imparfaits.

> L'usage des sous-marins, en se généralisant par la force des choses, rendra, sinon impossible, du moins très périlleuse, à cause des risques énormes que ces petits bâtiments invisibles feraient courir à l'assaillant, toute opération *de blocus, de bombardement, d'attaque de vive force ou d'action combinée d'une flotte de haut bord avec des armées d'invasion contre une côte ennemie* quand celle-ci sera couverte, en avant de ses lignes de défense, par une flottille suffisamment nombreuse de sous-marins[2]...
>
> Pour ce qui est du blocus direct, il ne faut pas y songer ; même si les cuirassés se trouvent suffisamment protégés des torpilleurs par les contre-torpilleurs, ils doivent compter aujourd'hui avec les sous-marins qui vont les chercher beaucoup plus loin qu'on ne pense. Ceux-ci auront d'autant plus de facilité à prouver leur puissance que, le blocus étant une opération de longue haleine, il

1 - *Valeur tactique des sous-marins*, par le lieutenant KIMBALL (U. S. Navy), Army and Navy Register, 1896.

2 - *Notre marine de guerre par Un Marin* (le vice-amiral FOURNIER), 1904

> leur sera loisible d'attendre les circonstances de temps les plus favorables pour attaquer...
> Non, les blocus ne nous feront plus peur le jour où notre flottille de sous-marins aura atteint son développement normal.
> Le blocus à distance vient d'être réalisé pendant des mois à Port-Arthur par l'escadre japonaise avec un plein succès, mais, comme les Russes n'avaient pas de sous-marins, nous ne pensons pas qu'il y ait lieu de modifier nos conclusions[3]...
> Ces petits bâtiments faciles à multiplier à cause de leur prix modéré constituent, par leur groupement sous le nom de défenses mobiles, une force de la plus haute importance, dont les objectifs sont la protection immédiate des côtes contre les insultes de l'ennemi et contre le blocus, la coopération dans certains cas avec les escadres et la surveillance de certains bassins limités ou même des côtes rapprochées de l'adversaire[4].

Les manoeuvres françaises de 1902, exécutées entre l'escadre du Nord et les sous-marins et submersibles de Cherbourg autour de ce port de guerre, ont ouvert les yeux de bien des gens sur l'utilité des sous-marins.

Voici quelques-unes des réflexions anglaises à ce sujet[5] :

> Les résultats des manoeuvres exécutées en France avec différents types de sous-marins dans la Manche, à Cherbourg, montrent de nouveau l'importance de la question.
> Ces manoeuvres ont une signification spéciale pour nous car elles ont été exécutées fort près de nos ports de guerre les plus importants et dans une localité qui servirait probablement de base à une mobilisation préparatoire pour l'attaque de nos principales rades.
> De plus, tandis que la valeur des sous-marins pour la défensive des ports et bras de mer étroits était acceptée sans objection, leur utilité pour l'offensive n'avait pas été établie définitivement jusqu'ici, tandis qu'elle a été démontrée par les expériences de Saint-Waast...
> Ces expériences ont prouvé que les sous-marins peuvent quitter leur station sans être vus par les bâtiments qui veillent et qu'une flotte ne sera jamais en sûreté dans un mouillage situé dans leur rayon d'action. Elle ne sera à l'abri qu'enfermée dans un port complètement clos. Autrement elle devra rester en pleine mer, naviguant toujours à bonne vitesse pour avoir quelque sécurité. Une force navale ne devra jamais rester à l'ancre dans le rayon d'action des sous-marins ; la veille est illusoire et l'action de l'artillerie n'est d'aucune utilité.
> De telles conclusions suggèrent de grands changements dans la tactique navale et sont à l'avantage des flottilles sous-marines...
> Les opérations du torpilleur se limitent à la nuit et peuvent être annihilées par la construction de bâtiments plus grands et plus rapides, capables de les attaquer avec succès. Un sous-marin au contraire peut agir la nuit ou le jour.
> Le nouvel engin n'est évidemment pas parfait à l'heure actuelle, mais il constitue un nouvel élément pratique de la guerre navale avec d'immenses conséquences tactiques.

Enfin la guerre russo-japonaise a inspiré à l'amiral Fournier les réflexions suivantes[6] :

---

3 - *Étude sur la stratégie navale*, par R. DAVELUY, capitaine de frégate, 1905.

4 - *Le Péril national*, par l'amiral BIENAIMÉ, 1904

5 - *Engineering*, 7 novembre 1902.

6 - *Notre marine de guerre par Un Marin* (le vice-amiral FOURNIER), 1904.

> Les événements de la guerre dont l'Extrême-Orient est actuellement le théâtre font ressortir d'une façon saisissante l'importance que prendra désormais le rôle militaire du sous-marin dans les guerres navales. Il est manifeste que si les Russes avaient pu disposer à Port-Arthur de quelques sous-marins, ces petits bâtiments auraient profité de tous les déplacements de la flotte japonaise pour détruire successivement et rapidement ses principales unités. Bien plus, les mouvements de transport sur les côtes même de Corée auraient été paralysés par les incursions de quelques bâtiments du type actuel de nos submersibles.

Il me semble ressortir jusqu'à l'évidence de ces citations que :

1° Le sous-marin, dans son état actuel, est un moyen puissant de défense des côtes. Il peut empêcher complètement un bombardement, un blocus rapproché. Il peut rendre extrêmement dangereux une tentative de débarquement ou l'établissement d'un blocus à distance, à l'aide d'une base provisoire établie en un point de la côte situé dans le rayon d'action des sous-marins.

2° Le sous-marin du type submersible, grâce à ses bonnes qualités nautiques, peut porter son action militaire assez loin de son point d'appui. Il peut barrer les passes, les détroits, rendre intenables à l'ennemi les mers étroites telles que la Manche, l'Adriatique, la Baltique ; il peut couper les grandes routes maritimes dans la plupart des mers d'Europe.

3° Il faut un nombre assez considérable de sous-marins pour chacun de ces objectifs, de façon à pouvoir donner à chaque bateau un secteur d'action bien déterminé, pas trop étendu. Il faut aussi constituer des groupes de réserve pour relever la première ligne à des intervalles convenables, variables suivant le déplacement des bateaux, les mers où ils opèrent, l'objectif poursuivi.

4° Le déplacement des sous-marins n'a pas besoin d'être très grand pour remplir ces différentes tâches ; les bâtiments doivent en effet rester bien maniables, d'un tirant d'eau modéré et d'un prix raisonnable.

5° Les sous-marins devraient aussi remplacer les mines sous-marines qui ont donné de si terribles résultats dans la guerre russo-japonaise. Ces mines sont des instruments aveugles et barbares qui ne connaissent ni ennemis, ni amis, ni neutres. Le sous-marin n'aurait pas ces inconvénients et toutes les nations devraient l'employer à la place des mines sous-marines.

Si on met en doute mes conclusions, pour la raison que je suis inventeur et constructeur de submersibles, je prierai les lecteurs de considérer seulement les opinions de deux éminents hommes de mer qui font autorité chacun dans leur pays.

M. le vice-amiral Fournier dit au sujet de la composition de la flotte française :

> Une flotte de combat ne peut atteindre toute son efficacité offensive et défensive qu'à la condition d'associer dans sa composition des submersibles aux bâtiments cuirassés.

L'amiral Sir John Fisher s'exprime ainsi :

> L'intervention des sous-marins entraînera une véritable révolution dans les conditions de la guerre navale.

On ne peut que s'incliner devant ces déclarations si nettes, émanant de chefs militaires aussi universellement connus et appréciés.

II. - Les sous-marins et les petites puissances.

Pénétrées de ces vérités, les grandes marines se sont mises à construire des sous-marins et ces constructions ont pris un grand développement dans ces dernières années.

La France en a	83	dont	60	terminés et armés.
L'Angleterre	74	»	63	»
Les États-Unis	36	»	25	»
La Russie	34	»	31	»
L'Italie	20	»	7	»
L'Allemagne	30	»	12	»
L'Autriche	12	»	6	»
Le Japon	16	»	13	»

On voit que ce sont les puissances navales importantes : Angleterre, États-Unis, etc., qui se sont hasardées les premières dans la construction de l'arme nouvelle, à la suite de la France, qui a servi de guide dans cette voie comme dans celle de la conquête de l'air.

Le sous-marin est-il également utile à toutes les nations maritimes ? Beaucoup de personnes en doutent.

L'Amiral lord Charles Beresford a dit à la Chambre des Lords en 1904 :

> Personnellement, je suis très heureux que l'Angleterre ait essayé le sous-marin. On verra bien s'il est utile ou non, mais mon opinion personnelle est qu'il servira plutôt pour la défense que pour l'attaque. Et comme nous devons être la puissance qui attaque, tandis que les autres pays se tiendront sur la défensive, il doit leur être plus utile qu'à nous.

C'est une opinion contestable, car il n'est pas certain qu'on n'ira pas attaquer l'Angleterre chez elle. Cependant, comme le dit l'éminent amiral, il est évident que pour les nations maîtresses des mers qui les bordent, les sous-marins ont bien moins d'utilité que pour les autres. C'est ce qui arrive pour l'Angleterre, le Japon, les États-Unis, et cependant nous voyons que ces puissances, non seulement reconnaissent l'utilité des sous-marins, mais encore font des sacrifices sérieux pour la construction de flottilles de ces engins.

Toutes les grandes nations continentales ont suivi ce mouvement et sacrifié des sommes importantes pour construire et équiper des flottilles de sous-marins.

Mais si ces flottilles sont d'une *utilité incontestable* pour les grandes puissances continentales, on peut dire qu'elles sont d'une *nécessité absolue* pour tous les petits États.

> *Le sous-marin est l'arme des puissances pauvres, des puissances faibles*,

a dit lord Goschen en 1899 à la Chambre des Communes.

Ces paroles, absolument vraies, commencent aujourd'hui à être entendues par ceux qu'elles visent, c'est-à-dire par les États secondaires.

Ce sont en effet, comme nous l'avons dit, plusieurs des principales puissances maritimes qui ont le plus poussé la construction des sous-marins.

Les nations secondaires ont attendu les résultats des essais des grandes marines avant de construire ou d'acheter des sous-marins. Cela est assez naturel, étant données les dépenses considérables qu'entraînent les tâtonnements, les essais nombreux, les modifications à apporter à un type de navire si différent de tout ce qui a été fait jusqu'ici.

Aujourd'hui que la période des tâtonnements est terminée, que des types de bâtiments sous-marins donnant satisfaction ont été construits, cette attitude expectante ne se comprendrait plus. Ce sont, en effet, les puissances secondaires qui ont le plus à gagner au développement du sous-marin, car celui-ci est surtout une arme défensive ainsi que nous l'avons dit plus haut. Son offensive est limitée aux mers étroites et liée à des conditions géographiques particulières.

Les marines des petits États tels que : Hollande, Suède, Norvège, Danemark, Espagne, Portugal, Grèce, Turquie, Roumanie, Bulgarie, et la plupart des Républiques américaines ne peuvent songer à construire des cuirassés de 22 000 tonnes coûtant 60 millions de francs. Ces constructions excéderaient singulièrement leurs ressources.

Peuvent-elles continuer à faire ce que la plupart d'entre elles font actuellement, c'est-à-dire construire de petits cuirassés de 2 500 à 7 000 tonnes ?

Mon opinion est qu'elles font là des dépenses bien inutiles. Ces bâtiments sont tellement inférieurs aux grands cuirassés modernes qu'ils ne seraient d'aucune utilité pour les petites puissances en cas de conflit avec une grande marine.

Voit-on par exemple les Pays-Bas défendant leurs Indes avec des cuirassés *Tromp* de 4 500 tonnes contre le *Katori* ou le *Kashima* japonais ? Un seul *Katori* coulerait une demi-douzaine de *Tromp*.

Un autre exemple que j'ai déjà cité, mais que je donne encore parce qu'il est typique, est le suivant :

En 1807, une flotte anglaise bombarda Copenhague, détruisit la flotte danoise, pilla et brûla l'arsenal pour punir le Danemark de s'être allié à Napoléon I.

Supposons (ce n'est qu'une hypothèse gratuite) que l'Angleterre veuille, à cent ans de distance, recommencer la même opération. Que pourrait faire le Danemark ?

S'il n'a, comme aujourd'hui, que sept petits cuirassés de 2 500 à 5 500 tonnes pouvant aligner quinze pièces de gros calibre en tout et pour tout, une division de six ou huit cuirassés, sur les cinquante que possède l'Angleterre, suffira pour les écraser.

Si le Danemark, au contraire, a une douzaine de submersibles et autant de sous-marins de petit tonnage, avec les premiers il peut barrer les détroits et frapper au passage les cuirassés ennemis. Avec les seconds, il peut attendre, aux abords de ses ports, ceux qui ont pu forcer le passage et les couler à leur tour.

Or, les sept petits cuirassés danois ont coûté à peu près 50 millions. Les douze submersibles et les douze sous-marins reviendraient ensemble à la moitié de cette somme.

Comparez et concluez.

Les marines secondaires qui ne peuvent posséder les énormes cuirassés modernes, doivent donc cesser de s'imposer de lourds sacrifices pour construire de petits cuirassés inutiles et inefficaces.

Le sous-marin leur offre un moyen moins coûteux et plus sûr de se défendre contre l'agression d'une autre nation plus puissante.

Il en résultera sous peu un changement profond dans la politique navale des petites puissances qui, se bornant à la construction de flottilles défensives constituées par de nombreux torpilleurs et sous-marins, pourront en couvrir leurs côtes.

Depuis 1906, j'ai consacré beaucoup de temps, beaucoup d'efforts pour faire admettre la thèse qui précède. J'ai aujourd'hui la joie de constater qu'un mouvement sérieux se produit dans ce sens : la Suède possède déjà 2 sous-marins, la Hollande 4, la Norvège 4, le Portugal 1, la Grèce 1, le Pérou 2, d'autres puissances, l'Espagne, le Brésil, le Chili, la Turquie songent à s'en procurer.

Il n'est pas téméraire, je crois, d'affirmer que, d'ici peu d'années, tous les États secondaires seront entrés résolument dans cette voie, ainsi que je le disais au Congrès international d'architecture navale à Bordeaux en 1907.

Dans la lente évolution de l'humanité, on doit s'efforcer de développer les moyens de défense de préférence aux moyens d'attaque. C'est là un acheminement, une première étape vers la suppression des guerres.

Dans l'état actuel du monde civilisé, espérer la paix universelle par le désarmement général est une utopie dangereuse.

Le vrai moyen de garantir la paix, c'est de donner à chacun la possibilité de se faire respecter.

Je conclus donc :

Le développement des sous-marins comme engins de guerre a déjà amené et amènera surtout dans l'avenir des modifications importantes dans la politique navale, les constructions maritimes, la constitution des flottes des divers Etats, et surtout des puissances secondaires.

Il amènera aussi des changements importants dans la stratégie et la tactique navales. Fulton disait en 1800 :

« *La liberté des mers fera le bonheur de la terre* »,

et il comptait sur le sous-marin pour amener ce résultat. Nous n'en sommes pas là, car le sous-marin n'est pas actuellement et ne sera peut-être jamais maître de la haute mer, mais on peut dire dès aujourd'hui et ce sera ma conclusion :

Le sous-marin assurera, dans un avenir prochain, la liberté des côtes et même celle des mers étroites.

De plus, il constitue une arme de haute moralité puisqu'elle permet au faible de se défendre contre un ennemi puissant.

C'est le plus beau titre de gloire du sous-marin que d'avoir pu être proclamé « *l'arme du faible, l'arme du pauvre* », et il faut souhaiter que toutes les puissances secondaires s'en procurent le plus tôt possible.

Je suis persuadé que tous les vrais amis de la paix doivent se réjouir sincèrement du développement des sous-marins et je veux espérer que l'humanité gardera quelque reconnaissance à ceux qui auront aidé les faibles, les petits, à se faire respecter par les puissants, souvent portés à abuser de leur force.

(Juin 1911.) M. Laubeuf.

INTRODUCTION

Le devoir du présent est de travailler pour l'avenir.
Victor H*UGO (Lettre à Gaston Tissandier).*
Le régime du secret et du silence a trop mal réussi pour que le moment ne soit venu d'entrer dans une voie nouvelle.
Amiral G*OUGEARD.*

La navigation sous-marine est définitivement entrée dans le domaine pratique depuis une vingtaine d'années, grâce aux ingénieurs des constructions navales, qui, dans presque tous les pays, se sont appliqués à l'étude de ce problème passionnant, l'un des plus beaux et des plus mystérieusement grandioses de la mécanique navale.

Jusqu'à présent ses applications ont été spécialement réservées à la marine de guerre ; mais il y a lieu d'espérer qu'on arrivera bientôt à étendre son domaine.

Comme pour tous les problèmes nouveaux, les efforts tentés de divers côtés ont permis de perfectionner les premiers modèles, en se servant des progrès réalisés dans les autres branches de l'industrie, mais les applications, relativement fort restreintes, de cette branche de l'art nautique et le secret gardé, en vue de l'intérêt supérieur de la défense nationale, n'ont pas permis le développement rapide que l'on aurait pu espérer et que l'on constate dans d'autres industries.

L'automobilisme terrestre nous fournit un exemple frappant du rapide développement que peut prendre une industrie sous l'effort de l'initiative privée.

Il faut espérer et il est à prévoir que, grâce à l'automobilisme maritime, l'industrie privée s'appliquera bientôt, à son tour, à ce problème, en vue du grand sport et du yachting automobile.

La question de la navigation sous-marine, comme toutes celles qui intéressent le grand public, trouvera un encouragement capable d'exciter l'émulation des inventeurs et des constructeurs navals, et l'époque n'est pas éloignée où l'on verra des bateaux sous-marins — ou plutôt submersibles — de la marine de plaisance et de commerce à côté des sous-marins et des submersibles de la marine de guerre.

Déjà plusieurs projets ont été élaborés en vue d'applications spéciales des bateaux sous-marins à des buts déterminés : sauvetage maritime ; — recherche et renflouement d'épaves ; — océanographie ; — exploration des régions polaires ; — traversée de la Manche ; — exploitation des produits maritimes ; etc.

On a même été jusqu'à proposer la construction de bateaux submersibles pour éviter les collisions, en haute mer, dans les parages fréquentés où se croisent de grands courants de navires à vapeur et à voile.

Combien d'autres applications ne verrons-nous pas naître dans la suite ? Sait-on quelle limite est imposée au génie de l'homme ?

L'incrédulité et l'ignorance sont les barrières les plus redoutables, parce qu'elles entravent et paralysent tous les efforts tentés dans les voies nouvelles qui devraient, au contraire, être largement ouvertes aux recherches scientifiques et industrielles.

Le jour où la navigation à vapeur a fait, timidement, ses premiers essais, on a vu des personnalités fort intelligentes en nier le succès. Napoléon en méconnut l'utilité comme il méconnut celle de la navigation aérienne et, plus tard, celle de la navigation sous-marine et de l'emploi des torpilles lorsque Fulton lui en proposa l'adoption.

On prétend que Thiers émit également des doutes au sujet de la possibilité de la traction mécanique sur les chemins de fer, croyant que les roues glisseraient et patineraient sur place au lieu d'avancer sur les rails glissants.

Le martyrologe de tous les inventeurs de génie qui ne connurent pas le succès de leur vivant est aussi long que celui des apôtres de la foi religieuse. Fort heureusement les uns et les autres, hypnotisés par leurs rêves et leurs conceptions, vont droit devant eux sans se préoccuper des contingences de la vie, et c'est grâce à eux, cependant, que l'humanité, récoltant le fruit de labeurs accumulés, peut bénéficier des progrès réalisés dans le domaine matériel et dans le domaine moral. Chaque existence de ces pionniers sacrifiée à la solution d'un problème nouveau, est la rançon payée au Minotaure de l'ignorance et de l'inintelligence humaines.

Dans leur indifférence et leur étroit égoïsme les hommes se montrent en général sceptiques et avares d'encouragements matériels et même moraux envers les humbles ouvriers de la pensée. A ces modestes et laborieux artisans de génie ils refusent tout appui et toute confiance, alors que, plus tard, ils s'empressent d'exploiter cupidement les merveilles enfantées par eux.

Dans cet ouvrage de grande vulgarisation nous avons cherché à rendre hommage à tous ceux qui, plus ou moins, ont contribué, dans le domaine de la navigation sous-marine, à l'éclosion, à l'épanouissement et à la mise au point d'idées ayant eu une action favorable sur le progrès de l'hydronautique, laissant de côté les projets trop vagues et d'une réalisation par trop problématique.

Malgré les consciencieuses et laborieuses recherches faites par nous dans les bibliothèques et les archives — où il nous a été permis de puiser des renseignements —il ne nous a pas toujours été aisé de découvrir la Vérité historique qui se cache d'autant plus soigneusement que le sujet qui nous occupe touche de très près aux plus graves problèmes de la défense nationale. C'est pourquoi les chapitres les moins complets et sur lesquels, cependant, abondent les documents de toutes sortes sont précisément les derniers de notre volume et les plus récents, ceux qui concernent la période moderne.

Le soin jaloux avec lequel les inventeurs et les gouvernements gardent le secret sur tous les travaux exécutés et sur tous les projets présentés, réalisés ou non, fait que nous avons dû nous borner à des descriptions quelquefois sommaires et à des compilations de gravures qui ont généralement déjà vu le jour dans des livres et des périodiques publiés en divers pays. Qu'il nous suffise de dire, à l'appui de notre assertion, que les Archives Nationales de Paris ont reçu en dépôt de nombreux documents du Ministère de la marine, jusqu'en 1870 ; *mais l'on ne met à la disposition du public que les documents antérieurs à 1789.* Pour pouvoir consulter les documents postérieurs à cette date, il faut une autorisation spéciale du Ministre de la marine, qui la refuse le plus souvent. Tel est le cas des dossiers relatifs à Fulton et à ses expériences, bien que celles-ci remontent à plus d'un siècle[7] !

Fig. 1 - Jules Verne (1828 - 1905)

Comme certains dossiers renferment des documents postérieurs à 1789 en même temps que d'autres antérieurs à cette date, on ne peut consulter davantage ces derniers sans l'autorisation du Ministère. Nous nous demandons si, dans l'intérêt des chercheurs et du progrès, on ne pourrait lever une pareille consigne pour tous les documents se rapportant à des faits antérieurs au milieu du siècle dernier !

Rien ne prouvera mieux la réelle difficulté de ces recherches que la déclaration qui nous a été faite spontanément par M. Bertin, ancien Directeur des constructions navales : il n'avait jamais eu entre les mains les plans du Nautilus de Fulton ni n'avait su où ils pouvaient se trouver avant que le lieutenant de vaisseau Émile Duboc les eût exhumés de leurs cartons poudreux !

Ces difficultés de travail expliquent les hésitations qu'ont quelquefois des inventeurs à entreprendre l'étude historique d'une question, étude qui, cependant, devrait être la base principale de toute recherche scientifique et industrielle, afin de ne pas retomber dans des redites, mais de pouvoir partir du dernier degré d'avancement acquis et pousser plus loin encore la recherche des perfectionnements. Cette méthode est la seule rationnelle à appliquer dans l'étude d'une branche quelconque de l'activité humaine. Son inobservance explique l'éternel recommencement de travaux antérieurs, généralement ignorés, et pour lesquels maint inventeur innocent est accusé de plagiat, alors qu'il devrait être accusé seulement d'ignorance. D'ailleurs il n'est pas toujours fautif ; car, malgré son désir et sa bonne volonté, il se heurte si souvent à de telles difficultés matérielles, qu'il renonce à rechercher les antériorités plutôt que de s'imposer un aussi ingrat et pénible labeur.

Il est permis, à ce sujet, de regretter que dans tous les pays la délivrance des brevets ne soit pas soumise, comme en Allemagne et aux États-Unis, à un sévère et rigoureux examen préalable pour bien en établir l'originalité et l'indéniable nouveauté. Cela éviterait les longs travaux de recherches d'antériorité qui imposent des pertes de temps considérables et de lourds sacrifices aux inventeurs.

Pour leur permettre de retrouver facilement les éléments d'étude, nous avons recherché et groupé ici tout ce qui a été fait en navigation sous-marine. Nous espérons avoir réussi à ménager de la sorte, dans une certaine mesure, leur temps et leurs efforts, qui, au lieu d'être

7 - *Mémoires sur la navigation sous-marine*, 1688-1801.— Pour faciliter les recherches, consulter l'état sommaire des Archives de la marine antérieures à la Révolution, dressé par M. D. Neuville, Paris, 1898.

inutilement gaspillés dans un travail matériel de compilation de documents et de matériaux d'études, seraient plus utilement appliqués à la recherche directe des multiples solutions nouvelles que comporte l'intéressant problème de la navigation sous-marine.

Par l'étude des solutions déjà obtenues et appliquées et même de celles proposées ou seulement indiquées par les hardis pionniers de la navigation sous-marine ; par le parallèle établi entre elles ; par l'examen des divers moyens mis en oeuvre et des résultats obtenus, les nouveaux inventeurs atteindront plus facilement et plus rapidement au but poursuivi, sans avoir à recommencer la longue et pénible série de tâtonnements des premiers essais qui rebutent et découragent même les chercheurs les plus tenaces et les plus persévérants.

D'ailleurs il est à remarquer que les débuts de toute invention nouvelle sont toujours fort pénibles. On tâtonne dans l'obscurité et l'incertitude ; mais, aussitôt que les premiers résultats sont connus, les perfectionnements de toutes sortes se multiplient à l'infini et de tous côtés à la fois.

L'action collective des efforts individuels, dirigés dans une même voie, donne une accélération continuellement croissante à la marche progressive de la nouvelle branche cultivée de l'activité humaine. C'est ainsi que se sont développées, très activement, dans une marche ascensionnelle étonnamment rapide, les applications diverses de la vapeur et de l'électricité aux bateaux et aux chemins de fer ; de la photographie et de la téléphonie ; du cyclisme et de l'automobilisme et de tant d'autres inventions dont s'enrichit journellement la science.

C'est surtout, il faut le dire, grâce à la Presse intelligente que les découvertes nouvelles sont rendues plus fécondes en applications de toutes sortes — souvent même imprévues par l'inventeur initial.

C'est, nous le répétons, grâce à la grande lumière et au grand air de la publicité qu'est dû le progrès ; tel le vent qui emporte au loin les semences des plantes dans des sillons ignorés qui les fécondent à leur tour pour en faire jaillir des moissons nouvelles. Par sa bienfaisante intervention elle perpétue l'oeuvre de création et de progrès qui est la loi et la raison d'être de l'humanité et de la civilisation. C'est là l'ardente conviction d'un publiciste profondément dévoué à son oeuvre.

Nous voulons espérer que l'appel adressé par nous aux hommes de progrès sera entendu et trouvera un écho sympathique auprès des gouvernements éclairés de tous les pays, dépositaires de documents précieux pour la Science et qu'ils se décideront à arracher des cartons poudreux de leurs archives les trésors qui y sont enfouis, jusqu'à ce jour stériles, pour les publier *in extenso*, avec le plus de détails, précis et circonstanciés, sur toutes les tentatives faites, à l'exclusion, bien entendu, non seulement des derniers modèles exécutés, mais de toutes les recherches et études faites pendant ces vingt dernières années.

Nous souhaitons que cet ensemble de documents recueillis par nous aux sources les plus autorisées puisse offrir quelque intérêt, en montrant au lecteur les nombreux efforts tentés depuis si longtemps.

Nous souhaitons également, qu'en excitant la curiosité et l'émulation de la jeunesse studieuse, notre travail puisse éveiller en elle le désir d'appliquer un jour ses facultés à l'étude de cet important problème de construction navale.

Nous dédions cette monographie à la mémoire de Jules Verne et de l'amiral Aube.

Jules Verne, qui a charmé notre enfance et celle de tant de générations successives, grâce au récit des exploits légendaires du capitaine Nemo, dans son beau roman scientifique : *Vingt mille lieues sous les mers*, a incontestablement contribué à attirer l'attention du grand public sur ce mystérieux et passionnant problème de la navigation sous-marine.

L'amiral Aube, par sa haute clairvoyance, son esprit d'initiative, son patriotisme éclairé et son indomptable énergie, a été le véritable introducteur, dans la marine de guerre, de cette arme nouvelle et si redoutable de défense nationale.

Il y a lieu, en effet, d'insister sur ce point, que le bateau sous-marin est plutôt une arme de défense que d'attaque, surtout dans l'état actuel de nos connaissances.

Fig. 2. — Amiral Aube (1826-1890).

Or, dans la lente évolution de l'humanité vers un avenir meilleur, tout homme civilisé doit faire des voeux pour que les moyens de défense priment et surpassent toujours les moyens d'attaque. Ce sera la première étape, l'acheminement vers la suppression de la cruelle et barbare pratique de la guerre, qui n'est qu'un vestige de moeurs à peu près abolies. La guerre n'est, en effet, que l'abus de la force fait par certaines collectivités humaines pour en contraindre d'autres plus faibles qu'elles à leur céder territoires et biens, en aliénant souvent même leur indépendance et leur liberté, et cela sans autre motif que l'ignoble et insatiable convoitise, sans autre droit que celui du plus fort. Nous partageons en cela les idées de Fulton, que l'on verra exposées plus loin quand nous parlerons de ses inventions.

La guerre de conquête étant criminelle et celle de défense étant légitime et sainte, tous les moyens inventés et perfectionnés en vue de la défense devraient être encouragés.

Les progrès réalisés dans la construction des bateaux sous-marins permettent déjà l'espoir de voir établir, à bref délai, l'équilibre entre les nations faibles et celles plus puissantes sur mer. Un jour la navigation aérienne sera également un facteur important des guerres futures, si l'on doit voir se déchaîner encore sur le monde cet exécrable fléau, ainsi que cela est malheureusement à craindre.

Dans cet ouvrage, nous avons cherché à mettre sous les yeux du lecteur, presque tout ce qui a été tenté en navigation sous-marine.

Nous n'avons malheureusement pas toujours pu remonter aux sources mêmes ou aux témoignages de témoins oculaires, dignes de foi ; car cela n'a pas toujours été possible dans le travail de compilation historique auquel nous nous sommes livré. Si les publications modernes commencent déjà à former une abondante littérature sur la matière, répandue dans tous les pays, les publications anciennes sont assez rares et difficilement abordables. Les renseignements que l'on y trouve sont très disséminés, fort incomplets, rarement exacts et souvent contradictoires. Leur collationnement en devient très laborieux et très pénible.

Nous avons été plus spécialement guidé, dans notre étude, d'abord par les érudits travaux du capitaine de frégate de Montgéry, pour toute la période antérieure à 1825; puis par l'intéressante et très consciencieuse étude du regretté lieutenant de vaisseau Maurice Delpeuch, qui, après de Montgéry, a été le plus remarquable historiographe de la navigation sous-marine. Nous rendons d'autant plus volontiers hommage à la mémoire de ce laborieux officier de la marine française que lui-même a cité, à différentes reprises, l'ancien travail que nous avions déjà fait nous-même sur ce sujet en 1897.

Nous avons pu constater, pas à pas, le soin avec lequel Delpeuch a fait en érudit et consciencieux historien son travail de recherches. Remontant aux sources mêmes et confrontant les textes, il a rectifié plus d'une inexactitude échappée à divers auteurs qui l'ont précédé, et les quelques erreurs qu'il a pu commettre lui-même proviennent, très certainement, de ce qu'il n'a pas eu entre les mains les documents voulus pour éclairer sa religion. Il est fâcheux que la nouvelle édition de cet ouvrage n'ait pas été faite avec le même soin que la première.

Fig. 3. — Lieutenant de vaisseau Maurice Delpeuch (1866-1905.)

Il est regrettable qu'un officier aussi jeune et aussi distingué ait été enlevé prématurément à sa patrie et à l'affection des siens. Né le 14 mars 1866, entré à l'École navale en 1883, promu aspirant de 1ere classe en octobre 1886, décoré comme aspirant pour faits de guerre au Tonkin, promu lieutenant de vaisseau et, après plusieurs embarquements successifs, nommé au commandement du sous-marin le Korrigan, en 1902, Maurice Delpeuch est mort à Oran le 19 janvier 1905.

Sa mort est une grande perte pour la science et pour la marine. Outre *La Navigation sous-marine à travers les siècles*, Maurice Delpeuch a publié *Le Livre d'or de la Marine française* et *Nos Bâtiments de guerre et leurs ancêtres*. Le premier et le dernier de ces ouvrages ont été couronnés par l'Académie des Sciences. Il a en outre publié des articles sur la navigation sous-marine tels que *Une traversée extraordinaire de Rochefort à Bizerte en sous-marin*, qui a paru dans le *Monde Moderne* sous le pseudonyme d'Yves Madec.

Nous avons également fait état des importants travaux publiés par MM. Forest et Noalhat, d'une part et Maxime Laubeuf de l'autre, en France ; par le lieutenant Sleeman et M. Alan H. Burgoyne, en Angleterre ; par les commandants Barber et Barnes, aux États-Unis ; par M.

Laurenti en Italie. Nous renverrons le lecteur aux ouvrages de ces auteurs pour tous les détails techniques qui n'ont pu trouver place ici, notre travail s'adressant surtout au grand public, et non point à un public de techniciens.

Dans cette étude monographique — qui est surtout une anthologie — on suivra la marche hésitante mais continue vers la solution pratique et définitive du problème de la navigation sous-marine.

On verra que la conception du bateau sous-marin et du submersible a souvent été lumineusement formulée dès le XVIe siècle par des esprits lucides comme William Bourne, le P. Mersenne, le P. Borelli, Buslinell, Fulton, etc., mais combien de temps s'est écoulé avant que les divers éléments théoriques aient pu être réalisés !

Il a fallu que le génie créateur de l'homme utilisât successivement les merveilles enfantées la veille dans les diverses branches de la science et de l'industrie, pour permettre à la question de faire un nouveau pas en avant. Ces pas semblent chancelants et incertains par suite de leur faible amplitude, et donnent souvent l'impression de véritables défaillances ; mais, néanmoins, ils marquent à chaque fois un mouvement en avant dans la voie du progrès.

Malgré ses incessants découragements et ses continuelles défaillances, le génie de l'homme trace toujours son sillon lumineux au milieu du dédale inextricable et de la nuit obscure où sombrent si souvent ses efforts dans la lutte contre les erreurs et les aberrations, contre les préjugés et l'ignorance de quelques-uns, l'indifférence, l'inintelligence et surtout l'inertie du plus grand nombre. De loin en loin apparaît un être prédestiné qui illumine toute une période de l'histoire des clartés de son génie, comme un éclair dans la nuit sombre illumine une vaste étendue de terrain. Il révèle aux esprits attentifs quelques points de la route à suivre et disparaît à son tour en laissant l'humanité se diriger, à tâtons, dans la nouvelle voie indiquée.

Quoi qu'il en soit, de proche en proche, d'étape en étape, on est arrivé de nos jours, lentement et graduellement, à des solutions élégantes et précises du problème de la navigation sous-marine, grâce aux efforts de quelques-uns et plus spécialement des Américains Bushnell, Fulton, Simon Lake et Holland ; de l'Allemand Bauer ; des Français Payerne, Bourgois et Brun, Dupuy de Lôme, Gustave Zédé, Goubet et Laubeuf ; du Suédois Nordenfelt ; des Anglais Campbell et Ash, et Waddington ; du Russe Drzewiecki ; de l'Espagnol Peral ; des Italiens Pullino et Laurenti.

Nous ne citons que les ouvriers de la première heure ; car, depuis, nombre d'ingénieurs ont acquis la maîtrise dans cette spécialité et il faudrait citer presque tous les ingénieurs des constructions navales, qui, depuis vingt ans, s'occupent de la question, si, dans cette Introduction, nous voulions rendre un légitime hommage à tous les auteurs de projets ayant marqué une étape dans la voie du progrès. Leurs noms seront cités au cours de cette monographie, à l'occasion même de leurs créations.

Si l'honneur d'avoir donné à l'hydronautique moderne un corps de doctrine rigoureusement scientifique revient, en France, en grande partie, à Dupuy de Lôme et à Gustave Zédé, il est juste néanmoins de rappeler que longtemps avant eux les efforts de nombreux inventeurs avaient déjà ouvert ce champ nouveau à l'activité humaine et fourni de multiples essais grâce auxquels, à défaut d'une solution complètement satisfaisante, on a pu du moins recueillir des données précises basées sur les essais des divers modèles exécutés.

Ces tâtonnements successifs constituent les échelons indispensables pour monter toujours plus haut et approcher de plus en plus de la perfection.

Il est de toute équité de rendre un public hommage, ici-même, à tous ceux qui de près ou de loin, nous ont prêté leur concours pour nous faciliter notre travail, tant pour la première que pour la présente édition.

C'est pour nous un agréable devoir de remercier :

M. le Ministre de la marine Thomson d'avoir bien voulu nous autoriser à prendre communication aux Archives Nationales des rares dossiers destinés au public, concernant la navigation sous-marine au commencement du siècle dernier, en regrettant toutefois qu'il n'ait pas cru devoir étendre la période de temps ;

L'Illustration, le *Matin* et le *Yacht* pour l'obligeante autorisation accordée de reproduire certaines figures publiées par eux ;

Nos divers correspondants tant en France qu'à l'étranger et principalement.dans les pays éloignés, au nombre desquels : MM. M.-A. Alexander ; — E.-L. Corthell ; — Thos. — C.-J. Daily ; — J.-P. Holland ; — D.-M. Lee ; — E.-V. Pescia ; — Chas.-W. Stewart ; — J.-H. Tomb, aux États-Unis ; — M. le lieutenant de vaisseau Adolfo de Navarrete, en Espagne.

Nous devons adresser également nos remerciements à MM. les Conservateurs des Archives Nationales, de la Bibliothèque Nationale, de la Bibliothèque de l'Institut de France et du Ministère de la marine pour leur précieux concours et leur inlassable obligeance dans la communication des documents de leurs services respectifs.

En terminant cet exposé nous ne craignons pas de faire appel à tous nos lecteurs de bonne volonté pour les prier de vouloir bien nous signaler les erreurs ou les lacunes qui auraient pu encore nous échapper et nous fournir tous documents et toutes indications de nature à nous permettre de compléter et de parfaire notre oeuvre dans une nouvelle édition.

Première partie

LES PLONGEURS

CHAPITRE I

Plongeurs civils et militaires

Exploits divers des plongeurs fameux de l'Antiquité et du Moyen Âge

Scyllis de Scioné et sa fille Cyana contre la flotte de Xerxès. — Les Athéniens au siège de Syracuse. — Alexandre au siège de Tyr. — Conseils de Philon d'Alexandrie. — Septime-Sévère au siège de Byzance et l'ingénieur Priscus. — L'orgueilleux Antoine, pêcheur à la ligne, et la facétieuse Cléopâtre. — Éric l'Éloquent, roi de Suède, et le pirate Oddo. — Les Génois au siège de Bonifacio bloqué par le roi d'Aragon. — Flottes française et espagnole contre l'escadre anglaise. — L'ingénieur-plongeur Gaubert à l'île d'Andelys assiégée par Philippe-Auguste. — Combat de plongeurs au siège de Malte. Utilisation des plongeurs pour défoncer les carènes des vaisseaux ennemis, les incendier par le feu grégeois, les tirer à terre ou en couper les câbles qui retiennent les ancres, sans être vus, etc. — La pêche des huîtres perlières, du corail et de l'éponge. — Comment procèdent les plongeurs cafres et cinghalais.

L'art de naviguer sous l'eau remonterait à la plus haute antiquité si l'on voulait considérer comme étant de la navigation sous-marine le fait de se déplacer sous l'eau avec des appareils plus ou moins rudimentaires, tels que les scaphandres et les cloches à plongeur. Nous pensons au contraire qu'il ne faut considérer comme bateaux sous-marins proprement dits que les appareils entièrement clos, permettant de séjourner et de se déplacer sous l'eau.

Toutefois, avant de passer à l'examen des bateaux sous-marins, nous examinerons divers modèles de scaphandres et de cloches à plongeur. On y verra en germe les premiers éléments de l'invention future qui dotera l'art naval d'engins aptes à la navigation sous-marine. C'est, en effet, en perfectionnant la cloche à plongeur, en la transformant en un vase clos et en la munissant d'un propulseur et d'autres organes accessoires, que l'on a donné naissance au bateau sous-marin.

Auparavant nous parlerons des plongeurs fameux de l'antiquité et du moyen âge et de leurs prouesses d'après les récits des auteurs contemporains.

Nous en empruntons une partie à de Montgéry, l'érudit officier de marine français.

A des époques reculées, dit Montgéry dans son étude sur les plongeurs, l'art de nager et de plonger constituait une branche spéciale d'industrie chez les Grecs et les Romains. Des plongeurs de profession retiraient du fond de la mer des perles, du corail, des éponges, et les trésors ou les instruments accidentellement submergés. Ils visitaient aussi les câbles des navires et, lorsque ces cordages menaçaient de se rompre ou étaient déjà rompus, ils en attachaient de nouveaux sur les ancres.

Scyllis de Scioné, le plus habile plongeur de son temps, nous dit Pline, profita d'une violente tempête qui assaillit la flotte de Xerxès, près du mont Pélion, pour aller, avec sa fille Cyana, couper sous l'eau les câbles de plusieurs navires. Ceux-ci tombèrent sur beaucoup d'autres et les entraînèrent dans leur naufrage[8].

Les Athéniens, au siège de Syracuse, firent arracher et scier par des plongeurs une quantité de pieux que les habitants avaient enfoncés dans le port (Thucydide).

Au siège de Tyr, d'autres plongeurs non moins habiles coupèrent les câbles des vaisseaux d'Alexandre[9] et retardèrent la construction d'une digue immense. Des instruments crochus leur servaient à entraîner des arbres, sur lesquels des pierres et de la terre étaient amoncelées, et ces matériaux, privés de soutien, ne tardaient pas à s'écrouler (Quinte-Curce).

Philon, écrivain militaire de l'école d'Alexandrie, recommande d'employer des plongeurs pendant la nuit, non seulement pour couper les câbles des vaisseaux ennemis, mais encore pour percer leur carène avec des tarières. Il indique ensuite les instruments et les précautions dont il faut faire usage pour se défendre contre ces deux attaques.

Enfin, d'après Dion Cassius, au siège de Byzance par Septime-Sévère, des plongeurs coupèrent les câbles des galères romaines, après avoir attaché près du gouvernail un long cordage que les assiégés tiraient à eux, et il semblait que ces galères fussent des êtres animés désertant, de leur propre mouvement, la flotte de l'empereur[10].

Sans accumuler ici des faits de même nature, montrons que les anciens regardaient comme un jeu de faire exécuter sous l'eau des actions très difficiles :

> Antoine se livrait quelquefois au divertissement de la pêche avec Cléopâtre, et se trouvait piqué lorsqu'il ne pouvait rien prendre. Voulant réparer son honneur, qu'il croyait compromis aux yeux de cette princesse, il indique une pêche pour un certain jour : il avait ordonné secrètement à des plongeurs de venir sous l'eau attacher à l'hameçon de sa ligne des poissons qu'ils auraient pris auparavant. Le stratagème réussit, ou parut réussir comme il le désirait ; Antoine tira plusieurs fois de suite sa ligne chargée de poissons.
>
> Cléopâtre s'était aperçue de l'artifice, mais elle dissimula ; elle affecta même de louer Antoine sur son adresse pour la pêche : dans son for intérieur elle se promit bien de le punir de sa ruse. Elle annonça pour le lendemain une nouvelle partie de pêche, à laquelle devait assister toute sa cour. Cléopâtre fait chercher un plongeur encore plus habile et plus diligent que ceux du triumvir, et lui

8 - C'est ainsi que Pausanias raconte ce fait. Il ajoute que les Amphictyons avaient consacré une statue au père et à la fille, dans le temple d'Apollon à Delphes. La statue de Scyllis existait encore lorsque Pausanias voyageait en Grèce ; mais celle de Cyana avait été enlevée par Néron.

Hérodote nous a transmis une autre tradition : Scyllis, après avoir sauvé de grandes richesses, submergées avec les vaisseaux des Perses, près du mont Pélion, passa du côté des Grecs, et fit, à la nage, pour déserter, un trajet d'environ quatre-vingts stades, sans reparaître sur l'eau. Hérodote range, avec raison, ce long trajet sous-marin parmi les fables qu'on débitait sur le compte de Scyllis.

9 - Les assiégeants finirent par faire échouer ce moyen d'attaque, en employant des chaînes de fer, au lieu de câbles.

10 - L'ingénieur Priscus, que Dion appelle son maître, et qui, depuis, servit sous Septime-Sevère, était alors parmi les Byzantins et dirigeait leurs travaux. Il paraît que les moyens d'entraîner les galères hors des rangs de l'ennemi avaient déjà été pratiqués dans les guerres de Sextus Pompée, contre le triumvirat (Hydrographie du P. Fournier, p. 853).

donne ordre de venir attacher à la ligne d'Antoine un poisson salé. Antoine, qui sent que sa ligne est chargée, la tire aussitôt avec empressement. Il est aisé d'imaginer combien il fut déconcerté en voyant la prise qu'il avait faite, et les éclats de rire qu'excita dans toute l'assemblée une pareille aventure. (Plutarque - Vie d'Antoine.)

Les chroniques des peuples du nord et de l'ouest de l'Europe offrent aussi des exemples de l'habileté avec laquelle l'homme peut agir sous les eaux. Éric l'Éloquent, chef des vaisseaux de la Suède, et depuis roi de ce pays, fit percer et couler par des plongeurs les navires d'un fameux pirate danois, nommé Oddo.

Vers le commencement du XIVe siècle, la ville de Bonifacio étant bloquée par une flotte d'Alphonse, roi d'Aragon, un plongeur réussit à couper les câbles de plusieurs vaisseaux ; et il en résulta un grand désordre et beaucoup d'avaries, dont une escadre génoise profita pour secourir la place.

En 1372, une flotte, composée de vaisseaux français et espagnols, se servit de petits bateaux pleins de matières combustibles pour porter le feu, à l'aide de plongeurs, sous les plus gros navires d'une escadre anglaise, commandée par le jeune comte de Pembroke.

Une invention de la même nature avait déjà été pratiquée dans une autre circonstance : Gaubert, habile ingénieur et plongeur, transporta, entre deux eaux, des artifices renfermés dans des pots de terre et incendia, par leur moyen, des palissades qui défendaient l'entrée de l'île d'Andelys, assiégée, en 1203, par l'armée de Philippe-Auguste.

Enfin, Roberto Valturio, dans un ouvrage publié en 1472, recommande d'employer des plongeurs, à l'exemple des anciens, pour défoncer la carène des vaisseaux ennemis et Crescentio ajoute à cette idée l'emploi du feu grégeois.

Dans les guerres navales du moyen âge, les belligérants ayant chacun sa compagnie, il arrivait quelquefois que les deux compagnies se trouvaient en présence pendant leur plongée ; il en résultait des luttes dramatiques. L'un de ces combats entre deux eaux eut lieu au siège de Malte par Mustapha-Pacha, en 1565.

Voici comment ce fait est rapporté par Jal dans son Archéologie navale :

> La Valette, le grand maître de Malte, craignant une attaque que les Turcs projetaient contre la Sanglea, et qui lui fut dénoncée par le grec Lascaris, à qui il venait de sauver la vie, fit établir une palissade, de la pointe de la Sanglea au Corradino. Le vizir Mustapha, ne pouvant aller avec des embarcations armées affronter ce rempart, entre les joints duquel les soldats de la Valette faisaient jouer les arbalètes et les arquebuses, donna ordre à sa brigade de plongeurs d'aller, la hache à la main, faire ce que d'autres plongeurs avaient fait quelques siècles auparavant contre la palissade des Syracusains. Les Turcs se mirent à l'eau ; mais ils n'arrivèrent point au retranchement planté dans la mer sans être soudainement attaqués par des plongeurs maltais, les plus habiles des nageurs sous l'eau, depuis l'antiquité. Un horrible combat s'engagea alors dans la mer, chacun des combattants se soutenant d'une main sur l'eau, et frappant de l'autre avec la hache ou l'épée. La lutte dura plusieurs minutes, au bout desquelles les Turcs furent contraints de prendre la fuite, ayant perdu la moitié des leurs et laissant le champ de bataille aux Maltais, que, du haut des fortifications, la Valette et de Monte, l'amiral des galères de la Religion, virent rentrer dans le port, emportant leurs blessés, ou aidant à nager ceux que les armes turques n'avaient pas réduits à l'impossibilité de faire quelques mouvements.

On citait encore, dans le XVIIe siècle, des plongeurs assez habiles pour exécuter de pareilles actions.

A partir du XVIIIe siècle l'art du plongeur est uniquement consacré aux usages de l'industrie et du commerce, à la recherche de l'huître perlière, du corail et de l'éponge.

D'agent de destruction qu'il était autrefois, le plongeur est devenu agent de production, surtout lorsqu'il est pourvu d'appareils spéciaux lui permettant de séjourner longtemps sous l'eau sans remonter à la surface.

Un plongeur ordinaire ne peut guère séjourner dans l'eau que deux à trois minutes, tout au plus, le besoin impérieux de respirer se faisant sentir au bout de ce temps. Un officier de la marine britannique, Percival, cite un jeune Cafre, pêcheur de perles d'Anjango, qui, en 1797, resta six minutes sous l'eau. Cette assertion semble devoir être sujette à caution. L'auteur déclare, d'ailleurs, que l'on ne connaît personne qui ait passé sous l'eau un plus long espace de temps.

Les plus habiles plongeurs sont les habitants des côtes Sud de l'Océan Indien et, plus spécialement, de Ceylan et du golfe de Bengale. On les a vus descendre sous l'eau jusqu'à quarante et cinquante fois dans une même journée ; mais leur travail est si pénible, qu'en revenant à la surface, souvent ils rendent par la bouche, le nez et les oreilles, de l'eau mêlée de sang.

Pour pêcher les huîtres perlières, les plongeurs procèdent de la manière suivante.

Nous empruntons ces intéressants détails à l'instructif *Voyage à l'Ile de Ceylan* de Robert Percival.

> La plupart des plongeurs sont des noirs, connus sous le nom de marawas, et qui habitent sur la côte opposée, sur celle de Tutucoryn. Quoique de la même caste que les Malabars, ils sont catholiques romains et chôment les jours de dimanche, pour assister à l'office divin, dans la chapelle d'Arippo.
>
> Chaque barque porte vingt hommes et un tindal, c'est-à-dire un patron, qui agit comme pilote. Dix de ces hommes sont attachés à la rame, et aident les plongeurs à remonter. Ceux-ci forment le reste de l'équipage et descendent dans la mer, cinq à la fois. Lorsque les cinq premiers ont regagné le dessus de l'eau, les autres les remplacent ; et en plongeant de la sorte alternativement, ils se donnent le temps de reprendre des forces pour recommencer.
>
> Pour accélérer la descente des plongeurs, on emploie le moyen suivant. On apporte dans chaque barque cinq grosses pierres d'un granit rougeâtre, qui est commun dans le pays. Ces pierres, dont la forme est pyramidale, sont néanmoins arrondies haut et bas, et dans la partie la plus mince, percées d'un trou suffisant pour laisser passer une corde. Afin d'avoir les pieds libres, quelques plongeurs se servent d'une pierre taillée en forme de demi-lune, qu'ils s'attachent sous le ventre, lorsqu'ils veulent entrer dans l'eau.
>
> Accoutumés à cet exercice, dès leur plus tendre enfance, les plongeurs ne craignent nullement de s'enfoncer, de quatre à dix brasses, dans la mer, pour prendre les huîtres. Lorsque l'un d'eux est sur le point de descendre, il saisit avec les doigts du pied droit la corde attachée à l'une des pierres que je viens de décrire ; et de ceux du pied gauche, il prend un filet qui a la forme d'un sac. Tous les hindous ont l'adresse de se servir, pour travailler, des doigts des pieds comme des doigts des mains ; et telle est la force de l'habitude, qu'ils peuvent ramasser à terre, avec ceux-là, l'objet le plus menu, aussi facilement qu'un européen le ferait avec ceux-ci. Le plongeur, s'étant préparé, comme je l'ai dit, prend de la main droite une autre corde, et tenant ses narines bouchées avec la gauche, il descend dans l'eau, au fond de laquelle la pierre l'entraîne rapidement. Il passe ensuite à son cou la corde du filet qu'il fait retomber par

devant et, avec autant de promptitude que d'adresse, il ramasse un aussi grand nombre d'huîtres qu'il peut, pendant l'espace de temps qu'il est capable de tester sous l'eau, c'est à-dire, pour l'ordinaire, pendant à peu près deux minutes. Ensuite, il reprend sa première position et donne le signal en tirant la corde qu'il tient de la main gauche. Par ce moyen, on le remonte immédiatement et on le reçoit dans la barque. Quant à la pierre, qu'il a laissée au fond, on la retire au moyen de la corde qui y tient.

Fig. 4 - La pêche des éponges

Les efforts que, pendant cette opération, font les plongeurs, sont si violents, que, rentrés dans la barque, ils rendent l'eau, et quelquefois même le sang par la bouche, par les oreilles et par les narines, mais cela ne les empêche pas de redescendre lorsque leur tour revient. Souvent ils plongent de quarante à cinquante fois en un jour, et, à chaque fois, ils rapportent une centaine d'huîtres. Quelques-uns d'entre eux se frottent le corps avec de l'huile, et se bouchent le nez et les oreilles pour empêcher l'eau d'y pénétrer; d'autres n'usent d'aucune précaution quelconque. Quoique, ordinairement, ils ne demeurent pas plus de deux minutes au fond de la mer, cependant il y a des exemples de plongeurs qui y sont restés quatre et même cinq minutes, ce que j'ai vu faire à un jeune cafre la dernière année que j'assistai à la pêche des perles. On ne connaît personne qui y ait passé un plus long espace de temps, qu'un plongeur qui vint d'Anjango, en 1797, et qui s'y tint six minutes.

Aristote rapporte que les plongeurs de son temps s'enduisaient les narines et les oreilles d'huile pour empêcher l'eau d'y pénétrer.

Dans l'Amérique du Sud les plongeurs se passent sous les aisselles une corde dont l'extrémité communique à une sonnette placée dans la barque.

Après avoir placé du coton dans leurs oreilles et, sur le nez, une pince en bois ou en corne, ils ferment les yeux et la bouche et se laissent glisser, à l'aide d'une grosse pierre attachée à leurs pieds. Au fond de l'eau ils ramassent rapidement les huîtres, qu'ils placent dans un sac suspendu aux hanches. Dès qu'ils ont besoin de reprendre haleine, ils tirent la sonnette et on les aide aussitôt à remonter.

Les pêcheurs d'éponges (fig. 4) procèdent à peu près de la même manière que les pêcheurs de perles.

Les éponges de qualité inférieure se trouvent dans les eaux basses et sont harponnées à l'aide de harpons à trois dents qui les détériorent plus ou moins ; mais les éponges de belle qualité et plus fines se trouvent à des profondeurs allant au delà de 25 et 30 mètres, et sont détachées, par des plongeurs, à l'aide d'un couteau.

Les plongeurs de Kalimnos et de Psara, sur la côte des îles de l'Archipel ottoman et de la Mer Ionienne, sont les plus renommés.

En général, les plongeurs à nu vivent peu. Les inégalités de pression qu'ils supportent pendant leurs plongées, l'effort qu'ils sont obligés de faire pour retenir leur respiration occasionnent la rupture de vaisseaux sanguins. Souvent ils crachent le sang. La vue et l'ouïe s'affaiblissent rapidement au contact de l'eau de mer.

Ils ont en outre à redouter des ennemis terribles tels que les requins, les anguilles de mer, les pieuvres octapodes.

Aussi a-t-on cherché depuis longtemps, comme nous allons le voir, à munir les plongeurs d'appareils et de vêtements spéciaux leur permettant de rester longtemps sous l'eau et les protégeant contre les ennemis extérieurs et contre la pression considérable qu'ils rencontrent à mesure qu'ils descendent plus profondément.

Deuxième partie

CLOCHES À PLONGEUR ET SCAPHANDRES

CHAPITRE I

De l'Antiquité au XVIIe siècle

Λεζητα *d'Aristote. — Capuchons et cagoules de Végèce. — Soufflets de Bohaddin. — Les visions de Roger Bacon. — Cloches à plongeur de Tolède et de Venise. — La Nouvelle Atlantide de Lord Francis Bacon de Verulam. — Cloche de bois et cloche de verre de Nicolo Tartaglia.— Cloche de maestro Gulielmo. — Cloche de Buonaiuto Lorini.*

Nous venons de voir que les plongeurs : pêcheurs de perles, d'éponges ou de corail, et plus spécialement les pêcheurs d'épaves, ont, de tout temps, senti le besoin d'avoir des dispositifs leur permettant de pouvoir rester longtemps sous l'eau, d'y respirer et de s'y mouvoir librement.

L'idée la plus simple, celle qui vient naturellement à l'esprit, est d'emporter avec soi une provision d'air renfermée dans un récipient en forme de cloche, ou bien de se munir d'un tuyau d'aspiration débouchant à l'air libre, au-dessus de la nappe d'eau.

En descendant une cloche verticalement dans l'eau, l'air qui y est contenu s'y comprime, sans en sortir, et le plongeur peut y respirer pendant quelque temps, sans remonter à la surface. On peut réaliser aisément cette expérience avec un verre. On peut même y faire brûler une bougie.

Aristote, précepteur et ensuite confident d'Alexandre de Macédoine, décrit dans ses *Problèmes* une cloche à plongeur qu'il appelle *levita* (λεξητα), et dont Alexandre se serait servi au siège de Tyr, en l'an 332 av. J.-C.

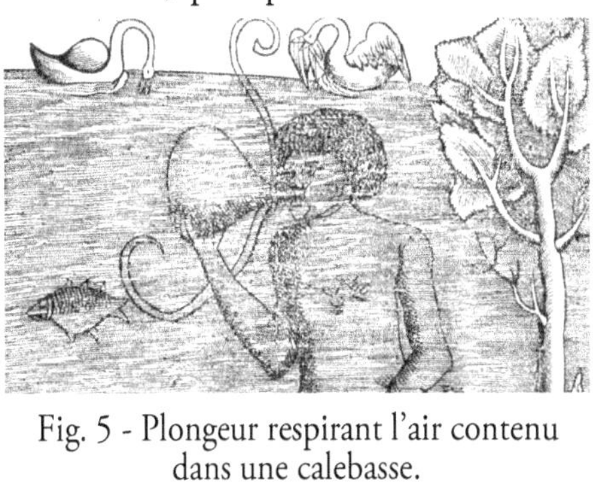

Fig. 5 - Plongeur respirant l'air contenu dans une calebasse.

Végèce, auteur latin du IVe siècle de notre ère, a donné, dans son traité : *De Re militari,* la description de plusieurs appareils ressemblant à des scaphandres rudimentaires, dont quelques-uns sont munis de flotteurs, qui permettent au plongeur de respirer librement. La figure 5 représente un plongeur respirant sous l'eau grâce à une bouteille munie de deux tuyaux. L'un de ces tuyaux s'élève au-dessus de l'eau pour l'aspiration, et l'autre sert à l'évacuation de l'air vicié sortant des poumons.

La figure 6 représente, à l'arrière-plan de la gravure, un explorateur sous-marin muni d'un capuchon ou sorte de cagoule qui n'est autre qu'un casque de scaphandrier. Ce capuchon, que l'on voit à plus grande échelle en avant de la figure, se fixe au-dessous des aisselles. Une outre, servant de flotteur, tient au-dessus de l'eau l'extrémité du tuyau d'amenée d'air.

Le capuchon est relié à une ceinture pour donner plus de solidité à l'ensemble et empêcher l'arrachement de la cagoule.

Bohaddin, auteur arabe du XIIe siècle, raconte qu'un plongeur de sa nation pouvait, à l'aide de machines qu'il appelle soufflets, pénétrer dans la ville de Ptolémaïs assiégée par les croisés.

Différents auteurs, au nombre desquels le lieutenant Sleeman, citent un passage de Roger Bacon dans lequel il est fait allusion à « des instruments avec lesquels des hommes peuvent marcher sur le fond de la mer ou des rivières, sans aucun danger ».

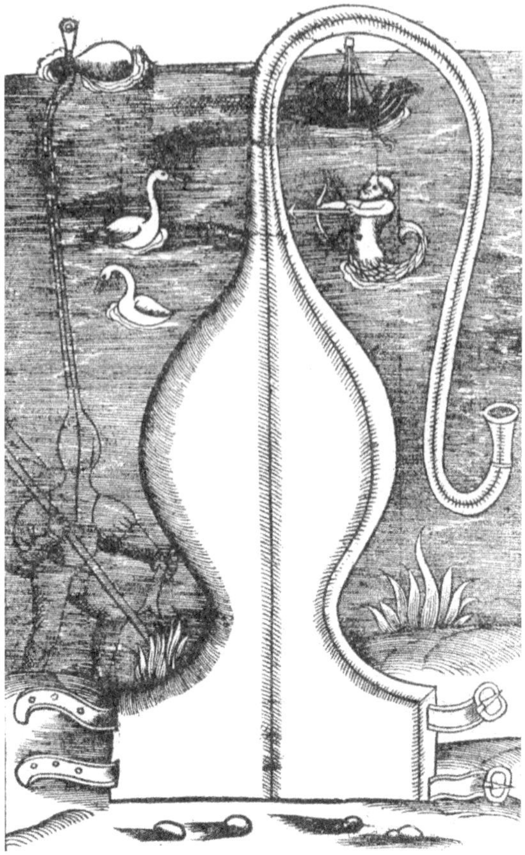

Fig. 6 - Capuchon ou cagoule de Végèce.

En 1538, Taisnier dit avoir vu deux Grecs plonger, à Tolède, dans les eaux rapides du Tage, en présence de Charles-Quint et de près de dix mille spectateurs, sans se mouiller et sans éteindre un feu qu'ils portaient. Ils s'étaient servis d'un vaste chaudron renversé, suspendu à des cordes et portant un plancher dans son intérieur.

L'abbé De Haute-Feuille, dans son : *Art de respirer sous l'eau et le moyen d'entretenir pendant un temps considérable la flamme enfermée dans un petit lieu*, cite également les expériences de Tolède, d'après l'opuscule : *De Motu celerrimo* de Taisnier, et Lord Francis Bacon de Verulam citant, toujours d'après Taisnier, les expériences de Tolède ajoute : « Nous avons ouï dire qu'on avait inventé une autre machine, en forme de petit navire, à l'aide de laquelle des hommes pouvaient parcourir sous l'eau un assez grand espace. »

Fig. 7. — Nicolo Tartaglia (XVIe siècle).

« Si cette invention fut exécutée dans le XVIe siècle, dit Mongéry dans son *Mémoire sur les Mines flottantes et les pétards flottants ou Machines infernales maritimes*, en parlant de la machine allant sous l'eau, c'est peut-être le premier navire sous-marin qui ait jamais existé », à moins que, ajouterons-nous, entraîné par sa propre imagination, Bacon n'ait répété la fiction employée par lui dans sa *Nouvelle Atlantide* dont les habitants possédaient l'art de construire des navires qui naviguaient sous l'eau. En 1552, quelques pêcheurs de l'Adriatique firent également des expériences devant le doge de Venise et un certain nombre de sénateurs. Leur appareil consistait en une cloche de près de 3 mètres de hauteur sur 3 mètres de largeur. L'un des plongeurs resta dans l'eau pendant près de deux heures.

Dans son traité d'architecture militaire du XVIe siècle, le capitaine Francesco de Marchi, de Bologne, mentionne une cloche à plongeur dont s'était servi « maestro Gulielmo », pour rechercher les barques romaines gisant au fond du lac de Nemi et que l'on prétendait avoir servi de villas flottantes à l'empereur Tibère.

Dans le recueil des oeuvres de Nicolo Tartalea (dit Tartaglia), savant mathématicien italien du XVIe siècle, on trouve l'indication d'un appareil pour descendre sous l'eau, qui contient également le germe du scaphandre et de la cloche à plongeur.

Fig. 8 - Buonaiuto Lorini (XVIIe siècle)

Cet inventeur propose de placer le plongeur dans une sorte de cage composée de deux plates-formes circulaires, en bois, reliées par des montants, également en bois. Un globe de verre, de deux pieds de diamètre, muni d'une ouverture pour y introduire la tête, sert de réservoir d'air respirable.

Une corde, s'enroulant autour d'un treuil, passe par un trou situé dans le disque inférieur et porte à son extrémité un poids sphérique en plomb, destiné à entraîner l'appareil au fond de l'eau. On commence par immerger le poids, faisant office de corps mort, et, à l'aide du treuil, le plongeur se hale de lui-même à la profondeur qu'il veut.

Tartaglia propose également de faire un globe assez grand pour contenir le plongeur tout entier.

Enfin, au lieu de verre, il pense qu'on pourrait exécuter le casque ou la cloche en bois et les munir de verres, qu'il appelle lunettes, pour voir autour de soi.

En 1609, le Vénitien Buonaiuto Lorini s'inspirant peut-être des idées de Tartaglia, publia un projet de cloche à plongeur formée d'une caisse rectangulaire en bois, frettée par des bandes de fer et qu'une dalle de pierre entraîne au fond de l'eau (fig. 9).

Des ouvertures vitrées par de fortes glaces permettaient de voir au dehors. La description très nette et précise que donne Buonaiuto Lorini, de sa cloche à plongeur, dans son traité : *Le Fortificationi*, et la figure également claire qui l'accompagne prouvent qu'il avait une idée bien exacte du problème à résoudre.

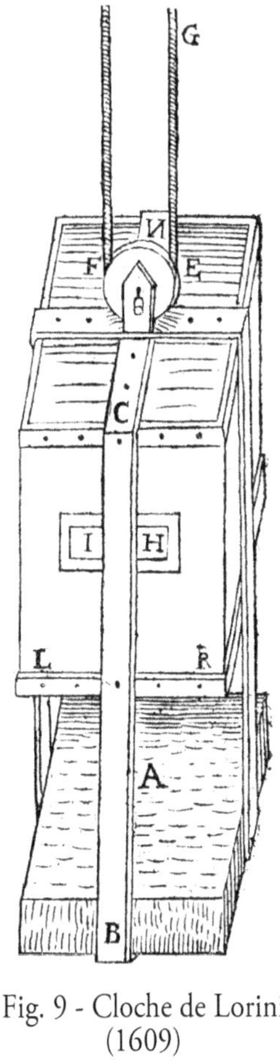

Fig. 9 - Cloche de Lorini (1609)

CHAPITRE II

XVIIe SIÈCLE

La patache sous-marine de Jean Barrié dit de Pradine. — Renaissance de la cloche à plongeur grâce à la publicité donnée par Saint-Clair et Sturmius à la cloche anglaise de Mull. — Lettre de Panthot sur la cloche catalane. — Scaphandre-vessie de Borelli. — Le pauvre forgeron Phipps devenu plongeur millionnaire. — Le jésuite Ciminius et le sieur Royer Doligny. — Le soufflet de Hesse proposé par Denis Papin. — La cloche de l'astronome Halley.

« PATACHE » DE JEAN BARRIE (1640)

En 1640, une lettre patente fut accordée à Jean Barrié (dit de Pradine), par laquelle: « Sa Majefté lui accordait le privilège, pendant douze années, de retirer & pefcher au fond de la mer, avec son vaiffeau ou patache allant dans l'eau, toutes & chacune les marchandises et autres chofes qui s'y trouveront » (*Archives du ministère de la Marine*).

Barrié opéra le sauvetage d'une partie du matériel d'un navire naufragé à Dieppe.

CLOCHE ANGLAISE (1665)

En 1665, un mécanicien, dont le nom n'a pas été conservé, retira trois canons de l'un des vaisseaux de l'Armada, qui était coulé, depuis soixante-dix-sept ans, dans un port de l'île de Mull, voisine des côtes occidentales de l'Écosse. Il se servit d'un appareil à plonger, composé d'un escabeau sur lequel il se tenait debout, et d'une cloche qui couvrait la partie supérieure de son corps. Saint-Clair fit connaître ce travail avec quelques détails. Son récit fit grande sensation et Sturmius en composa un dessin qu'il publia dans son livre intitulé : *Collegium experimentale.*

Le *Journal des Sçavants* reproduisit le dessin de Sturmius en plaçant un homme dans la cloche.

CLOCHE CATALANE
(1678)

Un médecin de Lyon, Panthot, après lecture de l'article, écrivit au Journal des Sçavants qu'il avait vu une cloche fonctionner avec succès dans le port de Cadaques, en Catalogne, pour retirer des piastres de navires coulés. Elle était de bois (fig. 10) avec cercles de fer. De gros boulets suspendus à son bord formaient le lest nécessaire à l'immersion. Voici dans quels termes s'exprime le Dr Panthot :

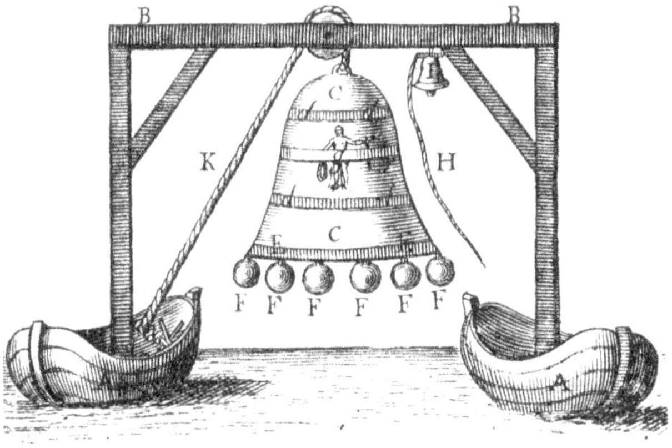

Fig. 10 - Cloche catalane (1678)

Dans les dernières Guerres avant le Mariage du Roy ſuivant l'armée en Catalogne en qualité de Médecin, je vis peſcher hors du port de Capdaques deux vaiſſeaux chargez de Piaſtres échouez près d'un écueil dans un lieu de difficile abord. Les Eſpagnols qui eſtoient maiſtres de Capdaques commencèrent quelques années auparavant la peſche des Piaſtres avec la Cloche ; & Capdaques ayant eſté pris par les François, nous continuâmes fort agréablement & fort utilement l'uſage de cette machine avec laquelle on tira pluſieurs millions de pièces, qui eſtoient devenües noires comme du fer.

Toute la machine & tout l'attirail eſtoit compoſé de deux grandes Barques AA comme il paroiſt dans la figure. D'un traverſier BB au milieu duquel on ſuſpendoit la cloche faite de bois, de la hauteur de 13 ou 14 pieds & large de 9. Elle eſtoit bien pouſſée & bien bandée par le moyen des Cercles de fer DD. Celuy du Bord EE avoit quantité d'anneaux de fer auſquels eſtoient attachez autant de boulets de 60 ou 80 livres FFFF. L'homme G eſtoit aſſis au milieu ſur une barre.

Il tenoit une petite corde H pour donner le ſignal lors qu'il ſeroit ſuffiſamment deſcendu. Il avoit un ſac paſſé au col qu'il rempliſſoit & qu'il alloit vuider de temps en temps dans d'autres ſacs qui eſtoient dans la cloche ſous laquelle il alloit reſpirer : & quand il ſe ſentoit incommodé par l'air qui ſ'échauffoit, il ſonnait la petite cloche I attachée au Traverſier, & alors par le moyen du cable K on le remontoit avec la cloche, & on luy donnoit pour récompenſe tout ce qu'il pouvoit porter à ſes mains & à ſa bouche.

De deux Maures qui deſcendoient alternativement il y en avoit un qui demeuroit pour le moins deux heures ſous la cloche ou à plonger dans les Vaiſſeaux, & l'autre n'y pouvoit reſter qu'une heure ſe ſentant échauffé par la chaleur de l'air : ce qui fait bien voir que la compreſſion de l'air n'eſt pas la ſeule cauſe de la difficulté de reſpirer en pareil cas, mais plus particulièrement la diſpoſition naturelle des Poulmons in aère non difflato.

Ce qu'il y a de particulier & qui mérite d'être obſervé, c'eſt qu'ils entendoient au fonds de l'eau mais confuſément la voix de ceux qui parloient à eux. Cependant ceux qui eſtoient hors de l'eau n'entendoient pas le bruit que les Maures ſaiſoient dans la Cloche lorſqu'ils y eſtoient revenus, quoy qu'ils criaſſent fort haut. Le plus robuſte des deux avoit même porté un Cor de Chaſſe, mais d'abord qu'il en ſonnoit

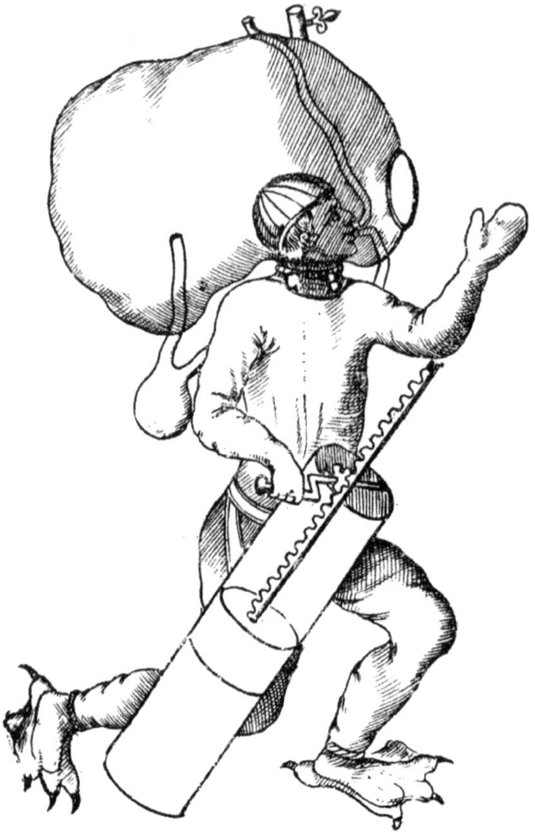
Fig. 11 - Scaphandre de Borelli (1679)

il s'étourdiffoit fi fort que la tefte luy tournoit d'une maniere à le faire tomber dans l'eau.
Ces deux Maures efloient deux fi habiles Nageurs qu'ils fe mettoient librement à Midy en mer à la nage, quelque temps qu'il fift, & ne revenoient qu'à la nuit aux grands jours fans avoir pris terre ni ceffé de nager.
Ils s'offroient même d'aller porter des lettres à Palamos qui eft fort éloigné de là & de revenir dans un jour.
*Je leur demanday s'ils ne craignoient pas d'être dévorez en s'expofant fi avant & fi longtemps dans l'*eau, *comme plufieurs foldats de leur connaiffance qui fe baignoient & qui ne f éloignoient que de quatre ou cinq cent pas de la Rade, dont on avoit veu engloutir ou bleffer confidérablement quelques-uns, ils répondirent que s'ils efloient blancs comme les autres ils craindroient quelque chofe, mais que la chair noire ne faifoit point d'envie aux Pouffons. En effet il ne leur arriva rien de fâcheux pendant tout le temps que j'y fus. lls eftoient plus heureux que beaucoup d'autres Nègres qui en ont efté devorez.*

Le P. Mersenne, l'évêque Wilkins, Magnus Pigelius, etc., ont également fait allusion à l'art du plongeur. Parmi les nombreux modèles de cloches à plongeur, nous nous limiterons à en signaler quelques-uns pour marquer les diverses étapes parcourues successivement dans l'étude de cette question.

Le premier soin des inventeurs a été d'emmagasiner de l'air et de le renouveler en chassant l'air vicié et en le remplaçant par de l'air pur ou bien en le purifiant par des produits chimiques. Nous examinerons, en même temps, divers modèles de scaphandres pour suivre les progrès réalisés jusqu'à nos jours.

SCAPHANDRE ET CLOCHE DU P. BORELLI (1679)

En 1679, Borelli imagina un appareil renfermant en germe l'idée du scaphandre et que nous n'avons vu reproduit nulle part, ni signalé par aucun auteur. Il est vrai qu'il ne semble guère pratique. Il consiste en une outre remplie d'air dont le plongeur devait être coiffé (fig. 11). Cet appareil semble offrir le double inconvénient d'être fort encombrant et d'étrangler le plongeur, qu'il tend à faire flotter. D'ordinaire, on charge au contraire de poids les plongeurs

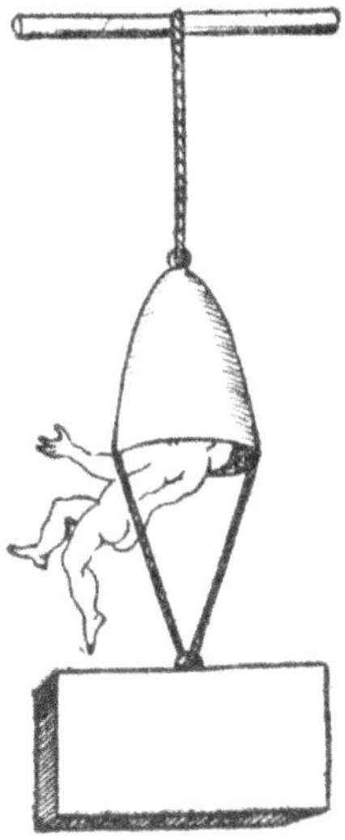

Fig. 12 - Cloche de Borelli (1679).

et les scaphandriers, pour leur donner de la stabilité et les empêcher de ; venir flotter à la surface. Borelli munissait le plongeur d'un réservoir cylindrique à piston avec crémaillère contenant de l'air comprimé.

Dans son traité : *De Motu Animalium*, Borelli indique également une cloche (fig. 12) et une trompe (fig. 28) qui n'offrent rien de particulier.

WILLIAM PHIPPS (1680)

En 1680, un Anglais, William Phipps, fils d'un forgeron, avait formé le projet de faire des recherches pour repêcher un navire espagnol coulé sur les côtes d'Espagne, en se servant d'une cloche à plongeur qu'il avait fait breveter. Le roi Charles II d'Angleterre fit mettre à sa disposition un navire et tout ce qui pouvait lui être nécessaire, mais Phipps ne réussit pas dans son entreprise et fut réduit à la misère.

Il tenta de nouveau une démarche auprès de Jacques II, qui venait de succéder à son frère Charles II ; mais, n'ayant pas obtenu son appui, il ouvrit une souscription à laquelle contribua largement le duc d'Albemarle. Au début les tentatives de Phipps restèrent stériles ; mais, bientôt, elles furent couronnées de succès. Il revint en Angleterre avec un abondant butin.

Le *Mechanic's Magazine* prétend qu'il rapporta de son expédition 200 000 livres sterling (5 millions de francs).

De 1671, première date à laquelle on pouvait prendre des brevets en Angleterre, jusqu'à la fin du XVIIIe siècle, près d'une trentaine de brevets furent pris pour les cloches à plongeur et les scaphandres.

LES « SOUFFLETS DE HESSE » DE DENIS PAPIN (1689)

Le célèbre Dr Denis Papin s'occupa, lui aussi, très activement des cloches à plongeur et construisit même, comme nous le verrons plus loin, un « *batteau-plongeant* » à la demande du Landgrave Charles de Hesse-Cassel (V. p. 74). En 1689, il proposa l'emploi de pompes ou soufflets pour fournir de l'air respirable dans la cloche et en chasser l'eau (fig. 13).

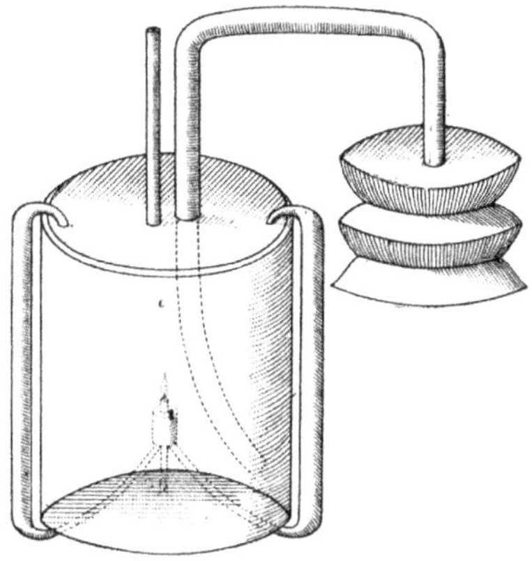

Fie. 13. — Soufflet de Hesse de Papin (1689).

Scarlet mit en doute l'efficacité du procédé proposé par Papin. Celui-ci riposta, mais sa lettre ne fut pas publiée.

C'est alors qu'il écrivit au Colonel du Rosay une lettre dont nous reproduisons le passage suivant d'après le *Recueil de diverses pièces touchant quelques nouvelles Machines :*

Je crois donc, Monfieur, avoir fuffifamment prouvé que ces inftruments que j'ai publiez dans le lieu cité cy deffus, ne font pas fi imparfaits comme M. Scarlet f'eft imaginé : Et quand mefmes le phofphore liquide de M. Elzotius feroit conduit à fa dernière perfection ils ne cefferoient pas pour cela d'eftre vtiles : car quoyque ce phofphore putt eftre plus commode pour la pefche, il y auroit pourtant encor beaucoup d'autres vfages plus confidérables pour les quels on ne fe pourroit paffer des soufflets ou des pompes que j'ay propofées : En effet, Monfieur, dans l'écrit publié dans les Actes l'an 1689 page 485, j'ay fait voir comment ces pompes pourroient l'appliquer fort advantageufement aux cloches plongeantes : parce que par leur moien on prefferoit continuellement l'air dans la cloche & qu'ainfi on chafferoit l'eau par l'ouverture au bas de la cloche. Ce qui feroit qu'elle demeureroit tous jours à peu pres en equilibre avec l'eau en forte que les plongeurs la pourroient transporter facilement d'un lieu à l'autre felon le befoing qu'ils en auroient ; Au lieu que pour l'ordinaire l'eau monte jusques à vne hauteur confidérable dans la cloche ce qui la rend extremement pefante.

Fig. 14. — Halley (1656-1742).

Cette eau qui entre dans la cloche caufe encore vne autre grande incommodité : c'eft que elle couvre le fonds de l'eau & empefche qu'on n'y puiffe voir & travailler à dive' fes chofes qu'on peut souhaitter ; mais par le moien de nos pompes la cloche demeurant toujours vuide on pourroit faire qu'elle l'appuyeroit tout à fait à terre & que le fonds de l'eau demeurant fec en cet endroit on pourroit y travailler comme à l'air ; & ainfi cela pourroit eftre fort vtile non feulement pour pefcher les chofes fubmergées ; Mais auffi pour les battiments dont on jette les fondements dans l'eau.

On auroit encor par ce moien la commodité d'y pouvoir entretenir du feu & de la chandelle & de biffer travailler les gens auffi long temps qu'on voudroit fans qu'il fuit befoing de retirer la cloche en haut pour y donner de l'air frais ; ce font la toutes des utilitez qu'on ne fçauroit attendre du Phofphore : Et, puifque Monf. Scarlet n'a point formé d'objections contre tout cela, il y a lieu de croire qu'il n'y a trouvé aucunes difficultez ni aucune perfection à y adjouter : puifque ce font des chofes plus importantes & plus dangereufes que celles fur quoy il a bien voulu me faire l'honneur d'écrire fes obfervations pour l'utilité publique.

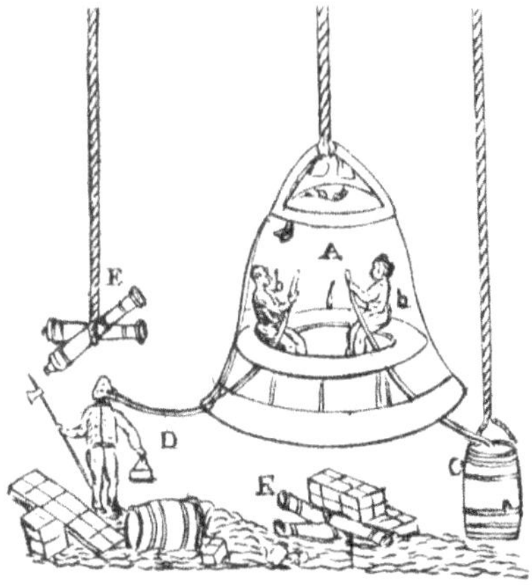

Fig. 15. — Cloche de Halley (1690).
(D'après De Haute-Feuille.)
A Cloche.
b Plongeurs assis sur un banc circulaire.
C Tonneau d'air respirable pour alimenter l'intérieur de la cloche.
D Plongeur en communication avec l'intérieur de l'épave
E Épaves gisant au fond de l'eau

Voilà, Monfieur, ce que j'ay cru pouvoir me donner l'honneur de foumettre à des yeux auffi éclairéz que les vottres ; je vous fupplie tres humblement de le recevoir non feulement comme vn effet du défir d'exciter les grands génies à méditer fur des matières qui peuvent eftre utiles au public: Mais auffi comme une marque de la paffion que j'ai d'acquérir quelque place dans votre fouvenir &, fe pouvoit, dans votre eftime. Je fuis avec un profond refpect Monfieur,

Votre tres humble & tres obeiffant Serviteur.
Denis PAPIN.

HALLEY (1690)

Edmond Halley, astronome anglais, perfectionna la cloche à plongeur, en 1690. Voici la description qu'il en a donnée dans son ouvrage *Philosophical Transactions* :

De l'art de vivre sous l'eau : ou Discours concernant les Moyens de fournir de l'Air au fond de la mer à une profondeur ordinaire.

La cloche dont je me suis servi était en bois, d'une contenance de 60 pieds cubiques, et avait la forme d'un cône tronqué, dont le diamètre, au sommet, était de trois pieds et de cinq à la base. Je couvris cette cloche de plomb lui donnant un poids tel qu'elle pouvait être immergée et je distribuai le poids autour de son fond, de manière à la faire descendre verticalement. Au sommet, il y avait un verre épais mais transparent comme une fenêtre, permettant à la lumière de pénétrer à l'intérieur. Un robinet permettait l'expulsion de l'air vicié.

Au-dessous de la cloche et à un mètre de distance, je plaçai une plate-forme suspendue par trois cordes tendues par des poids de manière à la maintenir solidement. Je suspendis l'ensemble au mât d'un navire par une poulie solidement fixée à la tête du mât, et que l'on pouvait manœuvrer de manière à l'amener sur le côté du navire, aussi bien à l'intérieur qu'à l'extérieur du bord, suivant les besoins.

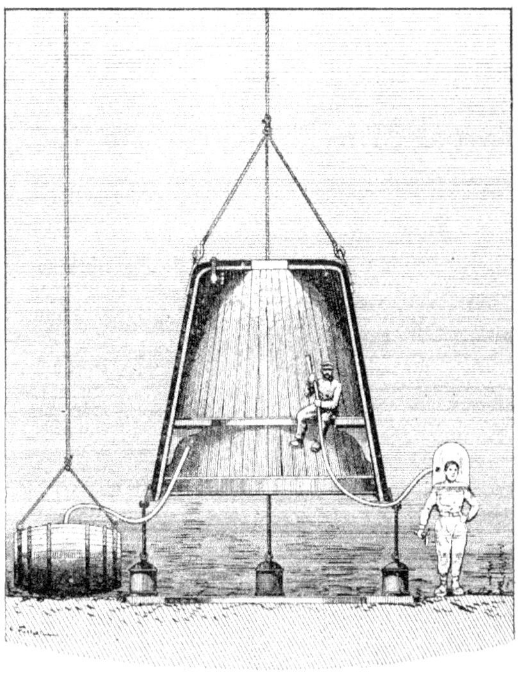

Fig. 16. — Cloche de Halley (1690).

Pour renouveler l'air de la cloche, Halley avait imaginé de se servir de barils doublés de plomb, remplis d'air, que l'on faisait descendre à côté de la cloche (fig. 15 et 16).

A l'aide d'un tuyau flexible, garni intérieurement d'une armature métallique hélicoïdale et muni d'un robinet, on transvasait l'air du baril dans la cloche. Un trou percé dans la partie inférieure du baril permettait à l'eau de se substituer à l'air. Halley expérimenta son appareil. Il descendit dans la cloche avec quelques personnes et y resta plus d'une heure.

Le plongeur, confiné sur la plate-forme de la cloche, avait un rayon d'action très restreint. Pour lui permettre de s'éloigner de l'appareil et de respirer, Halley imagina de le coiffer d'une petite cloche munie d'un tuyau relié à la grande cloche par un tube flexible.

Cette disposition n'était guère pratique, parce que le plongeur devait se tenir debout, en maintenant la cloche en équilibre pour empêcher l'introduction de l'eau. Aussi verra-t-on surgir plus tard une foule de dispositions de scaphandres, complétant l'installation des cloches.

La cloche de Halley avec sa doublure de plomb était très lourde, et sa manoeuvre de hissage très lente.

CHAPITRE III

XVIIIe SIÈCLE

Cloche en peau de buffle de Dalmas, le Marseillais. — Machine hydrostatergatique du sieur Fréminet. — Cloche anglaise de Spalding. — Machine à plonger du citoyen Forfait. — Emploi de la cloche par Smeaton. —Scaphandre et magasin à air de Klingert. — Périlleuse distraction de l'ingénieur Brunel à dix pieds sous la Tamise. — Rapprochement s'imposant entre les diverses observations faites sur la condensation des gaz par les matières spongieuses.

LOUIS DALMAS
(1764)

En 1764, Louis Dalmas, de Marseille, avait imaginé de se servir d'une cloche formée d'une peau de buffle, fixée à un cercle de bois. Des poids entraînaient cette cloche, au-dessous de laquelle le plongeur pouvait séjourner un certain temps : mais c'était là une disposition peu pratique, après la cloche de Halley.

« MACHINE HYDROSTATERGATIQUE » DE FRÉMINET
(1772)

En 1784, le sieur Fréminet, bourgeois de Paris, publia une brochure sur une machine à laquelle il donna le nom grec de Machine hydrostatergatique.

Voici dans quels termes il décrit son travailleur sous-aquatique représenté par la figure 17.

> En 1771, dit-il, j'avais déjà conçu le projet d'une machine au moyen de laquelle on pût exister à une certaine profondeur dans l'eau. Persuadé de sa possibilité, je fis part de mes idées à feu M. l'abbé Nollet, ainsi qu'à d'autres personnes très éclairées. Ils doutèrent du succès de mon entreprise et essayèrent de m'en dégoûter ; mais, pénétré de mon objet, j'exécutai, au mois de juin de l'année suivante, une machine, qui, quoique imparfaite, puisqu'elle sortait à peine des mains

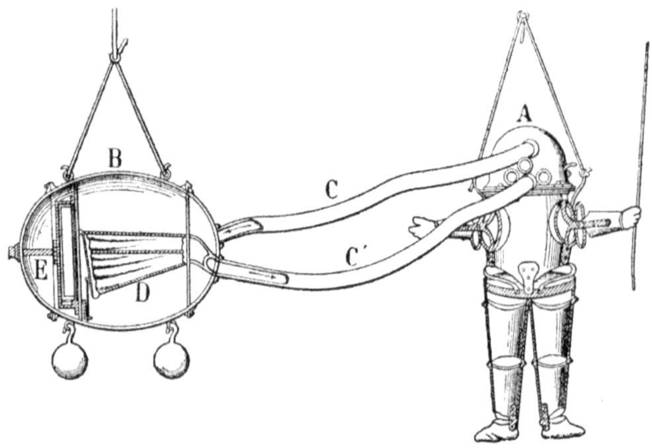

Fig. 17 - Machine hydrostatergatique de Fréminet (1772)

A Casque du scaphandre.
B Réservoir à air.
C Tuyau d'échappement de l'air vicié.
D Soufflet.
C' Tuyau conduisant l'air du réservoir au casque du scaphandre.
E Ressort actionnant le soufflet.

de l'inventeur, réunissait déjà les avantages dont on désespérait auparavant. Cette machine était en cuir et la tête en cuivre ; j'y étais enfermé hermétiquement. Un réservoir qui contenait 9 pouces cubes d'air avait deux tubes élastiques qui communiquaient l'un vis-à-vis de la bouche pour fournir l'air nécessaire à la respiration et l'autre à la partie supérieure de la tête, pour recevoir et renvoyer celui des poumons et de la transpiration. Une mécanique que j'avais placée dans ce réservoir (un ressort à spirale manoeuvrant un soufflet) forçait toutes ces émanations à s'adapter aux parois intérieures ; et la fraîcheur de l'eau, les réduisant en fluide humide, contribuait à vivifier l'air que j'étais obligé de respirer[11]. Je restai 32 minutes sous l'eau, au pont Marie, et j aurais pu, dès ce moment, traverser la rivière, attendu son peu de profondeur et sa pression presque insensible, sans être embarrassé de mon réservoir, car je le tenais sous le bras.

Au mois de décembre 1773, « par les grands froids », dit Fréminet, il fit descendre sous l'eau à 20 pieds de profondeur un homme qui y séjourna trois quarts d'heure. Mais plusieurs ingénieurs ayant alors prétendu que l'appareil ne pourrait résister à la pression de la mer, à cause du poids de l'eau salée, Fréminet se rendit l'année suivante au Havre et, le 7 juin 1774, un homme, muni de la machine hydrostatergatique, resta sous l'eau une heure à la profondeur de 50 pieds (16^{m},50).

Deux ans après, le Ier mai 1776, Fréminet se livra, dans la rivière d'Auray, à diverses expériences et il ramena, entre autres, un poids de 50 livres qu'on avait jeté à une profondeur de 36 pieds d'eau.

Peu de temps après, au mois de juin, Fréminet exécuta des expériences analogues, dans le port de Brest. Il retira du fond de l'eau une ancre, des boulets, des poutres, etc., et cloua plusieurs plaques de plomb contre la partie immergée de la carène d'un vaisseau. Pour exécuter ces derniers travaux, Fréminet avait perfectionné sa machine en la simplifiant. Il avait disposé son réservoir portatif sur le dos en le rattachant au casque.

Cette disposition, infiniment plus pratique que la précédente, eut de nombreux imitateurs depuis.

11 - C'était là une pure illusion de l'inventeur. Il ignorait que l'air expiré renferme du gaz carbonique, lequel ne se condense nullement,

SPALDING
(1775)

En 1775, Spalding, d'Édimbourg, simplifia la cloche de Halley. Il la construisit en bois et lui appliqua, à la partie inférieure, des poids retenus par des crochets aux extrémités des cordes de suspension (fig. 18). Au centre de la cloche était fixé un poids mobile, accroché par une corde à une poulie mouftée. Ce poids, touchant le fond de la rivière, formait corps mort sur lequel on prenait le point d'appui pour hisser ou baisser la cloche à des niveaux variables. La cloche pouvait de la sorte se maintenir en équilibre au milieu de l'eau dans des conditions de stabilité que n'avait pas la cloche de Halley.

Fig. 18. — Cloche de Spalding (1775).

Cette disposition rappelle celle préconisée par Tartaglia un siècle et demi auparavant (V. p. 36).

En prévision d'un accident, en cas de rupture de la corde, Spalding avait complété son appareil par une ingénieuse disposition consistant à ménager, à la partie supérieure de la cloche, une chambre munie de robinets, que l'on remplissait d'eau pour l'immersion tandis qu'on chassait cette eau pour l'émersion.

C'était l'application du principe du lest d'eau généralement en usage dans la plupart des sous-marins. En faisant varier l'introduction de l'eau, Spalding faisait varier le poids de sa cloche et par suite son degré de flottabilité. Spalding mourut en 1783 par suite d'une fausse manoeuvre de sa cloche.

« MACHINE A PLONGER » DE FORFAIT
(1783)

Une communication faite à l'Académie de Rouen, le 29 juillet 1783, décrit une machine à plonger imaginée par Forfait, qui fut plus tard ministre de la Marine, sous le Directoire (*Précis analytique des travaux de l'Académie de Rouen*, vol. V (1781-93), p. 247).

SMEATON
(1786)

En 1786, Smeaton, le célèbre constructeur du phare d'Edystone, employa, le premier, une cloche en fonte, pour enlever des pierres couvertes de 2 mètres à 3 mètres d'eau, à l'occasion de la construction du pont de Hexham. Elle avait 1m,37 de longueur et de hauteur et 0m,91 de largeur. Son poids était suffisant pour déterminer l'immersion. Une pompe placée dans un bateau lui envoyait de l'air.

Certains auteurs prétendent que Smeaton a employé la cloche à plongeur dans la construction du fameux phare d'Edystone. Or ce phare a été construit sur le roc, ce qui dispensait d'employer la cloche. D'ailleurs, dans son bel ouvrage relatif au phare d'Edystone, Smeaton ne mentionne nullement l'emploi de cet appareil.

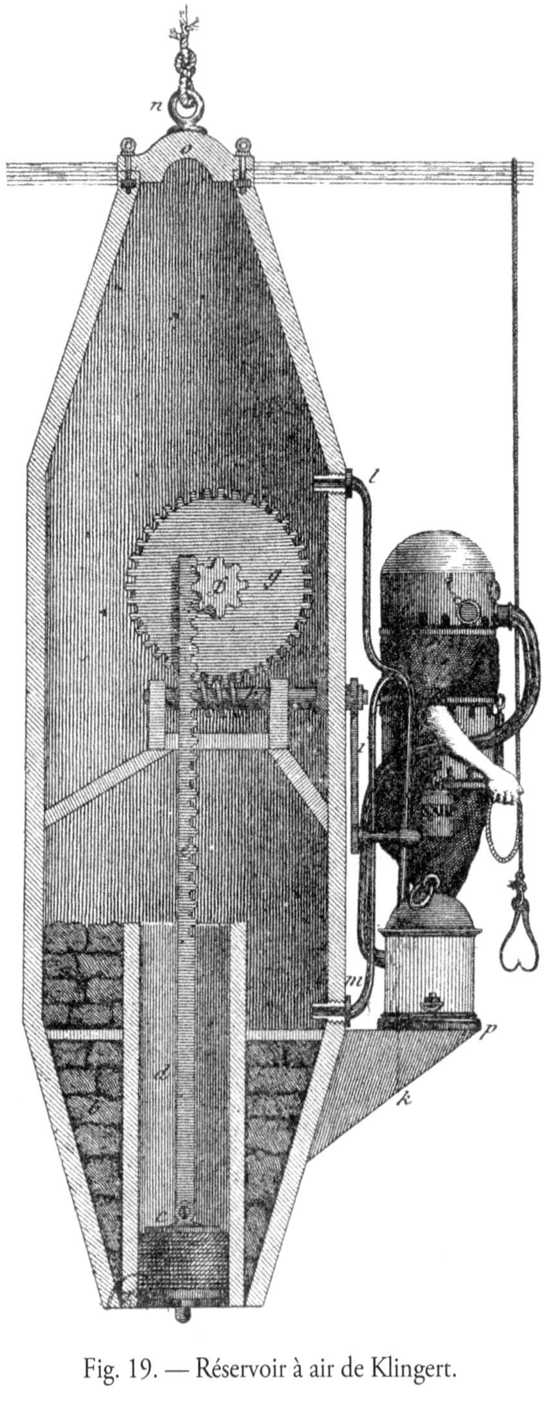

Fig. 19. — Réservoir à air de Klingert.

KLINGERT (1797)

Le scaphandre de Klingert se composait d'un solide cylindre en fer-blanc entourant la taille et d'un dôme, pour protéger la tête du plongeur. Ces deux parties étaient reliées par un sac étanche en cuir. Deux ouvertures servaient au passage des bras, qui s'introduisaient dans des manches en cuir s'arrêtant aux coudes. Un caleçon de cuir descendait jusqu'aux genoux (fig. 19).

Deux trous, garnis de verre et percés à la hauteur des yeux, permettaient de voir autour de soi. A la hauteur de la bouche, aboutissaient deux tuyaux dont l'un amenait l'air frais et l'autre servait à l'expulsion de l'air vicié. Des réservoirs recevaient l'eau de condensation de la respiration. Deux poids en plomb, suspendus au cylindre contre les hanches, assuraient la stabilité du plongeur.

Klingert perfectionna son appareil en y adjoignant un réservoir contenant de l'air respirable. Ce réservoir, formé d'un cylindre terminé par deux parties tronconiques, était muni à l'avant d'une plate-forme k sur laquelle se plaçait le scaphandrier au moment de la descente. Le tuyau d'amenée de l'air respirable l était relié à la partie supérieure du réservoir et celui d'évacuation de l'air vicié m, à la partie inférieure.

L'appareil était lesté par des poids b situés à l'intérieur du récipient.

Un piston *c* se déplaçant dans un cylindre vertical sans fond *d* était actionné au moyen d'une manivelle *i* et d'une transmission formée par une vis sans fin *h*, une grande roue dentée *g*, une petite *f* et une crémaillère *e* formant le prolongement de la tige du piston *d*. En se déplaçant, le piston refoulait l'eau ou la laissait monter dans le cylindre. Il déterminait ainsi une variation du volume immergé et, par conséquent, entraînait l'immersion ou l'émersion de l'ensemble.

Les dispositions offertes par l'appareil à plonger de Klingert étaient très ingénieuses et ont ouvert la voie aux chercheurs, comme nous le verrons dans la suite.

> La cloche à plongeur a rendu plus d'un service aux ingénieurs, dit Esquiros, dans son livre sur *L'Angleterre et la Vie anglaise*, en les mettant à même de reconnaître la nature de certaines avaries qui menacent trop souvent d'une grande ruine les ouvrages sous-marins. Lorsque Brunet était en train de construire le fameux tunnel sous la Tamise et que le courant du fleuve eut percé la voûte du tunnel, il descendit dans une cloche à plongeur afin de s'assurer par lui-même de l'étendue du désastre. La machine s'enfonça sous l'eau à près de trente pieds et arriva jusqu'à l'ouverture béante creusée dans la maçonnerie. Cette déchirure était néanmoins trop étroite pour que la cloche pût y entrer. Il fallait donc, ou qu'il renonçât à poursuivre ses observations ou qu'il recourût à un autre moyen pour atteindre le théâtre des travaux, situé à huit ou dix pieds plus bas. Brunet n'hésita point, s'emparant du bout d'une corde, il plongea lui-même dans la brèche. Là il demeura sous l'eau durant deux minutes. Ses compagnons commençaient à s'alarmer, ils donnèrent le signal pour qu'il remontât. Lui, cependant, tout occupé de recherches importantes, avait quitté la corde et eut à peine le temps de la ressaisir au moment où s'éloignait cet unique moyen de salut. Revenu dans l'intérieur de la cloche, il s'étonna du temps qu'il avait passé sous la rivière et qui dépassait de beaucoup la moyenne des forces humaines.
> Cette circonstance valait bien la peine qu'on en cherchât la cause. Il ne faut point perdre de vue que l'atmosphère de la cloche, étant condensée par une colonne d'eau de trente pieds de hauteur, contenait près de deux fois la quantité d'air que renfermerait tout autre vaisseau de ce volume. Les poumons du plongeur, véritables éponges à air, étaient dès lors saturés de fluide respirable au moment où il avait quitté la machine ; ne devaient-ils pas mettre plus de temps à épuiser leur double provision ? D'un autre côté, la cloche serait-elle appelée à jeter quelque nouvelle lumière sur la physiologie d'une des principales fonctions de la vie animale ? Un tel fait du moins semblerait l'indiquer.

Cette observation est à rapprocher de la suivante : certains plongeurs se servent d'une éponge placée dans la bouche pour prolonger la durée de leur séjour sous l'eau. On connaît la propriété de certaines matières spongieuses, telles que le charbon de bois et la mousse de platine, d'absorber et de condenser certains gaz. Il ne serait donc pas impossible, comme le fait observer Esquiros, que les poumons aient la propriété de condenser l'air, lequel se dégage ensuite lentement.

Les branchies des poissons, offrant l'aspect spongieux, ont pour fonction d'extraire l'air contenu dans l'eau. Le rapprochement de ces diverses observations conduira peut-être un jour à la création d'appareils industriels permettant d'extraire l'air contenu dans l'eau pour l'usage des appareils sous-marins.

CHAPITRE IV

XIXe SIÈCLE

Le Triton de l'Allemand Drieberg. — Cloche en fonte de Rennie à Ramsgate. — Scaphandre à air comprimé de l'Anglais James. — Le scaphandre de l'Anglais Siebe et l'ingénieur-plongeur Mac Duff. — Féroce combat sous-aquatique de scaphandriers anglais à quatre-vingt-dix pieds au-dessous de la surface des flots. — Scaphandre de Cabirol. — Scaphandre américain. — Appareil régulateur de pression de Rouquayrol et Denayrouze. — Scaphandres cuirassés pour grandes profondeurs des frères Carmagnolle, de Carrey, d'Hermenger, etc. — Légende anglaise de Jack-le-Plongeur et de la fée sous-marine.

LE «TRITON» DE DRIEBERG (1808)

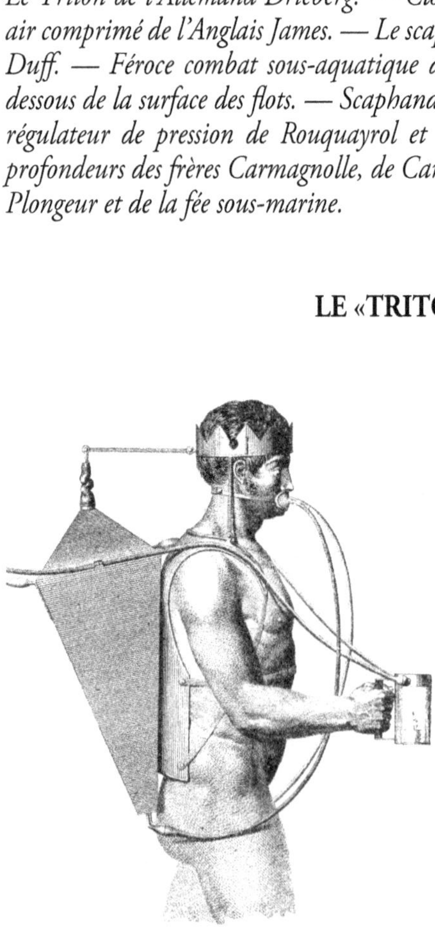

Fig.20. — Le *Triton* de Drieberg (1808).

En 1811, Drieberg publia un *Mémoire sur une nouvelle machine à plonger*, appelée Triton. Ce n'était pas à proprement parler un scaphandre ; car, non seulement Drieberg ne donnait pas un vêtement spécial à son plongeur, mais encore il le présentait tout nu dans ses dessins (V. fig. 20).

L'extrême délicatesse des poumons, dit-il dans sa brochure, et leur faiblesse sont les causes principales qui ont empêché de réussir jusqu'à présent dans la construction d'une machine parfaite pour descendre sous l'eau, et y séjourner ; car la moindre résistance que trouve la respiration est suffisante pour qu'on soit suffoqué en peu de minutes.

Quoiqu'il paroisse d'abord assez facile de remédier à ce grave inconvénient, il s'est écoulé plusieurs siècles depuis qu'on en cherche les moyens, sans que cependant on soit encore parvenu à les trouver. C'est donc à vaincre cette difficulté que je me suis attaché plus particulièrement ; et les expériences réitérées que j'ai faites de ma machine ne me permettent plus de douter que je n'y sois parvenu (au moins d'une manière beaucoup plus heureuse que tous mes prédécesseurs) en établissant des poumons artificiels, qui ôtent aux poumons du plongeur tout le travail qu'ils auraient besoin de faire pour obtenir de l'air en abondance. C'est aussi dans ces poumons artificiels que consiste le principe de l'invention ; les autres parties n'en sont que les accessoires, elles peuvent varier quant à la forme et quant à la manière de les employer.

Le plongeur était muni d'un soufflet, qu'il portait sur le dos. Fixé par des courroies et une tige qui le reliait à une couronne ceignant la tête du plongeur, ce soufflet envoyait l'air respirable au moyen de deux tuyaux s'adaptant à la bouche. Cette disposition rappelle celle de Fréminet.

Dans sa brochure, Drieberg accusa les frères Coëssin de plagiat, leur reprochant de s'être approprié son système de ventilation par soufflet.

Comme tant d'autres inventeurs, l'infortuné Drieberg ignorait, sans doute, que, longtemps avant lui, d'autres avaient eu la même idée et l'avaient appliquée Papin, Fréminet, Coulomb, etc.

RENNIE
(1812)

En 1812, Hennie se servit, à Ramsgate, d'une cloche en fonte, analogue à celle de Smeaton. Il l'utilisa également pour la fondation des quais de Sheerness, à 7 et 8 mètres sous l'eau, et de la jetée de Howth, à 10 mètres,

Il y ajouta une plate-forme mobile sur quatre roues se déplaçant sur des rails fixés eux-mêmes à une seconde plate-forme dont les roues se déplaçaient à angle droit par rapport à la première. De la sorte, la cloche pouvait occuper une position quelconque. L'air y était amené par une pompe foulante.

Rendel a employé également une cloche à plongeur, en bois toutefois, pour les fondations du pont de Lary, près de Plymouth.

Les cloches ont rendu de grands services pour les travaux ; mais elles ne peuvent contenir qu'un petit nombre d'ouvriers, et leur manoeuvre, toujours difficile, devient dangereuse quand le courant est un peu rapide.

W.-H. JAMES
(1825)

En 1825, l'Anglais William-Henry James fit breveter un scaphandre muni d'un réservoir cylindrique, contenant de l'air comprimé, que le plongeur porte autour de la taille comme une ceinture (fig. 21 et 22).

Ce réservoir A est suspendu par des bretelles h passant sur les épaules du plongeur. Un tuyau flexible B le relie au casque C du scaphandrier. L'air vicié est insufflé dans le tuyau intérieur c et passe par une soupape d, située au sommet du casque.

Un robinet b permet d'interrompre ou de régler l'admission de l'air du réservoir A au casque du scaphandrier. La compression de l'air dans le réservoir A se fait par la soupape a. Sa pression est de trente atmosphères pour une durée d'une heure.

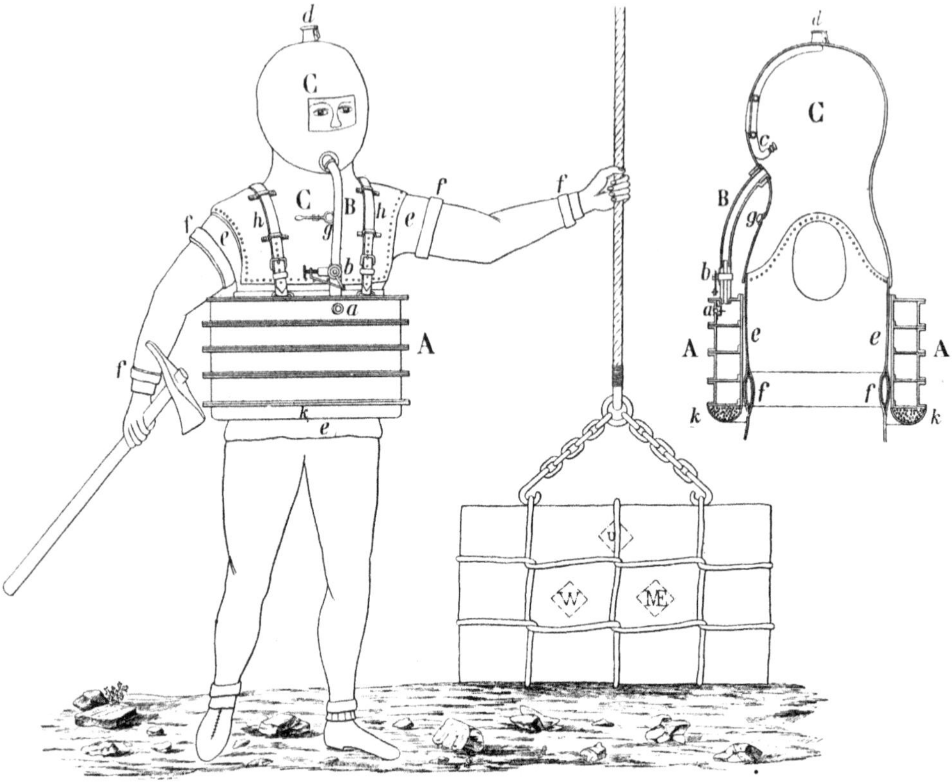

Fig. 21 et 22. — Scaphandre à air comprimé de W.-H. James (1825).

Une valve de sûreté g, placée sur le devant de la collerette du casque, permet d'évacuer l'air lorsque la pression est trop forte dans le casque. Des bagues, anneaux et tore en caoutchouc ff permettent d'empêcher les fuites d'air aux bras et à la ceinture.

Enfin des plombs de chasse, placés au-dessous du réservoir à air, dans le demi-tore k k, permettent, en les abandonnant, de rendre l'appareil léger et de faire flotter le scaphandrier. M. T. B. par une lettre adressée au *Mechanic's Magazine* et publiée par ce journal le 25 juin 1825, proposa de munir les scaphandriers d'un petit réservoir sphérique, pouvant contenir de l'air comprimé à 15 ou 20 atmosphères, et que l'on visserait à la partie supérieure de leur casque.

SIEBE
(1829)

En 1829, l'Anglais Siebe réalisa un scaphandre dont les qualités pratiques furent vite appréciées et le firent adopter par les administrations anglaise et même française.

En effet, Siebe jouit jusqu'en 1857 du privilège exclusif de fournir des appareils plongeurs à la marine militaire française.

Son emploi nous est signalé par un intéressant récit d'Esquiros :

> Lorsque lord Elgin se rendait aux Indes, le bateau à vapeur Colombia fit naufrage, vers 1850, contre la pointe de Galles. On envoya sur les lieux des plongeurs qui, à l'aide de l'appareil de M. Siebe, recouvrèrent non seulement l'argent, mais encore les papiers et les dépêches de Sa Seigneurie. Un autre steamer, construit

Fig. 23. — Scaphandriers récupérant les canons du Royal-George (1844).

pour braver le blocus américain et fourni d'un mécanisme très coûteux, avait sombré au printemps de 1865, près de l'île Lundy. Un ingénieur, M. Mac Duff, de Portsmouth, descendit revêtu du scaphandre au fond de l'Océan, démonta pièce à pièce toutes les machines et les renvoya à la surface. Il travaillait de la sorte six heures par jour avec autant de sang-froid que s'il eût été dans son atelier ; il se trouvait pourtant sous quarante-deux pieds d'eau, et en outre le fond de la mer était souvent troublé par des oscillations qui venaient du détroit.

Esquiros nous raconte encore dans sa *Vie anglaise* une anecdote dont le dramatique récit dépeint la sauvage rudesse de moeurs de quelques plongeurs.

> En 1844, dit-il, une troupe de scaphandriers fut employée à retrouver les restes du *Royal-George* vaisseau de 104 canons, qui avait fait naufrage en 1782, à Spithead, dans quatre-vingt-dix pieds d'eau. Les manoeuvres étaient commandées par le général Paisley. Deux soldats de l'armée, qui avaient échangé pendant ce temps-là l'habit militaire contre le casque et l'uniforme de plongeur, se prirent de querelle au fond de l'Océan à propos d'une question de propriété. Comme ils travaillaient tous les deux sur le même débris de naufrage, ce fut à qui resterait maître du terrain et s'emparerait des dépouilles. Il s'ensuivit un combat durant lequel l'un des plongeurs donna un coup de poing à son adversaire sur la visière du casque et brisa ainsi la glace. On fut dès lors obligé de le remonter à la surface, tandis que l'autre fit main basse sur le butin.

CABIROL
(1856)

En 1856, Cabirol prit, en France, un brevet pour un scaphandre, qui se composait de deux parties essentielles : 1° Le vêtement ; 2° La pompe.

Le vêtement imperméable comportait un casque et une pèlerine en métal. Le casque, en cuivre étamé, portait quatre verres protégés par un grillage. Trois de ces verres étaient placés à la hauteur des yeux et le quatrième au-dessus du front pour permettre au plongeur de voir ce qui se passait au-dessus de sa tête.

Le casque se vissait au collet cylindrique de la pèlerine ; des écrous à oreilles l'empêchaient de se dévisser.

Une couronne en caoutchouc formait joint étanche. A l'arrière, venait aboutir le tuyau conduisant l'air respirable.

A l'avant, une soupape donnait issue à l'air expiré et à celui fourni en excès par la pompe. Un robinet permettait de régler l'échappement de l'air. En le fermant complètement, le vêtement se gonflait d'air et le plongeur, transformé en ludion, remontait à la surface. Des poids étaient accrochés à la pèlerine pour donner de la stabilité.

Le vêtement, fait en étoffe caoutchoutée, était d'une seule pièce et garantissait le corps, les jambes et les bras. Des manchettes en caoutchouc et une ceinture fermaient hermétiquement le vêtement aux poignets et à la taille.

Des chaussures à semelles de plomb complétaient le vêtement du scaphandrier ; un accessoire indispensable était un couteau-poignard passé à la ceinture et qui pouvait servir non seulement d'outil mais, à l'occasion, d'arme défensive contre les animaux sous-marins.

Cabirol avait également imaginé une lampe qui restait allumée sous l'eau et fonctionnait régulièrement.

SCAPHANDRE AMÉRICAIN

Le scaphandre américain comporte, en plus des éléments que nous venons d'énumérer, un réservoir métallique renfermant de l'air comprimé à 17 atmosphères en quantité suffisante pour une durée de trois heures.

Un tuyau muni d'une soupape met en communication le réservoir avec le casque.

L'air expiré est évacué par un tuyau placé à la partie supérieure du casque. Deux petits sacs en caoutchouc, formant vessies, sont reliés au réservoir par un tuyau muni d'une soupape. Ils servent, lorsqu'ils sont gonflés, à faire flotter le scaphandrier quand il veut remonter à la surface. L'avantage de ce scaphandre est de laisser la liberté de ses mouvements au plongeur. Il n'est plus embarrassé par les tuyaux qui le relient à la pompe, comme dans les autres appareils similaires.

ROUQUAYROL ET DENAYROUZE (1864)

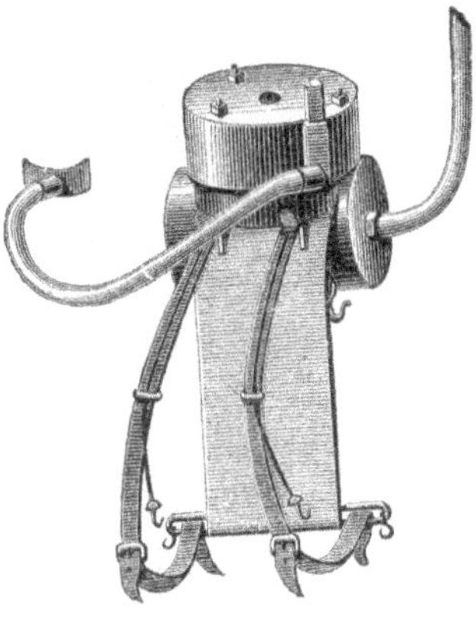

Fig. 24. — Réservoir à air et régulateur de pression du scaphandre Rouquayrol et Denayrouze (1864).

Dans la pratique, l'emploi du scaphandre offrait certains inconvénients résultant des variations de pression produites par les à-coups de la pompe et la chaleur de l'air comprimé, qui augmentaient beaucoup la fatigue et le malaise du plongeur et lui occasionnaient de violents maux de tête.

Rouquayrol et Denayrouze ont cherché à y remédier par l'emploi d'un régulateur de pression (fig. 24 et 25).

Rouquayrol, ingénieur des mines, avait imaginé un appareil régulateur de pression pour protéger les mineurs, obligés de travailler dans des galeries grisouteuses. Le lieutenant de vaisseau Denayrouze songea à appliquer cet appareil aux scaphandres. De là est née une collaboration qui eut pour résultat de donner à la marine le meilleur appareil existant actuellement. Cet appareil consiste :

1° En un réservoir à air comprimé R, d'une capacité de 8 litres. Il est en tôle d'acier de 6 millimètres d'épaisseur pour pouvoir résister à une très forte pression ;

2° En une chambre à air B, servant de régulateur et étamée intérieurement comme le réservoir.

Cette chambre, située au-dessus du réservoir d'air comprimé, est fermée à la partie supérieure par une paroi élastique. La communication entre le réservoir et la chambre a lieu au moyen d'un orifice obturé par une soupape conique dont la tige est reliée au fond mobile de la chambre. La pression de l'air du réservoir tient la soupape appliquée sur son siège. Le plongeur, en aspirant l'air contenu dans la chambre, y abaisse la pression. La pression extérieure devenant plus forte fait fléchir la paroi élastique qui détermine, par la tige et la soupape, l'ouverture de l'orifice de communication.

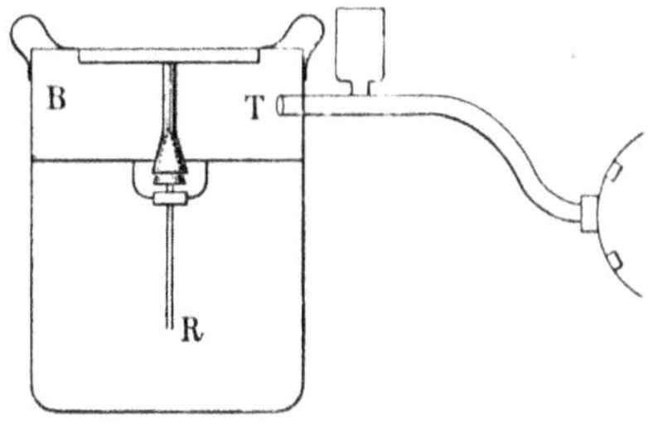

Fig. 25. - Figure schématique montrant le fonctionnement du régulateur de pression du scaphandre Rouquayrol et Denayrouze.

Une certaine quantité d'air passe alors du réservoir R dans la chambre B, la pression monte et lorsqu'elle est égale à la pression extérieure, l'obturation de l'orifice s'effectue. On a de la sorte, d'une manière automatique, dans la chambre B, de l'air à la pression extérieure, condition indispensable pour le bon fonctionnement des organes respiratoires du plongeur.

Des bretelles et un tablier en cuir servent à porter cet appareil sur le dos. Le tuyau d'aspiration est muni d'une plaque recourbée que le scaphandrier insère entre les lèvres et les gencives. Il est en outre pourvu d'une soupape qui se prête à l'expulsion de l'air, mais s'oppose à sa rentrée.

SCAPHANDRES CUIRASSÉS

Avec les scaphandres que nous venons d'examiner on ne peut guère descendre à plus de 40 mètres, les pressions devenant trop fortes. Aussi les inventeurs se sont-ils ingéniés à créer des appareils plongeurs permettant d'atteindre de plus grandes profondeurs.

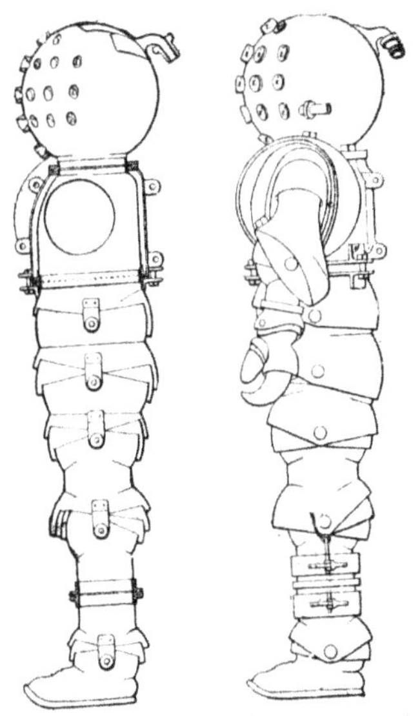

Fig. 26. — Scaphandre cuirassé de Carmagnolle (1882).

FRÈRES CARMAGNOLLE (1882)

En 1882, les frères Carmagnolle ont breveté un scaphandre cuirassé formé d'une série de pièces réunies par des joints à rotule (fig. 26). Ces rotules, formant articulations, étaient rendues étanches par de la toile imperméable.

CARREY — HERMENGER (1892)

En 1892, les Américains William Carrey d'une part, et Hermenger d'autrc part, ont également fait breveter des scaphandres cuirassés de plusieurs sortes qui ont été décrits par Delpeuch.

Nous ignorons quels résultats pratiques ont donné ces appareils.

Voici enfin, pour clore cette partie concernant les scaphandres et les cloches à plongeur, une légende anglaise, de Jack-le-Plongeur, que nous rapporte encore Esquiros, dans sa *Vie anglaise*, déjà citée.

Fig. 27. - Scaphandriers surpris par un espadon.

Jack (tel est le nom d'un plongeur qui vivait à la fin du dernier siècle) avait été occupé depuis quelques semaines à recueillir les débris d'un naufrage, quand un jour il vit apparaître à l'une des fenêtres de la cloche une figure pâle avec de longs cheveux entremêlés d'algues marines. Il avait bien entendu parler de la beauté des sirènes (*mermaids*), qui sont, comme tout le monde le sait, les plus ravissantes des femmes, mais Jack n'aurait jamais cru qu'il pût exister de créature aussi parfaite.

D'une voix plus douce que le gazouillement des vagues sous une fraîche brise, elle lui dit : « Je suis un des esprits de la mer ; à cause de ton bon naturel, je t'ai distingué d'entre tes autres compagnons et je te protégerai, mais à une condition, c'est que tu sauras me reconnaître dans toutes les formes dans lesquelles il me plaira de m'envelopper. »

La vision disparut, et Jack demeura fort surpris, avec une grande joie au fond du coeur.

A partir de ce moment, tout lui réussit. Où les autres plongeurs ramassaient un écu, il en trouvait trois. Se souvenant de ce que lui avait dit la Sirène, il eut grand soin de traiter en amis tous les habitants de la mer. Au moment où la cloche descendait dans l'eau comme une colonne creuse, il voyait distinctement sous ses pieds, à quelque distance, des poissons et d'autres animaux marins : mais il avait grand soin de ne pas les effrayer. Plus d'une fois, lorsque la cloche remontait à la surface et qu'une légère vapeur tiède couvrait d'un nuage les verres de sa prison, il cherchait du regard la belle dame de la mer, car il aurait bien voulu la revoir. Elle ne se remontra jamais.

Cependant tout continuait à prospérer ; sa femme et ses enfants commençaient à croire qu'il avait de la peau de phoque séchée sous ses vêtements et que cela lui portait bonheur. Il n'avait pas en effet osé leur parler de cette fée aux yeux vert de mer qui veillait sur lui. Un jour pourtant il travailla plusieurs heures de suite

> sans rien trouver; une houle profonde troublait la lumière dans l'intérieur de la cloche et l'empêchait de distinguer les objets. Comme il revenait chez lui de mauvaise humeur, il rencontra un affreux polype que le mouvement du reflux venait de laisser dans le sable. Jack l'écrasa du pied et s'en alla manger sa soupe. Le lendemain, pendant qu'il était redescendu au fond de la cloche, quelle fut sa terreur en apercevant à travers les parois de la cloche, non plus l'attrayante figure de la Sirène, mais un monstrueux requin ! L'animal s'approcha jusqu'au-dessus de la tête du plongeur et lui dit : « Tu m'as désobéi, donc tu mourras. » En effet, quelques jours après, un accident survint dans la machine et Jack fut noyé.

La moralité de cette légende est qu'il faut toujours être bon envers tous les êtres de la création, surtout quand ils sont faibles et inoffensifs.

Troisième partie

OBSERVATOIRES EXPLORATEURS & TRAVAILLEURS SOUS-MARINS

CHAPITRE I

Puits, Boules et Barriques

Trompe de Lorini et tuyau de poêle de Borelli. — Puits ambulant de John Williams. — Barrique de Lethbridge. — Sphère de Cervo. — Le pêcheur sous-marin de Le Batteux. — Tube-plongeur ou explorateur sous-marin de de Collonge. — Observatoire sous-marin de Bazin. — Taupe marine et Neptune de Toselli. — Palla Nautica de Balsamello. — Sfera metidrica de Corzetto-Vignot. — Travailleur La France de Piatti dal Pozzo. — Travailleur de Pino.

L'emploi de la cloche à plongeur et des scaphandriers s'impose dans un grand nombre de travaux maritimes ; mais la cloche est inutilisable et les scaphandriers sont indispensables dans l'exploration et la recherche des épaves. Nous donnons ci-après une page d'Esquiros qui exprime bien les difficultés rencontrées par ces courageux explorateurs qui coudoient la mort à chaque instant.

> Lorsque le navire s'est englouti dans un lit sablonneux, il peut se conserver plus ou moins intact pendant quelque temps. La lumière dépend beaucoup de la profondeur et de la nature des eaux, mais en général cette clarté crépusculaire suffit bien à diriger les mouvements des plongeurs autour du bâtiment coulé à fond. Il n'en est plus de même lorsque, montés sur le pont, ces intrépides chercheurs veulent se frayer un chemin vers les principales cabines ; là tout est noir, horrible, désolé : il leur faut marcher à tâtons, comme des aveugles. Dans les grands vaisseaux où les escaliers sont raides et profonds, où les cabines s'étendent dans de longs corridors sombres, le danger est que le plongeur n'entortille son tube à air autour de quelque objet malencontreux et ne suspende ainsi pour lui-même la source de la vie. Comment surtout retrouver son chemin dans cette nuit pour revenir sans encombre à la lumière ? Il se peut que le plongeur ait saisi dans un coin mystérieux la précieuse cassette, il la tient tout triomphant dans ses bras ; mais à quoi bon, s'il n'est point à même de découvrir l'escalier par lequel il est descendu ? Des masses froides, informes, ténébreuses, flottent autour de son casque ; ce sont les cadavres des noyés. Est-il assez heureux pour se dégager de ces obstacles et pour reconnaître sa route, il envoie à la surface le

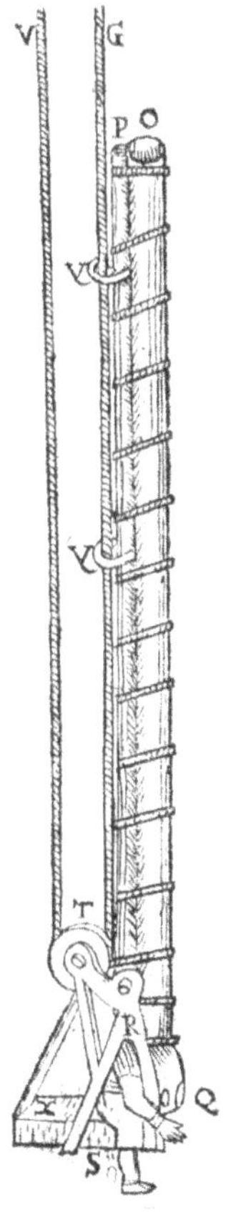

Fig. 28 - Trompe de Lorini (1609)

trésor qu'il vient de trouver, puis retourne chercher fortune dans les flancs caverneux du navire.

Le courage de ces hommes n'a d'égal au monde que leur persévérance. Je demandais à l'un d'eux s'il ne craignait pas de s'embarrasser dans les tas de câbles au fond de ces noirs labyrinthes ; il me répondit : « Quand on craint, on ne se fait point plongeur. » Il s'en trouve dans le nombre qui possèdent une sorte de seconde vue pour aller droit au trésor caché: on appelle cela « avoir du flair au bout des mains ». Tous ne sont pas également heureux, mais tous disputent bravement aux flots ces richesses sur lesquelles plane l'image hideuse de la mort.

«TROMPE » DE LORINI (1609)

Dans son beau livre *Le Fortificationi*, au chapitre *Strumenti nei quali possono star gli huomini sotto acqua*, p. 232, Buonaiuto Lorini donne la description de sa trompe. Elle consiste en une cheminée en cuir OR reliée par une corde à une antenne PR qui la maintient verticalement contre les parois d'un navire à flot (fig. 28). Cette cheminée se termine à la partie inférieure par un renflement en cuir muni de verres et formant veste avec des manches également en cuir. La cheminée est fixée, à la partie inférieure, à un chevalet en fer RS relié à une dalle en pierre X formant poids pour l'immersion. Une poulie T permet aux hommes placés à la surface de faire descendre ou monter tout l'ensemble avec la corde GTV qui glisse le long de l'antenne au travers des étriers Y fixés sur cette antenne.

Le plongeur pénètre à mi-corps dans la cheminée en endossant la veste de cuir qu'il serre à la taille et aux poignets pour empêcher l'eau de pénétrer ; se trouvant alors à califourchon sur la dalle, il est immergé avec l'appareil. Par la cheminée ou puits O il respire et correspond avec les hommes placés sur le navire. Il voit devant lui par les petites fenêtres et manoeuvre avec les bras dans les limites de liberté relative que lui laisse ce carcan d'un nouveau genre.

Nous ignorons s'il a été fait quelque application de cet appareil ; mais il y a lieu de craindre que la pression de l'eau refoule l'homme et sa veste de cuir à l'intérieur de la cheminée.

TUYAU DE POÊLE DU P. BORELLI (1679)

Dans l'ouvrage posthume du P. Borelli : *De Motu animalium* (pl. 14, fig. 7), on trouve la figure d'un appareil mentionné par l'auteur et qui ressemble à un long tuyau de poêle, muni d'une veste, dont était coiffé le plongeur. Celui-ci a toute la liberté de ses mouvements mais il ne semble guère avoir celle de respirer.

Ici encore la pression de l'eau devient un sérieux obstacle pour le patient coiffé de ce gigantesque mirliton.

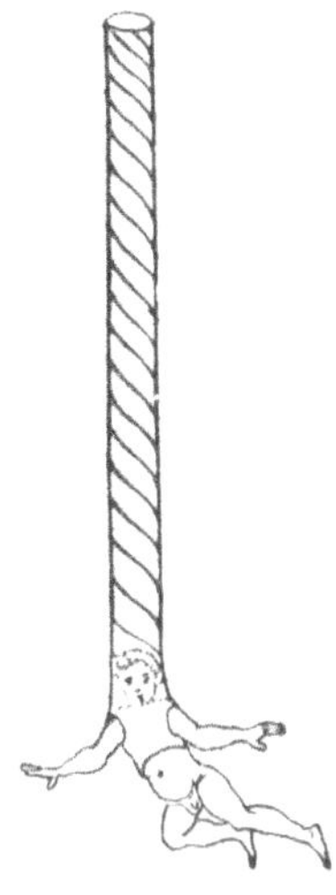
Fig. 29. - Tuyau de poêle du P. Borelli (1679).

PUITS AMBULANT DE JOHN WILLIAMS (1692)

Les cloches à plongeur et les scaphandres ne permettant pas de descendre à de grandes profondeurs, on a cherché à leur substituer, soit des tubes très résistants, ouverts par le haut, que l'on immergeait dans l'eau, soit des récipients ou vases clos que l'on faisait descendre au bout d'une corde.

En 1692, l'Anglais John Williams prit un brevet pour un appareil d'exploration et de recherches sous-marines rentrant dans la première catégorie d'appareils que nous venons de signaler (fig. 30).

L'appareil était formé d'une solide caisse cubique en bois, renforcée par des ferrures, et dans laquelle se tenaient les opérateurs. Cette caisse, fermée par le bas, mais ouverte par le haut, était prolongée, à la partie supérieure, par une cheminée ou coffre également en bois. Elle était munie de hublots pour voir autour de soi et de manches en cuir permettant de passer les bras et de saisir les objets que l'on voulait repêcher avec des pinces, des crochets et autres outils suspendus à des cordes à l'extérieur de la caisse.

Tout l'ensemble de ce grand puits ambulant, après avoir été convenablement lesté, était suspendu par des cordes à un navire flottant à la surface.

A l'intérieur du puits ou de la cheminée se trouvaient une échelle pour la descente et la montée des ouvriers, ainsi qu'un tuyau de ventilation servant à l'aération de la chambre de travail.

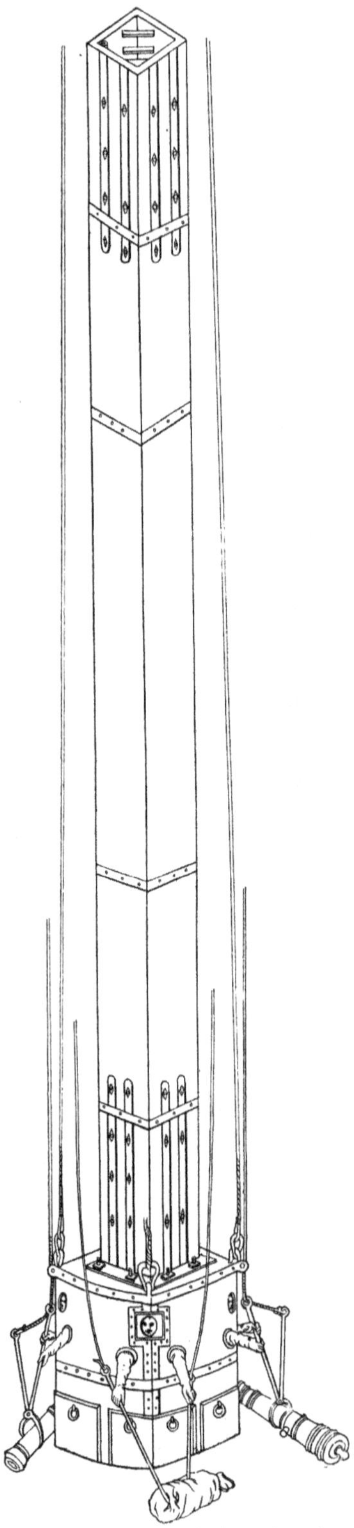
Fig. 30. — Puits ambulant de John Williams (1692).

BARRIQUE DE LETHBRIDGE (1715)

En 1715, John Lethbridge fit quelques essais avec une sorte de barrique de 6 pieds de long et 2 pieds 1/2 de diamètre à la partie supérieure et 18 pouces à la partie inférieure (fig. 31). Il s'introduisait dans sa barrique par la partie supérieure A que l'on fermait ensuite hermétiquement. Deux trous C munis de manches D en cuir permettaient de passer les bras pour explorer le fond de la mer ou de la rivière. Deux petits trous G que l'on fermait avec des chevilles, quand l'appareil devait être immergé, servaient à introduire de l'air ou à le renouveler à l'aide d'un soufflet, pendant les émersions.

Un hublot B, muni d'un verre épais de 4 pouces de diamètre, était placé sur un des côtés, entre les manches en cuir, de manière à permettre

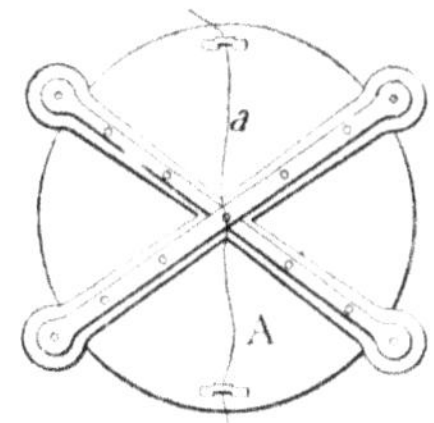

de voir et de travailler sous l'eau pour ramasser des objets coulés. Un poids de sûreté E donnait de la stabilité à l'appareil qui était suspendu par le câble F à un navire à flot.

Cette disposition était plus simple que celle de Williams. Toutefois elle offrait l'inconvénient de nécessiter des émersions fréquentes pour le renouvellement de l'air ; par contre elle permettait de descendre plus bas et de se déplacer plus facilement.

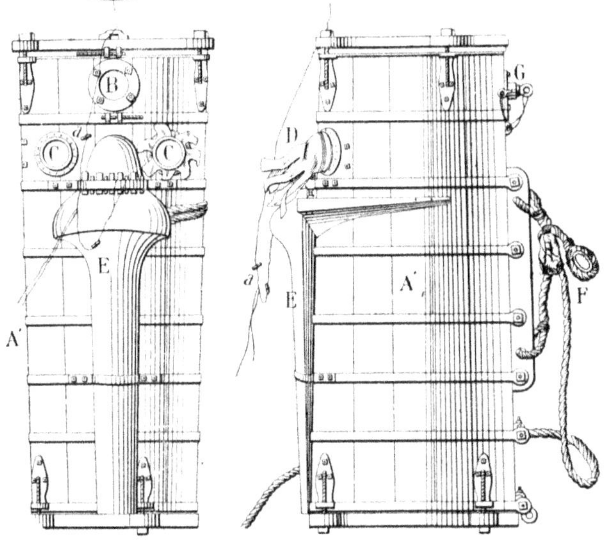

Fig. 31. — Appareil plongeur de Lethbridge essayé à Marseille en 1715.

A Couvercle du tonneau.
B Hublot pour voir au fond de l'eau.
CC Ouvertures pour passer les bras.
D Manche en cuir.
E Poids formant lest pour la stabilité de l'appareil.
F Câble de suspension.
G Trou pour donner de l'air à l'intérieur du tonneau.
a Cordelette de signal

Lethbridge put rester pendant 6 heures consécutives, à plat ventre, en remontant toutes les demi-heures à la surface pour renouveler sa provision d'air.

Il fallait lester l'appareil d'un poids de 500 livres pour aller au fond et il suffisait d'en abandonner 15 pour remonter à la surface.

John Lethbridge opéra avec succès le sauvetage d'épaves coulées près de Plymouth, ainsi qu'à Madère, aux Grandes-Indes et au Cap de Bonne-Espérance.

Il pouvait travailler aisément à une profondeur de dix pieds d'eau ; mais il lui était difficile de le faire à plus de douze pieds.

Il se peut que l'appareil plongeur, dont nous donnons le dessin d'après les Archives de la marine (G. 111, f° 98), et dont s'est servi un Anglais à Marseille, en 1733, pour repêcher des piastres dans un navire coulé, soit précisément celui de John Lethbridge.

En 1737, A. Cambon, charpentier marseillais, offrit de rechercher avec un engin analogue l'épave de *l'Eagle*, naufragé à l'embouchure du Rhône.

SPHÈRE DE CERVO (1831)

En 1831, un Espagnol, nommé Cervo, avait construit un petit engin sous-marin en forme de sphère, tout en bois, avec lequel il espérait pouvoir descendre à de grandes profondeurs. Il s'immergeait en surchargeant sa sphère de lest.

Dès son premier essai, il disparut, sans doute écrasé par la pression trop considérable de l'eau.

Fig. 32. — Le pêcheur sous-marin de Le Batteux (1853).

LE « PÊCHEUR SOUS-MARIN » DE LE BATTEUX (1853)

En juillet 1853, Jules Le Batteux fit breveter un tonneau-plongeur (fig. 32) qui rappelle la barrique de Lethbridge (p. 41).

Deux trous, qui y étaient percés, permettaient de passer les bras dans des manches en cuir pour saisir les objets extérieurs. Des hublots permettaient de voir autour de soi. Le tonneau était suspendu par des cordes qui le maintenaient au-dessus du fond à explorer. Il n'offre aucune autre particularité que sa simplicité qui le met à la portée des petites bourses.

« TUBE-PLONGEUR » OU « EXPLORATEUR SOUS-MARIN » DE DE COLLONGE (1855)

En 1855, de Collonge prit un brevet pour un appareil sous-marin qui rappelle le puits ambulant de Williams (p. 41), auquel on aurait adapté, à la place de sa caisse cubique, le tonneau-plongeur de Lethbridge ou de Le Batteux (fig. 33 et 34). Le tube-plongeur de de Collonge offre cependant, sur celui de Williams, l'avantage d'être en fer au lieu d'être en bois ; il est plus maniable par suite de ses dimensions plus réduites.

Comme on peut le voir sur la figure, une échelle permettait de descendre dans la chambre inférieure, éclairée par un large hublot A. Des bras en cuir B servaient au plongeur pour saisir les objets ou manoeuvrer des ancres et des grappins.

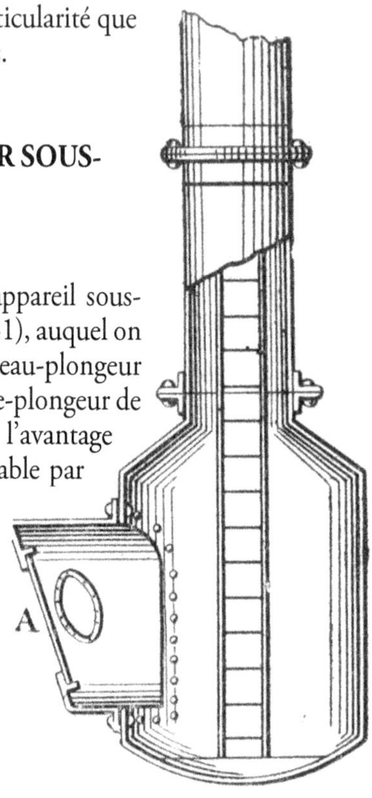

Fig. 33. — Explorateur sous-marin de de Collonge (1855).

Le 3 septembre 1855, Jobard fit la communication suivante à l'*Académie des Sciences*, sur cet Explorateur sous-marin :

> Cet appareil permet de pénétrer à de plus grandes profondeurs que les cloches à plongeur, les casques et autres instruments toujours limités par la pression de l'eau sur la charpente animale ; de plus, il écarte les dangers encourus par les plongeurs dont la vie dépend de la distraction d'un manoeuvre, du dérangement d'une soupape, ou de la rupture d'un tuyau, puisque le plongeur ne perd pas le ciel de vue, se trouvant comme au fond d'un puits fermé du bas et ouvert d'en haut.
>
> Prenons pour exemple une de ces longues cheminées de fabrique en tôle épaisse, exactement clouée et terminée à la partie inférieure par un habitacle en fonte, assez grand pour recevoir un homme couché sur un matelas, et assez pesant pour faire équilibre à l'eau déplacée. Cet appareil représente assez bien la forme d'une longue botte dont le plongeur occupe le pied ; tandis que le haut de la tige est attaché au bordage d'un navire. Le plongeur commande la manoeuvre du fond de son

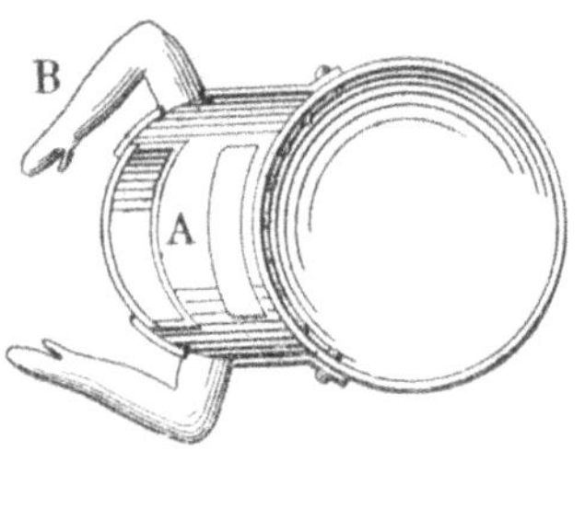

Fig. 34. — Plan de l'explorateur sous-marin de de Collonge (1855).

puits, d'où il cherche, par des regards en verre épais, les épaves vers lesquelles il se fait conduire et qu il atteint en passant ses bras dans des manches de caoutchouc attachées à l'habitacle et terminées en mitaines fermées et garnies intérieurement d'anneaux métalliques. Ces anneaux sont destinés à préserver les bras de la pression immédiate de l'eau, sans empêcher les mouvements de flexion en tous sens. Un certain nombre d'outils et de crochets, appendus en dehors de l'appareil et sous la main du plongeur, servent à accrocher les épaves qui sont enlevées par les gens du bateau à l'aide de cordes ou de chaînes. Le renouvellement de l'air a lieu par un petit tube servant de cheminée à une lanterne destinée à éclairer les objets dans les eaux troubles ou profondes. Ce tube se prolonge jusqu'en haut et sert encore de conduit pour expulser l'air vicié à l'aidc d'un soufflet placé derrière les pieds du plongeur. Cet ouvrier, armé d'un anspect à grappins, peut approcher ou éloigner des objets le tube dans lequel il est suspendu, quand le navire a jeté l'ancre sur un endroit à explorer. L'opération terminée, on retire à l'aide du cabestan et des chaînes le tube-cheminée que l'on range horizontalement le long du bordage du bateau pêcheur. On peut voir sur la Seine un premier spécimen de cette idée, exécuté par M. Espiard de Collonge, pour l'exploration du lit de la Seine et autres rivières riches en épaves, telles que le Tibre, l'Euphrate, etc. — (Renvoi à l'examen d'une commission composée de MM. Morin, Duperrey, Séguier.)

Fig. 35. — Explorateur sous-marin de de Collonge, d'après Jobard.

« OBSERVATOIRE SOUS-MARIN » DE BAZIN (1865)

En 1865, Ernest Bazin, dans le but de rechercher les épaves des galères de Vigo, provenant de la destruction de la flotte de l'Armada, fit construire et expérimenta un observatoire sous-marin. Voici le récit de ses expériences publié par le *Courrier de Bretagne* et reproduit dans la *Revue maritime et coloniale* (Vol . 15, p. 208).

Le jeudi, 13 juillet, à onze heures et dcmic du matin, par une mer houleuse, en plein Océan, on a immergé l'observatoire et la lampe électrique à 3o mètres de profondeur, l'observatoire ayant un lest de 900 kilogrammes. A trois heures et

demie, immersion de l'observatoire sur un fond de 75 mètres, en plein Océan. La descente a duré 10 minutes 50 secondes ; l'appareil est resté 15 minutes au fond et a été remonté à l'aide d'un treuil à vapeur de la force de 6 chevaux, en 12 minutes ; l'appareil est remonté étanche. L'état de la mer et l'absence des moyens de communication électrique, ont décidé la commission à refuser de laisser descendre M. Bazin, malgré ses instances réitérées.
A dix heures du soir, à une distance de cinq milles de Belle-Isle, la corvette se livre à des expériences de signaux de nuit, au moyen de feux électriques et de verres de couleur ; ces signaux ont été parfaitement reconnus et relevés du sémaphore de Taillefer par les timoniers du bord, sous la direction d'un officier du Coligny.
Le vendredi, 14, M. Bazin descend dans son observatoire, à l'abri des îles, par un fond de douze brasses environ (60 pieds d'eau), sans renouvellement d'air et sans communication possible ; il était convenu qu'on descendrait M. Bazin sur le fond et qu'on le remonterait de suite. En touchant le fond, M. Bazin entend crier le sable écrasé par son appareil et s'attend à être remonté, mais un malentendu le laisse là 6 minutes au fond. M. Bazin remonte enchanté et bien portant, et invite le plongeur Allard à descendre par le même fond.
De 8 heures 40 minutes à 9 heures 10 minutes du soir, expériences de scaphandre par un fond de 12 mètres, le fond éclairé par la lampe électrique sous-marine. Le plongeur y voit comme en plein jour, et constate sous la lanterne un banc considérable de poissons : ce banc avait environ deux mètres d'épaisseur. A 11 heures 50 minutes, recommencé les signaux de nuit à l'aide de projections et de verres de couleur ; à une distance de 8 à 9 milles, ces feux ont été reconnus.
Le 17 juillet, au large et par un fond de 75 mètres, la mer très grosse, M. Bazin désire plonger : la commission s'y refuse absolument, craignant que les boulets, du poids de 900 kilogrammes, placés comme lest au-dessous de l'observatoire, ne viennent à défoncer le bâtiment dans ses mouvements de roulis : la commission a reconnu que, vu l'état de la mer, il était impossible d'immerger les appareils sans danger et pour l'homme et pour le navire.
On se rendra facilement compte de ce danger quand on pense que l'observatoire, ses chaînes de mouillage, sa lanterne et son lest pèsent ensemble 2700 kilogrammes, le tout suspendu au bout d'une vergue. A dix heures du soir, d'intéressantes expériences de lumière électrique ont été faites en projetant le rayon lumineux sur les pavillons télégraphiques et à une distance de deux milles au large ; beaucoup de signaux ont été reconnus de terre.
Le 18 juillet, par un fond de 80 mètres et une mer très grosse, les communications par sonneries électriques étant installées et fonctionnant parfaitement, M. Bazin insiste pour plonger ; on cherche à appuyer la corvette, et, malgré les efforts de chacun, l'immersion de l'observatoire est jugée non seulement dangereuse, mais impossible. Après trois heures d'attente, la corvette revient sous Belle-Isle, et la commission adresse au préfet maritime, à l'aide de signaux télégraphiques, la dépêche suivante : « Mer trop grosse pour plonger. »
La corvette va se mettre à l'abri à l'entrée de la rivière d'Auray. L'appareil Bazin est tellement bien construit que son inventeur y est resté, sans renouvellement d'air, une heure et demie. A ce moment, la présence de l'acide carbonique a déterminé M. Bazin à faire le signal d'ouverture.
Son appareil, effrayant de prime abord, est devenu, à force d'instances et de démonstrations de la part de l'inventeur, un véritable train de plaisir à l'entrée de la rivière d'Auray.
Après plusieurs voyages de M. Bazin dans son observatoire, et après qu'il fut resté au fond 24 minutes, devant de nombreux témoins accourus de Paris, de

Dunkerque et de tous côtés, pour assister à ces expériences curieuses, plusieurs personnes se sont décidées à aller visiter l'aquarium et à vulgariser par ce fait l'observatoire de M. Bazin, si utile au point de vue de l'exploration des différents fonds des côtes et de l'Océan.

LA « TAUPE MARINE » DE TOSELLI (1872)

L'appareil auquel l'inventeur italien Toselli, a donné le nom de Taupe marine, consiste en un cylindre vertical de i mètre de diamètre intérieur, et 3 mètres environ de hauteur, fermé à ses deux extrémités par deux calottes sphérique de 0^{m},06 de saillie. Ce cylindre est construit en plaques de tôle de 0^{m},015 d'épaisseur et divisé par des cloisons, également en tôle de 0^{m},015, en quatre compartiments d'inégales hauteurs. Le compartiment inférieur renferme un lest de plomb dont le but est de maintenir le cylindre dans une position verticale ; celui qui vient immédiatement au-dessus peut être rempli alternativement d'eau ou d'air, selon que l'on veut faire descendre ou remonter l'appareil. Ce dernier compartiment remplit les mêmes fonctions que la vessie natatoire chez les poissons.

La partie centrale du cylindre, d'une hauteur de 1^{m},80, est destinée à recevoir l'homme qui manoeuvre l'appareil et toutes les installations nécessaires à cette manoeuvre. Enfin, le compartiment supérieur du cylindre, terminé par la calotte sphérique, d'une hauteur de 0^{m},90 environ, doit contenir de l'air comprimé à une pression initiale de 10 atmosphères ; ce compartiment communique avec celui où se tient l'opérateur par le moyen d'un robinet qui permet de régler le passage de l'air nécessaire à la respiration de cet opérateur et à la combustion des lampes. D'après l'inventeur, ce récipient doit contenir 7 850 litres d'air, mais comme la pression dans le compartiment de manoeuvre doit être de 1 atmosphère et quart, on ne pourra disposer que de 6 869 litres, quantité suffisante pour un travail de 10 heures dans les circonstances ordinaires.

Le mouvement dans le sens horizontal doit s'effectuer au moyen d'une hélice mise en mouvement par l'opérateur au moyen d'une manivelle et de roues dentées disposées de manière à donner un tour d'hélice pour quatre tours de manivelle. La direction est obtenue par un gouvernail situé à la partie opposée à l'hélice. Ce propulseur ne pourrait, dans les conditions ordinaires, développer qu'un travail de 5 à 6 kilogrammètres au plus, une partie devant être absorbée par les transmissions de mouvement. D'un autre côté, la forme et les dimensions de l'appareil sont telles, qu'une très minime fraction de l'effet produit serait utilisée ; il en résulte que le moindre courant rendrait impossible l'usage du gouvernail.

LE « NEPTUNE » DE TOSELLI (1884)

En 1884, Toselli fit construire par MM. Hubert frères, de Saint-Chamond, un nouvel observatoire sous-marin auquel il donna le nom de Neptune (fig. 36 et 37). L'appareil a la forme d'un cylindre de 3m de diamètre et 6m,50 de hauteur jusqu'au col. Ce dernier a un diamètre de 1m,310 et une hauteur de 1m,680. Il est surmonté d'un balcon qui porte la hauteur totale de l'explorateur à 10 mètres environ.

Le *Neptune* a une double enveloppe en tôle d'acier de 0m,012 d'épaisseur et il est divisé en trois étages que séparent des disques de 0m,025 d'épaisseur fixés à la paroi cylindrique par

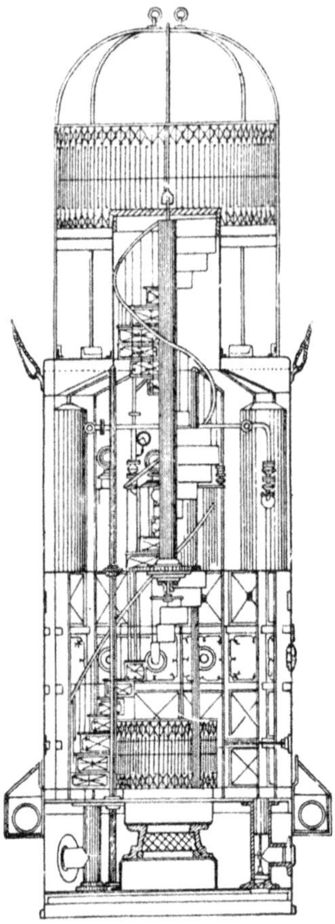

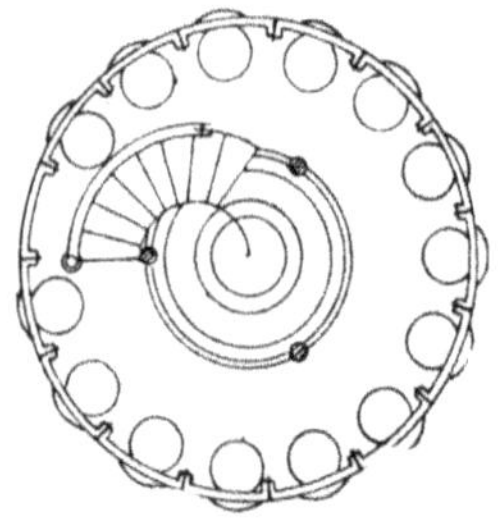

Fig. 36 et 37. — Le Neptune de Torelli

des cornières en acier. Deux poignées fixes permettaient de suspendre l'appareil par des câbles à un navire qui l'accompagnait.

Un escalier en colimaçon permettait de descendre à l'intérieur de cet observatoire. L'ouverture d'entrée pouvait être hermétiquement fermée. La chambre supérieure renfermait les réservoirs à air comprimé, des appareils télégraphiques pour correspondre à la surface et autres accessoires. Elle était éclairée par six hublots.

La deuxième chambre, placée au-dessous, servait d'observatoire proprement dit. C'était un salon confortablement installé avec quatorze sièges et autant de hublots pour voir au dehors. A la partie inférieure et au centre une lentille de 60 centimètres de diamètre laissait apercevoir les profondeurs de la mer. Enfin, dans la troisième chambre, se trouvaient des lampes électriques munies de puissants réflecteurs pour éclairer la masse d'eau environnante pendant les observations. Cette chambre pouvait recevoir à sa partie inférieure une certaine quantité d'eau pour l'immersion.

Des poids en plomb placés dans une collerette extérieure permettaient de délester instantanément le *Neptune* en cas d'accident pour remonter à la surface.

Cet appareil pouvait descendre à 250 mètres de profondeur.

LA «PALLA NAUTICA» OU «BOULE NAUTIQUE » DE BALSAMELLO (1889)

Le 18 juin 1889, l'Italien Balsamello procéda, à Civita-Vecchia, à des essais avec sa Palla Nautica ou Boule Nautique, en présence des délégués des autorités.

La Boule Nautique était constituée par une sphère en fonte de 2m,20 de diamètre extérieur et de 35 millimètres d'épaisseur, munie de hublots en différents points pour voir au dehors. Un trou d'homme y donnait accès à la partie supérieure. A la partie inférieure, des pinces ou tenailles dont les tiges étaient munies de crémaillères pouvaient être manoeuvrées de l'intérieur. Dans une direction opposée à ces pinces se trouvaient une hélice et un gouvernail que l'on pouvait actionner de l'intérieur.

Le poids total de cet appareil était de 5 tonnes. Il était destiné à être suspendu à un navire par un câble et à être immergé sur le champ d'exploration où, avec les pinces et tenailles, les hommes placés à l'intérieur cherchaient à agripper les épaves à renflouer. Un treuil situé sur le côté à l'extérieur et manoeuvré de l'intérieur permettait de dérouler une corde portant un poids. Ce poids, comme dans les cloches de Tartaglia (V. fig.7) et de Spalding (V. fig. 18) , permettait de s'y amarrer quand il touchait le sol et d'effectuer de légers déplacements de la cloche dans le sens vertical.

En abandonnant ce poids on remontait à la surface.

En 1890 et en 1893, Balsamello fit, avec sa *Boule Nautique*, des plongées jusqu'à 30 mètres de profondeur, non loin de Civita-Vecchia.

« SFERA METIDRICA » DE CORZETTO-VIGNOT (1896)

En 1896, l'Italien Pietro Corzetto-Vignot faisait des essais à Spezia avec une sphère offrant quelque analogie avec la *Boule Nautique* de Balsamello et à laquelle il donnait le nom de *Sfera metidrica.*

Cette sphère mesurait 5 mètres de diamètre. L'intérieur était divisé en deux chambres par un plancher horizontal.

La chambre supérieure était destinée à recevoir tantôt de l'air et tantôt un lest d'eau par six tubes ou évents mettant la chambre en communication avec le milieu ambiant. L'inventeur lui donnait le nom de réservoir aérhydrique. Ce réservoir servait à l'opération d'immersion ou d'émersion de la sphère.

La chambre inférieure, destinée à recevoir les plongeurs, renfermait un réservoir d'air comprimé, en forme de tore, placé à la partie supérieure de la chambre et les apparaux pour les travaux sous-marins.

Une cheminée cylindrique verticale permettait de s'introduire dans cette chambre de travail, par éclusée, au moyen de deux portes étanches placées à la partie supérieure et à la partie inférieure. Cette cheminée passait au travers de la chambre supérieure sans avoir aucune communication avec elle.

Une grande ouverture, pratiquée sur le fond inférieur de la sphère, permettait de sortir de la chambre de travail et de descendre dans l'eau ou sur le fond sous-jacent.

Comme on le voit, cette sphère est une cloche à plongeur dérivée de celle de Spalding et de l'Hydrostat de Payerne (V. fig. 62), mais moins perfectionnée que celle de Hallett et Rottermund (V. fig. 71). Elle a été néanmoins étudiée d'une manière très rationnelle par son inventeur, qui préfère ne pas éclairer l'intérieur de la chambre de travail, ayant trouvé par expérience que, la lumière naturelle éclairant le fond sous-marin, on y distinguait mieux les objets à retirer et les épaves à renflouer.

M. Corzetto-Vignot, dans une brochure qu'il a publiée le 12 septembre 1896, affirme que chaque fois que l'on ouvrait la porte du fond de la chambre de travail un souffle prononcé d'air frais se dégageait de la surface de l'eau et venait alimenter la respiration des plongeurs. Le 1er août, trois personnes munies de trois bougies, allumées pendant six heures, purent rester immergées pendant dix-huit heures. Les bougies toutefois s'étaient éteintes après six heures et ne pouvaient être rallumées.

Ce fait a été constaté à maintes reprises par le Dr Payerne, par Bauer et d'autres hydronautes.

LE « TRAVAILLEUR SOUS-MARIN » DE PIATTI DAL POZZO (1897)

Tandis que Corzetto-Vignot procédait à des essais en mer, à Spezia, avec sa *Sphère méthydrique*, un autre Italien, le comte Piatti dal Pozzo, expérimentait, en Seine, son *Travailleur sous-marin*. C'est en juillet 1897 que le comte Piatti dal Pozzo, reprenant les idées de Balsamello, essaya son *Travailleur sous-marin « La France »* dans la Seine, à Choisy-le-Roi d'abord, puis au Havre et enfin à Cherbourg. Cet explorateur sous-marin, construit à Vitry-sur-Seine dans les ateliers de M. A. Delisle, avait été mis en chantier en décembre 1896. Il se compose d'une chambre ou coque sphérique en acier, de 3m,50 de diamètre intérieur et de 45 millimètres d'épaisseur, suspendue par des chaînes à un remorqueur (fig. 38 et 39).

On leste cette sphère avec deux séries de poids :

I° Avec des pierres placées dans des caisses basculantes K que l'on peut retourner et vider de l'intérieur par l'intermédiaire d'un volant et de roues d'engrenages. On les manoeuvre quand on veut remonter à la surface par ses propres moyens ;

Fig. 38. — Travailleur sous-marin de Piatti dal Pozzo (1897).

2° Avec des poids fixes M, servant d'ancres, suspendus à des cordes enroulées sur des tambours L.

En déroulant les cordes de l'intérieur on peut faire descendre les poids sur le fond près duquel on se trouve et permettre ainsi à la sphère de se haler sur ces corps morts et de se maintenir à un niveau déterminé.

Trois hélices C, à axes parallèles et orientées dans le même sens, sont placées une à l'arrière et une sur chaque flanc. Elles sont actionnées, soit à bras, soit par trois petites dynamos dont l'énergie électrique est fournie de la surface ou par quelques accumulateurs de réserve placés dans l'observatoire. Ces hélices ne sont pas destinées à faire naviguer la boule mais simplement à la déplacer et à la faire tourner sur elle-même, suivant qu'on actionne l'une ou l'autre, pour pouvoir s'approcher davantage de l'épave à renflouer et manoeuvrer les engins de préhension.

Un grand gouvernail, à large safran, permet d'orienter le *Travailleur* dans les mouvements de déplacement quand on approche des épaves à explorer.

Des pinces à crémaillère G placées à la partie inférieure de la sphère sont mues par des engrenages et un volant F. L'observateur prend place en H sur un siège faisant face à une

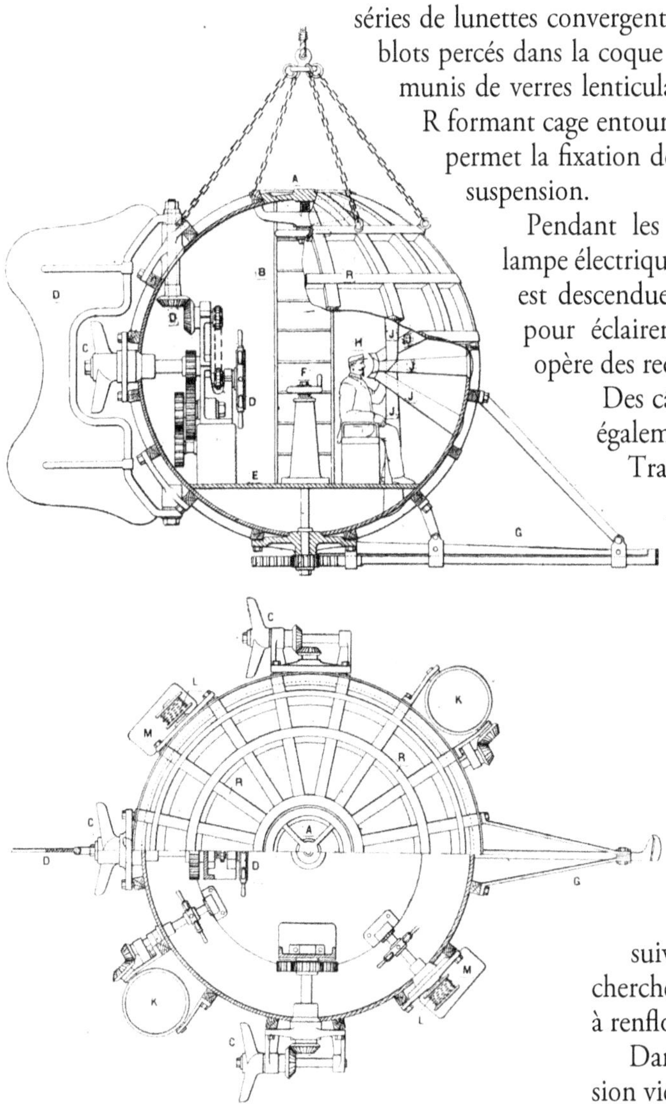

Fig. 39. — Travailleur sous-marin de Piatti dal Pozzo (1897).

A Trou d'homme.
B Échelle.
CC Hélices.
D Gouvernail et sa manoeuvre.
E Plancher inférieur.
F Volant de manoeuvre de la pince.
G Pince.
H Observateur.
J Lunettes d'observation.
K Seaux à bascules.
L Tambour d'enroulement des cordes retenant le lest mobile.
M Lest mobile.
R Charpente extérieure.

séries de lunettes convergentes J correspondant à des hublots percés dans la coque du *Travailleur sous-marin* et munis de verres lenticulaires. Une charpente en bois R formant cage entoure extérieurement la sphère et permet la fixation des anneaux et des chaînes de suspension.

Pendant les travaux de recherches une lampe électrique, suspendue au remorqueur, est descendue à proximité du Travailleur pour éclairer les fonds sur lesquels on opère des recherches.

Des câbles munis de grappins sont également descendus du navire et le Travailleur, à l'aide des pinces, peut approcher ces grappins des épaves à explorer et les faire hisser à bord.

Un câble téléphonique relie l'observatoire sous-marin au navire à flot et maintient en communication constante le chef plongeur avec le quartier-maître qui commande le treuil du *ballon captif sous-marin*, de manière à diriger le déplacement de l'appareil suivant les nécessités des recherches et du sauvetage de l'épave à renflouer.

Dans le cas où le câble de suspension viendrait à se rompre, le ballon captif, équilibré entre deux eaux, pourrait par ses propres moyens remonter à la surface. Il suffirait pour cela de vider les caisses basculantes K. La sphère, rendue plus légère, viendrait aussitôt flotter à la surface.

Nous ignorons si les résultats pratiques obtenus avec le *Travailleur sous-marin* de Piatti dal Pozzo ont été satisfaisants et si l'on a continué à s'en servir ; mais l'idée de Balsamello a été reprise depuis par plusieurs autres imitateurs, au nombre desquels il faut citer M. Giuseppe Pino et, plus récemment, par l'abbé Raoul, de Carthage.

« LE TRAVAILLEUR » DE PINO
(1903)

En 1903, l'Italien Giuseppe Pino fit à Gênes des expériences avec un *Travailleur* destiné à la recherche des épaves.

Le dessin le représente suspendu à des cordes au moment de l'immersion ; mais, en temps normal, il est abandonné à lui-même car il a la faculté de se mouvoir et de se diriger.

Fig. 40. — Le Travailleur de Pino.

Cet appareil a la forme d'un ellipsoïde allongé de 5 mètres de longueur et 3 mètres de hauteur (fig. 40). Une cheminée à fermeture hermétique donne accès à l'intérieur.

Une hélice placée à l'arrière sert à la propulsion. A l'avant se trouvent des hublots pour voir devant soi.

Deux tiges, terminées l'une par une sorte de main articulée avec une pince et l'autre par une palette, servent à saisir les objets à renflouer ou à enlever du fond de la mer.

Deux petites hélices situées une de chaque côté de la proue permettent les déplacements latéraux et même les virages, car ce Travailleur n'a pas de gouvernail.

Sur les flancs se trouvent des poids de sécurité et un tambour avec des chaînes. Enfin à la partie inférieure de cet étrange appareil se trouve une roue qui lui donne l'aspect d'une brouette. Nous ignorons si ce monocycle sous-aquatique a jamais réellement exécuté des « courses de fond » et s'il détient quelque record sous-marin, mais la tentative est néanmoins assez curieuse et originale pour trouver place dans cette monographie de l'hydronautique.

Quatrième partie

BATEAUX PLONGEURS, BATEAUX À AIR ET CAISSONS À AIR COMPRIMÉ

CHAPITRE I

De Denis Papin à Beaudouin

Batteau-plongeant de Denis Papin. — Bateaux à air de Coulomb. — Bateau-plongeur le Dauphin et bateau-cloche de Beaudouin des Andelys.

«*BATTEAU-PLONGEANT*» DE DENIS PAPIN ET DU PRINCE CHARLES, LANDGRAVE DE HESSE (1692)

Denis Papin, physicien français, naquit à Blois le 22 août 1647 et mourut en Angleterre vers 1714. Fils et neveu de médecins, il étudia lui-même la médecine, à Paris, s'y fit recevoir docteur et y exerça quelque temps. Passionné pour les sciences physiques et mathématiques, il ne tarda pas à leur consacrer la plus grande partie de son temps et suivit assidûment les leçons de Huyghens que Colbert avait fait venir en France.

Fig. 41 - Denis Papin (1647 - 1714) D'après le portrait de l'Université de Marbourg.)

En 1680, Denis Papin, qui était calviniste, pour se soustraire aux persécutions, dut se rendre en Angleterre. fut accueilli, à Londres, par Robert Boyle qui l'associa à ses expériences sur la nature de l'air et le fit admettre à la Société Royale. La même année, Denis Papin publia en anglais un opuscule décrivant l'invention de son appareil digesteur ou marmite.

Il se rendit en Italie, retourna à Londres et, en 1687, il s'établit à Marbourg où le Landgrave Charles de Hesse venait de lui offrir une chaire de mathématiques et de physique qu'il occupa brillamment jusqu'en 1707.

C'est également en 1707 qu'ayant eu l'idée d'appliquer industriellement son invention à la propulsion des bateaux, il s'embarqua à Cassel sur ce premier navire à vapeur avec l'idée de gagner l'Angleterre par la Fulda, le Weser et la mer du Nord ; mais, arrivé près de Münden, des bateliers stupides l'assaillirent et mirent son bateau en pièces, et lui-même ne dut la vie qu'à la fuite.

Fig. 42 - Prince Charles, landgrave de Hesse.

Découragé et dénué de toutes ressources, il se rendit néanmoins en Angleterre, où il mourut quelques années plus tard, dans une profonde misère, en laissant de nombreux mémoires et articles sur les propriétés de l'air et de la vapeur d'eau, sur la machine pneumatique, le mouvement perpétuel, la poudre à canon, les baromètres, etc.

Parmi les essais de cloche à plongeur faits au XVIIe siècle, il y a lieu de signaler deux modèles construits par Denis Papin, à la demande du Prince Charles, landgrave de Hesse-Cassel. Mais ces appareils appelés « bateaux plongeants » offrent plus d'intérêt par la notoriété qui s'attache au nom de Denis Papin que par leurs propres qualités. Ils rappellent les idées de Drebbel.

Dans un petit livre, très rare, publié à Cassel, en 1695, par Papin et intitulé : *Recueil de diverses Pièces touchant quelques nouvelles Machines*, on trouve leur description.

« BATEAU A AIR» DE COULOMB (1778)

Charles-Augustin Coulomb, né à Angoulême le 14 juin 1736, est mort à Paris le 23 août 1806. Issu d'une famille de magistrats, il fut d'abord ingénieur et envoyé à ce titre à la Martinique pour y construire le fort de Bourbon. Sa santé se ressentit de l'influence du climat et il rentra en France après quelques années. On l'envoya à Rochefort où il écrivit sa théorie des machines simples qui lui valut un prix double offert par l'Académie des Sciences pour le meilleur mémoire écrit sur ce sujet. Il alla ensuite à l'île d'Aix et à Cherbourg exécuter certains travaux du génie. Il fut reçu à l'unanimité à l'Académie des Sciences. La Révolution de 1789 le trouva intendant des eaux et fontaines de France, conservateur des plans et reliefs, chevalier de Saint-Louis et lieutenant-colonel du génie. Coulomb donna sa démission de toutes ces places et se consacra alors à l'éducation de ses enfants. Durant ce temps, il avait présenté à l'Académie des Sciences une série de notes sur des sujets divers. C'est, en 1776, un mémoire sur la stabilité des voûtes, puis des expériences sur l'élasticité des métaux, qui le conduisirent non seulement à déterminer les lois de la torsion des fils métalliques, mais à imaginer un appareil d'une sensibilité extrême pour la mesure des petites forces : la balance de torsion. Aujourd'hui encore un grand nombre d'appareils, destinés surtout à la mesure de l'électricité, sont fondés sur l'emploi de la torsion.

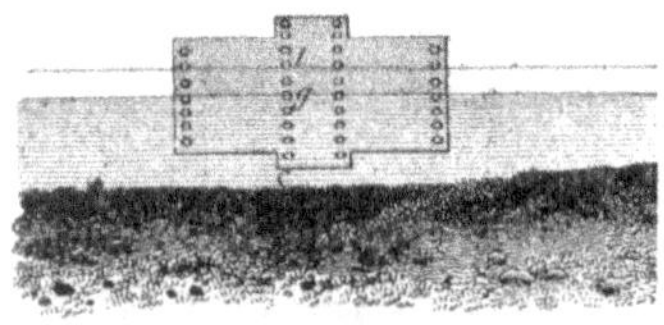

Fig. 43. — Bateau à air de Coulomb

l Niveau de la marée haute.
g Niveau de la marée basse.

Fig. 44. - Vue en perspective du bateau à air de Coulomb.

En 1778, l'Académie de Rouen avait ouvert un concours pour le meilleur appareil applicable aux travaux sous-marins et surtout aux dérochements. Coulomb, alors officier du génie, rédigea un mémoire dont il donna lecture à un groupe d'officiers du même corps, ainsi qu'il le raconte lui-même dans une brochure publiée en 1819 et intitulée : *Recherches sur les moyens d'exécuter sous l'eau toutes sortes de travaux hydrauliques sans employer aucun épuisement.*

Ces officiers l'engagèrent à publier, sans tarder, son mémoire pour que des applications en fussent faites au plus tôt, sans attendre le résultat du concours. Coulomb renonça donc à prendre part au concours et soumit son projet à l'Académie des Sciences dès l'année suivante. Son appareil, qu'il appelait Bateau à air, se composait d'une caisse prismatique divisée en trois compartiments fermés, celui du milieu à sa partie haute, les deux extrêmes à leur partie basse (fig. 43 à 48). L'appareil flottait par le déplacement de ces derniers. On le conduisait à l'endroit du travail et on le laissait échouer par l'abaissement naturel de la marée. Les ouvriers entraient alors dans le compartiment central par un trou d'homme que l'on refermait sur eux ; on injectait ensuite de l'air à l'aide d'un soufflet, l'eau refoulée s'abaissait graduellement et laissait enfin le rocher à découvert.

Voici la description qu'il donne lui-même de l'appareil, dans la brochure citée.

Description d'un bateau à air, propre à exécuter sous l'eau toutes sortes de travaux hydrauliques.

Ce bateau a la forme d'un ponton séparé en trois caisses, et faisant en tout une longueur de vingt-quatre pieds sur neuf pieds de largeur. La fig. 44 représente ce bateau vu en perspective ; la figure 45 représente son plan ; les figures 46 et 47 sont deux coupes verticales correspondantes aux lignes désignées au plan ; les deux caisses A et B, qui forment les extrémités du bateau, ont neuf pieds dans le sens de la longueur du bateau ; celle du centre n'a que six pieds dans œuvre. Les caisses A et B ont neuf pieds six pouces de hauteur ; celle du centre a onze pieds, et est posée de manière qu'elle dépasse (fig. 46) les caisses A et B de sept à huit pouces dans leur partie inférieure, et à-peu-près d'un pied dans la partie supérieure. La partie inférieure des caisses A et B est fermée par un fond en madriers, en sorte qu'elles forment ponton ; la caisse du centre qui est celle où l'air doit être comprimé, est ouverte en entier dans sa partie inférieure, et est fermée par un plafond en madriers dans sa partie supérieure : ce plafond est percé de trois trous.

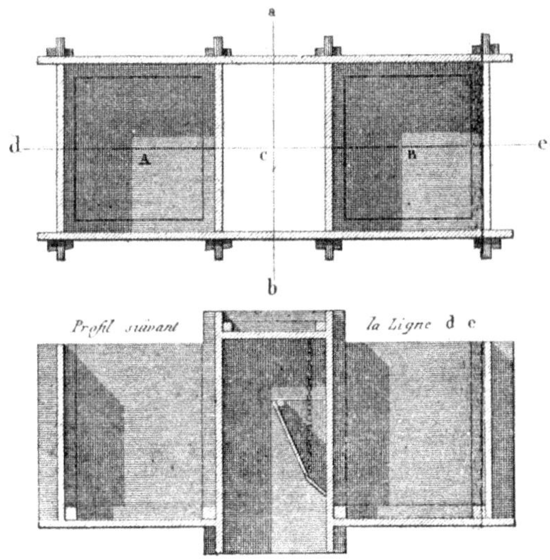

Fig. 45 et 46 - Coupes horizontale et verticale du bateau à air de Coulomb.

Le premier trou a (fig. 44) de dix-huit à vingt pouces de diamètre, se ferme exactement au moyen d'une trappe garnie de cuir ; ce trou est destiné à introduire les travailleurs dans la caisse de compression ; au centre de cette trappe, l'on pratique un châssis où l'on cimente avec soin une glace très-épaisse pour donner du jour dans l'intérieur de la caisse; cette glace est soutenue extérieurement par plusieurs tringles, pour empêcher l'air qui doit être comprimé dans la caisse, de l'enfoncer.

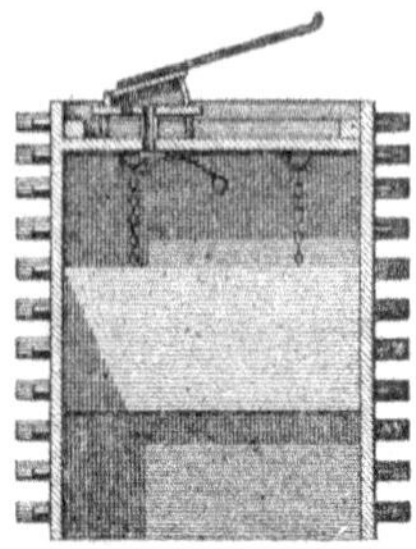

Fig. 47. — Coupe verticale sur la caisse à air, suivant la ligne ab. du bateau à air de Coulomb.

Le second trou b n'a que deux pouces de diamètre ; il se ferme en dessous par une petite soupape à contrepoids, qui empêche l'air comprimé dans la caisse de s'échapper ; ce trou donne communication au moyen d'un tuyau, entre la caisse de compression et un soufflet placé sur le plafond de cette caisse et destiné à y renouveler et à y comprimer l'air.

Le troisième trou d est surmonté d'un tuyau vertical d'un ou deux pieds de longueur, garni à son extrémité inférieure dans l'intérieur de la caisse d'un robinet ouvert en partie pour évacuer l'air que la respiration des hommes pourrait corrompre, et qui sera chassé par l'air nouveau que les soufflets introduiront continuellement dans la caisse c.

L'on voit (fig. 48) une coupe du soufflet dans le sens de sa longueur ; l'air entre dans ce soufflet au moyen d'un trou d garni d'une soupape ; en fermant le soufflet cette soupape se ferme, et l'air passant dans un tuyau ab soulève une autre soupape b, et entre dans la chambre de compression.

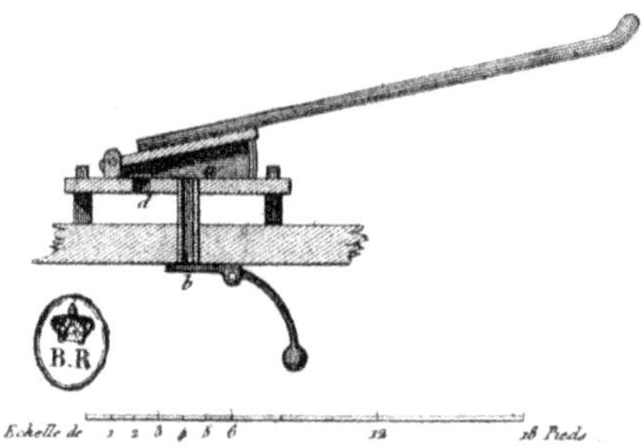

Fig. 48. — Coupe du soufflet du bateau à air de Coulomb.

La chambre de compression est doublée intérieurement avec des lames de plomb soudées avec soin, pour empêcher l'air comprimé de s'échapper par les joints des madriers.

Dans la troisième édition de son mémoire, Coulomb donne un autre dessin qui diffère du premier en ce que le bateau est arrondi à ses extrémités et le soufflet remplacé par des pompes qui, refoulant de l'eau dans une caisse, devaient en faire refluer l'air dans le compartiment central (fig. 49 à 51).

La pression intérieure augmentant alors dans ce compartiment, l'eau, qui s'y élevait d'abord à hauteur du niveau extérieur, aurait été refoulée, le rocher mis à peu près à sec, et les ouvriers y seraient descendus. Coulomb indiquait en outre, pour certains cas, l'emploi d'un sas à air, pour établir à volonté la communication de l'extérieur à l'intérieur et inversement.

C'est dans les termes suivants que Coulomb présente son second projet de bateau à air qu'il appelle d'abord *bateau à caisse de condensation*, et, un peu plus loin, avec plus de raison, *caisse de compression.*

Second projet de Coulomb.

Lorsque l'on sera obligé de travailler sous l'eau à de plus grandes profondeurs que celle indiquée par le programme, les soufflets n'auraient pas assez de force pour condenser l'air et il faudra leur substituer des pompes ; mais on sait que pour condenser ou dilater l'air en agissant immédiatement sur ce fluide, il faut employer des pompes exécutées avec un soin et une précision qu'il est impossible de se procurer dans les travaux en grand, du genre de ceux que nous proposons. J'ai donc cherché à suppléer à cette perfection d'exécution, par un moyen très-

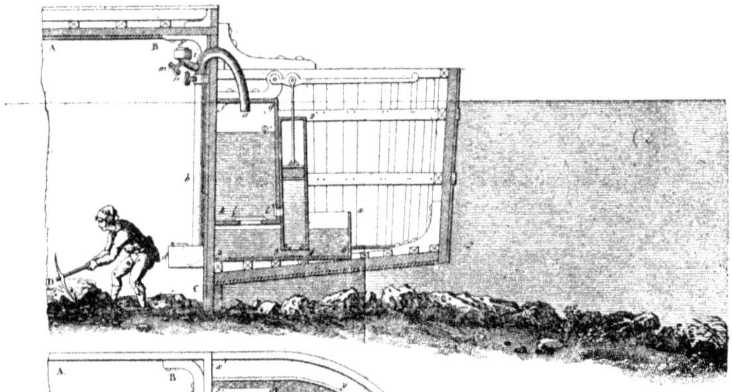

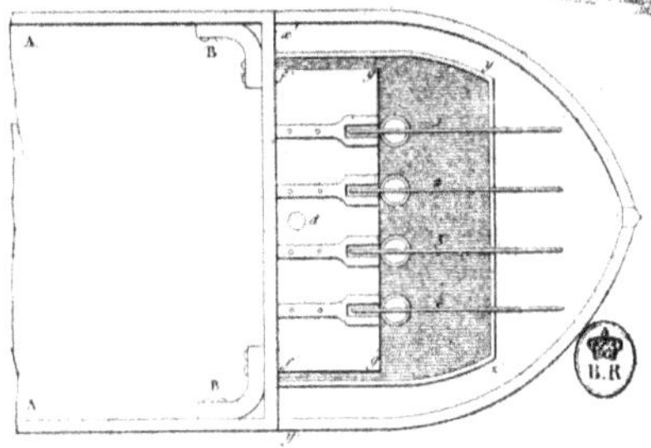

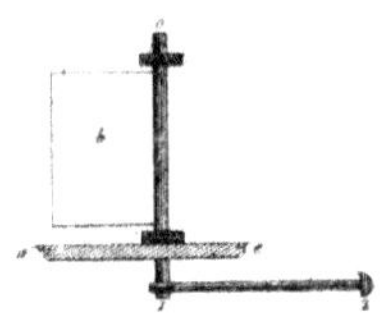

Fig. 49 et 50. — Coupe verticale et plan du second bateau à air de Coulomb.

Fig. 51. — Plan de la trappe.

simple, que, j'ai déjà publié dans le commencement de 1780, et qui fut, je crois, imprimé la même année dans le journal de physique ; voici en quoi il consiste. Je vais prendre pour exemple l'usage que l'on en peut faire dans notre bateau.

Les figures 49 et 50 représentent la moitié d'un bateau à caisse de condensation, d'une autre forme que le précédent, et destiné à travailler à de plus grandes profondeurs que celle indiquée par la question qui nous a occupé jusqu'ici. La figure 50 est le plan et la figure 49 est la coupe verticale suivant la longueur du bateau. L'autre moitié du bateau doit être semblable à la première.

AB CD (fig. 49) représente la coupe de la moitié de la caisse de condensation où se doivent loger les travailleurs ; a b d, même numéro, est un tuyau de plomb d'un pouce de diamètre, destiné à porter l'air dans la caisse de condensation par le moyen que nous allons indiquer tout-à-l'heure. Ce tuyau part d'une seconde caisse f g h l, placée à côté de la première; il entre dans la première, en suivant la route a b d, se terminant en d par une courbure, dont l'extrémité est fermée par une soupape ; cette courbure se trouve à deux ou trois pieds au-dessus du bord inférieur de la caisse de compression. L'on pratique à la partie supérieure de ce même tuyau la jonction en i avec un autre petit tuyau ie, terminé et fermé en e, par une soupape. En m et n sont deux robinets qui servent à faire passer l'air que reçoit la caisse A B C D, soit par la soupape inférieure d, soit par la supérieure e. Voici par quel moyen l'eau condensée arrive dans la grande caisse A B C D. A côté de cette grande caisse on en voit une seconde f g h 1, et à côté de cette grande caisse, se trouvent les pompes ; l'on voit la coupe d'une de ces pompes en 1, 2, 3, 4.

La seconde caisse f g h l est percée de trois trous ; le premier, a, placé à sa partie supérieure donne entrée au tuyau a i b d qui doit porter l'air condensé dans la grande caisse AB CD ; le second 1, de trois ou quatre pouces de diamètre, communique avec la partie intérieure des pompes percées dans le même endroit d'un trou égal : ce trou est fermé par une soupape 1.

La troisième ouverture de cette caisse a dix-huit à vingt pouces en carré, elle est placée au fond de la caisse ; elle se ferme et s'ouvre, au moyen d'une trappe dont on voit la coupe en ll, figure 49; et le plan, figure 51 ; dans cette figure b représente la porte, a e la paroi de la caisse ; 1 2 un levier au moyen duquel, de la partie extérieure de la caisse, l'on peut ouvrir et fermer cette trappe.

> La pompe (fig. 49 et 50) représentée en 1 2 3 4, trempe par son extrémité inférieure 3 4, dans un baquet x y z rempli d'eau jusqu'à t ou 2 pouces au-dessous du fond h 1 de la caisse f g h l.
> L'on voit au plan (fig. 5o) le plan de la caisse de compression, représentée en A B A' D'; celui de la petite caisse f' g' f' g' ; celui de quatre pompes semblables à celle représentée à la coupe verticale ; le plan du grand baquet où trempent les pompes est représenté en x' y' x' y'.
> Voici actuellement l'usage des différentes parties que nous venons de décrire. Lorsque les travailleurs auront été introduits dans la caisse A B C D, au moyen d'une trappe placée au plafond de cette caisse, et telle que celle que nous avons décrite figure 44 ; des hommes employés aux pompes, 12 3 4 (fig. 49 et 50) feront passer l'eau du baquet xyz dans la petite caisse fg h 1; la petite soupape 1 retiendra l'eau dans cette caisse ; l'air placé au-dessus de l'eau n'aura d'autre issue que d'enfiler le tuyau a i d, pour entrer dans la caisse des travailleurs. Lorsque l'eau sera parvenue jusqu'au haut de la petite caisse f g, et que tout l'air que contenait cette caisse sera passé dans la grande ; pour lors l'on ouvrira dans la petite caisse la trappe du fond 1 1, et toute l'eau qu'elle contenait retombera dans le baquet. La petite caisse se trouvant par ce procédé, de nouveau remplie d'air, l'on recommencera la même manoeuvre qu'auparavant.
> Il est facile de voir qu'au moyen de l'appareil que nous venons de décrire, l'air ne pouvant jamais s'échapper par les joints du piston, et n'ayant d'autre issue que le tuyau a b d, toutes sortes de pompes, même des pompes de bois, suffiront pour comprimer l'air autant que l'on désirera ; opération qui jusqu'ici ne pouvait s'exécuter que dans nos cabinets de physique et sous de très-petits volumes.

Après avoir rappelé les travaux de Lavoisier et Seguin sur la composition de l'air et sur la nécessité « d'absorber par l'alcali caustique l'air nuisible et le gaz carbonique produit par la respiration », Coulomb ajoute :

> L'expérience nous apprendra si nous aurons besoin d'employer l'alcali caustique, pour que le gaz acide carbonique n'incommode pas nos travailleurs ; ce qui ne me paroit pas probable, parce que le gaz, en partie absorbé par l'eau qui restera entre les rochers, sera encore chassé au-dessous de la caisse par l'air atmosphérique que l'on y introduit continuellement pendant l'opération.

et il termine en disant :

> Cependant je le répète, lorsqu'on fera usage du bateau que je propose, les précautions les plus minutieuses ne doivent pas être négligées ; il ne faut jamais se contenter d'une simple induction, quelque probable qu'elle nous paroisse, lorsqu'il est question de la vie des hommes.

LE DAUPHIN » DE BEAUDOUIN (1827)

En 1827, Beaudouin, des Andelys, procéda, dans cette ville, en présence du maire et d'un adjoint, à des essais avec un bateau plongeur de son invention.

Voici ce que nous lisons dans le procès-verbal de ces essais, publié dans une brochure intitulée : *Notice historique sur le nouveau système de navigation sous-marine, avec des bateaux à fonds ouverts à volonté.*

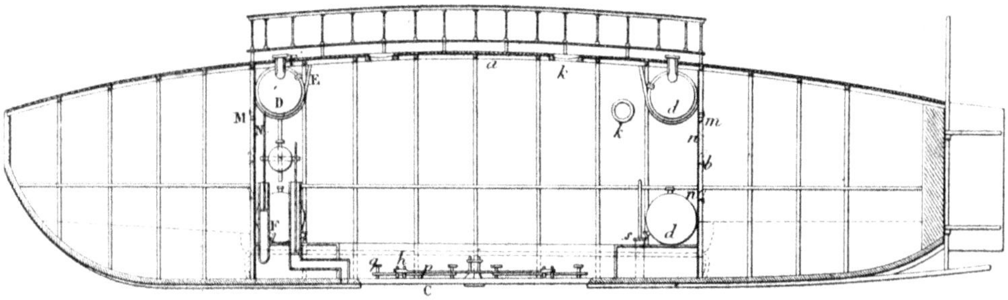

Fig 52. - Coupe verticale du *Dauphin* de Beaudouin (1827).

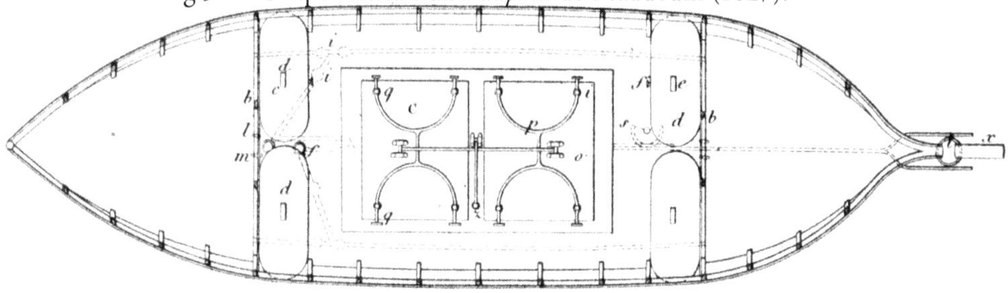

F53. — Plan du *Dauphin* de Beaudouin.

.... A sept heures précises, M. Beaudouin est descendu dans le bateau Dauphin, par une ouverture pratiquée à la partie supérieure ; toute communication avec l'air atmosphérique lui a été aussitôt interdite ; le travail d'immersion a commencé ; il s'est fait avec régularité et une sage lenteur ; sa durée a été de 13 minutes, et, à 7 heures 14 minutes, le bateau avait entièrement disparu aux yeux des autorités et des nombreux spectateurs placés sur les bords de la rivière et sur des nacelles ; le bateau Dauphin est resté submergé à une profondeur de 18 pieds, pendant 44 minutes et un quart. Depuis longtemps l'inquiétude des spectateurs, portée au comble, se manifestait vivement ; des ordres furent alors par nous donnés aux bateliers pour hâter le retour du bateau Dauphin, qui reparut bientôt. M. Beaudouin, enfermé dans son bateau, répondit d'une voix forte à l'appel qui lui fut fait, et mit ainsi un terme à l'anxiété générale. Sorti de son bateau, il se plaignit vivement d'avoir été sitôt ramené, quand ses provisions d'air étaient loin d'être épuisées.

M. Beaudouin est ainsi resté, sans communication aucune avec l'air atmosphérique, pendant

61 minutes et demie, dont 13 minutes et demie pour l'immersion, ci ...... 13^{m} 1/2
44 minutes un quart de submersion complète, ci ....44^{m} 1/4
Et 3 minutes trois quarts pour le travail d'émersion et ouverture
de la soupape supérieure, ci ....3^{m} 3/4
Total : ....61^{m} 1/2

Le bateau *Dauphin* navigue à fond ouvert ; il est en communication habituelle avec le lit de la rivière et porte dans son intérieur l'appareil nécessaire pour alimenter la vie de l'inventeur-directeur. Ainsi, de cet acte légal et officiel, il résulte cinq faits remarquables, dit la brochure :

Le premier, c'est que M. Beaudouin est resté plus d'une heure sous l'eau.

Le deuxième, c'est qu'il aurait pu y rester davantage.

Le troisième, c'est que le bateau, qui pesait seize milliers, s'est enfoncé à une profondeur de dix-huit pieds.

Le quatrième, c'est qu'à cette profondeur, il n'avait cessé d'être en communication avec les objets extérieurs, puisqu'il répondit d'une voix forte à l'appel qui lui fut fait.

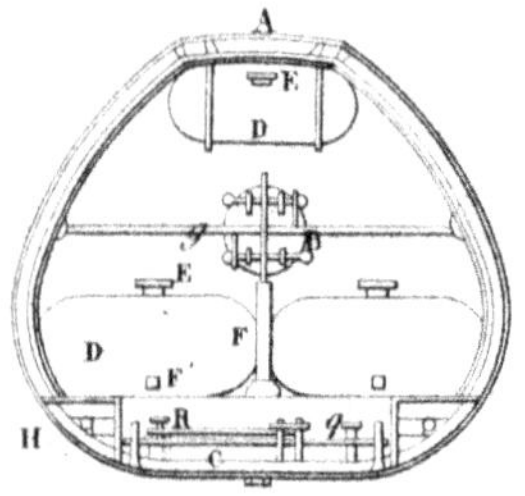

Fig. 54 - Coupe transversale du *Dauphin* de Beaudouin (1827).

Le cinquième enfin, c'est qu'aucune entrave, aucun accident n'empêchèrent M. Beaudouin d'exécuter tous ses mouvements, toutes ses manoeuvres, et qu'il reparut à volonté à la surface de l'eau, c'est-à-dire au signal donné, et motivé par l'inquiétude de nombreux spectateurs.

Muni de ces documents, M. Beaudouin revint à Paris agir auprès des autorités intéressées à connaître les applications de son système.

Il dédia sa découverte au grand amiral de France, sous les auspices de M. le comte de Chabrol, Ministre de la marine, qui ordonna la nomination d'une commission et, le 30 mai, Son Excellence lui répondit qu'elle avait désigné pour cette commission MM. Rolland, inspecteur général du génie maritime ; Boucher, sous-directeur des ports, et Morestier, ingénieur de la marine.

Le 18 juin, le ministre annonçait à Beaudouin que :

La commission avait trouvé, dans son examen, des indices suffisants pour faire augurer favorablement du succès de cet appareil, mais que n'ayant pu, jusqu'à présent, établir son opinion que sur des plans, elle pensait que, pour mieux apprécier les moyens d'exécution, il conviendrait qu'elle pût examiner le bateau lui-même dans tous ses détails, et, surtout, le voir manoeuvrer.

C'est ce qui fut fait. En attendant, le Ministre de la marine écrivit au Ministre de l'intérieur pour l'engager à accorder à l'inventeur un brevet gratuit.

Le 28 septembre 1827, fut délivré à Jean-Baptiste Beaudouin un brevet de quinze ans dont nous extrayons les figures qui illustrent notre description.

Le brevet imprimé et les catalogues orthographient mal le nom de l'inventeur, qu'ils appellent — *Baudouin* — sans e, ce qui complique quelque peu les recherches.

Beaudouin breveta deux appareils, dont l'un fut qualifié de *bateau-plongeur*, et l'autre de *bateau-cloche*. En réalité, ils sont l'un et l'autre des cloches à plongeur autonomes, inspirées du bateau à air de Coulomb.

Bateau-plongeur le « Dauphin ».

Le bateau plongeur a la forme d'un bateau ordinaire ponté, dont l'écoutille A, a est hermétiquement close de l'extérieur (fig. 52 à 54).

L'intérieur est divisé en trois compartiments séparés, l'un, placé au milieu, servant de chambre de manoeuvre pour l'équipe de plongeurs, les deux autres, un peu moins grandes, situées aux extrémités servent alternativement de réservoirs à lest d'eau ou de chambres à air pour les opérations d'immersion et d'émersion. On peut passer d'un compartiment à l'autre par des portes B, b.

Des hublots k éclairent l'intérieur. Six réservoirs à air comprimé D, d contiennent de l'air pour l'alimentation des plongeurs pendant 6 heures et, à l'occasion, pour chasser l'eau des réservoirs placés aux extrémités du bateau.

Une pompe, aspirante et foulante, à deux corps, F, f, vide l'eau des réservoirs extrêmes et détermine l'émersion du bateau. Des robinets m, n permettent la sortie de l'air de ces réservoirs pendant qu'ils se remplissent d'eau.

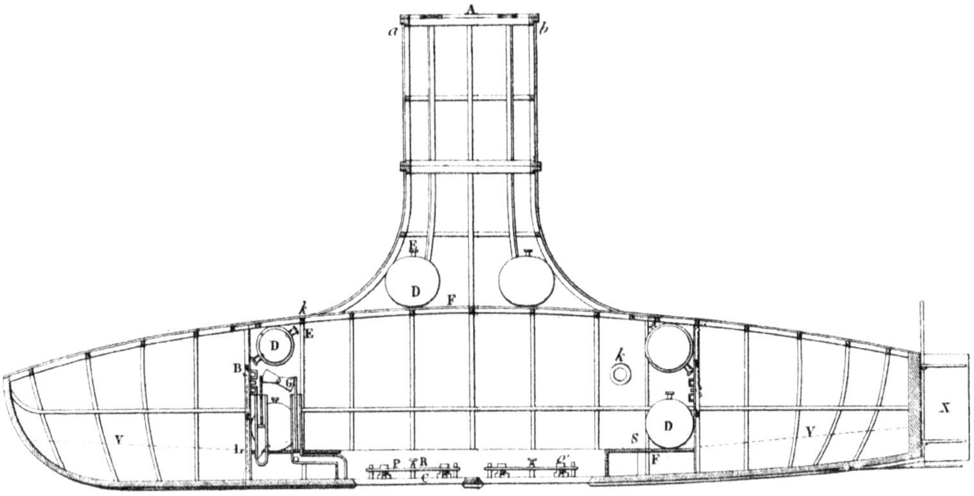

Fig. 55. — Bateau-cloche de Beaudouin (1827).

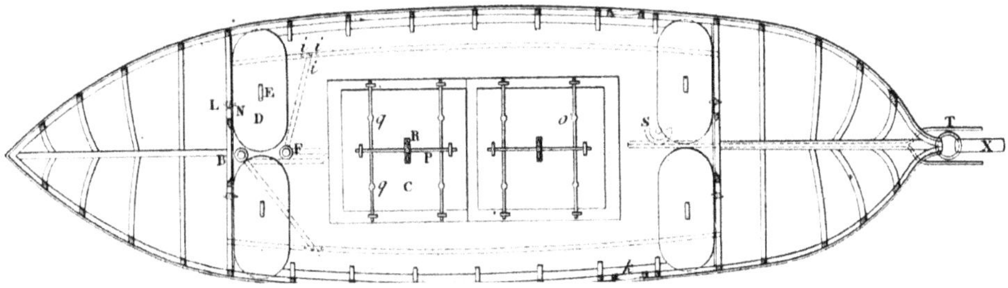

Fig. 56. — Plan du bateau-cloche de Beaudouin.

Deux trappes C, c situées au milieu et dans le fond du bateau permettent aux scaphandriers de passer de la chambre de manœuvre dans l'eau, quand la pression de l'air est suffisante pour compenser la pression de l'eau. Des barres P et des vis de pression q ferment hermétiquement ces trappes en temps ordinaire quand les plongeurs n'ont pas à descendre au fond de l'eau. L'inventeur prétend pouvoir comprimer dans ses réservoirs l'air à 80 et 100 atmosphères, ce qui est assez hardi pour l'époque.

Il ne parle pas de la propulsion de son bateau, mais dans son esprit, l'hélice devait y être appliquée, car il dit :

> Mes bateaux, ouverts par le fond, donnent la facilité d'adopter tous les moteurs connus pour en activer la marche ; aussi n'ai-je pas cru utile d'entrer dans aucun détail à cet égard.

Une disposition curieuse est adoptée pour la manoeuvre du gouvernail x par l'intermédiaire d'une crémaillère et d'une roue dentée t qu'actionne un volant s. Beaudouin avait imaginé de munir ses plongeurs d'un scaphandre qu'il appelle « masque métallique » auquel étaient adaptés deux réservoirs à air comprimé a et b (fig. 59) contenant une provision d'air pour une heure. Des poids placés à la partie inférieure des réservoirs leur donnaient de la stabililité. Un tuyau c reliait les deux réservoirs a et b et un autre d amenait l'air à la partie supérieure du casque. Un tube e servait à l'expiration de l'air vicié par l'intermédiaire d'une petite valve.

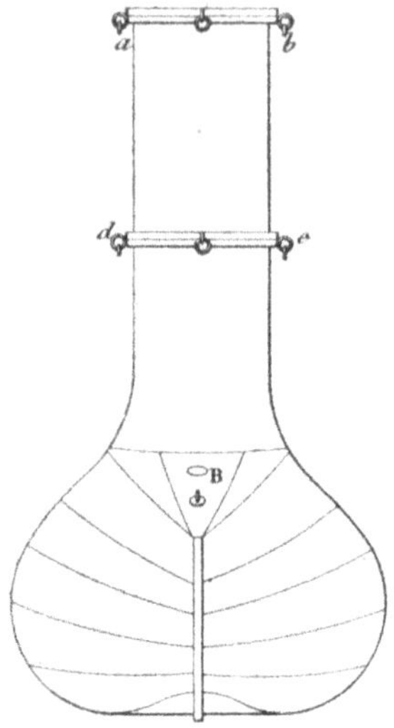

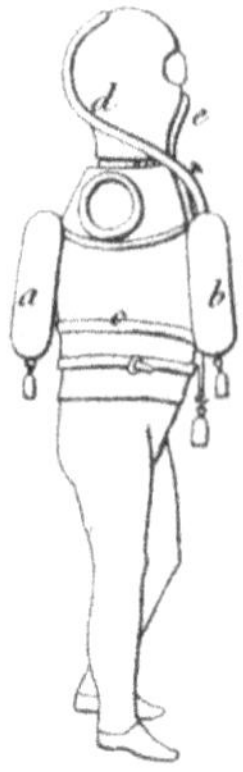

Fig. 59 - Scaphandre du bateau-cloche.

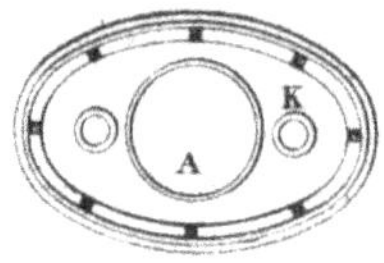

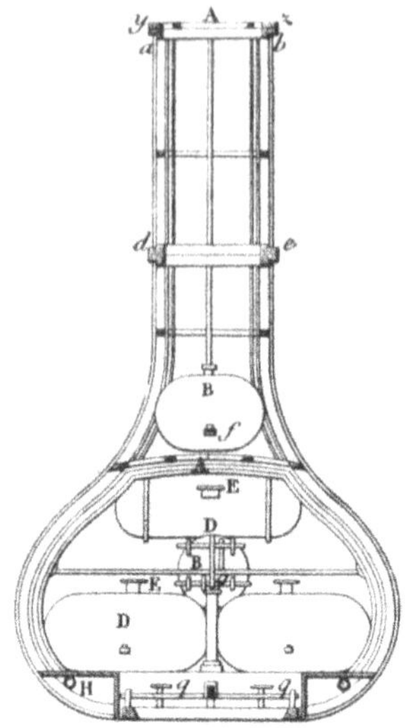

Fig. 57 - Élévation latérale du bateau-cloche.

Fig. 60 - Plan du bateau-cloche.

Fig. 58 - Coupe transversale du bateau-cloche.

Une partie vitrée pratiquée dans le casque permettait au plongeur de voir et de se diriger. Ce scaphandre était fixé par des courroies qui passaient entre les jambes et se bouclaient sur le devant. Enfin des semelles métalliques complétaient cet appareil.

Comme on voit il y a progrès par rapport au bateau à air de Coulomb, qui était muni de soufflets pour le renouvellement de l'air.

Bateau-cloche.

Le bateau-cloche de Beaudouin diffère peu de son bateau-plongeur (fig. 55 à 58). La partie essentielle qui les différencie est l'adjonction d'une « cheminée », dit l'inventeur, qui est en réalité un sas à air, ou chambre intermédiaire, pour pénétrer à l'intérieur du bateau et passer de la pression atmosphérique à la pression plus élevée régnant dans la chambre de manoeuvre et cela sans faire cesser le travail ni faire remonter le bateau à la surface.

> La cheminée montée au-dessus de la surface supérieure du bateau, dit Beaudouin, a pour objet d'établir à volonté une communication avec l'air extérieur. Les matériaux destinés aux constructions hydrauliques s'introduisent dans cette cheminée par l'ouverture A et se descendent dans le bateau en ouvrant la soupape A' et en fermant la soupape A après qu'on a réglé convenablement la densité de l'air, et le tout sans déranger les ouvriers qui travaillent au fond de l'eau. Cette disposition dispense, dans les travaux hydrauliques, des constructions de batardeaux et autres.
>
> On peut ainsi, ajoute la brochure, explorer le littoral de nos mers, sonder les rivières, pêcher le corail et les perles, rechercher les objets d'art ou d'antiquité gisant dans les fleuves. Déjà une société en commandite s'est formée pour l'exploitation du brevet obtenu par M. Beaudouin pour ce nouveau système de navigation sous-marine.

L'auteur de la brochure informe ses lecteurs que le *Courrier français*, du 20 juin 1827, a publié une lettre anonyme signée de M. A. C. qui cite une invention analogue de M. Castéra et présente la sienne « comme ayant un caractère d'intérêt et d'utilité plus étendu que la première et offrant des applications nouvelles », et il formule ses observations sur la question de priorité de son invention.

Le *Constitutionnel*, du 26 juin 1827, ayant publié une lettre de M. Castéra, l'auteur de la brochure reproduit une lettre de ce dernier, en date du 23 septembre 1826, par laquelle celui-ci reconnaît avoir eu communication de l'invention de M. Beaudouin, mais les moyens différant, dit-il, il n'y avait pas lieu à confusion ni à réclamation.

CHAPITRE II

De Triger à Fleur Saint-Denis

Fonçage des puits de mines dans des terrains aquifères par le procédé de Triger. — Dérochements par l'Hydrostat du DP Payerne. — Bateau-cloche de la Gournerie. — Bateau-plongeur de Cavé et Mougel au barrage du Nil. — Bateau-cloche à plongeur autoclave d'Alexandre Lambert. — Nautilus de Hallet et Rottermund. — Procédé Fleur Saint-Denis pour l'évacuation continue des déblais. — Caissons à air comprimé pour travaux hydrauliques.

TRIGER
(1840)

En 1841, Triger, ingénieur des mines, fit une communication à l'Académie des Sciences sur les résultats avantageux qu'il avait obtenus en employant l'air comprimé pour la traversée des terrains ébouleux et aquifères à Chalonnes (*Comptes rendus* de 1841, p. 884, et de 1845, p. 445). Grâce à cet air, comprimé dans la partie inférieure d'une chambre dont toutes les parois sont étanches, sauf la base qui est ouverte sur le sol, l'eau se trouve chassée et refoulée et l'on peut y travailler à sec (fig. 61). C'est, on le voit, appliqué dans des terrains aquifères, le principe du *bateau à air* de Coulomb, perfectionné en 1827, par Beaudouin avec son *bateau-plongeur* et son *bateau-cloche.*

L'appareil se composait :

1° D'une machine à vapeur A qui met en mouvement deux pompes P, P' qui refoulent l'air dans le tuyau N ; les pistons sont munis, ainsi que le fond des corps de pompe, de soupapes s'ouvrant de haut en bas ;

2° D'un sas à air S, supporté par un câble C et fixé dans le tube T par un presse-étoupe I I, formant joint étanche pour empêcher toute communication directe entre l'intérieur du puits et l'atmosphère. Ce sas renferme deux soupapes aux trous d'homme L, M, destinées à la manoeuvre du sas pour l'introduction des ouvriers et l'extraction des déblais ; deux robinets Q, R, destinés à mettre en communication le sas à air avec la partie inférieure ou la partie supérieure du tube T.

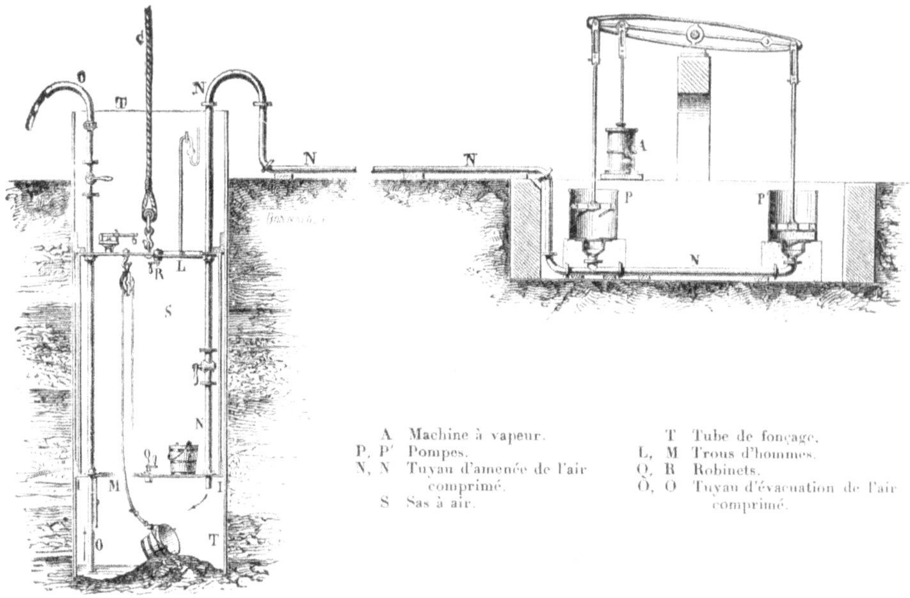

Fig. 61 - Fonçage des puits dans les terrains aquifères par le procédé de Triger (1841).

Deux tuyaux sont destinés, celui de droite N, N à l'introduction de l'air comprimé dans le puits et l'autre O, O à faciliter la sortie de l'eau refoulée par l'air comprimé.

Pour pénétrer dans la chambre de travail le trou d'homme M doit être fermé et L ouvert. Les ouvriers s'introduisent dans le sas par l'ouverture L, qu'ils referment sur leur tête. Puis ils ouvrent le robinet Q par lequel l'air comprimé pénètre dans le sas. Quand la pression s'est équilibrée on ouvre la soupape M et l'on peut descendre dans la chambre de travail.

Fig. 62. — Hydrostat du D, Payerne (1844).

Pour sortir on fera l'opération inverse. Les ouvriers étant remontés dans le sas à air on ferme la soupape M, ainsi que le robinet Q. On ouvre le robinet R pour laisser échapper l'air et lorsque la pression intérieure s'est abaissée on ouvre la soupape L et l'on peut sortir à l'air libre. On règle les robinets Q et R de manière à faire varier graduellement les variations de pression, qui déterminent dans les premiers moments quelques légers troubles physiologiques.

L'art de la construction et du fonçage des mines a tiré le plus heureux parti de la méthode de Triger pour les travaux hydrauliques, la traversée des terrains aquifères et surtout pour les fondations des piles et culées de ponts.

Beaudouin, comme nous venons de le voir, avait perfectionné le bateau à air de Coulomb par l'emploi de l'air comprimé. Ce sont ses travaux qui ont servi de point de départ au Dr Payerne, d'une part, pour ses travaux maritimes, et à Triger, d'autre part, pour ses fonçages dans les terrains aquifères.

De là deux branches distinctes : 1° les travaux hydrauliques et 2° la navigation sous-marine.

Nous ne nous appesantirons pas sur la première de ces branches ; mais nous croyons utile, cependant, de jeter un rapide coup d'oeil sur quelques-unes des étapes parcourues dans cette voie par l'emploi de l'air comprimé et des cloches à plongeur devenues les caissons à air comprimé. Nous exposerons d'abord les premiers travaux du Dr Payerne et nous passerons ensuite aux plus remarquables caissons à air comprimé devenus de nos jours d'un usage courant dans tous les travaux hydrauliques.

« HYDROSTAT » DU Dr PAYERNE (1844)

Un inventeur français qui a beaucoup fait pour le progrès de la navigation sous-marine, le Dr Payerne, se trouvant en Angleterre au mois d'octobre 1841, s'occupa, en sa qualité d'hygiéniste, de rechercher la meilleure solution pour rendre l'air respirable dans les cloches à plongeur et autres endroits clos.

Ses essais, tentés en collaboration avec le général du génie anglais Paisley, furent assez heureux, et, de février à octobre 1842, il fit à l'aide d'une cloche à plongeur d'intéressantes expériences à l'Institution polytechnique de Londres ; dans les docks de la Compagnie des Indes, à Portsmouth ; dans les mines de Sainte-Agnès, etc.

Le général Paisley, dans le but de relever l'épave du *Royal-George* coulé à Spithead, employait une cloche à plongeur reliée à la frégate *Success* par des tuyaux en caoutchouc qui envoyaient l'air à la cloche à l'aide d'une pompe.

Dans une de ces explorations le général Paisley et le Dr Payerne descendirent à une profondeur de 26 mètres et, afin de se passer du concours de la frégate, ils firent placer sous la cloche deux réservoirs d'air comprimé à 10 atmosphères.

C'est à la suite de ces expériences que le Dr Payerne, de retour en France, fit construire son *Hydrostat* (fig. 62).

Cet *Hydrostat* n'était autre qu'une grande cloche ou caisse rectangulaire, à parois doubles de 64 mètres de superficie et de 6 mètres de hauteur. Cette caisse, ouverte à sa partie inférieure, était surmontée d'une autre un peu plus petite, formant entrepont, avec laquelle elle communiquait par une large cheminée ou bure et une écoutille étanche. Entre les deux se trouvait un faux pont. La double paroi formait une galerie étanche tout autour de la caisse et le faux pont se trouvait au-dessus. Dans la partie inférieure des galeries verticales on plaçait du lest pour faire plonger l'appareil.

Quand l'Hydrostat flotte, la cloche et une partie de la bure sont pleines d'eau ; le faux pont, la galerie et l'entrepont sont pleins d'air. Une pompe est placée dans l'entrepont. Quand on veut faire descendre l'Hydrostat, on ferme hermétiquement l'écoutille supérieure et l'on remplit d'eau les caisses ou réservoirs du faux pont et les galeries latérales. L'air en est chassé par un tuyau qui fait communiquer la partie supérieure de ces réservoirs avec la cloche. Il s'y comprime pendant qu'on y refoule également de l'air, de manière à en chasser l'eau. L'appareil fonctionne alors comme le bateau à air de Coulomb et le bateau-plongeur de Beaudouin. Quand l'eau est refoulée on ouvre l'écoutille et les ouvriers peuvent descendre. La partie de la bure comprise dans la hauteur du faux pont peut, grâce à deux écoutilles étanches, former sas à air.

Lorsqu'on veut ramener *l'Hydrostat* à la surface, on commence par fermer l'écoutille, une fois les ouvriers remontés dans l'entrepont. On aspire l'air de la cloche et on le refoule dans les galeries et le faux pont. L'eau en est chassée et l'appareil, redevenu léger, remonte à la surface et flotte comme avant l'immersion.

Après avoir procédé à quelques essais en Seine, *l'Hydrostat* de Payerne fut transporté à Brest, et, en 1845, l'inventeur réussit à retirer d'une profondeur de 30 mètres des canons en bronze du vaisseau le *Républicain*, coulé en 1793.

En 1847, il procéda au dérochement d'une barre se trouvant en face de la cale du Valmy qui allait être lancé.

A la suite d'accidents survenus pendant une tempête qui rompit les amarres du ponton soutenant l'appareil, le Dr Payerne imagina de transformer son bateau-plongeur en bateau pouvant naviguer sous l'eau, comme nous le verrons plus loin.

On peut dire que les dispositions de Beaudouin et du Dr Payerne, auxquelles sont venues s'ajouter celles prises par Triger, ont donné naissance aux caissons de fondation à air comprimé employés couramment aujourd'hui dans les travaux hydrauliques.

« BATEAU-CLOCHE » DE LA GOURNERIE (1845)

En 1845, l'ingénieur des ponts et chaussées La Gournerie, chargé du dérochement de la passe d'entrée du port du Croisic, fit construire un bateau-cloche ou *caisson flottant* inspiré par le bateau à air de Coulomb (*Académie des Sciences et Société d'Encouragement*, 1847).

Ce bateau-cloche était muni d'une machine à vapeur et de pompes pour la compression de l'air (fig. 63 à 67).

On obtenait le lest nécessaire pour déterminer l'échouage et résister à la sous-pression, en laissant l'eau entrer dans une caisse qui formait la partie inférieure du bateau autour de la cloche. Pour la mise à flot, on refoulait la plus grande partie de l'eau en faisant agir sur elle l'air comprimé. La machine à vapeur achevait l'épuisement.

On échouait le bateau au jusant, on le relevait au flot.

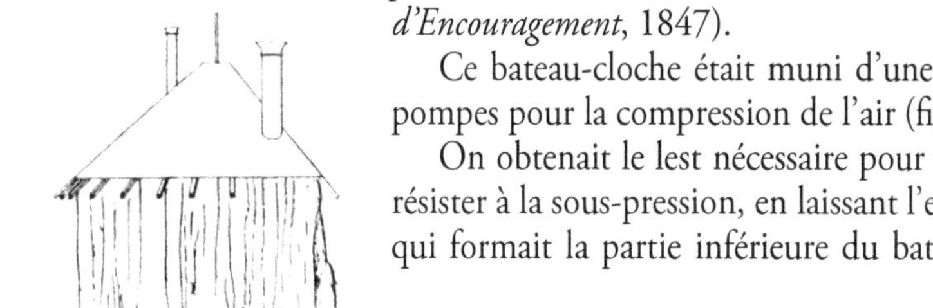

Fig. 63 - Élévation du bateau-cloche de La Gournerie (1845)

Comme le bateau à air de Coulomb ; celui de la Gournerie a trois chambres dont les deux extrêmes servent à la flottaison ; celle du milieu est la chambre de travail. Les compartiments extrêmes D D sont fermés à leur partie haute ; ils communiquent entre eux par deux galeries E E qui enveloppent la chambre de travail A. On obtient le lest additionnel en laissant entrer l'eau de la mer par quatre soupapes cc que l'on manoeuvre de dessus le pont. L'air est injecté par une machine à vapeur de la force de 2 chevaux qui est aussi chargée d'épuiser, à la fin du travail, l'eau formant le lest additionnel. Toutefois une disposition particulière que nous allons décrire rapidement permet de faire écouler, en quelques instants, $14^{m},50$ d'eau sur 32 mètres contenus dans la chambre du lest, de sorte que la machine a seulement $17^{m},50$ à épuiser.

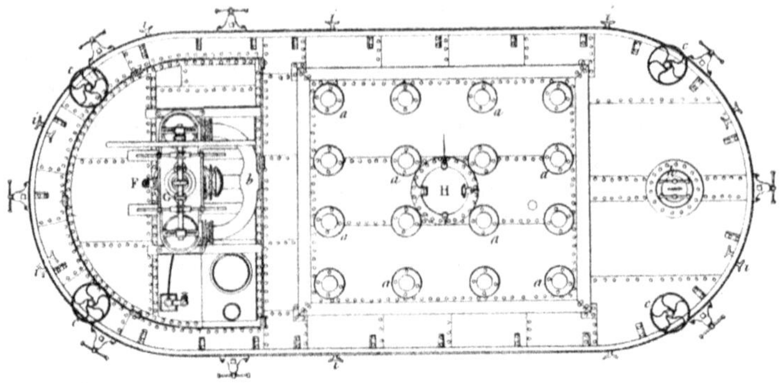

Fig. 64 - Plan du bateau-cloche de La Gournerie

A la fin de chaque séance, les ouvriers remontés sur le grillage d'attente B lèvent des soupapes ff qui laissent l'eau des soupapes des lests couler dans la mer en passant par la chambre de travail. Ces chambres communiquent à leur partie haute par des tuyaux toujours béants g g ; l'air comprimé s'écoule en partie dans la chambre des lests. Dans ce mouvement, la force de l'air tendant à soulever le bateau diminue, mais le poids de lest d'eau diminue plus rapidement, et le bateau se soulèverait promptement, si on ne faisait échapper, par une soupape à main, une partie de l'air intérieur. On conçoit que, si on laissait sortir trop d'air, l'eau remonterait promptement dans la chambre de travail, et l'on devrait fermer les soupapes donnant accès à la chambre des lests. Des calculs très simples font connaître les circonstances de l'écoulement maximum ; un manomètre et quelques repères permettent de

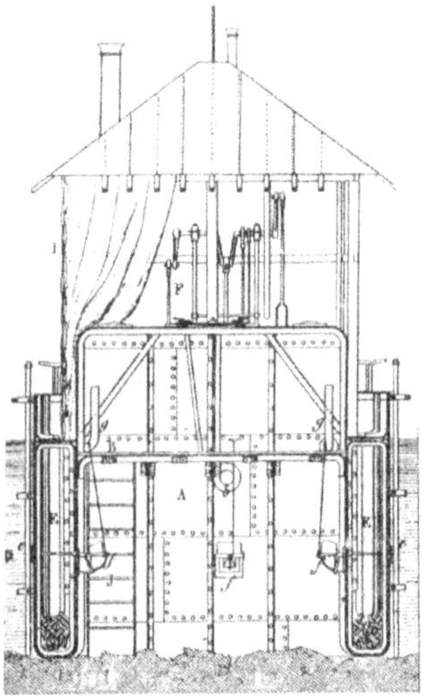

Fig. 65. — Coupe transversale.

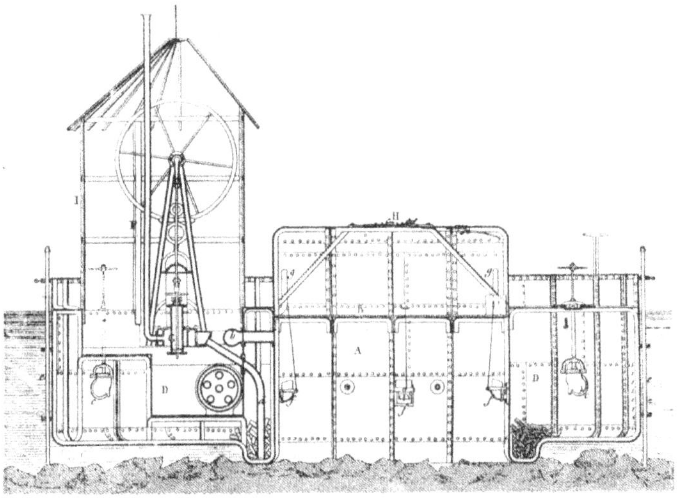

Fig. 66. — Coupe longitudinale.

A Chambre de travail.
B Grillage d'attente formant plancher à claire-voie pour les ouvriers.
D Compartiments extrêmes communiquant par les galeries E. Celui de droite et une partie de celui de gauche reçoivent le lest d'eau.
E Galeries latérales.
F Moteur.
G Pompe.
H Panneau d'entrée.
I Robinet-vanne.
J Escalier de descente.

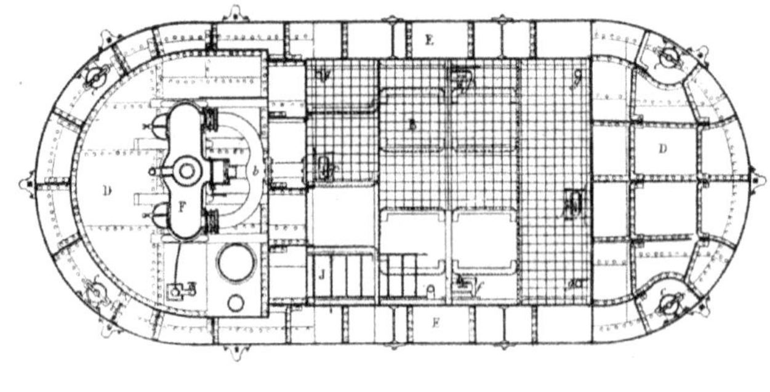

Fig. 65 à 67 - Bateau-cloche ou caisson à air comprimé de La Gournerie (1845)

conduire l'opération d'une manière certaine. Cette manoeuvre est utile, eu égard à la rapidité d'ascension de la marée, pour délester le bateau plus rapidement que si la machine était seule chargée de ce soin. Pendant les séances de travail, la machine continue à fonctionner pour le renouvellement de l'air intérieur.

Le bateau est en tôle de fer de $0^m,007$ d'épaisseur avec cornières de fer ; son remorquage est lent et pénible, ce qui tient au tirant d'eau considérable qu'il a fallu lui donner.

> Nous avons souvent regretté, dit La Gournerie, de n'avoir pas adopté des dispositions qui permissent d'appliquer la force de la vapeur à faire mouvoir des roues à pales ou hélice. Cette modification est la seule dont l'expérience nous a fait connaître l'utilité.

Cet appareil a donné de bons résultats pour des travaux à $2^m,25$ sous l'eau dans un courant très rapide.

CAVÉ ET MOUGEL (1848)

Dans les années 1848 et 1849, M. Cavé a construit, pour le Nil et pour la Seine, des bateaux à air qui restent à flot pendant le travail (fig. 68).

Un large tube télescopique prolonge la cloche jusqu'à une profondeur de $4^m,75$; il est relié à elle par une nappe en cuir qui se déroule suivant son abaissement et arrête le passage de l'air. La sous-pression est détruite par une simple diminution du déplacement. Une chambre

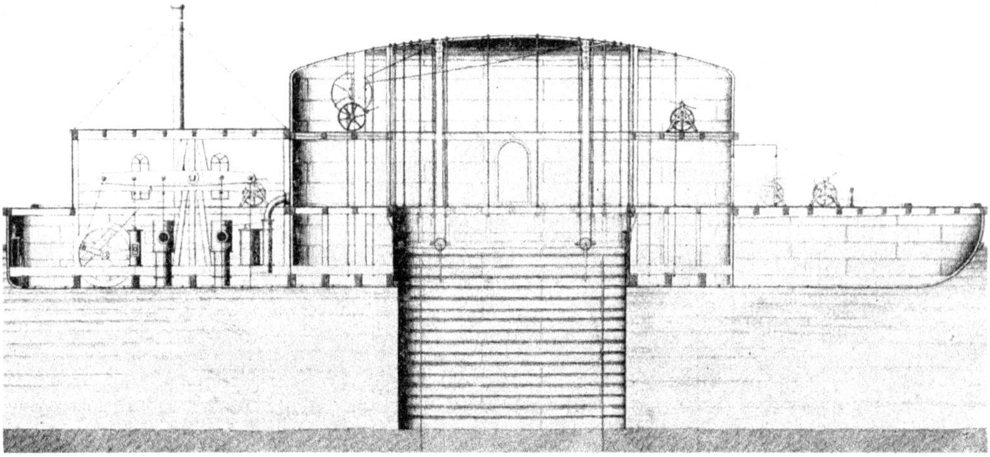

Fig. 68. — Bateau-cloche ou caisson à air comprimé de Cavé et Mougel employé au barrage du Nil (1848).

intermédiaire, qui fonctionne comme un sas à air, permet de communiquer avec la cloche sans interrompre le travail.

Les bateaux à air sont de bons appareils pour les petites profondeurs ; ils permettent de descendre sous l'eau un atelier un peu nombreux. La chambre de travail des bateaux du Nil avait une section de 40 mètres carrés.

M. Mougel, ingénieur du barrage du Nil, a donné la description du bateau de M. Cavé (*Société d'Encouragement*, 1849, p. 487).

L'appareil se compose :

1. D'un bateau en tôle de $0^m,005$ d'épaisseur, ayant 33 mètres de longueur sur $10^m,20$ de largeur. Il a dans son milieu une ouverture de 8 mètres de longueur sur 6 mètres de

largeur, un peu arrondie aux angles. Cette ouverture, servant de fourreau à la cloche, est revêtue de montants en bois très rapprochés, qui sont comme des guides pour empêcher la cloche de se déverser dans le sens du courant du fleuve.

2. D'une grande chambre en tôle, de 15 mètres de longueur et 5^m, 40 de hauteur servant de chambre à air, et d'un sas à air. La chambre à air est consolidée par des montants en bois, des tirants et des boulons en fer ; elle a une galerie supérieure sur laquelle sont fixés deux forts treuils pour monter ou descendre la cloche, qui n'est autre chose qu'une caisse en tôle de 0^m,005, ouverte par le bas et par le haut.
   Vis-à-vis de ces deux treuils il y en a deux autres plus petits pour mouvoir des matériaux.
   L'intérieur de la chambre à air est éclairé par une série de lentilles placées tant sur le toit que contre les parois verticales.
   Pour empêcher les fuites d'air entre la cloche et son fourreau, une chemise en cuir gras est fixée d'une part au fourreau et de l'autre à la cloche.
3. D'une machine à vapeur de la force de dix chevaux, donnant le mouvement à une pompe à air aspirante et foulante qui communique par un tuyau avec la chambre.

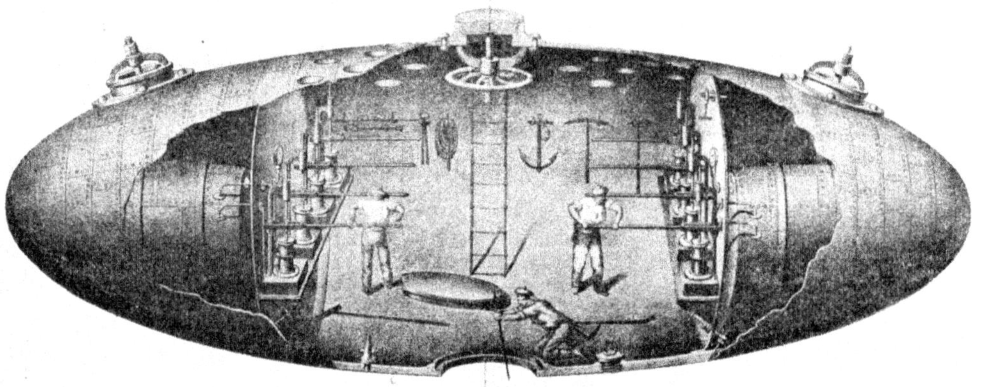

Fig. 69. — Bateau-cloche elliptique d'Alexandre Lambert (1852).

Il y a également deux pompes à eau, aspirantes et foulantes, dont on fixe les tiges au balancier quand on veut employer le bateau aux épuisements.
Il y a, en outre, deux cadres indicateurs qui, dans leur mouvement rotatif, agitent une sonnette : ils sont destinés à communiquer, l'un avec le machiniste, l'autre avec le chef de manoeuvre. Enfin, quand on veut cesser le travail, un disque circulaire s'ouvre au moyen d'un levier et laisse échapper l'air comprimé. On n'a pu dépasser avec ce bateau à air une profondeur de 4^m,75, par suite de la trop faible épaisseur des parois.

ALEXANDRE LAMBERT (1852)

En 1852, un Français, Alexandre Lambert, construisit aux États-Unis une cloche ou bateau-plongeur entièrement clos, ressemblant à celui de Beaudouin, mais ayant la forme d'un ellipsoïde allongé (fig. 69 et 70) qui rappelle celle des bateaux démontables de Valturio (V. fig. 92). Nous en donnons la figure d'après une gravure du Cabinet des Estampes.

Cette cloche fermée comportait trois compartiments : la chambre de manoeuvre au milieu et les réservoirs à lest d'eau aux extrémités. Ces réservoirs contenaient eux-mêmes des récipients cylindriques destinés à recevoir l'air comprimé. Deux trous d'homme placés

Fig. 70. — Coupe transversale du bateau-cloche d'Alexandre Lambert.

l'un à la partie supérieure et l'autre à la partie inférieure de la chambre de manoeuvre permettaient d'y pénétrer et de descendre au fond de l'eau, une fois la pression établie dans cette chambre pour faire équilibre à la pression de l'eau. Un robinet, placé à la partie inférieure, permettait de s'assurer que la pression voulue était atteinte, ce qui se vérifiait quand aucun jet d'eau ne jaillissait plus du robinet ouvert. Deux autres trous d'homme permettaient de pénétrer, par la partie supérieure de la cloche, dans les chambres situées aux deux extrémités.

LE « NAUTILUS » DE HALLETT ET ROTTERMUND (1857)

En 1857, l'Américain Samuel Hallett et son commanditaire le comte de Rottermund firent construire une cloche à plongeur perfectionnée à laquelle ils donnèrent le nom de *Nautilus* (fig. 71 et 72).

Fig. 71. — Le *Nautilus* de Hallett et Rottermund (1857)-

Cette cloche comprenait une partie tronconique dont la base inférieure était plus petite que la base supérieure et une coupole formée d'un segment sphérique. Au centre se trouvait la chambre de manoeuvre dans laquelle on pénétrait par un trou d'homme muni d'un couvercle auto-clave.

A la partie intérieure, un autre trou d'homme g permettait de descendre sous l'eau. Autour de la chambre de manoeuvre se trouvait une galerie circulaire X que l'on pouvait remplir

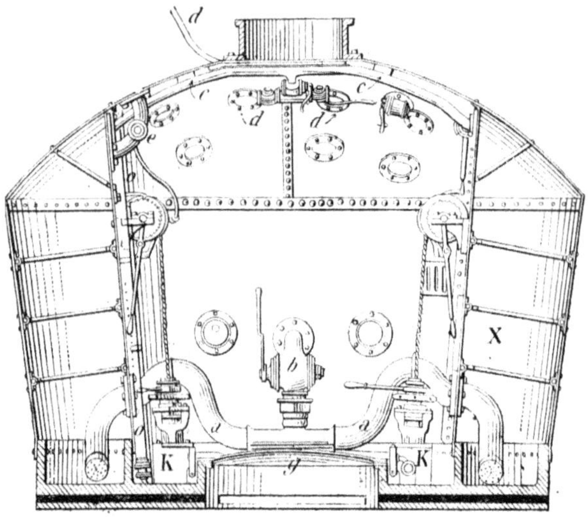

Fig. 72 - Coupe transversale du Nautilus de Hallett et Rottermund (1857)

d'eau en ouvrant le robinet b. Avant de procéder à ce remplissage, on ouvrait le robinet e pour permettre l'échappement de l'air.

On n'avait pas besoin de remplir ce réservoir. Aussitôt que la cloche commençait à s'enfoncer on fermait les robinets b et e.

Une fois la cloche immergée on refoulait de l'air comprimé par le tuyau d et, quand la pression y était suffisamment élevée pour faire équilibre à la pression extérieure, on ouvrait la porte g et les plongeurs pouvaient descendre avec leurs scaphandres.

Des chaînes ou câbles passant par des presse-étoupes et fixés à des ancres préalablement mouillées permettaient de déplacer la cloche ou de la maintenir en place en luttant contre des courants. Des treuils situés à l'intérieur servaient à tendre les chaînes ou câbles à volonté.

FLEUR SAINT-DENIS (1859)

Un des plus grands perfectionnements introduits dans la disposition de Triger le fut, au pont de Kehl, par Fleur Saint-Denis, ingénieur des ponts et chaussées, pour obtenir la sortie rapide des déblais.

Au lieu de faire sortir ces déblais par les sas à air, il se servait d'un tuyau spécial ou cheminée pour leur évacuation (fig. 73).

Ce tuyau était ouvert à l'air libre et rempli d'une colonne d'eau faisant équilibre à la pression de l'air et par suite au même niveau qu'à l'extérieur. Une noria, noyée dans l'eau, montait, d'une manière continue, les déblais dragués au fond de l'excavation pendant que les ouvriers continuaient de piocher dans la chambre de travail de forme annulaire.

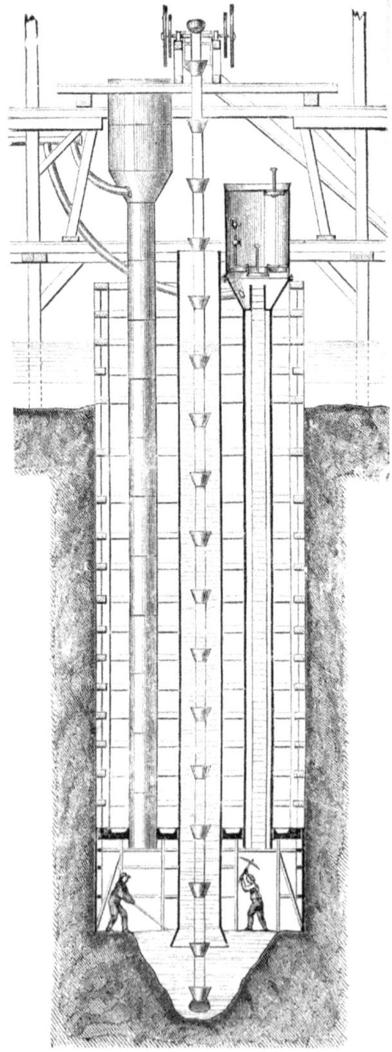

Fig. 73. — Fondations à air comprimé. — Disposition imaginée par Fleur Saint-Denis pour l'enlèvement des déblais (1859).

CAISSONS A AIR COMPRIMÉ

La chambre à air prit, de jour en jour, des proportions plus grandes et le bateau à air de Coulomb a donné naissance, par l'emploi du sas à air de Beaudouin, perfectionné par Triger, aux caissons de fondation à air comprimé.

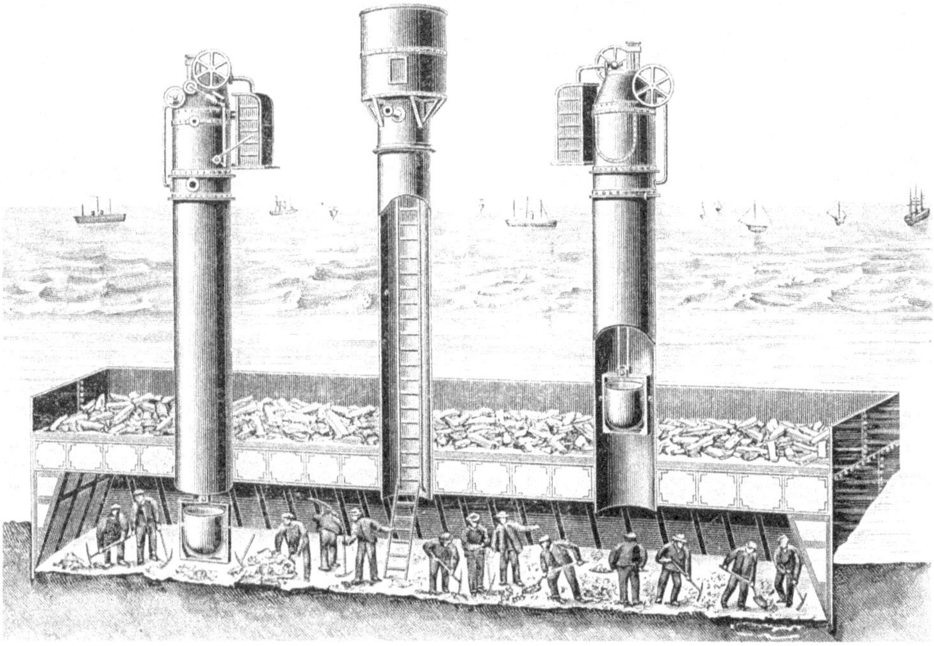

Fig. 74. — Caisson à air comprimé pour les travaux hydrauliques.

La figure 74 montre une installation de caisson à air comprimé pour travaux maritimes. La cheminée du milieu sert au passage des ouvriers et les deux cheminées latérales aux matériaux et aux déblais.

Cette disposition est appliquée aux fondations des culées et des piles des ponts et de tous autres travaux hydrauliques.

Cinquième partie

SOUS-MARINS
ET
SUBMERSIBLES

CHAPITRE I

GÉNÉRALITÉS

Hydronautique et Aéronautique

Similitude de l'hydronautique et de l'aéronautique basées sur la loi d'Archimède. — Immersion et émersion dues à la variation de la masse spécifique. — Variation de la masse spécifique : 50 par la variation du poids (emploi de lest d'eau ou d'air); ou par la variation du volume. — Organismes des sous-marins et leur fonctionnement. — Forme. — Habitabilité. — Sécurité. — Stabilité d'immersion. — Stabilité de route. — Propulsion. — Direction. — Orientation. — Armement. — Sous-marins de défense côtière et submersibles de haute mer.

Il y a déjà longtemps qu'un illustre ingénieur des Constructions navales dont l'esprit était ouvert à toute idée de progrès et s'était appliqué avec ardeur à l'étude de tout problème nouveau, Dupuy de Lôme, a assimilé la navigation sous-marine à la navigation aérienne. L'observation est d'une justesse absolue, car la similitude est complète.

En effet, dans l'un et l'autre cas, qu'il s'agisse d'aérostation ou d'hydrostation et d'une manière plus générale d'aéronautique ou d'hydronautique, l'on se trouve en présence d'un flotteur de poids spécifique variable immergé dans un fluide de densité également variable suivant le niveau et de la part duquel il subit, d'après le principe, ou plutôt la loi d'Archimède, une poussée égale au poids du volume de fluide déplacé. La différence entre le poids du flotteur et la poussée est ce que l'on appelle la force ascensionnelle ou immersionnelle.

Si le poids spécifique de la nef flottante, qu'elle soit dans l'air ou dans l'eau, est supérieur à celui du fluide ambiant, le déplacement se fait dans un sens correspondant à l'action de la pesanteur ; si, au contraire, il est moindre, il se fait en sens contraire.

Si ces poids sont égaux, le flotteur reste stationnaire et l'on obtient, dans ce cas, l'état d'équilibre indifférent de l'aéronef ou de l'hydronef.

Nous appellerons masse spécifique le poids spécifique variable dans le cas qui nous occupe. L'intensité de la puissance ascensionnelle ou immersionnelle croît en raison directe de l'écart existant entre les masses spécifiques de la nef et du milieu ambiant.

En faisant varier la masse spécifique des nefs flottantes, celles-ci se déplacent verticalement sous l'effort de leur puissance ascensionnelle ou immersionnelle, s'éloignant de la ligne d'horizon pour y revenir quand on agit en sens inverse : c'est là la méthode des primitifs, des initiateurs de l'hydrostation et de l'aérostation.

En aérostation, c'est la méthode du ballonnet à air du général Meusnier, méthode reprise en 1870 par Dupuy de Lôme. En hydrostation, c'est la méthode du lest d'eau.

Il n'y aurait plus qu'à vouloir utiliser les courants aériens ou sous-marins, comme moyen de locomotion, pour assimiler l'aérostation et l'hydrostation à l'antique navigation à voile.

On a tenté également de faire varier la masse spécifique par la variation du volume au lieu de la variation du poids. Cette méthode n'est guère recommandable en hydronautique car les rares essais qui ont été tentés n'ont pas donné de très bons résultats.

D'autres inventeurs, venus ensuite, plus audacieux et en cela novateurs hardis, ont demandé à la puissance mécanique la solution du problème : ce sont les partisans de la locomotion automobile, sur terre et sur l'eau, dans l'air et dans l'eau : ce sont les inventeurs des chemins de fer et des voitures sans chevaux, des bateaux à vapeur, des ballons dirigeables, des aéroplanes et des sous-marins ; les créateurs des derniers perfectionnements de l'aéronavigation et de l'hydronavigation.

Indépendamment de l'immersion ou déplacement dans le sens vertical, le problème de la navigation sous-marine comporte encore la solution des divers points suivants : *L'Habitabilité. – La Sécurité. – La Stabilité. – La Propulsion. – La Direction. – L'Orientation. – L'Armement pour la marine de guerre.*

Il faut en effet et tout d'abord pouvoir vivre sous l'eau et par conséquent respirer en renouvelant et purifiant l'air ; il faut pouvoir se maintenir invariablement à une certaine profondeur, déterminée à volonté, dans un même plan horizontal, aussi longtemps que l'on veut, tout en se déplaçant dans ce plan et enfin avoir un moyen sûr de remonter à la surface en cas de péril : force mécanique antagoniste que l'on cesse de faire agir instantanément, ou lest de sûreté que l'on abandonne subitement, de manière à réaliser une forte puissance ascensionnelle, accumulée à l'état potentiel, sous forme d'excès de flottabilité.

Il faut, ensuite, pouvoir se déplacer et pour cela avoir un moteur, à bras ou mécanique (à rames, à hélices, à roues à aubes, etc.) ; il faut se diriger (avec des gouvernails ou avec des hélices mobiles) ; s'orienter sous l'eau, grâce à un appareil spécial (tube optique, cleptoscope, périscope, omniscope, etc.).

En exposant les diverses solutions du problème général, nous verrons, pour chacun des cas particuliers, comment ont été résolus ces différents problèmes partiels par chaque inventeur et quelles ont été les dispositions de principe adoptées par eux.

Nous verrons surtout combien il a fallu de temps et de persévérants efforts – efforts souvent mal appliqués par ignorance ou défaut d'éléments d'étude – pour arriver au point où en est la navigation sous-marine, qui est encore, à peine, à l'adolescence. On pourrait presque dire : « C'est l'enfant qui vient de naître » suivant l'expression de Franklin, parlant du ballon.

Nous pourrions répéter, également, ce que disait Dupuy de Lôme au sujet de la navigation ordinaire :

> « Il a fallu bien des siècles pour transformer le radeau flottant en un rapide paquebot à hélice : mais qu'est-ce qu'un siècle pour Dieu éternel qui conduit l'humanité »

Et nous pourrions ajouter :

> Que sont les difficultés pour le génie humain lorsqu'il est secondé par les hommes intelligents et de bonne volonté de tous les pays et de toutes les époques ?

FORME.

Forme de cigare généralement adoptée. — Sections variables à l'infini : circulaires, elliptiques, triangulaires, mixtilignes, quadrangulaires, pentagonales, etc. — Ailerons horizontaux et quilles latérales. — Imitation de la nature. — Forme sphérique pour les immersions à grandes profondeurs.

La forme de cigare semble être celle qui répond le mieux au but poursuivi par la navigation militaire. Nous pensons, cependant, qu'au lieu d'avoir comme section transversale un cercle, il serait préférable d'avoir la forme elliptique, amincie en haut et en bas.

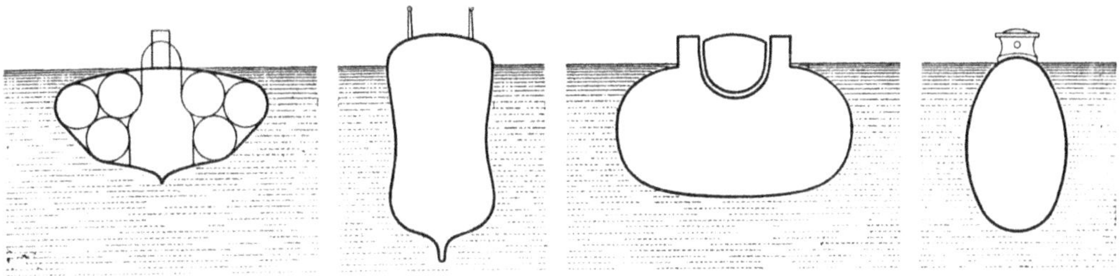

Le *Plongeur* de Bourgois et Brun. — Projet de Lagane. — Projet de Hovgaard. — Projets de Forest et de Baker.

Fig. 75 à 78 - Diverses sections transversales de sous-marins et de submersibles.

Cette forme se rapproche davantage de celle des poissons qui est la plus favorable au déplacement horizontal ainsi qu'aux mouvements d'immersion et d'émersion. Elle permettrait d'obtenir plus facilement l'immersion et donnerait une plus grande stabilité au sous-marin en éloignant le centre de gravité du centre de carène.

Telles sont les formes des poissons à marche rapide de toutes les profondeurs pélagiques, ainsi qu'on peut en juger par les spécimens recueillis dans les campagnes océanographiques du Prince de Monaco. Nous citerons le *Pristiurus atlanlieus,* pêché à 540 mètres de profondeur, le *Bathypteroïs dubius,* pêché de 834 à 917 mètres et divers *Centroscymnus* et *Centrophorus,* pêchés à des profondeurs variant de 1230 à 1850 mètres.

De même en aéronautique les formes les plus rationnelles auxquelles on soit arrivé sont celles de cigares, comme les aéronefs dirigeables de Giffard, en 1852 ; de Dupuy de Lôme, en 1872 ; des frères Tissandier, en 1882 ; de Renard et Krebs, en 1884: de Santos-Dumont, de Julliot et Lebaudy, d'Astra, en France ; du comte Zeppelin, de Parseval, en Allemagne ; du comte Almerico de Schio, en Italie, etc., dans ces dernières années. Les derniers modèles se rapprochent davantage de la France de Renard et Krebs dont la proue est renflée et la poupe effilée.

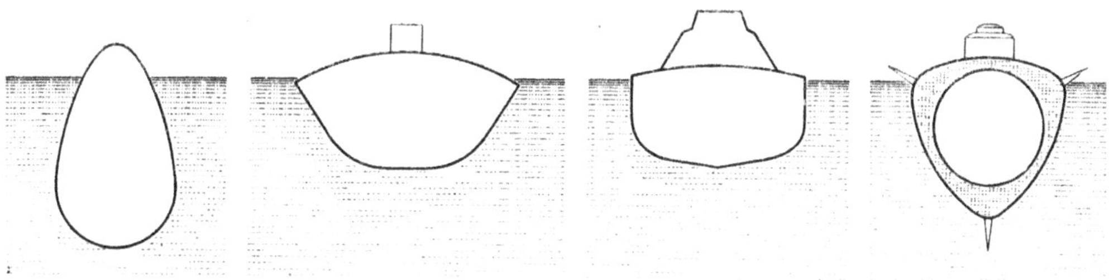

L'*Audace* de Degli Abbati. — *Le Katahdin.* — *Le Plunger* de Holland. — Escher, Wyss et Cie.

Fig. 79 à 82. — Diverses sections transversales de sous-marins et de submersibles.

Les hydronautes qui s'en sont le plus approchés ont été Campbell et Ash, en 1884 ; Nordenfelt, en 1885 ; Forest, en 1891 ; Baker, en 1892. Les Holland et les sous-marins de Simon Lake ont, comme le ballon *la France*, l'avant plus renforcé que l'arrière. M. Laubeuf, dans la construction de ses submersibles, a adopté une forme pentagonale ou en coeur se rapprochant sensiblement de celle de Bourgois et Brun et des torpilleurs ordinaires ;

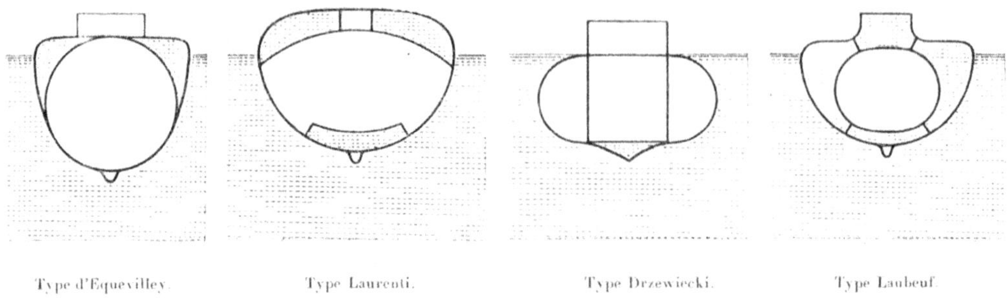

Fig. 83 à 86. — Diverses sections transversales de sous-marins et de submersibles.

car il faut que les formes du submersible répondent au besoin de vitesse dans la marche à la surface ; la marche en plongée n'étant nécessaire que pendant des intervalles relativement courts.

M. Laurenti ainsi que M. Drzewiecki et M. d'Equevilley ont également adopté une section se rapprochant de celle des torpilleurs de haute mer, la forme marine étant indispensable pour la marche rapide en surface.

Quelques constructeurs, pour donner plus de stabilité, ont ajouté des appendices latéraux horizontaux, cotres de quilles latérales, et d'autres verticaux semblables à des nageoires ou des ailerons. Telle est la disposition adoptée par MM. Escher, Wyss et Cie.

Au lieu d'ailerons horizontaux fixes, que nous ne trouvons guère logiques et qui ne se rencontrent pas chez les poissons, il semble préférable de voir ces ailerons fixés dans le plan vertical longitudinal, à l'instar des nageoires dorsales et ventrales des poissons. Nous exceptons, bien entendu, les gouvernails d'immersion, lesquels, du reste, quand ils ne doivent pas agir, peuvent se replier en éventail ou rentrer dans les flancs du bateau.

Pour d'autres besoins que la marine de guerre, pour les explorations et pêches sous-marines, par exemple, qui nécessitent des immersions à grandes profondeurs, la forme sphérique, adoptée par l'ingénieur Balsamello et ses imitateurs, semble préférable.

HABITABILITÉ.

Emmagasinement d'air respirable. — Revivification de l'air vicié par des procédés chimiques. — Approvisionnement d'oxygène et production d'air artificiel. — On a souvent besoin d'un plus petit que soi. — Les souris blanches, auxiliaires modestes mais utiles de la puissante flotte britannique.

La plupart des sous-marins offrent de sérieux inconvénients au point de vue de l'habitabilité. Leurs dimensions par trop restreintes et l'encombrement des divers compartiments intérieurs par les éléments de la machinerie réduisent le cube d'air respirable dans de telles proportions qu'il s'épuise et se vicie très rapidement. Pour y remédier, on a commencé par emporter des provisions d'air comprimé dans des réservoirs ou bouteilles métalliques ; mais l'air exhalé par les poumons et celui venant de la machinerie contiennent de l'acide carbonique et des gaz

Fig. 87 - Section schématique du sous-marin normal élémentaire.

méphitiques. On a cherché à régénérer cet air vicié, par des procédés chimiques, en le faisant passer à travers des solutions alcalines de potasse ou de soude caustique qui absorbent l'acide carbonique.

On prétend, comme nous le verrons d'ailleurs plus loin, que le premier constructeur de sous-marins, le Hollandais Cornelius Van Drebbel, avait trouvé une liqueur magique, appelée quintessence d'air, dont quelques gouttes versées dans une enceinte close suffisaient pour purifier l'air vicié et lourd du sous-marin et le rendre léger et agréable *au point de se croire au sommet d'une colline !...* L'oxygène est la vraie quintessence de l'air, l'élément actif et utile pour la respiration. L'azote qui entre dans la composition de l'air n'est pas assimilé par les poumons et sert seulement, par son mélange à l'oxygène, à atténuer l'action trop vive de ce dernier quand il est pur. En emportant des bouteilles d'oxygène comprimé ou des substances oxygénées comme les bioxydes, l'oxylithe, etc. qui au contact de l'eau dégagent de l'oxygène, on est arrivé à revivifier l'air vicié des sous-marins ou plutôt à remplacer l'air vicié, que l'on expulse au dehors, par l'air artificiel, produit au fur et à mesure des besoins au moyen d'appareils spéciaux.

Les progrès réalisés dans cette voie permettent déjà de remédier dans une large mesure aux inconvénients résultant des dégagements de gaz des accumulateurs, des moteurs, etc. et

Fig. 88. — Souris blanches servant de témoins-avertisseurs à bord des sous-marins anglais pour éviter l'asphyxie.

si l'air des sous-marins n'est pas encore comparable à celui que l'on respire au sommet d'une colline, du moins il perd de jour en jour de sa toxicité et devient de plus en plus supportable pour les équipages sous-aquatiques.

Les Anglais, qui ont eu souvent à déplorer des accidents dus aux dégagements de vapeurs de gazoline, dont l'emploi est indispensable à leurs moteurs, ont enrôlé dans les équipages de leurs sous-marins des souris blanches comme témoins-avertisseurs. Celles-ci, dont le sens olfactif est très développé et très délicat, décèlent les émanations de gaz délétères, ou bien avertissent quand l'air cesse d'être respirable, par une agitation particulière, symptomatique. Leur attitude met aussitôt en garde l'équipage contre un état anormal de l'atmosphère du sous-marin, qui pourrait, au bout de quelque temps, entraîner l'asphyxie ou tout au moins de graves malaises.

C'est le cas ou jamais de dire, comme dans la fable : *La Colombe et la Fourmi* ou *Le Lion et le Rat*, que l'on a souvent besoin d'un plus petit que soi.

Ces souris blanches, au nombre de trois par sous-marin, figurent sur les rôles du bord et émargent au budget de la puissante flotte britannique dont elles grignotent leur petite part. Elles méritent à ce titre qu'on leur rende les honneurs dus à d'utiles auxiliaires. Celles dont nous donnons le portrait font partie de l'équipage du A8.

Du train dont vont les Anglais dans l'accroissement continu de leur flotte de sous-marins et submersibles, le recrutement de ces utiles quoique modestes auxiliaires deviendra bientôt difficile, car les souris blanches sont fort délicates, n'ont pas toujours le pied marin, souffrent du mal de mer et perdent facilement l'appétit. Leur délicate santé oblige à une infinité de ménagements et de précautions. Il est probable que l'on sera amené à les supprimer quand la navigation sous-marine sera sortie de la période des tâtonnements pour entrer dans le régime normal.

SÉCURITÉ.

Emploi d'un lest de salut ou d'un excès constant de flottabilité. — Hélices-lest à axe vertical.

Presque tous les sous-marins, outre un excès de flottabilité, possèdent la faculté de se débarrasser, par un simple déclenchement, d'un poids, dit de sécurité ou lest de salut, situé sous leur quille et qu'ils abandonnent définitivement au fond de l'eau pour échapper à un péril imminent qui les menace et surgir immédiatement à la surface.

Certains constructeurs comme Nordenfelt, Waddington, Hovgaard, Pullino, etc., préfèrent obtenir l'émersion par l'arrêt des hélices-lest horizontales qui servent à l'immersion. L'excès permanent d'un potentiel de flottaison, ou flottabilité, ramène fatalement à la surface.

STABILITÉ D'IMMERSION.

Variations infinitésimales et automatiques de la masse spécifique grâce aux pistons hydrostatiques à action automatique par l'emploi de contacts électriques. — Application des servo-moteurs de Farcot. — Emploi de l'hélice-lest à axe vertical.

En commençant cet exposé, nous avons rappelé et fait ressortir les analogies qu'offraient l'aéronautique et l'hydronautique : les ballons dirigeables et les bateaux sous-marins. La différence réside surtout dans l'importance et la nature des difficultés à surmonter.

Dans l'aéronautique, la chose la plus importante à obtenir n'est pas de se maintenir à une altitude plus ou moins constante, car cela n'a qu'une portée secondaire, mais plutôt de se mouvoir et de se diriger.

L'orientation et l'habitabilité ne deviennent difficiles et pénibles qu'à partir de très grandes hauteurs.

Dans l'hydronautique, au contraire, ce n'est ni la locomotion, ni la direction qui offrent des difficultés, mais bien la *stabilité d'immersion*, c'est-à-dire l'immersion à une profondeur déterminée et la permanence à ce niveau d'une manière aussi constante et durable que possible. Nous ajouterons que cette condition est certainement la plus importante à réaliser dans la navigation sous-marine militaire, car le but poursuivi est d'abord de se rendre invisible, par l'immersion, pour s'approcher le plus possible de l'ennemi, sans trahir sa présence, ensuite de l'atteindre dans ses œuvres vives, c'est-à-dire dans une bande de hauteur relativement restreinte. L'orientation et la direction viennent aussitôt après, car elles sont plus faciles à obtenir.

L'immersion permanente à un niveau constant est, avons-nous dit, le problème le plus important et aussi le plus délicat à résoudre dans la navigation sous-marine. L'idée la plus simple et la plus naturelle venant à l'esprit est d'introduire un lest d'eau, que l'on a à sa portée. Ce lest permet de régler la masse spécifique de l'hydronef de manière à la rendre égale à celle de la tranche d'eau au niveau de laquelle on veut s'arrêter. Le plus difficile n'est pas d'atteindre le niveau voulu, mais plutôt de s'y maintenir en conservant l'équilibre.

Ne pouvant exécuter cette opération avec la précision automatique et instinctive des poissons, qui remplissent ou vident leurs vessies natatoires juste au degré voulu, il faut, par une succession de déplacements alternatifs, d'oscillations tantôt ascensionnelles et tantôt immersionnelles, s'approcher de cette position limite d'équilibre à l'instar du fléau d'une balance pendant une pesée.

On y parvient à l'aide de pistons hydrostatiques à faible variation mais à action rendue automatique par des diaphragmes et des contacts électriques. Une variation infinitésimale de la masse spécifique détermine immédiatement un déplacement vertical assez considérable. Cette excessive sensibilité est voisine de l'affolement.

Ni le Dr Payerne, ni Bauer, ni Bourgois et Brun n'ont pu complètement réussir à obtenir cet équilibre parfait, malgré leurs pistons hydrostatiques d'immersion, et si l'on y est parvenu, depuis, d'une manière assez satisfaisante, c'est non sans peine et grâce à d'ingénieux régulateurs électriques automatiques dans lesquels a été appliqué le principe fécond de l'asservissement des moteurs, mis en pratique par M. Joseph Farcot dès 1868.

> Sans l'emploi de servo-moteurs, a dit M. Ledieu, mécanicien de la marine, dans une communication à l'*Académie des Sciences*, faite le 19 novembre 1888, il n'y a pas de stabilité d'immersion possible : c'est là un point dont l'importance a longtemps échappé aux inventeurs des bateaux sous-marins. Il faut que les divers organes qui concourent à la stabilité d'immersion soient asservis de façon à suivre docilement les mouvements de la main qui les commande.

De tous les inventeurs récents, seuls à notre connaissance, André en 1870, Campbell et Ash en 1875, ainsi que Garrett en 1878 et Flais en 1885, ont cherché à obtenir la variation de la masse spécifique par la variation de volume.

Au lieu de la simple introduction de lest, nombre de constructeurs préfèrent avoir un excès de flottabilité et le vaincre par un moyen mécanique tel que l'emploi d'hélices à axe vertical. Bushnell, en 1776, a, le premier, conçu et appliqué ce mode complémentaire d'immersion et d'émersion.

Fulton le tenta également en 1801 et, depuis, d'heureuses applications en ont été faites par Nordenfelt, en Suède et en Angleterre, en 1885 ; par Waddington en Angleterre, en 1886 ; par Pullino en Italie, et par Baker aux Etats-Unis, en 1892. Ce dernier rendait mobiles dans tous les sens ses deux hélices latérales, ce qui lui permettait également de se diriger dans tous les sens.

> Sans flottabilité ou avec une flottabilité insignifiante, disent le commandant Z. et H. Montéchant, dans leur remarquable ouvrage sur *Les guerres navales de demain*, le sous-marin immergé se trouve dans une position d'équilibre indifférent ; la moindre variation dans les forces en jeu, le conduit à changer d'assiette et à prendre des inclinaisons souvent dangereuses. C'est qu'aucune force ne contribue à le maintenir dans sa position normale.
> Au contraire, avec la flottabilité et au moyen de l'hélice à axe vertical, dès que l'assiette du bateau change, les actions de la flottabilité et de l'hélice tendent toutes deux à la ramener.
> La position d'équilibre n'est acquise que si ces deux actions sont, exactement, dans le prolongement l'une de l'autre et de même grandeur. Or, elles ne se trouvent en pareille situation que lorsque le sous-marin est droit.
> La stabilité d'un sous-marin dépend donc de la grandeur de sa flottabilité et aussi de la distance séparant son centre de gravité de son centre de carène. Ceux-ci doivent se trouver sur une même verticale et le plus possible espacés. Il en résulte que la tourelle d'observation devra se trouver exactement au-dessus.

STABILITÉ DE ROUTE.

Emploi de gouvernails horizontaux, d'hélices à axe vertical et de poids mobiles.

En marche le problème se complique et la stabilité de route est encore plus difficile à obtenir. Sous l'action du déplacement horizontal du bateau, les oscillations verticales, déterminant l'équilibre d'immersion, se transforment en un mouvement ondulatoire longitudinal qui ne peut être rectifié ou tout au moins corrigé efficacement qu'à l'aide de gouvernails compensateurs horizontaux.

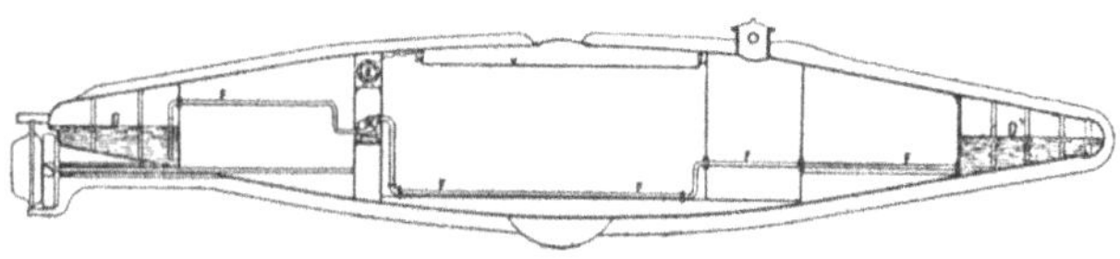

Fig. 89. — Réservoirs à lest d'eau reliés entre eux par une tuyauterie permettant de faire passer l'eau d'un des réservoirs dans l'autre. — Le dessin représente le sous-marin Forest.

Ce procédé, appliqué par Fulton en 1801 par les frères Coëssin en 1809 et préconisé par de Montgéry en 1823, a reçu de très nombreuses applications. Il ne peut cependant être employé que lorsque le sous-marin est en marche et non pendant qu'il est au repos. Nordenfelt et Goubet n'en ont pas été trop partisans, par suite des graves perturbations que pourrait entraîner une inclinaison trop exagérée du bateau.

Fulton, Holland, Drzewiecki, Goubet, etc., ont également employé des poids mobiles qui, en déplaçant le centre de gravité de l'hydronef, la faisaient incliner vers le bas ou vers le haut pendant la marche, mais ce moyen n'a pas donné de bons résultats.

Dans la plupart des sous-marins, dont les réservoirs à lest d'eau sont éloignés les uns des autres, on établit une communication entre eux permettant d'établir l'équilibre des poids (fig. 89).

PROPULSION.

Puissance motrice : air comprimé, vapeur, électricité, pétrole, essences, air carburé, etc. — Hélices.

Pour bien des spécialistes le torpilleur sous-marin n'a pas besoin d'être autonome et de faire de longs trajets, sa destination étant plutôt la défense des côtes que les attaques en pleine mer et les voyages lointains. Une durée de séjour sous l'eau de 6 à 8 heures leur semble être plus que suffisante. La puissance motrice doit être surtout empruntée à un élément facile à emmagasiner et à manier, tel que l'air comprimé ou l'électricité, qui ne vicie pas l'air respirable contenu dans le bateau.

M. Nordenfelt, en 1881, M. Holland, en 1892 et M. Laubeuf, en 1896, ayant en vue la construction de bateaux autonomes, pouvant faire des longs trajets, n'ont voulu recourir qu'aux moteurs à vapeur, dont l'alimentation en eau et en charbon peut se faire n'importe où, tandis qu'ils redoutaient l'emploi de l'électricité, élément trop capricieux et trop difficile à se procurer. Toutefois une remarque est nécessaire : ce qui pouvait à la rigueur être vrai, en 1885, l'est beaucoup moins aujourd'hui où, grâce aux très grands progrès faits en électricité, on dispose d'un très précieux auxiliaire, qui, d'ailleurs, n'a pas encore atteint son dernier degré de perfection et n'a pas encore donné tout ce que l'on peut attendre de lui.

Aussi voyons-nous la plupart des sous-marins emprunter à cet agent leur puissance motrice, tant pour la navigation à la surface que pour celle en plongée. Mais ces bateaux sont frappés d'infériorité au double point de vue de la durée et de la facilité de renouvellement de la puissance motrice.

Cependant le système mixte, consistant à avoir une double puissance motrice : l'une destinée à la navigation à la surface et l'autre à la navigation sous-marine, a prévalu, et nous voyons les derniers modèles perfectionnés de ces bateaux amphibies répondre complètement aux exigences de la dualité de leur existence.

Tels sont les derniers modèles de submersibles adoptés dans la plupart des pays.

Un ingénieur de la marine italienne, M. Giulio Martinez, dans un mémoire publié en 1894 par la *Rivista Marittima*, a proposé l'emploi de moteurs à pétrole accouplés à des moteurs électriques, ces derniers étant placés entre les premiers et les hélices de manière à pouvoir désembrayer, à volonté, ces moteurs pendant la navigation à la surface en utilisant les induits des dynamos comme volants des moteurs à pétrole. On pourrait même se servir, dit M. Martinez, des moteurs électriques, comme aide pour la mise en marche rapide des moteurs à pétrole. On se servirait également des moteurs électriques pour là marche en arrière, les moteurs à pétrole ne pouvant, généralement, pas être utilisés en ce cas.

Enfin, pendant la navigation à la surface, à vitesse réduite, ou pendant des haltes, on pourrait recharger les accumulateurs en actionnant les réceptrices utilisées comme dynamos. Cette idée d'accouplement d'éléments mixtes semble répondre d'une manière absolument logique aux besoins mixtes à satisfaire, aussi a-t-elle été généralement appliquée dans la plupart des sous-marins modernes.

M. Baron et M. Forest ont proposé l'emploi d'un moteur à air carburé pour la double navigation sur l'eau et sous l'eau.

Depuis peu, grâce à l'extension de l'emploi de l'oxygène obtenu, soit avec l'oxylithe par les procédés Jaubert, soit avec l'air liquide par les procédés Georges Claude, soit par l'électrolyse de l'eau, on est arrivé à des progrès très remarquables dans l'application des moteurs à pétrole et à vapeur, à la navigation sous-marine, en plongée. Des essais très probants laissent espérer, avant peu, une évolution nouvelle dans cette branche de l'art naval qui permettra de donner aux bateaux sous-marins, avec, le même tonnage, une plus grande puissance et un plus grand rayon d'action.

Dans un avenir plus ou moins rapproché, peut-être verra-t-on également intervenir l'air liquide comme puissance motrice.

DIRECTION.

Gouvernails verticaux et hélices mobiles articulées sur l'arbre par un joint universel.

Nous avons vu que pour la direction l'emploi du gouvernail ordinaire était le plus généralement adopté.

Quelques inventeurs cependant, comme Merriam, Rceber, Goubet et Baker, ont préféré recourir à l'hélice mobile, appliquée déjà en 1800.

M. Drzewiecki, au contraire, après l'avoir essayée, a renoncé à continuer à s'en servir, à la suite de ses premières applications, à cause de la trop grande facilité de giration qui donne de l'affolement à l'hydronef.

ORIENTATION.

Tubes optiques. — Périscopes et omniscopes. — Gyroscope de Foucault. — Périscopes de l'avenir et bige, aérhydrique. — La fantaisie d'aujourd'hui est souvent la réalité de demain.

Nous abordons avec l'orientation l'un des points les plus délicats de la navigation sous-marine. En effet, il est un fait avéré, c'est qu'une fois immergé, le bateau sous-marin devient complètement aveugle, car, dans l'état actuel de la question, il ne peut plus voir ni connaître sa direction.

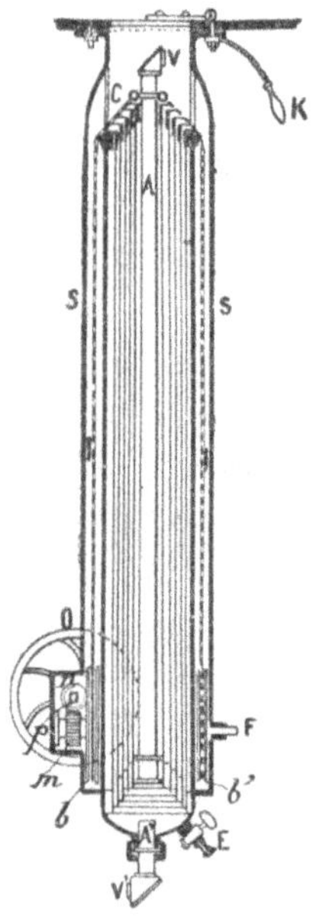

Fig. 90. – Tube optique télescopique.

Il est obligé, pour se diriger, de remonter de temps à autre à la surface et d'y repérer sa position.

On a bien cherché à lui donner la vision indirecte, à l'aide d'un tube optique ; mais l'emploi de cet appareil est presque illusoire, car il ne peut servir que jusqu'à une faible profondeur et encore peut-il trahir la présence du sous-marin, bien que ses dimensions ne dépassent pas celles d'un bras sortant de l'eau avec le poing fermé.

M. Carpentier a construit des tubes optiques télescopiques ayant 90 millimètres de diamètre et une longueur de $6^{m},50$.

N'ayant pu avoir de lui aucune communication de dessins ni de photographies de ses tubes optiques, appliqués dans les sous-marins français, nous donnons ci-contre un dessin, d'après un brevet pris par M. Goubet, en 1892 (fig. 90).

Le tube optique ayant son champ visuel assez restreint on a quelquefois recours au périscope, appareil imaginé, dès 1872, par le major Daudenart de l'État-major belge, et perfectionné depuis par le colonel Laussedat, le colonel Mangin, le commandant Darrieus, MM. Romazzotti et Garnier, MM. Daveluy et Violette, M. Trivulzi qui a imaginé le *cleptoscope*, MM. Russo et Laurenti, Albrizzi, etc.

Cet appareil, tout en étant plus perfectionné que le tube optique simple, offre néanmoins l'inconvénient d'être encore plus encombrant et d'un emploi toujours limité à une faible profondeur.

Fig. 91. — Image donnée par l'omniscope américain.

Dans une brochure, publiée en 1904 par l'Américain Robert G. Skerrett, sur les sous-marins de Simon Lake, il est fait mention d'un omniscope employé à bord du Protector. Cet omniscope qui a 18 centimètres de diamètre est muni, paraît-il, de cinq prismes qui reflètent le paysage extérieur. Nous reproduisons l'image donnée dans cette brochure (fig. 91). L'observateur doit appliquer l'oeil à la lunette du tube optique et faire tourner ce dernier pour explorer l'horizon. Il ne voit généralement qu'un secteur assez étroit devant lui. C'est ce qui explique l'accident qui a coulé le A8 anglais, dont le commandant, suivant avec une attention trop soutenue les évolutions d'un croiseur, auquel il donnait la chasse, n'aperçut pas à temps un paquebot, qui venait dans sa direction et ne put l'éviter.

Le jour où l'on pourra avoir un omniscope ou périscope perfectionné permettant d'explorer toute une large zone de l'horizon, les sous-marins auront gagné en sécurité et en aisance dans leurs mouvements.

Peut-être avec les progrès réalisés simultanément dans l'hydronautique et l'aéronautique arrivera-t-on bientôt, en accouplant les ballons dirigeables aux sous-marins, à donner à ces derniers le meilleur des périscopes et omniscopes rêvés ; car, du haut de la nacelle, le commandant de la bige aérhydrique pourrait embrasser d'un seul coup d'oeil tout le cercle sous-jacent formant la base du cône de vision dont le poste d'observation de la nacelle forme le sommet.

Le major Daudenart, qui était un esprit ingénieux et fort avancé, a également, en 1872, préconisé l'emploi de la photographie pour prendre des vues panoramiques instantanées. Il est incontestable que, si, grâce à un appareil à mouvement d'éclipse, analogue à celui des tourelles blindées, on pouvait prendre des vues panoramiques instantanées à développement rapide, on aurait un auxiliaire précieux pour les reconnaissances topographiques d'un mouillage ou d'un port fortifiés. Cela augmenterait de beaucoup la sécurité du bateau et de son équipage, mais faut-il encore, en replongeant aussitôt après, pouvoir suivre exactement la direction reconnue au moment de l'orientation.

Dans ce but, on s'est servi du *gyroscope*, inventé par Foucault, en 1865, et réalisé pratiquement par M. Trouvé, qui est parvenu, grâce à une ingénieuse disposition électrique, à obtenir un appareil très précis et sûr, permettant de rectifier les compas de marine. On sait, en effet, que la position de l'axe de rotation du gyroscope est absolument invariable dans l'espace, et si l'on a eu soin de l'orienter dans une direction connue, celle-ci devient une ligne de repère, sur laquelle on règle la marche du bateau quand il est immergé.

Malgré toute son ingéniosité et les services que cet appareil peut rendre, il présente néanmoins un grave inconvénient, dû à l'influence perturbatrice des courants électriques émanant de la source électrique même du bateau.

D'après la théorie darwinienne, dans la nature « le besoin crée l'organe », et le fait a été souvent constaté. Peut-être arrivera-t-on, en hydronautique, sous l'empire de la nécessité, à donner aux bateaux-poissons les yeux sous-marins qui leur manquent, en étudiant de près la nature, dont l'exemple devrait constamment nous aider.

Les poissons ont en effet des yeux et vivent sous l'eau à toutes profondeurs. Ils s'y dirigent à une allure rapide et y évoluent avec promptitude. Pourquoi les hydronautes se sont-ils toujours obstinés à vouloir se diriger, soit par la vision directe à travers les verres plats de leurs hublots, soit par la vision indirecte à l'aide de tubes optiques, munis de prismes à réflexion totale qui ne sont, en somme, que de simples chambres claires ?

Si Galilée et Herschel s'étaient contentés d'observer les astres au travers des vitres de leurs observatoires, à l'oeil nu ou armé de simples lentilles, l'astronomie n'en serait guère au degré de perfection qu'elle a atteint de nos jours. Il n'y a donc rien d'étonnant à ce qu'au travers des glaces épaisses des hublots, d'une translucidité souvent douteuse, on ne puisse voir très loin ni même très bien.

Si encore on avait employé des verres lenticulaires ou prismatiques, avec des combinaisons telles que l'on pût obvier aux inconvénients de l'opacité et de la réfringence de l'eau. Mais non ! nous n'avons trouvé dans aucun des modèles de sous-marins que nous allons énumérer, ni dans aucun des projets dont nous avons eu connaissance, une disposition quelconque qui marquât un progrès dans cette voie.

Nous n'avons pas trouvé davantage trace d'essai tendant à utiliser la nappe supérieure de l'eau comme miroir réfléchissant, quand le temps est calme. Il y aurait peut-être lieu de se servir dans ce cas du phénomène de la réflexion totale.

L'optique, pas plus qu'aucune autre branche de la science, n'a dit encore son dernier mot, et nous avons l'intime conviction qu'en étudiant à fond et pratiquement la marche des rayons réfractés et réfléchis, en reprenant les travaux de Descartes et en les exécutant dans le milieu même qui intéresse, on parviendra très certainement à doter les sous-marins de puissants appareils optiques répondant aux besoins de l'orientation hypopélagique.

La photographie pourrait être également un auxiliaire puissant. Les très intéressantes et savantes recherches expérimentales, faites à l'instigation du prince Albert de Monaco, par le Dr Paul Regnard sur La Vie dans les eaux, et les très curieuses photographies sous-marines prises à Banyuls par M. Boutan, nous montrent toutes les ressources que la science expérimentale met à la disposition des chercheurs.

Aujourd'hui que les esprits sont tournés vers l'étude des rayons X, nous pensons qu'il serait intéressant pour les inventeurs de tenter des recherches dans cette voie. Elle sera, sans nul doute, féconde en observations intéressantes et en résultats de toutes sortes. Peut-être y trouvera-t-on la solution de la visibilité, ou tout au moins de l'orientation, au sein des océans, car la science est une, et ses différentes manifestations concourent toutes à l'élargissement du champ sans cesse grandissant de son action. La vie animale est très développée au fond des mers, peut-être autant que sur terre, même aux plus grandes profondeurs, comme nous l'ont révélé les patientes et laborieuses pêches pélagiques faites, jusqu'à des profondeurs de 6 et 7000 mètres, par des savants de divers pays, aux premiers rangs desquels nous devons citer M. Milne-Edwards, il y a une vingtaine d'années, et plus récemment le prince Albert de Monaco, qui, avec une infatigable ardeur et une merveilleuse sagacité, poursuit, depuis bientôt vingt ans, ses intéressantes recherches sur la faune pélagique aux diverses profondeurs des mers. On a pu constater que, même aux plus grandes profondeurs atteintes de 6 000 et 7 000 mètres, la faune abyssale est munie d'yeux. Elle possède en outre des robes aux couleurs souvent éclatantes. Il faut donc croire que « cette obscure clarté qui tombe des étoiles », comme dit le poète, permet aux animaux, vivant dans ces abîmes profonds, si sombres à nos yeux, de voir ou de sentir et de reconnaître les êtres dont ils sont environnés, de se mouvoir et de se diriger dans le milieu où ils vivent, grâce à des organes de relation adaptés aux conditions biologiques d'existence qui leur sont imposées.

M. Filhol, le savant professeur du Muséum, qui fut l'un des aides-anatomistes de M. Milne-Edwards lors de l'exécution des sondages sous-marins du *Travailleur* et du *Talisman*, nous a déclaré que la découverte des rayons X a été pour lui une révélation sur la vie animale dans les obscures profondeurs de l'océan.

D'ailleurs, pour certains animaux dépourvus d'organes visuels, les organes tactiles sont très développés tant en dimension qu'en sensibilité. Cette sensibilité est variable bien entendu avec les individus ; mais, surtout, avec les parties du corps.

Ainsi que nous avons pu le constater sur des poissons ordinaires, la différence sensorielle qui existe entre les parties antérieures et les parties postérieures de leurs corps est extrême. Ces dernières étant mal défendues contre les attaques extérieures, sont d'une sensibilité telle qu'en effleurant, même très légèrement, les nageoires dorsales et surtout caudales d'un poisson, on le fait tressauter et fuir, tandis que le contact, même un peu rude, contre les parties antérieures du corps et surtout de la tête est à peine ressenti, ces parties étant plus facilement protégées, grâce à la sauvegarde des organes visuels toujours en éveil.

Il n'est pas interdit au bateau sous-marin, à défaut de la vue qui lui manque, quant à présent, ou du toucher, qui est également à l'état rudimentaire, de développer ses autres organes sensoriels tels que l'audition. On sait en effet, surtout depuis les expériences de Colladon sur le lac de Genève, que le son se propage encore mieux dans l'eau que dans l'air. Au lieu du tube optique peut-être pourrait-on créer des tubes acoustiques permettant de reconnaître à distance la position de l'ennemi. On poursuit des recherches dans ce sens et l'on a fait déjà de nombreuses et concluantes expériences de téléphonie sous-marine.

ARMEMENT.

Tubes et appareils ou carcasses lance-torpilles. — Torpilles-bouées sphériques jumelées à flottabilité positive, arme des submersibles dans les futures guerres navales. — Feri ventrem : cri de guerre des torpilleurs submersibles de l'avenir.

L'armement se compose généralement de tubes, de carcasses ou appareils lance-torpilles pour lancer des torpilles automobiles à direction horizontale. Toutefois quelques inventeurs, comme Tuck, entre autres, préconisent dans leurs projets des torpilles-bouées à trajectoire verticale, comme celles de Bushnell et de Fulton.

Avec des torpilles sphériques jumelées, à déplacement vertical, les futurs torpilleurs sous-marins pourront frapper les cuirassés et les croiseurs au ventre, point vulnérable par excellence.

Feri ventrem ! sera le cri de guerre des torpilleurs sous-marins de l'avenir.

Au lieu d'avoir à lutter contre l'influence de la poussée verticale pour donner à la torpille une bonne direction horizontale, les submersibles de l'avenir passeront â quelques mètres au-dessous des cuirassés et lanceront leurs torpilles-bouées verticalement de bas en haut, en les abandonnant à cette poussée naturelle qui les amènera, fatalement et rapidement, sous la carène, dans les parois de laquelle elles feront des blessures mortelles.

SOUS-MARINS DE DÉFENSE CÔTIERE ET SUBMERSIBLES DE HAUTE MER

Classification d'après la forme et la force motrice ou le degré de flottabilité et la durée de l'énergie vitale, c'est-à-dire d'autonomie. — Torpilleurs submersibles de haute mer et sous-marins de défense côtière.

Il y a encore un peu de flottement dans les idées en ce qui concerne les définitions à adopter dans le langage hydronautique pour désigner divers modèles de sous-marins simples, de sous-marins autonomes et de submersibles.

On considère en général le sous-marin comme étant le bâtiment construit surtout en vue de la navigabilité sous-marine, la navigabilité en émersion étant souvent très sacrifiée aux qualités d'immersion. Son appareil moteur, approprié surtout à la plongée, est en général électrique et fatalement d'un faible rayon d'action.

On appelle sous-marin autonome le sous-marin ayant un appareil moteur qui le rend indépendant de postes spéciaux de ravitaillement en énergie motrice. Les bateaux de cette catégorie ont le plus souvent un double moteur, l'un pour la surface et l'autre pour la plongée.

Enfin le submersible, indépendamment du moteur qui est mixte, possède une double coque, l'une extérieure, légère, étudiée dans sa forme en vue d'une bonne navigabilité et une seconde coque, intérieure, plus robuste, destinée à résister à la pression dans la navigation en plongée. Le submersible moderne serait, en somme, un torpilleur ordinaire de haute mer qui porterait dans ses flancs un sous-marin. En plongée, au contraire, il deviendrait un sous-marin qui, semblable à un bernard-l'ermite, serait affublé d'une carapace lui servant de première enveloppe protectrice.

En réalité ce qui doit différencier les sous-marins des submersibles c'est leur flottabilité, c'est-à-dire la différence qu'il y a entre leur déplacement quand ils naviguent à la surface et leur déplacement quand ils naviguent en immersion.

En résumant les opinions émises on peut dire que le sous-marin proprement dit, ou sous-marin défensif, est le torpilleur de petites dimensions, à faible flottabilité et à rayon d'action restreint, dont la puissance motrice s'épuise vite et nécessite un centre de ravitaillement ou des relais pour le réapprovisionnement d'énergie : rechargement des accumulateurs électriques, refourniment de pétrole, charbon, etc.

Sa forme est celle d'un cigare qui se prête le mieux à la navigation en plongée.

Le submersible, au contraire, appelé quelquefois aussi sous-marin offensif ou sous-marin autonome, est le torpilleur de haute mer, à grande flottabilité, de grandes dimensions et à rayon d'action étendu. Il a généralement deux moteurs et une double coque.

Ces définitions sont encore très relatives et sujettes à caution, car quel sera le criterium pour déterminer l'étendue du rayon d'action et préciser la limite séparant le rayon d'action du sous-marin défensif de celui du sous-marin offensif ? Il n'y a pas d'autonomie qui n'ait ses limites. Après l'épuisement de leurs forces tous les sous-marins deviennent égaux devant le néant.

Un sous-marin ordinaire, pouvant se rendre de Cherbourg à Plymouth ou à Portsmouth, ne pourrait-il être appelé submersible ou sous-marin offensif alors même qu'il n'emploierait qu'une seule sorte d'énergie ? Le *Gustave-Zédé* se trouverait dans ce cas et cependant il est inscrit dans la catégorie des simples sous-marins, à rayon d'action restreint, parce qu'il ne possède qu'une seule sorte de moteur à énergie électrique dont on ne peut recharger les accumulateurs par les moyens du bord.

Le *Narval* et ses congénères, au contraire, ont été classés dans la catégorie des submersibles car ils possèdent deux sortes de moteurs ; cette double puissance motrice étant à vapeur pour la navigation à la surface et électrique pour la navigation en plongée.

Ils possèdent également une double coque, l'extérieure se rapprochant, comme forme, de celle des torpilleurs de haute mer et l'intérieure affectant la forme d'un fuseau qui possède une plus grande résistance et convient mieux à la plongée.

Toutefois la véritable caractéristique ne devrait pas être la nature de la force motrice ni le nombre des moteurs à énergies diverses, ni même les dimensions propres du bateau sous-marin, mais bien sa flottabilité, c'est-à-dire l'écart qu'il y a entre son déplacement en immersion et son déplacement à l'état lège quand ses réservoirs à lest d'eau sont vides. C'est surtout l'importance de son approvisionnement en énergie motrice, quelle qu'en soit d'ailleurs la nature, c'est le rapport de cet approvisionnement à la consommation pendant une heure, ou autrement dit la durée de son action, que nous appellerons son énergie vitale, qui doit le caractériser car c'est elle qui lui permet d'être offensif dans un rayon étendu ou simplement défensif dans un rayon restreint. Lorsque cette provision d'énergie vitale est épuisée, tous les sous-marins et submersibles se trouvent à peu près à la même enseigne, car ils ne sont plus que des cadavres de torpilleurs ou plus exactement des corps frappés de paralysie et par suite devenus inutiles, jusqu'au moment où, par l'emmagasinement de nouvelles forces, par l'infusion d'une nouvelle énergie vitale, ils reprennent leur vie normale, leur vitalité et leur énergie initiales.

Par l'accroissement continu de leurs dimensions, de leur tonnage et surtout de leur flottabilité, les sous-marins actuellement désignés sous le nom de sous-marins défensifs, à une seule puissance motrice, dépasseront bientôt les dimensions, le tonnage et la flottabilité des submersibles modernes et deviendront autonomes comme ces derniers. Toutes ces unités étant en somme des bateaux torpilleurs ou navires ordinaires possédant la faculté de s'immerger, nous pensons que la seule appellation qui leur convienne est celle de submersibles, nom auquel on ajoutera un qualificatif pour désigner l'étendue de leur rayon d'action : submersibles de haute mer ou de défense côtière.

CHAPITRE II

LES PRÉCURSEURS

Sous-marin démontable de Roberto Valturio au XVe siècle, aïeul des submersibles modernes. — Nasselles ou esquifs submersibles de cuir des corsaires du Gruntland et caïcs des cosaques de la mer Noire. — Projet de William Bourne.

Aussi loin que nous ayons poursuivi nos recherches sur les origines de la navigation sous-marine et sur les plus anciennes tentatives faites dans la construction de bateaux sous-marins, nous n'avons rien pu trouver de plus ancien que les récits de Roberto Valturio, d'Olaus Magnus et du P. Fournier.

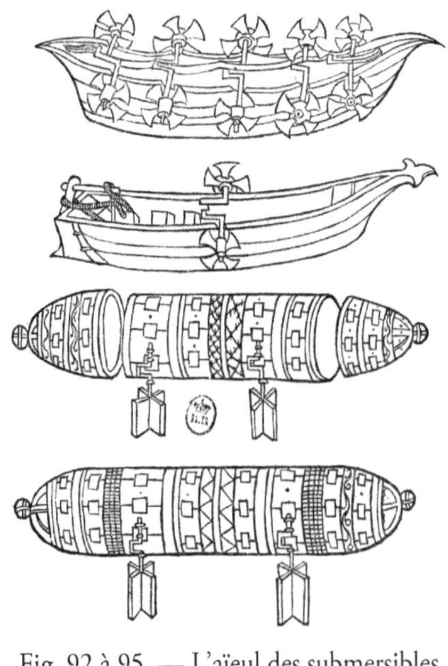

Fig. 92 à 95. — L'aïeul des submersibles modernes. (D'après Roberto Valturio. XVe siècle).

ROBERTO VALTURIO (1472)

Dans son ouvrage : *De Re militari,* sur la discipline et les travaux militaires, publié en latin, à Vérone, en 1472, le Vénitien Roberto Valturio donne la description, illustrée par des figures, d'un bateau démontable, fusiforme, mû par des roues à aubes, que l'on peut considérer comme le véritable précurseur et l'aïeul des sous-marins et submersibles modernes dont il a la forme parfaite (fig. 92 à 95).

Ces sortes de bateaux, employés dans la traversée des rivières, au cours des expéditions militaires, étaient démontables et imperméables. Tronçonnés en trois pièces, pour les rendre facilement transportables, ils étaient recouverts de toile de lin cirée, pour les rendre étanches.

Il n'est guère probable que ces pseudo-submersibles fussent ordinairement destinés à naviguer sous l'eau car l'emploi de roues à palettes n'en eût pas facilité la propulsion. Il y a lieu de croire que ces bateaux possédaient la faculté de s'immerger, à certains moments, pour se dérober à la vue de l'ennemi.

De nauibus insidiosis.

Fig. 96. — Nasselles ou esquifs submersibles des corsaires du Gruntland (XVIe siècle).

Ni Roberto Valturio ni son traducteur Loys Meigret ne nous fournissent d'autres renseignements sur ces bateaux couverts de toile cirée ; mais on peut dire qu'ils renferment les premiers éléments du sous-marin moderne : forme, étanchéité, propulsion par organe mécanique, etc. Dans la même page se trouvent les dessins de bateaux mus par des roues ressemblant à des hélices. Ils offrent également un grand intérêt historique.

Vers le milieu du XVIe siècle on trouve, dans le Nord et dans le Midi, des traces un peu vagues de velléités de navigation sous-marine. C'est ainsi qu'Olaus Magnus, archevêque d'Upsal, dans son ouvrage : *Historia de Gentibus septentrionalibus*, nous parle des « nasselles ou esquifs de cuir des corsaires du Gruntland pour aller là où ils veulent, *tant sur l'eau que par sous l'eau,* et par ce moyen s'en vont percer et faire de grands trous en la sentine des navires des marchands passans ».

Le P. Fournier, dans son *Hydrographie*, cite certaines pratiques des Cosaques de la Mer Noire, avec leurs caïcs, qui rappellent celles contenues dans la narration de l'archevêque d'Upsal.

PROJET DE WILLIAM BOURNE
(1578)

William Bourne, mathématicien anglais et auteur de nombreux ouvrages de science et de philosophie, a publié dans son livre : *Inventions or Devises* (Londres, 1578) une description fort intéressante d'un projet de bateau sous-marin qui n'a jamais été, croyons-nous, exécuté. Les vues ingénieuses exposées dans cet ouvrage nous incitent à en donner une traduction libre.

On verra que la conception de ce petit navire sous-marin (fig. 97) est basée sur des idées fort justes et qui ont été réalisées depuis.

Nous considérons ce document comme le plus ancien projet complet qui soit connu de bateau sous-marin, bien que William Bourne n'ait pas fait mention du moyen de propulsion adopté.

> Il est également possible, nous dit William Bourne, de faire un navire ou un bateau qui puisse aller sous l'eau jusqu'au fond et revenir ensuite à la surface à volonté. J'ai déclaré dans mon livre intitulé le *Trésor des Voyageurs* (dans le 4e livre appelé *Statique*) que tout objet plongeant de lui-même est plus pesant que son même volume d'eau. S'il est plus léger que ce même volume, il surnage et apparaît, à la surface, conformément à la proportion des poids.
>
> Il en résulte que toute masse ou tout corps plongé dans l'eau ayant toujours le même poids quel qu'en soit le volume, s'il peut être rendu plus gros ou moins gros à volonté, pourra donc, si vous le voulez, surnager ou plonger à votre choix. Pour obtenir ce résultat, il faut placer du cuir aux emplacements ou joints où l'objet (la chose) devient plus ou moins gros, et avoir à l'intérieur des vis susceptibles de gonfler ou de dégonfler l'objet. Pour le faire plonger il faudra, avec les vis, rentrer ces côtés (parois) à l'intérieur pour en rendre le volume plus faible. Pour le faire surnager il faudra repousser les côtés (parois) en sens inverse, avec les vis, pour rendre l'appareil plus gros et il surnagera en raison de la quantité qui restera plongée dans l'eau.
>
> Pour obtenir ce résultat, la barque étant construite dans ce but, il faut qu'il y ait une bonne masse de lest dans le fond et, par-dessus le lest, aussi bas que possible, un pont bien clos tel que l'eau n'y puisse pénétrer ; puis de la même façon à une hauteur suffisante, un autre pont, clos, tel que l'eau n'y passe pas.
>
> Percez alors les deux côtés de nombreux trous entre les deux ponts clos. Et cela étant fait, construisez deux panneaux de la même dimension que le côté de la barque, un pour chaque côté, épousant la forme intérieure du bateau.
>
> Avec du cuir cloué hermétiquement de manière à empêcher le passage de l'eau, on forme une sorte de soufflet actionné par des vis ou autres instruments analogues.
>
> L'ouverture servant d'entrée doit être également munie de cuir et d'une vis pour pouvoir la fermer hermétiquement comme une bourse, de manière que, même le bateau étant immergé, l'eau ne puisse pénétrer à l'intérieur.
>
> Il faut ensuite se procurer un mât assez gros pour pouvoir être percé d'un trou dans toute sa longueur.
>
> Au moment de plonger il faut sonder et s'assurer que l'eau ne peut dépasser l'extrémité supérieure du mât, parce que le canal creusé dans le mât doit servir à donner de l'air sans lequel on ne pourrait vivre.
>
> Pour plonger, à l'aide des vis on fait rentrer en dedans les deux côtés mobiles et l'eau entrera par les trous dans les soufflets fermés ; le bateau coulera au fond et il pourra y rester à volonté.

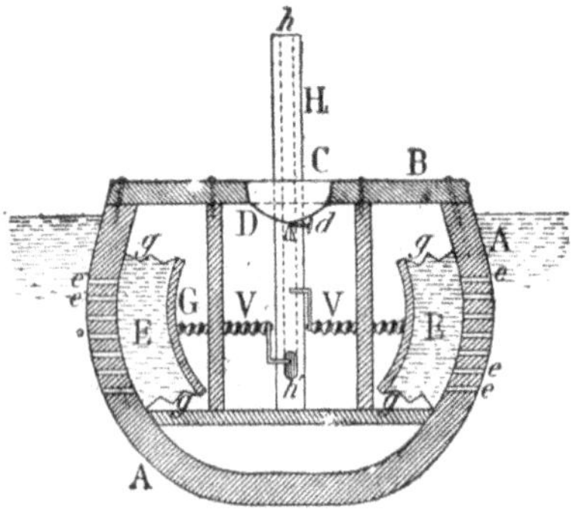

A Coque du bateau.
B Pont étanche.
C Écoutille d'entrée.
D Panneau de fermeture en cuir.
E Eau pénétrant par les trous *ee*.
G Paroi mobile.
g Membrane extensible en cuir, formant soufflet.
H Mât creux servant à l'aération.
h Orifice donnant accès à l'air.
h' Orifice ouvert à la partie inférieure du mât.
V*d* Vis de pression.

Fin. 97. — Reconstitution faite par Delpeuch du submersible de William Bourne (1578).

Quand on voudra remonter, on chassera l'eau contenue dans les soufflets en serrant les vis et en pressant les panneaux ou joues mobiles contre les flancs intérieurs du bateau.
Sous l'action de la pression l'eau sortira par les trous percés sur les côtés du bateau. Celui-ci s'allégera et montera sur l'eau où il flottera comme avant son immersion.

CHAPITRE III

Premier sous-marin construit dû à Cornelius Drebbel

Le Hollandais Cornelius van Drebbel, d'Alcmaar, construit en Angleterre le premier sous-marin connu et, avec un équipage de douze rameurs, fait des expériences dans la Tamise. — Il emploie, dit-on, une liqueur régénérant l'air vicié et à laquelle il donne le nom de quintessence de l'air. — Critiques envieuses de l'abbé De Haute-Feuille.

CORNELIUS DREBBEL
(1624)

Cornelis ou Cornelius Drebel ou Drebbel, physicien hollandais, naquit à Alcmaar, en Hollande, en 1572, et mourut à Londres en 1634. Dans sa jeunesse il fut élève du graveur Hendrik Goltzius ; mais il abandonna bientôt cet art pour s'adonner à la physique et à la chimie. On lui doit l'invention du thermomètre et de la teinture à l'écarlate. Il s'occupa également d'optique.

Attiré à Prague par Rodolphe II et Ferdinand III, il fut mis en prison comme otage quand ce dernier souverain fut détrôné ; mais il put s'échapper. Il fut admis à la Cour d'Angleterre comme précepteur des enfants de la famille royale. Le roi Jacques 1er lui témoigna une grande amitié, le pensionna et l'encouragea dans ses recherches sur la navigation sous-marine.

En 1624, il fit, dans la Tamise, des essais avec un bateau sous-marin qui semble bien être le premier sous-marin qui ait été réellement construit. La description un peu vague de ce bateau a été donnée par différents auteurs dont le plus ancien, Harsdoffer, contemporain de Drebbel, l'a publiée dans son livre : *Deliciae Mathemalicæ*. Le Père Mersenne, dans son traité intitulé : *Hydraulica pneumatica* le cite également, ainsi que Robert Boyle.

D'après Delpeuch, Robert Boyle écrit à ce sujet :

> Je vais vous faire part d'un certain récit concernant un homme qui, à bon droit, est très célèbre à cause de son expérience en fait de chimie et de mécanique savoir Monsieur C. Drebbel. Des personnes dignes de foi racontent qu'il aurait inventé pour feu notre roi, le très savant Jacques, un vaisseau pouvant naviguer

Fig. 98. — Cornelius Drebbel (1572-1634).

sous l'eau et qu'une expérience faite sur la Tamise, à la grande surprise de tout le monde, avait été couronnée de succès. Le vaisseau avait douze rameurs, outre l'équipage, dont un, qui vit encore, a raconté la chose à un mathématicien renommé, qui me l'a communiquée à son tour.

Je vous en fais part, parce que j'ai pris plaisir à m'informer auprès des descendants de Drebbel, en particulier auprès de l'intelligent médecin qui est marié avec sa fille, comment il était possible que des personnes, sans y être accoutumées, puissent rester si longtemps sous l'eau sans suffoquer, et même, comme me disait la susdite personne, sans éprouver aucun mal. On me répondit que Drebbel était d'avis qu'une partie de l'air seulement, la *quinta essentia*, comme disent les chimistes, servait à la respiration, et qu'après la consomption, la partie la plus grossière qui restait, le « cadavre » de l'air, n'était pas capable d'alimenter la flamme vitale siégeant dans le cœur.

Et Boyle continue par la digression suivante, qui offre quelque intérêt :

> Par conséquent, pour autant que j'ai pu le constater il avait, outre l'invention mécanique du vaisseau, un certain liquide chimique, requis spécialement au secret de la navigation sous-marine. Dès qu'il apercevait que la partie pure de l'air avait été consommée, trop gâtée par la respiration ou saturée par la transpiration de l'équipage, il savait, en ouvrant une bouteille du dit liquide, amener immédiatement dans l'atmosphère impure la quantité d'air vital nécessaire à pouvoir respirer pendant quelque temps.
>
> Je n'ai pas envie d'examiner s'il le faisait en éloignant ou en précipitant les vapeurs plus grossières, ou bien d'une autre manière. J'ajouterai seulement que j'ai eu l'occasion de rendre service à quelques amis intimes de Drebbel et que, lorsque je tâchai par tous les moyens possibles d'être renseigné par eux sur la nature de ce merveilleux liquide, ils m'ont répondu franchement que Drebbel n'avait jamais voulu communiquer à personne et que même il n'avait pas voulu dire ce dont il était composé, excepté à un seul, qui, du reste, me l'a certifié comme conforme à la vérité.

L'abbé de Haute-Feuille, dans son Art de respirer sous l'eau, parlant du bateau sous-marin de Drebbel, d'après le récit du Père Mersenne, le critique et met en doute l'existence du liquide régénérateur de l'air vicié.

S'il avait pu vivre encore un siècle, il eût pu s'assurer que le génie de Drebbel avait pressenti, avec une profonde intuition, ce que Lavoisier a pu démontrer plus tard, que l'air renfermait bien divers éléments dont un seul, l'oxygène — que Drebbel, désignait sous le nom de *quinta-essentia* — servait à la respiration, tandis qu'après l'expiration il ne restait que le *cadavre de l'air*, c'est-à-dire l'azote et le gaz carbonique.

L'évêque John Wilkins, dans un très intéressant livre, dédié à Son Altesse le Prince Électeur Palatin, cite, à son tour, les expériences de Drebbel, d'après le Père Mersenne, et y donne des aperçus ingénieux sur l'emploi des bateaux sous-marins.

CHAPITRE IV

De Drebbel à Bushnell

Projet très sensé du P. Mersenne, ami et condisciple de Descartes. — Bateau sous-marin avec roues à aubes du Français de Son, construit à Rotterdam. — Remarquable projet du P. Borelli, prêtre napolitain. — Vagues propositions du P. Ciminius et du sieur Royer Doligny. — Le charpentier anglais Symons construit le premier sous-marin à volume variable, vrai bateau à tiroir. — Le Bordelais Dionis fait des essais avec un sous-marin à huit rameurs. — Il emploie une eau artificielle rappelant la quintessence d'air de Drebbel. — L'infortuné Day, mécanicien de Yarmouth, fait des essais réussis avec un premier sous-marin improvisé ; mais, il est moins heureux avec un second modèle qui s'immerge régulièrement trois fois de suite et disparaît à jamais. — Malgré les recherches tentées par la frégate Orpheus on ne trouva aucune trace ni du sous-marin ni de Day.

LE P. MERSENNE
(1644)

Le Père Marin Mersenne, fils d'humbles paysans, naquit au hameau de la Soulfière, près d'Oizé (Sarthe), le 8 septembre 1588. Il commença ses premières études chez les PP. de l'Oratoire, au collège du Mans et les continua chez les Jésuites, au collège de la Flèche, où il eut pour condisciple René Descartes, avec qui, malgré une assez grande différence d'âge, il se lia d'une étroite et indissoluble amitié. Il prit l'habit des Minimes en 1611, et après avoir fait son noviciat à Meaux et professé la philosophie dans une maison de l'Ordre, à Nevers, de 1614 à 1620, il s'établit à Paris au couvent de l'Annonciade et y mourut le 1er septembre 1648, victime, dit-on, de l'ignorance du médecin qui le soignait.

Théologien et philosophe éminent, il écrivit plusieurs ouvrages, dont certains témoignent d'une grande érudition, mais qui tous sont marqués au coin d'une rare intolérance et d'une intransigeance absolue. Malgré cela il fréquenta assidûment nombre de savants d'opinions très libérales, tels que Gassendi, Galilée, Fermat, Descartes dont il défendit les doctrines avec la plus chaleureuse énergie. Il consacra la seconde partie de sa vie à l'étude des sciences et écrivit des ouvrages très remarquables ayant trait aux mathématiques, à la physique et à l'astronomie.

Fig. 99 - Le père Marin Mersenne (1588 - 1648)

Dans son ouvrage : *Cogitata physico-mathematica* (1644, p. 207) et dans la partie de ce volume intitulée : *Hydraulica pneumatica ; arsque navigandi, au Corollarium II : De nauibus sub aqua natantibus*, le P. Mersenne a exposé les idées de Cornelius Drebbel.

Un peu plus loin (p. 251) dans la partie intitulée : *Ars navigandi super, et sub aquis*, au 2e livre : *Tractatus de Magnetis proprietatibus*, au chapitre ou entrefilet *Nauis sub aquis natans*, il fait connaître ses idées personnelles sur la question et décrit un projet qui a dû lui être suggéré par les essais de Drebbel. Ces idées sont originales, audacieuses pour l'époque, mais fort logiques et pleines de bon sens,

Certains auteurs prétendent que c'est dans son ouvrage sur *Les Questions théologiques,* physiques, morales et mathématiques, publié en 1634, que se trouvent exposées ces idées. Il n'en est rien et nous tenons à rectifier cette erreur pour éviter une perte de temps aux lecteurs désireux de se renseigner aux sources originales.

Le P. Mersenne propose l'emploi d'une coque métallique — deux siècles avant leur adoption dans la marine — ayant la forme d'un poisson, symétriquement fuselée aux extrémités pour pouvoir se déplacer indifféremment en avant et en arrière.

Il prévoit l'emploi de canons et de vrilles pour percer les navires ennemis et les couler, comme cela a été, depuis, mis en partie à exécution par Bushnell et Fulton.

Les canons étaient de véritables *colombiades* sous-marines. Il préconise l'emploi de ventilateurs munis de tuyaux débouchant à la surface de l'eau, comme dans certaines cloches à plongeur, pour le renouvellement de l'air respirable.

Le P. Mersenne, dans son livre : *Harmoniae* (p. 368, *De Naue inter aquas natante et Urinatoribus*), parle également d'un plongeur nommé Jean Barrieux qui avait un appareil permettant de rester, six heures sous l'eau avec une chandelle allumée.

L'évêque John Wilkins, alors chapelain du Prince Électeur Palatin, donne dans son *Mathematicall Magick* (Lib. 2. Cap. V) un résumé des essais de Drebbel, d'après le P. Mersenne. Delpeuch attribue, à tort, ce passage à l'évêque Wilkins, attendu que celui-ci cite Mersenne avec l'annotation en marge : *Harmon. 1. 4, prop. 6, Monit. 5.*

On peut dire que la plupart des idées de Mersenne ont été mises à exécution dans la suite, avec succès.

DE SON
(1653)

Les expériences de Drebbel avaient mis en goût les inventeurs.

Un Français nommé de Son construisit à Rotterdam, en 1653, un bateau sous-marin dont la formé curieuse nous est donnée par un dessin conservé au Cabinet des Estampes de la Bibliothèque Nationale (fig. 100 et 101). Nous donnons comme légende de la figure 101 la traduction de la description sommaire, en anglais, placée au-dessous du dessin.

Dans son livre : *Saken van Staet en Oorlogh* (1669), le Hollandais Lieuwe van Aitzema, auteur contemporain, fait le récit suivant :

> Le lundi 6 juillet 1654, le vaisseau devait être descendu dans la Meuse, et on lança plusieurs invitations pour cette solennité. De la part des États de Hollande furent députés Messieurs Van der Meyden, Weth, Wolfsen et Ijsbrants. Mais la veille (dimanche 5 juillet), M. de Son informa les intéressés que son vaisseau ne pourrait être prêt au jour fixé, n'ayant réussi à obtenir une certaine espèce de fer. Probablement il n'a jamais pu la trouver, du moins on n'a plus jamais eu de ses nouvelles.

Il est incontestable que, par sa forme même, ce bateau était destiné à naviguer entre deux eaux ou à fleur d'eau.

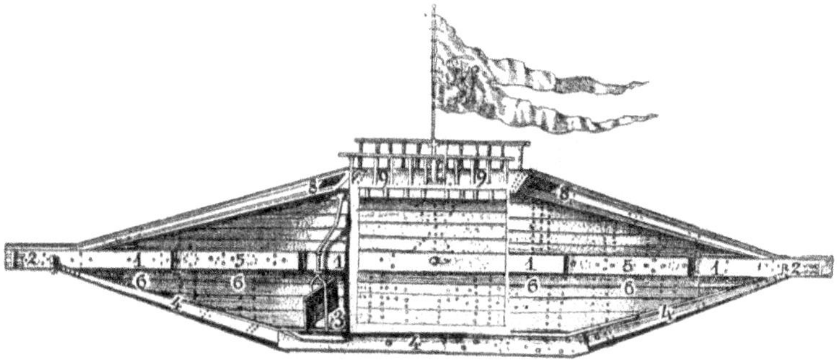

Fig. 100. - Le sous-marin de de Son.

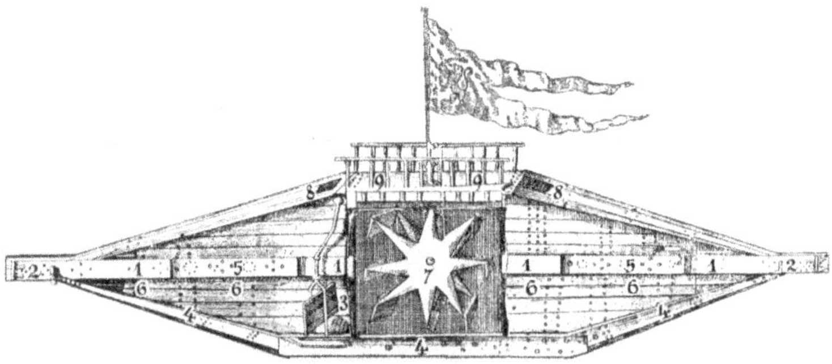

Fig. 101. — Coupe longitudinale du sous-marin de de Son montrant la roue à aubes (1653).

La forme vraie et parfaite du vaisseau extraordinaire bâti à Rotterdam en 1653.

L'Inventeur de ce vaisseau peut entreprendre de détruire cent vaisseaux en un jour ; aller de Rotterdam à Londres et revenir en un jour et aller en six semaines aux Indes orientales et courir aussi vite qu'un oiseau peut voler. Ni le feu, ni la tempête, ni les boulets ne pourront l'empêcher d'aller où il lui plait sauf la volonté de Dieu. En vain les vaisseaux se croient en sûreté dans leurs ports car il pourra les rejoindre n'importe où. Il est impossible de le prendre, pas même par trahison, mais il ne saurait être gouverné que par l'inventeur.

La longueur est de 72 pieds, la largeur 12 pieds, la profondeur 8 pieds.

1. — Traverse médiane.
2. — Extrémités en fer.
3. — Gouvernail.
4. — Quille.
5. — Boulons en fer avec écrous.
6. — Profondeur au maître-couple.
7. — Roue tournante qui donne le mouvement.
8. — Écoutilles pour pénétrer à l'intérieur.
9. — Galerie ou passerelle pour se promener.

Entre les deux étroites écoutilles, placées à la partie supérieure, se trouve une petite passerelle comme on en voit sur certains submersibles les plus modernes. Une roue à aubes située dans un coffre central, sans doute étanche, devait être mise en mouvement par un ressort... ou à bras d'homme. Nous avons vu, deux siècles auparavant, Roberto Valturio appliquer la roue à aubes à un bateau de forme plus rationnelle que celui de de Son.

PROJET DU PÈRE BORELLI (1679)

L'abbé Giovanni-Alfonso Borelli, célèbre médecin et physicien italien, fondateur de l'école iatro-mathématique du XVIIe siècle, naquit le 28 janvier 1608 à Castel Nuovo, près de Naples, et mourut à Rome au couvent San Pantaleone le 31 décembre 1679.

Il étudia les mathématiques à Pise, puis enseigna ses doctrines à Messine (1649) et, depuis, à Pise (1656). L'année suivante, lors de la fondation de l'Académie del Cimento, il y fut agrégé, et de cette époque datent ses recherches pour appliquer les sciences mathématiques et la physique expérimentale à la physiologie.

Vers 1667, Borelli retourna à Messine, et, après la rentrée des Espagnols, en 1674, il dut quitter la Sicile. Réfugié à Rome auprès de la reine Christine de Suède, il composa son magnifique ouvrage sur les mouvements des animaux. Ruiné par un vol il se retira chez les clercs réguliers des écoles pieuses.

Borelli, le premier, a cherché à expliquer les mouvements par les lois de la mécanique ; ses travaux sur la géométrie et l'astronomie sont remarquables et font preuve de sa très haute valeur intellectuelle. Il peut être compté, par ses idées sur l'attraction, comme un des précurseurs de Newton.

Après avoir parlé du mouvement des poissons, Borelli, dans un ouvrage intitulé : *De Motu Animalium,* publié en 1680, un an après sa mort, a décrit un bateau plongeur qui devait être mis en mouvement par des rames dont les extrémités avaient la forme et la mobilité des pattes d'oie (p. 363, *Navis vrinatoriae fabrica et usus exponitur*). Son projet se rapproche de celui de William Bourne, mais il semble plus pratique et plus facilement réalisable.

A la partie inférieure du bateau se trouvaient des outres communiquant avec l'eau extérieure et retenues comprimées contre le fond par des leviers.

En desserrant les leviers, les outres se remplissaient d'eau et le bateau s'immergeait. En les serrant, au contraire, on en chassait l'eau et le bateau remontait à la surface.

Borelli dit, avec raison, que le volume immergé varie, ce qui, à première vue, semble paradoxal.

Son observation est juste parce que les ouvertures faisant communiquer les outres avec l'eau extérieure sont constamment ouvertes et par conséquent l'eau qui pénètre à l'intérieur n'agit pas par son poids mais bien par réduction du volume déplacé. C'est du reste la même idée que William Bourne a exprimée dans son projet.

La seule différence qu'il y ait entre les deux projets, c'est que Bourne place ses outres en accordéon, ou bourses de cuir, contre les flancs intérieurs de son bateau, tandis que Borelli les place sur le fond. C'est d'ailleurs cette dernière disposition qui a été, depuis, généralement adoptée pour les réservoirs à lest d'eau, qui se trouvent le plus souvent à la partie inférieure des hydronefs.

Cependant, dans les derniers modèles de submersibles, les réservoirs à ballast entourent la coque intérieure du sous-marin.

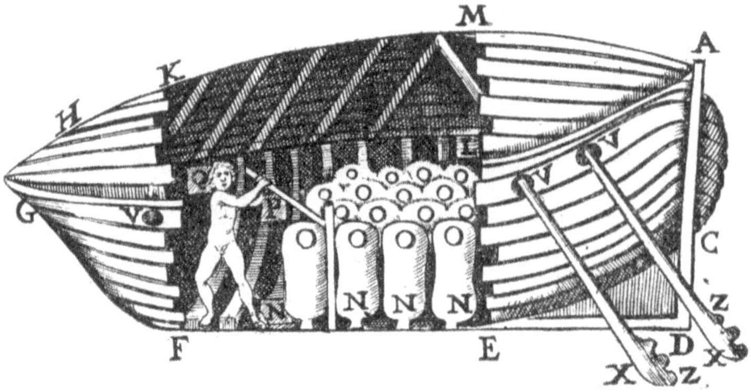

ACEFG Coque du sous-marin.
AMKHG Pont.
CD Gouvernail.
VX Rames palmées.
ON Outres se remplissant d'eau.
P Levier de pression.

Fig. 103 — Projet de Borelli.

Dans ce projet on trouve en germe des idées justes qui furent appliquées plus tard, telles que les rames à pattes d'oie, comme nous le verrons plus loin.

En 1749 le *Gentleman's Magazine* (p. 249) a publié la lettre d'un correspondant qui signe M. T. ainsi qu'un dessin de bateau sous-marin envoyé par ce même correspondant, lequel semble s'en attribuer la paternité. Delpeuch qui n'aura sans doute pas eu, comme nous, entre les mains l'ouvrage de Borelli, regrette que l'inventeur n'ait fait connaître que ses seules initiales. Or ce pseudo-inventeur anonyme n'aura pas voulu faire connaître son nom,

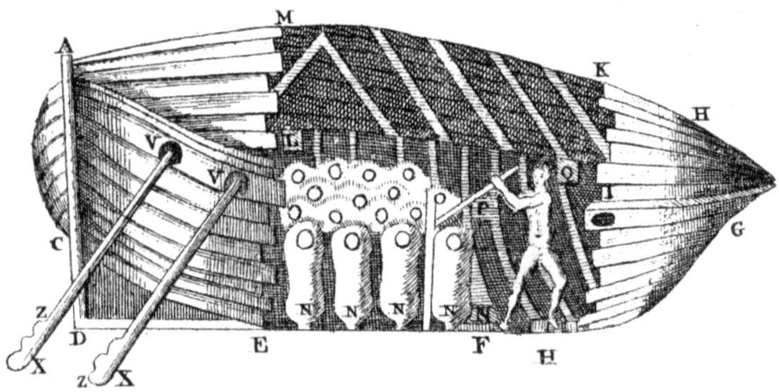

Fig. 104. — Dessin renversé du projet de Borelli.
(D'après le *Gentleman's Magazine.*)

sans doute parce qu'ayant conscience de l'évidence du plagiat il aura craint de s'attribuer ouvertement la paternité du projet. Il a tout simplement reproduit le dessin de Borelli, en le renversant, mais sans en changer une ligne ni même une lettre. Il a omis, toutefois, la lettre V de gauche et ajouté la lettre H en bas. Nous donnons intentionnellement les deux dessins, au-dessous l'un de l'autre, pour montrer leur similitude presque complète.

CIMINIUS
(1685)

Le 25 novembre 1685, un jésuite italien, qui signait « le très petit et très humble serviteur Joseph M. Ciminius, prêtre napolitain », écrivit au roi de France pour lui proposer :

> ... une invention sous-marine qui donnait des moyens naturels à des hommes et même à des armées navales de monter et de descendre dans le fond de la mer tout armez, les pieds et les mains libres, de s'y arrester, de s'asseoir et de marcher, de courir pendant sept heures et même pendant tout un jour.

On voit, dit Delpeuch dans sa première édition (p. 24), que le P. Ciminius attribuait une singulière perfection à son appareil qui, probablement, devait être une sorte de scaphandre

> « par le moyen duquel, ajoutait-il, on peut prendre dans un jour les villes maritimes presque invisiblement, conduire invisiblement des brûlots dans le fond de la mer et brûler des armées navales. On peut les arrêter et les attacher à des écueils sans pouvoir s'en arracher ni naviguer. »

Il ne serait pas impossible que le projet du P. Ciminius eût été inspiré par celui du P. Borelli.

ROYER DOLIGNY
(1688)

Il est probable que cette proposition du P. Ciminius n'eut pas de suite, pas plus que n'en eut celle faite, trois ans plus tard, en 1688, par le sieur Royer Doligny avec sa *Machine pour aller sous l'eau et y travailler sans en être incommodé.*

Nous ne pouvons dire sur quelles données, plus ou moins exactes, Royer Doligny s'appuyait pour la construction de son sous-marin, qui devait contenir 3 ou 4 personnes. Nous savons seulement qu'il en avait fabriqué un petit modèle et qu'il avait offert de le montrer au roi.

SYMONS
(1729)

Un charpentier anglais nommé Nathaniel Symons, de la paroisse de Harberston, près Totness (Devonshire), construisit, vers 1729, un bateau sous-marin extensible, dont la description a été publiée en 1749, dans le *Gentleman's Magazine* (p. 312), par M. Samuel Ley, contemporain de l'inventeur. Dans une lettre adressée de Lamorran à M. Urban, éditeur du *Magazine*, le 17 juillet 1749, M. Samuel Ley donne cette description d'après ses souvenirs, remontant « à une vingtaine d'années » déclare-t-il, les renseignements lui ayant été fournis, à cette époque, par l'inventeur lui-même.

Ce bateau sous-marin, lesté par du plomb, était formé de deux parties distinctes, coulissant entre elles.

On y pénétrait par une double porte formant sas. Une membrane extensible en cuir, hermétiquement assujettie sur les deux parties mobiles du bateau, empêchait l'eau de pénétrer à l'intérieur. Deux vis situées une à chacune des deux extrémités permettaient de modifier le volume du bateau par son allongement ou son raccourcissement. En allongeant l'ensemble, la membrane se tendait et le bateau flottait. En réduisant la longueur, par contraction, le bateau plongeait.

Dans la rivière Dart, l'inventeur s'immergea en présence d'une centaine de spectateurs, et resta au fond de l'eau pendant trois quarts d'heure ; puis, augmentant le volume de son bateau à l'aide des vis, il remonta à la surface sans le secours de personne.

Delpeuch, dans sa consciencieuse monographie, première édition (p. 43), a donné une description qui nous semble erronée.

Son erreur provient sans doute d'une traduction inexacte du texte anglais, dans lequel il n'est nullement fait mention de sacs en cuir.

En terminant, Samuel Ley raconte que ce même Nathaniel Symons avait inventé une cloche à plongeur pour pêcher les épaves et qu'un de ses cousins nommé Le... l'avait dépouillé de son invention. Le 19 septembre suivant, M. John. Lethbridge écrivit une lettre de protestation, assurant qu'il était bien le véritable et seul inventeur de la cloche à plongeur à laquelle faisait allusion M. Samuel Ley (*Gentleman's Magazine*, 1749, p. 411).

DIONIS
(1772)

Nous extrayons du Journal Encyclopédique, du 1er août 1772, la note suivante :

> Monsieur Dionis, membre de l'Académie de Bordeaux, a inventé depuis peu un bateau à huit rames qui va sous l'eau. Les personnes renfermées dans ce bateau sont à l'abri de la suffocation par le moyen d'une eau artificielle. Lorsque l'air vital ne peut être respiré, parce qu'il se trouve trop condensé dans cette étroite prison, cette liqueur le rétablit dans son premier état, en dissipant les exhalaisons grossières, qui vont par un tube se perdre dans l'eau. On fit, le 28 du mois de mai, une expérience de cette extraordinaire machine ; il y avait, à ce que l'on assure, dix personnes dans le bateau, qui navigua sous l'eau quatre heures et demie dans la baie de Biscaye et fit cinq lieues dans cet espace de temps, sans que l'air extérieur y pénétrât par aucun endroit.

DAY
(1773-74)

Un autre essai de construction de bateau sous-marin paraît avoir été fait à Plymouth, en 1773-74, par un mécanicien de Yarmouth nommé Day.

Day fit d'abord des essais, en 1773, en louant un bateau qu'il transforma et avec lequel il s'immergea dans la rivière Broads, près de Yarmouth, à 30 pieds (9 mètres) et resta immergé pendant 24 heures, dit le *Gentleman's Magazine* (1774, p. 304).

Après ces essais, Day écrivit, en novembre 1773, à M. Blake, bien connu à cette époque, pour sa passion des aventures, la lettre suivante :

> Monsieur, j'ai découvert un procédé par lequel des millions peuvent être gagnés. Cela semble incroyable, et pourtant rien n'est plus simple ni plus facile. Si vous voulez connaître mon secret et vous engager à me donner 100 livres sterling pour chaque millier de livres qu'il nous rapportera, il vous appartient. Je ne suis qu'un pauvre ouvrier et n'en puis rien faire sans votre aide.

Une entrevue eut lieu à Londres, où bientôt un modèle était soumis par M. Blake à plusieurs personnes qui en approuvèrent les dispositions, et l'inventeur retourna avec son bateau à Yarmouth, muni des fonds nécessaires pour poursuivre les expériences. M. Blake assista à la seconde descente de Day, qui resta douze heures sous l'eau. Une troisième descente fut préparée, et, cette fois, le bateau fut conduit par vingt-deux brasses de fond.

Après douze heures de séjour sous l'eau, le bateau ne remontant pas, M. Blake fit part de ses inquiétudes au capitaine de la frégate *Orpheus*, stationnée dans le voisinage, et à lord Sandwich, en leur demandant aide pour tâcher de sauver Day. Tous les efforts furent inutiles ; ni hommes, ni sous-marin ne reparurent jamais.

Il n'existe aucune description exacte du genre de construction employée par Day.

On sait seulement de manière positive, qu'elle comportait un double fond contenant une certaine quantité de lest qu'on pouvait à volonté abandonner pour remonter à la surface.

CHAPITRE V

La « tortue » de Bushnell

Lettre de Bushnell à Thomas Jefferson, ministre plénipotentiaire des États-Unis à Paris, dans laquelle l'inventeur américain décrit son bateau sous-marin, sa torpille et les expériences faites avec ces engins. — Rapport du capitaine Symons au contre-amiral Sir Peter Parker. — Bushnell, véritable inventeur de l'hélice-vis, abandonne la navigation sous-marine qui le ruine pour faire de la médecine qui l'enrichit.

BUSHNELL (1776)

David Bushnell naquit en 1742 à Saybrook dans le Connecticut, et mourut en 1826. Il entra au collège de Yale en 1771 et en sortit avec ses grades en 1775. Pendant ces quatre années il se livra à une étude passionnée de la navigation sous-marine et, une fois sorti de l'Université, il consacra son temps et son argent à approfondir cette question. Nous verrons plus loin qu'il fut le véritable inventeur du premier torpilleur sous-marin ayant fonctionné (fig. 105 à 108). Une correspondance adressée par Bushnell, en octobre 1787, à Thomas Jefferson, ministre plénipotentiaire des États-Unis à Paris, donne des détails précis sur son bateau sous-marin. Cette lettre a été lue le 8 juin 1798 à la Société : *American Philosophical Society* de Philadelphie et a été publiée *in extenso* dans les comptes rendus de ses séances (1799, p. 3o3).

D'autre part, dans une lettre écrite le 21 février 1820 et adressée à M. Benjamin Silliman, directeur de l' *American Journal of Science and Arts* (1820, p. 94), M. Charles Griswold a également donné une description du bateau et des essais, d'après le récit du sergent Ezra Lee qui en avait pris le commandement dans la baie de New-York contre la flotte anglaise, au moment de la guerre de l'indépendance américaine.

Les Annales des Arts et Manufactures (Germinal an IX, T. V, p. 73) ont également donné une description et des détails du bateau de Bushnell.

Voici la traduction de cette description d'après la lettre même de Bushnell :

I

Principes généraux et construction d'un bateau sous-marin, communiqué par l'inventeur, David Bushnell, du Connecticut, dans une lettre d'octobre 1787, à Thomas Jefferson, alors ministre plénipotentiaire des États-Unis, à Paris.

La forme extérieure du bateau-sous-marin offre quelque ressemblance avec deux moitiés supérieures d'une carapace de tortue accolées l'une à l'autre par leur bord, l'orifice d'entrée à l'intérieur du bateau correspondant à l'ouverture qui, dans la carapace, donne passage à la tête de l'animal.

L'intérieur pouvait renfermer l'opérateur et une provision d'air suffisante pour lui permettre d'y séjourner une demi-heure sans faire de nouvelle provision d'air frais. Au fond, opposé à l'entrée, était attachée une masse de plomb B formant lest. Sur l'un des bords, situé en face de l'opérateur qui se tenait assis, se trouvait un aviron E destiné à permettre de ramer en avant ou en arrière. Sur le bord opposé, un gouvernail G servant à la direction. Un orifice, ménagé dans le fond du bateau et muni d'une soupape N, était disposé de manière à permettre l'introduction d'une certaine quantité d'eau destinée à produire l'immersion ; deux pompes foulantes P et Q servaient à rejeter cette eau à l'extérieur pour provoquer la remonte. A la partie supérieure était aussi installé une sorte d'aviron F destiné à réaliser l'immersion à la profondeur désirée par l'opérateur. Un niveau d'eau, ou baromètre CD indiquait la grandeur de la descente ; un compas servait à faire la route et un ventilateur intérieur servait à renouveler la provision d'air frais, quand le bateau était remonté à la surface.

L'orifice d'entrée I était elliptique et juste assez grand pour livrer passage à un homme. Cette entrée était entourée d'une large plaque de fer également elliptique, dont le bord inférieur était fixé dans le bois dont la coque était construite de manière à donner à celle-ci la plus grande résistance possible à la pression de l'eau. Un couvercle en cuivre jaune en forme de chapeau muni de son rebord inférieur, tournant autour d'une charnière, se rabattait sur la plaque entourant l'orifice, de manière à réaliser l'étanchéité du joint de la fermeture ; il pouvait aussi se rabattre sur le côté quand l'orifice était ouvert. L'étanchéité de la fermeture était assurée par des vis serrées soit de l'extérieur, soit de l'intérieur par l'opérateur lui-même. Trois ouvertures circulaires J, assez larges pour laisser passer la main, étaient ménagées dans la paroi du couvercle à l'avant et sur les côtés ; ouvertes elles servaient à admettre l'air à l'intérieur. Leur fermeture, à charnière, était assurée et rendue étanche par un rodage à l'émeri. Il y avait également plusieurs petits hublots, munis d'enveloppes protectrices, dans le chapeau, tant pour admettre le jour à l'intérieur du bateau, que pour permettre à l'opérateur de voir à l'extérieur. Il y avait de plus deux conduits d'air L fixés sur le couvercle. Un ventilateur installé à l'intérieur aspirait l'air frais par l'un d'eux et le refoulait dans la région inférieure de la coque ; l'air frais ainsi introduit expulsait l'air vicié par l'autre conduit. Les deux tuyaux d'air étaient construits de manière à se fermer automatiquement lorsque l'eau atteignait leur orifice, en sorte que aucune quantité d'eau ne pouvait pénétrer à l'intérieur, mais ils se rouvraient d'eux-mêmes dès qu'ils se retrouvaient hors de l'eau.

Le bateau était lesté principalement par une masse de plomb B fixée extérieurement à sa partie inférieure ; mais quand ce lest était insuffisant, on ajoutait, à l'intérieur, une quantité plus ou moins importante de plomb, suivant le poids de l'opératcur.

Ce lest rendait le bateau suffisamment stable pour écarter tout danger de renversement.

Avec tous ses accessoires et l'opérateur à bord, le bateau était assez pesant pour stationner à une très grande profondeur. Environ 200 livres de plomb, fixées à l'extérieur, pouvaient être descendues à 40 ou 50 pieds en dessous du bateau, afin de permettre de remonter instantanément à la surface, en cas d'accident. Quand l'opérateur voulait descendre, il lui suffisait d'appuyer le pied sur le haut d'une soupape en cuivre N, qui, en s'abaissant, ouvrait un large orifice par lequel l'eau pénétrait à son gré dans les réservoirs O,O : quand une certaine quantité en avait été introduite, la descente s'effectuait graduellement. Si l'opérateur en avait admis une trop grande quantité, il en expulsait autant qu'il était nécessaire pour obtenir l'équilibre, au moyen des deux pompes de refoulement P et Q

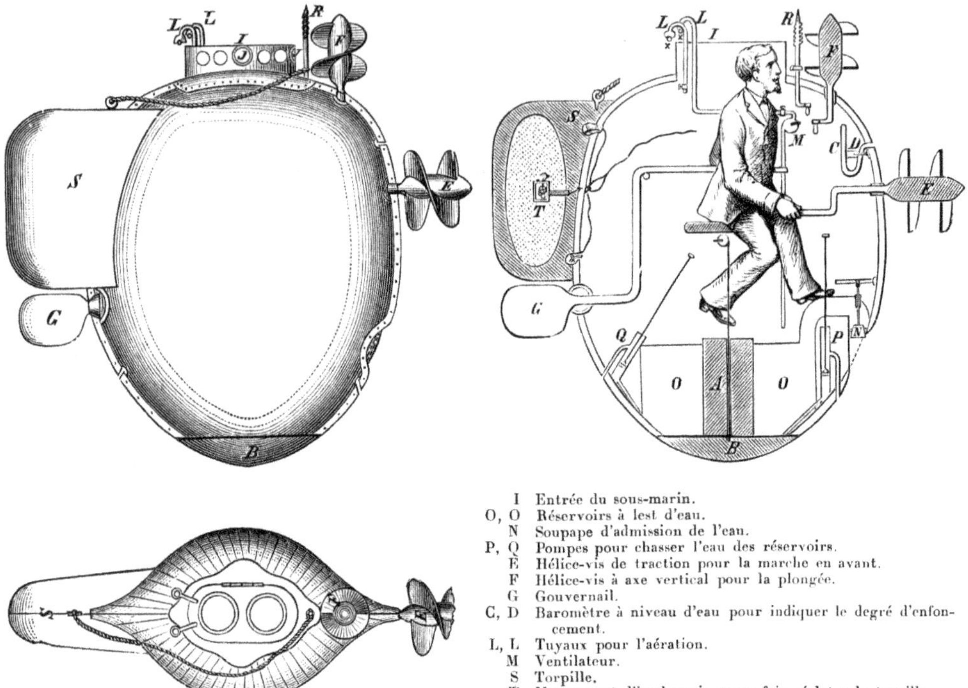

I Entrée du sous-marin.
O, O Réservoirs à lest d'eau.
N Soupape d'admission de l'eau.
P, Q Pompes pour chasser l'eau des réservoirs.
E Hélice-vis de traction pour la marche en avant.
F Hélice-vis à axe vertical pour la plongée.
G Gouvernail.
C, D Baromètre à niveau d'eau pour indiquer le degré d'enfoncement.
L, L Tuyaux pour l'aération.
M Ventilateur.
S Torpille.
T Mouvement d'horlogerie pour faire éclater la torpille.
R Vis pour fixer la torpille contre la carène des vaisseaux.
B Lest de sécurité.

Fig. 105 à 107. – Torpilleur sous-marin de Bushnell (1776).

installées à portée de chaque main. Ces pompes servaient également quand le bateau faisait de l'eau ou que l'on désirait remonter à la surface. Quand l'opérateur avait adroitement obtenu l'équilibre d'immersion, il était maître de faire mouvoir le bateau verticalement, de haut en bas ou de bas en haut, et à une profondeur quelconque, au moyen d'une rame F construite sur le principe de la vis[12] et installée à la partie supérieure de la coque, de manière à pouvoir être manoeuvrée de l'intérieur.

En tournant cette rame dans un sens on déterminait l'élévation, et, en sens inverse, l'enfoncement :

Un tube vertical en verre C, d'un pouce de diamètre et long de 18 pouces servait de niveau d'eau ou de baromètre. La partie supérieure était fermée et la partie inférieure ouverte. Celle-ci était mise en communication par un tube en cuivre, avec l'eau ambiante. Quand le bateau descendait, l'eau s'élevait dans le baromètre en comprimant l'air enfermé au-dessus d'elle et en soulevant un

12 On peut considérer Bushnell comme le premier inventeur de l'hélice-vis, ainsi que nous l'avons déjà fait remarquer dans nos précédentes publications.

petit flotteur en liège phosphoré D. La lueur du phosphore rendait visibles les mouvements de la colonne d'eau, dans l'obscurité régnant à l'intérieur du bateau ; ces mouvements étaient mesurés sur une graduation.

Un propulseur E, basé sur le principe de la vis (hélice), était fixé à la partie antérieure du bateau, son axe pénétrait à l'intérieur de la coque, de manière qu'en tournant dans un sens le bateau avançait et il reculait par la rotation en sens inverse. Ce propulseur était actionné à volonté, par les mains ou par les pieds.

Un gouvernail G suspendu à la partie postérieure du bateau servait à le diriger latéralement avec la plus grande facilité. Ce gouvernail était en outre très élastique et pouvait ainsi servir à propulser en avant. Sa barre était à l'intérieur de la coque, à portée de la main droite de l'opérateur ; elle était reliée à angle droit avec une tige de fer traversant la paroi du bateau ; cette tige était terminée à son extrémité extérieure par une manivelle commandant le gouvernail et reliée aussi, par une autre tige, à une seconde barre installée à portée de la main gauche de l'opérateur.

L'élévation ou l'abaissement de la première barre donnait au gouvernail l'orientation voulue. Un compas rendu phosphorescent servait à marquer la route tant à la surface que pendant l'immersion ; une ligne de sonde donnait la distance du fond quand cela pouvait être utile.

La forme intérieure du bateau, dans une section quelconque, approchait de celle d'une ellipse, autant que les nécessités de la construction l'avaient permis, mais les sections horizontales, bien que presque elliptiques, tendaient, autant que possible, à se rapprocher du cercle. La coque était construite avec une extrême solidité, et pour la consolider autant qu'il était possible, une forte pièce de bois formait armature intérieure dans la direction du plus petit diamètre de l'ellipsoïde, afin de prévenir l'affaissement des flancs sous l'action de la grande pression exercée par l'eau aux grandes immersions. Cette pièce de bois servait en même temps de siège à l'opérateur.

Chaque ouverture était soigneusement consolidée. Les pompes avaient des clapets doubles. L'orifice percé dans le fond, pour l'introduction de l'eau, était recouvert d'une plaque perforée de petits trous, afin qu'aucun corps étranger ne pût empêcher l'introduction de l'eau ou s'opposer à la fermeture de la valve ou du robinet. Néanmoins cette valve ou ce robinet pouvait être également fermé de force, au moyen d'une vis, si cela devenait nécessaire.

L'extrémité extérieure des tuyaux d'air était garnie d'une sphère X, perforée de petits trous pour le passage de l'air et servant à garantir les clapets dont chacun d'eux était muni. En outre les conduits d'eau étaient munis d'obturateurs destinés à prévenir tout accident provenant d'avaries à la partie extérieure des tuyaux ou à leurs clapets.

Partout où les organes intérieurs traversaient la paroi du bateau, les joints étaient cylindriques, constitués par une douille en cuivre fixée au bordé ; la surface intérieure de chaque douille était alésée, exactement au même diamètre que la partie, également tournée, des axes ou tiges de fer qui les traversaient. Les joints étaient aussi soigneusement lubrifiés pour éviter toute oxydation et toute fuite.

Tous les organes nécessaires aux manoeuvres, intérieures ou extérieures, étaient bien à portée de l'opérateur, chaque chose pouvait être trouvée dans l'obscurité, à l'exception du baromètre et du compas rendus visibles par phosphorescence, et sans que l'opérateur eût à se tourner à droite ou à gauche pour faire quoi que ce fût.

II

Description du magasin (à poudre) destiné à être porté par le bateau sous-marin au-dessous de la carène des vaisseaux.

A la partie antérieure du bord de la couronne garnissant l'ouverture supérieure, une douille laissait passer au dehors un tube de fer vertical pouvant monter ou descendre de six pouces. A l'extrémité supérieure de ce tube, une vis à bois R était fixée par une tige de fer intérieure au tube et vissée avec la vis à bois. En poussant vivement la vis à bois contre le flanc d'un navire en même temps qu'on la tournait, celle-ci devait se fixer dans le bordé. La vis, une fois fixée solidement, pouvait être ensuite abandonnée en dévissant la tige intérieure au tube qui la reliait au bateau,

A l'arrière du bateau et au-dessus du gouvernail, une place était réservée à l'attache temporaire d'une forte charge de poudre emmagasinée dans une cavité ménagée à l'intérieur de deux pièces de chêne S, de façon à pouvoir contenir 150 livres de poudre et un appareil d'inflammation. Cette torpille était maintenue contre la coque par une vis manoeuvrée à l'intérieur par l'opérateur. Une forte corde reliait extérieurement la torpille à la vis à bois mentionnée. Aussitôt que la vis était fixée au flanc d'un navire et prête à être dégagée de son tube, la torpille S était également prête à être abandonnée, en dévissant la vis qui la fixait au bateau, elle restait ainsi attachée au flanc du navire dans lequel la vis avait été fixée. Cette caisse de poudre, qui n'était autre qu'une torpille, était plus légère que l'eau, afin qu'elle pût s'élever et s'appliquer contre l'objet auquel elle avait été attachée au moyen de la vis. A l'intérieur de cette caisse était installé un appareil T construit pour fonctionner pendant une durée déterminée, inférieure à douze heures ; au moment voulu, l'appareil déclenchait un percuteur qui enflammait la charge de poudre. Cet appareil était enclenché de telle façon qu'il était impossible de produire la détente du percuteur, tant que la torpille n'avait pas quitté le bateau sous-marin.

L'opérateur habile pouvait naviguer assez loin de la surface pour approcher de nuit un bâtiment sans avoir à craindre d'être découvert et pouvait, s'il voulait, s'approcher par l'avant ou par l'arrière, au-dessus de l'eau, sans courir aucun danger, il pouvait plonger très rapidement, se tenir à telle profondeur qui lui convenait et parcourir une grande distance dans une direction quelconque sans être obligé de revenir à la surface. Lorsqu'il remontait à fleur d'eau, il pouvait faire rapidement provision d'air pur et alors, si cela était nécessaire, plonger à nouveau et continuer sa route.

III

Expériences faites pour essayer la nature et l'usage du bateau sous-marin.

La première expérience que j'ai faite, était avec deux onces à peu près de poudre à canon, que j'ai fait sauter à une profondeur de 4 pieds au-dessous de la surface, pour prouver à quelques-uns des principaux habitants de Connecticut que la poudre prendrait feu sous l'eau.

La seconde expérience était faite avec deux livres de poudre renfermées dans une caisse de bois attachée sous un boisseau avec une planche de bois d'une épaisseur de 2 pouces, placée entre le boisseau et la poudre. Le boisseau était chargé de pierres jusqu'à la limite la plus grande à laquelle il pouvait flotter. Un tuyau en bois descendant par la partie inférieure du boisseau et à travers la planche pénétrait dans la poudre contenue dans la caisse.

Une allumette allumée fit sauter la poudre, ce qui produisit un grand effet, brisant la planche en morceaux, démolissant le boisseau, et jetant les pierres

et les débris du boisseau, avec une grande quantité d'eau, à une hauteur de plusieurs pieds en l'air, au grand étonnement des spectateurs.
Après, j'ai fait plusieurs expériences semblables, dont quelques-unes avec de grandes quantités de poudre ; toutes faisaient des explosions très violentes, bien plus importantes que cela n'était nécessaire pour les projets que j'avais en vue.
Dans les premiers essais avec le bateau sous-marin, j'ai pris bien soin d'essayer sa force pour vaincre la grande pression de l'eau, quand il était immergé à une grande profondeur, avant de m'aventurer personnellement au-dessous de la surface, et je n'ai jamais permis à personne de descendre au-dessous de la surface sans qu'une forte corde fût attachée au bateau, et tant que je ne m'étais assuré que la dite personne connaissait bien les manoeuvres nécessaires à sa sûreté. Après, je le laissais descendre et continuer à de certaines profondeurs sans monter ni descendre, je le fis naviguer en se servant du compas, s'approcher d'un vaisseau, aller au-dessous de lui et fixer contre la carène la vis à bois mentionnée au II et marquée R, etc., jusqu'à ce que je pusse le considérer comme assez habile pour mettre à exécution mon plan.

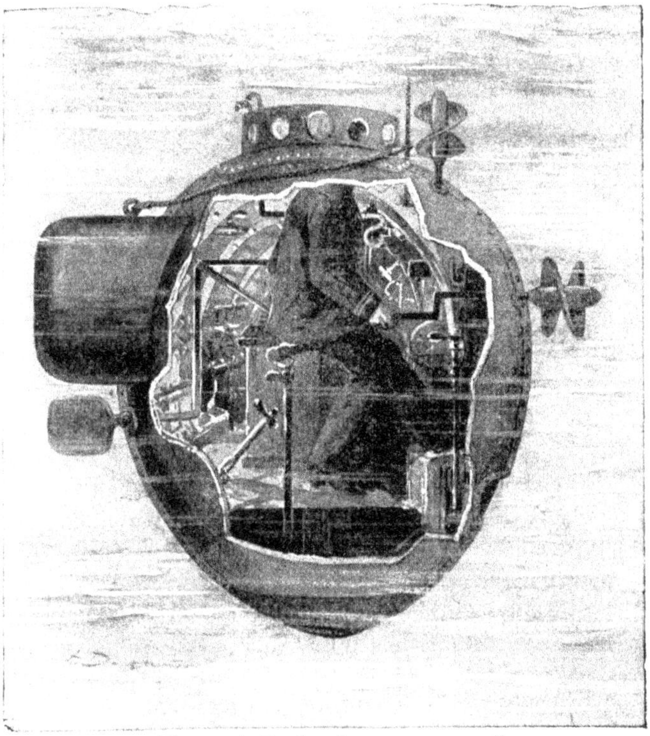

Fig. 108. — La Tortue de Bushnell, premier torpilleur sous-marin (1776).

Selon mes prévisions plusieurs essais étaient nécessaires pour rendre habile un homme d'une intelligence moyenne : mon premier opérateur était très ingénieux, et s'était rendu maître de la manœuvre ; mais il tomba malade, lors de la campagne de 1776, à New-York, avant d'avoir eu une occasion de démontrer son habileté et jamais il ne s'est suffisamment rétabli pour reprendre ses opérations.

Bushnell continue son récit des expériences faites dans les termes suivants :

IV

Expériences faites avec le bateau sous-marin.

Après plusieurs tentatives faites pour trouver un opérateur à mon gré, j'en ai rencontré un, qui paraissait plus habile que les autres, et l'ai envoyé de New-York, vers un vaisseau de 50 canons qui stationnait près de Governor's Island[13].

13 Il s'agit du sergent Ezra Lee, comme nous l'apprend une lettre de M. Charles Griswold de Lyme, adressée le 21 février 1820 au professeur Silliman, directeur du *The American Journal of Science and Arts*. La nouvelle édition de Delpeuch, moins exacte que la première, le nomme Erza au lieu de Ezra.

Il alla au-dessous du vaisseau et essaya de fixer la vis à bois dans la carène, mais, comme il l'avait supposé, il rencontra une barre de fer passant près du gond du gouvernail. S'il avait changé de place, de quelques pouces seulement, ce qu'il aurait pu faire, sans ramer, je suis sûr qu'il aurait trouvé du bois pour y fixer sa vis ; ou si le vaisseau était couvert de cuivre rouge, il aurait pu facilement le percer : mais, comme il ne savait pas bien manoeuvrer son bateau, en essayant de changer de position, il s'éloigna du vaisseau. Après l'avoir cherché inutilement pendant quelque temps, il remonta à la surface de l'eau ; mais le jour paraissant il n'osa pas renouveler l'essai. Il dit qu'il aurait pu facilement attacher la caisse à poudre sous la proue du vaisseau, au-dessus de l'eau, en approchant du vaisseau. S'il l'avait attachée là, l'explosion de 150 livres de poudre (quantité contenue dans la caisse) aurait fait sauter le vaisseau. A son retour à New-York, il passait près de Governor's Island, et, pensant que, de l'île, l'ennemi l'avait découvert, par conséquent désireux d'éviter le danger qu'il craignait, il abandonna la caisse qui le retardait, car il y avait de la houle. Après une heure, le temps de marche du mouvement d'horlogerie placé à l'intérieur de la caisse, la charge fit explosion avec un grand bruit.

Après, on fit deux essais dans le Hudson's River, au-dessus de la ville, mais sans résultat. L'un des deux était fait par la personne ci-dessus mentionnée. En approchant du vaisseau il le perdit de vue et alla bien au delà ; une fois qu'il l'avait trouvé, la marée était si forte qu'elle l'emporta à une grande distance, tandis qu'il descendait sous l'eau pour chercher à atteindre la carène du vaisseau. Bientôt après, l'ennemi remonta la rivière, poursuivit le vaisseau qui avait à bord le bateau sous-marin et le fit couler à fond, à coups de canon.

Bien que j'eusse réussi à retrouver mon bateau, je considérai comme impossible, à ce moment là, de poursuivre plus avant mon projet. Depuis le commencement, j'avais été en mauvaise santé, et en ce moment là j'étais indisposé ; la situation politique était telle que je désespérais d'attirer l'attention publique et d'obtenir l'assistance nécessaire. Si j'avais continué, je n'aurais pas eu les moyens de subvenir à mes frais ni d'employer les personnes nécessaires. En outre je trouvais absolument indispensable que les opérateurs fussent plus habiles à manoeuvrer le bateau, avant d'espérer un succès certain ; ce qui m'aurait occasionné la dépense de beaucoup de temps et d'argent. Par conséquent j'abandonnai mon projet pour le moment, et j'attendis une occasion plus favorable, qui ne se présenta jamais.

V

Autres expériences faites dans le but de faire sauter des vaisseaux ennemis.

En 1777, je fis un essai, à bord d'une baleinière, contre la frégate Gerberas, à ce moment là ancrée entre le Connecticut River et New-London. Je lançai une machine contre la frégate, au moyen d'une ligne. Cette machine était pleine de poudre destinée à faire explosion au choc d'un chien de fusil. L'appareil, ayant dévié en arrivant près du but, rencontra un schooner ancré de l'autre côté de la frégate et caché à ma vue. L'appareil ayant heurté le schooner le fit sauter ainsi que trois hommes. Le seul homme resté vivant fut projeté en mer et recueilli grièvement blessé.

Après, j'attachai plusieurs barils pleins de poudre, sous l'eau, destinés à sauter en flottant avec la marée, aussitôt qu'ils touchaient un objet quelconque. Au mois de décembre 1777, à Philadelphie, j'en abandonnai au courant, dans le Delaware, contre des navires anglais. Je ne connaissais pas la rivière et devais compter sur une personne qui ne connaissait cette région que d'une manière très imparfaite, comme je l'appris plus tard. Nous nous approchions aussi près du navire que nous osions nous aventurer. Je crois que mon compagnon – comme moi d'ailleurs – était trompé par l'obscurité de la nuit. Nous les abandonnâmes et les laissâmes aller avec la marée vers les navires ennemis. Si nous avions été à une distance de 300 mètres ils auraient dû les rencontrer tout de suite, mais, comme je le reconnus plus tard, ils étaient abandonnés à une trop grande distance, et n'arrivaient qu'après avoir été retardés en route par la glace. Ils avançaient dans la journée, éparpillés et dans de mauvaises conditions. L'un d'entre eux fit sauter un bateau contenant plusieurs personnes. De la sorte on donna l'alarme aux Anglais qui donnèrent à cette journée le nom de bataille des Barils.

Le bateau, la caisse aux poudres, etc., ci-dessus mentionnés, furent projetés au cours de l'année 1771, mais ils ne furent pas exécutés avant l'année 1775.

D. Bushnell.

Voici le récit de la dernière tentative de Bushnell, extrait du rapport rédigé par le capitaine Symons, commandant le *Cerbère*, au contre-amiral Sir Peter Parker, en date du 15 août 1777.

Au contre-amiral sir Peter Parker

Mercredi soir étant à l'ancre à l'Ouest de New-London, dans la baie de Black Point, le schooner que j'avais capturé étant mouillé près de moi sur l'arrière, à onze heures du soir, nous découvrîmes une amarre qui venait de la proue et flottait jusqu'à l'arrière. Nous supposâmes immédiatement que quelqu'un s'en était servi pour se déhaler et nous commençâmes à la haler à bord. Nous aperçûmes alors que le schooner l'avait saisie, la prenant pour une ligne de pêche ; il en avait recueilli environ 15 brasses, soutenues à la surface par de petits bouts de bois, placés de distance en distance. Quand on arriva au bout, on la vit amarrée à une sorte de caisse, trop lourde pour être soulevée par un homme seul, son poids étant d'environ 200 livres. Les trois autres hommes du bateau vinrent à l'aide de leur camarade, hissèrent la caisse à bord, et se mirent à l'examiner avec, malheureusement, trop de curiosité, car elle sauta avec le bruit d'un coup de canon, brisant le bateau, y mettant le feu et tuant les trois hommes qui se trouvaient à l'arrière.

Le quatrième qui était à l'avant fut projeté à l'eau. Je fis écarter le vaisseau et recueillir l'homme qui était grièvement blessé. Dès qu'il eut repris connaissance, il me donna la description suivante au mieux de ses souvenirs :

Il y avait deux flotteurs taillés en forme de bateaux, d'environ 20 pouces de long et un pied de large liés l'un à l'autre à la distance de 4 pieds par deux barres de fer, une à chaque bout, et un tube de fer ou canon de fusil au centre, lequel était mobile (lui-même l'ayant retourné avec la main); ils flottaient l'un au-dessus de l'autre, le supérieur ayant la quille en l'air, et ils étaient calculés de façon que l'inférieur puisse se maintenir à quelques pieds sous l'eau. A la barre de fer de l'arrière était suspendue une planchette mince à laquelle était fixée une roue de 6 pouces environ de diamètre qui communiquait elle-même avec une autre placée sur le côté supérieur du bateau et d'un diamètre moindre. Vis-à-vis de celles-ci était une autre roue sur le plat du flotteur inférieur, celui qui était chargé, et qui engrenait avec les deux autres roues dont je viens de parler. Le bateau supérieur était recouvert de plomb et sa quille était fort lourde de façon à lui donner une grande stabilité.

La fatale curiosité des marins (qui, par malheur pour eux, avaient appris à travailler le fer) leur fit mettre cette roue en mouvement. Elle tournait facilement dans un sens ou dans l'autre. Pendant qu'ils la considéraient, cinq minutes environ après le moment où ils l'avaient mise en marche, l'engin éclata. En inspectant les alentours du navire après cet accident, nous trouvâmes l'autre partie de l'amarre du côté de bâbord maintenue flottante de la même façon. Je la fis couper sur-le-champ, dans la crainte de haler une autre machine que je supposais être attachée au bout et devoir éclater en arrivant près du navire. Comme l'ingéniosité de ces gens, dans les procédés qu'ils emploient pour nous nuire, est remarquable, et comme je présume que ce n'est là que leur premier essai, j'ai jugé qu'il était absolument de mon devoir de revenir et de vous rendre compte, le plus tôt possible, de ces circonstances, pour empêcher qu'un fatal accident de cette sorte n'arrive à quelqu'un des navires d'avant-garde qui pourrait être entouré de la même manière et pour défendre à tous les marins d'essayer de haler les lignes ou d'amener toute espèce de flotteur près des navires *puisqu'ils sont remplis de ce genre de combustible qui brûle même dans l'eau.*
Je suis, monsieur, etc.

« J. Symons. »

P.-S. — Ayant fabriqué un modèle aussi rapproché que possible de l'engin décrit par l'homme que nous avons sauvé et l'ayant envoyé chercher pour lui demander si ce modèle représentait bien la machine qu'il avait vue, il m'informa que la grande roue fixée sur la partie aplatie de la planche supérieure était faite de bois, avec les rayons en fer, pointus au bout et dépassant d'à peu près un pouce la lisse du flotteur de manière à frapper la coque pendant qu'on halerait la ligne et mettre ainsi en mouvement les roues, qui cinq minutes après avoir été mises en marche par les hommes, ont déterminé l'explosion. Il est donc très heureux que j'aie donné ordre de couper la ligne de l'autre machine car, si elle avait touché l'arrière au-dessous de la flottaison, pendant qu'on l'aurait halée de façon à mettre les roues en marche, on ne peut pas savoir quels dommages elle aurait causé, tant au navire qu'aux hommes.

Bushnell avait inventé et coordonné du premier coup tous les organes dont se sont servis, par la suite, la plupart des inventeurs qui lui ont succédé. Son bateau, malgré les faibles dimensions adoptées, possédait : réservoirs d'immersion, pompes de refoulement ou d'émersion, appareils de renouvellement d'air, propulseurs de direction et de sustentation, lest détachable, installation pour porter et fixer une torpille.

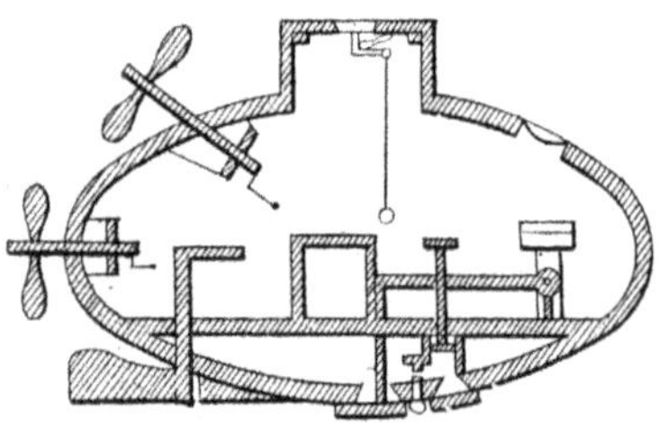

Fig. 109. — Reconstitution erronée de la Tortue de Bushnell par le major Daudenart.

On peut dire que depuis ce premier essai aucune invention fondamentale n'a été faite, en dehors des moyens de propulsion plus énergiques fournis dans la suite par la machine à vapeur, l'air comprimé ou l'électricité, ou des moyens dus au perfectionnement de la construction des navires par l'adoption du fer et de l'acier, moyens qui ont permis d'aborder des dimensions plus grandes, une vitesse et un rayon d'action supérieurs.

Nous partageons entièrement l'opinion de Delpeuch, contrairement à celle de Burgoyne, au sujet de l'application de l'hélice. Bushnell semble bien en avoir été l'inventeur et en avoir fait le premier l'application, quoique d'une manière moins parfaite que Fulton, comme nous le verrons plus loin (p. 151 et 170).

Les dessins que nous donnons (fig. 105 à 108) sont reproduits d'après la reconstitution faite par le Lieutenant F.M. Barbera. Le major Daudenart avait, auparavant, tenté également une reconstitution que nous reproduisons, mais elle est erronée (fig. 109). Forest et Noalhat, trouvant la vraie version « peu vraisemblable », donnent une troisième reconstitution également erronée, avec des rames ordinaires. Leur erreur prouve qu'ils n'ont pas eu sous les yeux la lettre de Bushnell à Thomas Jefferson. Delpeuch, au contraire, reconnaît avec juste raison à David Bushnell la priorité, quant à présent, dans l'invention de l'hélice-vis.

Le texte de Bushnell à ce sujet est très précis. Le voici :

> *An oar formed on the principle of the screw*[14] *was fixed in the fore part of the vessel*; it axis entered the vessel, and, being turned in one direction, rowed the vessel forward ; but being turned in the other, rowed backward. It was constructed to be turned by the hand or foot.

Dont la traduction est la suivante :

> *Une rame formée sur le principe de la vis (hélice) était fixée en avant du bateau ;* son axe pénétrait à l'intérieur, et, étant tournée dans un sens, elle faisait avancer le bateau, et, tournée en sens contraire, le faisait reculer. Elle était construite pour être tournée à la main ou au pied.

Et le sergent Ezra Lee parle d'un aviron ayant la forme des bras d'un moulin à vent. L'hélice avait été placée en avant, comme elle le fut plus tard dans le ballon dirigeable La France.

Après un séjour en France, Bushnell revint s'établir en Géorgie, où sous le nom de Bush, il s'occupa de médecine. Il acquit bientôt dans l'exercice de cet art une fortune considérable. C'est seulement à sa mort que son nom véritable fut connu.

On découvrit un de ses parents, établi à New-York, lequel hérita de la fortune de l'inventeur désabusé.

De 1780 à 1798 nous rencontrons dans le dossier de la Navigation sous-marine aux Archives Nationales les noms de Beaugenet, Sillon de Valmer, Castéra, Martner, dont les projets n'ont jamais été mis à exécution.

14 En anglais, on dit *screw* pour désigner l'hélice.

FULTON
(1765-1815)

The liberty of the seas will be the happiness of the earth.
La liberté des mers sera le bonheur de la terre.
ROBERT FULTON.

CHAPITRE VI

Le « Nautilus » de Fulton

Notice biographique sur Fulton peintre de portraits et de paysages. — Fulton prêche en France la liberté des mers et l'harmonie entre les nations par l'emploi du torpilleur sous-marin Nautilus. — Lettres au Directoire Exécutif et au Citoyen La Reveillère-Lépeaux. — Honorables scrupules du Ministre de la marine amiral Plévillele-Pelley. — Bref exposé historique des « honorables scrupules » sur les moyens homicides à employer dans les guerres... civilisées. — Réflexions de Fulton sur la cruauté imaginaire de la guerre faite avec l'aide de la torpille, ce « vrai spécifique pour la guérison radicale du mal politique de la guerre ». — Opinion de Fulton sur les gouvernements aristocratiques en général et ceux monarchiques en particulier. — Rapport du Ministre et projet d'accord entre le Directoire et la Compagnie du Nautilus. — Refus du Directoire d'accepter les propositions de Fulton.

Première tentative de Fulton auprès du gouvernement français

Robert Fulton naquit, en 1765, à Little Britain (Pensylvanie), d'une famille de pauvres émigrés irlandais. Il cultiva à Philadelphie les dispositions qu'il avait manifestées depuis sa plus tendre enfance pour la peinture et la mécanique. Il parvint, au bout de quelques années, à se procurer un peu d'aisance en peignant des portraits et des paysages ; et, ayant amassé une somme suffisante pour acheter une petite ferme que sa mère faisait valoir, il lui en assura la propriété en 1786. Il passa ensuite en Angleterre où il trouva des protecteurs généreux tels que West, célèbre peintre d'histoire, et James Ramsay, mécanicien distingué.

Ce fut seulement en 1793 qu'il commença à donner de la publicité à ses travaux mécaniques. Il présenta au gouvernement britannique des projets d'amélioration pour des canaux où les écluses sont remplacées par des plans inclinés, sur lesquels se déplacent les bateaux montés sur des trucs roulants, système déjà appliqué en Chine, parait-il, depuis un temps immémorial.

En 1796, Fulton se rendit en France au moment de sa lutte héroïque contre l'Europe coalisée et surtout contre l'Angleterre, qui avait établi le blocus de ses côtes. Fulton offrit au Directoire ses services pour débarrasser la France de la flotte britannique en l'obligeant à lever le blocus. Il avait, disait-il, un moyen d'autant plus terrible qu'il était invisible. Non seulement il se proposait d'éloigner l'ennemi des côtes de France mais encore d'aller porter la guerre sur le littoral britannique. Comme tous les inventeurs, ces pionniers de génie, Fulton rencontra de la défiance, de la froideur et de l'incrédulité de la part des hommes les plus intelligents du gouvernement. Il avait beau promettre de « propager la Liberté et d'établir l'Harmonie entre les nations en empêchant les guerres créées par les aristocraties » il .dut, sans se rebuter, reprendre trois fois ses tentatives et ses pourparlers avec trois gouvernements successifs.

Pendant plusieurs années, trois fois évincé, il sut revenir à la charge avec cette persévérance et cette ténacité qui caractérisent la plupart des grands inventeurs.

Il avait beau répéter que la « liberté des mers sera le bonheur de la terre » :

The liberty of the seas will be the happiness of the earth

– épigraphe de son ouvrage publié en 1810 à New-York et intitulé : *Torpedo war and submarine explosions* – on ne prêtait qu'une oreille distraite à ses offres.

Cependant il réussit, à force d'insistance, à attirer l'attention du Directoire, auquel il adressa le 22 frimaire an VI (13 décembre 1797) la lettre suivante[15] :

Au Directoire Exécutif

Paris, 22 Frimaire an 6e de la République.

Citoyens Directeurs,

Considérant la grande importance qu'il y aurait à diminuer la puissance des flottes anglaises, j'ai projeté la construction d'un Nautulus[16] mécanique (*Mechanical Nautulus*), machine qui, j'en ai le plus grand espoir, sera capable d'anéantir cette marine ; car j'ai confiance que la pratique portera l'appareil à sa perfection.

La grandeur du but a allumé en moi un ardent désir de tenter l'essai. Dans ce but, afin de vous éviter un dérangement, pour prendre connaissance d'un projet nouveau, ou toute dépense pour le mettre à exécution, j'ai constitué une Compagnie qui est disposée à supporter les frais et à prendre à son compte l'expédition aux conditions suivantes :

1. Que le Gouvernement français s'engage à payer à la Compagnie du Nautulus 4 000 livres par canon, pour chaque navire anglais, au-dessus de 40 canons, qui sera détruit, et 2 000 livres par canon pour tout autre navire de guerre au-dessous de 40 canons ; que ces sommes seront payées en espèces dans les six mois qui suivront la destruction de chaque navire.

15 Archives Nationales : Dossier Marine D[1] 21, fol. 07. — La plupart des lettres de Fulton sont écrites en anglais, surtout les premières. Les dernières sont le plus souvent écrites en français, langue qui lui était devenue plus familière. Dans l'intervalle, les lettres étaient écrites par une tierce personne, en français, et signées par Fulton.

16 A l'origine, Fulton appelait son bateau sous-marin Nautulus, et ce n'est que vers la fin qu'il l'appela Nautilus.

2° Que les vaisseaux anglais et cargos capturés par la Compagnie du Nautulus seront la propriété de la Compagnie, sans aucun empêchement de la part des agents du Gouvernement après constatation qu'ils sont propriété anglaise.

3° Que le gouvernement accorde à la Compagnie du Nautulus le droit exclusif de se servir de cette invention de tous les ports de France ; à moins que ce ne soit le désir du Gouvernement de construire de semblables vaisseaux pour agir contre les ennemis de la République. Dans ce cas le Gouvernement aura la liberté de construire à volonté des Nautulus en payant à la Compagnie cent mille livres pour chaque Nautulus construit ou employé pour le service de la République.

Fig. 110 - Robert Fulton (1765 - 1815)

4° Comme citoyen des États américains, j'espère qu'il pourra être stipulé que cette invention ou tout autre invention similaire ne sera pas employée par le Gouvernement de la France contre les États américains ; à moins que le Gouvernement américain ne l'emploie le premier contre la France.

5° Que si la paix est conclue avec l'Angleterre dans les trois mois de la date ci-dessus le Gouvernement paiera à la Compagnie du Nautulus le montant des dépenses qu'elle aura engagées pour les expériences, ce payement devant être fait dans les trois mois qui suivront la déclaration de la paix.

6° Et dans le cas où les brûlots (fire slips) ou d'autres moyens inusités pour la destruction des navires seraient considérés comme contraires aux lois de la guerre, et que les personnes faites prisonnières dans de pareilles entreprises seraient susceptibles d'être mises à mort, il serait nécessaire, pour leur sauvegarde, que le Directoire accordât à la Compagnie du Nautulus des Commissions spécifiant que toutes les personnes faites prisonnières dans le Nautulus ou dans toute expédition sous-marine seront traitées comme prisonniers de guerre, et en cas de violences exercées contre elles le gouvernement userait de représailles sur les prisonniers anglais au quadruple.

Citoyens, ayant le ferme espoir que cet engin tendra à donner la Liberté des mers, il est important que l'expérience en soit faite aussitôt que possible, afin que si elle réussit, la terreur s'en répande avant la descente en Angleterre, et qu'il puisse être employé pour faciliter cette descente.
En soumettant ces propositions à vos délibérations et en attendant vos ordres, je reste, avec tout le respect possible, votre très obéissant.

ROBERT FULTON.

N° 556 Rue du Bacq.

Fulton écrivit en même temps à La Revellière-Lépeaux en joignant à sa lettre les conditions transmises au Directoire.

Au citoyen Réveillière Lépaux.

Paris, 24 Frimaire an 6° de la République.

Citoyen Directeur,

Je serai très heureux de satisfaire au désir du Directoire en soumettant mon plan au Ministre de la marine, mais comme il serait difficile à toute personne étrangère à l'art de la mécanique de le comprendre afin de prévenir la perte de temps occasionnée par les doutes et les explications, je propose d'exécuter l'essai à mes frais aux conditions ci-incluses que je vous transmets et que vous seriez assez bon de présenter au Directoire. Comme tous les articles sont conditionnels, le Gouvernement sera garanti contre toute dépense dans le cas où les expériences ne réussiraient pas. Par conséquent vous remarquerez qu'une explication des principes de l'appareil n'est pas nécessaire. Mais comme le Directoire peut désirer connaître s'il y a quelque espoir de succès et s'il peut compter dessus je serai heureux d'en expliquer les principes à un habile ingénieur qu'il me désignerait. On m'a dit que le général Bonaparte est un bon ingénieur. Si vous voulez être assez bon pour lui parler à ce sujet, je serai heureux d'avoir un entretien avec lui. — Et comme mes amis ont hâte de commencer la construction de l'engin, une rapide conclusion obligerait beaucoup

Votre très-obéissant
Robert Fulton.

Le 2 janvier 1798, le Directoire transmettait la lettre de Fulton au Ministre de la marine. Un rapport rédigé par les services compétents fut transmis à celui-ci le 18 nivôse (9 janvier) suivant.

Par lettre en date du 24 nivôse le Ministre informait Fulton que ses propositions étaient acceptées, en général, sauf celles concernant les indemnités, qui furent réduites de moitié. Le remboursement des dépenses était refusé « à moins, dit le rapport, que cet effet fut dû à la crainte qu'inspirait la création du *Nautilus* ».

On accordait à Fulton le droit de construire autant de *Nautilus* qu'il serait nécessaire, à condition de les construire en un même endroit, éloigné de tout grand port de guerre. La crainte de la réprobation qu'aurait pu soulever l'utilisation d'une pareille arme et l'inquiétude de voir user de représailles possibles, firent refuser à l'équipage des commissions permettant la guerre de course.

On ne croyait pas « qu'il fût possible d'expédier des commissions à des hommes qui se servent d'un moyen semblable pour détruire les forces ennemies et que même ces commissions puissent devenir une garantie pour eux ».

Delpeuch fait observer que l'apparition des armes nouvelles fut toujours accompagnée de la même réprobation.

> Lorsque l'arbalète remplaça l'arc, dit-il, elle fut considérée comme si meurtrière, qu'un des conciles de Latran la condamna solennellement, comme étant un engin diabolique. Bayard, si généreux envers les prisonniers et les vaincus, faisait impitoyablement pendre les arquebusiers qui lui tombaient entre les

mains, tellement il considérait comme « vils et lâches » les hommes qui usaient des armes à feu.
Quand, en 1760, on offrit à Louis XV d'employer le feu grégeois contre les navires anglais, ce monarque refusa ce moyen avec horreur, et, plus tard, quand on préconisa l'emploi des boulets rouges « l'armée navale déclara que ces moyens étaient indignes de l'honneur français. »
Les Anglais avaient été exaspérés par les tentatives du sous-marin de Bushnell, et, près d'un siècle plus tard, pendant la guerre de Sécession, les fédéraux firent un crime aux confédérés d'avoir employé les mines sous-marines, que, cependant, ils se hâtèrent d'adopter à leur tour.
Les confédérés, au contraire, avaient adopté le principe : « Tout est bon pour venir à bout de ses ennemis ». Ils avaient inventé un engin de destruction appelé le *torpedo à la houille,* qui ressemblait à s'y méprendre aux morceaux de houille qu'on embarque pour le chauffage des chaudières de bâtiments de guerre. Plusieurs navires fédéraux ayant embarqué, sans méfiance, ces soi-disant morceaux de charbon, furent le théâtre d'explosions épouvantables.
Le commodore Rogers et John Quincy Adams, « cet esprit humain et bienveillant entre tous » dit le major Daudenart, furent des ennemis acharnés de ce moyen de combattre « qui ne convenait qu'à des lâches ». Le grand Ferragut lui-même s'excuse de s'être servi des torpedos qu'il dut employer, avoue-t-il, « parce que les ennemis ne se faisaient pas scrupule d'en user ».

Comme le remarque M. Jean Finot dans *La Revue des Revues* du 15 septembre 1896, Louvois, ministre de Louis XIV, refusa les fameux *engins asphyxiants*, parce qu'il les trouvait trop dangereux pour l'humanité.

Fig. 111. — La Révellière-Lépeaux (1753-1824)

Plus tard Louis XV refusa le *feu terrible* de Dupré.

Godin de la Brenellerie nous dit dans ses *Mânes de Louis XV* :
Quand on fut bien sûr qu'un homme, avec un tel art, pouvait détruire une flotte ou brûler une ville le Roi défendit à Dupré de communiquer son secret à personne. Il le récompensa alors pour qu'il se tût, et cependant ce Roi était alors dans les embarras d'une guerre...
... Le Roi lui donna une pension de mille écus, nous apprend Mme de Genlis, dans ses *Souvenirs de Félicie* (1803), et lui défendit de publier cet affreux secret, car lui, le Roi, croirait commettre lui-même un crime atroce en se servant de cette invention contre ses ennemis.

En 1779, pendant la guerre de l'Indépendance, en Amérique, Brun de la Condamine proposa des *boulets incendiaires* à Louis XVI. On examina les boulets et, les trouvant redoutables, on enferma l'inventeur jusqu'à la fin de la guerre. Lorsqu'on met ces scrupules si subtils du passé en regard de leur manque absolu dans le présent, ajoute le Directeur de

> *La Revue*, on ne voit pas précisément en quoi la moralité de la guerre aurait progressé ! Les gouvernements actuels provoquant les découvertes les plus meurtrières et les payant au poids de l'or, comparés à ceux d'autrefois qui refusaient, en raison même de l'intérêt de l'humanité, les inventions les plus dangereuses qu'on leur offrait, quels documents attristants pour les théoriciens du progrès moral !

M. le lieutenant de vaisseau en retraite Émile Duboc, qui a été le premier, croyons-nous, à exhumer, des cartons poudreux des Archives du Ministère de la marine, les documents relatifs à Fulton, et à les publier, dit, dans son article : *Comment la France faillit vaincre l'Angleterre* (*Revue des Revues* du 15 septembre 1896) :

Il est curieux de constater, à cent ans de distance, combien, sous ce rapport, la moralité de la guerre a progressé ou plutôt baissé. Quel gouvernement songerait aujourd'hui à contester la qualité de belligérant à des hommes faisant la guerre à l'aide de torpilles lancées par des sous-marins ou des torpilleurs, et quel pays civilisé n'appuierait pas par tous les moyens en son pouvoir ceux de ses enfants assez habiles et assez courageux pour user de telles armes.

Et plus loin :

> C'est ainsi que, d'échelon en échelon, la civilisation et ce que nous appelons le progrès nous conduisent à une tolérance plus grande dans les procédés à employer pour faire la guerre. Devons-nous en être bien fiers, au point de vue de l'humanité ?
>
> Au point où nous en sommes arrivés, en matière de guerre et des principes qui doivent la gouverner, nous éprouvons donc une véritable surprise, en présence des documents qui établissent les scrupules du Directoire et des ministres du temps, à l'endroit des inventions de Fulton, scrupules d'autant plus singuliers qu'ils se manifestaient au lendemain des excès, des crimes et des horreurs de l'époque révolutionnaire !

Dans son étude sur la torpille et sa tactique offensive et défensive, Fulton a publié un véritable plaidoyer en faveur du progrès, même des armes meurtrières, les considérant comme « le vrai spécifique pour la guérison radicale du mal de la guerre ».

Nous reproduisons le texte de ce passage d'après la traduction très fidèle qu'a donnée du livre de Fulton M. E. Nunez de Taboada, sous le titre : *De la Machine infernale maritime.*

Réflexions sur la cruauté imaginaire de la guerre de la torpille.

> Dans plusieurs discussions que j'ai eues à ce sujet, on a soutenu qu'au lieu de donner la liberté des mers, cette découverte tendoit à encourager la piraterie et les flibustiers, en mettant entre les mains de quelques hommes, placés dans une chaloupe, le moyen d'intimider et de piller les navires marchands : ce qui seroit un inconvénient plus grave encore que l'existence de la marine militaire. On auroit pu faire la même objection lors de l'invention des fusils, qui donnent à un individu le pouvoir de tuer à la distance de cinquante ou cent verges ; on auroit pu dire alors que c'étoit fournir aux voleurs une arme terrible pour infester les grands chemins, tuer et dépouiller les voyageurs ; cependant les vols sont moins communs aujourd'hui qu'avant l'invention de la poudre à canon ; la société est plus civilisée ; elle n'est pas divisée par tant de discordes et tant de sectes, asiles et refuges ordinaires des scélérats ; et toute société civilisée s'unit, pour sa propre sûreté, contre les voleurs, qui n'échappent que difficilement à la surveillance commune. Un individu pourroit aussi, poussé par l'esprit de vengeance, tuer quelqu'un avec un fusil à vent, ou faire sauter avec de la poudre

à canon la grange ou la maison d'un autre ; mais la société sévit de concert contre ces attentats, qui demeurent rarement impunis. Quant aux pirates et aux flibustiers, ils ne pourroient faire une Torpille sans le secours de quelque artiste intelligent, qui pourroit les déceler.

S'ils faisoient une prise, il faudroit qu'ils eussent un port pour l'y conduire, sans quoi leur crime seroit infructueux. S'ils pilloient un navire, ils ne pourroient pas en emporter beaucoup de choses dans une chaloupe à Torpille, et il faudroit que la chaloupe eût un port pour se réfugier ; mais les voisins ou les spectateurs remarqueroient son apparence suspecte, ce qui conduiroit à un examen. Outre cela, il est rare qu'il existe un attachement véritable entre des pirates qui craignent de trouver, les uns dans les autres, des dénonciateurs. Il seroit d'ailleurs difficile à une chaloupe à Torpille de partir d'aucun port de l'Amérique, et d'y retourner, sans être bientôt décelée : il est assurément beaucoup plus facile et beaucoup plus sûr pour un individu de voler sur un grand chemin ; cependant cela arrive rarement. Quand les nations se liguent contre les pirates, il n'y a pas lieu de craindre que des individus osent abuser de ce moyen contre la sûreté générale ou individuelle.

Fig. 112 - Pléville-le-Pelley

Mais les gens, faute de réfléchir, ou par attachement pour une tyrannie dès longtemps établie, et avec laquelle ils sont familiarisés, se récrient qu'il est barbare de faire sauter un vaisseau avec tout son équipage. J'en conviens, et je suis fâché que cela soit nécessaire ; mais toutes les guerres sont barbares, et particulièrement les guerres offensives. N'est-ce pas aussi une chose atroce de voir un vaisseau de guerre faire feu sur un navire marchand, lui tuer une partie de son équipage, s'emparer du navire et de sa cargaison, et vouer, par cet abus étrange de ses forces, le propriétaire et sa famille à toutes les horreurs de la pauvreté l N'est-ce pas une chose horrible que de bombarder le port de Copenhague, d'incendier la ville, et de détruire des femmes et des enfants innocents ? Seroit-ce un spectacle moins affreux de voir des vaisseaux ennemis entrer dans le port de New-York, mettre le feu à la ville, détruire les propriétés, et en égorger les paisibles habitants ? Cependant nous avons grand sujet de craindre une pareille entreprise, à moins qu'on ne prenne des moyens pour l'empêcher : concluons donc que, si les Torpilles mettent fin à ces actes de férocité, cette découverte n'est pas une invention barbare.

Lorsqu'une forteresse est assiégée, et qu'on a pratiqué une mine sous la citadelle, la poudre dans la mine, l'amorce prête à être allumée, il est d'usage que les assiégeants envoyent au commandant des assiégés pour l'informer de ces redoutables préparatifs, et lui laisser le choix de se rendre ou de risquer l'explosion : s'il est sourd à la sommation, et que l'explosion s'effectue le reproche de barbarie retombe sur lui, et non pas sur les assiégeants. Si le gouvernement admettoit les Torpilles au nombre de nos moyens de défense, on en donneroit d'abord avis aux Européens. Si, malgré cet avertissement, des vaisseaux ennemis pénétroient dans nos ports, parmi les Torpilles et les chaloupes à Torpilles, et qu'on les fit sauter, le reproche de barbarie ne pourroit tomber que sur la puissance qui les auroit envoyés à une perte certaine, et non sur une invention tutélaire et préservatrice, ni sur le gouvernement qui en auroit fait usage pour sa propre défense seulement.

Comme j'ai donné, dans le chapitre précédent, des détails sur l'organisation en France de chaloupes à Torpilles pour commander les passes étroites du canal de la Manche, on pourroit m'accuser d'inimitié pour l'Angleterre et de partialité envers la France ; cependant je n'ai ni haine ni attachement particulier pour aucun pays étranger. J'admire l'ingéniosité, l'industrie et la bonne foi du peuple anglois ; je respecte dans les habitants de la France leur amour pour les arts et la science ; je chéris leurs manières aimables et polies : les deux nations ont chacune des qualités qu'il seroit très avantageux d'imiter ; mais mes sentiments sont entièrement concentrés sur ma patrie, et tout en travaillant pour son avantage dans cette entreprise, je me féliciterois si la liberté des mers, qui n'est pas, je pense, une chimère, pouvoit en devenir l'heureux résultat, non-seulement pour l'Amérique, mais encore pour l'Angleterre, la France et toutes les autres Nations. Pénétré de ce sentiment, j'ai considéré les marines militaires comme un reste d'anciennes habitudes guerrières, comme une maladie politique à laquelle on n'a pas trouvé jusqu'ici de remède efficace, et je suis convaincu que les Torpilles sont le vrai spécifique pour la guérison radicale de ce mal.

Cette observation nous rappelle l'opinion d'un autre grand inventeur de génie, d'esprit éminemment humanitaire, comme Fulton lui-même, Alfred Nobel, l'inventeur de la dynamite, et le fondateur des Prix pour la Paix, les Sciences et les Lettres ; il nous déclarait, peu de temps avant sa mort, que plus on perfectionnerait l'art de faire la guerre et plus on la rendrait impossible par l'horreur même qu'elle soulèverait partout.

Quoi qu'il en soit, l'opinion publique de la fin du XVIIIe siècle n'était pas préparée à l'emploi de pareils moyens de combat. Le gouvernement avait repoussé les propositions de Fulton, qui insistait pour obtenir une commission, non seulement par crainte de la réprobation mais aussi des représailles possibles.

Le projet de rapport au Directoire soumis à l'approbation du ministre portait :

J'ai cru que cette demande était inadmissible. Les Anglais, ingénieux en machines destructives, s'en permettraient bientôt l'usage à l'abri du même moyen et ce serait en quelque sorte rayer du code de la guerre les punitions justement infligées à ceux qui sont naturellement enclins à la faire d'une manière atroce.

Le Ministre avait remplacé ce passage par le suivant, écrit de sa main :

J'ai cru que cette demande était inadmissible et que le Gouvernement ne pouvait avouer ostensiblement des hommes qui se livreraient à ce genre d'opérations. La menace de représailles aurait eu d'autant plus de danger, qu'il existe en Angleterre à peu près 3 fois plus de prisonniers de guerre que nous n'en avons en France.

La civilisation (?) a fait du progrès depuis ! Non seulement la guerre sous-marine, les torpilles et les torpilleurs submersibles sont entrés de nos jours, dans l'usage courant, mais encore on cherche de nouveaux moyens perfectionnés pour tuer, en un seul coup, un grand nombre d'hommes à la fois, avec des gaz asphyxiants et autres moyens de destruction.

On n'arrivera à supprimer les guerres que lorsque les peuples, prenant conscience de leur propre souveraineté, se refuseront, par l'intermédiaire de leurs représentants légaux, les députés, à se prêter aux combinaisons politiques des gouvernants entraînant des guerres de conquêtes.

Fulton disait, avec juste raison, dans son livre sur *La machine infernale maritime* :

> Un gouvernement, et particulièrement un gouvernement monarchique et aristocratique, peut être vicieux, tandis que les peuples pratiquent la vertu. Dans une aristocratie, où la guerre, la marine, les places et les pensions sont à la disposition d'un petit nombre, les vices du peuple n'ont que très peu ou pas d'influence. Le génie, l'industrie, et l'esprit entreprenant des Anglais ont converti une île stérile en un pays très-fertile et très-beau. Par le perfectionnement des arts utiles, ils sont devenus le peuple le plus industriel et le plus remarquable, quant aux manufactures. A mesure que l'industrie a augmenté les richesses de la nation, le gouvernement a trouvé de la facilité à grossir ses revenus, et a chargé ce peuple vertueux de taxes qui s'élèvent à plus de vingt cinq millions sterling par an, pour subvenir à des guerres ruineuses, à la conquête de l'Amérique, au rétablissement des Bourbons et de l'ancienne balance politique de l'Europe.

Nous savons que depuis lors la dette publique s'est accrue, aussi bien en Angleterre que dans les autres pays, dans des proportions effrayantes et se chiffre de nos jours par des milliards... grâce aux guerres et aux gouvernants !

Fulton demanda une indemnité de 25 000 francs en cas de conclusion de la paix avant ses essais, car il lui fallait au moins trois mois pour la construction du *Nautilus*. Il proposait de construire son navire à Paris et d'en faire l'essai au Havre sur un vieux navire qui lui aurait été fourni.

Nous donnons, ci-après, le texte même des propositions formulées par la Compagnie du *Nautilus*. La traduction en français de l'original est annotée, en marge, par le Ministre de la marine qui adopta, dans son ensemble ce projet d'accord :

Paris, le 29 nivôse an VIe de la République française.

Rapport

Les intentions du Ministre ont été transmises à la Compagnie du *Nautulus*. Celle-ci vient de préciser ses demandes et d'articuler ses prétentions définitives ainsi qu'il suit et le ministre est prié de faire connaître par approuvé ou refusé en marge de chaque article, sa détermination :

1. Il sera payé à la Compagnie du Nautulus une somme de 2 000 francs par canon de bâtiment de 40 canons et au-dessus qui sera détruit. — *Cette clause a été déjà approuvée par le ministre.*
2. Il lui sera payé par canon de bâtiment de 39 canons et au-dessous qui sera détruit, une somme de 1 000 francs. — *Idem.*
3. La totalité des prises faites par le Nautulus lui sera allouée, sauf les formalités nécessaires pour en constater l'origine — *Et sauf le sol pour livre des Invalides de la marine.*
4. Le privilège exclusif demandé par la Compagnie sera de quatorze années conformément aux lois existantes sur les patentes d'invention. — *Pour tout le temps de la guerre contre l'Angleterre ou autres puissances maritimes.*
5. La Compagnie construira le Nautulus près de Paris et le fera rendre au Havre. Elle demande que le gouvernement destine dans ce port un vieux bâtiment hors de service, sur lequel elle puisse faire une première expérience. — *Approuvé l'une et l'autre de ces propositions.*

6. La Compagnie insiste fortement sur le remboursement de ses dépenses au cas que la paix vint à se conclure, par quelque événement que ce fût, dans l'espace de trois mois, pourvu que ces dépenses n'excédassent pas 25 000 francs.

   On pourrait peut-être accéder à cette demande sous la condition qu'épreuve étant faite du Nautulus, il ait le succès que les inventeurs promettent.

   A cet égard la Compagnie observe que l'assentiment du Ministre serait d'autant plus juste que la construction et l'épreuve du Nautulus comporterait un certain temps. Que, dans la supposition de la paix, ce Nautulus tombera en pure perte à son propriétaire et que pour n'avoir point servi, il n'en sera pas moins une machine perfectionnée dont l'invention deviendra la propriété exclusive de la France et dont elle pourra faire usage à la première occasion.

   Refusé

7. La Compagnie renouvelle la demande d'une commission spéciale pour les gens qui serviraient sur le Nautulus et qui peut les garantir des dangers auxquels sont exposés les prisonniers qui ont exercé une manière inusitée de faire la guerre. La Compagnie croit que les menaces de représailles contenues dans cette commission seraient une protection suffisante, mais elle n'insiste pas sur l'effet des menaces, s'il y a lieu à ce qu'elles en fussent suivies.

   Ne se peut.

La Compagnie du Nautulus demande encore qu'il soit prononcé définitivement sur les trois articles additionnels suivants :

a. Le Nautulus ou autre semblable bâtiment, ne sera pas employé contre les anglo-américains à moins qu'ils n'en aient fait usage les premiers contre la France.

   Le ministre a déjà pris cet engagement.

b. Si le gouvernement se décidait à faire construire cette machine pendant la durée du privilège exclusif accordé à la Compagnie, il sera payé à cette dernière cent mille francs par Nautulus construit par le gouvernement.

   Le gouvernement s'engagera à ne pas en faire.

c. Les termes et conditions de payement sont :

   Approuvé.

   – Pour le remboursement des sommes dues à raison de la destruction des bâtiments ennemis par le Nautulus, un terme de six mois.

   – Pour le remboursement de cent mille francs par chaque Nautulus construit par le gouvernement s'il se déterminait à s'approprier cette invention pendant la durée du privilège, un terme d'un mois à dater du jour où la construction sera terminée.

   Nul.

   – Et au cas que le gouvernement différât les payements en espèces ci-dessus stipulés, la Compagnie choisira des biens nationaux dont la valeur sera constatée par deux arbitres qui s'adjoindront un sur-arbitre. L'un des arbitres sera nommé par le gouvernement et l'autre par la Compagnie.

   Cet objet concerne le Ministre des finances.

Le Ministre est prié de faire connaître ses intentions définitives, impatiemment attendues par la Compagnie du Nautilus dont les propositions ci-dessus peuvent être considérées comme l'ultimatum.

Ne recevant pas de réponse du Ministère, Fulton transmit le 20 janvier 1798 de nouvelles propositions. Modifiant légèrement les précédentes, il abandonnait *cinq pour cent des prises* au gouvernement.

Le projet d'arrêté suivant, accompagné d'un rapport en date du 16 pluviôse an VI (4 février 1798), fut soumis par le Ministre au Directoire.

PROJET D'ARRÊTÉ

Le Directoire Exécutif considérant qu'il doit donner de l'encouragement à toutes les inventions qui ont un objet utile et de prospérité nationale,

Considérant que la proposition de Robert Fulton, tendant à construire une machine nommée Nautulus, et au moyen de laquelle la Compagnie dont il est membre, espère détruire les bâtiments ennemis, paroît réunir ces avantages, arrête :

ART. Ier. — Le Ministre de la marine est autorisé à traiter avec la Compagnie du Nautulus pour donner suite à cette invention aux conditions exprimées dans les articles suivants.

ART. 2. — Il sera payé à la Compagnie deux mille francs par canon de bâtiment de quarante canons et au-dessus, et mille francs par canon de bâtiment de trente-neuf canons et au-dessous, qui seront détruits par le Nautulus.

ART. 3. — Le payement des sommes ci-dessus aura lieu en espèces, et aussitôt la certitude acquise de la destruction de chaque bâtiment anglais ou tout autre portant le pavillon d'une Puissance en guerre contre la République.

ART. 4. — La Compagnie aura la totalité des prises faites avec le Nautulus, sous la déduction du sol pour livre aux Invalides.

ART. 5. — Le Gouvernement français s'engage à ne point faire usage du Nautulus contre les anglo-américains à moins que ceux-ci n'en usent les premiers contre la France.

ART. 6. — Le Ministre de la marine est autorisé à destiner la carcasse d'un vieux bâtiment aux expériences que fera la compagnie dans le Port qu'il lui désignera.

ART. 7. — Lorsque les expériences auront justifié les espérances de la Compagnie, elle pourra se pourvoir par devers le Ministre de l'Intérieur, pour l'obtention d'un privilège exclusif pendant la durée duquel le Gouvernement s'engage à ne pas construire de Nautulus, ni autre bâtiment semblable.

ART. 8. — Le Ministre de la marine donnera, dans le temps, son avis au Ministre de l'Intérieur, sur le privilège mentionné en l'article précédent d'après les comptes qui lui seront rendus des expériences faites.

ART. 9. — Le Ministre de la Marine demeure chargé de l'exécution du présent, ainsi que de toutes les dispositions accessoires qu'il pourra juger propres au succès de cette invention.

ART. 10. — Le présent arrêté ne sera pas imprimé.

Ce projet d'arrêté n'eut pas de suite car quelques jours après, le 5 février 1798, Fulton recevait une lettre du Ministre l'informant que toutes ses propositions étaient repoussées par le Directoire.

CHAPITRE VII

Fulton et le Directoire

Lettre de Fulton au Ministre de la marine Bruix. — Rapport des savants commissaires Adet, Burgues-Missiessy, Cachin, Forfait, Gautier, Prony et Rosily, contenant la description du Nautilus. — Nouvelles propositions de Fulton qui, découragé, se rend en Hollande où il ne rencontre pas un meilleur accueil du gouvernement batave que du gouvernement français.

DEUXIÈME TENTATIVE DE FULTON

Quelques mois plus tard, Bruix ayant succédé à Pléville-le-Pelley, au Ministère de la marine, Fulton revint à la charge et lui adressa, le 5 thermidor an VI (24 juillet 1798), la lettre suivante :

Fulton, ingénieur civil des États-Unis d'Amérique,
au Cen Ministre de la Marine[17].

Citoyen Ministre,

> Persuadé que tout ce qui tend à propager la liberté et assurer à la France une paix durable ne peut manquer d'exciter votre intérêt et d'obtenir votre suffrage, j'ai l'honneur de vous soumettre un moyen que j'ai inventé pour affoiblir la puissance des flottes anglaises. Ce moyen a été examiné par les Cens Monge, Dufalga, Mongolfier, Perrier et autres savans distingués : ils ont tous pensé qu'il pourroit avoir du succès.
> Si vous partagez leur opinion à cet égard, je vous supplie, citoyen Ministre, d'inviter le Directoire à faire examiner la chose par l'Institut National pour qu'il en soit fait un rapport. Afin même d'éviter au Gouvernement d'entrer

17 Cette lettre est la première, écrite en français, que Fulton ait adressée au gouvernement de la République . Elle n'est pas écrite de sa main. Seules la date et la signature sont de lui.

dans des dépenses, je me propose de faire exécuter la machine à mes propres frais.

Avant tout, et en admettant la possibilité de mon projet, il convient de bien examiner l'effet moral et politique qui en résulteroit. La destruction de la marine anglaise assureroit l'indépendance des mers ; et la nation qui a le plus de ressources naturelles, de population, de lumières, la France tiendroit seule et sans rivale la balance de l'Europe. Il est donc de la plus grande importance pour la République française et la paix du genre humain d'adopter le moyen que je présente d'anéantir les flottes anglaises.

Un projet de cette nature paraîtra sans doute, au premier coup d'oeil, extraordinaire, surtout à un Ministre de la marine ; mais votre amour pour la liberté et l'humanité vous feront peser attentivement mes raisonnemens ; je suis convaincu que vous les trouverez solides et dignes de votre attention et de votre appui.

Salut et Respect,
ROBERT FULTON.

Paris, 5 thermidor an 6.

Le Ministre conviait aussitôt, pour le 2 août, rue du Bacq, les savants citoyens suivants : Adet, pour la partie chimique ; Rosily, pour la mécanique ; Prony, pour l'hydrostatique et Forfait pour la construction navale.

On leur adjoignit les citoyens Gautier, Cachin et Burgues-Missiessy dont les noms figurent au bas du Rapport qui fut remis au ministre le 19 fructidor (5 septembre).

Voici le Rapport qui fut rédigé par ladite Commission :

Rapport des Commissaires nommés par le Ministre de la Marine relativement à l'invention de la machine dite Nautulus tendante à la destruction des vaisseaux anglais par le citoyen Fulton.

Nous, Commissaires, nommés par le ministre de la marine et des colonies pour examiner une machine propre à naviguer sous l'eau. Nous étant transportés chez l'auteur, le Cite Fulton, ayant vu la ditte machine en détail dans toutes ses parties, et fait au citoyen Fulton les questions nécessaires à l'éclaircissement de nos doutes, avons reconnu ce qui suit.

Le bateau pour naviguer sous les eaux, désigné sous le nom de Nautulus, a la configuration d'un ellipsoide imparfait dont la longueur extérieure est de 6,48 mètres et la plus grande largeur de 1,94. AB (fig. 114).

Si l'on veut avoir une idée plus exacte de sa forme, il n'y a qu'à tracer sur un axe, d'abord un quart de cercle ayant un mètre de rayon, ensuite un trapèze dont la grande baze contigue à ce quart de cercle aurait aussi un mètre, la petite base éloignée de la première de 4,78 aurait 0,70, et le tout serait terminé par un quart de cercle du même rayon = 0,70 : le solide de révolution formé par ce plan serait à peu de chose près le même que celui du Nautulus considéré extérieurement et abstraction faite des accessoires dont on va parler.

L'ellipsoide principal qu'on vient de décrire est assis sur une carène de métal CD, qui descend de 0,52 au-dessous de l'ellipsoide... elle se termine à un mètre de la proue par une courbure qui se raccorde avec la sienne, le milieu est à plattes varangues, les flancs viennent se confondre avec ceux de l'ellipsoide, enfin l'arrière est façonné comme les poupes de vaisseaux, et se termine à 0,75 du bout de l'arrière de l'ellipsoïde.

On mettra du lest dans la carène métallique en assez grande quantité pour que le poids du volume du fluide déplacé par la machine entièrement submergée n'excède celui du système total que de 4 à 5 kilogrammes, tel est au moins le projet de l'auteur.

La même carène n'a d'autre communication avec la capacité intérieure de l'ellipsoïde que deux corps d'une pompe aspirante et refoulante E, placée dans cette capacité. Son objet est d'introduire de l'eau dans la carène métallique et de l'en chasser à volonté. Si la différence du poids de la machine à son déplacement n'était en effet que de 4 à 5 kilogrammes, il faudrait introduire bien peu d'eau pour la submerger, ou bien en chasser peu pour la faire revenir à fleur d'eau.

Le Cit[en] Fulton, qui avait particulièrement en vue d'imiter le mechanisme par lequel les poissons font leurs mouvements dans l'eau, a, par le moyen de la pompe dont on vient de parler, remplacé la vessie qui par ses dilatations et contractions spontanées augmente ou diminue le volume des poissons et les fait rapprocher de la surface ou précipiter au fond des eaux à leur gré.

Pour suppléer aux yeux l'auteur a placé à deux mètres du bout le plus gros de son ellipsoïde une calotte hemisphérique en métal qui s'applique et se joint immédiatement à sa surface, le diamètre extérieur de cette calotte est d'environ un mètre. La verticale qui passerait par son pôle supérieur tombe dans le plan diamétral longitudinal de la carène, et ce plan dans l'état de flottaison tranquille étant vertical détermine le dessus ou le dessous du Nautulus. Si on le regarde comme un poisson le gros bout A de l'ellipsoïde est sa tête, le petit bout B est sa queue où il faudra placer des nageoires. L'hémisphère F, forme son crâne, la carène est son ventre : les yeux sont simplement deux orifices pratiqués sur la calotte hémisphérique qui tient lieu du crâne, ils sont garnis d'un verre épais et bien scellé. Il y a en outre un troisième orifice d'environ quatre décimètres de diamètre qui est recouvert d'un clapet à charnière ; on l'ouvre par dedans quand on veut introduire de l'air frais dans la machine, on le ferme quand on veut plonger.

Environ à un mètre du bout de l'avant ou si l'on veut du bec du Nautulus, sa capacité intérieure est coupée par une cloison transversale G, le vuide en avant de cette cloison renferme un treuil qui sert à lever l'ancre ; sur l'arbre de ce treuil est une roue de champ qui s'engraine dans une lanterne à laquelle le mouvement est communiqué par une manivelle établie de l'autre côté de la cloison. L'ancre se loge toute entière dans un trou pratiqué au-dessous du bec, sa tige vient toucher au treuil, ainsi la capacité comprise en avant de la cloison est ouverte et sera toujours pleine d'eau. La cloison l'empêche de s'introduire dans le reste de la capacité de l'ellipsoide.

Le mouvement progressif de la machine s'obtient au moyen d'un volant H qui tourne dans un plan vertical à l'arrière du Nautulus quand il est dans une assiète horisontale. Ce volant a quatre ailes un peu inclinées par rapport au plan dans lequel se fait leur rotation ; l'axe passe au travers de la pouppe et se prolonge jusqu'au milieu de la capacité intérieure, là il porte une roue dentée, de champ qui s'engraine dans une autre roue dentée, verticale aussi, d'un diamètre double, à laquelle une double manivelle donne le mouvement, on peut espérer 240 rotations du volant par minute dans les moments où les travailleurs exerceraient toute l'action dont ils peuvent être capables momentanément, 120 seulement, et tout au plus, quand ils travailleront de manière à soutenir la fatigue un peu longtemps : les ailes du volant ont environ deux tiers de mètre de longueur, et le volant a de diamètre 1,34 mètres à peu près.

Le gouvernail I est en dessous du volant, également à la pouppe du Nautulus ; il a un mètre de largeur ou de saillie en arrière de son axe de rotation... sa hauteur du haut en bas est d'un demi mètre, il est placé en dessous de la partie postérieure ou la plus aigüe de l'ellipsoide entre elle et le prolongement de la quille qui le recouvre par dessous en totalité pour empêcher qu'il ne s'accroche à quelque cordage traînant dans l'eau ; son axe qui pivote sur le prolongement de la quille passe au travers de l'ellipsoide, il porte une petite rouie horisontale sur laquelle s'enveloppe une chaine qui répond à une manivelle vers le milieu de la capacité intérieure ; ses évolutions ne sont gênées par rien, il peut parcourir le demi-cercle entier et se placer conséquemment dans l'inclinaison qui sera la plus avantageuse aux évolutions.

Fig. 113. — Amiral Bruix (1750 -1805).

Dans une machine destinée à se mouvoir sous les eaux, il ne suffit pas d'avoir un gouvernail qui tourne autour d'un axe vertical, il faut aussi un autre gouvernail dont le plan tourne autour d'un axe horisontal afin de diriger la machine quand elle s'élève ou s'abaisse, l'auteur a placé ce nouveau gouvernail L sur l'autre qui le pénètre dans son milieu, il a les mêmes dimensions, il est coupé en deux parties égales fixées sur un fort boulon M à 0,30 mètres de distance de l'axe du gouvernail vertical. Il tourne autour de ce boulon et peut y parcourir un arc de 30 degrés, moitié en dessous et moitié en dessus de l'horison ; par le moyen de ces deux plans dont l'un évolue dans une situation verticale pendant que l'autre évolue dans une situation horisontale, on peut, en les combinant, obtenir l'effet de la queue du poisson, qui frappe l'eau dans tous les sens. Le mouvement du gouvernail horisontal s'exécute au moyen d'une roue dentée qui enlève ou abaisse une douille la quelle enveloppe l'axe du gouvernail vertical et répond à l'extrémité du gouvernail horisontal. L'arbre de cette roue est prolongé dans l'intérieur de la machine jusqu'au point où sont réunis tous les rouages et manivelles afin qu'un seul moteur puisse faire tout agir et diriger le Nautulus sans se déplacer. En récapitulant cette description la ressemblance du Nautulus avec un poisson deviendra frappante.

Les navigateurs s'étant introduits dans la machine par le soupirail de la calotte hémisphérique, le volume presque total doit être submergé s'il n'y a que 5 kilogrames de différence entre le poids de la machine entière et son déplacement, car ce poids répond à une section de la calotte qui aurait au plus 2 décimètres de hauteur.

La machine s'avancera si l'on tourne le volant dont les ailes font à peu près l'effet de l'aviron quand il n'y en a qu'un en jeu à la poupe d'un bateau, ce qu'on appelle godiller. Ainsi la machine prendra un mouvement de progression à fleur d'eau en ne découvrant qu'un très petit volume ; c'est le poisson qui se promène sur la surface des eaux et ne fait sortir que le sommet de sa tête.

Veut-on plonger ? on introduit un peu d'eau, la machine s'enfonce en conservant sa situation par rapport à l'horison, elle entretiendra sous les eaux un mouvement de progression. Si l'on continue de tourner le volant elle tourne à droite ; à gauche, si l'on agite le gouvernail vertical dans un sens contraire ; elle s'enfonce plus par l'avant que par l'arrière si l'on incline le gouvernail horisontal au-dessous de l'horison, et prend un mouvement opposé par la manoeuvre contraire... ce sont toutes les évolutions que le poisson fait avec ses nageoires et sa queue.
Le Nautulus remplit aussi les fonctions d'un vaisseau ; au moyen de l'ancre on se soutiendra coutre un courant qu'on ne pourrait vaincre par la vitesse du sillage, et on attendra de cette manière le flux et le reflux en restant stationnaire soit dans l'eau, soit à sa surface.
Enfin pour les traversées un peu longues, lorsque l'on sera éloigné de ceux dont on ne voudrait pas être vu, un mât planté au tiers de la longueur, à peu près, porte une voile en éventail au moyen de laquelle on peut naviguer à fleur d'eau ; dès qu'on voudra plonger, la voile se plie contre le mât, celui cy s'abbat, le tout se couche sur la partie supérieure du Nautulus, deux enveloppes disposées comme les ailes cornées des moucherons recouvrent le mât et la voile. Le Nautulus cesse d'être navire et redevient poisson.
Trois hommes suffisent pour la manoeuvre dans toutes les allures. Il doit y avoir assez d'air dans la capacité intérieure pour fournir à leur respiration et à l'entretien d'une lampe pendant 3 ou 4 heures : dès que l'atmosphère comprise dans l'ame du Nautulus ne sera plus respirable, ils remontrent à la surface en chassant de l'eau avec la pompe et en ouvrant le clapet aussitôt qu'il sera découvert, ils introduiront de l'air nouveau.

Passons à l'objet de cette machine. On peut avec des modifications l'employer à toutes sortes de travaux sous les eaux, mais l'auteur a eu particulièrement en vue dans ce moment cy la destruction de la marine anglaise ; et voilà comme il veut opérer.
Au pôle môme de la calotte métallique, à laquelle nous avons comparé le crane du poisson, il y a un orifice par lequel passe un boulon de fer, au bout de ce boulon par dehors la machine on visse un gros clou 0, que nous appellerons la corne du Nautulus. Il a une forme particulière, sa pointe longue de 0,2 mètres est une piramide quadrangulaire dont la base a 0,03 mètres carrés, ses arrêtes sont dentelées ou barbelées, la pointe est tournée vers le ciel ; en dessous est un oeillet ou trou dans lequel on peut passer un cordage ayant 0,1 mètre de tour, enfin au-dessous du trou ou de l'oeillet est un collet creux dans le quel on insinue la vis de la cheville passée au travers de la calotte métallique. Un cordage tel qu'on vient de le dire est attaché à la proue du Nautulus sur un petit treuil, il passe dans l'oeillet de la corne ; à son autre extrémité qui peut être fort éloignée est amarré un baril de cuivre P, bien soudé, qui contient un quintal de poudre ; un briquet à ressort est renfermé dans son intérieur et le declic d'une batterie est disposé à sa surface supérieure de manière que le moindre choc le fait partir. Cela préparé le Nautulus plonge près d'un vaisseau Q, il se dirige sous ses flancs ; quand la pointe de sa corne touche à la carène on frappe deux ou trois coups de masse sous la cheville qui porte la corne dont la pointe entre assez profondément dans le bordage et s'y fixe avec solidité, alors on dévisse la cheville et le Nautulus abandonne sa corne ; il s'éloigne du vaisseau, emmène avec lui le cordage et par conséquent le barril de poudre jusqu'à ce que celui cy touche à la carène du bâtiment ; son déclic part, la poudre fait une explosion

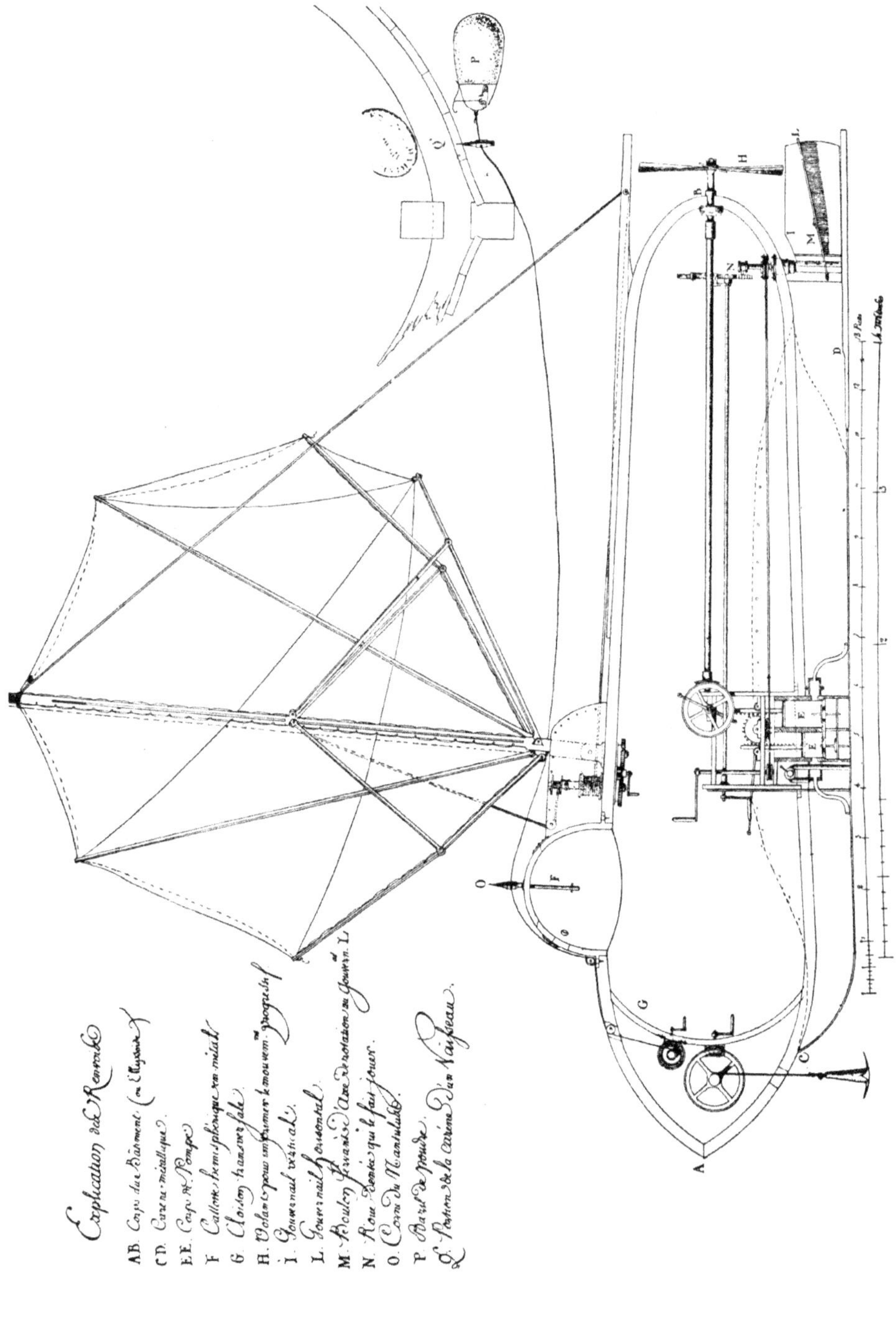

Fig. 114 - Gravure reproduite photographiquement et sans retouche d'après le dessin original du *Nautilus* de Fulton conservé aux Archives Nationales de Paris.

terrible, qui ne pouvant agir sur l'eau à cause de son incompressibilité, exerce tout son effort contre les flancs du vaisseau et les brise.
La commission n'a pu regarder cet effet comme assuré ; son opinion est qu'il faudra faire des expériences pour connaître quel degré de confiance mérite un appareil de cette espèce, mais il est évident au moins qu'avec un instrument au moyen du quel des hommes pourront parvenir sous une flotte sans être vus, on y pourra faire de grands dommages par toutes sortes de procédés et l'auteur en propose plusieurs ; mais leur choix est un accessoire qui n'a pas du occuper la Commission, elle a d'abord dirigé toute son attention vers l'instrument lui même pour juger si l'on peut attendre les grands effets que promet l'auteur.
Elle a jugé qu'il est possible de faire un corps creux capable de contenir trois hommes renfermés pendant un temps assez long sous les eaux et vivant de l'air contenu dans la capacité de ce corps. Celle du Nautulus est d'environ 10,37 mètres cubes. Si l'on suppose que les hommes et les divers objets qu'il pourra contenir occupent le tiers de cet espace il restera 6,92 mètres cubes que remplira l'air atmosphérique.
Mais, comme d'après les expériences de Lavoisier, un homme consomme 5/27 de mètres cubes d'air par heure, trois hommes qui composent l'équipage du Nautulus consommeront 5/9 de mètres cubes et par conséquent les 6,92 mètres cubes d'air donneraient à la rigueur aux trois navigateurs les moyens de vivre 12 heures 45 centièmes.
Mais il est nécessaire d'observer que les hommes renfermés dans le Nautulus ne sont point en repos, et faisant au contraire un exercice souvent pénible consommeront plus de 5/27 de mètre cube d'air par heure. D'une autre part, 100 parties d'huile pendant leur combustion absorbent, tant pour l'eau que pour l'acide carbonique qui se forme, 438 parties d'oxigène, ce qui exige qu'on fasse une diminution nouvelle sur la quantité d'oxigène que les hommes auront à respirer. Il est impossible de donner icy aucun calcul précis, puisqu'on ignore les dimensions de la lampe du Nautulus, et par conséquent la quantité d'oxigène qu'elle absorbera par heure.
Mais lors même que cette quantité ne serait pas très considérable, il est bon de remarquer que l'acide carbonique produit pendant la combustion de l'huile de la lampe, concourera avec celui qui se dégagera de la poitrine des hommes renfermés dans le Nautulus pour rendre de plus en plus leur respiration difficile ; d'où il suit qu'il ne restera pas 1 2 h. 1/2 sans avoir communication avec l'air atmosphérique, mais on se croit autorisé à croire qu'ils pourraient vivre sous l'eau pendant dix heures sans être obligés de renouveller l'air, et certes ce tems doit suffire à toutes les expéditions présumables.
Il n'y a pas de doute que l'on ne puisse parvenir assez facilement à équilibrer le poids de cette machine avec celui du volume d'eau qu'elle déplace de manière que l'addition ou la soustraction d'un poids peu considérable la dispose à monter à la surface des eaux ou à se précipiter au fond ; mais c'est une erreur de penser qu'il suffira de 4 à 5 kilogrames d'eau pour obtenir ces effets ; ce n'est pas assez que la calotte sphérique vienne razer la surface de l'eau pour renouveller l'air dans la machine ; il faut que le clapet soit au moins de 3 ou 4 décimètres au dessus de l'eau pour que l'on puisse ouvrir avec sûreté, et cela exige un poids de cinq cent kilogrames ou un peu plus de deux barriques d'eau que la pompe doit chasser hors de la carène... L'auteur, qui se penetre aisement de toutes les difficultés que la commission lui oppose, répond icy qu'il appliquera au pôle supérieur de la calotte métallique et à l'autre extrémité du corps de son bateau des respirateurs entre lesquels il sera facile d'établir un courant d'air rapide ; en effet ce procédé parait facile et d'un succès non équivoque.

Le mouvement de progression imprimé par le jeu du volant à la pouppe du Nautulus sera-t-il bien rapide ? c'est ce qu'on n'oze croire ; et il serait difficile de s'en assurer autrement que par l'expérience. L'auteur a montré à la Commission un petit modèle imparfait dans lequel un ressort fait tourner un volant de cette espèce appliqué à une nacelle et la fait marcher avec assez de vélocité dans un petit bassin ; mais il n'y a nulle comparaison à faire dans ces machines ; le volant du petit modèle est relativement bien plus grand que celui du Nautulus, et la vitesse que le ressort lui imprime est plus que triple de celle que les hommes peuvent donner au volant dans la grande machine. On ne peut se refuser icy à quelques conjectures ; pour que le volant pousse le Nautulus avec une certaine force et une vitesse de quelque conséquence il faudra qu'il pousse l'eau avec une force égale à celle avec la quelle l'eau résistera sur la partie antérieure, ou bien à celle qu'éprouveraient des pales d'aviron pour imprimer à la masse la même vitesse ; tout cela suppose une grande solidité, par conséquent une grande force d'inertie ; il est donc vraisemblable que le Nautulus marchera très lentement, ou que les hommes qui le manoeuvreront éprouveront une fatigue très grande. Il n'y a nulle raison pour que le gouvernail vertical ne fasse pas l'effet qu'on doit exiger ; il fera certainement évoluer la masse mais avec une rapidité proportionnelle à sa vitesse de progression que l'on juge devoir être bien petite. Ces observations ne doivent en aucune manière diminuer la confiance qu'on pourrait avoir dans la machine projetée par le C^en^ Fulton. Si le volant ne suffit pas pour le faire marcher avec la rapidité nécessaire, on peut lui appliquer des roues à rames ou des rames à clapets ou tout autre moyen que celui qui a composé le Nautulus ne manquera pas d'imaginer.
Nous n'ozerions attendre de grands effets du gouvernail qui agit de bas en haut et de haut en bas, la vitesse avec la quelle la machine montera ou descendra ne peut jamais qu'être très petite puisqu'elle dépendra de l'évacuation de l'eau qui ne peut se faire rapidement à une certaine profondeur. Que peut produire alors un choc oblique sur une surface de projection de 40 mètres carrés ou environ ? mais il faut en même temps convenir que la fréquence et la rapidité des mouvemens en ce sens n'est pas un objet de grande importance. Le Citoyen Fulton pour prévenir toute difficulté à cet égard veut établir en dessous de sa machine, dans la carène métallique et sur la verticale où passe le centre de gravité de sistème un volant horisontal et semblable au volant vertical de la pouppe ; par cette addition il imprimeroit réellement un mouvement d'ascension ou de descente plus rapide, indépendant du mouvement de progression, et sans déranger l'horisontalité du bateau. La Commission a préféré cette disposition à celle du premier projet parce qu'elle donne au navigateur un moyen de modérer spontanément la vitesse verticale et de se rendre stationnaire à son gré.

Cette disposition rappelle celle de Bushnell que nous avons indiquée page 127.

Le jeu de l'ancre a paru à la Commission très satisfaisant... il n'en est pas de même de celui des voiles. La voile comme elle est projettée, semblable à une aile de papillon, porte sa plus grande étendue en haut et se réduit à rien au pied du mât, c'est la disposition la moins avantageuse pour la stabilité, mais il faut observer icy que si l'auteur ne fait quelques changements à ses premières idées, la stabilité est absolument nulle ; en effet, cette qualité, c'est-à-dire la force avec laquelle un corps flottant résiste à la puissance qui tend à l'incliner, est proportionnelle au cube des ordonnées du plan de flottaison, or icy le plan de flottaison est zéro puisque la différence entre le poids du sistème entier et celui

du volume d'eau qu'il occuperait n'est que de 4 à 5 kilogrames ; ainsi, théoriquement parlant, le souffle d'un enfant suffirait pour faire culbuter la machine. Il faut donc, ou renoncer à naviguer à la voile, ou procurer au Nautulus une grande émersion, par conséquent introduire et chasser une grande quantité d'eau pour le faire plonger et le remettre en état de déployer ses voiles ; ce n'est pas une médiocre difficulté car le jeu de la pompe qui doit dégorger à trois mètres de la surface de l'eau ne peut manquer d'être extrêmement laborieux.
Les observations qu'on vient de faire sur la stabilité du Nautulus quand il a une petite tranche émergée pour porter la voile se doit également appliquer au cas où il serait totalement submergé ; il est hors de doute qu'alors il sera indifférent à toute situation et qu'il pourrait tourner autour de son axe longitudinal puisque les deux forces qui tendent à le maintenir dans la situation où il est représenté dans la figure, savoir la poussée verticale de l'eau et celle de la pezanteur, sont détruites dans ce cas. Si l'ancre en pendant au dessous de la carène métallique ne suffisait pas pour remédier à cette instabilité, on y suppléerait en attachant au bateau d'autres poids séparés de la masse et n'y correspondant que par des cordes, pour obtenir une situation constante, précisement comme on obtient dans les aérostats.
Quoiqu'il en soit, la Commission a jugé que dans cette ingénieuse machine il n'y a nulle donnée qui ne soit conforme aux principes, et qu'abstraction faite des obstacles, auxquels il faut bien s'attendre, on devrait être mathématiquement sur du succès.
Mais elle n'a pu se dissimuler que ces obstacles seront et nombreux et puissants malgré les moyens ingénieux que l'auteur a employé pour les vaincre et pour les prévenir.
Prenons d'abord le Nautulus à son départ ; il est d'un volume assez considérable, et son objet est déjà malheureusement trop connu pour qu'on ne se doute pas de sa mission. L'ennemi, s'il en a connaissance, peut garnir ses vaisseaux de filets ou de toute autre manière et pêcher la machine et ses moteurs.
Sa direction sur les eaux n'est pas facile si l'on ne l'émerge pas beaucoup pour lui donner un plan de flottaison capable de lui assurer une stabilité suffisante, et dans ce cas il faudrait un tems assez considérable, en cas de surprise pour qu'il cargue ses voiles et plonge... de légers changements le mettraient à l'abri de cet inconvénient ; il suffirait pour cela d'établir un grand rézervoir dans sa carène où il pourrait loger 40 barriques d'eau, ce réservoir s'ouvrirait par un grand robinet dont la clef serait en dedans de l'ellipsoide, par ce moyen il aurait pour le beau tems un plan de flottaison capable de lui faire porter sa voile de papillon ; mais une fois qu'il aurait rempli son rézervoir il lui faudrait beaucoup de tems et de travail pour revenir à sa première ligne d'eau et porter une certaine quantité de voiles.
Il est incontestable que ceux qui navigueront dans le Nautulus pourront lui imprimer les divers mouvements dont ils auront besoin pour remplir leur objet, mais d'abord on ne peut avoir aucune idée exacte sur la vélocité de ces mouvemens, et tout porte à croire qu'elle sera bien petite, en second lieu il est hors de doute que leur combinaison sera difficile et demandera de l'expérience et de l'exercice ; tous ceux qui savent nager n'ignorent pas quels effets produit le moindre mouvement dans un corps totalement submergé. Icy la difficulté sera bien plus grande encore. Il n'y a nul moyen de reconnaître le lieu où l'on est.
L'auteur a mis dans la capacité qu'il fait habiter aux navigateurs un baromètre avec lequel il compte juger de son élévation ou de son abaissement à l'égard de la surface des eaux. Le baromètre indique les profondeurs par la compression de la colonne d'air comprise dans le tube, entre la surface de l'eau qui communique

avec la mer et le bout du tube qui est scellé ; mais on ne sait pas encore sur quels principes doit être faitte la graduation d'un pareil baromètre ; en même tems que l'auteur ne connait que très imparfaitement son moyen pour estimer les profondeurs, il n'en a aucun pour juger de la dérive occasionnée par les courants ou par des chocs ou par toute autre cause.

Concluons :

L'arme imaginée par le Cit[en] Fulton est un moyen de destruction terrible, parce qu'elle agit dans le silence et d'une manière presque inévitable ; elle convient particulièrement au Français parce qu'ayant (on pourrait dire nécessairement) une marine plus faible que son adversaire, l'entier anéantissement de l'une et de l'autre lui est avantageux.

Cette arme est sans doute imparfaitte, c'est la première conception d'un homme de génie ; il serait bien imprudent de l'hazarder au sortir de son attelier à traverser les mers pour attaquer les vaisseaux anglais dans leurs rades. Il faut que l'inventeur, qui se charge de la manoeuvre lui-même et de trouver les compagnons nécessaires, s'exerce avec eux, qu'il acquière de la confiance par l'expérience, qu'il perfectionne ses moyens de direction, qu'il fasse des essais qui le conduisent au meilleur procédé pour perçer ou brizer les flancs des bâtiments ; ce ne peut être l'affaire d'un jour, on a besoin d'un local commode où il y ait au moins cinq mètres d'eau, puisque la machine en a trois de hauteur totale ; où l'on trouve une eau tranquile et cependant des courants, pour apprendre à lutter contre eux et à calculer les dérives ; il faut des atteliers propres à la préparation des instruments nécessaires, et du secret.

Quoique tout cela se trouve difficilement, on peut néanmoins espérer que les environs de Rouen fourniront les localités propres à remplir cet objet.

La Commission ne croit pas devoir entrer dans le détail des conditions que le Cit[en] Fulton propose au gouvernement, elle observe néanmoins que celle par laquelle il s'engage à se charger de toutes les avances, parce qu'après le résultat il lui sera donné une récompense proportionnée aux ravages qu'il aura faits dans les ports ennemis, répond à toutes les objections que l'on pourrait faire contre son projet en arguant de l'incertitude du succès.

Elle invite donc le Ministre de la Marine et des colonies à donner au citoyen Fulton l'autorisation et les moyens nécessaires pour exécuter la Machine dont il a produit le modèle. On ne peut douter qu'avec la même sagacité que l'on a mise dans sa conception, et l'élégance et la solidité des mechanismes divers dont son ensemble résulte, celui qui a présidé à l'exécution de cet interessant modèle ne fasse construire la machine en grand d'une manière également ingénieuse ; et que les documents nouveaux qu'il aura tirés et de l'expérience et de la réflexion ne le conduisent à son perfectionnement.

On assure que les frères Perrier exécuteront les rouages, leurs arbres, les douilles par les quelles ces arbres passent au travers de l'enveloppe qui doit rester imperméable a l'eau... Citer ces artistes habiles c'est assurer la réussite de la partie qui leur sera confiée.

Mais la Commission insistera sur la nécessité de soumettre cette machine à des expériences réitérées, de ne rien précipiter avant que de s'être assuré des résultats et d'envelopper le tout d'un mystère impénétrable.

Si, comme elle le propose, on prend la Seine au-dessous de Rouen pour faire les recherches et les travaux relatifs à l'application du Nautulus, il faudra qu'il en parte incognito pour un des ports du nord ou de l'ouest où l'on n'ait aucune idée de son objet.

> Enfin pour préparer l'opinion publique, et lui donner la direction nécessaire à l'exécution des projets dont nous nous occupons, il parait nécessaire de feindre aujourdhuy qu'on n'y a nulle confiance, et qu'ils sont entièrement oubliés.

Paris ce 19 fructidor an 6eme de la République française[18].

ROSILY	P. A. ADET.	FORFAIT.	CACHIN.
GAUTIER.	PRONY. E	Dd. BURGUES MISSIESSY.	

« Paroles sages et quasi fatidiques de ces hommes de science et de ces amiraux, dit Delpeuch, qui semblèrent prévoir que Fulton était destiné à échouer contre les navires anglais, par suite du trop grand retentissement donné aux belles expériences accomplies, plus tard, au Havre et dans la rade de Brest ! La lecture du rapport suffit pour être fixé sur l'oeuvre remarquable que venait de créer Fulton. La suite de cette étude et le récit des expériences qu'accomplit tant en eau douce qu'en pleine mer, le *Nautilus*, feront d'autant plus ressortir l'erreur de ses contemporains, qui ne surent pas comprendre la portée d'une pareille invention. »

On remarquera que la forme du *Nautilus* ainsi que son genre de voilure avaient été déjà proposés par Sillon de Valmer en 1780 ; mais il est probable que Fulton avait dû l'ignorer, comme on a ignoré, dans le public, les détails de son Nautilus jusqu'en 1896, époque à laquelle le lieutenant de vaisseau Émile Duboc en a publié le plan.

Comme Bushnell. Fulton se sert de l'hélice, qu'il appelle volant à ailes séparées, comme propulseur (p. 151 et 170). Il trouve que son rendement est supérieur à celui de la vis complète.

> Soixante ans plus tard, dit Delpeuch, lors de l'invention des vaisseaux à hélice, on fit la même erreur et on adopta d'abord comme propulseur la vis d'Archimède. Celle-ci ayant été bientôt reconnue comme défectueuse, on dut la remplacer par l'hélice actuelle à deux ou plusieurs branches. Si les expériences de Fulton avaient été bien connues, peut-être eût-on évité cette faute.
>
> Mais bien que, comme tous les inventeurs, Fulton ait profité des idées ou des expériences de ceux qui l'avaient précédé, son *Nautilus* est tellement supérieur à tous les sous-marins proposés jusqu'alors, que l'on peut affirmer que c'est réellement à lui que l'on doit d'avoir démontré la possibilité de la navigation sous-marine.
>
> La plupart des problèmes résolus et perfectionnés par les ingénieurs actuels touchant la navigation sous-marine, savoir : immersion et émersion à volonté, navigation à la surface ou entre deux eaux, habitabilité, séjour à l'ancre au fond de la mer, etc., l'ont été par Fulton.

Le 27 vendémiaire an VII (17 octobre 1798) Fulton présenta au Ministre de nouvelles propositions qui différaient peu de celles présentées le 29 nivôse précédent. Deux articles différaient et ils étaient ainsi rédigés :

> ART. 2. Puisque la prise ou la destruction du premier bâtiment anglais armé justifiera les expériences et prouvera l'importance de l'invention, je stipule que dès que le gouvernement aura reçu l'avis certain de la prise ou destruction du premier bâtiment anglais armé, par le moyen du Nautilus, il soit sur-le-champ payé, à moi ou à mon ordre, cinq cent mille francs en monnoy française avec laquelle somme je m'engage de bâtir une flotte de dix Nautilus, afin de mettre à exécution mon plan contre les flottes anglaises.

18 5 septembre 1798.

> ART. 4. — Que le gouvernement s'engage à payer à moi, mes héritiers ou ayants cause, la somme de cent francs en espèces par chaque livre du calibre des canons des bâtiments anglais détruits pendant la guerre par le Nautilus ou mis hors d'état de servir. C'est-à-dire que pour un canon de 5 livres de balles, il me sera délivré cinq cents francs, pour un canon de 10 livres de balles mille francs, et ainsi de suite. Les espèces me seront comptées immédiatement à la réception d'avis certain.

Malgré le rapport si favorable de la Commission nommée par le Ministre pour examiner le *Nautilus*, le Directoire repoussa encore une fois les propositions de Fulton qui, découragé, se rendit alors en Hollande.

Fulton ne fut pas mieux accueilli par les membres du gouvernement de la République batave qu'il ne l'avait été par le Directoire français. Seul, un particulier : M. Vanstaphast, nous dit Montgéry, lui fournit de l'argent pour exécuter plusieurs machines.

CHAPITRE VIII

Fulton et le Premier Consul

Fulton apprenant que le général Bonaparte est devenu Premier Consul revient en France et renouvelle ses offres. — Lettres de Fulton au Ministre de la marine Forfait. — Observations de Fulton sur les effets moraux du Nautile dans le cas où il serait employé avec succès. — Réflexions sur les effets généraux que produirait le succès du Nautile pour la propagation des principes de la Liberté et l'établissement d'une paix solide entre les Nations. — Fulton est autorisé à construire son Nautilus.

TROISIÈME TENTATIVE DE FULTON

Bonaparte étant devenu Premier Consul, Fulton se hâta de revenir à Paris et recommença ses démarches. Le 13 vendémiaire an VIII (6 octobre 1800) il écrivait au Ministre de la marine la lettre suivante :

Au ministre de la Marine et des Colonies

Paris, 13 Vendémiaire, an 8.

Citoyen Ministre,

Il n'y a pas soixante jours que cet excellent philosophe et bon ami de l'humanité, le directeur Says[19], vous envoya mon mémoire et m'adressa à vous pour vous parler des affaires du Nautilus. Mais le peu de progrès qui a été fait et le temps précieux que l'on a perdu, me donne à penser qu'un fait que j'ai souvent entendu doit être vrai : à savoir qu'il y a des personnes dans la marine et au-dessous du Directoire qui ne sont pas des amis de l'expédition

19 Probablement Sieyès.

du Nautilus. Quelles sont leurs objections ? Je ne puis le concevoir, mais puisqu'elles existent, il est nécessaire d'examiner si elles sont bien fondées. Dans ce but, je vous présente ci-joint un mémoire dans lequel je fais ressortir les immenses avantages que la France obtiendrait. Je fais remarquer aussi l'effet moral et politique qui serait produit en Europe, en cas de succès. S'il y a des personnes qui auraient des objections à me faire, il est de leur devoir de les faire. La France, la Liberté et l'Humanité demandent que cette question soit examinée avec attention, sincérité et largeur d'esprit. Et j'espère sincèrement pour l'honneur de la France, que je ne rencontrerai pas des objections d'esprit étroit ou de petites intrigues qui me mettraient dans la nécessité de publier les principes du Nautilus et leurs heureuses conséquences, ou d'aller chercher en Hollande ou en Amérique l'encouragement que j'espérais trouver en France, et que la Liberté et la Philosophie demandent.

Veuillez me croire, C^n^ Ministre, un sincère ami de la France et de la cause qu'elle soutient si glorieusement, et soyez convaincu que je n'ai pas d'autres vues que de me servir des idées que la nature m'a données, dans le but de donner la Liberté à la société et la paix à la France.

Santé et respect,

Robt FULTON.
Rue de Vaugirard, n° 970.

A cette lettre, écrite en anglais, était joint un mémoire en français intitulé : *Observations sur les effets moraux du Nautile dans le cas où il serait employé avec succès.*

Nous donnons in-extenso ce mémoire dans lequel apparaissent, en pleine lumière, la clairvoyance et le génie de Fulton.

Paris, le 13 Vendémiaire, an VIII.

Au ministre de la Marine et des Colonies

Observations sur les Effets moraux du Nautile, dans le cas où il serait employé avec succès.

Citoyen Ministre,

Il y a maintenant vingt mois que je présentai pour la première fois le plan de mon Nautile à l'Ex-Directeur La Reveillere-Lépaux ; il le présenta au Directoire qui en ordonna le renvoi au Ministre de la Marine Pléville, et enfin il fut rejeté après cinq mois de discussions. Reproduit sous l'administration du citoyen Bruix, il eut le même sort après environ quatre mois d'attente. Un accueil si peu favorable de la part des premiers magistrats de la France, dont le devoir est d'encourager les découvertes tendantes à propager la Liberté et à établir l'harmonie entre les Nations, me prouve qu'ils s'étaient fait une idée fausse des effets tant phisiques que moraux de cette Machine ; il est donc nécessaire, pour empêcher que les mêmes préventions n'existent encore dans l'esprit de ceux qui leur ont succédé, et de qui dépend l'exécution du Nautile, d'examiner avec soin les deux points suivants ; le premier, si l'entreprise est praticable ; le second, quels en seront les effets pour la France et la Société en général.

Quant à la possibilité de détruire les Batimens de Guerre par le moyen du Nautile, c'est une question qui a été soumise à un Comité de Savans respectables, nommés par le Ministre Bruix lesquels se sont accordés à l'admettre.
Mais une expérience est la meilleure de toutes les preuves, et celle du Nautile ne coûterait pas plus de 24 000 fr. Une aussi modique somme ne doit pas arrêter un instant, si d'ailleurs les effets moraux sont à l'abri de toute objection. C'est ce que je vais examiner.

Voyons d'abord quels seraient pour la France les effets immédiats du Nautile. La perte du premier Bâtiment anglais qui seroit détruit par un moyen extraordinaire, jetteroit le Gouvernement Britannique dans le dernier embarras ; il sentiroit que par le même moyen on pourroit détruire toute sa marine ; que par le même moyen il seroit possible de bloquer la Tamise(*) et de couper tout le commerce de Londres. Quelle seroit, dans de pareilles circonstances, la consternation de l'Angleterre ? Comment Pitt soudoyeroit-il alors les puissances coalisées ? Il en résulteroit que, privée des guinées de Pitt, la Coalition s'évanouiroit, et que la France, ainsi délivrée de ses nombreux ennemis, pourrait travailler sans obstacle à l'affermissement de sa liberté et à la paix. Je pense qu'on ne peut raisonnablement exiger un effet immédiat plus heureux que celui-ci, et certes, dans les circonstances actuelles, il n'est point à négliger.

Après avoir ainsi montré les heureux effets qui résulteroient immédiatement du succès du Nautile, je passe aux objections aussi vulgaires que peu philosophiques, élevées contre cette machine. Je ferai voir ensuite comment le Nautile peut contribuer à propager la véritable Liberté et à établir l'harmonie entre les peuples.

La première objection est que si la France se servoit du Nautile contre l'Angleterre, l'Angleterre pourroit également en faire usage contre la France ; mais il ne me paroit nullement vraisemblable que les Anglais s'en servent contre la France, car avant qu'ils en connussent la mécanique, la France pourroit, comme je l'ai dit, bloquer la Tamise, couper le commerce de Londres et réduire par là le cabinet de St James aux termes de la plus entière soumission ; mais supposons pour un instant que l'Angleterre fasse usage du Nautile contre la France, et voyons quelles en pourroient être les conséquences. Il faut observer que les Anglais sont la Nation la plus puissante sur mer, qu'ils tirent toutes leurs richesses du commerce et que vu leur position géographique, tout leur commerce doit se faire par mer.

La France au contraire, peu forte sur mer, tire ses principales ressources de l'agriculture ; mais elle a l'avantage de commercer avec le continent sans confier ses propriétés à la mer, donc l'interruption du commerce seroit incomparablement plus fatale à l'Angleterre qu'à la France. Dans cet état de choses, la quelle des deux nations seroit forcée de subir les loix de l'autre ? nul doute que ce ne soit l'Angleterre qui se soumette aux principes républicains de la France ; ses ports étant bloqués, son commerce interrompu, il ne lui reste d'autre parti que celui de la soumission.

Peut-être dira-t-on qu'avant d'arriver à ce résultat, il se commettra des horreurs sans nombre mais qu'on observe ici que c'est la force navale de l'Angleterre qui

(*) Je dis que l'on pourroit bloquer la Tamise, car quand même les Anglais auroient de leur côté une flotte de Nautiles, ils ne viendroient point à bout de faire lever ce blocus, parce que deux flottes de Nautiles ne peuvent se combattre ; point très important. — (Cette note est de Fulton.)

est la source des horreurs incalculables qui se commettent journellement : c'est la marine anglaise qui soutient le gouvernement anglais, et c'est ce gouvernement qui, par ses intrigues, a été la cause des deux tiers des crimes qui ont signalé le cours de la révolution. L'emploi du Nautile ne peut donc rien ajouter à ces crimes ; c'est le Nautile au contraire qui peut les arrêter ; car, comme je l'ai fait voir, aussitôt que l'Angleterre s'appercevra de la supériorité que cette invention donnera sur mer à la France, elle se soumettra à des conditions compatibles avec les principes républicains, et il s'en suivra une paix solide et durable.

Seconde Objection anti-philosophique contre le Nautile.

On a dit que par le moyen du Nautile, les pirates s'empareroient plus aisément que jamais des Bâtimens de Commerce : mais il me semble qu'un pirate n'a d'intérêt à courir sur les Batimens de commerce qu'autant qu'il espère trouver accès dans quelque port pour y vendre ses prises ; et la Nation qui donneroit asile et protection à un pirate en deviendroit responsable à la Nation dépouillée ; toutes les sociétés sont aujourd'hui ennemies déclarées des pirates et de la Nation qui les protège. S'il se commettoit des pirateries à la faveur du Nautile, la société toute entière se déclareroit encore contre le voleur. On ne voit pas que l'invention des pistolets ait multiplié les vols ; l'invention du Nautile ne propagera pas davantage la piraterie ; mais elle empêchera au contraire les peuples de piller leurs Voisins.

Il est encore une observation qu'il est nécessaire d'ajouter aux précédentes. C'est que si le Nautile réussissoit (et il est aujourd'hui déjà connu si avantageusement, que l'expérience en sera faite en Amérique) rien ne pourroit empêcher les Américains et les autres puissances maritimes d'une moyenne force, de l'adopter pour affranchir leur commerce. Or, si les Américains, les Suédois ou les Danois l'adoptent, toutes les autres nations maritimes seront obligées de suivre cet exemple ; révolution qui anéantira nécessairement tout le système naval d'aujourd'hui ; il seroit donc inutile de chercher à empêcher les effets du Nautile ; ce seroit vouloir forcer les autres Nations à se servir d'arcs et de flèches au lieu de mousquets, il est donc de l'intérêt de la France de profiter du moment actuel pour ôter à la cour de St James toute son influence.

Si l'exécution du Nautile est praticable, et s'il eut été adopté, il y a 18 mois, nous ne verrions pas aujourd'hui la Liberté attaquée par une coalition formidable ; on n'auroit pas perdu l'Italie ; la Hollande ne seroit pas en danger et Bonaparte privé de toutes ressources. En envisageant l'objet de ma lettre sous ce point de vue, je vous laisse à juger, Citoyen Ministre, si ceux qui se sont opposés à l'adoption du Nautile ou qui l'ont négligé, n'ont pas commis un crime très-grave contre la France et contre la Liberté.

Réflexions sur les effets généraux que produiroit le succès du Nautile, pour la propagation des principes de la Liberté, et l'établissement d'une paix solide entre les Nations.

Qu'il me soit permis de supposer un moment qu'on vienne à bout de détruire tout le système de marine militaire aujourd'huy existant, la première conséquence qui nait de cette supposition est que la Nation qui a la population la plus nombreuse, les ressources les plus naturelles, sera la plus forte sur terre et tiendra, sans rivale, la Balance de l'Europe. Cette Nation est la France, et avec une Puissance aussi tranquille, avec cette prépondérance à l'abri de toute contestation, la France ne mettroit-elle pas sa gloire à offrir à ses Voisins un spectacle d'industrie, de bonnes moeurs et de Liberté pure, digne de leur imitation ? Donc, sous ce point de vue, le genre humain serait intéressé au succès du Nautile.

2° Si, par le moyen du Nautile on réussissoit à détruire la marine anglaise, on pourroit, avec une flotte de Nautiles, bloquer la Tamise, jusqu'à ce que l'Angleterre fut républicanisée ; bientôt l'Irlande secoueroit le joug et la monarchie anglaise seroit anéantie. Une nation riche et industrieuse viendroit ainsi augmenter le nombre des républiques de l'Europe, et ce seroit avoir fait un pas immense vers la liberté et la paix universelle.

3° Si l'Angleterre adoptait le gouvernement républicain, je ne doute pas que la France et elle n'ensevelissent dans l'oubli ces vieilles haines et cette fatale rivalité fomentées par la stupide aristocratie. Les deux Républiques se traiteroient en soeurs, donneroient à leur commerce respectif une entière liberté, et, dans ce cas, n'auroient besoin, ni l'une ni l'autre de marine militaire ; ainsi l'amitié, malgré le préjugé vulgaire, uniroit deux grands peuples, et l'humanité respireroit.

4° Si les marines militaires étoient détruites, la France se trouveroit soulagée de toute la dépense que lui occasionnent les besoins de la sienne, et il en coûteroit trante millions de moins par an à l'Europe, qui par là même, seroit débarassée d'une complication de taxe et de Guerres navales, instrumens d'oppression dans les mains de l'aristocratie.

5° J'ai dit que deux flottes de Nautiles ne pouvoient se combattre ; cependant chaque nation pourra en entretenir une à peu de frais, pour garder ses côtes ; par là, les nations maritimes seroient réciproquement à l'abri des descentes ; et si l'Angleterre conserve son Gouvernement aristocratique, elle sera réduite à la neutralité par rapport aux opérations de la Guerre, et la France pourra, sans obstacle, répandre chez les peuples voisins les lumières d'une philosophie républicaine ; la conséquence est donc encore ici que l'humanité y aura gagné.

Citoyen Ministre, les amis de la Liberté peuvent-ils porter leurs espérances au delà de pareils avantages ? Cependant quelques flatteurs qu'ils soient, ils ne sont que le résultat naturel des succès du Nautile mis à exécution.

De légères circonstances produisent souvent de grands changemens dans les opérations des hommes. La Boussole a donné au commerce une extension sans bornes et a multiplié les lumières ; l'invention de la poudre a changé tout l'art de la guerre, sans en diminuer les horreurs. J'espère que le Nautile non seulement détruira les marines militaires, mais en brisant ces instrumens destructeurs dans les mains de l'aristocratie, servira la cause de la liberté et de la paix. Je vous ai présenté ici, d'une manière claire et impartiale une partie de ses heureux effets, et je suis loin de me faire aucun mérite de l'avoir imaginé le premier. L'idée pouvoit en venir à tout autre ingénieur qui cherche avec autant d'ardeur que moi à faire triompher la cause de l'humanité.

Je ne prétends pas non plus assurer positivement que l'expérience du Nautile réussisse, mais lorsqu'une aussi modique dépense est balancée par la probabilité d'avantages aussi grands, je pense qu'un Gouvernement républicain ne peut lui refuser les encouragements et la protection qui dépendent de lui et que perdre. un moment, c'est commettre un crime contre la Liberté.

Salut et Respect,

Robt FULTON,
Rue de Vaugirard, n° 970.

Ce mémoire fut remis au Ministre par Cottrau, un des protecteurs de Fulton.

Favorablement disposé à l'égard de Fulton, le Ministre Forfait, qui s'est montré, en différentes circonstances, homme intelligent et d'initiative, donna l'ordre d'aller examiner le modèle du *Nautilus*, cinq jours après la réception du mémoire, le 18 vendémiaire. Le même jour, Fulton remit au Ministre les propositions précédentes de la Compagnie, auxquelles il n'avait ajouté qu'une clause : « qu'il aurait toute liberté d'agir comme il l'entendrait et par conséquent qu'il ne serait placé, pour ses opérations, sous les ordres d'aucun chef. »

Parmi ces propositions Fulton réitère, pour la dixième fois, sa demande relative à une « commission ». Et il met en note au bas de la page, à la suite de l'article 2, l'observation suivante :

> Il y a eu des objections contre cette clause. Je conçois cependant que les choses peuvent s'arranger de cette manière. Qu'on laisse subsister la commission dans l'article cy-dessus, car dans le cas où les Anglais s'empareraient d'un Nautilus, l'article les détournera de prendre des mesures subites et les y fera réfléchir. Ils sentiront probablement que la sévérité contre les prisonniers du Nautilus n'empêchera point de poursuivre les avantages de cette invention. Mais alors même que les Anglais traiteraient ces prisonniers comme des incendiaires, il ne s'ensuit pas que le gouvernement français devrait donner suite à la menace de représailles. Sous ce point de vue l'article est conforme aux vues d'humanité et ne peut entraîner aucun mal.
>
> J'espère que le Directoire pensera que toute protection doit être accordée aux gens assez hardis pour tenter par ce moyen la destruction de la marine anglaise[20].

La traduction du ministère porte :

> J'espère que le Directoire considérera que les personnes qui sont assez hardies pour tenter de détruire la flotte britannique, méritent toute la protection que la France peut leur donner.

Comme il demande le versement d'une somme de cinq cent mille francs après la prise ou la destruction d'un bâtiment de guerre anglais il ajoute en note :

> Peut-être que la demande ci-dessus de 500 000 fr. paraîtra considérable. Mais il faut considérer que si je ne suis aidé dans mon plan, d'une somme d'argent convenable, je ne pourrai atteindre au but proposé qui est de mettre les Anglais à la raison. Cette somme, si on la compare à l'objet en vue est bien peu considérable. Elle ne forme pas le quart de celle nécessaire pour l'armement d'un vaisseau de 100 canons et cependant 10 vaisseaux de cette force ne sauraient imposer autant de terreur aux Anglais, qu'un seul Nautilus s'il réussit. Il faut aussi remarquer que si la première expérience est couronnée par le succès, le Gouvernement pourra compter sur des succès nouveaux et économiser sur les constructions actuelles et sur les autres dépenses navales, une somme plus forte dans un mois, peut-être dans une décade, que celle que je demande. Je vous prie, Citoyen Ministre, de faire attention que je ne prétends aux 500 000 francs que dans le cas de succès ; si je ne réussis pas, je supporterai la perte en totalité.

La hardiesse du Ministre qui consentit à accepter ces conditions ne fut pas accueillie sans discussions car elle allait à l'encontre des idées du temps. Le Ministre déclarait d'ailleurs dans son rapport du 25 germinal an VIII (15 avril 1800) :

---

20 Arch. Nat. : Dossier marine D^1 21. fol. 71 et 72. — Cette note est de Fulton et non du Ministre, comme l'a supposé DELPEUCH, qui l'aura lue sur la traduction, faite au Ministère, du mémoire de Fulton, écrit en anglais.

> On ne peut se dissimuler que le Nautilus ne soit une machine inusitée et qu'il ne blesse à quelques égards les lois de la guerre. Il serait donc dangereux, surtout dans cet instant où un si grand nombre de Français est au pouvoir des Anglais, d'exprimer aucune espèce de menace dans la commission. En l'accordant purement et simplement, c'est-à-dire, en avouant les hommes servant sur le Nautilus et le Nautilus lui-même, on pense que cela ne doit pas autoriser plus de craintes que la menace de représailles ne peut donner de sécurité.

Fulton fut enfin autorisé à construire son Nautilus.

CHAPITRE IX

Fulton et le ministre Decrès

Construction du Nautilus chez les frères Perrier. — Expériences à Rouen et au Havre. — Lettres de Fulton au Ministre de la marine Forfait en date des 11 et 26 thermidor an VIII. — Lettres de Fulton aux citoyens Monge et Laplace en date des 16 et 27 brumaire an IX. — Bonaparte Premier Consul semble vouloir s'intéresser aux projets de Fulton. — Lettre de Fulton au Ministre de la marine Decrès en date du 12 frimaire an IX. — Rapport défavorable de Decrès.

LE NAUTILUS

Fulton fit construire son Nautilus à Paris, dans les ateliers des frères Perrier, comme le prouve cette lettre en date du 20 germinal an VIII (10 avril 1800) :

Robert Fulton au Ministre de la Marine et des Colonies

Paris, le 10 Germinal, 8.

Citoyen Ministre,

Le Nautilus, que je fais construire dans l'atelier du C. Perrier, est sur le point d'être fini. Je ne voulois vous soumettre aucune proposition qu'après vous avoir invité à assister aux premières expériences de cette Machine ; mais considérant que les circonstances peuvent déterminer le Premier Consul à aller prendre le commandement de l'armée ; qu'il est urgent d'ailleurs de former des hommes, déterminés et capables aux manoeuvres de ce nouveau service, et qu'il est indispensable de leur offrir des encouragemens proportionnés aux dangers et aux difficultés de l'entreprise ; j'ai cru devoir vous prier de mettre sous les yeux du Premier Consul, les propositions suivantes, sur lesquelles je sollicite et obtiendrai sans doute, par votre recommandation, Citoyen Ministre, une décision prompte et favorable.

ART. Ier. — Pour chaque vaisseau anglais détruit ou mis hors de service, le Gouvernement m'allouera la prime accordée aux Équipages français ; c'est-à-dire 50 francs par livre de balles que portera chacun des canons du vaisseau détruit, ce qui ferait 300 francs par canon de six livres de balles, et ainsi de suite dans la proportion du calibre.

La destination du Nautilus, l'intention de l'Inventeur et l'intérêt du Gouvernement étant la destruction des vaisseaux de guerre anglais, plutôt que celle des navires marchands, il est important pour encourager de préférence l'attaque des vaisseaux armés, de promettre et garantir à l'avance le paiement éventuel de ces primes.

ART. 2. — Tous les articles de propriété anglaise qui tomberont au pouvoir de l'Inventeur dans le cours de ses expéditions, lui seront abandonnés en toute propriété.

ART. 3. — Il sera accordé par le Gouvernement à chaque personne embarquée sur le Nautilus une Commission pour leur assurer comme aux autres Individus de la Marine Militaire, le droit d'être traités en prisonniers de Guerre. Il y seroit spécifié que tels Officiers de la Marine Anglaise (et on désigneroit le plus haut grade que l'on croiroit pouvoir déterminer) seroient responsables des mauvais traitemens qu'on feroit éprouver aux personnes prises sur le Nautilus.

Comme les Anglais pourroient être tentés de considérer le Nautilus comme une Machine incendiaire, le Premier Consul sentira combien il importe au succès de l'entreprise d'assurer cette garantie. La crainte des représailles ne doit pas empêcher de l'accorder à tout hazard ; car l'exercice de ce droit dépendra toujours de la volonté du Gouvernement. L'objet de cette menace sera d'arrêter les premiers mouvemens de sévérité des Anglais, de leur donner le tems de réfléchir sur ses conséquences, et de leur faire sentir que l'invention du Nautilus ouvrant une nouvelle carrière aux opérations militaires, doit entraîner une suite de conséquences que toute leur sévérité ne pourroit prévenir.

C'est à votre patriotisme et à vos lumières, Citoyen Ministre, que je soumets les considérations que je viens de développer. Vous avez un des premiers encouragé mes premiers efforts ; et vous savez combien d'obstacles intéressés et d'objections ridicules en ont traversé l'exécution.

J'ai tout lieu d'espérer de Bonaparte, l'accueil, l'encouragement que m'ont si longtemps refusés tant de Directeurs et de Ministres. Son génie embrassera sur le champ, toutes les conséquences d'une pareille invention, et son influence sur le sistème politique et économique du Monde entier, par la destruction du despotisme et du monopole maritimes de l'Angleterre.

Salut et respect,

ROBERT FULTON.
Rue de Vaugirard, n° 970.

Le *Nautilus* procéda à quelques essais sur la Seine, en face des Invalides ainsi que le rapporte Guyton de Morveau. En effet, dans la séance du mois de juillet 1809 de la *Société d'Encouragement pour l'Industrie nationale* au cours de laquelle fut faite une communication sur le bateau sous-marin de M. Castéra, Guyton de Morveau a rapporté qu'il avait été témoin, au mois de juin 1800, de la première expérience d'un bâtiment de cette espèce, construit chez M. Perrier par M. Fulton, qui lui a donné le nom de *Nautile*.

> Le bâtiment était en cuivre, de forme ovoïde très allongée, portant à l'un de ses bouts un collet relevé propre à recevoir un couvercle, et sur l'arête supérieure une rigole destinée à contenir un petit mât qui se relevait à charnière.
>
> Dans l'intérieur, qui avait environ 2 mètres de diamètre, étaient disposés les manches des rames à vis, pour aller en avant, et des pompes aspirantes pour plonger à volonté par la charge de l'eau.
>
> L'expérience fut faite sur la Seine, en face des Invalides. M. Fulton s'enferma avec un matelot et une bougie ; il plongea au point de disparaître entièrement, remonta environ dix-huit à vingt minutes après à une grande distance, replongea et revint au point de départ.
>
> Les spectateurs parmi lesquels se trouvaient plusieurs officiers de marine et du génie, lui demandèrent s'il pourrait leur faire voir la manoeuvre de ce vaisseau sans voile, il annonça que le vent et le peu de fond n'étaient pas favorables ; cependant il en fit faire l'essai, et son matelot ayant relevé le mât courut plusieurs bordées sur la rivière. M. Guyton Morveau a ajouté que, quelques jours après, il remit à M. Fulton un mémoire sur les moyens à employer pour prolonger sans aucun accident le séjour de deux hommes dans un vaisseau fermé, de la même capacité, en y restituant de l'air vital et absorbant le gaz acide carbonique. Il a lu ce mémoire à la Classe des Sciences physiques et mathématiques de l'Institut, le 13 septembre 1801, époque à laquelle M. Hodgman, ingénieur à Folkeston, venait d'annoncer qu'il était resté dix-huit minutes sous l'eau de la mer à la profondeur de dix-huit pieds, allant et venant dans son vaisseau sous-marin en différentes directions pendant plus d'un quart de mille (Moniteur du 17 prairial an IX).
>
> On sait que l'expérience de M. Fulton a été, depuis, répétée avec succès au Hâvre. Il voulait se faire suivre d'un petit batelet rempli de poudre à canon, auquel on aurait mis le feu au moyen d'une détente, et qui aurait pu faire sauter le vaisseau sous lequel il serait arrivé. Pour cet effet il aurait fallu rester trente à trente-cinq minutes sous l'eau. Le gouvernement français ne crut cependant point devoir adopter, dans le temps, le projet de M. Fulton.

Le Nautilus fut ensuite dirigé sur Rouen. Nous ignorons s'il s'y rendit par ses propres moyens ou bien s'il fut transporté à bord d'une péniche. Cette dernière hypothèse nous paraît la plus vraisemblable. Une fois arrivé à Rouen, Fulton eut l'idée d'introduire quelques perfectionnements dans son sous-marin.

Quesnel, commissaire de la marine à Rouen, signale le fait, dans une lettre au Ministre de la marine, à la date du 29 messidor an VIII (18 juillet 1800).

> Le Nautilus ou le bateau du citoyen Fulton est à peu près fini, il a ajouté une espèce de bateau qui forme un pont de six pieds de large sur 20 de long, de sorte que quand ce Nautilus sera sur l'eau il aura l'air d'un bateau ordinaire. Le citoyen Fulton assure que ce nouveau travail sera très-avantageux parce qu'il donnera la facilité lorsqu'il voyagera sur l'eau aux hommes qui seront dans la machine, d'en sortir pour se placer sur le pont.
>
> Cette augmentation ne peut empêcher les mouvements pour plonger et remonter sur l'eau.

Le 5 thermidor (24 juillet) le *Nautilus* fut mis à l'eau et les essais commencèrent cinq jours après.

Ils eurent lieu au milieu de la Seine, entre Bapeaume et le chantier du citoyen Thibault, sur un fond de vingt-cinq pieds d'eau, dit Quesnel, dans sa lettre du 11 thermidor (30 juillet).

Fulton avait avec lui deux aides : probablement Sergent et Fleuret dont il est fait mention ailleurs. Le Nautilus plongea une première fois et resta immergé huit minutes ; puis une deuxième fois pendant dix-sept minutes. Le courant étant trop fort, Fulton décida de se rendre au Havre pour faire des essais en pleine mer et c'est ce qu'il fit sans tarder.

Le 31 juillet, à six heures du matin, le Nautilus fut remorqué par deux péniches se rendant au Havre où il arriva quatre jours après.

Le lendemain de ses premiers essais, Fulton écrivit au Ministre la lettre suivante :

Rouen le II thermidor an VIII.

Citoyen Ministre,

Hier j'ai procédé aux essais du Nautilus, dans une eau profonde de 25 pieds et j'ai réussi à rendre aisées et faciles les plongées et les émersions. Le courant, qui avait au moins une lieue de vitesse par heure, joint à l'absence d'une expérience suffisante m'a empêché de faire, sous l'eau, les mouvements que je désirais faire ; mais le temps perfectionnera cette partie de l'opération. Ayant réussi à naviguer à la voile comme un bateau ordinaire et à plonger sous l'eau, quand je me figurais de voir un ennemi, je pense qu'il serait possible à présent de tenter, avec succès, une attaque contre l'ennemi.

Je me propose de partir aujourd'hui pour le Havre, où j'espère arriver dans quatre jours. Soyez assez bon pour m'envoyer des ordres pour la poudre dont j'ai besoin. Il m'en faudrait de 8 à 10 quintaux.

Je n'ai encore aucune nouvelle de la lettre de protection que j'avais demandée au Premier Consul. Soyez assez bon pour lui en parler et me faire connaître sa décision. Patience et persévérance sont amies de la Science. Comptez sur mon zèle pour rendre le Nautilus utile.

Voici en quels termes Fulton fait au Ministre Forfait le récit de ses expériences :

Au Citoyen Forfait Ministre de la Marine et des Colonies

Havre 26 Thermidor an 8[21].

Citoyen Ministre,

Je ne puis que me louer de la manière avec laquelle le Commissaire Principal de Marine le Citoyen Levacher, s'est comporté à mon égard, depuis mon arrivée ici. J'ai fait, par ses bons soins, quelques changemens au Nautilus, ce qui m'a mis à même de faire des expériences importantes.

La première est de le faire mouvoir en droite ligne sans avirons... Pour cet effet, j'ai trouvé que la vis d'Archimède sur la poupe étoit d'un trop petit diamètre. J'ai reconnu aussi que la vis n'est point un bon principle, alors j'ai retourné au principle de mon modèle et ai adopté les ailes de moulin-à-vent, c'est à dire

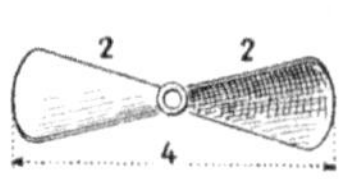

deux ailes ainsi ayant chacune 2 pieds de longueur, le tout décrivant un cercle de 4 pieds de diamètre. Leur angle est d'environ 30 degrés ; pour en connoitre l'avantage, je submergeai le Nautilus presqu'à la surface de l'eau. Je mis alors deux hommes sur le pont avec de forts avirons qui, en 7 minutes, lui

21 14 août 1800.

firent faire dans le bassin une course d'environ 60 toises et pour le ramener au lieu du départ, je remis les 2 hommes en dedans pour faire aller les ailes & ils lui firent parcourir les 60 toises en 4 minutes ; ainsi la supériorité des ailes sur les avirons est évidemment prouvée par 4 à 7 & elles sont parfaitement propres à faire marcher le Nautilus sous l'eau.

Seconde experience, sur l'air. — Je descendis en bas avec deux hommes et deux chandelles. Nous restâmes une heure & deux minutes sous l'eau sans éprouver le moindre inconvénient ; reste à prouver combien nous pouvons y rester de tems ; le calcul du C^en^ Gueyton[22] est de 3 heures.

3eme experience, sur le Compas. — Ayant descendu au fond du bassin avec un bon compas je fis élever le Nautilus jusqu'à ce que son dôme ou porte fut exactement même à la surface de l'eau, alors il se trouvoit entierement couvert d'eau et hermétiquement fermé. Je fis marcher ses ailes en le gouvernant vers le bout du bassin ; jusqu'à environ 50 toises et dans cet espace je le fis virer & revirer. J'ai eu le plaisir de trouver dans cette opération que le compas ne s'est pas plus dérangé sous l'eau que sur le pont. Par cette expérience j'ai également trouvé que les ailes me conduisent presqu'aussi vite sous l'eau que sur sa surface ; la raison est que le Nautilus sur la surface est encore 9 tonneaux dans l'eau et quand il est sous l'eau il ne sépare pas plus de 10 tonneaux 1/2.

J'ai été obligé de retirer la vis d'Archimède de son fond, elle était d'un trop petit diamètre pour le balancer lorsqu'il est sous l'eau ; en sa place je vais mettre une paire d'ailes horizontales à son avant, lesquelles décriront un cercle de 3 pieds de diamètre & par ce moyen j'espère le conduire à quelque profondeur que je juge nécessaire ou le balancer de façon à ne pas l'élever à la surface, ou aller au fond en même tems qu'il fait de la route, elles seront faites dans 3 ou 4 jours et j'aurai l'honneur de vous instruire du resultat après en avoir fait l'essay. Cette dernière amélioration est la seule chose qui manquoit au Nautilus pour le rendre aussi parfait que je me l'étois proposé ; le faire marcher par mouvements est la chose du monde la plus simple et sans le moindre danger.

J'ai lieu de croire maintenant que je suis parvenu au but de démontrer à tout homme de Science que le Nautilus peut devenir un moyen puissant à étendre la liberté des mers et être d'utilité à la France & à la Société mais pour parvenir à une telle perfection, vous concevrez aisement, Citoyen Ministre, qu'un Individu doit être aidé et protégé du gouvernement par tous les moyens qui sont en son Pouvoir.

Salut et Respect.

ROBERT FULTON.

Il écrivit, plus tard, le 16 brumaire an IX (8 novembre 1800), une longue lettre détaillée à ses protecteurs Monge et Laplace pour les mettre au courant de ses essais ainsi que des perfectionnements introduits dans son premier modèle et suggérés par l'expérience.

Gaspard Monge, géomètre français, naquit à Beaune en 1746, d'un marchand forain, et mourut à Paris le 28 juillet 1818.

Élevé au collège des oratoriens de Beaune, puis à celui de Lyon, il fut remarqué par un officier supérieur, qui le fit attacher comme dessinateur à l'école de Mézières, où il devint

22 Il s'agit de Guyton de Morveau.

suppléant à 19 ans et peu après occupa la chaire de physique. Associé à l'Académie des Sciences puis nommé examinateur de la marine, il se fixa dès lors à Paris, embrassa avec ardeur la cause de la Révolution, fut Ministre de la marine d'août 1792 à avril 1793, prit une part active à l'organisation de la défense nationale et à celle de l'instruction publique, professa à l'École Normale et fut un des fondateurs de l'École polytechnique. Bonaparte l'entraîna en Égypte, et le combla de titres et d'honneurs. Il fut fait comte de Peluze. Il perdit tout à la Restauration et fut rayé de l'Institut. Il tomba par la suite dans une sombre mélancolie à laquelle il ne survécut guère. Créateur de la géométrie descriptive, il laissa de nombreux mémoires et des traités remarquables.

Pierre-Simon, marquis de Laplace, géomètre et astronome français, naquit à Beaumont-en-Auge (Calvados), le 23 mars 1749, de pauvres cultivateurs, et mourut à Paris le 5 mars 1827. D'une intelligence supérieure, il avait à peine vingt ans lorsque sur la recommandation de d'Alembert, il fut nommé professeur de mathématiques à l'École militaire. Adjoint mécanicien à l'Académie des Sciences en 1773, il devint par la suite professeur à l'École normale, membre et plus tard président du bureau des longitudes, membre du nouvel Institut de France, président de la commission de réorganisation de l'École polytechnique, membre de l'Académie française, associé à toutes les académies et sociétés savantes de l'Europe, et fut certainement, avec Lagrange, le plus illustre mathématicien. Il écrivit une foule d'ouvrages remarquables qui ont été réunis et publiés, en 1878, sous les auspices de l'Académie des Sciences, en dix volumes, sous le titre : *Oeuvres complètes de Laplace.*

ROBERT FULTON AUX CITOYENS MONGE ET LAPLACE
Membres de l'Institut National.

Citoyens,

N'ayant point encore eu le temps de m'occuper des dessins et de la description des derniers changemens que j'ai cru devoir faire à mon Nautile, je prendrai la liberté d'en recommander le modèle à votre examen, comme la meilleure manière de vous mettre à même d'en juger la forme et les combinaisons.

N'ayant point non plus d'état exact de mes expériences, je me bornerai à vous rendre ici un compte succint des plus importantes.

Première Expérience. — Le Nautile a 20 pi. de long sur 5 de diamètre et d'après les calculs du C[en] Guyton, il peut contenir une quantité d'air suffisante pour 3 hommes, et une chandelle, pendant 3 heures.

Seconde Expérience. — Le 6 fructidor dernier, je plongeai dans le bassin du Havre, à la profondeur de 15 pi. ayant avec moi deux personnes et une chandelle allumée ; nous restâmes sous l'eau l'espace d'une heure, sans éprouver la plus légère incommodité.

Troisième Expérience. — Le 7, j'essayai de manoeuvrer le Nautile, au moyen d'ailes de 4 pi. de diamètre, et semblables à des ailes de moulin ; à cet effet je plaçai d'abord sur le pont deux hommes avec des avirons ; ils mirent 7 minutes à parcourir en ramant environ 90 toises du bassin ; — j'ordonnai ensuite aux deux mêmes hommes de faire jouer les ailes, et en 4 minutes le Nautile parcourut de nouveau les 90 toises, pour revenir à l'endroit d'où il était parti ; — je prouvai par là que la vitesse des ailes est presque à celle des rames comme 2 est à 1, et que ces ailes sont particulièrement très propres à manoeuvrer un bateau entre deux eaux. Le succès de cette expérience m'a donné quelques nouvelles idées qui, je l'espère, faciliteront de beaucoup l'usage des Carcasses de poudre ou Torpilles.

Quatrième Expérience. — Le 8, j'essayai de balancer le Nautile entre deux eaux, de manière à l'empêcher de s'élever vers la surface de l'eau ou de descendre au fond, en avançant toujours ; ceci s'exécute au moyen d'une paire d'ailes placées horizontalement à l'avant du Nautile et qui communiquent dans l'intérieur. En faisant tourner ces ailes de gauche à droite on fait descendre le Nautile sous l'eau et en les faisant tourner de droite à gauche, on l'élève vers la surface. Mon premier essai ne fut point heureux n'ayant pas mis le bateau dans la proportion nécessaire avec la pesanteur de l'eau, pour que les ailes pussent agir. Le lendemain j'eus un succès décidé et je tins mon Nautile sous l'eau à la profondeur de 5 pi. environ tandis qu'il parcourait un espace de 90 toises à peu près d'un bout du bassin à l'autre. Je fis ce jour-là plusieurs mouvemens sous l'eau et j'observai que la Boussole va aussi bien sous l'eau qu'à la surface. Les trois personnes qui ont été mes compagnons de voyage pendant ces expériences, se sont tellement familiarisées avec le Nautile et ont à présent tant de confiance dans les mouvemens de cette machine qu'elles entreprennent sans la moindre façon ces promenades aquatiques.

M'étant ainsi assuré de la facilité de l'ascension et de la submersion du Nautile et de tous ses mouvemens ainsi que de l'effet de la Boussole, le 9, je fis remplir d'eau à moitié un tonneau commun et le mis à l'ancre dans la rade, à environ 200 toises de la jettée ; — je me plaçai ensuite dans un bateau ordinaire, à la distance d'à peu près 80 toises et mis à la mer une Torpille contenant environ trente livres de poudre : la Torpille était attachée à un petit cable de 100 toises ; le courant allant sur le tonneau la Torpille passa outre sans le toucher ; mais tournant le gouvernail du bateau que je montais, je le fis aller obliquement jusqu'à ce que je vis la Torpille exactement sous le tonneau ; je retirai alors le cable jusqu'à ce qu'enfin la Torpille toucha le tonneau, à l'instant la batterie partit, la poudre prit feu, et le tonneau fut réduit en poussière et se perdit dans une colonne d'eau de 10 pi. de diamètre que l'explosion fit jaillir dans les airs, à la hauteur de 60 ou 80 pieds.

Le 25 du même mois, je partis du Havre pour la Hougue et dans ce petit voyage, mon Nautile fit quelquefois une lieue et demie par heure, et j'avais le plaisir de le voir monter sur les vagues comme une barque ordinaire.

Le 28, je relâchai dans un petit port appelé Growan près d'Isigny, et à 3 lieues des îles Marcou. Le 29 commença l'equinoxe qui fut très-mauvais pendant 25 jours. Durant ce temps, j'essayai deux fois d'approcher de deux bricks anglais qui étaient mouillés près d'une des isles ; mais deux fois, soit à dessein, soit hazard, ils mirent à la voile et s'éloignèrent. Dans une de ces tentatives, je demeurai pendant toute une marée de 6 heures absolument sous l'eau, ayant seulement pour prendre air un petit tube qui ne pouvait être apperçu à une distance de 200 toises.

Le temps étant toujours très mauvais, je restai 35 jours à Growan, et voyant qu'aucun bâtiment anglais ne revenait, et que l'hiver approchait, mon Nautile d'ailleurs n'étant pas construit pour résister au mauvais temps, je pris la résolution de revenir à Paris et de mettre sous les yeux du gouvernement le résultat de mes expériences.

Dans le cours de ces expériences, il m'est venu une foule d'idées infiniment plus simples que les moyens que j'ai employés jusqu'ici, et dans une entreprise aussi neuve, et sans exemple, on doit s'attendre que de temps en temps encore de nouvelles idées se présenteront d'elles mêmes, tendantes à simplifier l'exécution du grand objet dont il s'agit.

Pour moi, je regarde comme fait le plus difficile de l'ouvrage. Naviguer sous l'eau est une opération dont la possibilité est prouvée, et l'on peut dire qu'il vient de naître une nouvelle série d'idées sur les moyens de prévenir les guerres navales, ou plutôt de les empêcher à l'avenir ; c'est un germe qui ne demande plus pour se développer que les encouragemens et l'appui de tous les amis des sciences, de la justice et de la société.

Salut et respect,
Robert Fulton

Paris, le 16 Brumaire an 9.

Nous ferons remarquer avec quelle puissante logique et quelle merveilleuse ingéniosité Fulton, s'étant aperçu du mauvais rendement de la *vis d'Archimède*, employée déjà par Bushnell vingt-cinq ans auparavant, adopte un appareil qui a la forme d'*ailes de moulin-à-vent* et n'est autre que l'hélice. Les essais lui prouvent l'exactitude de son observation et la justesse de sa conception en démontrant la supériorité de cette nouvelle disposition sur les avirons.

Ayant constaté que la vis d'Archimède placée à la partie inférieure : « *Sur son fond* » (p. 1791) a peu d'effet sur la plongée, il songe à la remplacer par une hélice à axe vertical : constituée par « *une paire d'ailes placées horizontalement à l'avant* ».

Delpeuch commet une erreur à ce sujet en disant que Fulton eut l'idée « de munir l'avant du *Nautilus* d'une hélice *identique à celle qui existait à l'arrière du navire* ». Cette erreur est d'autant plus surprenante que quelques pages plus haut il fait mention de la proposition de Fulton « *d'établir sur la carène une hélice devant permettre la descente et la montée du navire* ».

Il ajoute : « *sans déranger son horizontalité* », ce qui est inexact car l'action de l'hélice, appliquée à l'avant, et non au centre de gravité du *Nautilus*, devait imprimer une inclinaison, vers le bas, quand l'hélice tournait dans un sens, et, vers le haut, quand elle tournait en sens contraire.

Le lieutenant Duboc, précédemment, avait rendu plus exactement la pensée de Fulton (*Revue des Revues*, p. 485).

Nous avons vu comment, après avoir procédé aux divers essais qui lui permirent de constater que son sous-marin répondait pleinement à ses espérances, Fulton s'occupa de l'appareil militaire, du torpedo dont il comptait armer son *Nautilus*.

Celui-ci, après avoir été débarrassé de ses appareils, resta abandonné sur la plage, où plusieurs années après, on voyait encore ses débris.

En effet, de Montgéry écrivit, en 1823, que M. de Montcabrié, commandant de la marine au Havre, vit, quelque temps auparavant, les débris du *Nautilus*.

De retour à Paris, Fulton écrivit, le 27 brumaire an IX (19 novembre 1800), à Monge et à Laplace qui lui avaient toujours montré une grande bienveillance, la lettre suivante dans laquelle il exposait ses desiderata :

Robert Fulton aux Citoyens Monge et Laplace

Paris, 27 Brumaire an 9.

Questions à considérer sur le Nautille.

1°. — La destruction de la marine militaire anglaise n'est-elle pas un objet de la plus haute importance pour la France et le repos futur des nations ? Considerant que cet evenement assurera une paix durable en etablissant enfin la liberté des mers et du commerce et en otant à cette isle la possibilité de nourrir des coalissions contre le bonheur de l'humanite.

2°. — Les Sciences ne fournissent-elles pas les moyens d'arriver à cette fin ; n'est-il pas digne du génie de la France de les chercher ?

3°. — Croyez vous citoyens, qu'on puisse detruire des vaisseaux de guerre avec des carcasses de poudre brulées dessous ? S'il y a le moindre doute sur ce point ne doit-on pas en faire l'expérience ? et en cas de succès ne doit on pas se hater de multiplier ces carcasses et de les rendre terribles aux ennemis par tous les moyens possibles ?

Fig. 115. — Decrès.

4°. — Considerant que c'est le cabinet de St James qui prolonge la guerre, et que chaque mois de guerre nous cause des depenses, maux, et miseres incalculables, ne seroit-il pas un mauvais calcul de porter une economie trop rigide ou un delai quelconque dans une entreprise si importante ?

5° — Pour mettre en pratique les idées déjà acquises et accueillir et examiner celles qui pourront encore naître d'un sujet si nouveau, ainsi que pour diriger et activer l'expédition, ne doit on pas nommer une commission spéciale et mettre à sa disposition les fonds nécessaires ?

Suivant les mesures proposées dans mon mémoire je crois que la somme de 250 000 fr. mise à la disposition de la commission sera suffisante pour mettre en pratique tous les moyens contemplés et assurer un succès complet. Cette somme n'est pas la cinquième partie du prix d'un seul vaisseau de guerre, très peu pour l'objet.

Pour moi, Citoyens, ceux qui me connoissent ne croieront pas que c'étoit jamais mon projet de faire ma fortune de cette invention ; mais avec un desir pur et ardent de servir la cause de la liberté je ne cesse depuis trois ans de faire touts mes efforts pour engager le Gouvernement à adopter mon projet et à prendre sur lui les fraix ainsi que le benefice. On l'a regardé comme impraticable, et on m'a écouté avec une froide indifférence ; mais loin d'être découragé j'ai entrepris les expériences à mes propres dépenses, j'y ai reussi à un tel point que de ne laisser presque aucun doute sur un succès complet dans le grand objet. Mais j'ai dépensé tant que mes circonstances me permettent et plus qu'un individu doit faire dans un objet d'un intérêt général.

Je vous prie donc Citoyens de considérer si j'ai fourni des idées neuves et utiles à la navigation ; si j'ai fait quelque chose qui mente l'attention des savans et du Gouvernement, dans ce cas il auroit été sans doute de l'honneur du

Gouvernement, il y a trois ans, d'accorder l'encouragement que je demandois et il le sera aujourd'hui de rembourser un individu qui a persévéré contre tous les obstacles et qui ne demandera pas mieux que de depenser encore toute la même somme à perfectionner la navigation submarine.

6°. — Si le Gouvernement prefere d'employer des citoyens françois et qu'ils soient instruits des mouvements de la machine et envoyés sur l'expedition, je me ferai plaisir de communiquer toutes mes idées et de surveiller la construction des Machines.

7°. — Mais si l'on juge apropos que je suive le projet de toutes mes forces que je perfectionne les machines et exécute l'entreprise contre la marine angloise je regarde comme absolument nécessaire une prompte avance de fonds pour les objets suivants :

Pour un Nautille de 30 pieds de long et 6 de diamètre.	50 000 fr
2 Messagers	2 000
20 Torpilles	2 000
Pour descendre la rivière de Paris au Havre et expériences pour prouver la mechanique	3 000
	57 000 fr

Un compte régulier de ces fraix doit être tenu et rendu rigoureusement au Ministre ou à la commission.

8° — Les trois personnes que j'ai déjà instruites doivent être retenues immédiatement à la solde du Gouvernement pour qu'elles soient prêtes à l'expédition savoir :

le Capitaine Sargent. .	600 fr. par mois.
le Lieutenant Fleuret. .	400
le C[n] Guillaume.. . .	180

et en cas qu'on aura besoin de deux hommes additionels au moment de partir ils auront chacun 180 fr. par mois. Mais tous ces employés se nourriront eux-mêmes. Pour moi j'accepterai comme salaire ce que le gouvernement m'accordera.

9°. — Pour recompence extraordinaire on donnera aux Équipages de Nautille la somme de 200.000 fr. pour le premier vaisseau de guerre ennemi detruit d'une force audessous de 30 canons et 400.000 fr. pour le premier au dessus de 30 canons et cette recompence leur sera payée immédiatement apres que le fait est assuré. Pour tous les autres vaisseaux de guerre qui seront detruits, le gouvernement payera la meme recompence qu'on accorde aujourd'hui aux autres marins.

10°. — Toutes les prises qu'on fera de navires ou marchandises ennemis seront confisquées au profit des capteurs.

11°. — Le Gouvernement accordera aussi une protection spéciale pour assurer à l'équipage du nautille le sort de prisonniers de guerre, en cas de captures par les ennemis.

Salut et Respect
ROBERT FULTON.

Cette lettre fut soumise le 5 frimaire (27 novembre) au Premier Consul qui parapha de sa main, en haut de la première page à droite, la note suivante écrite d'une fine écriture qui n'est pas la sienne :

> Je prie le M^tre^ de la Marine de me faire connaître ce qu'il sait sur le projet du C^en^ Fulton.
>
> Le 1er Consul,
> BONAPARTE.

Peu de jours après, Monge et Laplace présentèrent l'inventeur au Premier Consul et le lui recommandèrent chaudement en conseillant à Bonaparte de lui faire allouer les 60 000 francs qu'il demandait. Ils ne furent sans doute pas écoutés, car c'est en vain que Fulton attendit un résultat de cette entrevue.

Le 11 frimaire, il a un entretien avec le Ministre et le lendemain 12 (3 décembre 1800) il lui écrit une lettre qu'il accompagne d'un projet de contrat dont les conditions diffèrent peu de celles contenues dans sa lettre à Monge et Laplace que nous avons donnée ci-dessus.

Paris, le 12 frimaire an 9.

Citoyen Ministre,

Les Citoyens Monge et Laplace ont recommandé au Premier Consul dans ma présence, d'avancer la somme de 60 000 fr. pour la prosecution de mes experiences et je croyois qu'il y consentit, j'étoit donc étonné hier de trouver que vous n'étiez pas instruit de cette circonstance.

Vous m'avez beaucoup parlé d'économie et le manque d'évidence positive. Il n'y aura que peu de mérite au gouvernement d'adopter ce projet s'il exige qu'un individu à ses propres frais, sans protection et sans autre encouragement que celle qu'on accorde aux marins ordinaires, parvienne à détruire un vaisseau anglais.

Il est de nécessité que dans les grandes decouvertes les gouvernemens et les hommes de genie agissent d'abord sur des principes généraux de la science, les preuves viennent avec la pratique et il est de l'honneur du gouvernement de favoriser un objet dont l'utilité n'est que Probable. — On construit un vaisseau de ligne qui conte deux millions, et où est la preuve qu'il ne sera pas pris par les Anglois le premier jour qu'il sort ? Pour mes experiences et remboursement je ne demande pas 100 000 francs et étant maintenant au fait de tout ce qui est necessaire au succès il y a une grande probabilité que mon bateau sera plus utile même dans la guerre actuelle que un vaisseau de ligne. Je joins ici les termes que je propose pour un contrat qui, j'imagine, sera une économie au gouvernement et qui n'est que simple justice à moi et à mes compagnons.

Ayez la bonté de les lire et les faire entendre au premier Consul et en obtenir ou son assentiment ou sa negative. Je n'attends que sa décision pour procéder avec vigueur ou abandonner le projet.

Salut et Respect
ROBERT FULTON

ci joint aussi un compte de mes expériences.

Rue de Vaugirard, n° 50.

Dans son projet de contrat du 12 frimaire, qui est le cinquième, Fulton s'exprime ainsi :

> Dans les inventions nouvelles l'auteur doit ordinairement juger des moyens à suivre pour en assurer le succès. Dans celle que j'ai proposé le gouvernement doit seulement décider si le progrès que j'ai fait dans la navigation submarine mérite l'aide de 80 ou 100 000 fr. pour perfectionner le système et le rendre efficace contre l'ennemi. Le gouvernement jugera si un projet si plausible peut mériter une si légère protection d'une grande nation.
>
> Vous me permettrez d'observer Citoyen Ministre que quoique j'ai le plus haut respect pour vous et les autres membres du gouvernement et quoique je conserve le plus ardent désir de voir abattre la marine anglaise, cependant la maniere froide et decourageante dans laquelle toutes mes exertions ont été traités depuis trois ans me forcent à abandoner l'entreprise en France si on ne l'accueille pas d'une manière plus amicable et libérale.
>
> Je soumets ici à votre considération les termes auxquels je consens à suivre le perfectionnement de la navigation submarine ; et je ne puis consentir de le faire aux terms moins favorables.

Fulton demande une somme de 60 000 francs payable par versements de 5 000 francs et par décade pour la construction d'un *Nautilus* de 36 pieds de longueur et 12 de largeur, y compris les frais de deux messagers, de 20 torpilles et pour les expériences nécessaires.

Fulton demande pour ses aides :

Le capitaine Sergent.	600 francs par mois.	
Le lieutenant Fleuret. . .	400	—
Le C^en^ Guillaume	180	—

> Pour moi, ajoute-il, j'accepterai comme salaire ce que le gouvernement m'accordera.

Il demande 200 000 francs pour le premier vaisseau de guerre ennemi détruit d'une force au-dessous de 30 canons et 400 000 francs pour le premier au-dessus de 30 canons.

> Pour tous les autres vaisseaux de guerre qui seront detruits le gouvernement payera la meme recompense qu'on accorde aujourd'hui aux autres marins.

Et Fulton termine par cette phrase où l'on sent tous les froissements qu'ont subis sa dignité et son amour-propre :

> Quand à l'exercise de toutes mais forces physiques et intellectuelles en passant l'entreprise, cela doit être une affaire de confiance.

Le lendemain même, 13 frimaire an 9 (4 décembre 1800), le Ministre de la Marine, l'amiral Decrès, qui était entré en fonctions depuis le 1er octobre, remettait son rapport à Bonaparte. En voici des extraits :

> Les Cns Laplace et Monge que vous avez consultés applaudissent aux vuës de Fulton, mais, manquant de données pour apprécier l'effet du pétard, ils demandent qu'on en fasse l'expérience sur une vieille carcasse.
>
> Je ne puis adopter aucune de ces vues. Une vieille carcasse de Vau de guerre se vend 20 000 francs. L'expérience coûtera donc 20 000 francs. Si on coule cette carcasse elle formera un écueil. Si on la veut relever, cette opération coûtera davantage encore.
>
> Il faudra donc dépenser 80 000 fr. pour faire des épreuves très insignifiantes, car elles n'indiqueront pas encore comment on peut faire usage des torpilles ou

pétards pour détruire les escadres ennemies. Et je crains qu'après de nouveaux essais et de grandes dépenses on ne reconnaisse alors comme aujourd'hui, qu'on n'est pas suffisamment instruit et que les moyens sont insuffisans.

Au contraire, avec le procédé que je propose, on a la presque certitude de la réussite. On ne compromet ni hommes, ni bateaux, et pour 4 200 fr. on fait une opération décisive et dont le succès, si elle en a, détruit un V^au^ ennemi.

Fulton s'y refuse par la raison qu'il faudrait attendre le printems pour agir ; mais quelque système qu'on adopte il est bien sûr qu'on n'agira pas avant cette époque.

J'ai toujours été le plus ardent défenseur du Bateau-poisson, et c'est avec peine que je le vois abandonner ; car il est abandonné dans le nouveau système, puisqu'il ne joue plus qu'un rôle secondaire. Ce n'est plus lui qui attache d'une manière si ingénieuse les pétards sous la carène des vaisseaux. Il ne remplit d'autres fonctions que de transporter des machines destructives et les hommes qui doivent les diriger d'une manière tout à fait nouvelle et indépendante du bateau. Je pense qu'il ne faut pas renoncer à la 1ere idée. Pour cet effet il faut tirer tout le parti possible de la machine qui existe et je ne crois pas qu'on puisse balancer de le faire, quand on le peut avec sécurité.

Si Fulton persiste dans son refus, je voudrais qu'on lui achetât son bateau qui ne peut pas coûter beaucoup avec les 8 000 francs qu'il doit. Mais je n'ouvrirai jamais l'avis de jeter à la mer 60 ou 80 000 francs avec aussi peu d'espoir que n'en donnent les nouveaux projets de l'auteur.

La lecture de ce rapport doit fixer le lecteur sur les sentiments du nouveau ministre. Celui-ci, malgré ses réticences, dit Delpeuch, était un ennemi déclaré du *Nautile*, comme pendant toute la durée de son ministère il sera l'ennemi de toute innovation, de tout chef jeune et énergique. Ses protestations hypocrites quand il proclame « avoir été un des plus ardents défenseurs du bateau-poisson » n'effacent pas l'impression de stupeur que le lecteur éprouvera en voyant cet amiral, ce marin, réfuter les propositions de Fulton, *par crainte que la vieille carcasse ayant servi aux expériences ne forme un écueil.* Et, naturellement, aux moyens proposés par Fulton, l'esprit mesquin et jaloux de Decrès en substitue un autre personnel. Quel fut ce moyen ? Nous n'avons pu le savoir. Enfin, nous aurons tout dit sur l'esprit dont était animé le Ministre envers Fulton en citant les paroles par lesquelles il congédia ce grand homme, à leur première entrevue :

«Allez Monsieur, votre invention est bonne pour des Algériens ou des corsaires, mais apprenez que la France n'a pas encore abandonné l'Océan »

(*The Life of Fulton*, par C.-D. Colden.)

CHAPITRE X

Le Nautilus II (1800)

Intervention de Laplace et de Monge auprès du Premier Consul. — Rapport favorable à la reprise des expériences avec le Nautilus. — Construction du Nautilus II chez les frères Perrier, à Paris. — Témoignage de Guyton de Morveau. — Essais à Paris et à Brest.

Décisive intervention de Laplace et de Monge

La néfaste influence du ministre Decrès fut heureusement contrebalancée par l'opinion favorable de Monge et de Laplace. Ces deux savants que consulta Bonaparte lui avaient adressé un rapport dans lequel ils offraient au Premier Consul de lui montrer le petit modèle du *Nautile* construit par Fulton.

> « Nous ne doutons pas de son succès, ajoutaient-ils, surtout si l'opération est conduite par l'opérateur lui-même *qui réunit à une grande érudition dans les arts mécaniques un excellent esprit et les autres qualités morales nécessaires à une pareille entreprise.* »

Pour ce qui est de l'explosion d'un torpedo contre la coque d'un vieux vaisseau demandée par Fulton, Monge et Laplace après l'avoir approuvée conseillaient, toute réflexion faite, de s'en abstenir pour ne pas éveiller l'attention du public. Voici d'ailleurs leur lettre au Premier Consul :

Rapport sur le Nautulus.

Citoyen Premier Consul,

Vous nous avez chargés d'examiner le Nautulus du Cit. Fulton, et de vous donner notre avis sur la probabilité de son succès.

Au lieu de faire ici la description de cette machine dont vous connaissez parfaitement l'objet, nous vous prions de nous indiquer le moment où nous pourrons nous rendre auprez de vous ; le Cit. Fulton y fera apporter le modèle de son Nautulus, et d'un seul coup d'oeil vous connaîtrez sa forme, les mouvemens dont il est susceptible, et la nature des opérations qu'il peut exécuter.

Nous avons pris connaissance des projets du Cit. Fulton, de ses moyens d'exécution, et des expériences qu'il a déjà faites. Nous ne doutons pas de ses succez, surtout si l'opération est conduite par l'auteur lui-même qui réunit à une grande érudition dans les arts mécaniques un excellent esprit, et les autres qualités morales nécessaires à une pareille entreprise.

La seule connoissance positive qui nous manquoit, comme à lui, pour porter un jugement définitif et assuré sur cet objet, étoit la nature de l'effet que peut produire sous l'eau l'explosion d'une certaine quantité de poudre et nous avions d'abord résolu de vous prier d'ordonner une expérience qui put nous procurer les données. Mais nous observons qu'il serait impossible que cette expérience n'acquit une espèce de publicité qui pourroit compromettre le succez de l'entreprise. D'ailleurs, sans avoir rien de précis sur cet objet, nous sommes portés à croire que l'explosion subite de 200 livres de poudre, à 15 piés de profondeur au dessous de la surface de l'eau, éprouvera de la part de l'eau une très grande résistance qui la mettra en état d'agir contre la carenne d'un vaisseau comme dans le fourneau d'une mine, et que si elle n'enfonce pas le bordage qui pourroit être contenu jusques à un certain point et par les membrures et par le lest, elle doit au moins faire jouer le bordage, chasser le calfatage et produire une avarie irrémédiable.

Fig. 116 - Marquis de Laplace (1749 - 1827)

D'apres cela, Citoyen Premier Consul, nous pensons qu'il est tres raisonnable que, sans expérience préliminaire, vous chargiez le Cit. Fulton de faire les premiers essais sur des vaisseaux ennemis dans un port ou une rade qu'il connoitra, avec des Torpilles de 200 livres de poudre et que vous lui fassiez donner les fonds nécessaires à cette entreprise. Ces fonds se bornent à environ 60 000 livres. Il nous paraît aussi nécessaire que cette opération soit poussée avec activité, parce qu'en ce genre, toute lenteur est funeste. L'auteur observera lui-même l'effet de ses torpilles, et par la nature de cet effet il jugera si la quantité de poudre est suffisante ou peut être augmentée avec avantage.

Paris, le 28 Brumaire an 9
de la Rep. Française.

Laplace. Monge

En résumé Monge et Laplace sont d'avis : « qu'on mette Fulton en mesure de faire ses expériences contre les ennemis et pour cela qu'on lui donne les 60 000 livres qu'il demande ».

Bonaparte, qui, depuis 1796, avait de loin en loin prêté un moment d'attention aux projets de Fulton, trancha la question en faveur de l'inventeur et il fut décidé que les essais du Nautile seraient faits à Brest.

> Où fut construit le nouveau navire ? Il nous a malheureusement été impossible de le savoir, dit Delpeuch, et les archives de la marine sont muettes à ce sujet. Il est probable cependant qu'il fut construit aux environs de Brest, car il est fort douteux qu'on ait transporté un navire pesant plusieurs tonnes de Paris à l'extrémité de la Bretagne. En tout cas l'État n'intervint en aucune façon dans la construction du navire, car les dépenses concernant les travaux entrepris à Brest, en 1801, dont la récapitulation existe dans les archives de la marine, ne regardent que les expériences accomplies après les essais du sous-marin.

Nous pensons, quant à nous, que le *Nautilus II* a dû être construit à Paris, dans les ateliers des frères Perrier, comme le *Nautilus I.*

Voici d'après Colden, ami et biographe de Fulton, le récit des expériences du nouveau *Nautile*, donné par Montgéry dans sa *Notice sur la Vie et les Travaux de Robert Fulton (Annales de l'Industrie nationale et étrangère*, année 1822, p. 235).

> Le 3 Juillet 1801, l'ingénieur, accompagné de trois hommes, s'embarqua à bord de son bateau, dans le port de Brest. Il plongea à la profondeur de 5,10, 15 et même 25 pieds ; mais il ne tenta pas de descendre plus bas, dans la crainte que son bateau, encore très-imparfait, ne résistât pas à la pression du fluide. Il resta sous la surface de l'eau pendant une heure. Durant ce temps il fut dans la plus parfaite obscurité[23]. Il descendit ensuite avec des lumières, mais il reconnut qu'elles consumaient beaucoup de fluide respirable ; et avant de répéter son expérience, ce qui eut lieu le 24 du même mois, il pratiqua, dans la partie supérieure du bateau, une ouverture d'un pouce et demi de diamètre, garni

23 « Ce fut d'autant plus impardonnable à Fulton, dit De Montgéry, de ne s'être pas procuré, d'avance, de la clarté par des ouvertures vitrées, que le bateau construit par Bushnell en avait plusieurs et que les bateaux sous-marins bien plus anciens de Drebbel, de Fournier, de Mersenne, de Wilkins et de plusieurs autres, avaient aussi des ouvertures vitrées. Je fais remarquer cette espèce d'étourderie, par cela même qu'elle appartient à un homme de génie ; elle apprend qu'on doit Juger avec indulgence tous les travaux qu'une longue expérience n'a pas encore perfectionnés. » — C'est de Montgéry qui a droit à l'indulgence à laquelle il fait appel, car c'est lui et le biographe de Fulton qui se trompent. N'ayant pas eu connaissance du rapport des commissaires et par suite de la description du Nautilus, ils ignoraient que Fulton avait ménagé deux orifices pratiqués sur la calotte hémisphérique et garnis d'un verre épais bien scellé (V. p. 149).

d'une vitre épaisse. Cette petite ouverture donna assez de clarté, sous l'eau, pour que l'ingénieur fût à même de compter les minutez sur sa montre. Dans cette séance il fit plonger et monter son bateau à plusieurs reprises et il le dirigea dans tous les sens entre deux eaux.

Fig. 117. — Gaspard Monge, comte de Peluse (1746 -1818).

Le 26, son bateau qui avait un mât, une grande voile et un foc, appareilla du port pour aller dans la rade. La brise était faible, la vitesse de l'embarcation fut seulement de deux mille à l'heure, ce qui n'empêcha pas le gouvernail d'agir avec tout l'effet désirable.

Tout à coup l'ingénieur fit abattre les voiles et le mât, et se prépara à plonger, ce qui n'exigea en tout que deux minutes. Étant descendu à quelques pieds sous la surface de l'eau, il plaça deux hommes sur le mécanisme destiné à faire marcher le bateau horizontalement ; il en plaça un autre à la barre du gouvernail, tandis que lui-même, avec un baromètre sous les yeux, s'occupa de régler la profondeur des immersions. Une main lui suffit constamment pour conserver un niveau quelconque. Le chemin du bateau en droite ligne, dans l'espace de sept minutes, fut trouvé, après être remonté à la surface de l'eau, avoir été de 400 mètres. Fulton le fit plonger derechef, et s'appliqua à tourner et à marcher sous l'eau dans des sens divers. Il répéta plusieurs fois de suite des manoeuvres semblables, afin d'y acquérir de la pratique et de l'adresse. Il trouva que son bateau gouvernait aussi bien qu'aucune embarcation ordinaire, quand il était sous l'eau, et qu'alors la boussole ne perdait rien de ses propriétés.

Le 7 Août, ayant encore plongé, il emporta une provision d'air condensé dans un globe de cuivre de la capacité d'un pied cube. On avait poussé la pression jusqu'à égaler celle de deux cents atmosphères. Fulton était accompagné, comme de coutume, de trois autres personnes. Au bout d'une heure quarante minutes il commença à laisser échapper de l'air de son globe. Il continua la même opération de temps à autre, pendant quatre heures et vingt minutes. Il remonta alors sur l'eau, sans avoir éprouvé aucun inconvénient d'un aussi long séjour sous l'eau.

« Un de nos plus habiles chimistes qui, au milieu de ses importants travaux, dit Montgéry, s'est toujours occupé des progrès des autres arts industriels, M. d'Arcet, m'a raconté que Fulton, en allant du Havre à Brest, dans son Nautilus, donnait quelquefois l'alarme aux forts de la côte, et se plaisait à étonner les canonniers, en plongeant tout à coup et reparaissant quelques instans après. »

CHAPITRE XI

Expériences de Fulton avec ses «Torpedoes»

Rapport de Caffarelli en date du 14 messidor an IX au Ministre de la marine. — Expériences de Fulton au Conquet. — Lettre de Fulton au Premier Consul à la date du 19 fructidor an IX. — Dédain de Bonaparte pour les inventions concernant la marine.

Torpilles flottantes

Fulton, dont l'idée principale était d'employer ses *torpedoes*, le bateau sous-marin n'ayant d'autre but que de véhiculer la torpille par des moyens cachés jusque sous la carène des vaisseaux ennemis, abandonna pendant quelque temps son *Nautilus* pour faire des essais avec des torpilles remorquées.

Il fit construire, sous la surveillance de Caffarelli, Préfet maritime de Brest, une péniche de 36 pieds de long, munie de roues à palettes manoeuvrées à l'aide de 4 manivelles mises en mouvement par 24 hommes. Avec cette embarcation Fulton espérait pouvoir aller torpiller les navires ennemis.

Le jour même de sa première descente en sous-marin, Fulton sortit en rade avec sa péniche manoeuvrée par 24 des matelots les plus robustes du vaisseau *l'Océan*. Cette péniche qui naviguait lentement avait à sa remorque un torpedo chargé de 20 livres de poudre. S'étant dirigé vers une vieille chaloupe mouillée en rade, Fulton la fit sauter. En se livrant à ces intéressantes expériences, Fulton venait de porter un coup mortel à l'idée de son sous-marin car il montrait qu'on pouvait s'en passer grâce à une embarcation rapide et à un équipage ayant du sang-froid et de la hardiesse.

En effet, à partir de ce moment, il n'est plus question, officiellement, du *Nautilus*, et il est décidé que Fulton s'efforcera de détruire, par le moyen de torpilles remorquées, un des navires anglais croisant à l'entrée du goulet[24].

24 Lettre du vice-amiral Villaret de Joyeuse, commandant l'escadre de Brest, au Ministre, en date du 15 messidor an. IX (4 juillet 1801).

Voici comment Caffarelli, Préfet maritime de Brest, informa le ministre par une lettre du 14 messidor an IX (3 juillet 1801) des expériences de Fulton.

Au ministre de la Marine.

Brest, le 14. Messidor an 9 de la République.

Citoyen Ministre,

J'ai à vous rendre compte de l'essai de Mr Fulton.

Lorsqu'il est venu ici, il a demandé à construire une péniche plus grande que celle qu'il avait et dont la marche fut supérieure. D'après votre autorisation, je l'ai fait faire sous sa direction. Elle a 36 pieds de long, et est parfaitement exécutée. Montée de 24 hommes appliqués à 4 manivelles, et placés sur deux côtés, elle a une vitesse de 4 nœuds à peu près, navigue fort bien, évolue lentement ce que l'on doit attribuer à la longueur et à la faiblesse des dimensions de son gouvernail, qui n'est pas aussi long que l'étambot, le mouvement des rouages se fait entendre à 200 toises environ. Mr Fulton se propose de remédier à cet inconvénient et d'augmenter la vitesse : je crois ce perfectionnement difficile à obtenir, je dirai plus, c'est que la péniche n'est qu'un accessoire dans les projets de Mr Fulton, auquel on peut suppléer de bien des manières, ainsi que je le ferai voir.

Il n'a pas été question du Plongeur25, je crois que l'on peut s'en passer ainsi que de la péniche.

Aujourd'huy à midi une vieille chaloupe du port a été amenée à une grande lieue au Sud du port. M. Fulton est parti avec sa péniche ainsi que l'amiral et moi dans un canot pour observer sa manière d'agir ; après avoir contourné la chaloupe, le Petard qu'il avait mis à l'eau s'est trouvé accroché et la chaloupe a sauté en l'air brisée en mille morceaux. Le Petard était chargé de 20 livres de poudre.

Il est évident pour moi que ce petard, attaché à une très longue ligne, peut être mis sur l'eau, loin de tout bâtiment sur lequel on veut opérer, et que l'on peut en déterminer l'accrochement à l'étambot et même à l'étrave, par le contour pris par le bateau conducteur ; dès que l'accrochement a lieu, la détente joue et l'Explosion se fait.

Il n'est pas nécessaire pour cela d'une péniche mue par une mechanique ; un ou deux canots légers comme des pirogues a pagaye rempliront mieux cet objet, puisqu'elles exigeront moins de monde et que les pagayes ne feront pas un bruit aussi fort que les rouages.

Il ne faut pas de Plongeur pour cette opération ; car on est toujours sûr de contourner un bâtiment avec une ligne fort longue, en prenant sa position selon la marée et le vent.

Dans son premier projet Mr Fulton devait avec le Plongeur accrocher le petard ; mais je pense que le Plongeur n'eût pu se retirer assez vite pour éviter les dangers de l'explosion, que ne craint pas celui qui se tient éloigné à la faveur d'une longue ligne.

Je crois que Mr Fulton avait à la fois trois idées ingénieuses : celle d'un bateau naviguant sans rames ni voiles, l'autre d'un Plongeur qui se dirige et agit à volonté, le troisième celle du Petard ; qu'il a voulu les assembler, comme si l'une seulement ne fixait pas assez l'attention ; la troisième seule, après quelques essais

25 Par Plongeur, Caffarelli entend désigner le *Nautilus*.

> sans poudre, suffira pour la réussite de ses projets ; il faut s'exercer à accrocher de loin et sous des directions différentes le Petard.
>
> Mr Fulton désire faire quelques changemens à sa péniche ; je les ai autorisés. On tient compte de ses dépenses dont je vous ferai passer l'état, elles ne sont pas conséquentes. Je lui ai promis de l'instruire des circonstances de la croisière des Anglais, de leurs mouillages près de la côte, en un mot de lui donner toutes les facilités qu'il pourrait désirer.
>
> Ces réflexions, jointes aux connaissances que vous avez des moyens de Me Fulton suffiront, je l'espère, pour fixer votre opinion sur ses projets.
>
> Agréez l'assurance de mon respect.
>
> Caffarelli.

Le 8 août, Fulton se rendit au Conquet ; puis, le 10, il passa à Berthaume, s'étant aperçu que les grand'gardes ennemies pouvaient voir tout ce qui se passait dans le port. Mais cela ne servit à rien, car les Anglais étaient dûment avertis par leurs espions des intentions de Fulton.

Quand un de leurs navires s'approchait de l'entrée du goulet, ses embarcations faisaient continuellement des rondes autour de lui, pendant qu'une partie des hommes qui les montaient regardaient l'eau avec attention, comme s'ils s'attendaient à apercevoir à tout moment un Nautile naviguant entre deux eaux.

En même temps, de nombreuses vigies perchées dans la mâture inspectaient attentivement avec des lunettes d'approche la mer environnante. De plus, les navires ennemis qui mouillaient au large choisissaient toujours, pour jeter l'ancre, un endroit situé près des Pierres-Noires, où le courant venant du goulet ne portait jamais.

Quelles furent les raisons qui empêchèrent de se servir du *Nautile* ou du moins d'essayer de s'en servir ? Il y a là un mystère qu'il nous a été impossible d'éclaircir. Ce ne fut pas la faute de Fulton, puisqu'il se plaint amèrement en disant :

> Faute d'un bon bateau plongeur je n'ai pu rien effectuer cet été contre l'ennemi.

Ce ne fut pas non plus mauvaise volonté de Caffarelli, qui, le 22 thermidor (10 août), tout en refusant des canots armés demandés par Fulton pour lui servir de protection dans l'attaque de torpedo qu'il voulait tenter, écrivait :

> M. Fulton ne se servant pas du bateau plongeur qui, par son invisibilité, assurerait le succès de son opération, ne répond pas à l'attente du gouvernement.

Signalons en passant la contradiction existant dans la lettre de ce Préfet maritime, qui, tout en approuvant le *Nautile*, refuse les embarcations demandées parce que :

> Cette manière de faire la guerre à son ennemi porte avec elle une telle réprobation, que les personnes qui l'auraient entreprise et y auraient échoué seraient perdues. Certes ce n'est pas la mort, des militaires.

Le 19 fructidor an IX (6 septembre 1801) Fulton tenta une dernière démarche auprès de Bonaparte, en lui adressant la belle lettre suivante, pleine de logique et de clairvoyance

Lettre de Fulton présentée au Premier Consul par le C^N^ Monge[26]

Robert Fulton au Premier Consul.

Brest, le 19 fructidor an 9.

Citoyen Consul,

Lorsqu'une nouvelle opération n'est pas soutenue par les moyens nécessaires, ordinairement l'entreprise manque. Faute d'un bon bateau plongeur je n'ai pu rien effectuer cet été contre l'ennemi. Le bateau plongeur est ma batterie masquée, mon moyen de me transporter, sans être vu, à l'endroit où l'ennemi peut être attaqué avec avantage. Avec deux ou trois de ces bateaux, bien construits, vous pouvez, Citoyen Consul, obliger les Anglais à se soumettre aux termes qu'il vous plaira leur accorder. L'opération est simple et comme suit.

Ordonnez la construction d'un ou plusieurs bateaux plongeurs capables de contenir de 20 à 30 carcasses[27], et que ces bateaux soient employés à porter ces carcasses à l'entrée des ports de guerre des Anglais, et alors les laisser dériver à la faveur du courant ou autrement les mouiller à l'entrée de Portsmouth, Plymouth, Tosbay et à l'embouchure de la Tamise. Pour cet effet il y a deux espèces de carcasses : la ire arrangée avec des ressorts semblables à ceux d'une horloge ; qui, partant à volonté de quatre minutes jusqu'à quatre heures, du moment de l'entrée dans le port où l'ennemi est à l'ancre. Leur distance et la rapidité du courant sont calculés et l'horloge montée en conséquence, les carcasses avec leurs grappins et leurs lignes sont portées parmi les bâtiments, alors l'explosion se fait et il s'en suit la destruction des bâtiments. Quelques-unes des carcasses manquent leur effet peut-être, mais, dans tous les cas, elles rendent la rade trop dangereuse pour oser y rester. Les carcasses propres à être mouillées sont arrangées avec des batteries de fusils, des lignes et grappins disposés de manière que touchant un bâtiment l'explosion se fait et le détruit ; un nombre de ces carcasses mouillées à 5 ou 6 pieds sous l'eau à l'entrée des ports et havres de l'ennemi occasionneraient un embarras général et aucun pilote ne pourrait éviter ces écueils secrets, *aucune flotte de bâtiments ou bateaux ne pourroit empêcher les bateaux plongeurs de déposer ces carcasses, et, de cette manière les ports ennemis seroient bloqués à peu de frais.*

L'interruption seule du commerce de la Tamise serait un moyen sûr de subjuguer ce pays, car il couperait un trafic qui, est le nerf et l'âme du cabinet de St James. Diverses mesures ont été prises pour arrêter l'introduction des marchandises anglaises sur le continent afin de diminuer les ressources de ce pays. Mais cette entreprise est difficile. Même Paris en ce moment est rempli du produit de ses manufactures. Mais bloquez la Tamise de la manière indiquée ci-dessus, arrêtez la navigation de cette rivière et vous deviendrez Maître des conditions de la Paix.

Sous de telles circonstances vous pourriez obliger l'Angleterre à abandonner la Marine car toutes ses flottes ne pourraient la garantir contre de telles attaques et Londres ne pourrait exister sans le commerce libre de la Tamise.

Vous pouvez l'obliger à rendre toutes les conquêtes qu'elle a faites durant cette guerre, car la libre navigation de la Tamise lui est d'une plus grande importance que toutes ses possessions.

26 Nous avons corrigé les légères fautes d'orthographe qui déparaient cette belle lettre de Fulton à Bonaparte.

27 Nom donné par Fulton à ses torpilles flottantes

Vous pouvez l'obliger à consentir à un libre commerce dans les deux Indes et même dans toutes les parties du globe car la navigation libre de la Tamise lui est d'une plus grande importance que toutes les restrictions qu'elle a imposées sur le commerce des autres nations.

Enfin Cⁿ Consul par ces moyens vous pouvez empêcher pour jamais toutes ses opérations, tendant à la guerre et l'obliger à venir humblement supplier qu'on lui accorde la Paix et la liberté des mers par la simple raison que c'est une nation qui existe par le commerce dont la Tamise est le Grand canal. La Tamise est à votre porte, vous pouvez arrêter sa Navigation et lui donner la liberté à volonté. Arrêtez-la et Londres perdra son influence comme Anvers lorsque la navigation de l'Escaut fut détruite. Rendez-lui la liberté et Londres reprendra sa splendeur. — Par ces moyens l'Angleterre doit se soumettre à être pour jamais guidée par la France car l'Angleterre ne peut se servir des mêmes moyens contre la France, Paris ne dépendant pas de la navigation de la Seine comme Londres dépend de celle de la Tamise et la prospérité de la France ne dépend pas autant du commerce maritime que celle de l'Angleterre.

Cⁿ Consul du succès d'une telle entreprise il naîtra un ordre de choses digne de votre génie, qui méritent d'être exécutées sous votre consulat.

Premièrement en subjuguant le pouvoir maritime des Anglais vous éteindrez une des principales causes de toutes les guerres d'Europe.

Secondement la liberté des mers, dont naîtra celle du commerce, donnera de l'activité à l'Industrie de la France et augmentera ses ressources. Le commerce libre, l'industrie et la Paix nourrissent les arts Utiles qui conduisent à l'Amélioration et au progrès.

D'un autre côté, si la Marine Anglaise n'est pas subjuguée vous devez vous attendre à être insulté et à voir votre commerce interrompu et peut être la guerre se renouveler tous les huit ou dix ans ; car un des principes avoués du cabinet Britannique est de détruire ou au moins de gêner le commerce des colonies de la France afin de l'empêcher de créer une Marine qui puisse rivaliser avec la sienne, témoin le discours de M. Dundas dans la chambre des communes, le 25 mars 1801 :

> *Je veux que la chambre et la nation entière connaissent les principes selon lesquels cette guerre s'est faite. Le premier principe d'une guerre, quelle qu'elle soit, est la destruction du commerce et des possessions coloniales de l'ennemi, car il est clair que sa puissance maritime dépend beaucoup de la prospérité de son commerce, j'ose donc assurer que ce que nous pouvions faire de mieux était de diriger contre le commerce et les colonies de nos adversaires tous les efforts de la guerre.*
> *Notre conduite, en agissant ainsi, a été celle d'un général habile qui enlève à l'ennemi ses magasins ; car, strictement parlant, le commerce et les colonies sont les magasins et les arsenaux d'un pays.*

Cette déclaration ouverte est une triste perspective pour ceux qui désirent une Paix durable et une Amélioration de l'ordre social. Ainsi donc, Cⁿ Consul, détruisez les moyens de nourrir une politique aussi destructive. Bloquez la Tamise et les ports de guerre. Accordez des fonds pour construire les machines, et, de mon côté, je ferai ce qui sera en mon pouvoir pour en assurer le succès.

Salut et sincère Respect.

Robert Fulton.

Cette lettre resta sans réponse, et désormais Fulton acquit la certitude qu'il n'avait plus rien à espérer en France pour lui et ses inventions.

Nous ne connaissons pas l'ordre secret qui vint empêcher Fulton de se servir de son Nautile. Toujours est-il que là s'arrêtent les expériences sous-marines du grand ingénieur américain en France. Les archives de la marine, mises à la disposition des chercheurs, ne parleront plus de lui si ce n'est pour signaler les dépenses faites à son sujet par l'arsenal de Brest et qui se montèrent à la somme de 6 820 ,43 fr.

Bonaparte, qui devait commettre tant d'erreurs dans les questions maritimes, abandonna Fulton à partir de ce moment. Les propositions d'aller semer des torpilles dérivantes à l'entrée des fleuves du Royaume-Uni restèrent sans réponse, et la belle expérience de navigation à vapeur, exécutée sur la Seine en 1803, fut dédaignée !

De Montgéry s'étonne du manque de clairvoyance de Bonaparte.

> Combien, dit-il, l'homme dont toutes les nations admiraient alors le génie était au-dessous de sa réputation !... En effet, ajoute-t-il, que seraient devenus les ennemis qui ont fini par accabler Bonaparte, s'il avait su reconnaître l'importance de la guerre sous-marine et de la navigation par la vapeur ? Quelles flottes auraient pu s'opposer à une descente en Angleterre, à la destruction de tous les arsenaux, et peut-être à la conquête du pays, si l'immense quantité de matériaux employés à construire des chaloupes canonnières et des bateaux plats avaient été employés à construire de grandes batteries flottantes, impénétrables aux boulets, voguant par le pouvoir de la vapeur, et ayant pour auxiliaires des torpilles et des bateaux sous-marins ?

Il y a près d'un siècle, pensait ainsi un officier des plus distingués de la marine française, et il a fallu une longue période d'incubation pour que ces projets pussent être réalisés ! Et Montgéry raconte, d'après les confidences qui lui furent faites par un lieutenant-général d'artillerie, chargé à plusieurs reprises d'examiner des plans d'inventions maritimes :

> Que Bonaparte en traitait les auteurs d'extravagants ou d'imbéciles et ajoutait, à l'égard de Fulton, que cet Américain était un charlatan, un escroc qui voulait seulement attraper de l'argent.

D'ailleurs, Fulton, ardent républicain, éprouvait à l'égard de Bonaparte les mêmes sentiments qu'il lui inspirait. On peut lire, en effet, dans une lettre qu'il adressa à lord Melville, les phrases suivantes :

> Aucun projet flatteur pour la vanité n'est trop extravagant pour les hommes qui mettent les conquêtes et la gloire militaire au dessus de tout... En écrivant ces mots je n'éprouve pas le moindre mouvement de haine pour le peuple français ou tout autre peuple ; au contraire, je fais des voeux pour leur bonheur. Ce que je dis ici se dirige contre les principes tyranniques de Bonaparte qui a foulé aux pieds toutes les lois. Mais ceci regarde les Français ; quant aux nations de l'Europe, elles ne doivent que le contenir dans les limites d'où il lui soit impossible de sortir.

Fulton écrivait cette lettre quelque temps après son arrivée en Angleterre, où les dégoûts et les insuccès subis en France l'amenèrent au mois de mai 1804. Cela ne l'empêcha pas de rendre justice au grand génie de Bonaparte et de protester plus tard, en Amérique, contre certaines accusations injustes dont celui-ci fut l'objet.

> Bien des gens, écrivit-il, semblent croire que si Napoléon pouvait obtenir la supériorité des mers, il réduirait Londres en cendres et détruirait les arts et manufactures d'Angleterre. L'on cite toujours Carthage comme un exemple

> de la vengeance d'un conquérant. Cependant je ne l'ai jamais cru, parce que cela ne ressemble à aucune de ses actions. Dans tous les pays qu'il a conquis, il a toujours respecté les sciences et les arts utiles. Il n'a brûlé ni Vienne, ni Berlin ni Madrid. La protection qu'il accorde aux sciences est inséparable de sa renommée, et la guerre qu'il fait aux Anglais n'est pas dirigée contre leurs arts ni contre leur industrie, mais contre l'emploi qu'ils font de leurs profits et contre l'influence tyrannique que le gouvernement anglais exerce sur toutes les affaires du continent.

Avant de retourner dans sa patrie, Fulton crut devoir donner une leçon à Napoléon en proposant aux Anglais les machines maritimes pour lesquelles l'empereur avait marqué tant de mépris.

Il ne faut pas trop en vouloir à Fulton de cette attitude, car on ne doit pas oublier que les déboires dont il avait été abreuvé en France, depuis sept ans, sans l'avoir complètement aigri, n'étaient pas faits pour lui inspirer une grande reconnaissance envers un pays qui avait méconnu son génie. Cependant on a pu voir par le passage de la lettre citée plus haut, que non seulement il ne nourrissait aucun sentiment de haine contre la France, mais qu'il reconnaissait très bien ses qualités nationales.

Nous allons voir que s'il enseigna aux Anglais l'art de se servir des armes précédemment proposées aux Français, il le fit, entraîné par ce besoin irrésistible qu'ont les inventeurs de voir réussir leurs oeuvres ; car, s'il en fut récompensé par la générosité du gouvernement britannique, il refusa énergiquement de lui vendre le secret d'une invention dont il voulait faire au besoin profiter sa patrie.

CHAPITRE XII

Fulton en Angleterre

Entrevue de Fulton avec Pitt et Lord Melville. — Récit de Fulton sur ses expériences d'explosion de torpilles sur la Dorothée. — Émotion des Anglais et colère de Sir Howard Douglass. — Intervention du Ministre de la marine comte de Saint-Vincent pour interrompre les expériences et refuser les offres de Fulton. — Fulton découragé abandonne ses essais de navigation sous-marine et retourne en Amérique où il s'occupe de la navigation à vapeur avec Livingston.

William Pitt et le comte de Saint-Vincent

Lord Stanhope, qui s'exagérait beaucoup la prévoyance du vainqueur de Marengo, parla avec une grande anxiété, à la chambre des pairs, du séjour de Fulton en France.

> Il forma, en 1803, une association d'hommes distingués et puissans, dit Mongéry, pour surveiller les travaux de Fulton ; et un rapport fut adressé au premier ministre, lord Sidmouth, pour l'engager à attirer cet ingénieur en Angleterre.

Fulton ne se décida pas d'abord à accepter les offres qui lui furent faites. Il s'occupait, vers cette époque, de construire un bateau à vapeur sur la Seine, avec l'assistance de Livingston, ministre plénipotentiaire des États-Unis à Paris. Le bateau était terminé ; il avait sa machine à bord ; mais, trop faible pour la supporter, il coula après s'être rompu vers le milieu. Livingston consentit à fournir les sommes nécessaires pour construire un second bateau, qui fut éprouvé à la fin de 1803, en présence de plusieurs membres de l'Institut et d'un grand nombre d'autres personnes.

L'expérience satisfit entièrement Fulton et Livingston, qui, dès lors, conçurent le projet, qu'ils réalisèrent quatre années plus tard, d'établir des bateaux à vapeur sur les fleuves d'Amérique. Ils commandèrent même une grande machine à vapeur chez Boulton et Watt. Fulton en donna le plan sans dire à quoi il la destinait.

Dès son arrivée en Angleterre, Fulton fut mis en rapport avec le premier ministre, Pitt, auquel il offrit de céder les plans de son sous-marin et de ses torpedos.

Pitt fut vivement frappé par ces projets, ainsi que lords Mulgrave, Melville et Castlereagh. Une commission fut nommée en juin 1804 et composée de Joseph Banks, Cavendish, Home Popharn, Major Congreve et John Hennie. Après avoir examiné les plans du sous-marin, les commissaires le déclarèrent impraticable.

Au mois d'octobre suivant et dans le courant de l'année 1805, deux attaques de torpedos furent tentées contre la flottille de Boulogne, et exécutées, sur les indications de Fulton, par des officiers anglais. Les torpedos, mal placés, éclatèrent le long des navires contre lesquels ils avaient été dirigés, sans leur faire de mal.

Ces insuccès firent tomber en discrédit ce moyen d'attaque. Aussi, voulant démontrer aux officiers anglais, pour la plupart incrédules, qu'un navire devait être détruit par une torpille bien placée sous sa coque, Fulton exécuta l'expérience qu'il raconte ainsi dans son opuscule : *Torpedo war and submarine explosions*, dont nous avons déjà reproduit plusieurs passages, d'après la traduction de M. Nunez de Taboada :

> Pour convaincre M. Pitt et lord Melville, dit Fulton, qu'un navire peut être détruit par l'explosion d'une torpille placée sous son fond, le 14 octobre on mit à l'ancre, dans la rade de Walmer, près de Déal, à un mille du château de Walmer qui était alors la résidence de M. Pitt, la *Dorothée*, brick danois, d'une forte construction et du port de 200 tonneaux ; l'on mit à ma disposition et sous mes ordres deux chaloupes, avec huit hommes d'équipage, commandées par le lieutenant Robinson. Je préparai deux torpilles vides, n'ayant que deux ou trois livres de pesanteur spécifique de plus que l'eau salée, et je les suspendis de manière qu'elles s'enfonçaient de quinze pieds dans l'eau. Elles furent ensuite amarrées séparément aux deux bouts d'une corde mince de quatre-vingts pieds de long ; le brick tirait douze pieds d'eau. Les choses ainsi disposées, la journée se passa à faire manoeuvrer. Chaque chaloupe, avec une torpille à sa poupe, partit du rivage à un mille environ au-dessus de l'endroit où se trouvait le brick, et gouverna dessus ; la corde, aux bouts de laquelle étaient attachées les deux torpilles, était tendue dans toute sa longueur, et les deux chaloupes se trouvaient à onze toises et quatre pieds l'une de l'autre ; elles approchèrent alors de manière que l'une d'elles tenait le tribord et l'autre le babord du brick. Dès que la corde des torpilles eut passé la bouée du brick, on les jeta dans l'eau, et elles furent emportées par la marée, jusqu'à ce que la corde touchât le table du brick ; alors le courant les poussa sous le fond. Cette expérience, répétée plusieurs fois, apprit aux hommes placés dans les chaloupes, comment il fallait s'y prendre, et me prouva de manière à n'en pouvoir douter, que lorsque les torpilles sont placées d'une manière convenable sur le courant de la marée, elles vont sans aucune déviation sous le fond du navire. Je remplis alors une des torpilles de quatre-vingts livres de poudre, et je la montai pour dix-huit minutes[28]. Tout était prêt, quand on annonça que l'expérience était remise au lendemain, 15, à cinq heures de l'après-midi, parce que des affaires pressantes appelaient M. Pitt et lord Melville à Londres.
>
> Le 15, l'amiral Holloway, le baron Sidney Smith, le capitaine Owen, le capitaine Kingston, le colonel Congrève, et la plus grande partie des officiers de la flotte, sous le commandement de lord Keath, étaient présents ; à quatre heure quarante minutes, les chaloupes firent route vers le brick, et les torpilles furent jetées à l'eau ; le courant de la marée les porta, ainsi que nous venons de le dire, sous la quille du brick qui, à l'expiration des dix-huit minutes, parut

28 La torpille se monte avec un mouvement d'horlogerie.

s'élever d'environ six pieds par l'effet de l'explosion ; il se brisa par le milieu, et les deux parties coulèrent bas. Dans l'espace de vingt secondes on n'aperçut plus rien du navire, excepté quelques débris qui flottaient çà et là, l'explosion jeta hors du brick les pompes et le mât de misaine ; la vergue du petit hunier fut jetée dans les barres traversières des hunes ; des porte-haubans de l'avant furent arrachés des deux côtés avec leurs boucles. Soit que les chaînes, les haubans et les porte-haubans de l'arrière fussent plus forts que ceux du mât de misaine, ou que la secousse eût été plus grande de l'avant que de l'arrière, le mât de misaine fut brisé en deux endroits : ces remarques se firent à l'inspection des pièces que l'on trouva à flot.

Fig. 118. — Destruction de la *Dorothée* par l'explosion d'une torpille. (Expérience de Fulton en présence de William Pitt.)
(D'après une gravure du livre de Fulton.)

Cette expérience fut décisive : elle a prouvé un fait sur lequel on a beaucoup discuté, et qu'on a même contesté : la possibilité de détruire un navire par une explosion de deux cents livres de poudre sous sa quille[29]. Il ne reste maintenant plus aucun doute sur ce fait, le plus important de tous ceux qui concernent l'invention des torpilles ; il justifierait lui seul la dépense de plusieurs millions de piastres, et les travaux assidus d'un grand nombre d'années, s'il était encore nécessaire pour atteindre à un système pratique capable d'assurer le succès des attaques faites avec des machines aussi formidables.

Quant à l'Amérique, je considère comme une circonstance heureuse pour elle que cette expérience ait été faite en Angleterre, et en présence de plus de cent témoins respectables, et de braves officiers de la marine royale ; car si le Congrès adopte les torpilles comme partie de nos moyens de défense, les lords Melville, Castlereagh et Mulgrave connaissent parfaitement leur combinaison et leur effet... Le lord Grenville, les comtes de Gray et de Saint-Vincent[30] ont conservé une forte impression des résultats que l'on peut en attendre. Sir Home Popham, sir Sidney Smith, et le colonel Congrève, célèbre aujourd'hui par son invention ingénieuse des flèches pyrotechniques, ou fusées qui portent son nom, sont mes amis et les compagnons de mes expériences, et, d'après la connaissance que j'ai de ces messieurs et de leur opinion à ce sujet, je puis prédire qu'ils seraient très-disposés à respecter les droits des nations, à ne pas se présenter dans les eaux d'un pays qui ferait un usage bien entendu de pareilles machines.

Après cette expérience heureuse il ne me resta plus le moindre doute, dit, en terminant, Fulton, sur la réussite de celle que je me proposais de faire, et qui eut

29 « Vingt minutes avant l'explosion de la *Dorothée*, le capitaine Kingston assurait que si l'on plaçait une torpille sous sa cabine pendant qu'il serait à dîner, il ne s'en inquiéterait nullement. — La meilleure manière de persuader, ajoute Fulton, dont nous reproduisons la note, est celle de convaincre par les yeux. »

30 Le matin de ma première entrevue avec le comte de Saint-Vincent, il était très communicatif. J'entrai avec lui dans tous les détails du mécanisme et de l'emploi des torpilles, et lui rendis compte de l'expérience faite sur la *Dorothée*. Après quelques moments de réflexion, il dit : Pitt est le plus grand sot qui ait jamais existé, d'encourager un genre de guerre inutile à ceux qui sont les maîtres de la mer, et qui, s'il réussit, les privera de cette supériorité.

> lieu ensuite dans le port de New-York, au mois d'août 1807. Un brick fut mis à l'ancre, les torpilles furent préparées et jetées dans l'eau de la manière qu'on a décrite plus haut ; la marée les porta sous le brick, près de sa quille, mais les platines se renversèrent, la poudre tomba hors du bassin, et le feu ne prit pas. Cet événement nous fit apercevoir l'erreur que j'avais commise dans la manière de fixer les platines aux torpilles, et le moyen de la corriger par la suite. Lors du second essai, la torpille manqua le brick ; l'explosion eut lieu à environ cent verges du navire, et jeta une colonne d'eau de dix pieds de diamètre à la hauteur de soixante à soixante-dix pieds. Au troisième essai, le navire sauta : l'effet et le résultat furent à peu près les mêmes que ceux que nous avions remarqués lors de l'explosion de la Dorothée. Environ deux mille personnes furent témoins de cette expérience.
>
> Ainsi, on a fait sauter deux bricks dans le cours de mes essais ; ces bricks étaient chacun de deux cents tonneaux. La possibilité de détruire des vaisseaux par ce moyen est clairement démontrée ; il est aussi prouvé qu'au moyen de ce mécanisme, la poudre prendra feu dans l'eau, à quelque profondeur que ce soit, et dans un temps donné.

Beaucoup de personnes, surtout après les tentatives avortées contre la flottille de Boulogne, en octobre 1804 et en 1805, quinze jours seulement avant l'expérience décisive sur la *Dorothée*, ne croyaient pas à l'effet des torpedos.

L'expérience de Fulton causa une émotion considérable en Angleterre. William Pitt s'y intéressa très vivement.

> Le grand ministre anglais affirmait, nous dit l'amiral Aube, dans sa remarquable étude : La guerre maritime et les ports militaires de la France, que si un tel système réussissait il ne pouvait manquer d'annihiler toutes les marines militaires.

Sir Howard Douglass, dans une série d'articles parus dans le *Naval Chronicle*, en 1805, traita Fulton de scélérat, lâche et sanguinaire. Il s'écriait :

> Ainsi, dans l'avenir, on pourra se battre sous l'eau ! Nos misérables vaisseaux de ligne devront céder la place à des engins horribles et inconnus ! nos frégates à des mines sous-marines, nos pilotes à des plongeurs, nos hardis matelots à des assassins sous-marins ! Caisses de poudre, fusées et mines sous-marines, fougasses aquatiques, feux dévorants ; quelle noble et fascinante énumération ! Combien sont glorieuses et heureuses pour l'Angleterre de telles découvertes ! Et comme il convient de les adopter, à un peuple qui a le coeur rempli de joie par ses victoires navales, à une nation qui détient l'empire des mers !

Le premier Ministre, cédant aux observations du comte de Saint-Vincent, s'empressa de faire le silence autour de Fulton, tout en lui proposant de lui acheter ses inventions.

Ce dernier fit cette fière et patriotique réponse aux ministres anglais :

> Soyez assurés, que quels que puissent être vos desseins, je ne consentirai jamais à cacher mes inventions lorsque l'Amérique en aura besoin. Vous me feriez en vain une pension de 20 000 livres sterling : je sacrifierai tout à la sûreté et à l'indépendance de ma patrie.

Et dans une lettre adressée à lord Grenville, il écrivait encore :

> Aucune considération ne me fera jamais priver le monde de pareilles inventions. Au contraire, mon intention est de les rendre publiques aussitôt que le

réclameront mes devoirs d'homme et d'Américain. La liberté des mers et du commerce, l'intérêt du genre humain, la prospérité de mon pays, la grandeur des objets que je poursuis, et la gloire attachée à leur exécution ont, à mes yeux, une importance supérieure à tout avantage pécuniaire.

De telles paroles qui réfutent victorieusement les accusations de vénalité que certains des contemporains de Fulton portèrent contre lui suffisent à le venger des durs et injustes dédains de Bonaparte.

Le gouvernement anglais, avec cette générosité pécuniaire par laquelle, il faut lui rendre cette justice, il sait toujours reconnaître les services des hommes qui lui donnèrent de bons avertissements, accorda à Fulton une gratification de 15 000 livres (*Imperial Parliament, House of Lords* ; Tuesday, june 5, 1810).

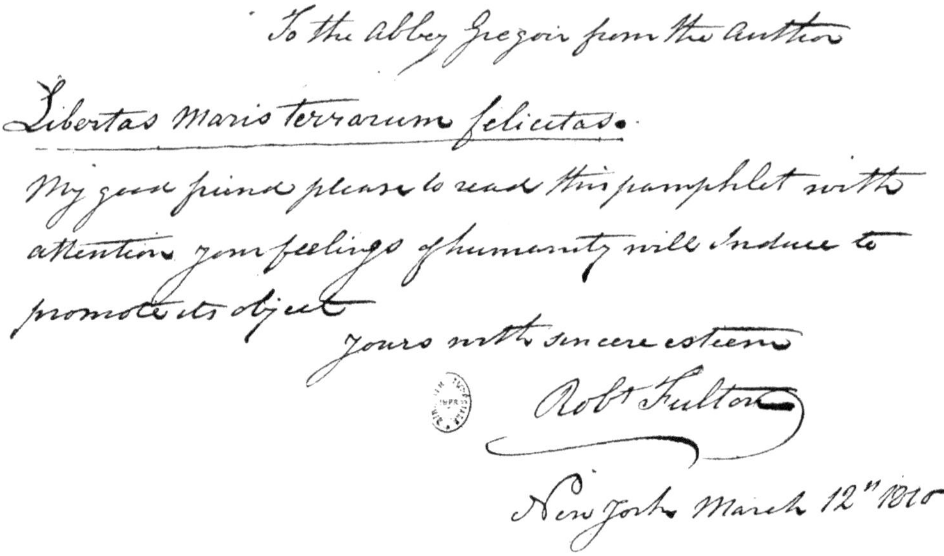
To the abbey Gregoir from the Author

Libertas Maris terrarum felicitas.

My good friend please to read this pamphlet with attention your feelings of humanity will induce to promote its object

Yours with sincere esteem

Robt Fulton

New York March 12th 1810

Fig. 119. — Fac-similé de l'écriture de Fulton*.

De retour à New-York, en décembre 1806, Fulton recommença, avec le plus grand succès, ses expériences avec ses torpedos, mais il s'adonna surtout à la navigation à vapeur.

Le 10 août 1807, en présence d'une foule d'abord moqueuse et même hostile, Fulton mit en marche le *Clermont*, premier bateau à vapeur ayant navigué sur un fleuve américain. Ce bateau avait 50 mètres de longueur, 3 mètres de largeur et jaugeait 150 tonneaux. Son moteur était de 18 chevaux actionnant des roues à palettes. Fulton avait abandonné l'emploi de l'hélice que d'autres devaient reprendre, plus tard, avec succès.

Au bout de quelques minutes, les huées de la foule se changèrent en hurrahs frénétiques.

Le grand inventeur étudia encore un projet de bateau sous-marin ou plutôt de submersible, auquel il donna le nom de *Mute* — dont nous parlerons plus loin — et qu'il n'eut pas le temps de faire construire, la mort l'ayant surpris au mois de février 1815. Il y appliqua également la roue à palettes comme propulseur.

* A son retour en Amérique Fulton publia son livre sur les Torpilles. Nous donnons, ci-dessus, la dédicace écrite de sa main même sur la feuille de garde de l'exemplaire offert à l'abbé Grégoire, membre de l'Institut.

CHAPITRE XIII

De Fulton à de Montgéry

L'ingénieur Hodgman à Folkestone. — Le Nautile des frères Coëssin. — Bateau-poisson et bateau-plongeur de Castéra. — Sous-marin à « rame aspirante » du marquis d'Aubusson La Feuillade. — Le Mute de Fulton. — Le capitaine américain Johnston projette d'aller à Sainte-Hélène délivrer Napoléon à l'aide d'un bateau sous-marin.

Hodgman
(1801)

On lit dans la *Gazette nationale* ou *Moniteur universel* (Septidi, 17 prairial, an IX, n° 257).

> M. Hodgman, ingénieur à Folkstone, a fait ces jours derniers, en public, l'essai de son appareil submarin. Il s'est promené dans la mer, suivi d'un petit bateau, et est resté dix-huit minutes sous l'eau, qu'il a traversée dans différentes directions pendant plus d'un quart de mille, à la profondeur d'environ dix-huit pieds.

Nous ignorons quel sort eut l'appareil d'Hodgman, car on n'en entendit plus parler.

Le « Nautile » des frères Coëssin
(1809)

Bonaparte qui avait méprisé les essais de Fulton, dit Montgéry, s'intéressa cependant aux projets de MM. Coëssin frères. On essaya, par son ordre, au Havre, en 1809, un bateau sous-marin construit d'après leurs plans et auquel ils donnèrent, comme Fulton, le nom de « *Nautile.* »

En septembre 1809, le commissaire de la marine au Havre reçut l'ordre de donner toutes facilités aux frères Coëssin pour l'exécution de leurs essais.

Le procès-verbal des expériences est signé par M. Montagniès-la-Rogue, commandant du port du Havre et M. Grehan, ingénieur. M. Ransonnet, commandant la corvette l'Alcyon, remplissait les fonctions de pilote.

> Nous reconnaissons, y est-il dit, que les principes d'après lesquels le Nautile est construit sont vrais, d'une application facile aux objets proposés, et qu'il ne s'agit que d'apporter, par la réflexion, le travail et l'expérience, des perfectionnements pour lesquels on a déjà des solutions certaines, et qu'il est naturel d'espérer porter plus loin encore, si S. E. le Ministre de la Marine veut indiquer un centre où iront se réunir les idées des personnes qui s'occuperont de remplir les vues du gouvernement. Cette dernière réflexion, ajoute en note Montgéry, est extrêmement sensée. L'art naval n'est point populaire en France, et le Gouvernement ne possédera jamais des bâtiments de guerre parfaitement armés, et encore moins des machines maritimes d'une construction nouvelle, tant que nous n'aurons pas des séances de marine comme celles que Louis XIV présida jadis, ou une académie navale, comme celle qui existait à Brest, vers la fin du règne de Louis XV et sous le règne de Louis XVI. On sait qu'à ces trois époques, le matériel des escadres françaises et l'instruction des officiers qui les commandaient, eurent parfois une supériorité très-marquée sur le matériel et le personnel de toutes les puissances maritimes de l'Europe.

Une Commission composée de Monge, Sané, Biot et Carnot fut officiellement chargée, plus tard, de faire un rapport sur les essais des frères Coëssin. Carnot, nommé rapporteur, adressa son rapport à l'Institut le 11 avril 1810.

Nous en reproduisons, ci-après, une partie d'après le *Bulletin de la S^té^ d'Encouragement* (1811, p. 76).

> La possibilité de demeurer sous l'eau plusieurs heures, d'y gouverner le vaisseau dans lequel on est enfermé et de s'y diriger, soit en haut, soit en bas, soit en avant, est certaine : l'ingénieux M. Fulton y étoit parvenu ; il en a fait l'expérience authentique à Paris, et en mer, sur les côtes de Normandie.
>
> Le nautile sous-marin de MM. Coëssin est une espèce de grand tonneau qui a la forme d'un ellipsoïde allongé ; c'est dans cet ellipsoïde que s'enferment les navigateurs. Ce nautile avait 27 pieds de longueur et renfermait neuf personnes.
>
> Pour le maintenir dans sa position, on le charge d'un lest.
>
> Ce nautile est partagé en trois parties séparées l'une de l'autre par des doubles fonds. La partie du milieu est seule occupée par les navigateurs, celles de l'avant et de l'arrière se remplissent à volonté d'air ou d'eau par les manoeuvres de ces mêmes navigateurs, suivant le poids qu'ils veulent donner au nautile, afin qu'il puisse flotter à la surface du fluide, ou s'y enfoncer, si l'on veut.
>
> Pour imprimer au vaisseau un mouvement progressif, on emploie deux rangs de rames à porte que font mouvoir ceux qui sont dans l'intérieur. Ces rames passent à travers les flancs du nautile, mais les ouvertures sont masquées par des poches de cuir qui empêchent absolument l'eau d'y pénétrer; et si l'une d'elles venait par hasard à crever, la rame est taillée de manière à faire elle-même aussitôt l'effet d'un tampon, en la tirant seulement à soi. Dans le nautile de MM. Coëssin il n'y avait que quatre rameurs, et il faisait une demi-lieue par heure ; mais il est aisé de multiplier le nombre de ces rameurs.
>
> Pour diriger la machine et la faire virer de bord, on emploie un gouvernail placé à la poupe, comme dans les vaisseaux ordinaires et qui se manoeuvre du dedans par une corde ; de plus, les navigateurs s'orientent à l'aide d'une boussole.

Pour monter ou descendre, ils emploient quatre ailes ou espèces de nageoires attachées deux à droite et deux à gauche du nautile, et qu'un homme seul fait mouvoir par des tringles. On les incline de l'avant à l'arrière ou de l'arrière à l'avant, suivant qu'on veut ou monter ou descendre, parce qu'alors la résistance de l'eau, occasionnée par le mouvement progressif, agit sur ces plans inclinés conformément au but qu'on se propose. Enfin on se procure du jour au moyen d'une ou plusieurs glaces très-épaisses ; mais comme l'obscurité devient très grande à une certaine profondeur, les auteurs proposent de recueillir ce qui reste de rayons par de fortes loupes, qui pourront au moins leur faire distinguer ce qui se trouve près d'eux.

Mais il reste à vaincre la plus grande difficulté, celle de se procurer les moyens de respirer. MM. Coëssin ont adopté pour cela l'idée reçue depuis longtemps d'établir une communication de l'intérieur du vaisseau à la surface du fluide, au moyen de tuyaux flexibles, soutenus à la partie supérieure par des flotteurs, et tenus constamment ouverts par des ressorts à boudin ; mais comme il faut une force considérable pour expulser par ces tuyaux l'air vicié du dedans, MM. Coëssin ont employé pour cela dans leurs expériences le ventilateur de Halley. Cependant ils ont reconnu que ce moyen devient insuffisant lorsqu'on descend à plus de 7 mètres ; aussi proposent-ils, pour le perfectionnement de leur machine, la suppression entière des tuyaux, et d'y suppléer en pratiquant des ouvertures ou petites écoutilles dans les douves supérieures du vaisseau. Par le moyen de ces ouvertures, en venant de temps en temps à la surface de l'eau, on renouvelle l'air du nautile par une circulation qui s'établit alors facilement, soit par le ventilateur, soit, lorsque cela sera praticable, par des lampes qui, placées à quelques unes de ces ouvertures, et correspondant jusqu'au fond du vaisseau par des tuyaux qui font l'effet de petites cheminées,

Fig. 120 – Carnot (1753 - 1823)

en extraient l'air vicié, comme les réchauds placés au haut de l'ouverture d'une mine font circuler rapidement l'air jusqu'à sa plus grande profondeur.

Au surplus, il faut remarquer qu'il n'est pas nécessaire que ce renouvellement d'air dans le nautile soit fréquent ; car, dans les nombreuses expériences faites au Hâvre, les navigateurs sont restés plus d'une heure de suite sans aucune communication avec l'air extérieur et sans éprouver aucun malaise. Mais c'est ici que la chimie vient efficacement au secours de la mécanique ; car, à défaut de tous les autres moyens, les navigateurs pourvoient au besoin impérieux de respirer par une ample provision d'oxigène comprimé qu'ils tiennent en réserve, et dont ils font usage avec l'économie que leur commande l'intérêt de leur propre conservation.

Tous les expédiens que nous venons de mentionner, et beaucoup d'autres moyens de détails dans lesquels nous ne pouvons entrer, composent par leur ensemble la machine de MM. Coëssin. Ces moyens sont sans doute ceux qui s'offrent à l'esprit de toutes les personnes qui s'occupent du même objet, mais dans ce genre il y a loin d'une conception vague à l'exécution. De tout temps on a dû voir ces idées simples, et pourtant toutes les tentatives faites jusqu'à ces derniers temps ont été infructueuses. MM. Coëssin répondent à tout en produisant le procès-verbal qui constate le succès de leurs expériences. Ces expériences ont été faites sous l'autorisation de S. Ex. le Ministre de la Marine et constatées par MM. Montagnès-la-Rogue, capitaine de vaisseau, commandant le port du Havre, et Grehan, ingénieur-constructeur en chef de la marine. Ces personnes éclairées, non seulement rendent un témoignage avantageux au nautile de MM. Coëssin, mais ils annoncent qu'ils le regardent comme susceptible de plusieurs perfectionnements qu'ils indiquent, et ils pensent qu'on pourroit faire des vaisseaux de ce genre beaucoup plus grands.

Parmi les coopérateurs des expériences faites au Havre sont M. Collin, actuellement préparateur de chimie à l'École polytechnique, M. Muller, aide-de-camp du général d'Hastrel, et M. Ransonnet, commandant le brick *l'Alcyon*, qui a fait le voyage à la Nouvelle-Hollande, avec le capitaine Baudin, et qui servoit de pilote dans le nautile.

Ce nautile est différent de celui de M. Fulton, en ce que ce dernier était en cuivre et que celui-ci est en bois, ce qui le rend plus facile à construire, moins cher et susceptible d'une capacité aussi grande qu'on le veut. Il n'y a plus maintenant de doute qu'on puisse établir une navigation sous-marine très-expéditivement et à peu de frais, et nous croyons que MM. Coëssin ont établi ce fait par des expériences certaines.

MONGE, SANÉ, BIOT, CARNOT rapporteur.

Les conclusions de ce rapport ont été adoptées dans la séance du 1er avril 1811.

Montgéry, moins optimiste que Carnot, pense au contraire, que « cette embarcation marchait mal, était facile à découvrir et à saisir par son flotteur, ne possédait aucune arme redoutable et était dépourvue des moyens de se diriger sous l'eau contre l'ennemi. En un mot jamais rien de plus défectueux n'a été fait en ce genre ».

Quoi qu'il en soit, l'inventeur allemand Drieberg accusa les frères Coëssin de plagiat, à l'occasion du ventilateur appliqué au *Nautile*, et ceux-ci semblent avoir regardé cette accusation comme ayant quelque fondement (V. p. 48).

Si MM. Coëssin, avant de songer à perfectionner la construction des navires sous-marins, dit Montgéry, avaient fait des recherches et des études sur ce sujet, ils auraient été à même de répondre à M. Drieberg :

> Depuis plusieurs siècles on est dans l'usage d'aérer avec de grands soufflets les espaces renfermés : Collado, en 1586, disait que les mineurs espagnols employaient habituellement ce procédé ; Kircher le recommanda en 1664 ; Haute-Feuille l'appliqua, en 1678, aux navires sous-marins et autres machines à plonger ; vers la même époque, Borelli s'occupa de cette même application, qui fut présentée dans le siècle suivant comme une invention nouvelle, par un docteur de l'Université de Leipsig et par beaucoup d'autres personnes, tant pour travailler sous l'eau que dans les puits, les mines, les fosses, etc. Denis Papin s'en était occupé également en 1689. Enfin, en 1808, c'est-à-dire trois ans avant que la prétendue invention de M. Drieberg fût rendue publique, M. Brisé-Fradin avait de nouveau recommandé l'emploi des soufflets et autres ventilateurs, dans les espaces privés d'air respirable. »

Pendant ses essais, le *Nautile*, que l'on appelait, suivant une expression du temps, *l'ipotalatique* (hypothalassique, qui va sous la mer, serait plus correct) montra des qualités médiocres. Ses tubes d'aération, aboutissant à un ventilateur, retardaient tellement sa marche, qu'il ne put jamais dépasser un noeud de vitesse.

Ils faillirent même causer sa perte.

> Cette embarcation, dit Montgéry, n'était pas même pourvue d'une jauge pour faire connaître le nombre de pieds dont on plongeait. Une fois on descendit jusqu'à noyer le flotteur, qui, au lieu d'envoyer de l'air dans l'entrepont, y laissa pénétrer de l'eau. On se bâta d'étrangler les tuyaux en cuir. Ensuite on refoula tant que l'on put de l'air dans les cônes et l'on parvint à surgir.
>
> Le *Nautile* avait déjà commencé à s'enfoncer dans la vase et s'il n'eut pas contenu assez d'air pour expulser l'eau, sa perte était infaillible,

Bateau-poisson de Castéra
(1810)

En 1810, Castéra, ancien magistrat qui avait adressé, en 1796, un projet de sous-marin au Directoire, reprit son idée et la publia dans une brochure, imprimée à Paris, chez Allut, et intitulée : *Essai sur la Navigation sous-marine.*

Dans l'avant-propos de sa brochure, Castéra appelle *bateau-poisson* son sous-marin et le qualifie « d'espion invisible et auxiliaire redoutable ».

Voici comment il expose son projet, la genèse de son idée et ses infructueuses démarches auprès du gouvernement.

> Je fixai mes idées sur son organisation dans les derniers jours de fructidor an 3, et j'en adressai la description au Gouvernement le 8 vendémiaire an 4.
>
> Son silence nécessita le mien. Ma proposition avait sans doute été considérée par l'autorité comme une chimère ; l'opinion publique n'en aurait pas porté un autre jugement : les amis à qui je l'avais confiée n'y voyaient qu'un écart d'imagination et tout m'avait convaincu qu'il est des cas où il faut parler de mécanique aux yeux, sinon se taire, en attendant l'occasion d'exécuter.
>
> En l'an 8, M. Fulton inventa son Nautilus et en fit d'heureux essais. J'eus quelque envie alors de revendiquer la priorité, ou d'établir au moins la concurrence ; mais j'aurais désiré l'appuyer du témoignage écrit de ma

transmission officielle ; et il en résulta des lenteurs qui commencèrent par laisser échapper le moment favorable à ma réclamation, et finirent par m'apprendre que nous n'étions pas les seuls qui nous fussions occupés de bateaux plongeurs.

Et l'auteur fait cette judicieuse réflexion pleine de philosophie, portée en note :

Que de découvertes ont été faites, perdues et refaites encore !

... Un concours des efforts, une rivalité d'émulation, accélère les succès, et il suffit que chacun puisse apporter une pierre propre à la construction de l'édifice pour qu'il soit bientôt achevé.

Suit la description de son sous-marin.

Les formes doivent représenter, en quelque sorte, deux dessous de navires renversés l'un sur l'autre, et, dans toute leur longueur, des formes circulaires, comme les plus propres à résister à la pression de l'eau. Deux quilles, l'une supérieure et l'autre inférieure, assureront leur aplomb, en facilitant leur sillage.

... La partie la plus élevée sera réservée à l'ouverture, et le couvercle convexe. Quand on s'approchera de la surface on reconnaîtra les objets extérieurs de cette espèce de demi-sphère, ondulée et peinte en dehors, de manière à représenter la sommité d'une vague et à se fondre à l'oeil, surtout à la lueur d'un clair de lune avec la teinte reflétée que l'eau montre généralement.

Il propose l'emploi d'un lest fixé à la quille par des crochets et pouvant être détaché par un simple mouvement de rotation d'un quart de cercle.

En parlant de ce lest détachable il ajoute :

... Un jour peut-être il deviendra la source d'une nouvelle faculté : une ancre peut en tenir lieu, et alors le bateau s'attachera au fond en remontant à la surface. Le câble de l'ancre deviendrait une ligne ascensionnelle dans laquelle il pourrait se tenir caché à une distance fixe de la surface, jusqu'au retour d'une marée ou d'un courant nécessaire à ses opérations. Ce genre de lest offrirait aussi une garantie plus sûre contre le danger de se mettre en contact avec le fond.

Quoiqu'il ne fût pas technicien, Castéra avait néanmoins l'intuition qui, jointe à l'étude qu'il avait faite de la question, lui permettait de préciser les points importants du problème. C'est ainsi qu'il dit :

L'imagination s'effraie des écueils que doit trouver un bâtiment plongeur ; le calcul n'en voit qu'un de redoutable, mais qui serait vraiment terrible : c'est la pression de ces colonnes liquides qui, à une certaine profondeur, exercent une force si puissante, qu'elles finiraient par l'écraser, si on ne s'assurait pas de ne descendre qu'au degré voulu dans la ligne perpendiculaire.

Il propose « d'appuyer le bateau-poisson d'un plongeur plus agile, d'une espèce de voltigeur marin, qui, montant et descendant avec les lames, puisse lui servir d'éclaireur et de pompier » pour fournir de l'air respirable.

Dans cette petite embarcation, on sacrifierait tout à la légèreté et à la vitesse. Elle n'aurait que la grandeur nécessaire pour contenir un homme, qui y serait couché à peu près dans sa longueur. On disposera l'intérieur pour qu'il y puisse rester commodément. Dans l'un des bouts il y aura son entrée ; dans l'autre sera placée sa tête. Deux légers avirons pourraient être sous ses mains ou sous ses pieds ; quelquefois quatre, mus par les uns et les autres en même temps ; plus

> souvent il n'en aura qu'un seul, ou pas du tout. La queue de ce bateau-poisson, sera légèrement inclinée dans l'eau, ou il achèvera de plonger à l'aide d'une corde tenant au bâtiment principal.
>
> Son conducteur aura deux manches en cuir, un lest divisible et isolé, un gouvernail transversal en nageoire, une jauge de profondeur en fil de fer, un tuyau de respiration mobile.
>
> ... Non seulement les deux embarcations se tiennent au moyen d'une chaîne, mais elles peuvent encore ne faire qu'une seule machine, en faisant entrer le voltigeur dans la quille supérieure du premier bâtiment, où il serait fixé par une extrémité avec une charnière et se relèverait de l'autre pour faire les reconnaissances et le renouvellement de l'air. Cette construction serait encore plus simple et présenterait les mêmes avantages.
>
> On aurait tort d'espérer en obtenir de semblables d'un très-petit bateau plongeur ; c'est ici le grand qui fait valoir le petit et réciproquement. Le premier isolé, n'aurait pas toujours assez d'assiette, le second, seul, manquerait quelquefois de prestesse ; réunis, l'un devient le dépositaire des signaux, l'autre celui des armes ; et ils peuvent s'appliquer de concert aux combinaisons les plus vastes et obtenir les succès les plus éclatants.
>
> ... Les principales ressources s'appliqueraient à former une bonne ligne de défense le long des côtes ; son emploi généralisé tournerait donc au bénéfice de la liberté des mers, en attachant un danger particulier à la guerre de blocus et d'anticipation, et en faisant craindre à chacun d'oser, par un séjour téméraire, insulter trop longtemps aux rivages d'autrui : considération juste et puissante qui doit l'appeler à la délivrance de nos rades, et à nous venger des événements de Flessingue et de Rochefort.

Les idées assez justes de Castéra, sur le rôle des sous-marins, exprimées dans le style un peu emphatique de l'époque, ne convainquirent pas le gouvernement et, malgré les recommandations du colonel du génie de Récicourt, aucune suite ne fut donnée aux propositions de l'ancien magistrat.

Le colonel de Récicourt fit à la *Société d'Encouragement*, en 1810, (Vol. IX, p. 113) une communication sur le *Bateau-plongeur* de M. Castéra.

MARQUIS D'AUBUSSON LA FEUILLADE
(1810)

En 1810, le Marquis d'Aubusson La Feuillade, dans une série d'articles publiés sous les initiales M. d'A... L. F... par les *Annales des Arts et Manufactures*, sur un *Nouveau système de constructions navales, de voilure, et de navigation sans voiles*, donne la description d'un projet de sous-marin dont il a fait exécuter, paraît-il, un petit modèle « en cuivre, de la forme à-peu-près d'un ellipsoïde »[31].

Son nouveau système consistait en un bateau, ras sur l'eau, insubmersible et incombustible, mû par une *rame aspirante* (piston donnant l'impulsion en avant par réaction sur l'eau).

La Feuillade avait une foi médiocre dans la réussite des sous-marins ; mais, par contre, une confiance quelque peu présomptueuse en ses idées. L'avenir semble lui avoir donné doublement tort.

---

31 L'ensemble de ces articles a été publié, la même année, avec quelques changements, sous le titre : *Mémoire sur un nouveau système de construction, voilure et navigation sans voiles*, par M. D'A. L. F...; Paris, 1810.

Et d'Aubusson La Feuillade passe à la description de son nouveau système de constructions navales et de ses *divers moyens pour marcher à sec de voiles*, à l'aide de rames aspirantes. Nous ne le suivrons pas, car la question n'offre aucun intérêt.

Le « Mute » de Fulton (1815)

Ce bateau, qui ne fut pas tout à fait achevé, à cause de la mort de son illustre architecte, dit Montgéry, est abandonné maintenant et presque totalement submergé, dans un coin de l'arsenal de New-York. Je n'ai aperçu que son pont, mais j'ai eu entre les mains des plans qui lui sont relatifs. M. Dale, dont j'ai déjà loué l'obligeance, m'a permis d'examiner tous les plans et les modèles relatifs à la guerre sous-marine, qui se trouvent dans la maison que Fulton habitait à New-York. M. Dale a fait, en outre, les plus vives instances pour m'entraîner à une maison de campagne, où il possède beaucoup d'autres dessins et d'autres écrits de la main de Fulton. Pressé par le temps, je n'ai pu accepter cette invitation ; mais, sous le rapport de la science, je ne crois pas avoir fait une perte. Fulton est mort trop tôt. Ses idées sur la guerre sous-marine se perfectionnaient chaque jour ; mais aucune, dans mon opinion, ne mérite d'être prise exactement pour modèle.

C'est en partie de souvenir, et en partie d'après une description donnée par M. Golden, que je présente les détails suivants.

La longueur du *Mute* est d'environ quatre-vingts pieds (24^{m},385) ; sa largeur de vingt-deux (6^{m},800) et sa profondeur de quatorze (4^{m},267). Ses murailles ont un pied d'épaisseur. Le tillac, qui est à peu près de la même force, devait être recouvert avec des plaques de fer. Le *Mute* aurait habituellement navigué à la surface de l'eau ; mais, en approchant l'ennemi, il aurait pu s'enfoncer jusqu'à mettre son tillac de niveau avec la surface de la mer. Une petite écoutille, garnie d'hiloires très fortes et très hautes, aurait permis à un homme d'élever quelquefois la tête au-dessus du fluide, et d'indiquer la route et les manoeuvres à faire.

A 15 pieds environ de la poupe, il y a une cloison perpendiculaire à la quille. L'espace situé en arrière de cette cloison contient une roue à aubes. Un canal pratiqué sous la carène, en avant de la cloison, apporte de l'eau sous la roue. Une large ouverture, placée à la poupe, près de la quille, donne passage à l'eau que le mouvement de la roue rejette en arrière.

Si l'on s'en rapporte aux dessins et aux descriptions que j'ai consultés, Fulton pensait que l'air compris dans le logement de la roue, aurait empêché l'eau de pénétrer jusqu'en haut de ce logement, même quand le navire aurait eu son tillac à fleur d'eau. Cela sans doute aurait eu lieu comme dans une cloche à plongeur, tant que la roue aurait été immobile, mais son mouvement aurait mêlé l'eau et l'air, chassé ces deux fluides à la fois ; et lorsque l'air aurait été totalement expulsé, ou très raréfié, l'eau aurait presque totalement rempli le logement de la roue. Celle-ci aurait donc eu à vaincre de grandes résistances en tous sens, et son effet relatif à la marche du navire aurait été très-diminué.

L'équipage du Mute était fixé à cent hommes qui auraient trouvé place sur le tillac et qui auraient pu agir tous à la fois sur une barre de fer placée dans le sens de la quille, et traversée par de longues chevilles. Cette barre passait dans le logement de la roue, au travers d'une boîte à étoupe (*stuffing-box*). Au delà, elle était munie d'une bielle et d'une manivelle, de façon que l'équipage eût fait tourner la roue, par un simple mouvement de va et vient.

La partie du navire située en avant du logement de la roue est séparée à peu près en deux par un plancher horizontal. Entre le plancher et le tillac est l'entrepont ou logement de l'équipage ; sous le même plancher il y a des cases vides, dont la destination est d'admettre la quantité d'eau nécessaire pour faire couler l'embarcation jusqu'à la surface de la mer.

Fulton a dessiné des plans de mutes qui n'auraient porté qu'une seule colombiade sous-marine, et d'autres qui en auraient porté jusqu'à six. Quand il n'y a qu'une colombiade, elle est placée à la proue ; quand il y en a six, elles sont placées dans le milieu du navire, trois de chaque côté, très-près les unes des autres. On les aurait sans doute tirées ensemble, afin d'ouvrir une plus large voie d'eau.

Aucun des mutes ne paraît avoir été destiné à recevoir des mâts et des voiles : ces navires eussent agi seulement dans les rades, ou très près de la côte, pendant la nuit. Le remous de la roue à aubes n'aurait produit aucun bruit, parce qu'il aurait eu lieu à cinq ou six pieds au-dessous de la surface de la mer. C'est de là que vient le nom de mute ou bateau muet.

D'après les règles reçues par les mécaniciens anglais et américains, la force de cent hommes correspond à celle de vingt chevaux : mais, d'après les mêmes règles, des hommes ne peuvent agir pendant plus d'une douzaine d'heures sur 24, avec quelques intervalles de repos.

Tous les efforts de l'équipage du mute, à ce que je crois, ne lui feraient pas acquérir une vitesse plus grande que trois milles à l'heure, lorsque le navire serait plongé jusqu'à fleur d'eau. Les canots et les péniches des bâtiments de guerre ont une marche à peu près double. Un mute ne pourrait donc les éviter, même la nuit, si une fois il en était aperçu ; et il ne pourrait dans aucune circonstance les combattre avec avantage : ses armes sont nulles contre des embarcations qui ne s'enfoncent que d'une couple de pieds sous l'eau ; tandis que les canots et les péniches de guerre portent des pierriers et des carronades avec lesquels on empêcherait l'équipage du mute de se présenter sur un pont à demi submergé, et avec lesquels on défoncerait les murailles de ce navire, pour peu qu'elles s'élevassent au-dessus de l'eau.

Johnston
(1821)

Le capitaine américain Johnston avait conçu le projet d'aller délivrer Napoléon, à Sainte-Hélène, avec un bateau sous-marin. La mort de l'Empereur aurait fait avorter ce projet dont la réalisation n'eût pas été exempte de grandes difficultés matérielles.

Le navire, mis en chantier, avait cent pieds de longueur. Les mâts et les voiles étaient disposés de manière à être rabattus sur le pont comme dans le Nautilus de Fulton. Johnston se proposait de gagner le rivage entre deux eaux.

> Des sommes énormes lui avaient été promises en cas de réussite complète, dit Montgéry, et il devait même toucher 40.000 livres sterling dès que le navire serait prêt à partir. Mais le jour où l'on appliquait sur la carène un doublage en cuivre, on apprit que le célèbre captif n'existait plus !

Pour compléter la figure originale et quelque peu légendaire de Johnston, nous citerons, toujours d'après Montgéry, l'anecdote suivante :

> Johnston avait répété, aux frais de l'amirauté, les expériences de Bushnell et de Fulton, qui consistaient à fixer, sous un bâtiment à l'ancre, un pétard partant au moyen d'un système d'horlogerie. Dans une de ces expériences il eut à déployer un courage et un sang-froid réellement extraordinaires. Au moment où il venait de fixer sa caisse de poudre et que, par conséquent, le système de mise de feu à secondes venait de se mettre en marche, l'ancre de son bateau s'engagea avec le câble du bâtiment soumis à l'épreuve. C'est en vain que Johnston essaya de se dégager.
> Regardant alors tranquillement à sa montre, il dit à l'homme qui l'accompagnait : « Nous n'avons plus que deux minutes à vivre, si nous ne parvenons pas à nous dégager. » Cet homme, qui était marié depuis peu de jours, se mit à sangloter et à s'écrier : « Pauvre Nancy ! pauvre Nancy ! » Johnston s'écria à son tour : « A quoi bon ces jérémiades ! Ote ta veste et prépare-toi à boucher l'écubier. » Alors, saisissant une hache, il coupa le câble du bateau et gagna le large. Il était temps, car le pétard éclata au moment prescrit et le grand navire fut brisé en mille pièces.

En septembre 1823, notamment, Johnston se livra à des expériences dans la Tamise, pendant lesquelles il se fit accompagner par plusieurs personnes, avec qui il effectua des plongées de 8 à 10 heures. Son intention était de se rendre à Cadix pour détruire la flotte française. Mais il joua encore de malheur, car les Cortès, qui avaient accepté ses offres, en principe, furent dissous avant d'avoir pu s'engager formellement. Désappointé, Johnston qui, d'un autre côté, voyait l'attention du peuple anglais se détourner de ses expériences, sur lesquelles le gouvernement, après avoir paru les encourager, semblait vouloir jeter le voile de l'oubli, offrit au gouvernement français de venir en France et d'y construire des sous-marins.

Voici, d'après une lettre écrite en 1825 par M. de Polignac, ambassadeur de France en Angleterre, au baron Damas, qui la communiqua au Ministre de la marine, la description de ces bateaux sous-marins :

> Johnston me montra cinq bateaux sous-marins de différentes grandeurs : deux étaient en construction ; un troisième flottait sur la rivière. Les deux derniers, dont le capitaine a déjà fait usage, se trouvaient dans l'intérieur du chantier. Je les visitai tous. Les dimensions du plus grand me parurent être de 50 à 60 pieds. Celles du plus petit étaient de 20 à 25 pieds de long. On descend dans l'intérieur des bateaux par une ouverture circulaire pratiquée au centre du pont, laquelle peut avoir environ un pied et demi de diamètre. Cette ouverture se trouve hermétiquement fermée lorsqu'on a l'intention de submerger le bateau. L'intérieur est assez profond pour qu'un homme puisse, en se tenant debout, parcourir environ 1/3 de la longueur immédiatement sous l'ouverture. Les deux extrémités finissent en pointe et se ressemblent par la forme de leur construction. Le pont, au lieu d'être plat, a à peu près la même courbure que les côtés, cette forme convexe lui donnant plus de force pour résister à la pression de l'eau. Ces bateaux sont en chêne, à l'exception d'un seul construit en fer.
>
> Quand on veut se servir du bateau, on commence par le lester avec du plomb de façon à ce qu'il s'enfonce suffisamment pour ne laisser visible à la surface de l'eau que la portion supérieure du pont. Lorsqu'on veut le submerger, on admet dans deux réservoirs la quantité d'eau nécessaire pour faire descendre le bateau à la profondeur voulue. Johnston m'a assuré qu'il pouvait plonger ainsi jusqu'à la profondeur de 3 atmosphères. Le bateau submergé se dirige au moyen de la boussole. Il se meut avec deux rames larges et courtes : ces rames fixées perpendiculairement au bateau tournent sur un axe.

> Lorsque le besoin de renouveler l'air se fait sentir, *on débouche des caisses de métal qui renferment du gaz oxygène fortement concentré.* Cet air est introduit au moyen de tuyaux dans un soufflet qui, mis en action, se remplit à la fois d'air vicié et qui, après en avoir opéré le mélange dans ses flancs, chasse cet air renouvelé dans toute la capacité du bateau... On peut rester sans avoir recours à ce moyen 2 ou 3 heures sous l'eau et, soit qu'on fasse usage de ce bateau pour entrer dans un port bloqué ou pour faire sauter un vaisseau de guerre au moyen d'un torpedo attaché sur ses flancs, soit enfin à la pêche des perles, on ne serait pas dans l'obligation de rester sous l'eau un plus long espace de temps.

Bien que cette description nous rappelle seulement des dispositions pour la plupart déjà connues, deux perfectionnements doivent cependant être retenus dans les sous-marins de Johnston. Ce sont : la coque en fer en forme de fuseau et, moyen renouvelé de Fulton, l'oxygène comprimé pour remplacer celui absorbé par la respiration.

CHAPITRE XIV

De Montgéry

Extrait d'un mémoire de Montgéry sur la guerre navale sous-marine, rédigé à la demande du Ministre de la marine. — Description de l'Invisible dont la construction devait être en fer. — Moteur à poudre à canon rappelant celui d'Huyghens. — Mâts à voiles, rames de deux espèces, caronades ou fusées sous-marines, éperon et pompes lançant du feu grégeois. — L'Invisible II avec l'application de la marlenote comme mode de propulsion.

« L'Invisible » de Montgéry
(1822)

L'examen critique des idées de Fulton fut le point de départ d'une conception personnelle de Montgéry qui projeta à son tour un type de sous-marin auquel il donna le nom d'*Invisible.*

Nous reproduisons ci-après sa propre description publiée dans les *Annales de l'Industrie nationale et étrangère* de 1822, p. 274 :

> Le Ministre de la marine m'a invité, le 13 mai 1822, à composer sur ce nouveau genre de guerre navale un traité qui est à peu près terminé, mais qui de long-temps peut-être ne sera pas publié ; en voici un extrait ; j'ai d'abord présenté une histoire détaillée de toutes les inventions sous-marines ; ensuite j'ai décrit la manière de construire et de manoeuvrer un navire que j'appelle Invisible, avec lequel on refuserait à volonté le combat contre d'autres navires semblables, et avec lequel on détruirait promptement toute espèce de machine flottante privée de la faculté de se cacher momentanément sous les eaux. Les Anglais, en construisant plusieurs centaines d'Invisibles, ne pourraient défendre, ni leurs bâtiments de commerce, ni leurs bâtiments de guerre actuels, contre un seul corsaire de la nouvelle espèce.
>
> Il n'y aurait de ressource contre les Invisibles que de trouver, comme je l'ai déjà fait, une méthode pour les apercevoir, les poursuivre et les détruire entre deux eaux. Cette méthode est très compliquée, et je doute qu'on la découvre sans

mon secours...[32]— Quant à l'Invisible, sa construction ne présente en quelque sorte que la réunion d'inventions déjà connues et essayées partiellement avec succès (fig. 121).

Ce navire est en fer. Il a 112 pieds de long, 28 de large, et 16 de creux. Sur le pont il y a deux parapets élevés de trois pieds, qui se joignent au moyen de deux autres parapets de la même hauteur ; les premiers sont droits, les seconds sont arrondis. L'espace compris entre tous les quatre est de dix pieds de large, sur 94 de long. Un dôme élevé de trois pieds seulement au-dessus des parapets couvre l'extrémité qui avoisine la poupe ; les autres parties de ces parapets sont couvertes par des panneaux qui s'enlèvent à volonté, mais qui ferment très-hermétiquement. Les parapets et le dôme sont en fer, comme tout le reste du navire, et ils sont, comme le pont, épais de six pouces. Les murailles, jusqu'à 3 pieds au-dessus du pont, ont pareillement six pouces d'épaisseur. Plus bas, la carène qui ne peut jamais être exposée aux coups de l'ennemi, est bordée avec des feuilles de tôle épaisses seulement de 4 lignes. Chaque membre de la carène est composé de deux bandes de fer soudées entre elles à angle droit, et ayant chacune deux pouces d'épaisseur, sur cinq de largeur.

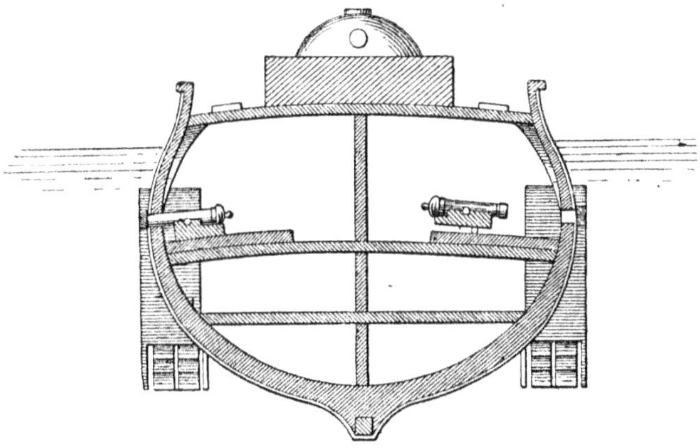

Fig. 121. — *L'Invisible* de Montgéry (1825).

Autour du dôme il y a plusieurs trous, devant chacun desquels il y a une soupape qui se ferme lorsqu'elle s'enfonce dans l'eau ou lorsqu'elle est frappée momentanément par les vagues. C'est à l'aide de ces trous qu'on regarde sur l'horizon, et qu'on fait gouverner, lorsque le navire, à l'exception du dôme, est caché sous l'eau. L'Invisible est gréé avec deux mâts à antennes, un bâton de foc, et un grand mât qui porte une grande voile, un hunier et les bonnettes correspondantes. Les mâts sont à charnière, et sont soutenus chacun par un étai et deux haubans seulement. Tout ce gréement se loge à volonté entre les parapets.

Indépendamment de ce gréement, l'Invisible a des rames de deux espèces, dont je supprime la description, parce qu'elle exige de longs détails. Je supprime pour le même motif la description d'une machine à poudre qui est le moteur de la principale rame, lorsque le bâtiment navigue entre deux eaux. Dans cette situation et dans toute autre, l'équipage, qui est de 125 hommes, est à même d'agir aussi sur les rames aux quelles, pour troisième moteur, on peut appliquer une machine à vapeur, lorsqu'on navigue à la surface de la mer.

Dans l'intérieur de l'Invisible, à neuf pieds au-dessous du pont, il y a un plancher horizontal. L'espace supérieur forme l'entrepont ; l'espace inférieur

32 Nous ignorons si de Montgéry a publié ou fait connaître dans un rapport secret adressé au Ministre de la marine sa méthode pour découvrir et « détruire » les sous-marins. Peut-être veut-il faire allusion à l'emploi des aérostats qui permettent, en s'élevant à une certaine hauteur, de distinguer les objets immergés, comme l'expérience en a été faite.

forme la cale. L'entrepont ne reçoit aucune cloison qui puisse gêner la circulation de l'air. La cale est divisée en cases d'environ six pieds carrés, mesurées horizontalement, et plus ou moins profondes, selon les façons de la carène. Une partie de ces cases est destinée à admettre de l'eau pour faire plonger le navire ; une autre partie à condenser de l'air, et une troisième, enfin, à recevoir des vivres et des munitions.

L'artillerie se compose de 8 carronades du calibre de 24 placées autour des parapets, et de 4 carronades du calibre de 100, placées dans l'entrepont. Les unes et les autres sont à peu près installées comme les colombiades sous-marines de Fulton. Les carronades de 24 peuvent cependant servir d'après la méthode ordinaire. Outre cette artillerie, il ne serait pas inutile de pourvoir l'Invisible de torpilles, de fusées sous-marines, d'un éperon pareil à celui des galères des anciens, et de pompes refoulantes lançant du feu grégeois. La meilleure composition, en pareil cas, semble être : trois parties de naphte ou pétrole rectifié, et une partie de nitrate de potasse, réduit en poudre impalpable.

Il est facile de concevoir, d'après tout ce qui précède, que l'Invisible, en plongeant de manière à laisser paraître son dôme seulement au-dessus de l'eau, entrerait, sans redouter les anciens moyens de défense, dans les rades et dans les ports ennemis, et y détruirait toute espèce de machines flottantes. Il est impossible de prévenir les attaques de ce genre, et encore moins celles en pleine mer, en armant un grand nombre de navires pareils à l'Invisible, puisque celui-ci, en plongeant tout à fait, se déroberait à tous les regards et à toute poursuite. Il dirigerait sa course, pendant qu'il serait entre deux eaux, au moyen de la boussole. L'air contenu dans l'entrepont, ainsi que dans plusieurs réservoirs où il aurait été condensé, suffirait à l'équipage pendant plus de 4 heures. Cet équipage toutefois aurait rarement besoin de naviguer tout ce temps entre deux eaux. Il pourrait surgir, sans danger, au bout d'une demi-heure, de façon à voir au travers des trous du dôme ; car eût-il alors le malheur de se trouver à quelques toises des chasseurs, il aurait plutôt recommencé à plonger et à faire fausse route, que l'ennemi n'aurait acquis le tirant d'eau et la situation nécessaires, pour faire usage d'aucune arme sous-marine.

J'ai admis jusqu'ici que l'attaque susdite s'effectuât en plein jour. Si elle avait lieu au contraire pendant la nuit, il serait très difficile, même à une fort petite distance, et sans qu'il y eût la moindre habileté dans la manoeuvre de l'Invisible, que les chasseurs pussent apercevoir son dôme ou son sillage. Il en résulte pour ce navire la faculté complète, pendant les longues et profondes nuits d'hiver, de s'introduire dans de grandes rades, telles que celles de Plymouth et de Portsmouth, sans que les flottes les plus nombreuses de navires sous-marins l'empêchent de défoncer la carène de tous les navires du vieux système qui se trouveraient dans ces rades.

La distance considérable qui sépare les États-Unis de l'Angleterre, le peu de disposition manifestée dans ces états pour attaquer aucun port européen, et le désir naturel en temps de guerre, d'obtenir promptement de nouvelles ressources sont des circonstances qui ont dû empêcher Fulton, en 1815, de construire un navire sous-marin propre à exécuter des voyages de long cours... Peut-être aussi a-t-il craint qu'un navire de ce genre ne frappât l'attention des forbans, et ne devint pour le commerce et les relations maritimes un fléau plus grand que la domination britannique. La même crainte m'a empêché, pendant plusieurs années, de publier la description de l'Invisible. Mais j'ai changé de résolution, parce que, je le répète, j'ai trouvé des moyens infaillibles de réprimer les pirateries qui s'exerceraient à l'aide de pareils armements. J'espère, sous ce rapport, avoir rendu service à toutes les nations ; car des mécaniciens s'occupent en différents pays de perfectionner les navires sous-marins ; et, ainsi que je viens de le faire, ils devaient finir par procurer à ces navires la triple faculté d'exécuter de grandes traversées, de se diriger facilement entre deux eaux contre les bâtiments du vieux système, et d'éviter la poursuite d'escadres sous-marines, même en plein jour. Le Nautilus et le Mute de Fulton possédaient ensemble ces diverses qualités, et avant leur construction, les mêmes idées avaient déjà été émises séparément. On n'avait pas encore, il est vrai, pourvu les navires sous-marins des moteurs qui leur convinssent dans toutes les circonstances, mais il n'était pas difficile de songer à la poudre à canon, dans l'état actuel de la science.

« L'Invisible II » De Montgéry (1823)

Dans son *Mémoire sur la navigation et la guerre sous-marine*, publié par les *Annales Maritimes* de 1823, p. 340, de Montgéry donne la description d'un second projet de bateau sous-marin auquel il imagina d'appliquer comme moteur la marte-note, singulier engin inventé, en 1703, par Martenot, et publié dans le recueil des Machines approuvées par l'*Académie royale des Sciences*, sous le titre : *Manière de réunir en une seule rame les propriétés de plusieurs.*

On voit que Mongéry doit être compté parmi les précurseurs, puisqu'il a prophétisé, plus d'un demi-siècle à l'avance, l'emploi de sous-marins autonomes à double moteur. Ses idées, originales et hardies pour l'époque, ont été réalisées depuis pour la plupart : coques en fer, moteur à vapeur pour naviguer à la surface ; moteur à gaz détonant pour naviguer sous l'eau; tourelles à éclipses, tubes sous-marins pour le lancement de matières incendiaires (devenus les tubes lance-torpilles), etc.

CHAPITRE XV

De Montgéry à Bauer

Nouveau projet de sous-marin du marquis d'Aubusson La Feuillade. — Projet de bateau-canon sous-marin du général Boisseroles. — Bateau-plongeur de Castéra. — Essais de Villeroi à Noirmoutiers et à Saint-Ouen. —Fin tragique du Dr Petit, d'Amiens, à Saint-Valéry-sur-Somme. — Dr Payerne et Bouet.

Marquis d'Aubusson La Feuillade
(1825)

En 1825, le marquis d'Aubusson La Feuillade publia une brochure intitulée : *Mémoire sur un nouveau système de guerre et de construction maritime et sur un moyen nouveau de navigation*, dans laquelle, après avoir critiqué ses devanciers, il donne un nouveau projet de sous-marin qui n'offre aucun intérêt.

Projet du général Boisseroles
(1826)

En 1826, le général français Boisseroles proposa de construire un bateau-canon sous-marin pour aller couler les navires ennemis mouillés en rade de Cadix. L'ingénieur de la marine Marestier fut chargé d'examiner le projet présenté par cet officier général. Voici un extrait du rapport qu'il envoya par la suite au ministre :

> Pour tenir le canot submergé et le remonter à la surface de l'eau, M. Boisseroles attache extérieurement, à la partie inférieure, une masse de lest assez considérable pour la retenir au fond. Cette masse est fixée par les boulons faciles à repousser, afin qu'on puisse l'abandonner si quelque circonstance déterminait à venir promptement à la surface. Dans le cas ordinaire elle doit servir de quille ou plutôt de chariot au canot.

Quant au moyen d'entretenir la respiration des hommes c'est le même proposé par Fulton ; il consiste à embarquer dans un grand état de compression de l'air ou de préférence du gaz oxygène. M. Boisseroles n'ouvre le « réservoir du gaz qu'après avoir expulsé une partie de l'air impropre à la respiration ». Le bateau étant fermé de toutes parts, on ne reçoit le jour qu'au travers de fortes glaces défendues par un grillage en fer. Le bateau doit marcher au moyen de rames... M. le général Boisseroles pense que des manchons ou des braies en toile permettraient le mouvement de ces rames qu'il suffirait de présenter tantôt verticalement, tantôt horizontalement à l'action de l'eau. Les expériences faites jusqu'ici garantissent le succès à une petite profondeur. De nouvelles expériences n'ajouteraient donc probablement rien à ce que l'on sait et il resterait toujours les difficultés d'atteindre avec certitude et célérité un point déterminé.

Bateaux-plongeurs de Castéra (1828)

En 1828, Castéra, qui, depuis plus de trente ans, poursuivait l'étude de la navigation sous-marine, dans un but plutôt pacifique que guerrier, prit un brevet pour divers modèles de bateaux-plongeurs de sauvetage.

Nous allons donner, d'après les brevets, la description du plus intéressant d'entre eux.

Ce bateau-plongeur (fig. 122 et 123) était relié à un flotteur par deux cordes s'enroulant sur des treuils manoeuvrés de l'intérieur du bateau. Un tuyau d'aération débouchait au milieu de ce flotteur.

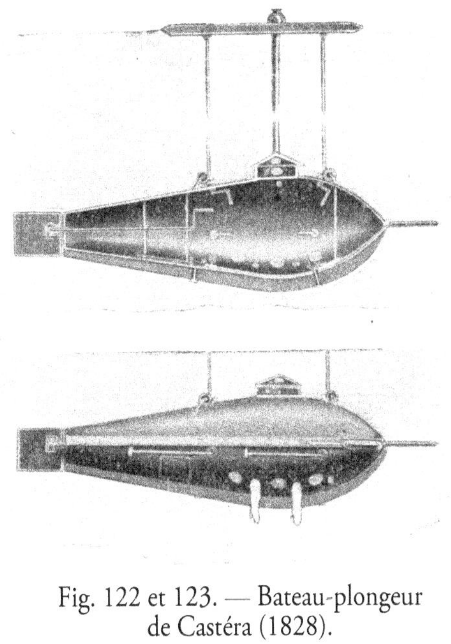

Fig. 122 et 123. — Bateau-plongeur de Castéra (1828).

L'intérieur du bateau était divisé en quatre compartiments. Celui du milieu était le plus grand. Il recevait deux hommes formant l'équipage. Les compartiments extrêmes contenaient le lest d'eau pour l'immersion. Un tuyau muni d'un robinet et situé à la partie inférieure reliait les deux réservoirs à eau pour pouvoir établir l'équilibre.

Le quatrième compartiment était situé entre le réservoir arrière et la chambre d'équipage. Il avait une porte de sortie pour les scaphandriers et formait chambre étanche pour éclusée.

La propulsion était obtenue avec deux paires de rames.

Deux gouvernails, l'un vertical situé à l'arrière et l'autre horizontal situé à l'avant, servaient à la direction de l'immersion.

Sur le flanc du bateau, deux manches en cuir, dans le voisinage de hublots, permettaient aux plongeurs de saisir des objets autour d'eux. Un lest en fonte, situé sous le bateau, pouvait être abandonné rapidement en cas d'accident.

Enfin Castéra prévoyant un arrêt prolongé proposait de munir son bateau de pieds ou étais.

Son brevet renferme beaucoup d'aperçus ingénieux, soit pour la propulsion du bateau, soit en ce qui concerne ses plongeurs ; il les munissait de vêtements imperméables appliqués sur le corps par l'intermédiaire de moules en bois qui devaient recevoir la pression de l'eau et la répartir sur le corps.

Villeroi
(1832-1835)

En 1832, l'ingénieur Villeroi construisit un petit bateau sous-marin avec lequel il se livra, à Noirmoutiers, à des expériences dont on parla beaucoup à l'époque.

Voici un extrait d'un procès-verbal signé par le maire, les adjoints, le juge de paix, etc., de Noirmoutiers, certifiant que, le 12 août 1832, M. Villeroi accomplit en leur présence les expériences suivantes :

> Descendu avec un homme, dans son sous-marin de 10 pieds de long, 3 de large et 3 1/2 de hauteur, M. Villeroi resta sous l'eau de 3 h. 15 à 3 h. 35 de l'après-midi. Pendant 10 minutes il navigua ; ensuite il évolua sous l'eau. Il revint à la surface à 3 h. 45 étant resté renfermé dans son sous-marin pendant 55 minutes.

En 1835, Villeroi recommença ses essais à Saint-Ouen, en présence du contre-amiral Bergeret, du général Juchereau, de nombreux officiers de marine et de l'amiral anglais Sydney Smith (*Le Constitutionnel* du 25 août 1835, n° 237).

Le comte de Liancourt, secrétaire de la Commission supérieure des naufrages, et un correspondant du *Réformateur* descendirent sous l'eau avec l'inventeur et restèrent enfermés dans le sous-marin pendant deux heures sans ressentir la moindre gêne durant la première heure.

A la suite de ces essais, une Commission, composée de MM. le vice-amiral Halgan, le baron Rolland, Barbé, Lamblardie, de Montgéry et Zédé (ce dernier secrétaire), fut nommée afin d'examiner le bateau sous-marin de M. Villeroi. Son rapport ne fut pas favorable et il ne fut pas donné suite au projet de l'inventeur.

Nous verrons celui-ci revenir à la charge en 1855 et, plus tard, faire accepter aux Américains son bateau sous-marin, en pleine guerre de Sécession, en 1863.

Dr Petit
(1834)

En 1834, un médecin d'Amiens, le Dr Jean-Baptiste Petit, construisit un petit bateau sous-marin dont la description nous est donnée par Delpeuch, d'après des renseignements qui lui ont été fournis par M. Godey, commissaire de l'Inscription maritime à Saint-Valéry-sur-Somme ; ce dernier les tenait lui-même d'un témoin oculaire, M. Boyer, capitaine au long cours, âgé de 80 ans.

> Ce sous-marin était en métal et avait la forme d'un cigare de 4 mètres de longueur. Il était manoeuvré de l'intérieur par une paire d'avirons. Au-dessus du navire se trouvait le panneau d'entrée, qui contenait un siège, comme dans les périssoires, lorsqu'on naviguait à la surface, et pouvait se fermer hermétiquement par un couvercle lorsqu'on voulait s'immerger.

> Le Dr Petit se rendit d'Amiens à Saint-Valéry-sur-Somme, le 15 août 1834, en naviguant à la surface de la rivière. Comme son arrivée était signalée, un millier de personnes se pressaient le long des rives du bassin entre les deux écluses où l'inventeur devait faire ses expériences. Assis dans l'ouverture de son bateau, le docteur fit une fois le tour du bassin en saluant le public, puis il accosta le quai pour prendre chez un boucher de la ville de gros poids destinés à faciliter la plongée de son bateau. A un moment donné, il cria adieu à la foule, rentra dans son engin dont la porte se referma et qui s'enfonça sous l'eau. On s'attendait à le voir remonter, un instant après, plus ou moins loin de l'endroit où il s'était immergé; mais l'attente fut trompée. Environ vingt minutes après sa disparition, on aperçut, montant à la surface (probablement quelque signal du malheureux !) plusieurs bouchons retenus par des ficelles, sans pouvoir s'expliquer leur signification. Enfin le public, ne voyant rien revenir, pensa que l'embarcation, en coulant, avait dû se défoncer sur les blocs de pierres du fond. Comme on ignorait la situation exacte de l'appareil et que l'on ne disposait pas de moyens suffisants pour le relever, on dut attendre la marée basse du lendemain pour vider le bassin. On trouva alors le bateau sous-marin intact avec, dans l'intérieur, son malheureux inventeur, asphyxié.

Les registres de l'état civil de Saint-Valéry-sur-Somme contiennent l'acte de décès de Jean-Baptiste Petit, médecin, âgé de 31 ans, né à Moreuil (Somme), domicilié à Amiens, mort le 15 août 1834, vers 8 heures du soir.

Dr Payerne et Bouet (1846)

Le Dr Payerne, avec le concours financier de Bouet, prit, le 29 août 1846, un brevet pour un bateau sous-marin différant complètement de son *Hydrostat* comme forme.

Nous ne nous attarderons pas à la description du brevet, préférant donner un résumé du mémoire publié dans le Bulletin de la *Société d'Encouragement pour l'Industrie nationale* (janvier 1849) d'après le bateau construit par Lemaitre.

Tout en conservant les principes qu'il avait appliqués antérieurement à son Hydrostat (V. p. 85), Payerne adopta la forme d'un bateau sous-marin ovoïde, terminé en avant par un cône ogival et en arrière par une calotte sphérique (fig. 124 à 127).

Ce bateau, entièrement construit, en tôle de fer, mesurait 9 mètres de longueur et 3 mètres de diamètre. Il était muni extérieurement d'anneaux d'amarrage.

On pénétrait par un trou d'homme à l'intérieur qui était divisé en deux chambres. Celle d'avant, d'une capacité d'environ 23 mètres cubes, servait de réservoir d'air comprimé et essayé à 7 atmosphères. Celle d'arrière servait de chambre de travail. Une porte étanche mettait en communication les deux chambres qui étaient munies sur le fond, la première de deux trappes H et I, et la seconde d'une autre trappe J, pour pouvoir descendre dans l'eau.

Ces trappes correspondaient à deux sortes de puits ou évidements de la partie inférieure de la coque ; l'un L était nu, l'autre était muni d'un treuil actionné de l'intérieur par un volant. Ils étaient ouverts et béants à la partie inférieure. Un plancher divisait les chambres en deux étages inégaux, au-dessous se trouvaient les réservoirs à lest d'eau pour l'immersion.

On comprimait l'air dans la chambre d'avant. Une fois la provision faite on fermait le trou d'homme G et l'on élevait la pression de l'air dans la chambre de travail en ouvrant un

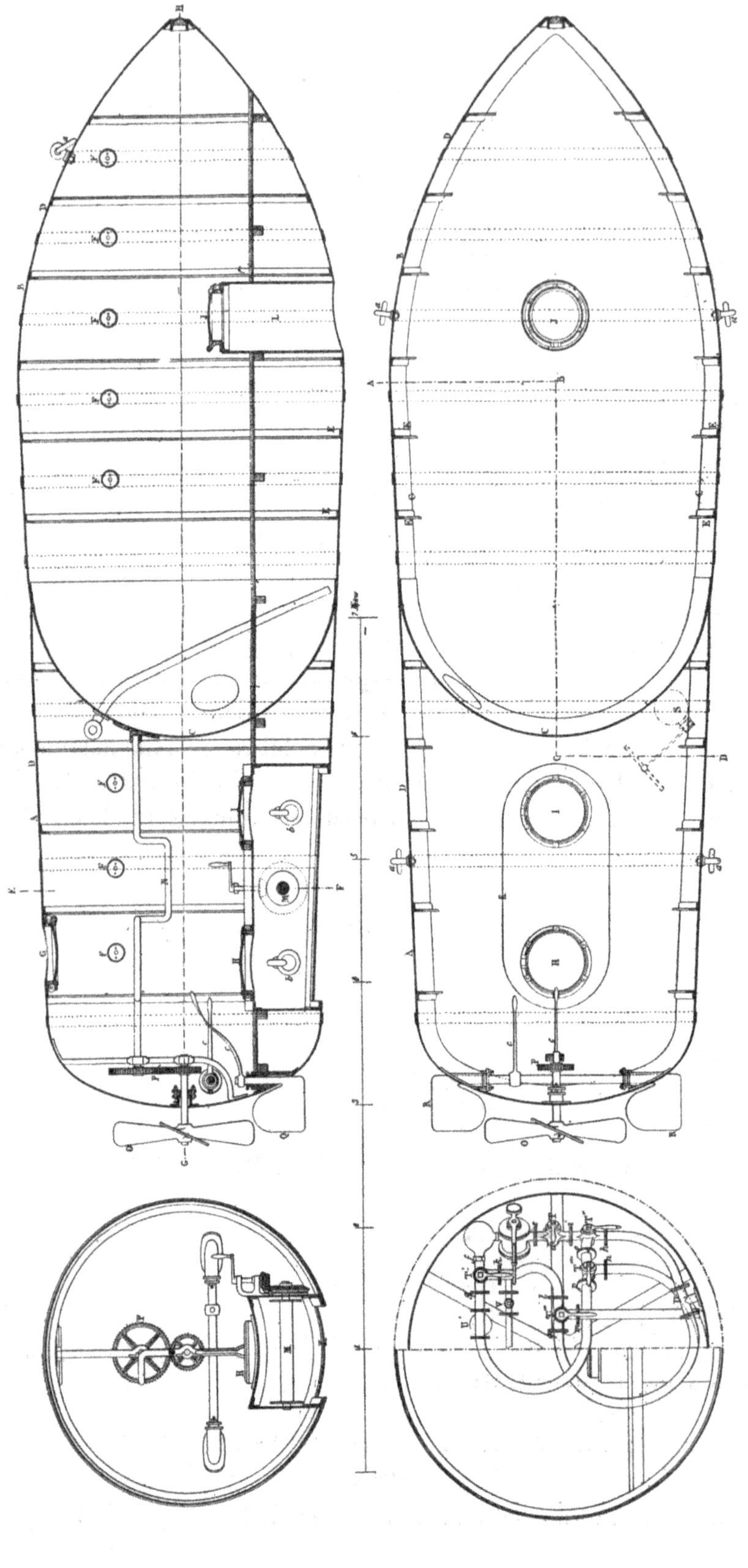

Fig. 124 à 127 - Bateau-cloche de Bouet et Payenne (1846)

robinet qui la mettait en communication avec la chambre d'avant. Quand la pression était suffisante pour empêcher l'eau de pénétrer à l'intérieur, on ouvrait les trappes H et I et les scaphandriers descendaient dans l'eau.

Les objets repêchés étaient placés à l'intérieur de la chambre de travail ou, s'ils étaient trop volumineux ou trop pesants, ils étaient accrochés aux anneaux bb du puits d'arrière ou au treuil M. En chassant de l'eau de réservoirs inférieurs on pouvait remonter à la surface. Deux séries de hublots éclairaient l'intérieur des chambres.

Dans la chambre arrière se trouvait un arbre coudé N qui actionnait une hélice à quatre branches O servant de propulseur. Un gouvernail vertical Q donnait la direction dans le plan horizontal et deux gouvernails horizontaux RR aidaient à l'immersion et à l'émersion. Pour revivifier l'air de la chambre de travail on le faisait passer de la chambre d'avant dans celle d'arrière.

Le problème de la respiration a fait l'objet de minutieuses et longues expériences de la part du Dr Payerne. Il fit, à diverses reprises, des communications à l'Académie des Sciences. La première, qui date de 1845, porte : *Sur un appareil destiné à séjourner longtemps sous l'eau.*

En 1846, Payerne et Bouet offrirent de mettre le bateau qu'ils avaient fait construire et avaient essayé sur la Seine, à Paris, à la disposition des physiciens et des physiologistes qui auraient voulu faire des expériences et pour lesquelles un appareil de ce genre était nécessaire Enfin en 1856, le Dr Payerne fit à l'Académie des Sciences une communication sur la *Nécessité de purifier l'air du bateau sous-marin quand l'eau au milieu de laquelle il est immergé est dans un état d'immobilité.*

Nous signalons ici surtout celles de ses communications qui offrent un réel intérêt au point de vue de la solution primordiale du problème de l'habitabilité à bord des sous-marins. Ce problème est, sans conteste, un des plus importants de la navigation sous-marine. Le lecteur pourra se reporter aux comptes rendus de l'Académie des Sciences, ainsi qu'aux intéressants travaux, faits depuis lors, par les Dr Folley, Paul Bert, Michel, Layet, etc.

CHAPITRE XVI

Wilhelm Bauer et Lodner D. Phillips

Le Brandtaucher ou Plongeur Marin de Wilhelm Bauer. — Expériences suivies d'accident dans le port de Kiel. Bauer et ses compagnons se sauvent ; mais le Brandtaucher termine sa courte carrière au fond du port où il demeure enseveli pendant trente-sept ans. — Bauer passe en Autriche où il est bien accueilli ; mais l'ineptie du ministre von Baumgarten l'empêche de mettre ses projets à exécution. — Bauer se rend en Angleterre où il se voit dépouillé de son invention, n'ayant pas rempli les formalités légales pour la prise de brevet. — Le cordonnier américain Lodner D. Phillips fait construire deux sous-marins fort intelligemment conçus et donne un formel démenti à l'adage : Ne sutor...

LE « Brandtaucher » ou « plongeur marin » de Wilhelm Bauer (1850)

Wilhelm Bauer est, sans contredit, l'inventeur allemand qui s'est le plus occupé de navigation sous-marine, et il mérite, à cet égard, une place à part dans l'histoire de cette branche de l'art nautique.

Son histoire est celle de tous les inventeurs méconnus, qui, luttant contre l'adversité, laissent de leur passage dans la vie un bel exemple de courage et d'abnégation.

Nous sommes redevables à Louis Hauff (*Die Unterseische Schiffahrt, Munich*, 1859), ainsi qu'à Frédéric Hofman (*Die Gartenlaube*, Leipzig, 1869) et à M. E. Meitner (*Das Bayerland,* 1901) des détails relatifs à sa vie et à ses expériences.

Wilhelm Bauer est né à Dillingen (Bavière) en 1822. Il était tourneur lorsqu'il entra, vers 1842, dans l'armée bavaroise où il servit pendant sept ans aux chevau-légers jusqu'à ce que, ses aptitudes techniques ayant été reconnues, on l'admit dans l'artillerie. Pendant la guerre entre l'Allemagne et le Danemark, Bauer, étant sous-officier d'artillerie, fut frappé des ravages causés par la flotte danoise sur les côtes allemandes. Il résolut d'inventer un engin sous-marin destiné à agir en secret contre cette flotte. En 1850, il fit exécuter, à Kiel, dans les ateliers de MM. Schneffel et Howald, son premier sous-marin, auquel il donna le nom

Fig. 128. — Wilhelm Bauer (1822-1875).

de *Der Brand-taucher (le Plongeur Marin)*. Le prix de revient de ce bateau s'élevait à 13 800 francs et fut payé grâce au concours de quelques amis de l'armée de Schleswig-Holstein.

Le professeur de physique G. Karsten, de Kiel, qui n'admettait pas le principe de l'inventeur, lui fit modifier certaines parties de son sous-marin. Animé d'un esprit hostile à l'égard de Bauer, ce professeur a critiqué, dans la suite, ses théories et ses principes dans un article intitulé : Un inventeur allemand. Il y décrit les mésaventures d'un bateau sous-marin, le pauvre Diable marin, qui, malgré les efforts et tentatives de relevage faits pendant le cours des années 1855-1856, est encore, dit-il, dans sa tombe marine, enseveli au fond du port de Kiel.

Le *Brandtaucher* (fig. 129 à 131) avait 8 mètres de longueur ; 1^m,85 de largeur maxima ; 2^m,70 de hauteur à l'avant ; 2^m,50 à l'arrière, et son déplacement en immersion était de 35 tonneaux.

Ce bateau était mis en mouvement à l'aide d'une hélice que l'on faisait tourner à bras par l'intermédiaire d'une double roue, placée au centre du navire, et d'une série d'engrenages. Au-dessous de l'hélice se trouvait le gouvernail, qui se manoeuvrait avec des tringles pénétrant à l'intérieur de la coque au travers de presse-étoupes, et aboutissant à un jeu d'engrenages mus par une petite roue à bras située à bâbord avant du navire. L'immersion était produite par l'introduction d'eau dans un double fond placé à la partie inférieure du bateau. Une pompe, située à bâbord arrière du navire, permettait de refouler cette eau, pour le faire remonter. Deux panneaux, placés sur les flancs du sous-marin et pouvant se clore hermétiquement, servaient de porte d'entrée.

Ce bateau sous-marin était très bien compris, pour l'époque, et sa construction semble avoir été fort soignée. Mais ce qui constituait vraiment son originalité et le différenciait de ceux qui l'avaient précédé, c'était le dispositif destiné à assurer la stabilité d'immersion en route, si difficile à obtenir. A cet effet, Bauer déplaçait horizontalement, vers l'avant ou vers l'arrière, suivant que le navire avait tendance à remonter ou à plonger, un gros poids mis en mouvement, d'une quantité aussi faible qu'on le désirait, au moyen d'une vis engrenant par des pignons avec une tringle. La manoeuvre se faisait à l'aide d'une petite roue placée à l'avant.

Cet appareil est digne de remarque, car il offrait, après l'hélice à axe vertical de Bushnell et les gouvernails horizontaux de Fulton et de Castéra, une nouvelle solution du problème de la stabilité longitudinale en immersion.

Malheureusement, le *Brandtaucher* manquait d'une qualité essentielle : la solidité. Et on le vit dès ses premiers essais, qui faillirent être funestes à Bauer.

Voici le résumé de cette dangereuse expérience dont le récit palpitant se trouve, nous l'avons dit, dans le journal Das Bayerland.

Au mois de décembre 1850, Bauer avait déjà fait, dans le port de Kiel, une première expérience qui avait eu pour résultat d'effrayer les navires ennemis bloquant la rade et de leur faire prendre le large.

Le 1er février 1851, à 9 heures du matin, Bauer s'immergea de nouveau avec deux matelots, nommés Witt et Thomsen, dont l'histoire doit conserver le souvenir comme elle l'a fait pour les modestes et dévoués collaborateurs de Fulton, en France.

Pendant quelque temps, le *Brandtaucher* navigua sous l'eau ; mais arrivé à l'endroit du port où l'eau était la plus profonde, les tôles de l'arrière ayant cédé, le navire s'enfonça rapidement, malgré tous les efforts de son équipage pour chasser l'eau des réservoirs.

Le lest de fonte ayant glissé, la descente fut activée. Le navire se dressa verticalement, tandis que les parois, cédant à la pression de l'eau, tendaient à se rejoindre, brisant tous les appareils renfermés dans le bateau. Enfin, celui-ci se coucha sur le fond par 18 mètres d'eau. La position semblait désespérée. Cependant Bauer, ne perdant pas courage et sentant qu'il fallait à tout prix sortir du navire à moitié écrasé, ordonna à ses hommes de laisser de nouveau l'eau pénétrer dans les réservoirs, afin que, celle-ci comprimant l'air intérieur, la pression vînt équilibrer la poussée supportée par le panneau d'entrée et permît d'ouvrir celui-ci pour s'échapper.

Fig. 129. - Le Brandtaucher de Wilhelm Bauer (1850).
(Exposé dans la cour de l'École navale de Kiel.)

Les matelots, qui jusqu'alors avaient montré assez de sang-froid, ne comprenant pas, dans leur ignorance, ce que leur expliquait Bauer, se refusèrent à exécuter ses ordres et allèrent même jusqu'à l'injurier. Celui-ci, les menaçant à son tour puis les exhortant, finit par les convaincre.

On se mit au travail à la lueur glauque pénétrant par les hublots. Les remarques judicieuses de Bauer au sujet de tout ce qui les entourait, de la voix des personnes placées à la surface et dont les moindres paroles arrivaient jusqu'à eux, finirent par convaincre Witt et Thomsen qui, reprenant courage, déclarèrent dans un mouvement d'enthousiasme « que s'ils en réchappaient et que Bauer voulût reconstruire un autre bateau sous-marin, ils seraient prêts à le suivre de nouveau ».

Après bien des efforts et des inquiétudes causées par des ancres avec lesquelles les personnes restées à la surface essayaient d'accrocher le navire, mais qui menaçaient d'en crever les vitres, l'air, comprimé dans le bateau par l'entrée de l'eau, ayant équilibré la pression extérieure, le panneau put être soulevé. Bauer et ses deux compagnons réussirent alors à s'échapper et remontèrent à la nage. Il était trois heures de l'après-midi. Les navigateurs étaient donc restés enfermés pendant cinq heures dans le bateau qui avait failli devenir leur tombe sous-marine. Aussi furent-ils accueillis par les cris enthousiastes d'une foule émue qui les croyait à jamais perdus.

Le *Brandtaucher* resta au fond de l'eau pendant de longues années, car les diverses tentatives faites pour le renflouer demeurèrent vaines.

Ce fut seulement en 1887 que, grâce aux travaux de recherches de M. Bagger, on parvint à le retirer du fond du port, où il était resté pendant trente-sept ans ! Il est exposé maintenant dans la cour de l'École navale de Kiel.

Bauer en Autriche

Manquant de ressources, après son insuccès et le refus du gouvernement bavarois de subvenir aux frais de construction d'un nouveau sous-marin, Bauer s'adressa au roi Maximilien qui, sur sa cassette particulière, pourvut à ces frais. Il se rendit en Autriche, où, grâce à l'intervention d'une dame charitable de la haute noblesse, il obtint l'appui de l'empereur. Une commission technique officielle, nommée pour examiner les plans de Bauer, fit au Conseil de l'Amirauté un rapport favorable.

Une centaine de mille francs furent mis à la disposition de l'inventeur par l'Amirauté, par le Ministère du commerce de Vienne, par la Bourse de Trieste et la Société du Lloyd. Le ministre von Baumgarten, un peu par ignorance complète de la question et un peu aussi à cause des mêmes considérations sentimentales qui firent repousser les offres de Fulton, se refusa à donner suite aux projets de Bauer, malgré le rapport favorable de la Commission technique et du Conseil de l'Amirauté.

Bauer en Angleterre

Sans se décourager, Bauer se rendit alors en Angleterre où il fut, tout d'abord, bien accueilli. Le prince Albert s'intéressa à lui pendant plusieurs années et le recommanda à quelques grands personnages s'occupant d'industrie, tels que lord Palmerston et Scott Russel, constructeurs du *Leviathan.* Ce fut dans leurs ateliers que Bauer, aidé des ingénieurs Charles Fox et Brunell, traça et exécuta pendant sept mois les plans d'une corvette de guerre et d'un bateau sous-marin. Il avait apporté diverses modifications à son modèle de Kiel.

C'est ainsi que son *appareil hyponautique*, comme il l'appelait, devait être muni de ventilateurs aspirant l'air extérieur par des tubes flottant à la surface : procédé renouvelé

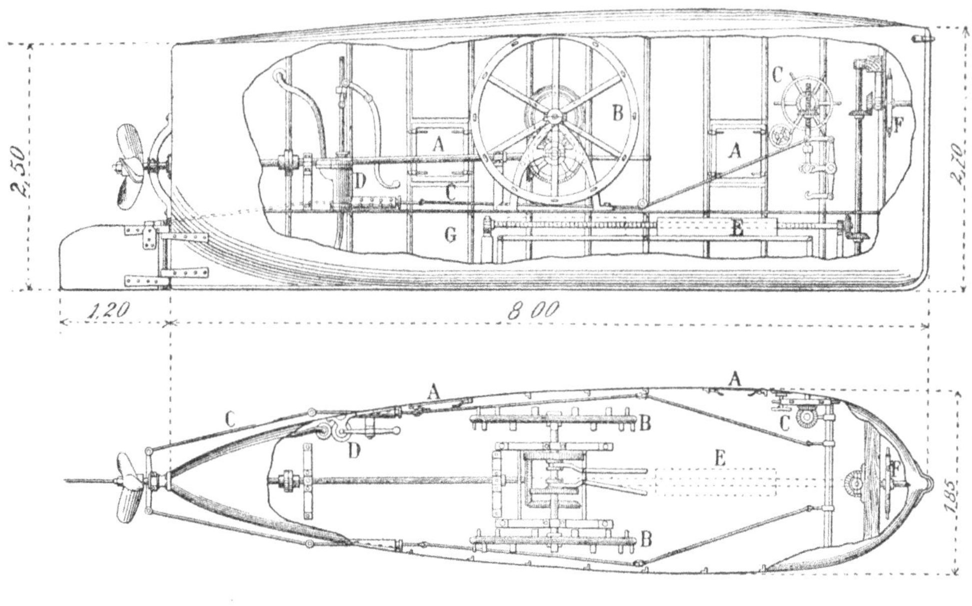

A Portes d'entrées.
B Roues actionnant l'hélice.
CC Commande du gouvernail.
D Pompe.
E Poids curseur pour assurer la stabilité longitudinale.
F Commande du poids curseur.
G Réservoir à lest d'eau pour l'immersion.

Fig. 130 et 131. — Coupe et plan du *Brandtaucher* ou *Plongeur Marin* de Bauer (1850).

de Castéra. De plus, en outre d'un poids mobile pour la stabilité d'immersion, le bateau devait être muni de gouvernails horizontaux comme le Nautilus de Fulton. Des manches en cuir fixées à la coque auraient permis à l'équipage d'effectuer des travaux à l'extérieur. Mais ce qui constituait surtout la principale caractéristique du projet de Bauer, c'est que le moteur devait cette fois, comme dans *l'Invisible* de Montgéry, être une machine à poudre dont le gaz, produit par l'inflammation d'un mélange de salpêtre, de soufre, de charbon de terre et d'ammoniaque, aurait mis en mouvement un piston actionnant une hélice à l'aide d'engrenages. L'armement prévu était constitué par 6 pétards de 500 livres de poudre chacun.

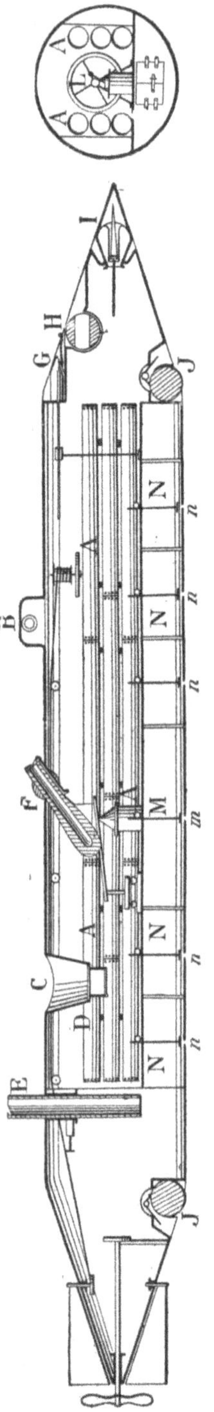

Fig. 132 et 133 - Torpilleur sous-marin de Lodner D. Phillips (1851)

Forest et Noalhat d'une part et Delpeuch de l'autre, rapportent que les ingénieurs et les constructeurs anglais tirèrent de Bauer tous les renseignements qu'ils purent puis congédièrent le malheureux inventeur frustré et dépouillé.

Delpeuch ajoute que Bauer n'ayant pas voulu communiquer ses plans à la Chancellerie anglaise — ainsi que son brevet l'indique — il facilita de lui-même la spoliation dont il fut l'objet et dès qu'il eut quitté l'Angleterre, lord Palmerston et Scott Russel s'empressèrent de construire un bateau sous-marin d'après ses idées. Ils ne furent pas heureux d'ailleurs, dans leur tentative, car, lors des premiers essais, leur sous-marin sombra avec tout son équipage.

Burgoyne, dans son livre : *Submarine navigation*, semble partager cette manière de voir. Il dit en effet :

> Il y a probablement quelque vérité dans ce fait, car Scott Russel construisit quelque temps après un bateau sous-marin qui n'eut pas de succès et ressemblait grandement à ceux de Bauer dans plusieurs détails.

Lodner D. Phillips (1851)

En 1851, un cordonnier américain, Lodner D. Phillips, de Chicago, fit sur le lac Michigan des essais remarquables avec un sous-marin affectant la forme d'un cigare allongé, parfaitement cylindrique, terminé par deux cônes (fig. 132 et 133).

Phillips fit construire deux modèles ; l'un destiné aux explorations et l'autre à la guerre sous-marine. Ils ne différaient que par leurs dimensions ; le second seul possédait un armement ; nous le décrivons ci-après.

A la partie inférieure et sur toute la longueur de la partie cylindrique se trouvaient les réservoirs à lest d'eau N, N. Quand tous ces réservoirs, sauf celui du milieu, étaient remplis, le bateau s'immergeait à fleur d'eau. Un appareil automatique d permettait de remplir le réservoir central juste au degré voulu pour descendre à une profondeur déterminée. Contre les parois latérales étaient appliqués des cylindres A, A remplis d'air comprimé.

Une coupole à éclipse B servait de trou d'homme et de poste d'observation.

Un tube télescopique E permettait de faire communiquer l'intérieur du bateau avec l'air extérieur, même pendant une immersion totale jusqu'à 1 mètre.

Un double gouvernail vertical donnait la direction dans le sens horizontal.

Des poids formant ancres J, J étaient reliés par des chaînes à un tambour d'enroulement. La proue de ce sous-marin offrait cette particularité qu'elle était munie d'un joint sphérique à glissière I permettant l'introduction et la manoeuvre d'instruments de toutes sortes : scies, pinces, etc.

Une série de hublots permettaient de voir pour la manoeuvre de ces divers engins.

Des pompes à air forçaient l'air du bateau à passer dans une série de tubes, plongés dans les réservoirs d'eau et terminés en pomme d'arrosoir. L'air en barbotant dans l'eau se rafraîchissait et abandonnait son acide carbonique.

D'après l'inventeur — qui est resté enfermé dans son bateau pendant une journée entière avec sa femme et ses deux enfants — quatre personnes avaient de l'air respirable pendant dix heures consécutives.

Pour maintenir l'équilibre longitudinal du bateau, un pendule placé au centre de celui-ci actionnait des valves et déterminait l'introduction de l'eau soit dans un réservoir d'avant, soit dans un réservoir d'arrière. Lorsque le bateau avait repris son horizontalité, le pendule redevenait vertical et le passage de l'eau d'un réservoir dans l'autre cessait. L'hélice, actionnée par deux hommes, a donné une vitesse de 4 nœuds et demi à l'heure.

Phillips avait projeté d'installer un générateur et un moteur à vapeur, mais il n'a pas mis son projet à exécution. Un tube coudé, muni d'une valve, était prévu pour l'échappement de la fumée, tout en empêchant l'introduction de l'eau. La fermeture du foyer était prévue hermétique.

Une sorte de robinet à boisseau permettait le chargement du charbon sans échappement de fumée, par une éclusée.

Les dispositions générales du torpilleur sous-marin de Phillips étaient à peu près les mêmes que celles du sous-marin ordinaire. Toutefois le diamètre du torpilleur était un peu plus grand : le huitième de la longueur au lieu du dixième. En outre la partie supérieure était protégée par de solides plaques de blindage. Un entonnoir C servait au lancement des torpilles que l'on faisait passer au travers d'un cylindre à double fermeture.

Un canon sous-marin F, dont la gueule, à fermeture automatique, était fixée à la coque par un joint sphérique, permettait de lancer des projectiles de bas en haut.

En G se trouvait une fusée. En y mettant le feu, cette fusée partait en entraînant, par un câble intermédiaire, une torpille H située en avant et au-dessous d'elle.

Plusieurs points sont à noter dans les sous-marins de Phillips, tels que la tourelle à éclipse ; le tube d'aération télescopique ; les ancres-poids ; le joint sphérique et, surtout, le pendule automatique destiné au maintien de la stabilité longitudinale pendant l'immersion. Le modeste cordonnier fut un véritable précurseur de génie, comme l'avait été le peintre Fulton ; son intelligence et sa volonté ont donné, une fois de plus, un formel démenti au sot adage : *Ne sutor...*

Phillips, nous dit le lieutenant F-M. Barber, de la marine des États-Unis, trouva la mort dans un bateau de son système tandis qu'il manoeuvrait dans le lac Érié, près de Buffalo (*Lecture on Submarine boats* ; New-Port, 1875).

On suppose qu'étant descendu trop bas, son sous-marin aura été écrasé par une trop forte pression de l'eau.

Ses plans furent recueillis et transmis, en 1870, à l'amirauté par M. Blatchford, de New-York.

Whitehead, l'inventeur de la torpille automobile, appliqua avec succès le piston hydrostatique dont l'idée première semble revenir à Phillips Depuis, la préoccupation constante des inventeurs a été de trouver un moyen rapide et automatique de remédier aux ruptures d'équilibre.

Phillips avait cherché également, comme Bauer, à purifier l'air corrompu par la respiration en le faisant barboter dans de l'eau.

CHAPITRE XVII

Période de la guerre de Crimée (1854-1855)

Projet du professeur Marié-Davy. — Pyrhydrostat du Dr Payerne. – Babbage. — Deschamps et Vilcoquet. —Lord Palmerston et Scott Russel. — Spiridonoff. — Mortier flottant de Nasmyth. — Le Diable Marin de Bauer.

La guerre de Crimée donna naissance, un peu partout, à une foule de projets de sous-marins. Anglais, Français et Russes offrirent à leurs gouvernements respectifs leurs concours empressés et leurs inventions dont la plupart n'étaient que des élucubrations dénotant souvent une ignorance absolue de la question.

> On me propose des sous-marins de tous les côtés, même de Bruxelles, disait le maréchal Vaillant à un M. Charbonnel, qui lui offrait de reconstruire le sous-marin des frères Coëssin d'après les indications que lui avaient données M. Colin, professeur de chimie à l'École spéciale militaire[33], lequel, on se le rappelle, fut un des principaux acteurs des essais de l'ipotalatique de ces inventeurs. Disons en passant qu'un des frères Coëssin vivait encore et offrait d'aider les constructeurs de ses lumières.

Nous décrirons les projets qui semblent offrir quelque intérêt et mériter une mention particulière, renonçant à donner une nomenclature plus complète, car l'afflux de propositions irrationnelles, de conceptions erronées ou mal étudiées est trop considérable. Elles se chiffrent toujours par centaines au moment de toute guerre nouvelle.

Nous renverrons le lecteur aux ouvrages de Delpeuch, de Forest et Noalhat et de Burgoyne qui sont, à notre connaissance, les plus complets.

33 Extrait d'une lettre, en date du 2 janvier 1855, adressée par M. Charbonnel au Ministre de la marine.

Marié-Davy
(1854)

En 1854, Marié-Davy, docteur ès sciences, professeur de physique à la Faculté des Sciences de Montpellier, imagina un sous-marin dont le moteur devait être une machine électro-magnétique. C'est la première application de l'électricité à la navigation sous-marine. Il construisit un petit modèle qu'il fit fonctionner.

Son sous-marin devait être muni de deux gouvernails latéraux qui, par des inclinaisons différentes, auraient permis au bateau des changements de direction.

Un gouvernail horizontal, placé à l'arrière, devait faciliter la plongée et maintenir le bateau à un niveau constant. L'avant était muni d'une sorte de tarière, en forme de trident, destinée à percer les flancs des navires ennemis si on lui communiquait un mouvement de rotation, en embrayant son arbre avec l'arbre du moteur électrique. On pouvait également munir ce trident d'une charge de poudre et, faisant sortir sa hampe de l'avant du bateau, aller porter et faire exploser la caisse à poudre sous les flancs du navire ennemi, comme Bushnell, Fulton et nombre d'autres inventeurs l'avaient déjà proposé et tenté.

« Pyrhydrostat » du Dr. Payerne
(1854)

En 1854, le Dr Payerne apporta des perfectionnements à son sous-marin de 1846 et prit un nouveau brevet. En 1857, il fit une communication à l'Académie des sciences sur son nouveau sous-marin auquel il donna le nom de *Pyrhydrostat* ou *Hydrostat pyrotechnique,* c'est-à-dire, ajoutait-il, *Pyroscaphe sous-marin réalisable à l'aide de la pyrotechnie appliquée à la production de la vapeur comme puissance motrice.*

Fig. 134- Pyrhydrostat du Dr Payerne (1854)
(Dessin de fantaisie)

Les principes qui constituent la base du nouveau sous-marin sont les suivants, d'après le brevet : 1° application, comme force motrice, de la vapeur engendrée par les moyens ordinaires; 2° application, aussi comme force motrice, de la vapeur engendrée dans une chaudière spéciale, dite pyrotechnique, à l'aide d'un combustible particulier ; 3° purification de l'air par un courant d'eau, soit naturel, soit artificiel, ou conformément au brevet pris en 1842 par M. Nanteuil ; 4°

création de différents compartiments ou divisions pour rendre la manoeuvre plus commode (des robinets établissent à volonté la communication d'un compartiment à l'autre) ; 5° création de portes latérales pour travailler sur les flancs.

Le Pyrhydrostat du Dr Payerne (fig. 134 et 135) offre plusieurs particularités fort intéressantes car elles sont l'origine des idées actuellement appliquées à la navigation sous-marine de la dernière période, et particulièrement aux submersibles.

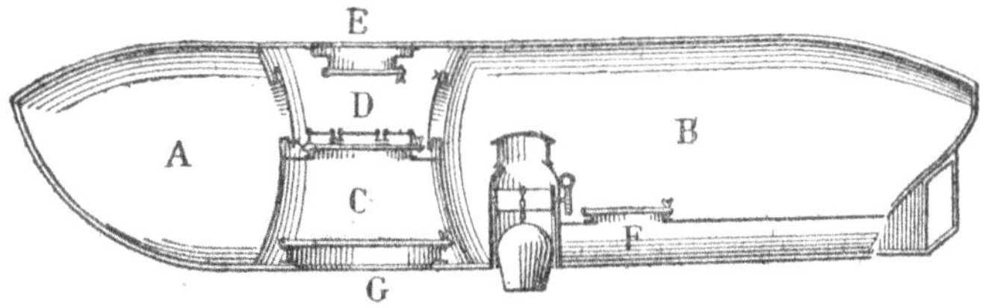

Fis. 135. — Coupe longitudinale du *Pyrhydrostat* du Dr Payerne.

L'inventeur avait prévu une chaudière à vapeur ordinaire pour la navigation à la surface et une autre chaudière, également à vapeur mais à foyer spécial, pour la navigation en immersion. Cette chaudière que Payerne appelle pyrotechnique offrait cette particularité : son foyer était intérieur, hermétiquement clos et elle était alimentée par du coke mélangé à des substances très oxygénées telles que l'azotate de soude ou de potasse pour *remplacer le courant d'air*, dit Payerne. Cette idée se trouve également appliquée de nos jours avec l'emploi de l'oxygène pour activer la combustion du pétrole.

Payerne fit de nombreux essais au Conservatoire des Arts et Métiers avec sa chaudière pyrotechnique mais n'obtint pas de bons résultats. Il avait commencé par employer du soufre qui faisait fondre les barreaux des grilles et perçait les parois de ses chaudières.

Le bateau (fig. 134 et 135) était en tôle et divisé en quatre compartiments : deux extrêmes A et B qui contenaient de l'air comprimé, le dernier renfermant également la machinerie ; un compartiment médian, dans lequel on pénétrait par le trou d'homme E, subdivisé en deux étages par une trappe D, la première chambre formant sas à air et la seconde C chambre de travail. Les plongeurs descendaient dans l'eau par le panneau G. Des réservoirs à eau F étaient ménagés à la partie inférieure du compartiment B et sur les côtés de la chambre C. Enfin, un poids suspendu à un treuil permettait de haler le bateau sur ce poids mort que l'on immergeait sur le lieu du travail.

Babbage
(1855)

Pendant la guerre de Crimée, un Anglais nommé Babbage, imagina un bateau sous-marin décrit par l'*Illustrated London News*.

Ce bateau avait la forme d'un prisme de 4 mètres de longueur, 1^{m},3o de largeur et 1 mètre de creux, terminé à chaque extrémité par des prismes triangulaires. Il était entièrement ouvert à la partie inférieure comme une cloche à plongeur. Il était toutefois muni d'une hélice mise en mouvement par quatre hommes. L'intérieur renfermait quatre compartiments étanches situés à l'avant, à l'arrière et un de chaque bord. Ces compartiments étaient remplis d'eau ou vidés, suivant les besoins, au moyen d'une pompe.

A chacune des extrémités se trouvaient deux gouvernails, agissant l'un dans le plan horizontal, l'autre dans le plan vertical. Trois sphères métalliques renfermaient de l'air comprimé. Avec l'air contenu dans les compartiments étanches et les réservoirs, Babbage estimait que l'équipage pouvait rester soixante heures environ sans avoir besoin de renouveler sa provision d'air respirable, grâce aussi à un procédé chimique permettant l'absorption immédiate de l'acide carbonique produit par la respiration. De nombreux regards disposés sur le pourtour de l'appareil et garnis de verres épais permettaient à la lumière de pénétrer à l'intérieur.

Nous ne croyons pas que ce bateau, destiné à faire sauter les défenses sous-marines du port de Sébastopol, ait jamais été employé.

Deschamps et Vilcoquet
(1855)

En 1855, Casimir Deschamps, sculpteur, et Vilcoquet prirent un brevet et adressèrent au Ministre de la marine une lettre dans laquelle ils proposaient leur invention et disaient :

> Ce bateau plongeur permet de faire des recherches et des découvertes au fond des eaux ; il peut servir au gouvernement, dans la guerre actuelle, pour attacher des moufles aux bâtiments russes coulés dans la passe de Sébastopol ; pour porter des pièces d'artifices propres à faire sauter les navires, aller à la recherche des catamarans sans danger d'être vu et mille autres explorations sous-marines dans les mers.

Ce bateau, tout construit en cuivre, avait $2^{m},65$ de longueur sur $1^{m},25$ de hauteur, du fond au sommet du dôme d'observation, et $0^{m},7o$ de largeur. Il ne devait être manoeuvré que par un seul homme qui actionnait d'une part l'hélice par une manivelle et un jeu d'engrenages et d'autre part le gouvernail à l'aide de cordelettes attachées à ses pieds.

Le bateau était muni de réservoirs à air comprimé et de lest pour l'immersion.

Le conducteur de ce petit bateau était assis, la tête placée dans le dôme garni de forts hublots. Un masque appliqué sur son visage lui permettait d'aspirer directement l'air pur provenant des caisses, et de chasser à l'extérieur, par un tuyau spécial, l'air vicié par la respiration. Pour pouvoir exécuter des manoeuvres ou des travaux à l'extérieur du bateau, il y avait des manches en cuir placées des deux côtés du dôme.

Une lampe à gaz, alimentée par un réservoir, devait permettre de voir sous l'eau.

Une galerie, régnant autour du dôme, permettait à l'opérateur d'y placer les outils qui pouvaient lui être nécessaires ainsi que le lest destiné à obtenir l'immersion du sous-marin, lest solide et non liquide comme d'habitude.

Lord Palmerston et Scott Russel
(1855)

Nous avons vu (p. 185) que Bauer, ayant négligé de faire protéger son invention par un brevet régulier, avait été frustré de ses idées par Scott Russel et lord Palmerston. Ce dernier ouvrit un crédit de 7 000 livres sterling ($175\ 000^{fr}$) qui servirent à Scott Russel pour construire son sous-marin destiné au siège de Sébastopol.

Une Commission, composée de Sir James Hope, Sir James Sullivan et Sir Astley Cooper Key, avait été nommée pour examiner ce bateau,, dont les essais ne furent guère satisfaisants, parait-il.

Spiridonoff
(1855)

Un officier de la màrine russe, Spiridonoff, après avoir étudié les appareils du Dr Payerne, proposa à son gouvernement de construire un bateau sous-marin pour attaquer la flotte alliée bloquant Sébastopol. La propulsion devait être obtenue par la réaction de pistons fonctionnant dans des corps de pompe placés à la partie inférieure arrière du bateau et parallèles à la quille.

C'était l'idée de la rame aspirante du marquis d'Aubusson La Feuillade (V. p. 203).

Le moteur fonctionnait à l'air comprimé et son alimentation se faisait par des tubes flexibles reliant le sous-marin à un bâtiment à flot sur lequel se trouvaient le réservoir et les pompes. Ce sous-marin n'était pas autonome et son rayon d'action était fort limité.

Mortier flottant de Nasmyth
(1855)

James Nasmyth, l'inventeur du marteau-pilon à vapeur qui porte son nom, imagina un mortier flottant qui devait aller faire éclater une torpille ou bombe, par le choc contre les flancs des vaisseaux ennemis (fig. 136).

Ce navire à vapeur n'était pas à proprement parler un sous-marin. Il était destiné à naviguer à la surface, au ras de l'eau, la cheminée du générateur de vapeur et la tourelle d'observation émergeant de l'eau.

Ses dimensions étaient de 23 mètres de longueur sur une largeur et une hauteur de $3^{m},30$. Il était entièrement construit en bois de peuplier pour lui donner de l'élasticité et le rendre aussi incombustible que possible.

L'avant était muni d'un éperon, au milieu duquel se trouvait une sorte de mortier contenant une grosse bombe remplie de poudre qui faisait explosion au contact des bâtiments ennemis, lorsque le bateau était lancé contre eux à la manière d'un bélier. Pour éviter les

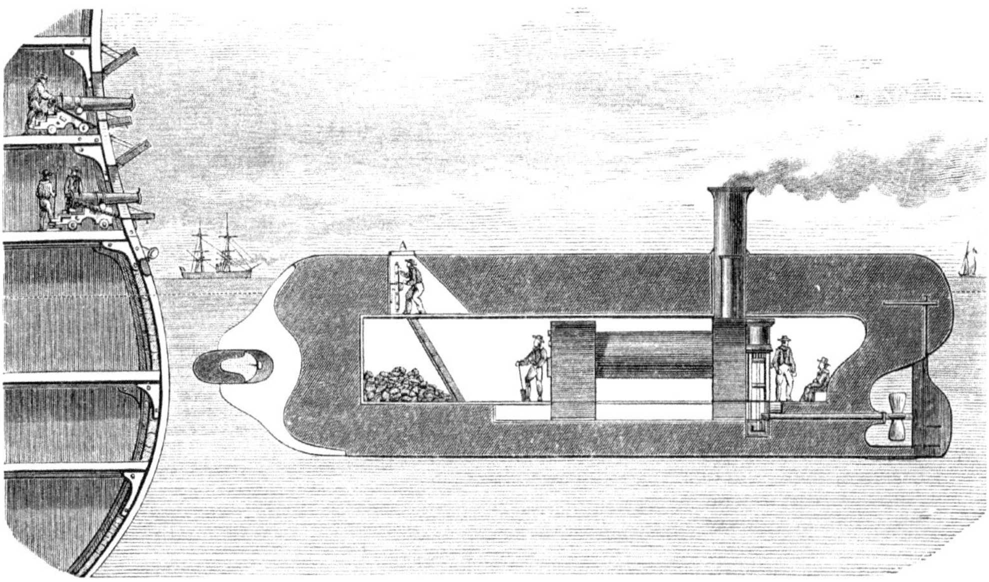

Fig. 136. — Coupe verticale du mortier flottant de Nasmyth (1855).

inconvénients du choc et de l'explosion, Nasmyth avait donné à son Mortier flottant une épaisseur de plus de 3 mètres.

L'hélice était placée dans un renfoncement de la coque, qui la protégeait. Le gouvernail, situé en arrière, était manoeuvré de la tourelle d'observation.

Ce semi-sous-marin avait un équipage de quatre hommes et devait naviguer à une vitesse de 10 nœuds à l'heure.

Les essais faits avec ce navire ne paraissent pas avoir réussi.

Le « Diable-Marin » de Bauer
(1855)

Nous avons vu plus haut l'insuccès des efforts de Bauer en Angleterre (p. 220). En 1855, après avoir fait inutilement des offres aux États-Unis, Bauer se décida à porter son invention en Russie.

Ne tenant aucun compte des déboires dont fut abreuvé le malheureux inventeur, qui s'était ruiné pour faire triompher ses idées, ses compatriotes et contemporains lui reprochèrent amèrement et lui firent un crime de s'être adressé à l'étranger, et particulièrement aux Russes, détestés à cette époque par les Allemands. Un mouvement se forma pour protester contre cet acte considéré comme une trahison de Bauer envers sa patrie. On l'accusait d'avoir livré à l'étranger ce qui devait être considéré comme propriété de l'État et par suite ses détracteurs prétendaient qu'aucune souscription ne devait être organisée en sa faveur pour l'aider dans son travail.

> Le journal auquel nous empruntons ces renseignements, disent Forest et Noalhat, s'élevait du reste assez éloquemment devant les reproches adressés à Bauer par ses compatriotes ; ce journal estimait avec juste raison que la faute en incombait directement au gouvernement allemand, qui n'avait pas su encourager ni utiliser les connaissances techniques que possédait Bauer. Die Gartenlaube adressait en même temps l'expression de sa gratitude à la Russie pour avoir facilité l'exécution de ses plans et projets personnels.
> Ayant amnistié Fulton d'avoir porté chez les Anglais, nos pires ennemis, dit Delpeuch, les plans de son Nautile, dont nous n'avions pas su comprendre la portée, nous ne nous montrerons pas plus sévères pour Bauer, dont nous ne pouvons nous empêcher d'admirer la confiance en lui-même et l'inlassable ténacité.

A son arrivée en Russie, Bauer, comme partout ailleurs, fut parfaitement accueilli, et le grand-duc Constantin, auquel il s'était adressé, se déclara son protecteur. Des fonds lui furent accordés et il put mettre en chantier, en mai 1855, à Saint-Pétersbourg, un sous-marin auquel il donna le nom de *Diable-Marin*.

Le *Diable-Marin* avait, comme le *Plongeur-Marin*, la forme générale d'un dauphin. Ses dimensions étaient : 15^{m},80 de longueur, 3^{m},80 de largeur, et 3^{m},35 de hauteur. Il était entièrement en fer et sa coque avait été construite pour pouvoir résister à une colonne d'eau supérieure à 45 mètres de hauteur. Les tôles qui la composaient mesuraient 15 millimètres d'épaisseur, 0^{m},61 de largeur sur 3^{m},05 de longueur. Ces feuilles étaient assemblées et consolidées sur la quille par des membrures en fer de 180 millimètres d'épaisseur, en forme d'ellipse, sauf l'avant, qui se terminait en pente douce et dans lequel se trouvait une écoutille. Deux hublots étaient placés dans l'écoutille. Leurs cadres métalliques avaient 250 millimètres de diamètre et une épaisseur de 50 millimètres.

La propulsion était donnée par une hélice protégée par quatre armatures en fer pour éviter les obstacles. Le moteur était composé de quatre roues de 2^m, 13 de diamètre mues à bras d'hommes. Un axe de 88 millimètres de diamètre transmettait le mouvement, par l'intermédiaire de deux roues à fictions coniques, à l'arbre sur lequel se trouvait fixée l'hélice. Cet arbre se trouvait placé horizontalement à 0^m, 15 au-dessus du plancher en fer.

Le lest ne comportait pas moins de 47 tonnes de ferraille. Pour faire affleurer la partie supérieure du navire il fallait introduire 22 tonnes et demie d'eau dans trois réservoirs spéciaux, cylindriques, de 3^m,05 de longueur et 1^m,40 de diamètre.

Le petit cylindre servant de régulateur avait une longueur de 1^m,52 et un diamètre de 0^m,35. Avec ce cylindre, qui ne contenait que 310 litres d'eau, Bauer obtenait la stabilité verticale de son sous-marin.

D'après Bauer, 5^{kg} d'eau suffisaient pour immerger le bateau d'un volume de 4 000 pieds cubes en cinq minutes et le maintenir ensuite en équilibre dans cette position. Avec 1^{kg} en plus le bateau mettait 37 secondes pour descendre de 0^m,31 plus bas ; avec 2^{kg} il mettait une minute pour descendre de 762 millimètres.

Un manomètre indiquait la profondeur à laquelle se trouvait le navire. Pour obtenir l'émersion, Bauer se servait de pompes qui chassaient l'eau des cylindres de lestage.

A l'avant du navire se trouvait une coupole d'observation munie de hublots garnis de verres épais. Il y avait au-dessous un sas à éclusée, muni d'une double porte étanche permettant à des scaphandriers de sortir ou de rentrer, ou bien de placer sous un navire ennemi, sans crainte d'introduire de l'eau dans le sous-marin, une torpille contenant 500 livres de poudre. Des manches en gutta-percha étaient disposées de manière à permettre la fixation de la mine à la quille du navire ennemi.

Dans le plancher du sas à éclusée se trouvait une soupape pour permettre l'écoulement de l'eau. Dans la trappe supérieure formant couvercle se trouvait une soupape de ventilation pour permettre à l'air de passer dans l'intérieur du bateau.

Le scaphandrier pénétrait dans le sas rempli d'air, fermait la porte de communication avec le bateau, laissait pénétrer l'eau, et lorsque le sas était plein, il ouvrait la porte de communication sur la mer et plongeait.

Pour rentrer à l'intérieur du bateau, le plongeur exécutait l'opération contraire. Il entrait dans le sas, fermait la porte de communication avec la mer et ouvrait la soupape d'air mettant en communication le sas avec l'intérieur du bateau. L'eau contenue dans le sas était pompée et chassée au dehors.

Bauer prétendait qu'en projetant une pluie fine à l'intérieur du sous-marin, il pouvait régénérer l'air vicié en fournissant de nouveau à celui-ci l'oxygène de cette eau. Cette observation confirme celle du Dr Payerne, auquel Bauer est redevable, comme il l'a déclaré, de plusieurs détails appliqués à ses sous-marins.

Dans ce but, à l'arrière des grands cylindres se trouvait appliquée une pompe qui puisait l'eau et la projetait en pluie à l'intérieur du bateau par sept tubes de 10 mètres de longueur. A l'arrière du bateau étaient les water-closets avec tuyaux, pompes et robinets.

Le *Diable-Marin*, construit dans les ateliers de Leuchtemberg, à Saint-Pétersbourg, fut reçu, le 2 novembre 1855, par une Commission composée d'officiers russes : Fedorovitch, Taube, Wrangel, Jacobi, etc.

Le grand-duc Constantin ayant dû se rendre en Crimée, l'Amirauté russe en profita pour manifester son hostilité et sa malveillance à l'égard de Bauer et de son *Diable-Marin*. Le transport du sous-marin de Saint-Pétersbourg à Cronstadt n'avait pas encore été effectué, après sept mois, bien que le trajet fût très court ! Le grand-duc Constantin, qui était le véritable et seul protecteur de Bauer, chargea ce dernier du transport, qui fut effectué en vingt-quatre heures. Le 26 mai 1856, le *Diable-Marin* fut enfin lancé devant la barrière du port de Cronstadt, et, à partir de ce jour, commencèrent les expériences. L'équipage russe, très effrayé à la première plongée, ne tarda pas à se familiariser avec sa nouvelle existence. Les expériences furent faites dans le plus grand secret.

Ce même jour, à trois heures du matin, par un temps gris et une forte brume, Bauer, placé à l'avant de son bateau, se présentait devant Cronstadt. Arrivé à la hauteur de la sentinelle de garde, à la porte du port de guerre, il lui adressa le mot d'ordre du commandant russe.

L'émotion de la sentinelle fut telle, lorsqu'elle aperçut ce diable sortant de la mer, qu'au lieu de tirer elle se sauva en criant au secours. Il en fut de même des autres soldats du poste de garde, qui, tous, restèrent frappés de stupeur. Bauer profita de ce moment d'hésitation pour donner, à l'aide de son bateau, un formidable coup de bélier sur la porte et entrer ainsi de vive force dans le port impérial.

Quelque temps après cette aventure commencèrent les exercices et expériences pratiques. Le personnel du bateau se composait de dix marins et d'un ouvrier mécanicien. Plus tard on adjoignit à Bauer le lieutenant Fedorovitch.

Pour commencer, on effectua le chargement du lest, composé de 36 tonnes de gueuses de fonte et 11 tonnes de déchets de fonte arrimés dans des caisses facilement détachables de l'intérieur du bateau.

Lorsque le lest d'eau (22 tonnes et demie) fut introduit dans les grands cylindres, on ferma hermétiquement l'ouverture d'entrée et l'équipage se trouva enfermé dans le bateau. La première expérience d'immersion commença, Bauer manoeuvrant le petit cylindre régulateur introduisit 5 litres d'eau dans le réservoir.

Le bateau s'immergea lentement dans les profondeurs glauques de la mer. Les vagues passèrent au-dessus et la lumière diffuse n'y pénétra plus qu'avec difficulté. L'équipage anxieux et haletant regardait fixement les hublots par lesquels filtrait de moins en moins la lumière. Bauer chassa alors 10 litres d'eau et aussitôt le bateau remonta à la surface et le jour apparut de nouveau par les hublots.

L'équipage, revenu de son émotion, sentit décroître son oppression et poussa le cri de *Staba Bochu* ! (gloire à Dieu !) en signe de reconnaissance pour avoir échappé à la mort. Après quelques plongées l'équipage prit confiance, s'accoutuma peu à peu à ce nouveau genre de navigation et s'exerça rapidement aux diverses manoeuvres d'immersion et d'émersion, de marche en avant et en arrière, de virages et d'inclinaison. Le bateau fut muni d'une hélice.

Le 12 juin, jour férié, Bauer plongea à 17 mètres et à cette profondeur écrivit trois lettres adressées une au grand-duc Constantin, une autre au roi Maximilien de Bavière et la troisième à ses parents en s'abstenant toutefois de faire allusion à ses expériences, ayant reçu l'ordre de les considérer comme secret d'État.

A la demande de Bauer et sur l'avis du grand-duc Constantin, deux académiciens, Lenz et Fritsch, furent chargés d'une mission scientifique à bord du sous-marin. Le premier fit des observations sur la boussole et constata, à trois profondeurs différentes, que l'immersion n'avait aucune influence sur les indications magnétiques, ce qu'avait déjà constaté Fulton.

Bauer fit de nombreuses expériences relatives à l'air comprimé et à son emploi, à la respiration et à l'état physiologique de l'homme dans un milieu clos, etc. Le 2 juillet, Bauer embarqua douze flacons pour prendre des échantillons d'air, d'heure en heure.

A midi 3o il s'immergea une première fois puis, par périodes successives de trente à quarante minutes, il descendit à 12, 15, 17 et 19 pieds.

La température, qui était au début de 20° R au moment de l'entrée de l'équipage, baissa, après une demi-heure, à 8° R, et se maintint entre 8° et 10° R pendant toute la durée des expériences, la température extérieure étant de 15° R.

De curieuses expériences sur les flammes de bougies en cire, en talc et en stéarine démontrèrent, après deux heures, que la flamme de la bougie de talc avait diminué de moitié de longueur et s'était éteinte après 4 heures 10 minutes. La mèche ne pouvait être rallumée qu'en l'imbibant de cire ou de stéarine. La bougie de cire s'éteignit au bout de 4 heures et celle de stéarine au bout de 6 heures 25 minutes.

Cette importante expérience renversait une grande partie des théories admises alors et d'après lesquelles un homme devait absorber pour vivre 180 pieds cubes d'oxygène par heure ; mais, d'après Bauer, 31 pieds cubes d'oxygène suffisaient pour qu'on pût conserver son activité naturelle.

Après une première période d'observations, Bauer vida rapidement le lest d'eau ; aussitôt le bateau remonta à la surface. Ouvrant la conduite d'amenée d'air de 5 pouces de diamètre, l'entrée de l'air à l'intérieur produisit une forte commotion semblable à celle d'une explosion. Tout l'équipage ressentit naturellement un coup en pleine poitrine dû au changement brusque de pression, l'air intérieur s'étant trouvé raréfié par suite de toute l'augmentation du volume de lest d'eau chassé et représenté par 22 500 litres.

Le bateau était muni de 21 hublots dont 5 placés à l'avant et 16 à la partie supérieure, sur les côtés et vers le fond. Ils étaient en cristal fin et avaient 11 pouces de diamètre et 2 pouces d'épaisseur.

Dans une eau claire et limpide les objets ou les bateaux passant à la surface pouvaient facilement être vus du sous-marin à une distance variant de 100 à 500 pas.

Fig. 137. — Le 6 septembre 1856, Bauer resta immergé pendant toute la durée de la fête du couronnement d'Alexandre II.

A une profondeur de 16 à 18 pieds, la lumière du soleil n'éclairait plus assez le fond de la mer pour qu'on pût distinguer des objets au fond de l'eau. Pour remédier à cet inconvénient, Bauer adapta à l'intérieur et contre un hublot une lampe, munie d'un puissant réflecteur, qui lui permit de prendre des photographies.

Au point de vue de l'acoustique, Bauer constata que les paroles prononcées à bord des bateaux naviguant à la surface étaient aisément perçues dans le sous-marin. En frappant sur une plaque de tôle immergée, le coup était entendu à une distance de 500 pas, et même davantage lorsqu'on se servait d'un tuyau conducteur.

Le 6 septembre 1856, jour du couronnement de l'empereur Alexandre II, Bauer emmena avec lui, dans son sous-marin, en plus de son équipage ordinaire, quatre musiciens des équipages de la flotte (fig. 137). Au premier coup de canon, tiré par les batteries de Cronstadt, annonçant le commencement de la cérémonie du sacre, qui avait lieu à Moscou, le *Diable-Marin* s'immergeait pendant que Bauer faisait jouer par les musiciens l'hymne impérial que chantait tout l'équipage. Les accords furent entendus dans un rayon de 200 mètres à la surface de l'eau.

Le sous-marin resta immergé jusqu'au moment où la flotte russe annonça, par ses salves, la fin de la cérémonie du couronnement, c'est-à-dire pendant quatre heures : de neuf heures du matin jusqu'à une heure de l'après-midi.

Malgré le succès réel de ses nombreuses expériences, faites au cours de 134 plongées, Bauer, déjà détesté en sa qualité d'Allemand, par le peuple russe, se vit méprisé par les officiers, qui ne voulaient voir en lui que le Caporal de l'artillerie bavaroise et non l'inventeur de génie. Il ne trouva ni ami, ni admirateur, ni protecteur, en dehors du grand-duc Constantin, qui avait deviné l'utilité de la navigation sous-marine appliquée à la guerre navale. L'Académie elle-même, envieuse et jalouse, contestait à Bauer le mérite et la propriété de son invention.

Un ordre de l'Amirauté lui enjoignit de se rendre à plusieurs milles de Cronstadt et de passer sous la quille d'un navire mouillé à l'ancre. Une commission technique, composée d'officiers de la marine et du génie, fut chargée, le 26 octobre 1856, d'assister à cet essai et d'étudier le sous-marin de Bauer pour pouvoir en construire, ensuite, un autre plus grand.

La Commission négligea de s'assurer, par des sondages, de la possibilité matérielle de l'essai que l'on demandait à Bauer de tenter. Or, entre la quille du navire et le fond de la mer, en cet endroit, il n'y avait pas l'espace suffisant pour le passage du *Diable-Marin*. Celui-ci s'enfonça dans le sable, et son hélice fut prise dans les algues marines à peu de distance du but à atteindre.

Dans l'impossibilité où il se trouvait de sortir de cette position critique, Bauer, après avoir vainement tenté de se dégager, se vit obligé d'abandonner son lest mobile de fonte et aussitôt le bateau émergea dans une position inclinée.

Sitôt que l'écoutille se trouva hors de l'eau, le lieutenant Fedorovitch ouvrit le capot et s'échappa, sans même se retourner. Il fut recueilli, ainsi que Bauer et l'équipage, par le bateau de secours sur lequel se trouvait la Commission.

Bauer put renflouer son bateau après un mois d'efforts. On lui accorda le titre d'ingénieur sous-marin avec brevet et uniforme spécial, ce qui ne contribua pas peu à augmenter la haine qu'on lui avait vouée.

Malgré les instructions données, le 15 novembre 1856, par le grand-duc Constantin, d'envoyer le bateau à l'usine de Leuchtemberg pour en faire réparer l'hélice et le gouvernail, l'Amirauté le fit échouer à 10 verstes d'Ochda, où il se trouve peut-être encore.

Bauer reçut l'ordre de construire une corvette sous-marine armée de 24 canons. Elle devait être munie d'un moteur à vapeur pour la navigation à la surface et d'un moteur à air comprimé pour la navigation sous-marine.

L'Amirauté russe créa tant de difficultés au malheureux inventeur, pour l'empêcher d'exécuter la construction de son nouveau modèle, allant jusqu'à lui donner l'ordre de se rendre en Sibérie pour terminer son sous-marin, qui devait être considéré comme secret d'État, que Bauer, sans hésiter, préféra demander son congé et quitter la Russie. Ce congé lui fut accordé et il put, vers le milieu de 1858, fuir ce pays de cauchemar, et se retirer en Allemagne, où il continua à rêver de son invention.

On trouve exposées dans la revue allemande : *Die Gartenlaabe*, les idées de Bauer sur la navigation sous-marine et son avenir, tant au point de vue des guerres navales futures que de la navigation commerciale. Elles sont curieuses et hardies, mais nullement en contradiction avec les possibilités de la science et de l'industrie.

Il prophétise, notamment, la disparition des cuirassés et autres mastodontes, qu'il appelle des Goliaths, et le triomphe des sous-marins, qui en seront les Davids vainqueurs.

> Les colosses de la marine, disait-il, se rapprochent de leur tombe de jour en jour, de même que les puissants cuirassés, malgré tous les perfectionnements que les arsenaux français et anglais leur appliquent journellement, et le prochain siècle terminera cette lutte mortelle, entre ces monstres et les modestes sous-marins. Il nous sera donné de constater les formes les plus variées, depuis la structure du plus gros monstre marin jusqu'à celle du phoque ou du chien de mer, pour arriver à imiter avec souplesse et dans son ensemble tous les mouvements et oscillations que la nature a donnés aux habitants des régions sous-marines. Monitors, cuirassés ou autres, ne représentent plus aujourd'hui que des corbillards d'une marine surannée.

Déjà la multiplicité des types et des modèles actuels de sous-marins répond à une partie de ses prévisions et peut-être verrons-nous bientôt les marines de guerre de tous les pays remplacer un certain nombre de leurs onéreux chavirables par d'agiles submersibles.

> Il est incontestable qu'avant de se lancer dans une transformation générale de leurs flottes, les Gouvernements européens, à titre d'épreuve, s'adresseront à l'industrie pour provoquer les expériences sous-marines, en partant de la cloche à plongeur, à l'aide de laquelle on peut obtenir des travaux industriels de marine, de renflouages de bateaux, la pêche aux perles fines, des constructions et des recherches sous-marines, des essais de transport de voyageurs ou d'explorations au fond de la mer, d'après le type d'une corvette sous-marine. Pour la concurrence, la navigation permettra de gagner du temps sur les vapeurs, en traversant leur route par en-dessous, surtout par les gros temps, c'est-à-dire que ces transports pourraient se tenir à la surface, mais toujours prêts à plonger au premier obstacle qui se présente ; on éviterait ainsi les rencontres, cause de tant de catastrophes.

Nous verrons de nombreux projets répondant aux idées exprimées par Bauer et dont quelques-uns sont à la veille d'être mis à exécution.

Deux ans après son départ de Saint-Pétersbourg, Bauer se trouvait à Paris, dans une misère profonde, sollicitant une entrevue de Napoléon III.

L'Empereur lui fit accorder une gratification de 150 francs ! Sa qualité d'étranger ne pouvait lui faire espérer autre chose que ce très modeste secours.

Bauer, désabusé, retourna bientôt en Allemagne ; renonçant à la marine de guerre, il s'occupa d'industrie et tenta de repêcher l'épave d'un bateau, le Ludwig, sombré dans le lac de Constance. Il parvint, à deux reprises différentes, à le ramener à la surface ; mais le mauvais temps l'obligea chaque fois à l'abandonner.

CHAPITRE XVIII

De Bauer à Bourgois et Brun

Projets de Conseil. — Bélier sous-marin de Tétar van Elven. — L'Ictineo de Narciso elonturiol. — Sous-marin, à chaudière chauffée à l'éther, d'Olivier Riou.

Conseil
(1857-1859)

En 1857, Conseil, du Havre, proposa au Ministère de la marine un projet de sous-marin de forme ellipsoïdale, ayant $5^{m},33$ de longueur, sur $1^{m},33$ de largeur et $1^{m},50$ de hauteur. La Commission, présidée par le vice-amiral Romain Desfossés, le rejeta le 2 juin, ne le trouvant pas suffisamment étudié.

En mai 1859, Conseil soumit à une Commission, nommée par le Ministre de la marine et des colonies, un nouveau projet de sous-marin de forme ellipsoïdale et mesurant 9 mètres de longueur, $1^{m},66$ de largeur et 2 mètres de hauteur.

Trois dispositions de détail avaient été appréciées par la Commission :

1. Une chambre étanche se trouvait à la partie supérieure du bateau. La fermeture se faisait par un panneau à coulisse qui démasquait un costume de scaphandrier fixé sur le bord de l'ouverture supérieure. Un homme pouvait s'introduire dans ce costume et, muni du casque, examiner l'extérieur et même agir sans sortir du bateau ;
2. Des soupapes à air fort ingénieuses étaient fixées sur la coque et, s'ouvrant automatiquement, permettaient l'aération du bateau. A chacune d'elles s'adaptait un tuyau en forme d'U débouchant à l'intérieur du bateau. Ces tubes en communication avec l'eau étaient munis de boules de caoutchouc plus petites que le diamètre des tuyaux et plus légères que l'eau.

   Quand le bateau se trouvait à la surface, les boules étant plus lourdes que l'air restaient à la partie basse du tube en U et laissaient passer l'air par l'orifice ouvert.

Quand il s'immergeait, au contraire, les boules étant plus légères que l'eau étaient chassées contre les orifices qu'elles obturaient hermétiquement. Des réservoirs d'air comprimé servaient à l'alimentation d'air respirable pendant les plongées.

3. A chacune des extrémités et au-dessous de la ligne de flottaison étaient fixés quatre gouvernails horizontaux pour déterminer l'immersion, comme cela avait été déjà pratiqué par Fulton, par Montgéry, par les frères Coëssin, etc.
   L'hélice, placée à l'arrière, était manoeuvrée à bras d'hommes. Pendant les essais qui eurent lieu, le 14 mai, 1859, entre le barrage de la Monnaie et le pont Saint-Michel, six hommes attelés aux manivelles et un septième à la barre imprimèrent une vitesse de un noeud et demi à la surface.

La Commission, composée du contre-amiral Bouët-Willaumez, de l'ingénieur de la marine Mangin et du capitaine de vaisseau Bourgois, constata que grâce aux ailerons ou gouvernails horizontaux le bateau put plonger et revenir à la surface, « mais il sembla que le sieur Conseil ne paraissait pas être maître de l'amplitude de ces mouvements ».

L'expérience dura trente-cinq minutes. M. Conseil s'étant déclaré souffrant, on ne put procéder ce jour-là aux essais de marche en immersion. Le lundi 16 mai, les expériences ne furent pas plus concluantes et le bateau ne put parvenir à plonger « soit que les poids aient été mal répartis, soit que le lest se soit dérangé ».

Quant à la vitesse elle fut encore plus faible que l'avant-veille.

Dans un troisième projet où Conseil avait encore augmenté les dimensions de son bateau, lui donnant 12 mètres de longueur sur 2 mètres de largeur et $2^{m},33$ de hauteur, l'inventeur avait adopté comme moteur une turbine actionnée par la chute de hauteur depuis la surface de l'eau jusqu'au niveau de la turbine.

Dans la suite, Conseil n'employa son bateau que comme bateau de sauvetage submersible. Muni d'un moteur à vapeur, sa faculté d'immersion lui permettait d'affronter sans danger les grosses mers. L'inventeur a exposé ses idées à ce sujet dans une brochure imprimée au Havre en 1862, et intitulée : *Mémoire explicatif du bateau de sauvetage.*

Tétar van Elven
(1859)

En 1859, M. Tétar van Elven, d'Amsterdam, imagina un bélier ou monitor sous-marin lequel étant cuirassé à la partie supérieure devait naviguer à la surface de l'eau, son pont étant balayé par la mer, comme le *Mortier flottant*, de Nasmyth.

La particularité la plus intéressante de ce projet était : « Un miroir, incliné à 45°, qui, placé à l'extrémité d'un tube s'élevant au-dessus de l'eau, devait refléter dans un autre miroir placé au bas du tube, dans l'intérieur du navire, les objets avoisinants. Ce tube pourrait tourner de façon à permettre d'inspecter tout l'horizon. » C'est, comme on le voit, l'idée du tube optique et du périscope exposée d'une manière très nette.

« Ictineo » de Narciso Monturiol
(1859-1862)

En 1859, l'Espagnol Narciso Monturiol fit à Barcelone des essais avec un sous-marin auquel il donna le nom d'Ictineo (poisson) et qu'il décrivit dans sa brochure : *Memoria sobre la Navigacion Submarina*, publiée à Barcelone, en 1860. D'après une correspondance adressée au journal *Le Temps*, en 1862 et reproduite par la *Revue Maritime et Coloniale, l'Ictineo* aurait manoeuvré avec aisance à 18 mètres sous l'eau. Un appareil fournissant de l'oxygène avait permis à l'équipage, composé de dix hommes, de rester pendant cinq heures en immersion. Ce bâtiment était armé de canons tirant de bas en haut ainsi que d'une puissante tarière, mue par la vapeur et destinée à trouer les carènes des navires ennemis.

On retrouve là des idées de Bauer et de Marié-Davy.

Les expériences se renouvelèrent pendant plusieurs années. D'après le *Magasin Pittoresque*, Monturiol fit avec *l'Ictineo* 54 essais couronnés de succès.

L'Espagne contemporaine, le Gartenlaube, et Juan de Madariaga, dans son livre : *El Submarino Peral*, publié à Madrid en 1889, ont également mentionné ces expériences.

Olivier Riou
(1861)

En 1861, Olivier Riou présenta deux projets de sous-marins dont l'un de $12^{m},50$ de longueur sur $3^{m},5o$ de diamètre, mû par un moteur dont la chaudière devait être chauffée avec de l'éther et l'autre plus petit mû électriquement.

La coque était double et l'eau servant de lest devait être logée entre les deux coques, dans plusieurs réservoirs séparés. Des galets situés entre les deux coques devaient permettre l'indépendance des mouvements entre les deux parois et conserver l'équilibre vertical de la coque intérieure. La plongée devait s'obtenir par l'introduction d'une quantité d'eau plus grande dans le réservoir d'avant que dans le réservoir d'arrière. Enfin une tarière devait servir d'arme offensive comme on l'a souvent proposé depuis l'origine de la navigation sous-marine.

La principale originalité de ces sous-marins est la double coque dont l'idée, reprise et appliquée depuis, d'une manière plus rationnelle, a donné de bons résultats ; mais à la condition toutefois de rendre les deux coques solidaires l'une de l'autre.

CHAPITRE XIX

LE « PLONGEUR » DE BOURGOIS ET BRUN
ET LE
«BRÛLEUR DES CÔTES» DE WHIHELM BAUER
(1858-1863)

Mémoire du commandant Siméon Bourgois sur la navigation sous-marine et description de son projet de sous-marin mû par l'air comprimé. — Étude de l'ingénieur des constructions navales Charles Brun basée sur le projet du commandant Bourgois. — Construction du Plongeur à Rochefort. — Essais dans le bassin et essais en mer. — Perfectionnements introduits par l'ingénieur Lebelin de Dionne avec son double cylindre régulateur d'immersion et son hélice à axe vertical. — Armement du Plongeur. — Biographie de Bourgois et de Brun. — Le Brûleur des Côtes de Bauer. — Le Taureau semi-submersible de Legrand.

MÉMOIRE DU COMMANDANT BOURGOIS
(1 858)

Dans le mémoire qu'il adressa en 1858 au Marquis de Chasseloup-Laubat, Ministre de la marine et des colonies, le commandant Bourgois exposa, avec beaucoup de détails et de précision, l'idée d'employer, à la défense des ports, des bateaux sous-marins mus par des moteurs à air comprimé (*Revue maritime et coloniale*, d'août 1886).

Après un exposé historique de ce qui avait été fait jusque-là le commandant Bourgois disait :

> Nous proposons de faire mouvoir le bateau sous-marin au moyen d'une hélice, mue par une machine à air alimentée elle-même par des réservoirs renfermant de l'air comprimé à la plus haute pression compatible avec la sécurité.
>
> ... La machine ferait fonctionner, en même temps que l'hélice, deux pompes destinées, l'une à expulser constamment une quantité d'air vicié égale à la quantité d'air pur introduite, l'autre à épuiser les eaux de la cale. Hâtons-nous

de dire, ajoutait-il, que l'emploi des machines à air n'est pas une chose nouvelle. On a déjà tenté de les utiliser à la locomotion sur les chemins de fer, etc.

Pour la respiration, il écarte l'emploi des tuyaux aboutissant à la surface à un flotteur, en rappelant les accidents survenus aux frères Coëssin, au Havre, et au Dr Petit à Saint-Valéry-sur-Somme. Il écarte également la disposition adoptée par Hallett dans le *Nautilus* américain et par Spiridonoff qui se servait d'un réservoir à air comprimé placé sur un bateau flottant.

Il n'existe qu'un moyen d'assurer, sans danger, dit-il, la respiration de l'équipage d'un bateau sous-marin. Ce moyen que Fulton paraît avoir employé le premier, consiste à embarquer une provision d'air condensé qui, lâché dans l'intérieur du bateau, vient prendre la place de l'air vicié par la respiration et expulsé, soit par une pompe pneumatique, soit même par un simple robinet, si la pression à l'intérieur du bateau est en excès sur la pression atmosphérique augmentée du poids de la colonne liquide située au-dessus du tuyau d'évacuation. L'emploi de ce moyen est d'ailleurs la conséquence naturelle du système de locomotion que nous avons adopté.

Le même air condensé qui a imprimé la vitesse par sa détente dans les cylindres, évacué dans l'intérieur du bateau, après avoir été détendu jusqu'à la dernière limite, vient servir à la respiration de l'équipage, et l'on peut calculer avec précision le temps que durera l'approvisionnement de force motrice et d'air respirable.

Fig. 138 - L'ingénieur Charles Brun

Se basant sur les essais de Bouet et Payerne, il propose, pour produire l'immersion ou l'émersion, d'introduire l'eau ambiante dans l'intérieur du bateau ou de l'expulser. En ce qui concerne les qualités offensives du bateau, il pense détruire les bâtiments ennemis en faisant éclater dans leur carène un projectile creux en acier, de forme conique, rempli de poudre, pénétrant dans la muraille du bâtiment ennemi par l'effet du choc, aussi normal que possible, du bateau sous-marin animé de toute la vitesse dont il est capable. C'était l'application des idées déjà réalisées par Nasmyth avec son *Mortier flottant* (p. 229).

Le bateau sous-marin proposé par le commandant Bourgois devait être construit en tôle de fer, avoir la forme d'un cigare aplati dans le sens vertical, mesurant 41 mètres de longueur sans son projectile, et 46 mètres avec sa torpille.

La largeur devait être de 6 mètres et la hauteur totale, du sommet de la tourelle observatoire au-dessous de la quille, de 4m,20. A l'intérieur la hauteur devait être de 2 mètres à l'avant et 2m,40 à l'arrière et le déplacement de 350 tonneaux.

Lorsque le bateau naviguerait à fleur d'eau, pour opérer son attaque, l'axe de l'éperon serait parallèle à la surface du niveau de la mer, à 1m,5o en contre-bas de cette surface qui serait alors tangente à la surface supérieure de la partie arrière de la coque, suivant une génératrice longitudinale. Et le coup serait porté, ainsi, à $1^{m},50$ au-dessous de la flottaison de l'ennemi, c'est-à-dire au-dessous de la cuirasse des bâtiments blindés. Au moment de l'aborder, le bateau sous-marin ne laisserait voir au-dessus de l'eau que l'observatoire haut de 1 mètre sur $0^{m},65$ de diamètre, blindé à l'avant, muni d'une porte de sortie à l'arrière et percé de trous à fermetures mobiles par lesquels le capitaine observerait le navire ennemi pour diriger l'attaque.

Par une dépêche du 11 février 1859, l'amiral Hamelin, qui avait remplacé le marquis de Chasseloup-Laubat comme Ministre de la marine, communiquait ce mémoire aux ports, en invitant les ingénieurs à présenter des projets d'exécution d'un bateau du type proposé. Parmi les projets présentés un seul fut approuvé par le Conseil des travaux, dans le courant de 1860 : c'était celui de l'ingénieur Charles Brun.

Le « Plongeur » de Bourgois et Brun (1860-1863)

La construction en fut décidée et, en juin 1860, le sous-marin dû à la collaboration de Bourgois et Brun fut mis en chantier à Rochefort. On lui donna le nom de *Plongeur*. Il ne fut lancé que le 16 avril 1863.

Le modèle de ce sous-marin se trouve au Musée de la Marine, au Louvre, sans nom d'auteur, après avoir figuré à l'Exposition de 1867 (fig. 139 et 140).

Les plans en ont été publiés par le Vice-amiral Pâris dans son ouvrage sur l'Art naval à l'Exposition de 1867.

Le projet primitif de Bourgois subit naturellement quelques modifications à l'exécution.

Voici ses dimensions et ses données principales :

Longueur	$42^{m},50$
Largeur	$6^{m},00$
Hauteur	$3^{m},00$
Distance du haut de la tourelle au dessous de la quille	$4^{m},35$
Surface du maître-couple immergée	$13^{mq},00$
Hauteur du centre de gravité sur quille	$1^{m},395$
— du centre de carène sur quille	$0^{m},772$

Distance du centre de carène au centre de gravité		$0^{m},623$
Poids de la coque	135^{t}	$453^{t},20$ (total)
— du moteur	59^{t}	
— de l'eau d'immersion	33^{t}	
— de l'équipage et de l'armement	$13^{t},85$	
Poids du lest en fer	$212^{t},35$	

Le *Plongeur* avait la forme générale d'un cigare aplati sur le tiers de sa circonférence. Son arrière était évidé de manière à loger une hélice, un gouvernail vertical et deux gouvernails horizontaux. Lorsqu'il flottait, son tirant d'eau était de $2^{m},80$ et, dans ce cas, il ne dépassait le niveau de la mer que de $0^{m},80$.

L'épine dorsale du bateau était surmontée au tiers, ,de la longueur, à partir de l'arrière, par une petite tourelle de $1^{m},50$ de hauteur et $0^{m},60$ de diamètre, destinée à servir d'observatoire pendant la navigation à fleur d'eau, et percée à cet effet de regards vitrés dans plusieurs directions.

Embarcation de sauvetage.

Sur l'avant, vers le milieu de la longueur, cette épine dorsale était aplatie pour recevoir une embarcation de sauvetage à fond plat, qui venait se superposer à la coque et s'y fixer par des boulons. Ce canot avait 8 mètres de longueur, $1^{m},70$ de largeur et $1^{m},10$ de creux. Il était muni à ses extrémités de coffres d'air qui déterminaient son ascension et le rendaient insubmersible (fig. 139 et 140). Deux trous d'homme faisaient communiquer l'intérieur du Plongeur avec

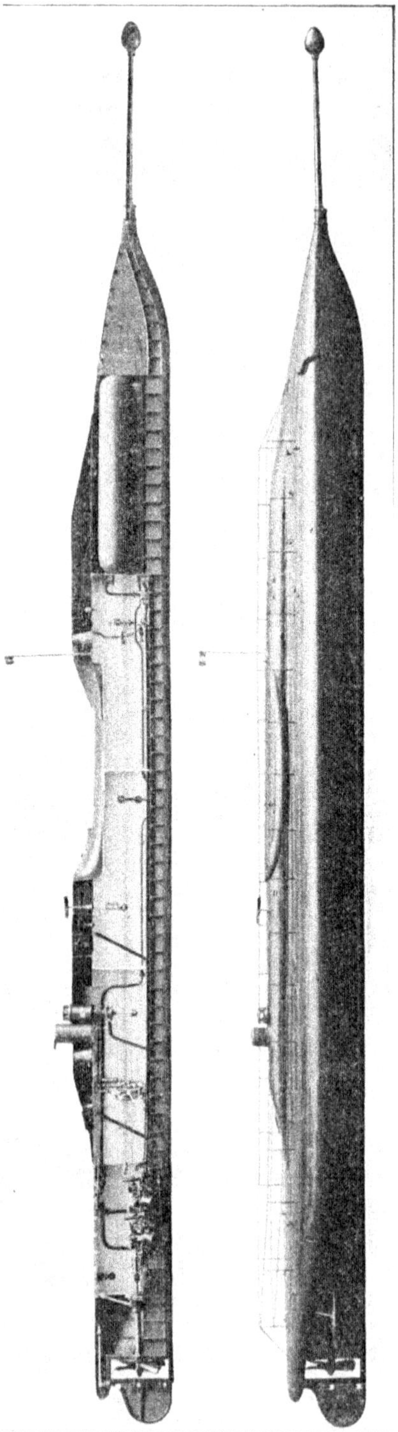

Fig. 139 et 140 - Le plongeur de Bourgois et Brun (1858 - 1863)
(D'après le modèle qui figure au Musée de la Marine au Louvre)

l'embarcation. Celle-ci pouvait être détachée aussitôt que l'équipage du sous-marin composé de douze hommes s'y était réfugié. L'intérieur du sous-marin était divisé en plusieurs compartiments étanches par des cloisons transversales et longitudinales. Les deux cloisons longitudinales formaient au milieu du navire une coursive servant de chambre de manoeuvre. Les divers compartiments étanches renfermaient 23 réservoirs en tôle d'acier d'une capacité totale de 117 mètres cubes et destinés à contenir l'air à la pression de 12 atmosphères.

Les réservoirs à air de chaque groupe communiquaient entre eux et avec la machine à laquelle ils fournissaient l'air nécessaire à son fonctionnement. Le compartiment qui les renfermait servait de réservoir à eau. Il communiquait avec un long tuyau longitudinal, aboutissant par ses extrémités à deux prises d'eau, l'une à l'avant, l'autre à l'arrière, par lesquelles s'opérait l'introduction ou l'expulsion de l'eau des réservoirs selon la manoeuvre à effectuer. L'introduction avait lieu par le simple effet de la pression du liquide extérieur. L'expulsion se faisait, à l'origine, en amenant de l'air comprimé des réservoirs sur la surface supérieure du liquide. Le volume total des réservoirs à eau était de 56 mètres cubes ; mais il était supérieur aux besoins et dans la plupart des essais le volume d'eau à introduire pour passer de la position à fleur d'eau à celle d'immersion complète n'était que de 33 tonneaux.

Piston hydrostatique ou régulateur d'immersion.

La manoeuvre des robinets déterminait les grands mouvements d'immersion et d'émersion, mais on avait besoin d'un instrument plus délicat pour obtenir une immersion à peu près constante. Cet instrument consistait en deux cylindres verticaux placés à l'avant de l'observatoire et communiquant par leur base supérieure avec le milieu ambiant et par leur base inférieure avec l'intérieur du bateau.

Dans chacun de ces cylindres se mouvait un piston, dont la tige, située à la partie inférieure et filetée, recevait d'un volant manœuvré à bras un déplacement vertical. En élevant ce piston, on augmentait le volume du bateau immergé et l'on déterminait son ascension. En l'abaissant, on diminuait ce volume et l'on déterminait la descente.

Lest de sécurité.

Pour pouvoir remonter rapidement à la surface, en cas de danger imminent, on avait placé du lest détachable dans plusieurs petits compartiments situés au-dessous du parquet étanche de la chambre de manoeuvre.

Un certain nombre de ces compartiments, renfermant 34 tonneaux de lest en vieux projectiles sphériques, étaient fermés au bas par une porte en tôle à charnière, continuant les formes de la carène, maintenue au moyen d'une petite chaîne et d'une tige traversant le parquet étanche. En agissant sur un déclic, qui arrêtait la tige, on déterminait l'ouverture des portes sous l'action du poids du lest.

La machine, située à l'arrière, comprenait deux groupes de deux cylindres inclinés à 45° et conjugués deux à deux sur la même manivelle. L'hélice avait 4 ailes et un diamètre de 2 mètres.

Essais en rivière et dans le bassin de Rochefort.

Le Plongeur fut lancé le 16 avril 1863. Le 8 juin suivant, on procédait à une expérience de machine et le 10 on fit un premier essai en rivière sur un parcours de près de six kilomètres. Les essais étaient effectuées sous la surveillance de MM. Bourgois et Brun et du lieutenant de vaisseau Doré nommé au commandement du *Plongeur*.

Pour éviter les conséquences dangereuses des accidents qui étaient à redouter, on avait établi vers le milieu du navire un tuyau ou cheminée communiquant par sa partie inférieure avec l'intérieur du bateau et débouchant au-dessus de la surface de l'eau lorsque le *Plongeur* était entièrement immergé.

Au cours d'une plongée faite dans un bassin du port de Rochefort, le verre d'un des hublots, cédant sous la pression de l'air comprimé, fut projeté à l'extérieur. L'air s'échappa d'abord par l'ouverture; puis l'eau commença à envahir le navire, malgré les efforts faits pour boucher le trou qui lui donnait accès. L'équipage put se sauver par la cheminée de sauvetage, tandis que le sous-marin coulait.

Le bassin fut vidé et le *Plongeur* mis à sec et réparé.

Le 5 septembre on refit une expérience d'immersion, et le lendemain on fit fonctionner l'embarcation de sauvetage.

Le 7 on supprima la cheminée de sauvetage.

Le 12 septembre eut lieu la dernière expérience dans le bassin de Rochefort.

Essais en mer.

Les résultats obtenus ayant été satisfaisants, on procéda aux essais en mer le 11 février 1864 et jours suivants. Le *Plongeur*, remorqué par l'allège le *Cachalot* et escorté par l'aviso la *Vigie* se rendit à Port-des-Barques d'abord et ensuite sur la rade de la Palisse.

La mer devenant grosse on constata que les mouvements de roulis étaient à peine sentis par le *Plongeur* immergé tandis que la *Vigie* était quatre fois plus remuée.

Le *Plongeur* précédé par le *Cachalot* et escorté par la *Vigie* se rendit à la Rochelle où il procéda à des essais dans le bassin, puis en mer, le 18 février, entre l'île de Ré et la côte. Les expériences d'immersion montrèrent la grande difficulté qu'il y avait à obtenir l'équilibre entre deux eaux, c'est-à-dire à s'arrêter à un niveau déterminé en enrayant les mouvements d'immersion et d'émersion qui se poursuivaient, une fois commencés, jusqu'à l'arrêt sur le fond ou à la surface.

L'équilibre horizontal était également assez difficile à obtenir.

Le mauvais temps fit suspendre les essais et l'on regagna le Port-des-Barques.

Le 19 la *Vigie* remorqua de nouveau le *Plongeur*, et le 21 l'on procédait aux essais de vitesse lorsque le sous-marin toucha la pointe du Fort Vaseux, rocher que la marée recouvrait, et s'échoua. On ne put le déséchouer qu'à la marée du lendemain et le 23 le *Plongeur* reprit ses essais. La vitesse moyenne fut de 4 nœuds.

Le 24, on procéda à des essais de stabilité en immersion. L'emploi simultané des cylindres régulateurs d'immersion et des gouvernails horizontaux fut insuffisant pour arrêter les mouvements de montée et de descente, et l'on dut recourir aux chasses de lest liquide et au rechargement des réservoirs à eau. Au cours de ces essais, l'eau s'étant introduite par un orifice mal fermé on dut, pour éviter une catastrophe, faire fonctionner les déclics et abandonner le lest volant. Pour reprendre un nouveau lest, il était indispensable de faire passer le Plongeur au bassin. MM. Bourgois et Brun ayant été appelés à servir, le premier sur l'escadre d'évolutions et le second au port de Toulon, le sous-ingénieur Lebelin de Dionne, du port de Rochefort, qui avait suivi les essais du Plongeur, fut chargé de les continuer dans un des bassins du port.

Nouvel appareil régulateur d'immersion et hélice-lest de Lebelin de Dionne.

L'ingénieur Lebelin de Dionne imagina un nouvel appareil régulateur d'immersion dont on trouvera la description détaillée dans la brochure de Bourgois et Brun et appliqua une hélice-lest, à axe vertical, comme l'avaient fait Bushnell et Fulton.

> D'autre part, dit Lebelin de Dionne, dans son rapport, j'avais pensé qu'un effort continu et d'intensité variable devait mieux atteindre le but proposé que celui qu'on obtiendrait d'un appareil à action intermittente. C'est cette vue qui m'a conduit à établir dans la partie centrale du Plongeur une hélice à axe vertical dont les ailes étaient suffisamment élevées au-dessus du dôme longitudinal qui surmonte le Plongeur. Cette hélice avait $0^{m},90$ de diamètre, $1^{m},50$ de pas et $0^{m},25$ de fraction de pas. Elle se manoeuvrait à bras de l'intérieur du bateau.

C'est, on le voit, l'hélice-lest de Bushnell et de Fulton.

Quoique les nouvelles modifications fussent terminées en septembre 1864, ce fut seulement le 3 juillet 1865 que l'on reprit les essais d'immersion. On peut suivre dans le rapport de Lebelin de Dionne, minute par minute, les diverses phases de l'action isolée ou combinée du cylindre régulateur et de l'hélice dont les dimensions étaient insuffisantes pour être efficace.

> Je conclus, dit Lebelin de Dionne, en terminant son intéressant rapport, que l'équilibre du Plongeur au-dessus du fond a été obtenu ; que cette question peut être considérée comme résolue théoriquement, mais qu'elle ne l'est point pratiquement.

Malgré la supériorité incontestable du *Plongeur* sur tous les bateaux sous-marins imaginés et expérimentés antérieurement, il ne possédait pas toutes les qualités nautiques indispensables à un bâtiment destiné à évoluer en mer entre deux eaux. On ne put jamais arriver à donner à cette masse de 400 tonneaux une stabilité suffisante.

Pour utiliser le Plongeur comme torpilleur, on devait fixer à l'avant un espar de 4m,50 de longueur portant à son extrémité une torpille que l'on devait faire éclater au moyen de l'électricité ou bien par le choc contre la carène du navire ennemi.

Les expériences ne furent pas continuées et le *Plongeur* fut désarmé ; mais la tentative de Bourgois et Brun, aux noms desquels doit être joint celui de Lebelin de Dionne, a marqué une étape fort importante de la navigation sous-marine.

> La locomotion des ballons, disent Bourgois et Brun, a fait naître exactement les mêmes besoins que celle des bateaux sous-marins. Il y a donc lieu de penser que les mêmes genres de machines pourront fournir la même solution de l'un et de l'autre problèmes.

Ils ignoraient à cette époque-là que l'automobilisme terrestre serait le véritable facteur de progrès, pour le développement de l'automobilisme aérien et sous-marin, grâce à l'emploi des moteurs à explosion et électriques.

Biographie de Bourgois et de Brun.

Nous terminerons cet historique des essais du *Plongeur* par quelques notes biographiques sur les deux inventeurs qui, en France, après Fulton, de Montgéry et le Dr Payerne, firent faire le plus grand pas à la navigation sous-marine. Ces notes sont empruntées, en grande partie, à l'*Encyclopédie générale.*

Siméon Bourgois, né le 26 mars 1815, est mort à Paris le 24 décembre 1887, vice-amiral, membre du Conseil d'État, grand officier de la Légion d'honneur. Il a partagé ses études entre la météorologie et l'examen théorique et expérimental de questions d'architecture navale. A ce dernier point de vue, il a publié des travaux très importants dont voici les titres : *Recherches sur les propulseurs hélicoïdes* (1845); *Expériences sur l'hélice faites à bord du Pélican* (1848-50); *Mémoire sur la résistance de l'eau au mouvement des corps* (1853) ; *Méthodes de navigation* (1866) ; *Théorie du gouvernail* (1868); *Études sur les manoeuvres de combat sur mer* (1876) ; *Du roulis des navires en eau calme* (1884) ; *De la navigation sous-marine* (1886); *Le Droit de guerre et la Torpille* et *La guerre de course et la Torpille.*

L'amiral Bourgois partagea avec Dupuy de Ume le prix accordé par l'Institut à celui qui aurait fait faire le plus de progrès à la machine à vapeur.

Au point de vue météorologique il eut, après l'Américain Coffin, mais d'une manière absolument indépendante, la notion assez exacte de la loi des mouvements de l'atmosphère, notion qui, généralisée par le savant météorologiste d'Utrecht, est devenue la « loi de Buys-Ballot ». Dès 1863, dans sa *Réfutation du système des vents* de Maury, et plus tard, dans sa brochure intitulée : *Des mouvements de l'atmosphère*, il a rectifié certaines idées trop systématiques du célèbre météorologiste américain. Il a été le premier à signaler l'existence d'un vaste tourbillon atmosphérique fixe à l'Ouest de l'Espagne et de tourbillons semblables, vers 40° de latitude au-dessus et au-dessous de l'équateur, dans les régions océaniques situées à l'Ouest de tous les grands continents.

Charles-Marie Brun, né à Toulon le 22 novembre 1821 est mort à Paris en 1888. Entré à l'École polytechnique en 1838, il en sortit comme élève ingénieur de la marine en 1840. Sous-ingénieur en 1842, ingénieur en 1854, il fut nommé directeur des constructions navales hors cadre, en 1875. Élu député en tête de liste, en 1871, par le département du Var, il fut nommé sénateur le 30 janvier 1876 et occupa le poste de Ministre de la marine du 24 février au 9 août 1883.

Le « Brûleur des côtes » de Bauer (1861)

En 1861, Bauer publia dans la Revue *Die Gartenlaube* un récit du naufrage de son *Plongeur Marin*, à Kiel, et de son sauvetage. Aidé par ce journal, il tenta de constituer une Société pour l'exploitation de son brevet.

Voici la description qu'a donnée Bauer de son *Brûleur des côtes.*

> Ce garde-côte, dit Bauer, a la forme d'une baleine. Sa carcasse est en fer, munie d'une machine de la force de 100 chevaux, et qui sert à la marche et aux évolutions à grande vitesse à la surface de l'eau pour arriver jusqu'à la portée des canons des vaisseaux ennemis ; à partir de cette distance, le sous-marin plonge jusqu'à la profondeur de 30 pieds environ (9^{m},144), se rapproche ensuite soit

Fig. 141. — Brûleur des côtes de Wilhelm Bauer.

> dans le sens longitudinal à la quille, soit transversalement, en ayant soin de ne pas toucher au vaisseau ennemi auquel il doit éviter toute espèce de soupçon.
> Arrivé à destination le sous-marin met le feu à sa torpille par l'intermédiaire d'une communication à l'avant ; l'explosion, étant verticale, fait une ouverture de 1 pied 1/2 à 2 pieds de diamètre, au minimum. Après cette première opération, par sa propulsion verticale, il remonte à la surface avec une évolution parabolique, ouvre les sabords existant dans la partie supérieure, profite de la surprise de l'équipage ennemi pour s'approcher et lui envoyer dans les flancs des bordées en ligne directe, et disparaître de nouveau dans les flots pour échapper à un abordage ennemi.
> A ce moment, sans secours, le colosse marin se voyant abandonné, capitulera devant le chétif sous-marin à propulsion double, et l'on dira le Goliath vaincu par David.

Le sacrifice demandé ne pouvait qu'augmenter avec une telle conception, et une somme de 100 000 thalers (375 000 francs) fut nécessaire pour arriver à la solution de ce grand problème. Malheureusement la souscription ouverte en vue de la construction de ce bateau, malgré l'appel fait par le journal, ne réunit que la somme de 40 000 thalers (150 000 francs), somme beaucoup trop faible pour réaliser le projet. L'affaire n'eut donc pas de suite. Bauer se retira alors à Munich, où il cacha sa douleur.

Les désillusions et les chagrins, les travaux pénibles auxquels il s'était livré avaient ruiné sa santé et ne tardèrent pas à le conduire au tombeau. Une tuberculose de l'épine dorsale le tint, pendant sept ans, cloué sur son lit de douleur jusqu'au moment où la mort vint le délivrer de ses souffrances, en juin 1875.

> Et celui qui, à l'exemple de Fulton, dit Delpeuch, avait attiré sur lui l'admiration et en même temps la crainte de ceux qui s'intitulaient avec orgueil les maîtres de l'Océan, mourut très pauvre, ayant, comme son célèbre devancier, lutté toute sa vie pour le triomphe de son idée mais n'ayant pas, comme le grand Américain, la joie de mourir entouré de l'admiration ou même de l'estime de ses compatriotes.
> Hâtons-nous de dire, cependant, que ceux-ci ont, depuis, rendu justice à l'homme de talent méconnu. La ville de Munich a élevé sur la tombe de Bauer un monument surmonté du buste de l'énergique inventeur « et, s'écrie M. Meltner, les Bavarois doivent se réjouir que Bauer soit un de leurs compatriotes et que la ville de Munich tienne en honneur son tombeau... La postérité aura été plus juste et plus reconnaissante envers lui que ses contemporains. »

Il en a été et il en sera toujours ainsi, tant que les hommes ne se seront pas pénétrés de la nécessité qu'il y a d'encourager et d'aider les inventeurs de génie, qui sont les véritables artisans du progrès et du bien-être.

Le « Taureau» semi-submersible de Legrand (1862)

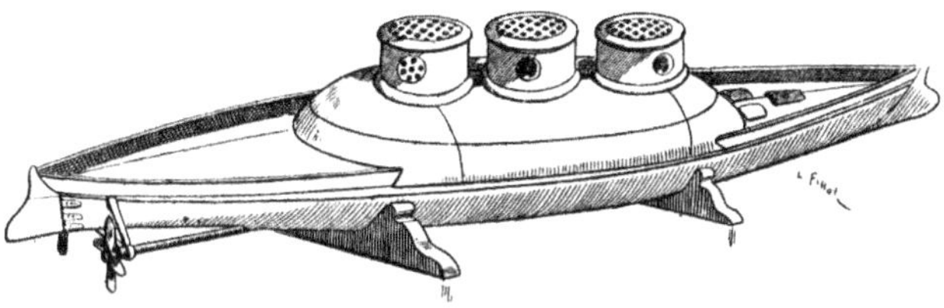

Fig. 142. — Le Taureau de Legrand (1862).

En 1862 l'ingénieur Legrand, de la marine française, avait tracé les plans d'un bélier à flottaison variable ou semi-submersible.

Ce bélier ponté était destiné à naviguer en temps normal comme un navire ordinaire et c'est seulement au moment d'un combat qu'il devait s'immerger jusqu'à la naissance des tourelles blindées et armées.

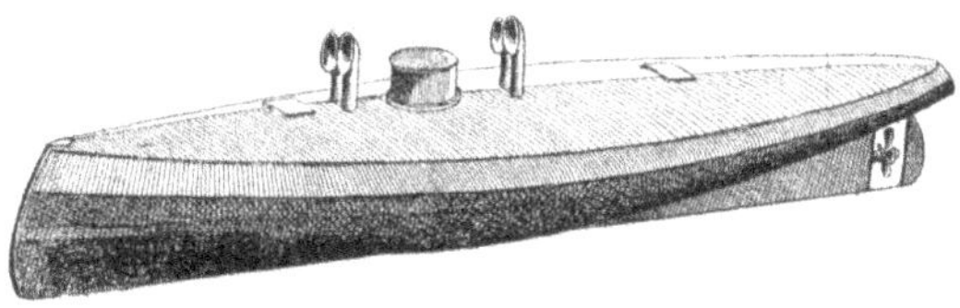

Fig. 143. — Bélier garde-côte semi-submersible.

Un modèle de ce bélier a figuré longtemps dans les collections du Conservatoire des Arts et Métiers. Il se trouve actuellement au Musée de la Marine au Louvre, par suite d'un échange fait avec une locomotive qui se trouvait un peu dépaysée au milieu des bateaux (fig. 142).

La figure 143 représente égalcment un autre modèle du Musée de la Marine, réduction d'un monitor ou garde-côte.

CHAPITRE XX

Période de la guerre de sécession

Villeroi. — Alstitt. — Nordistes et Sudistes ou Fédéraux et Confédérés. — Davids des États Confédérés du Sud. Attaque du lieutenant Glassell contre l'Ironsides. — Récit de l'amiral Porter. — Le David de Hunley et sa victorieuse attaque contre le vaisseau fédéral House tonie. — Mort glorieuse du lieutenant Georges Dixon. —Récits du célèbre amiral sudiste Maury et du lieutenant nordiste Higginson sur la destruction de l'Housatonic. — Sous-marin fédéral. — Le Stromboli de Wood. — Le Spuyten-Duyvil de Wood et Lay.

Villeroi (1862)

Villeroi, dont les expériences de 1832 et 1835 eurent un certain retentissement et qui, en 1855, avait proposé, sans succès, au Ministère de la marine française, de construire un bateau sous-marin destiné à opérer contre la flotte russe, présenta aux Américains, en 1862, un plan de bateau accueilli avec faveur (V. p. 214).

Long de $10^m,50$ et ayant un diamètre de $1^m,10$, le bateau sous-marin de Villeroi était construit en tôle de fer. Ses dispositions intérieures présentaient quelques particularités intéressantes (fig. 144).

A l'avant du compartiment central dans lequel se tenait l'équipage qui devait agir sur 8 paires de rames à pales pliantes pour donner le mouvement au navire, se trouvait un compartiment N dans lequel devait se tenir le capitaine pour observer la route par une coupole B. Par la porte A, située à la partie supérieure de ce compartiment, on pénétrait à l'intérieur du navire. Comme dans le *Plongeur* de Bourgois et Brun un cylindre M, régulateur d'immersion, agissait par l'introduction d'eau dans les caisses F lorsqu'on était descendu à une profondeur voulue.

Mais Villeroi avait adjoint à ce régulateur un couple de bouées qui devait le rendre plus efficace. A l'avant et à l'arrière du navire, dans des puits ad hoc, étaient placées deux bouées en cuivre CC qui pouvaient être larguées à volonté, maintenues seulement par des amarres enroulées à des treuils ii que l'on pouvait manoeuvrer de l'intérieur du navire. On pouvait ainsi maintenir le bateau à une profondeur donnée comme l'un des sous-marins proposés par Castéra, car il était pour ainsi dire suspendu à ces bouées flottant à la surface.

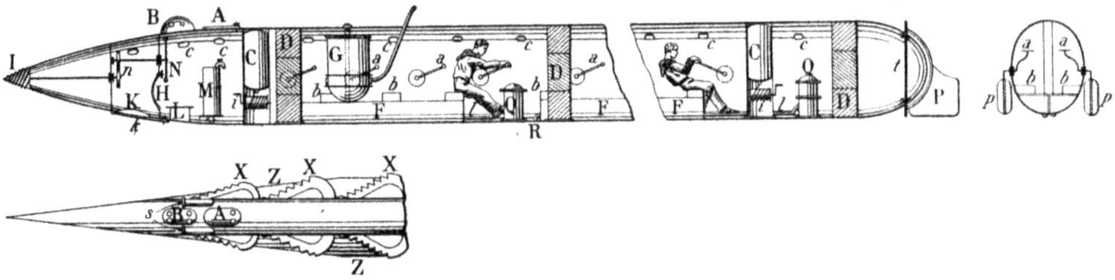

Fig. 144. — Sous-marin de Villeroi (1862).

Dans la chambre de l'équipage, un appareil Q contenait du lait de chaux dans lequel on faisait barboter l'air expiré par les hommes, afin qu'il y abandonnât son acide carbonique. En même temps on répandait dans la chambre, de l'oxygène fabriqué par un appareil joint à celui que nous venons de décrire. Quand on voulait faire remonter le navire, on chassait l'eau des réservoirs à l'aide de pompes, en même temps qu'on tournait les treuils ii pour rentrer les bouées C dans leurs puits.

A l'avant de la chambre du capitaine, se trouvait un compartiment étanche dans lequel on accédait de l'intérieur du navire par une porte à joints étanches H. Une seconde porte analogue, K, placée à la partie inférieure du compartiment, devait permettre à des scaphandriers de sortir librement du navire. De larges préceintes ou quilles latérales Z placées à tribord et à bâbord du bâtiment devaient, avec le lest placé à la partie inférieure du navire et l'eau des réservoirs, assurer la stabilité transversale.

Pour remplir son rôle de navire de guerre, le bateau de Villeroi devait être muni :

1. De deux canons chargés à l'avant et suspendus de chaque côté de la coupole d'observation B ;
2. D'une vis-éperon I pouvant se manoeuvrer de l'intérieur à l'aide d'une série d'engrenages et destinée à percer les flancs du navire ennemi ;
3. De scies X disposées de façon à déborder les préceintes Z et destinées à scier, par frôlement du sous-marin contre le navire ennemi, les oeuvres vives de celui-ci. Mais ces divers engins de combat ne furent pas appliqués au bâtiment construit en 1863 à Philadelphie, les essais n'ayant pas réussi.

Il fut en effet impossible aux 16 rameurs agissant sur les poignées de rames à pales pliantes p de faire dépasser au bateau une vitesse de 2 nœuds.

Par la suite, le bateau de Villeroi fut muni d'une hélice et de manivelles.

Alstitt
(1862)

En 1862, l'Américain Alstitt mettait en chantier, à Mobile (États-Unis), un sous-marin de 2I mètres de longueur et de 3 mètres de hauteur (fig. 145). La coque était divisée en deux étages par un plancher s'étendant sur toute la longueur du bateau. Ces deux étages étaient divisés eux-mêmes en trois compartiments chacun.

Les deux compartiments inférieurs de l'avant et de l'arrière aa servaient de réservoirs à eau pour l'immersion. Celui du milieu C servait de soute à charbon.

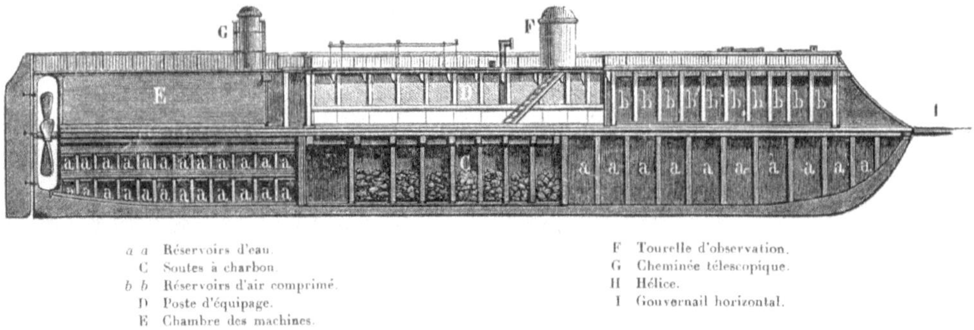

Fig. 145. — Bateau sous-marin d'Alstitt (1862).

A l'étage supérieur, le compartiment avant recevait les réservoirs bb à air comprimé, le compartiment arrière E servait de chambre des machines et celui du milieu D de poste pour l'équipage.

La caractéristique de ce sous-marin était d'employer la propulsion mixte. En effet, une machine à vapeur servait pour la navigation à la surface et deux moteurs électriques pour la navigation en immersion.

Une cheminée G servait à l'évacuation de la fumée. En plongée elle était fermée hermétiquement. Une tourelle d'observation F s'élevait au-dessus de la chambre de l'équipage. Elle était couverte d'une coupole qui donnait accès à l'intérieur et était hermétiquement fermée en plongée.

Un gouvernail horizontal était placé à l'avant et complétait, avec l'hélice et le gouvernail vertical à l'arrière, les engins de propulsion et de déplacement dans le sens horizontal et le sens vertical.

Son armement se composait de torpilles formées de caisses de poudre maintenues par des chaînes. Elles étaient construites de manière que, leur légèreté spécifique les rendant flottables, elles pouvaient, d'elles-mêmes, remonter à la surface et venir éclater sous les carènes et les oeuvres vives des navires à l'ancre.

L'explosion était obtenue par un courant électrique venant de l'intérieur du sous-marin et l'éclatement avait lieu à la volonté de l'agresseur. Si le navire à attaquer était en marche, le sous-marin semait sur la route de l'adversaire un certain nombre de torpilles flottantes qui devaient éclater au contact de sa carène.

Les« Davids » des Etats confédérés du Sud
(1863)

Pendant la guerre de Sécession entre les États-Unis de l'Amérique du Nord et les États Confédérés du Sud, il y eut de nombreux projets de torpilleurs et de bateaux sous-marins.

Les Sudistes ou Confédérés réussirent surtout à en construire et à les employer avec succès, comme nous allons le voir, pour dégager leurs ports bloqués par les flottes fédérales ; quant aux Nordistes ils furent beaucoup moins heureux dans leurs tentatives.

On donnait le nom de *Davids* à ces minuscules torpilleurs qui luttaient quelquefois victorieusement contre les *Goliaths* de la mer.

Les premiers construits n'étaient pas des sous-marins ni des submersibles, bien qu'ils eussent la forme de cigares, mais ils naviguaient à fleur d'eau à une vitesse de 7 nœuds, l'hélice étant actionnée par un moteur à vapeur.

Les dessins ci-dessous (fig. 146 à 148) donnés d'après le major Daudenart sont conformes aux croquis que nous devons à l'obligeance de l'ingénieur en chef Tomb, lequel s'est occupé jadis de la construction et de la conduite de ces torpilleurs et a assisté le lieutenant W.-T. Glassell dans l'attaque dirigée contre l'Ironsides.

La torpille était fixée à l'extrémité d'une tige de 4m,5o, mobile autour du point d'attache à la coque du torpilleur. Il était indispensable de s'approcher des vaisseaux ennemis jusqu'à les toucher pour pouvoir déterminer l'explosion de la torpille, ce qui était fort périlleux et nécessitait un personnel choisi, alerte et hardi.

Avec ces *Davids*, le lieutenant Glassell tenta de faire sauter l'Ironsides et le Minnesota. Voici, d'après L'Histoire navale de la guerre civile de l'amiral Porter, le récit de l'attaque exécutée contre l'Ironsides par le lieutenant Glassell avec un *David*.

> Pendant les opérations devant Charleston, il n'y avait pas de bateau dans la flotte aussi craint par les Confédérés que *l'Ironsides* ; son équipage parfaitement exercé et ses tireurs de première force rendaient ses attaques contre les forts des plus dangereuses ; plusieurs tentatives furent faites pour détruire ce bateau avec des torpilles, mais sans résultats effectifs.
>
> Cependant, dans la nuit du 5 octobre 1863, ils réussirent presque dans leur tentative. Un torpilleur, très ingénieux pour l'époque, fut armé à Charleston et placé sous le commandement du lieutenant W.-T. Glassell, de la marine des États Confédérés, avec ordre d'attaquer et de détruire le plus possible de cuirassés. Glassell était assisté par le capitaine Stoney, comme premier officier J.-H. Tomb, ingénieur ; Charles Scemps et Joseph Albes comme assistants. Le bateau appartenait à une classe connue sous le nom de *David*. En forme de cigare et muni d'une petite machine et d'une hélice, il avait les dimensions suivantes : longueur 15 mètres, diamètre 2m,70.
>
> Pour l'attaque, une torpille était portée à bout d'espars d'une longueur de 4m,5o à partir de la pointe du bateau.

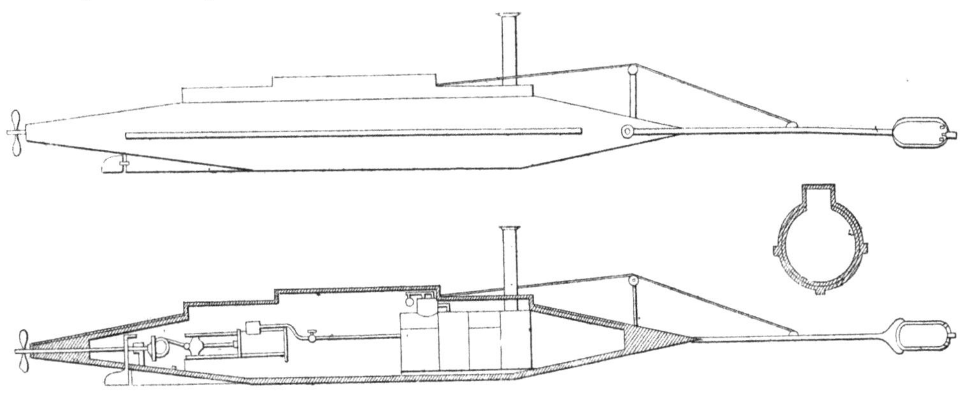

Fig. 146 à 148 - Le *David* des Etats Conféférés du Sud (1863)

> Au moment de la tentative de destruction de *l'Ironsides*, le torpilleur était à l'ancre, en face de l'île Morris, et l'heure de 9h15 du soir fut choisie pour l'attaque comme étant généralement le moment où le pont d'un bateau est désert, en dehors du quart de service.
>
> Un petit objet, semblable à une embarcation, flottant sur l'eau noire et presque à portée de la main, fut soudainement découvert par les sentinelles. L'officier de quart, C.-W. Howard, leur ordonna de faire feu ; au même moment, le bateau reçut un choc terrible provenant de l'explosion d'une torpille, qui lança une colonne d'eau dans l'air, et retomba ensuite sur le pont et dans la chambre des

machines. L'enseigne Howard, mortellement blessé par un coup de feu tiré du bateau-torpilleur, mourut cinq jours plus tard.
La proximité du *David*, et le but limité présenté par sa partie seulement visible, à peine 3 mètres sur 2, ne permettaient pas de faire usage des grands canons à longue portée ; mais un feu nourri de mousqueterie fut dirigé contre lui jusqu'à ce qu'on le perdit de vue. Deux monitors furent lancés à sa poursuite et, quoique deux chaloupes fussent mises à la mer pour les assister dans leurs recherches, ils ne découvrirent rien. Heureusement il ne résulta aucun dommage pour *l'Ironsides*, et son salut fut sans aucun doute dû à une mauvaise appréciation de la distance de la torpille à la coque du cuirassé.
Le lieutenant Glasseil fut, par la suite, recueilli en mer par un charbonnier et expliqua que l'explosion avait détruit le torpilleur et que lui et les deux officiers avaient été obligés de l'abandonner et se mettre à la nage pour sauver leur vie. C'était un nouveau danger à combattre pour la flotte, et une surveillance plus stricte dut être observée.
Le Nord, avec toutes ses ressources n'avait jamais pu posséder un torpilleur. Si la flotte à Charleston en avait eu au moins vingt, ils auraient éloigné tout obstacle plus vite qu'un ennemi énergique aurait pu le créer, et la route de Charleston aurait été ouverte à la flotte.
Les Confédérés, cependant, ne laissèrent pas tomber en désuétude l'idée de posséder de pareils bateaux sous-marins ou torpilleurs et équipèrent un autre David sur le même plan, mais avec des perfectionnements autres que celui qui avait tenté de torpiller *l'Ironsides*. Les premiers essais donnèrent des résultats si peu satisfaisants qu'à la fin, les officiers du blocus n'y attachèrent plus d'importance.

« David» de Hunley
(1863)

Le *David* du capitaine Hunley est un véritable torpilleur sous-marin. Nous en donnons la description d'après le Lieut.-Commander Barnes et d'après les renseignements publiés par l'un de ses constructeurs, M. William A. Alexander, dans le journal : *The Daily Picayune* ; New-Orléans, 29 juin 1902.

Le capitaine Hunley, le capitaine James Mac Clintock et Baxter Watson procédaient à la Nouvelle-Orléans à la construction d'un torpilleur sous-marin lorsque la ville tomba au pouvoir des troupes fédérales. Le bateau fut coulé par ses constructeurs qui se rendirent à Mobile, dans la province d'Alabama[34].

Les autorités des États Confédérés décidèrent la construction d'un autre sous-marin dans les ateliers mécaniques de Parks et Lyons, de Mobile, où se trouvait M. W.-A. Alexander, détaché du 21e régiment d'artillerie, pour suivre les constructions exécutées pour le compte du gouvernement. M. Alexander fut chargé de faire exécuter les plans de Hunley, Mac Clintock et Watson.

Le sous-marin fut construit (fig. 149 à 152). Il mesurait 25 pieds de longueur, 5 pieds de largeur et 6 pieds de hauteur. Il fut remorqué jusqu'à Fort Morgan où il devait attaquer la flotte du blocus ; mais le mauvais temps et la houle le firent couler, sans perte d'homme toutefois, car l'équipage put se sauver.

34 Ce sous-marin a été repéché et se trouve intact, depuis de longues années, à la Nouvelle-Orléans ainsi qu'a pu le constater M. Damour, vice-consul de France, qui en a publié la photographie dans le Matin du 22 novembre 1905.

Fig. 149. — Le *David* de Hunley.

On décida d'en construire un autre. Cette fois on lui donna une longueur de 30 pieds, une largeur de 4 pieds et une hauteur de 3 pieds. Aux deux extrémités se trouvaient deux réservoirs à eau pour obtenir l'immersion du bateau. L'eau était introduite par l'ouverture de robinets et expulsée par des pompes. Des poids formés de plaques de fonte fixées au-dessous du bateau lestaient le sous-marin et leur abandon servait, en cas d'accident, à récupérer une certaine flottabilité.

Des gouvernails horizontaux de 5 pieds de longueur et 8 pouces de largeur placés à l'avant déterminaient l'immersion en marche.

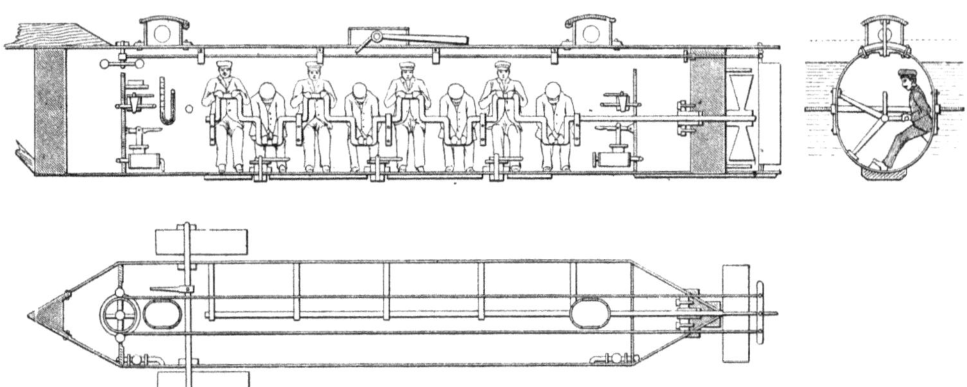

Fig. 150 à 152. — Le *David* de Hunley reconstitué d'après les dessins de M. William A. Alexander (1863).

La propulsion était obtenue par une hélice mue à bras par 8 hommes. Un large anneau l'entourait et la protégeait. Un gouvernail vertical donnait la direction.

Deux tourelles surmontant le bateau se trouvaient placées vers les deux extrémités et permettaient l'entrée de l'équipage.

Un réservoir à air se trouvait au milieu et à la partie supérieure du bateau.

Au début la torpille, constituée par un cylindre de cuivre contenant 90 livres de poudre, devait être remorquée par le sous-marin. Celui-ci passait au-dessous des navires à attaquer en la tirant à lui. On préféra fixer la torpille à une tige de bois de 22 pieds de longueur.

L'équipage se composait de 8 hommes qui manoeuvraient l'arbre coudé de l'hélice. Le dernier homme vers l'arrière manoeuvrait également les robinets et les pompes à eau ainsi que le robinet à air. Le capitaine, placé à l'avant, dirigeait la marche en ayant la tête dans la coupole d'avant. La place était tellement mesurée, dit M. Alexander, qu'une fois les hommes en place pour la manoeuvre, il était absolument impossible de circuler dans l'intérieur du bateau.

Le lieutenant George E. Dixon et William A. Alexander, tous deux ingénieurs mécaniciens appartenant au 21e Alabama, procédèrent ensemble à de nombreux et longs essais avec le sous-marin de Hunley. Ils restèrent une fois enfermés avec tout l'équipage pendant 2 heures et demie. Les bougies s'étaient éteintes au bout de 25 minutes, n'ayant plus assez d'air pour brûler. Ne pouvant donner ici tous les détails, nous renverrons le lecteur à l'intéressant article de M. Alexander publié par *The Daily Picayune* du 29 juin 1902.

Voici la description de l'embarcation d'Hunley et le récit de son emploi qu'a faits dans un rapport le général confédéré Dabney H. Maury :

> Elle était construite en tôle à chaudière, avait 35 pieds de long, comportait un équipage de neuf hommes dont huit manoeuvraient le propulseur à la main ; le neuvième gouvernait et réglait les mouvements au-dessus de l'eau. On pouvait la couler à une profondeur voulue ou la manoeuvrer à la surface. En eau tranquille on la maniait facilement ; sa vitesse était d'environ quatre nœuds. Elle devait opérer en passant sous les navires à l'ancre, en traînant une torpille flottante, dont l'explosion aurait lieu au contact du navire attaqué. Elle pouvait séjourner une demi-heure sous l'eau, sans inconvénient pour son équipage. Peu après son arrivée à Charleston, le lieutenant Payne, de la marine Confédérée, avec huit autres volontaires se préparèrent à attaquer la flotte Fédérale. Tandis qu'ils faisaient les préparatifs, la houle produite par le passage d'un vapeur avait fait sombrer l'embarcation. Tout l'équipage avait été noyé, sauf le lieutenant John Payne qui se trouvait en ce moment à l'écoutille ouverte.
>
> Le bateau fut renfloué, mais il chavira de nouveau près de Fort Sumter, entraînant encore la perte de presque tous ceux qui le montaient sauf le capitaine et deux hommes.
>
> Une troisième fois, en faisant de nouveaux essais, ayant à bord Hunley, le sous-marin plongea à une grande profondeur dans la rivière Cooper, et, pour une cause restée inconnue, ne put remonter à la surface. Il séjourna plusieurs jours au fond de la rivière, avec ses neuf cadavres.
>
> Enfin le bateau fut relevé une quatrième fois et le lieutenant Dixon, de Mobile, partit avec huit autres volontaires, pour attaquer et détruire l'Housatonic. Leur mission fut remplie, mais ils disparurent pour toujours. On ne sut plus rien d'eux, mais il est probable qu'ils furent entraînés avec leur ennemi.

Le commandant Pickering de *l'Housatonic* ayant été grièvement blessé, par suite de l'explosion, ce fut le lieutenant F.-G. Higginson qui transmit à son chef, l'amiral Dahlgren, le rapport suivant que nous empruntons au récit de Barnes :

A bord du *Canandaigua*, devant Charleston S. C., le 18 février 1864.

Monsieur,

J'ai l'honneur de vous adresser le rapport suivant sur la destruction de l'Housatonic de la marine des États-Unis, par un torpilleur rebelle de Charleston S. C., dans la soirée du 17 courant.

Vers 8 h. 45 du soir, l'officier de quart, M. J.-K. Crosby, aperçut à environ cent mètres de l'avant, quelque chose qui se mouvait dans l'eau. On aurait dit une planche glissant à la surface et se dirigeant vers le navire. En deux minutes, cet objet venait presque à contact du bâtiment. Pendant ce temps on fila la chaîne, on fit machine en arrière et on appela tous les hommes aux postes de combat. Aussitôt le torpilleur frappa le navire sur le côté tribord, à hauteur du grand mât, par le travers de la soute aux poudres. Il fut impossible de lui envoyer un coup de canon. L'explosion eut lieu une minute après, et le bâtiment coula par l'arrière en s'inclinant sur bâbord. La plus grande partie de l'équipage se sauva dans la mâture et fut recueillie par les canots du Canandaigua. Ce vaisseau vint à notre secours et sauva tout l'équipage, sauf l'enseigne E.-C. Hazeltine, le capitaine clerc C.-O. Muzzey, le quartier-maître John Williams, et les canonniers Thomas Parker et John Walsh qui ont dû périr avec le navire coulé. Le capitaine Pickering a été grièvement blessé par l'explosion ; il lui est impossible de vous adresser lui-même un rapport sur la perte de son bâtiment.

Votre très respectueux et très obéissant serviteur,

F.-G. HIGGINSON,
Lieutenant.

Voici comment l'amiral Porter rend compte de la victorieuse attaque contre *l'Housatonic* :

Le 14 janvier 1864, le Ministère de la marine écrivit au vice-amiral Dahlgren, commandant la flotte de l'Atlantique du Sud, au large de Charleston, pour l'informer qu'il avait reçu notice que les Confédérés avaient mis à flot un nouveau bateau capable de faire sauter sa flotte, et il considérait ce projet comme tellement important qu'il jugeait utile de lui en donner avis. Cependant Dahlgren ne pensa pas qu'un tel plan serait poursuivi contre les navires bloquant extérieurement le port mais seulement contre les cuirassés à l'intérieur ; néanmoins il pensa prudent de prévenir les officiers du blocus extérieur, afin de prendre les dispositions nécessaires en cas d'attaque.

Malgré ces précautions, les Confédérés réussirent à franchir la barre avec un de leurs torpilleurs et, dans la nuit du 17 février, un beau bateau nouvellement construit, *l'Housatonic*, à l'ancre devant Charleston et placé dans la position la plus favorable à une attaque de torpilleurs, fut détruit dans les circonstances suivantes : vers 8 h. 45 du soir, l'officier de quart à bord de *l'Housatonic*, J.-K. Crosby, découvrit un point suspect à une centaine de mètres au loin, qui se dirigeait vers le bateau. Tous les officiers de l'escadre avaient eu un aperçu général des *Davids* et de leurs formes particulières sur l'eau.

Le commandant en chef avait reçu des notes imprimées, donnant les descriptions de ces machines infernales et les renseignements nécessaires sur la meilleure manière de les éviter. Il avait attaché plus d'importance aux torpilleurs qu'on ne l'avait fait généralement jusqu'alors, et il commençait à considérer qu'ils constituaient la plus formidable difficulté pour la prise de Charleston. Il pressentit que la ligne entière du blocus serait probablement attaquée avec ces peu coûteux, mais pratiques et puissants engins, et que les officiers devaient se prémunir contre eux par tous les moyens en leur pouvoir.

Quand cette machine fut en vue de l'officier de quart, elle avait l'apparence d'une planche se mouvant sur l'eau, allant droit au bateau. Dans l'espace de deux minutes dès l'instant où elle fut signalée, elle était arrivée auprès du bateau. L'officier laissa mollir les chaînes des ancres, la machine fut mise en marche, et tout le monde appelé sur le pont ; mais, hélas, il était trop tard. Le torpilleur aborda *l'Housatonic* juste à l'avant du grand mât, par tribord en ligne avec le magasin. L'homme de barre connaissait les points vulnérables de l'ennemi, et il manoeuvra en connaissance de cause : les canons sur pivot furent pointés sur tribord, mais il fut impossible de les diriger efficacement sur le sous-marin, tandis qu'à son bord on prenait froidement toutes dispositions pour percer un trou dans la coque de *l'Housatonic*, car le *David* put rester une longue minute le long des flancs de son ennemi.

Fig. 153 - William A. Alexander (1905)
(L'un des constructeurs du *David* de Hunley).

Au moment de l'explosion, le bateau trembla sur toute sa base, comme secoué par un tremblement de terre, et sembla soulevé hors de l'eau ; il sombra par l'arrière, s'inclinant à bâbord, à mesure qu'il s'enfonçait.

La plus grande partie des hommes de l'équipage grimpèrent dans les gréements pour se sauver, et la panique régna à bord de *l'Housatonic*. Le capitaine Pickering ayant été à moitié tué par la violence de l'explosion, ce fut un sauve-qui-peut général.

Un bateau fut envoyé du *Canandaigua* non loin de là, et ce bateau vint en aide et réussit à sauver une partie de l'équipage.

Ce dut être une ouverture considérable que la torpille produisit dans les oeuvres vives de *l'Housatonic* pour qu'il coulât si rapidement. Naturellement il y eut une grande consternation à bord causée par cet événement imprévu, car il n'y a rien de plus démoralisant pour l'équipage d'un navire de guerre que d'être torpillé sans pouvoir se défendre. Une torpille d'une centaine de livres de poudre au bout d'une perche a été suffisante pour détruire le plus puissant navire de la flotte adverse.

On ne trouva plus trace du *David* après l'explosion ni des braves qui le montaient. Ils gisent sans doute encore à l'endroit même où ils ont fait sombrer *l'Housatonic*.

L'histoire n'a conservé les noms que de six des hardis compagnons du lieutenant Dixon. Ce sont les suivants, d'après un rapport adressé le 29 avril 1864 par le capitaine Gray, chargé du service des torpilles à Charleston, au général Dabney H. Maury, à Mobile: Arnold Becker, — C. Simpkins, — James A. Wicks, — F. Collins, — Ridgeway, de la marine confédérée, et le capitaine J.-F. Carlson, du train d'artillerie. Ce que l'on peut admirer sans réserves, c'est l'indomptable énergie des marins confédérés et la confiance sans bornes que surent leur inspirer les commandants successifs du *David*.

A la suite de la perte de *l'Housatonic* l'amiral John A. Dahlgren, commandant la flotte de blocus, proposa au gouvernement fédéral d'offrir une somme de cent mille et même de cent cinquante mille francs pour la capture de chaque *David*.

Barnes rapporte dans son livre, auquel nous renverrons le lecteur, une série d'autres faits et documents intéressants sur l'emploi de la torpille et sur les tentatives plus ou moins heureuses des torpilleurs pendant la guerre de Sécession ; mais nous bornerons là nos citations, nous limitant aux faits les plus saillants.

Sous-Marin fédéral
(1864)

Le lieutenant-commander Barnes, dans son livre : *Submarine Warfare* (p. 152), rapporte que le gouvernement fédéral, désireux de détruire surtout le vaisseau confédéré *Merrimac*, traita de la construction d'un torpilleur sous-marin avec un inventeur dont il ne donne pas le nom, qui disparut, après avoir touché une somme de 50 000 francs, sans avoir fait connaître l'élément principal de son invention consistant en un procédé pour revivifier l'air vicié par la respiration de l'équipage. Il devait toucher 25 000 francs pour chaque attaque ayant réussi.

Il y a une grande ressemblance entre ce bateau et celui de Villeroi (V. p. 248).

Ce bateau construit en tôle de fer, dans l'arsenal de Washington, avait la forme d'un cigare ayant environ 12 mètres de longueur et 2 mètres de diamètre.

Pour l'immerger on introduisait de l'eau dans un compartiment disposé dans le sens de la longueur ; pour remonter, on expulsait cette eau au moyen de pompes.

L'équipage se composait de 16 hommes agissant chacun sur un aviron. Il y en avait 8 de chaque bord. Ces avirons étaient formés de deux parties s'ouvrant et se fermant comme un livre, suivant les idées émises par Borelli, au XVIIe siècle, qui voulait imiter le mouvement des pieds palmés des oiseaux aquatiques (V. p. 120).

Dans les expériences qui furent faites, avec l'équipage au complet, on atteignit à peine une vitesse de 2 nœuds et demi, à la surface de l'eau. Un certain nombre de hublots à verres dépolis, très épais, permettaient à la lumière de pénétrer à l'intérieur du bateau sous-marin, où se trouvaient deux appareils pour purifier et reconstituer l'air. L'un d'eux servait à fabriquer de l'oxygène ; l'autre contenait du jus de citron que l'air, projeté par un ventilateur, était obligé de traverser.

Malgré la disparition de l'inventeur, on fit quelques essais avec ce bateau qui, muni d'un propulseur, fut expédié à Port-Royal, à la remorque d'un vapeur ; mais il sombra dans une tempête à la hauteur du Cap Hatteras.

Le « Stromboli » de Wood
(1864)

En octobre 1864 furent faits sur l'Hudson des essais avec le Stromboli, semi-sousmarin construit à Fairhaven d'après les plans de l'ingénieur Wood.

Ce bateau était tout en bois et mesurait 22^{m},5o de longueur, 6 mètres de largeur et 4 de hauteur. La torpille était portée au bout d'une hampe de 9 mètres et contenait 100 kilogrammes de poudre.

En novembre 1864 le *Stromboli*, sous le commandement de John Lay, se rendit à Hampton Roads pour fait sauter les cuirassés des Confédérés.

Le « Spuyten Duyvil» de Wood et Lay (1865)

Les ingénieurs de la marine des États-Unis William W. Wood et John L. Lay, en présence des nécessités de la guerre de Sécession, imaginèrent et construisirent dans les ateliers de MM. Mallory et Cie, un torpilleur hémi-plongeur ou semi-submersible auquel ils donnèrent le nom de *Spuyten Duyvil*, mais qui ne fut achevé que vers la fin des hostilités (fig. 154).

Barnes en donne une description très détaillée avec figures.

Ce torpilleur mesurait 26 mètres de longueur, 6m,3o de largeur et 3 mètres de hauteur. Il était muni de réservoirs d'eau pour l'immersion, qui ne s'effectuait qu'au moment du combat et jusqu'au ras du pont, de manière à offrir la moindre surface possible comme cible à l'ennemi.

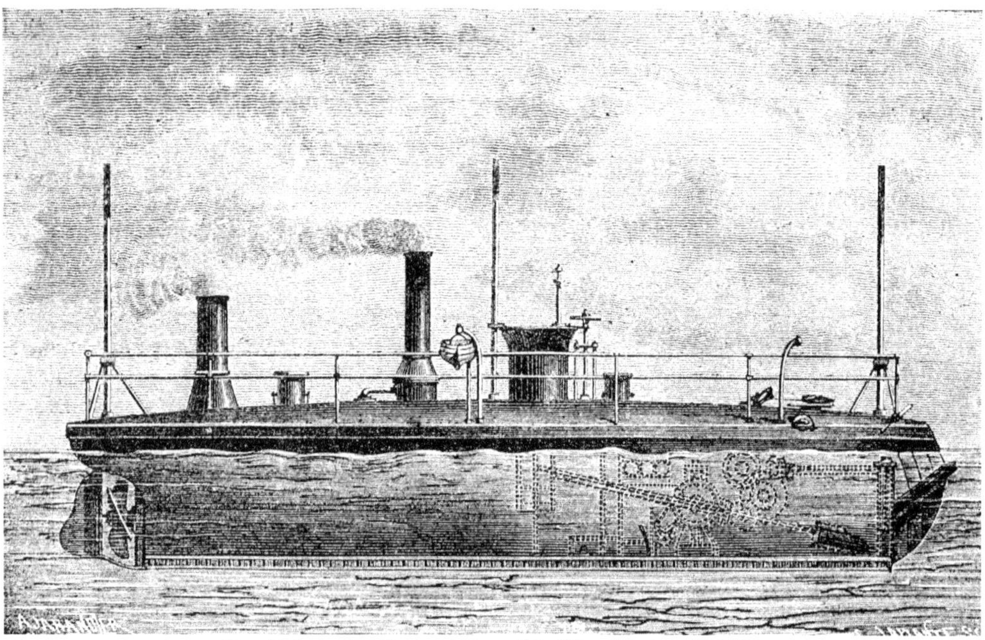

Fig. 154. — Le *Spuyten Duyvil* de Wood et Lay (1865).
(D'après *La Nature*.)

Il déplaçait alors 207 tonneaux. Le pont était cuirassé par des plaques de blindage de 90 millimètres d'épaisseur. La vitesse de 10 nœuds à la surface se trouvait réduite à 4 nœuds seulement. Le moteur était à vapeur.

La torpille fixée au bout d'une longue hampe, actionnée par des chaînes s'enroulant sur des tambours mus mécaniquement, se trouvait logée dans une chambre hermétiquement close ; une porte-vanne, s'ouvrant dans la paroi antérieure du bateau, lui livrait passage au moment décisif de l'attaque. L'eau pénétrait dans la petite chambre où se trouvait la torpille. La hampe, glissant dans un presse-étoupe sphérique, pouvait prendre toutes sortes d'inclinaisons.

Un trou d'homme placé à la partie supérieure permettait de pénétrer à l'intérieur de la chambre de la torpille quand la porte-vanne était fermée et qu'à l'aide des pompes on avait vidé l'eau contenue dans la dite chambre.

Le *Spuyten Duyvil* avait été à peine attaché à l'escadre de James River que la chute de Richmond amena la cessation des hostilités. Il transporta le président Lincoln à Richmond dans la mémorable occasion de sa première visite à cette ville.

Plus tard il fut employé à faire sauter les obstacles établis par les forces de l'Union et les Confédérés.

CHAPITRE XXI

PÉRIODE DE 1866 À 1875

Merriam. — Rœber. — Intelligent Whale ou Baleine intelligente d'Halstead aux États-Unis. — Alexandrowsky en Russie. — Otto Vogel en Allemagne. — Barbour à New-York. — Constantin André à Paris. — Le Porter à Brooklyn.

MERRIAM
(1866)

Le 21 mars 1866, Merriam prit un brevet pour un sous-marin fort logiquement conçu (fig. 155 à 157) et qui a beaucoup de points communs avec le bateau de Beaudouin (V. p. 81).

Ce sous-marin est en effet un bateau-cloche muni d'ouvertures dans le fond pour permettre la sortie de scaphandriers. On y pénètre par un trou d'homme en arrière du dôme d'observation. Sa forme, très caractéristique, le différencie beaucoup des bateaux similaires. Sa section est elliptique sauf à la partie inférieure qui est plate, pour avoir plus de stabilité.

La coque est subdivisée en cinq chambres par des cloisons transversales. La plus grande, servant de chambre de travail, occupe la moitié médiane du sous-marin et a une double coque, comme on le voit sur la coupe transversale (fig. 157). La chambre annulaire ainsi formée sert de réservoir pour l'eau à la partie inférieure et pour l'air comprimé à la partie supérieure.

Toute la partie inférieure de la coque est en fonte ainsi que les deux pointes, pour donner plus de stabilité. Elle se termine par deux quilles s'étendant sous la partie médiane.

Un plancher règne à une certaine hauteur sur toute la longueur du bateau. Au-dessous se trouvent les réservoirs à eau qui communiquent par des soupapes manoeuvrées à la main avec l'eau ambiante.

La première chambre, en avant du compartiment de travail, contient un sas à air pour permettre aux scaphandriers de sortir du bateau et de descendre dans l'eau. Deux poids,

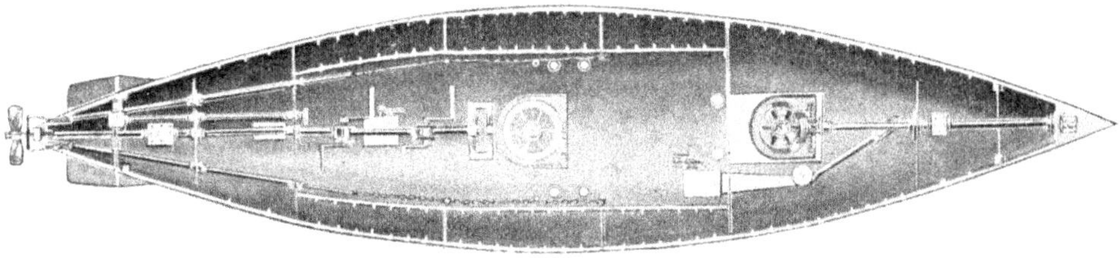

Fig. 155 et 156. — Sous-marin Merriam à hélice mobile (1866).

formant lest récupérable, sont suspendus par des câbles à des treuils d'enroulement vers l'avant et vers l'arrière. Une hélice, rendue mobile par un joint universel à la Cardan, sert en même temps de propulseur et de gouvernail. Elle peut être actionnée à bras ou par un moteur. Son orientation est obtenue au moyen de tiges et de chaînes actionnées par une barre de gouvernail horizontale que tient le commandant placé au centre du bateau, la tête à la hauteur des hublots du dôme. Ce dôme est supporté par quatre colonnes. Une coupole cuirassée le remplace dans les torpilleurs. L'armement, dans ce cas, est formé par une torpille portée à l'extrémité d'une barre située à l'avant à la partie inférieure et que l'on fait pivoter à l'aide d'un volant et d'un arbre terminé par des engrenages.

Fig. 157. — Coupe transversale du Merriam (1866).

Deux gouvernails horizontaux se trouvent sur l'arrière et sont mus par un volant qui commande un arbre terminé par des engrenages.

Roeber
(1866)

En cette même année 1866, qui a été féconde en projets de bateaux sous-marins, Roeber, de Newark, près de New-York, construisit un sous-marin qui offrait beaucoup d'analogie avec celui que nous venons de décrire. Nous ignorons si Merriam n'était pas associé de Roeber.

Le bateau-cigare construit à Newark était plat à la partie inférieure, mesurait 9 mètres de longueur sans l'hélice et 2^{m},15 de largeur et de creux.

L'innovation la plus curieuse réalisée dans ce bateau était la mobilité de l'hélice servant à la fois de propulseur et de gouvernail, ce que proposait également Merriam dans son brevet. C'est la première fois, croyons-nous, qu'une semblable disposition ait été adoptée pour un sous-marin ; mais elle avait été proposée depuis 1800 par Shorter, puis en 1816 par Millington, en 1839 par George Hunt, etc., comme on peut s'en rendre compte par l'intéressant *Traité de l'hélice propulsive* du capitaine de vaisseau Paris, devenu plus tard amiral.

Cette hélice à trois branches avait $0^m,90$ de diamètre.

Deux gouvernails horizontaux se trouvaient tout à fait à l'arrière, à $0^m,60$ de l'hélice, et servaient aux mouvements de plongée et d'émersion.

La partie inférieure de la coque était en fonte et offrait une partie plane formant plancher au-dessous duquel se trouvaient les réservoirs à eau.

L'intérieur était divisé en trois parties. Au milieu se trouvait la chambre des machines pouvant contenir un équipage de 6 à 8 hommes.

Le bateau était muni de plusieurs rouleaux de fil électrique qu'il déroulait dans sa marche ; il recevait ainsi, de terre, des indications sur la route à suivre.

L'inventeur a dessiné les plans d'un bateau plus grand, ajoute la *Revue maritime et coloniale*, de $22^m,86$ de longueur dont le fond n'est plus plat. Deux quilles devaient en assurer la stabilité.

« Intelligent Whale » ou « Baleine Intelligente » de Halstead (1866)

En 1866, l'Américain Halstead proposa au gouvernement français un sous-marin qu'il avait dénommé l'*Intelligent Whale* ou la *Baleine intelligente* (fig. 158 à 160).

Ce bateau était construit sur le principe de la cloche à plongeur d'Alexandre Lambert essayée aux États-Unis en 1852 (V. p. 90). Il mesurait 9 mètres de longueur et 3 mètres de diamètre. Un trou d'homme à la partie supérieure permettait l'introduction de l'équipage et des plongeurs ; deux trappes sur le fond donnaient aux scaphandriers la faculté de sortir et de descendre sur le fond sous-jacent. Des réservoirs d'air comprimé alimentaient l'intérieur d'air respirable et des réservoirs à eau recevaient le lest liquide. Deux poids que l'on faisait descendre sur le fond permettaient de se maintenir en équilibre à une certaine profondeur.

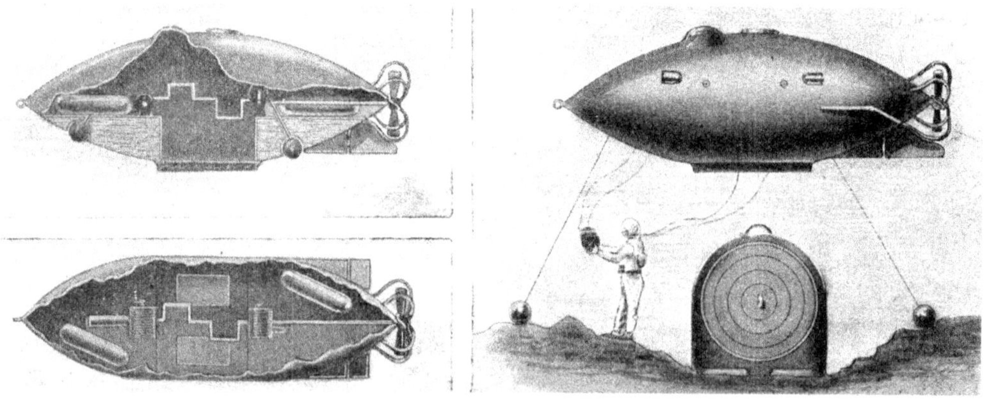

Fig. 158 à 160. — *Intelligent Whale* ou *Baleine intelligente* de Halstead (1866)

Une hélice mue à bras servait à la propulsion. Un gouvernail vertical et deux gouvernails horizontaux servaient aux déplacements dans le sens horizontal et le sens vertical. Les gouvernails horizontaux étaient formés d'une partie fixe et d'une partie mobile.

Ce bateau pouvait contenir treize personnes, dit le lieutenant Barber dans sa brochure sur les *Bateaux sous-marins*, et fut essayé avec cet équipage dans la rivière Passaic. Quatre hommes actionnant l'hélice imprimaient une vitesse de 4 nœuds. Les torpilles étaient portées par un scaphandrier sortant de la partie inférieure du bateau. Ce bateau fut acquis par le gouvernement des États-Unis, mais il resta pendant plusieurs années dans l'arsenal de Brooklyn.

En 1872 on procéda à des essais officiels en présence d'une Commission composée d'officiers. Halstead ne semblait avoir qu'une confiance limitée dans sa *Baleine intelligente*, car, au lieu d'abandonner son sous-marin à lui-même, il le suspendit à des palans. Bien lui en prit car à peine descendu dans son bateau il dut se faire remonter promptement, l'eau ayant envahi l'intérieur du bateau par le trou d'homme qui avait été mal fermé.

Halstead essaya de remettre sa Baleine en état ; mais la Commission s'était séparée et la nouvelle qui fut nommée, pas plus que la précédente, ne se résigna à descendre sous l'eau. Il ne fut plus question de l'*Intelligent Whale*.

Ce bateau fut cause de la mort de 39 personnes au cours de ses diverses expériences, tant par suite de l'emploi d'équipages inexpérimentés qu'à cause des défauts inhérents à l'appareil, nous dit l'amiral Philipp Hichborn, dans son livre : *The demonstrate success of Me Submarine boat* ; New-York, juin 1900.

ALEXANDROWSKY
(1868)

En 1868, le Russe Alexandrowsky fit construire par les chantiers Winan, sur les bords de la Néva, près de Saint-Pétersbourg, un sous-marin de 37 mètres de longueur, $3^{m},70$ de largeur, 4 mètres de hauteur et de 300 tonneaux de déplacement.

Le moteur à air comprimé à 100 atmosphères actionnait 2 hélices qui imprimaient au navire une vitesse de 6 nœuds.

Alexandrowsky réussit dans ses essais et fit même sauter la coque d'un vieux navire au moyen d'une torpille portée, sans que le sous-marin subît aucune avarie.

Malgré ces résultats le gouvernement russe n'accepta par les offres de vente d'Alexandrowsky.

OTTO VOGEL
(1869)

En 1869, la *Berliner eirsenzeitung* signalait l'invention d'un bateau sous-marin dont l'Allemand Otto Vogel était l'auteur, assurant que l'Amirauté prussienne en avait approuvé les plans.

Ce navire, couvert d'une forte cuirasse, devait être immergé à l'exception du pont, qui était surmonté d'une toiture voûtée, fortement cuirassée. En dessous de cette toiture étaient placés de gros canons, de sorte que, en temps ordinaire, l'ensemble présentait l'aspect d'un cuirassé de premier rang.

Delpcuch fait observer que « vers 1866 on s'occupa beaucoup de placer des canons sous-marins à bord des navires, comme sont installés aujourd'hui les tubes lance-torpilles sous-marins ».

Il ajoute qu'on ne savait pas encore à cette époque « qu'une épaisseur d'eau relativement faible, arrête les projectiles du plus fort calibre.

On considère qu'une couche d'eau de $2^{m},50$ assure avec certitude la protection d'un objet placé à cette distance, au-dessous de la surface de l'eau. »

Barbour
(1869)

En 1869 le Dr Barbour, de New-York, présenta, d'après Barber, un projet de sous-marin ayant pour dimensions extérieures 7 mètres de longueur environ, 1mètre de largeur et $1^{m},60$ de creux. Il devait être monté par 2 hommes.

Ce bateau offrait une double coque très résistante, l'une extérieure ayant la forme d'un cigare méplat et l'autre, intérieure, composé de deux ellipsoïdes tronqués médians reliés à deux fuseaux allongés.

Dans la partie antéro-inférieure de la double coque se trouvaient des tubes à air comprimé. Tout le reste de la double coque et tous les interstices étaient remplis de bois et l'ensemble était recouvert d'une enveloppe de cuivre.

L'hélice, que protégeait un grillage, était actionnée par un double moteur oscillant. La puissance motrice devait être fournie par l'acide carbonique ou l'ammoniaque.

L'arbre de l'hélice était creux et avait $0^{m},08$ de diamètre. A l'intérieur passaient des câbles reliés aux quatre angles du gouvernail vertical, formé par une double queue de poisson. Deux gouvernails horizontaux étaient fixés sur les flancs du bateau un peu en avant du milieu de sa longueur.

Les espaces situés à la partie inférieure de la double coque étaient garnis de plomb comme lest. Les espaces placés à la partie supérieure se remplissaient alternativement d'air et d'eau, suivant les nécessités, pour faire varier la flottaison. Le trou d'homme était muni d'un cylindre télescopique permettant d'observer l'horizon.

A la partie antéro-supérieure du sous-marin des cartouches de nitroglycérine, ou autres substances explosives, munies d'un fil électrique et possédant une force ascensionnelle propre, pouvaient être abandonnées au-dessous des cuirassés à faire sauter.

Constantin André
(1870)

En 1870, pendant le siège de Paris, Constantin André, ancien lieutenant de vaisseau, imagina un sous-marin à volume variable dont nous donnons la description d'après Forest et Noalhat, d'une part, et Burgoyne de l'autre, qui l'ont tirée du *Journal du Havre de 1874* (fig. 161).

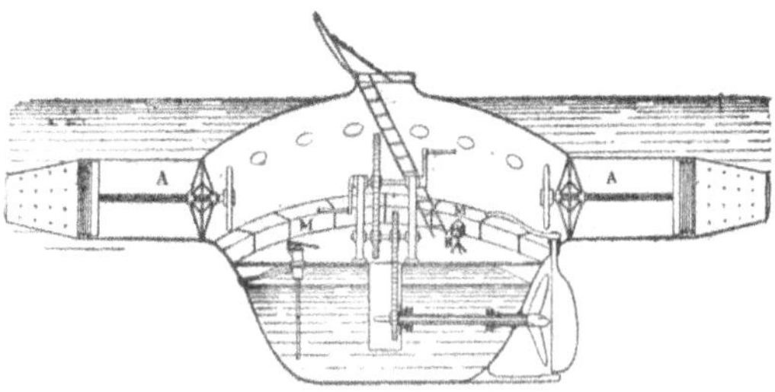

Fig. 161. — Sous-marin de Constantin André (1870).

L'avant et l'arrière de ce bateau sont terminés par deux cylindres ; chacun d'eux est muni d'un piston AA, qui peut parcourir, au moyen d'un arbre mû par des vis suffisamment puissantes, les longueurs de leur course. Les surfaces extérieures de ces pistons sont seules en contact avec le liquide déplacé et n'en permettent pas l'accès à l'intérieur. Il est facile de voir que le volume d'eau qui enveloppe l'appareil, et par suite son poids, varient suivant les dispositions des pistons dans les cylindres, tandis que le poids du bateau reste constant.

Le navire, par l'emploi convenable de lest, pourra monter ou descendre à volonté et s'arrêter à la profondeur jugée convenable. L'enveloppe est garnie de verres à faces planes et parallèles qui donnent accès à la lumière et laissent voir, au-dessus, sur les côtés, à l'avant et à l'arrière, les obstacles qui peuvent être rencontrés. Des ouvertures pratiquées dans la membrure et garnies de manches en caoutchouc terminées en forme de gants, et munies extérieurement d'instruments tranchants, donnent la facilité de toucher les objets extérieurs et de les détruire au besoin.

La direction est possible dans tous les sens au moyen de deux gouvernails, l'un horizontal et l'autre vertical. Un compas de route ordinaire est disposé dans ce but. Le gouvernail vertical permet d'obtenir les évolutions horizontales ; le gouvernail horizontal peut redresser le navire au cas où il s'inclinerait verticalement, longitudinalement d'avant en arrière et inversement. Comme les efforts de ce dernier sont limités, en cas d'impuissance, il suffira de manoeuvrer un des pistons, soit en avant, soit en arrière, pour produire l'évolution par une variation de volume, soit en avant, soit en arrière du centre de gravité.

La propulsion sera obtenue par une hélice qu'actionnent une machine à air comprimé ou des rouages mus à bras. Quant à l'aménagement intérieur, on peut s'en faire une idée aisément ; il y a : caisses à air comprimé, pour alimenter le personnel ; pompe à air aspirante au dedans et refoulante au dehors, pour chasser l'eau qui pourrait provenir d'infiltrations, etc., etc. Chacun des pistons est soustrait à la pression qu'occasionne la vitesse en avant et en arrière, par deux surfaces planes, verticales, obliques l'une par rapport à l'autre et faisant suite aux cylindres. Ces surfaces sont percées de trous nombreux, ce qui ne modifie en rien le principe de cet appareil sous-marin.

La seule objection sérieuse qu'on pouvait faire a été résolue d'avance par l'inventeur. Cette objection consiste à dire que les parois intérieures des cylindres étant en contact constant avec l'eau de mer, dont on connaît les effets destructeurs, la manoeuvre des pistons pouvait devenir difficile, voire même dangereuse. M. André a eu l'idée de revêtir intérieurement les deux cylindres de deux appareils à repliement, semblables au soufflet d'un accordéon, en cuir ou en caoutchouc. Leur forme est cylindrique ; l'une des extrémités, celle capelée (formant cape) aux parties extérieures des cylindres est ouverte, tandis que l'autre est terminée par un fond circulaire de même diamètre que le piston sur lequel il repose. Le piston et l'intérieur des cylindres sont, par conséquent, à l'abri des effets nuisibles du liquide, et la manoeuvre ne peut être contrariée par des causes extérieures[35].

Le problème de la stabilité d'avant en arrière est résolu par le seul fait de la position des deux cylindres. Quant à la stabilité latérale, elle n'est jamais influencée par la vitesse du corps plongé. Pour la stabilité d'un corps plongé dans l'eau, il faut et il suffit que la distance entre le centre de poussée et le centre de gravité soit la plus grande possible. Les parties supérieures doivent donc être très évasées, et les parties inférieures très étroites. Pour permettre le halage du navire sur une cale, la surface inférieure a été rendue plane.

Jusqu'à présent les constructeurs de bâtiments sous-marins faisaient varier le poids du corps plongé, principe contraire à celui appliqué par M. André ; c'est pourquoi ces bateaux n'ont rien donné de satisfaisant ; tandis que le nouveau navire sous-marin pourrait bien produire les meilleurs résultats, d'après l'opinion d'un grand nombre de praticiens et d'officiers.

35 Il est d'autres objections, bien plus sérieuses à notre avis ; c'est qu'un sous-marin destiné à naviguer entre deux eaux et exposé à frôler d'autres corps flottants ne devrait pas avoir, extérieurement à la coque, d'organes vitaux aussi délicats.

L'opinion émise par le Journal du Havre nous paraît un peu hasardée. Tout d'abord nous avons déjà vu proposer cette méthode de variation de volume par William Bourne et par Borelli ; quant à son application pratique, elle nous semble d'une très grande difficulté et d'une efficacité problématique.

Quoi qu'il en soit, le projet d'André n'a pas été exécuté et par cela même on ignore comment il se serait comporté dans la pratique.

Le Porter (1873)

En 1873 a été construit à Brooklyn (États-Unis) un semi-submersible, semblable au *Spuyten Duyvil*, auquel on donna le nom de *Porter*. Il ne s'immergeait que jusqu'à la hauteur de la cheminée une fois les mâts rabattus sur le pont. Il ne restait de visibles que la tourelle du pilote, la partie supérieure de la cheminée et l'énorme tourelle blindée armée de canons (fig. 162).

Fig. 162. — Semi-submersible *Le Porter* (1873).

Le Porter était construit en fer et avait une double coque cloisonnée qui le divisait en un certain nombre de compartiments étanches.

Il mesurait 53 mètres de longueur sur $8^{m},50$ de largeur et 4 mètres de hauteur.

Une torpille fixée à l'extrémité d'une perche était placée à l'avant de l'éperon comme dans la plupart des premiers torpilleurs.

CHAPITRE XXII

Période de 1875 à 1885

Scaphandre à réservoir d'air de John P. Holland. — Hémi-plongeur de Donato Tommasi. — Le Resurgam de Garrett. — Mortensen. — Holland H. — Podoscaphe sous-marin de l'ingénieur russe Stéphane Drzewiecki. —Deuxième podoscaphe sous-marin de Drzewiecki. — Holland III. — Torpilleur semi-submersible de Lagane. —Alexandrowsky. — Semi-submersible de Berkley et Hotchkiss. — Le Démon de Davies. — Sous-marin électrique de Drzewiecki. — Holland IV et Holland V. —Josiah-Hamilton-Langton Tuck. — Le Nautilus à volume variable de Campbell et Ash.

Holland
(1875)

En février 1875, l'ingénieur Américain John P. Holland, de Paterson (New-Jersey) construisit un torpilleur sous-marin de très petites dimensions destiné à être monté par un seul homme, comme celui de Bushnell. Sa longueur était de moins de 5 mètres, sa largeur de 0^{m},50 et sa profondeur de 0^{m},6o. Sa section était rectangulaire. Il rappelle la périssoire ou pirogue sous-marine, proposée en 1863 par le Français Faidy, de Napoléonville (Louisiane), et comme celle-ci, il était mis en mouvement par une hélice qu'actionnait un arbre à pédales sur lesquelles agissait un scaphandrier assis à l'intérieur de la périssoire. Ce sous-marin minuscule était divisé en trois compartiments. Dans celui du milieu qui peut recevoir librement l'eau, se trouve, à demi-étendu, le plongeur revêtu du costume de scaphandrier.

Dans les compartiments avant et arrière est emmagasiné de l'air respirable. Dans l'un se trouve une provision d'air à la pression ordinaire pour une durée de 10 minutes ; dans l'autre, de l'air sous pression pour une durée de 1h. 1/2 à 4 heures. Ces deux réservoirs sont reliés par des tuyaux munis de robinets et en outre séparés chacun en deux par des diaphragmes en soie huilée d'une ampleur telle qu'elle peut s'appliquer indifféremment aux parois supérieure et inférieure.

Le casque du scaphandrier est relié aux réservoirs par un double tube dont les extrémités se rendent l'une au-dessus des diaphragmes et l'autre au-dessous, de telle sorte que l'aspiration amène l'air pur dans le casque tandis que l'air vicié exhalé est renvoyé de l'autre côté du diaphragme. Une petite pompe actionnée par les pédales permet de chasser au dehors l'air vicié. Un manomètre placé sous les yeux de l'opérateur fournit l'indication continue de la pression extérieure.

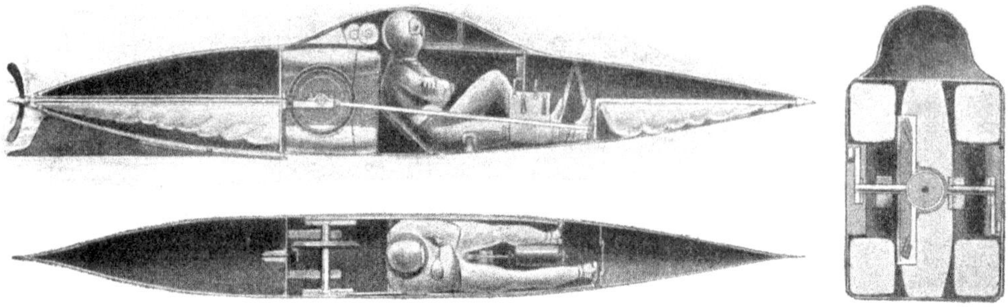

Fig. 163 à 165. — Périssoire sous-marine pour torpilleur-scaphandrier de Holland (1875).

Pour l'immersion au repos, on introduit l'eau dans le réservoir central. Pour l'immersion en mouvement, l'opérateur pouvait déplacer à l'intérieur du bateau un poids formé par des plaques de plomb, de manière à faire baisser l'avant pendant la marche. Dans la partie arrière du compartiment central contre lequel est adossé l'opérateur, se trouvent cinq petites torpilles que l'on pouvait placer à la main en relevant le dôme de la coupole. L'explosion se faisait à distance, la torpille étant reliée par un fil électrique à un exploseur placé à portée de la main.

Ce véritable scaphandre (homme-bateau) porte-torpilles n'a pas fonctionné en temps de guerre ; mais il aurait pu constituer un engin redoutable pour l'adversaire, comme la *Tortue* de Bushnell.

« Hémi-Plongeur » de Donato Tommasi
(1876)

En 1876, l'ingénieur italien Donato Tommasi a publié une brochure sur un semi-sous-marin auquel il a donné le nom d'*Hémi-plongeur*.

Frappé de ce fait dûment constaté que l'action des vagues cesse de s'exercer à une faible distance au-dessous de la surface, l'ingénieur Tommasi, pour éviter le roulis par gros temps, a imaginé un bateau composé de deux parties essentielles dont l'une, inférieure, est complètement immergée et s'appelle *plongeur* et l'autre, supérieure, entièrement hors de l'eau, est appelée *plate-forme*. Ces deux parties sont réunies entre elles par des colonnes creuses établissant la communication entre la cale et le pont (fig. 166 et 167).

> Le plongeur est divisé en 3 compartiments. Celui du milieu renferme la machine motrice et les deux autres les marchandises et les approvisionnements. La partie inférieure de ce plongeur renferme un réservoir destiné à contenir de l'air ou de l'eau. Une pompe aspirante et foulante, mue par la machine motrice du plongeur, permet de le remplir d'eau à volonté. Lorsqu'on veut s'enfoncer dans la mer on fait pénétrer de l'eau dans ce réservoir. On le vide quand on veut remonter à la surface. Une hélice placée à l'arrière du plongeur est mise en mouvement par la machine motrice et détermine ainsi le déplacement du

Fig. 166. — *Hémi-plongeur* de Donato Tommasi (1876).

navire. Deux cheminées destinées, l'une à l'échappement de la fumée de la machine, l'autre à l'aération de la pièce où se trouvent les mécaniciens, partent l'une du côté droit, l'autre du côté gauche du plongeur et viennent aboutir à quelques mètres au-dessus de la plate-forme.

On pourrait même supprimer le tube d'aération et se servir des deux colonnes qui relient le bateau au plongeur pour ventiler la pièce où se trouve la machine motrice. Ces colonnes sont creuses et ont un diamètre assez large pour laisser descendre les marchandises de la plate-forme dans les cales. Les parties supérieures de ces colonnes sont arrondies et entrent, à frottement doux, dans deux cylindres creux qui traversent- le bateau de part en part. En d'autres termes, la plate-forme présente, sur sa ligne médiane et à une égale distance de son centre, deux énormes godets dont la partie fermée se trouve en haut et la partie ouverte en bas, et qui viennent s'appuyer sur ces colonnes. Des vis de grandes dimensions unissent les colonnes du plongeur avec les godets de la plate-forme. On dévisse ces vis, en cas d'accident arrivé au plongeur, afin de séparer celui-ci de la plate-forme et transformer celle-ci en radeau.

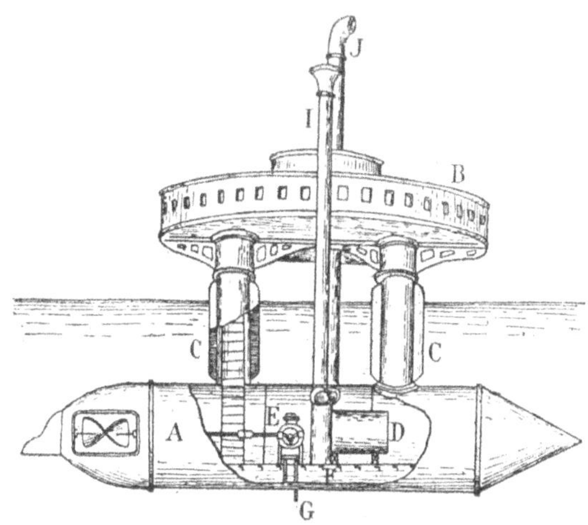

A Plongeur.
B Plate-forme.
C Colonnes creuses reliant la plate-forme au plongeur.
D Chaudière.
E Moteur.
F Réservoir à lest d'eau.
G Prise d'eau.
I Cheminée de la chaudière.
J Manche à air.

Fig. 167. — Hérni-plongeur de Donato Tommasi (1876).

Des deux côtés de la plate-forme se trouvent deux flotteurs dont la longueur égale le diamètre de la plate-forme et qui peuvent, au moyen de huit tiges à crémaillères, rigides et d'un système d'engrenage particulier, descendre ou monter à volonté. On fait en sorte que ces flotteurs se trouvent à peu près à une distance d'un mètre de la surface de la mer. Cette distance peut être augmentée en cas de beau temps, quand la mcr est calme, et doit être au contraire diminuée en cas de bourrasque. Ces flotteurs ont pour but de maintenir toujours l'hémiplongeur sur un même plan et d'empêcher les oscillations d'être trop violentes.

Un système de télégraphie électrique transmet les ordres du capitaine aux mécaniciens, soit pour ralentir ou accélérer la vitesse du navire, soit pour le faire monter ou descendre. Pour pouvoir réduire la hauteur des colonnes à volonté, celles-ci G peuvent être à coulisse, comme le tube d'une longue-vue, avec fonctionnement hydraulique comme dans les presses et ascenseurs

M. Donato Tommasi termine sa description par l'application de son système à la marine de guerre et en prévoyant, pour la marine de commerce, la possibilité d'utiliser les courants sous-marins.

Fig. 168. — Le Révérend Garrett.

Comme on peut le voir, le bateau hémi-plongeur marque la transition, établit un trait d'union, entre la navigation ordinaire et la navigation sous-marine.

« Le Resurgam » de Garrett (1876)

En 1876, le Révérend George-William Garrett fit construire dans les chantiers Cochrane de Liverpool un petit sous-marin de 4^{m},27 de longueur et 1^{m},52 de diamètre au maitre-couple, ne pouvant contenir qu'un seul homme.

A la partie inférieure se trouvaient les réservoirs à eau OO. Une pompe J aspirait l'eau et les tuyaux N la refoulaient dans les réservoirs. Un piston hydrostatique S permettait de régler la profondeur d'immersion grâce à un volant à main qui déterminait le déplacement du piston dans un cylindre horizontal.

Une hélice mue à la main servait à la propulsion. Un gouvernail vertical et un autre horizontal donnaient la direction ou réalisaient l'immersion pendant la marche.

La tourelle située à la partie supérieure était munie de hublots et de deux manches en cuir dans lesquelles on pouvait passer les bras pour saisir les objets extérieurs, placer des torpilles ou couper les fils des torpilles dormantes. Un certain nombre d'expériences furent faites avec ce petit sous-marin qui servit

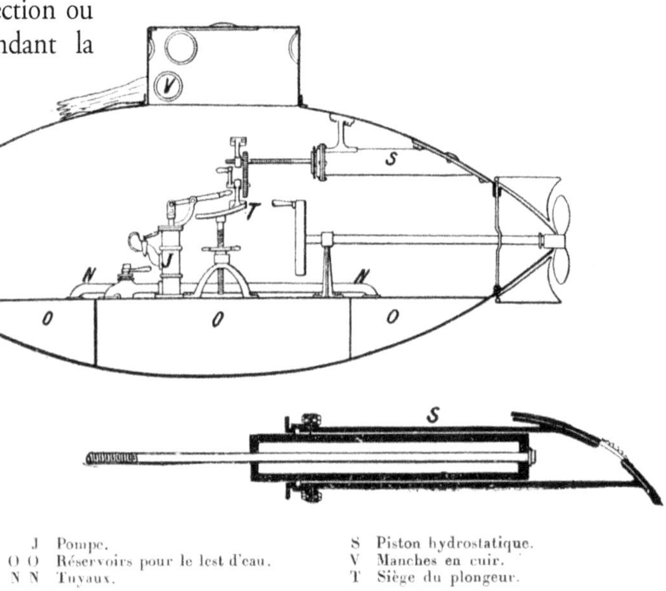

Fig. 169. — Le *Resurgam* de Garrett (1876).

de point de départ à la construction d'autres plus grands. Quelques années plus tard, en effet, Garrett fit construire un autre sous-marin auquel il donna le nom de *Resurgam* (fig. 169). Celui-ci mesurait 13m,50 de longueur. L'hélice était mise en mouvement par un moteur à gaz.

MORTENSEN
(1877)

En 1877, un Américain du Colorado, M. Mortensen, présenta un projet de sous-marin en forme de cigare, à deux hélices, mû par une machine à air comprimé. L'inventeur appliquait un des premiers le tube lance-torpilles, qu'il plaçait dans l'axe du bateau. C'était un très grand progrès au point de vue de l'armement.

HOLLAND II
(1877)

En 1877, l'ingénieur Holland fit construire par les chantiers de l'Albany City Iron Works de New-York un petit sous-marin différant complètement de sa périssoire à pédales (V. p. 267).

Ce bateau mesurait 4^{m},40 de longueur, 1^{m},10 de largeur et 1^{m},15 de hauteur. Il avait une double coque, l'une extérieure en forme de fuseau, l'autre intérieure cylindrique. Entre les deux coques se trouvaient les réservoirs à lest d'eau pour l'immersion. Un moteur à pétrole de 4 chevaux actionnait l'hélice placée à l'arrière.

Un gouvernail vertical donnait comme à l'ordinaire la direction dans le plan horizontal et des gouvernails horizontaux servaient à l'immersion en marche.

Au cours des essais l'inventeur put s'assurer que l'action de ces gouvernails était plus efficace quand ils se trouvaient à l'arrière plutôt que sur le côté.

L'armement se composait d'un canon pneumatique de 23 centimètres lançant une forte charge de matière explosive. Ces sortes de canons lançant des torpilles aériennes furent imaginés par le capitaine Zalinski et eurent un moment de vogue.

DRZEWIECKI
(1877)

En 1877, l'ingénieur russe Stéphanc Drzewiecki construisit à Odessa un petit sous-marin rappelant ceux de Holland et Garrett. Il mesurait 4 mètres de longueur. Comme on peut le voir sur la figure, cet engin, véritable homme-bateau, était mû par une hélice qu'actionnaient des pédales (fig. 170 et 171). Un

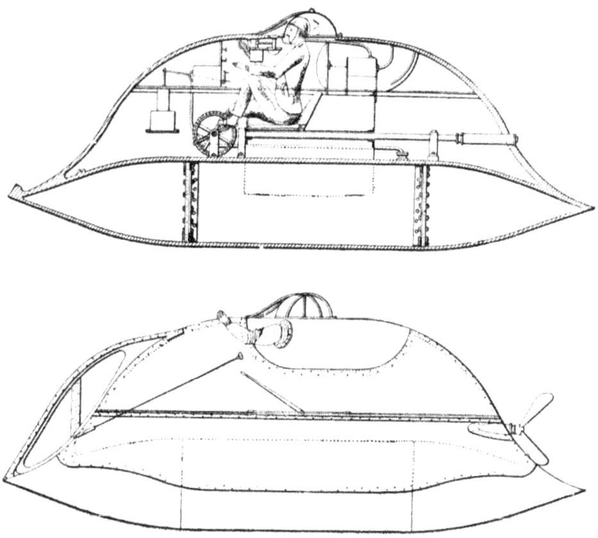

Fig. 170 et 171. — Premier podoscaphe sous-marin de Stéphane Drzewiecki (1877).

réservoir en forme de cigare recevait le lest d'eau ; un petit piston hydrostatique servait à régler la stabilité d'immersion comme dans le bateau de Garrett.

L'air vicié était expulsé automatiquement par une petite pompe reliée à l'arbre de l'hélice. Des bras en cuir permettaient de saisir les torpilles situées sur l'avant et de les fixer sous la carène des navires ennemis.

Ces torpilles étaient constituées par deux boites reliées entre elles et munies de ventouses en caoutchouc pour obtenir l'adhérence contre les carènes des vaisseaux.

Les essais faits par M. Drzewiecki, dans le port d'Odessa, attirèrent l'attention du gouvernement russe, qui lui commanda un bateau plus grand et plus perfectionné.

Fig. 172. - Stéphane Drzewiecki.

Drzewiecki II (1879)

En 1879, M. Drzewiecki construisit à Saint-Pétersbourg un sous-marin un peu plus grand et plus perfectionné que son premier modèle.

Celui-ci mesurait 6 mètres de longueur et pouvait contenir quatre hommes qui, assis dos à dos, devaient faire tourner à l'aide de pédales ZZ deux hélices N situées l'une à l'avant et l'autre à l'arrière (fig. 173).

Ces hélices étaient mobiles comme celles de Merriam et de Roeber (p. 260). Un double joint sphérique M, système Goubet, permettait d'en faire varier la position dans le plan horizontal, pour l'hélice d'arrière, ce qui supprimait l'emploi du gouvernail vertical, et dans le plan vertical pour l'hélice d'avant, ce qui évitait l'emploi de gouvernails horizontaux.

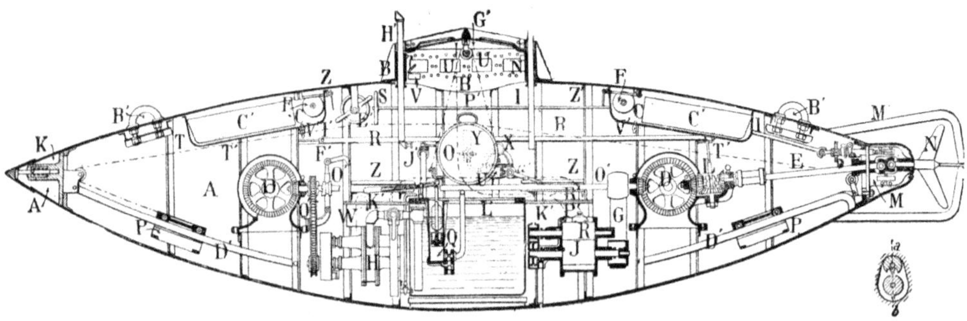

Fig. 173. — Le Drzewiecki II (1879).

L'immersion au repos s'obtenait par l'introduction d'eau dans un réservoir L situé au milieu et à la partie inférieure du bateau. Sur les arbres d'hélices étaient attelées deux pompes rotatives J et H, l'une pour l'eau du réservoir et l'autre pour l'air.

L'air respiré barbottait continuellement dans de la soude caustique où il se débarrassait de l'acide carbonique. Un réservoir d'oxygène comprimé remplaçait automatiquement l'oxygène absorbé par la respiration des hommes. La plongée se faisait par l'introduction du lest d'eau et par l'inclinaison de l'hélice d'avant.

La stabilité longitudinale était obtenue à l'aide de deux poids curseurs P mis en mouvement par des chaînes et se déplaçant le long de guides en fer D' situés tant à l'avant qu'à l'arrière, ainsi que l'avaient proposé Bauer en 1850 et Holland en 1875.

Un dôme circulaire G' muni de hublots recouvrait les quatre têtes des hommes de l'équipage. Un tube optique H' se trouvait à l'avant du dôme.

Deux torpilles à ventouses étaient placées dans des évidements C' ménagés à la partie supérieure de la coque. Des poignées ou pattes B' fixées aux extrémités supérieures de la coque permettaient de soulever ce petit torpilleur et de le hisser sur les portemanteaux d'un cuirassé.

Les essais de ce sous-marin eurent lieu dans le lac de Gatchina. Le résultat en fut si satisfaisant que M. Drzewiecki reçut la commande de cinquante-deux autres de ce modèle légèrement modifié. Ils furent construits à Saint-Pétersbourg.

Holland III (1879-1881)

En 1879, John P. Holland fit construire aux ateliers de la *Delamater Iron C°* de New-York un troisième modèle de sous-marin, un peu plus grand que le précédent.

Il mesurait 9^m,50 de longueur et 1^m,80 de diamètre au maitre-couple. Son déplacement était de 19 tonneaux. Un moteur à pétrole système Brayton d'une puissance de 15 chevaux actionnait l'hélice. Il fut lancé en 1881.

Un trou d'homme placé dans le fond, comme dans les cloches à plongeur, permettait de sortir du bateau. La coque de ce bateau se trouve à New-Haven.

Torpilleur semi-submersible de Lagane (1880)

En 1880, M. Lagane, directeur des chantiers de la Seyne, étudia un torpilleur qui sortait des sentiers battus et constituait le véritable torpilleur sous-marin de combat et de haute mer (fig. 174 à 177).

Jusqu'à présent tous les sous-marins projetés et exécutés, à l'exception de celui de Bourgois et Brun, étaient de petites dimensions avec un logement insuffisant pour l'équipage. Le torpilleur de Lagane est le premier torpilleur-submersible rationnellement étudié. Aussi a-t-il servi de point de départ à de nombreux projets tentés dans cette voie. C'est un torpilleur de 28

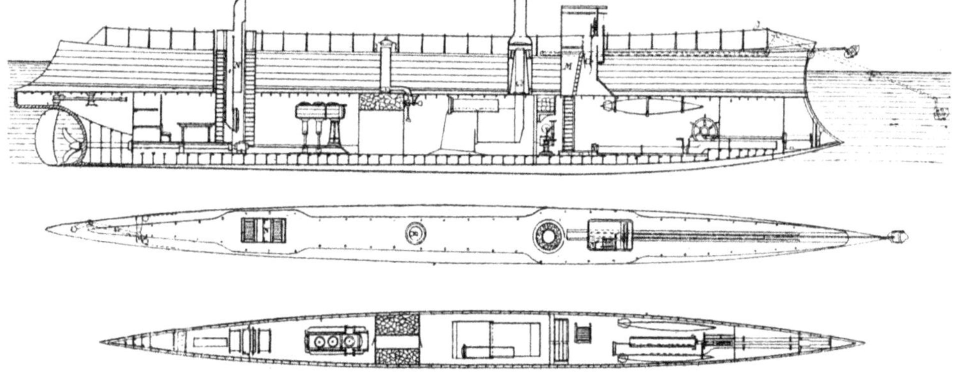

Fig. 174 à 176. — Torpilleur semi-submersible de Lagane (1880).

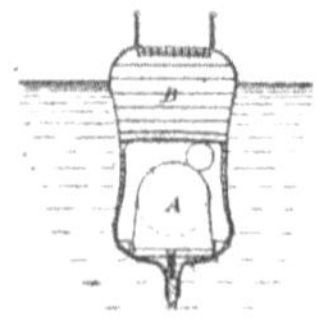

Fig. 177- Coupe transversale du torpilleur semi-submersible de Lagane (1880).

mètres de longueur sur 3 mètres de largeur et 4 mètres de hauteur, qui a la faculté de s'immerger jusqu'au ras de son pont, ne laissant exposées aux projectiles que la tourelle cuirassée, la cheminée et la manche à air. Tout le reste est protégé d'abord par la couche d'eau et ensuite par un épais matelas formé de gros madriers qui offrent le double avantage d'assurer la flottaison du navire et son impénétrabilité aux projectiles. Dans la cale se trouvent des réservoirs à eau d'une capacité suffisante pour faire immerger le torpilleur jusqu'au ras du pont. Deux puits, munis d'échelle, donnent accès à l'intérieur du submersible. L'un d'eux part de la tourelle d'observation. dans laquelle se tiennent le commandant et l'homme de barre. L'autre, placé à l'arrière, conduit à la chambre de la machine et au poste de l'équipage.

Ce submersible est muni d'un tube lance-torpilles situé à la partie inférieure et d'un espar porte-torpille situé à la partie supérieure et à l'avant du pont.

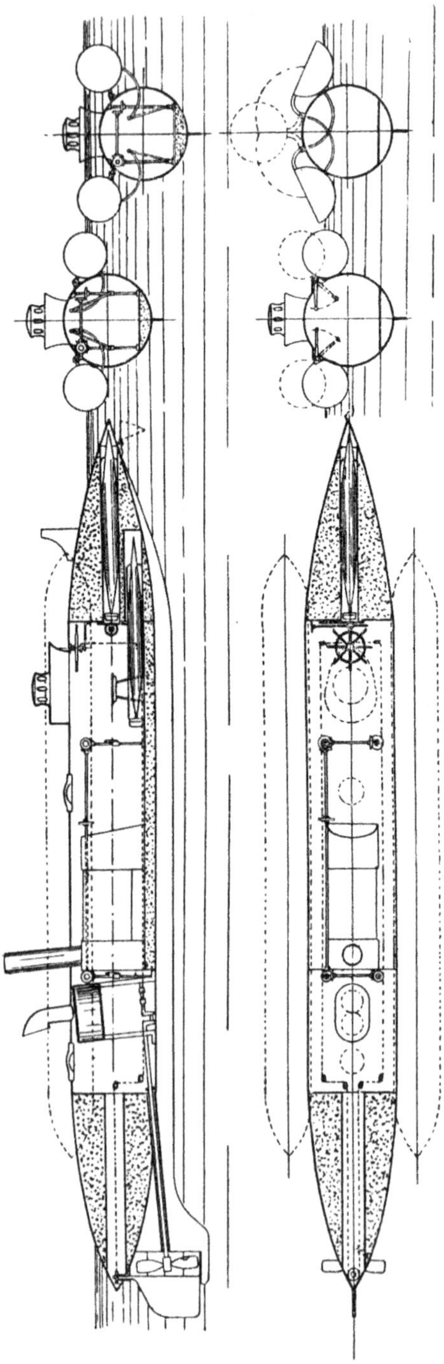

Fig. 178 et 179 - Semi-submersible à flotteurs de Berkley et Hotchkiss (1881)

ALEXANDROWSKY (1881)

En 1881 Alexandrowsky, continuant les études entreprises en 1868, construisit un nouveau sous-marin de 40 mètres de longueur, 4^{m},3o de largeur, 4^{m},90 de hauteur et 460 tonneaux de déplacement, auquel il put imprimer une vitesse de 10 nœuds.

Alexandrowsky offrit son sous-marin au gouvernement français, mais le prix demandé d'un million de francs ne permit pas de donner suite aux pourparlers.

TORPILLEUR SEMI-SUBMERSIBLE DE BERKLEY ET HOTCHKISS (1881)

En 1881, Benjamin Berkley et Hotchkiss, le célèbre constructeur de la mitrailleuse qui, porte son nom, prirent un brevet pour un torpilleur submersible.

Ce torpilleur en forme de cigare (fig. 178 et 179) était muni de deux flotteurs cylindriques en liège fixés aux extrémités de bras qui, manoeuvrés de l'intérieur du bateau, permettaient de rapprocher ou d'éloigner les flotteurs et, par suite, de faire varier l'immersion de la coque. Ces flotteurs offraient le double avantage de protéger le torpilleur contre les projectiles et de lui permettre de changer sa position.

Comme dans le torpilleur submersible de Lagane, seules la tourelle, la cheminée et la prise d'air devaient rester hors de l'eau. Un tube lance-torpilles sous-marin se trouvait placé à l'avant de ce semi-submersible. Une variante montre des flotteurs demi-cylindriques qui, en se rejoignant à la partie supérieure et dans l'axe du bateau, formaient un cylindre fusiforme flottant seul à la surface, tout le reste du bateau restant immergé à trois pieds sous l'eau.

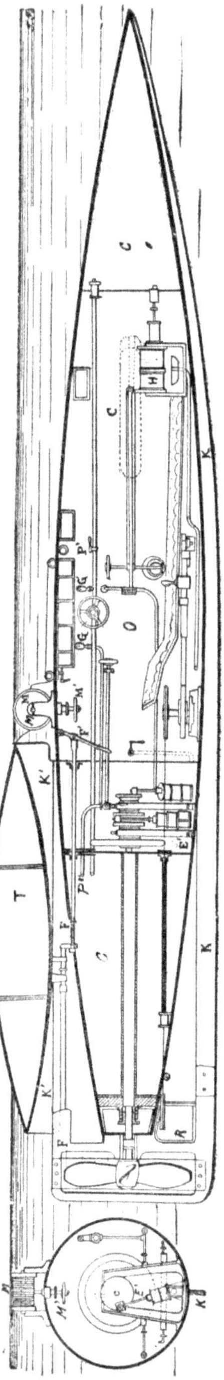

Fig. 180 - Le *Démon* de Davies (1883)

Le « démon » de Davies (1883)

En 1883, Davies prit un brevet pour un torpilleur sous-marin auquel il avait donné le nom de Démon (fig. 18o).

Ce torpilleur est fusiforme et mesure 15 mètres de longueur sur 2 mètres de diamètre. Il est mû par un moteur à air comprimé ; il a une double quille inférieure K et supérieure K', cette dernière, occupant seulement la partie arrière, était destinée à recevoir la torpille T. L'hélice, à quatre branches, est logée dans un cadre F auquel sont reliées les deux branches mobiles d'un double gouvernail vertical et horizontal. A l'avant et à l'arrière se trouvent des réservoirs à air comprimé C.

Le compartiment O situé au milieu est destiné au seul homme composant l'équipage qui restait étendu sur son lit de repos. Le compartiment E servait au moteur à air comprimé. Une petite pompe à air H manoeuvrée avec le pied aspire l'air à la surface et maintient les réservoirs constamment pleins. Les indicateurs de pression G et G' donnent la pression de l'air dans les compartiments avant et arrière. Des robinets à air P et P' permettent de régler l'amenée de l'air dans le compartiment du centre.

Le levier F' et la vis F servent à régler l'inclinaison des pales du gouvernail horizontal pour la descente ou la montée du bateau en marche.

Une bobine M reçoit le fil électrique servant à filer la torpille une fois abandonnée. Une vis M' règle le déroulement de la bobine et coupe le fil si cela est nécessaire.

Drzewiecki III (1884)

Le nouveau modèle de sous-marin, perfectionné par M. Drzewiecki à la suite des essais de 1879, avait les mêmes dimensions que le précédent ; seulement de notables modifications y avaient été introduites (fig. 181). Tout d'abord, M. Drzewiecki profita de l'apparition des accumulateurs électriques pour leur emprunter la puissance motrice de son sous-marin. Cela lui permit de supprimer deux hommes sur quatre.

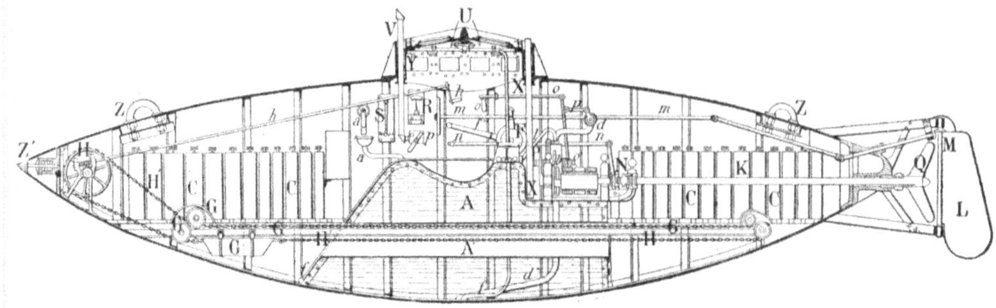

Fig. 181. — Le *Drzewiecki III* (1884).

Il ne conserva qu'une hélice appliquée à l'arrière et supprima le joint mobile qui offrait l'inconvénient de ne pas donner suffisamment de précision dans les mouvements de virage. Il préféra revenir au gouvernail vertical L avec l'hélice Q à axe fixe. Il maintint le réservoir à eau A à la partie inférieure et au centre de la coque mais en modifiant sa forme.

Il ne conserva qu'un seul des deux poids curseurs, celui de l'avant G ; le rail servant de guide était horizontal et traversait le réservoir à eau dans un tunnel. La position du poids déterminait l'inclinaison du bateau comme dans une balance romaine. Le dôme U et le tube optique V étaient maintenus sans changement.

L'exiguïté de ces sous-marins minuscules, dont la plus grande vitesse n'atteignait que 4 nœuds, ne permit pas de les considérer comme des engins de guerre.

Aussi M. Drzewiecki étudia-t-il un autre projet de dimensions plus pratiques dans lequel le déplacement était porté à 150 tonneaux et dont nous parlerons plus loin.

Holland IV et V
(1884-1885)

En 1883, John P. Holland constitua une importante société : la *John P. Holland Torpedo boat Company* qui fit construire deux nouveaux modèles de sous-marins. Le *Holland IV* fut construit en 1884 aux ateliers et forges de MM. Gammon et Cooper de Jersey-City. Il mesurait 5 mètres de longueur et 1^{m},50 de diamètre. L'inventeur voulait y appliquer un moteur à poudre comme l'avait proposé de Montgéry (V. p. 208), malheureusement un accident survenu empêcha la réalisation de ce projet. Le dôme de la tourelle n'ayant pas été bien fermé pendant une expérience, l'eau entra au moment de la submersion et le bateau coula.

En 1885, le *Holland V*, appelé également *Bateau Zalinski*, fut construit à Fort-Lafayette. Il était en bois charpenté en fer. Ses dimensions étaient : 12 mètres de longueur et 2^{m},60 de grand diamètre. Il devait être armé de canons pneumatiques.

Le sort du *Holland V* ne fut pas plus heureux que celui du *Holland IV*. La cale s'effondra et le bateau tomba sur des rochers qui occasionnèrent de graves avaries à la coque. A la suite des réparations faites ce bateau servit à des essais d'immersion. Ses expériences amenèrent l'inventeur à établir certaines règles dont il a toujours cherché à ne pas se départir : la principale est l'invariabilité du poids pendant l'immersion et par suite la fixité du centre de gravité. C'est cette condition qui lui a fait préférer l'emploi de gouvernails latéraux pour la plongée au procédé d'immersion par chargement d'un lest d'eau.

Cette même condition l'a conduit à se servir de régulateurs automatiques destinés à assurer le remplacement de toute perte de poids éventuelle par de l'eau ou inversement de chasser l'eau des réservoirs en cas d'augmentation de poids.

Tuck
(1884)

En 1884, un Américain de San-Francisco, M. Josiah-Halmiton-Langton Tuck, fit construire à New-York un sous-marin électrique de 9 mètres de longueur et jaugeant 20 tonneaux.

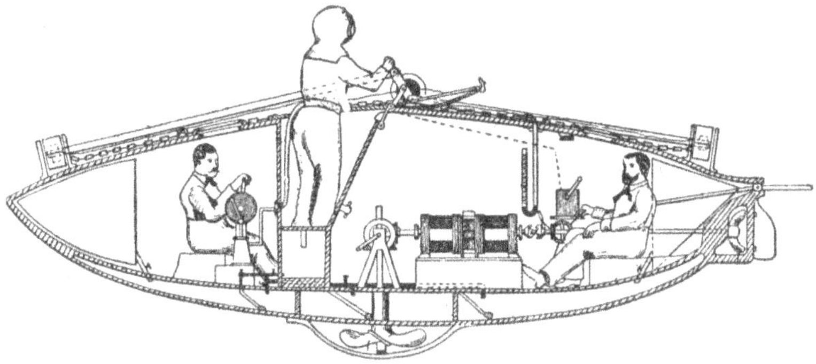

Fig. 182. — Bateau sous-marin du professeur Tuck (1884).

Ce sous-marin (fig. 182) offrait plusieurs particularités intéressantes. Au milieu du bateau et correspondant au trou d'homme d'entrée se trouvait une chambre étanche destinée à servir de sas à air ou d'écluse ; nous avons déjà rencontré cette disposition dans le bateau de Conseil (V. p. 236).

Deux torpilles placées sur la coque du navire, l'une à l'avant et l'autre à l'arrière, étaient retenues dans des gaines en fer par des électro-aimants qui les laissaient partir, lorsque le courant était interrompu par la seule action de leur flottabilité propre. En se retirant, le torpilleur déroulait deux fils électriques enroulés sur un tambour fixé à la coque et l'explosion était obtenue par un courant électrique lancé dans les conducteurs.

En temps ordinaire, le commandant restait dans le compartiment-écluse dont le dôme était fermé. Lorsqu'on voulait manoeuvrer les torpilles, on fermait les portes étanches, et le commandant endossait un vêtement de scaphandrier. Tandis qu'un homme manoeuvrait la pompe à air, en communication avec le casque du scaphandrier, l'eau, chassée d'un des réservoirs inférieurs, était introduite dans l'écluse ; le commandant, ouvrant le dôme, pouvait sortir la tête et le haut du buste, et manoeuvrer les torpilles. Quand le commandant voulait rentrer à l'intérieur du bateau, il refermait la porte du trou d'homme, chassait l'eau au moyen de l'air comprimé contenu dans des réservoirs placés à l'avant et à l'arrière et ouvrait la porte de communication avec l'intérieur.

Le propulseur à hélice était actionné par un moteur électrique qu'alimentaient des accumulateurs. Une hélice à axe vertical placée à la partie inférieure du sous-marin permettait l'immersion et l'émersion au repos. En marche, des gouvernails horizontaux déterminaient la plongée. Le renouvellement de l'air se faisait à l'aide de tuyaux dc prise d'air terminés par des flotteurs. Dans une expérience faite près des forges de Delamater (New-York) ce sous-marin a navigué et plongé d'une manière satisfaisante en donnant une vitesse de 6 à 7 nœuds.

Le « Nautilus » de Campbell et Ash (1884)

En 1884, les Anglais Campbell et James Ash, reprenant l'idée de André en 1870, firent breveter un bateau sous-marin à volume variable. C'est, croyons-nous, depuis William Bourne et Symons, la première tentative faite dans ce sens, après le projet d'André (p. 264).

Ce bateau construit par MM. Fletcher et Fearnall avait la forme d'un fuseau de 8^{m},29 de longueur, 2^{m},44 de diamètre et déplaçait 52 tonneaux (fig. 183 à 185).

Quatre paires de cylindres placés moitié sur chaque flanc et manoeuvrés par paire, dont un de chaque côté, permettaient d'obtenir la variation de volume. Des réservoirs à lest d'eau se trouvaient à la partie inférieure.

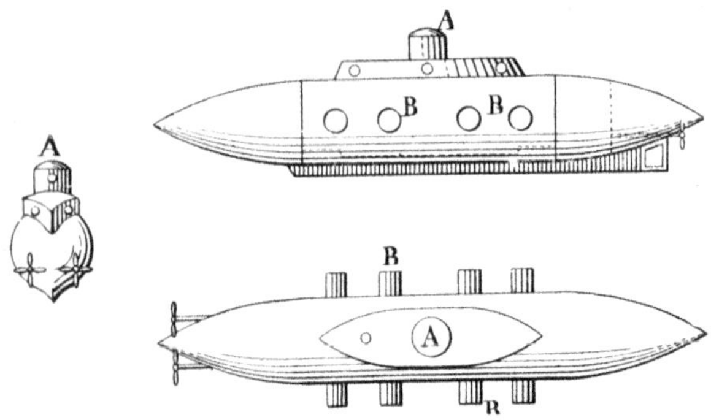

Fig. 183 à 185. — Le Nautilus de Campbell et Ash (1885)
(Bateau sous-marin à volume variable.)

Deux hélices indépendantes étaient actionnées par deux moteurs électriques Edison-Hopkinson qu'alimentait une batterie de 180 accumulateurs Elwell-Parker. Un gouvernail vertical et un gouvernail horizontal servaient à la direction et à la plongée.

Le 27 novembre 1886, eurent lieu dans les Tilbury Docks, et dans les West India Docks, sur la Tamise, des essais faits en présence de M. Ch. White, directeur en chef des constructions navales britanniques. Peu auparavant lord Charles Beresford était descendu au fond de l'eau avec ce navire et avait failli y rester, car pendant la plongée la vase et des herbes s'engagèrent dans les cylindres d'un côté et en paralysèrent le fonctionnement.

Une partie de la quille en métal, formant poids de sécurité, put être abandonnée et cet allégement subit permit au bateau de remonter à la surface.

Parmi les perfectionnements introduits dans ce sous-marin, il faut citer l'installation d'une écluse permettant la sortie d'un scaphandrier, soit pour placer une torpille sous la quille d'un cuirassé au mouillage, soit pour relever une torpille ou une épave sur le fond de la mer.

Les tentatives de Campbell et Ash étaient curieuses, mais condamnées d'avance comme offrant de trop graves inconvénients. La variation de volume ne peut guère convenir qu'à des aéronefs et non à des hydronefs.

CHAPITRE XXIII

Période de 1885 à 1890

Expériences mémorables de Landskrona avec le premier submersible à vapeur autonome, de l'ingénieur suédois Th. Nordenfelt. — Immersion par hélices-lest latérales et gouvernails automatiques à l'avant. — Projet de sous-marin autonome de l'ingénieur français d'Allest. — Chaudière à combustion sous pression alimentée par du pétrole et un courant d'air. — Le Peace Maker ou Pacificateur de Tuck avec chaudière sans feu système Honigman, à soude caustique. — Sous-marin électrique de l'ingénieur anglais Waddington. — Le minuscule Goubet I, microbe des gigantesques cuirassés. — Hélice mobile, régulateur automatique pour l'immersion et la stabilité longitudinale, torpille-bouée, etc. — Commande de l'amiral Aube, Ministre de la marine. -- Essais, polémiques et déboires de l'inventeur. — Chapmann et Brin. — Le Gymnote de Gustave Zédé, mis en chantiers par ordre de l'amiral Aube, Ministre de la marine. — Le Nordenfelt II à la Corne d'Or. — Le Nordenfelt III en Angleterre. — Le Peral à Cadix. — Hovgaard. — Concours ouvert par l'Amirauté des États-Unis. Fontes Pereifa de Mollo. — La Sirène ou Gustave-Zédé de MM. Gustave Zédé et Romazzotti.

Nordenfelt I
(1881-1885)

En 1881 et en 1885, l'ingénieur suédois Th. Nordenfelt prit des brevets pour un bateau sous-marin à vapeur qu'il construisit en Suède et expérimenta à Landskrona en septembre 1885.

Ce bateau, dont la coque était en acier doux de Suède, avait la forme habituelle des bateaux-cigares (fig. 186 à 188). Sa longueur était de $19^{m},50$, sa largeur maxima de $3^{m},65$, sa hauteur maxima au milieu de $3^{m},25$ et son déplacement total de 60 tonneaux. La partie supérieure présentait une petite tourelle de $0^{m},30$ de hauteur environ, munie d'un dôme étanche, mobile autour d'une charnière pour le passage de l'équipage.

Une coupole en acier munie de hublots en verre permettait d'inspecter l'horizon. Une chaudière à vapeur B reliée à deux réservoirs A et A' alimentait un moteur compound de

100 chevaux *e* à condensateur E. La propulsion était obtenue par une hélice à l'arrière. La cheminée F était télescopique et pouvait être rentrée et hermétiquement fermée. Le foyer se fermait de même hermétiquement et automatiquement.

M. Nordenfelt adopta de préférence le moteur à vapeur parce que l'eau et le charbon étaient plus faciles à se procurer que l'énergie électrique.

Fig. 186. — Le *Nordenfelt I* (1885).

Un réservoir à lest d'eau K' permettait de diminuer la flottabilité mais sans l'annuler complètement, de manière que le bateau fût constamment à flot.

Deux hélices latérales actionnées chacune par un moteur distinct de 6 chevaux déterminaient l'immersion que l'on pouvait régler automatiquement. Dès que ces hélices cessaient d'agir, le bateau remontait à la surface, grâce à sa flottabilité positive. Deux paires de gouvernails horizontaux, l'une à l'avant et l'autre à l'arrière, servaient à l'immersion en marche. Un gouvernail vertical à l'arrière servait à la direction dans le plan horizontal.

Les essais de ce sous-marin qui marquent une date mémorable dans l'histoire de la navigation sous-marine eurent lieu à Landskrona, du 21 au 25 septembre 1885, en présence de la famille royale de Danemark, de l'impératrice de Russie, du prince et de la princesse de Galles, des ministres de la marine suédoise et danoise et des délégués des gouvernements étrangers.

Tous les pays d'Europe, le Brésil et le Japon y étaient représentés par 40 officiers et délégués officiels.

La première journée fut consacrée à la visite du bateau. Le deuxième jour, on devait simuler toutes les phases d'une attaque contre la canonnière Edda, qui portait les représentants des puissances étrangères. Le temps était mauvais. Une chaloupe à vapeur remorqua le torpilleur jusqu'à 500 mètres environ de la canonnière, mais l'amarre fut en ce moment larguée si maladroitement qu'elle s'engagea dans l'un des gouvernails horizontaux et le faussa. Le bateau dut se contenter d'évoluer en ne laissant paraître que l'extrémité supérieure de la coupole hors de l'eau ; il plongea aussi plusieurs fois pour montrer le bon fonctionnement des hélices verticales.

Le troisième jour, le bateau, suivi par *l'Edda*, se rendit de Landskrona à Helsingfors, en naviguant à la surface. Les tuyaux pour l'expulsion de la fumée au-dessous de la flottaison

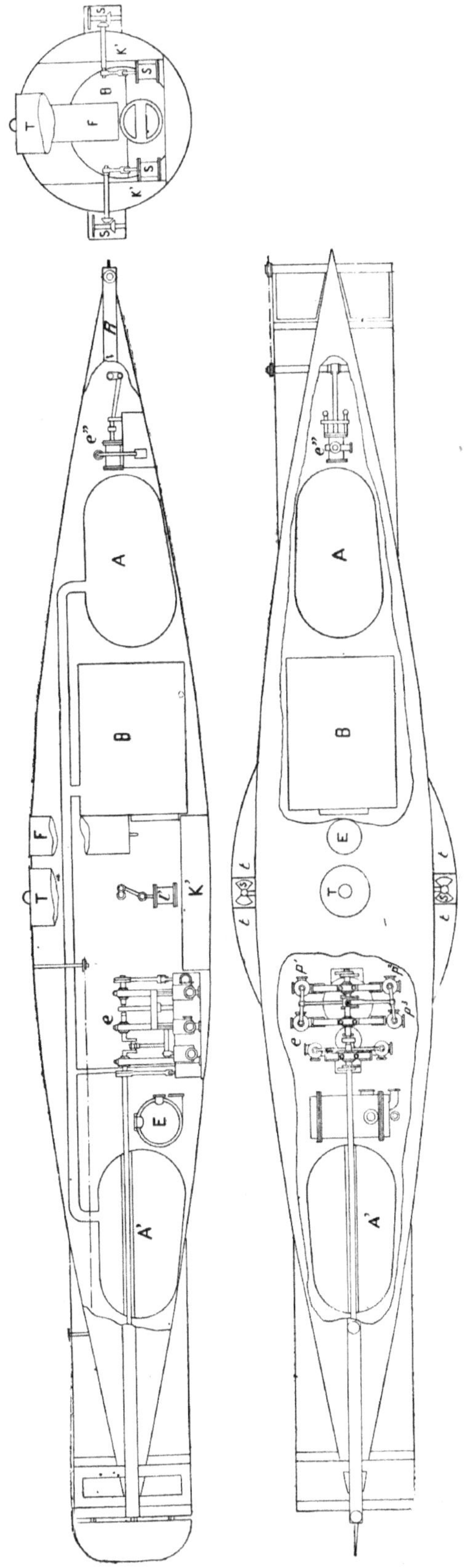

Fig. 187 et 188 - Le *Nordenfelt I* (1885)

fonctionnèrent bien et rien ne révélait la présence d'une machine motrice; mais la vitesse ne dépassa guère cinq nœuds alors qu'on en prévoyait six.

L'avarie du gouvernail horizontal n'étant pas réparée, la quatrième journée fut consacrée à une nouvelle visite du bateau.

Le cinquième jour, le temps étant beau et la mer calme, on devait reprendre le programme qui n'avait pu être exécuté le deuxième jour. Malheureusement le mécanicien fut victime d'un accident et l'équipage se trouvant réduit à deux hommes, le succès des expériences fut compromis. Le bateau fit néanmoins quelques immersions et parcourut, à petite vitesse, une certaine distance sous l'eau, mais la réduction de l'équipage empêcha la réussite complète des essais.

Pour que son sous-marin pût remplir le rôle de torpilleur, M. Nordenfelt se proposait de l'armer d'une mitrailleuse placée à l'avant de la tourelle sur le pont, d'un tube lance-torpilles à l'avant et d'une torpille traînée à l'arrière. Aucune des installations nécessitées par cet armement n'avait été faite sur le bateau expérimenté à Landskrona.

En résumé, les trois points importants du système de navigation sous-marine inauguré par M. Nordenfelt sont les suivants :

1. Emploi de la vapeur comme force motrice unique ;
2. Submersion obtenue par des moyens mécaniques ;
3. Horizontalité obtenue par les gouvernails automatiques placés à l'avant.

Le gouvernement grec fit l'acquisition d'un sous-marin de ce type auquel fut ajouté un tube lance-torpilles à l'avant.

Les essais de réception eurent lieu à Salamine en avril 1886.

D'Allest
(1885)

En 1885, M. d'Allest prit un brevet de bateau sous-marin qui est resté, croyons-nous, à l'état de projet, mais a été très sérieusement étudié. Il est, depuis le bateau de Payerne, le premier qui, pouvant naviguer aussi bien en immersion qu'à la surface, emploie une chaudière à combustion sous pression alimentée par du pétrole et un courant d'air (fig. 189 à 191).

Ce bateau, qui affecte la forme d'un cigare de 20 mètres de longueur sur 2 de diamètre, est muni à la partie inférieure d'une quille creuse formant réservoir étanche D ; la partie cylindro-conique est divisée en trois compartiments par deux cloisons étanches A et B ; les deux compartiments avant et arrière sont

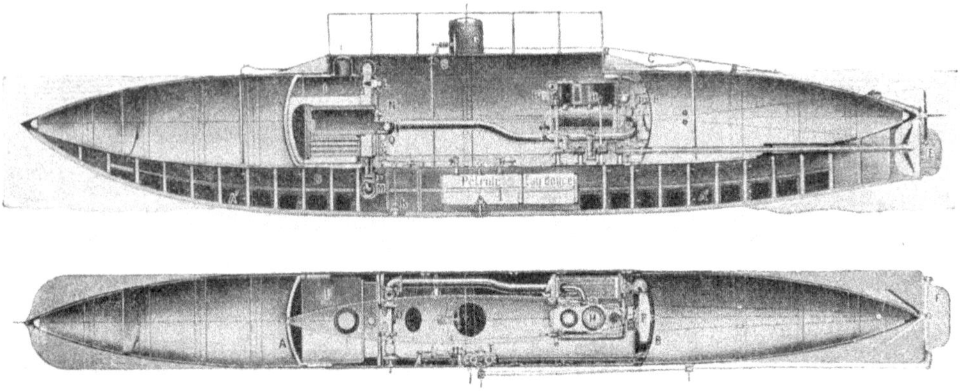

Fig. 189 et 190. — Submersible autonome de d'Allest (1885).

remplis d'air ou d'oxygène comprimé à haute pression ; ils sont reliés entre eux par un tuyau extérieur C ; le compartiment central contient l'appareil moteur et le personnel ; à la partie inférieure D du bateau, qui est complètement séparée d'ailleurs de la coque, se trouvent une caisse à eau douce, une caisse à pétrole qui est le combustible employé et les accumulateurs. Le reste de la capacité est destiné à être rempli par l'eau nécessaire à l'immersion complète du navire. Le bateau est, en outre, muni de deux gouvernails, l'un vertical E, qui assure la direction dans le plan horizontal, et l'autre horizontal F, qui assure et règle la profondeur à laquelle on veut naviguer. La partie centrale du bateau présente une petite passerelle servant de pont et une coupole G, munie de hublots et fermée par une porte étanche par où l'on pénètre dans l'intérieur du navire. Dans la quille sont placés, formant lest, les accumulateurs électriques A', chargés par une petite dynamo B et qui assurent le fonctionnement d'un nombre de lampes à incandescence suffisant pour l'éclairage. L'appareil moteur comprend une machine compound à pilon, à condensation par surface, actionnant une hélice et munie de tous les accessoires habituels à ce genre de machine. Ce moteur commande également un cylindre compresseur H, qui

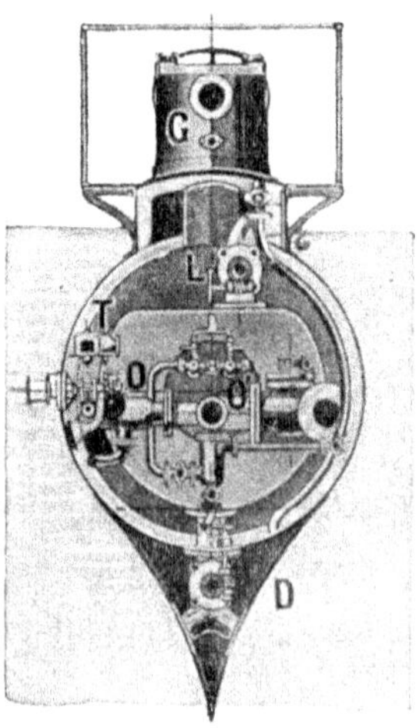

Fig. 191. — Coupe transversale du submersible autonome de d'Allest (1885).

aspire de l'air à l'extérieur ou de l'oxygène, au moyen d'une manche reliée à une source de ce gaz placée à terre, et le refoule à haute pression dans les deux réservoirs étanches à l'avant et à l'arrière du bateau.

La chaudière 1 est tubulaire et à retour de flammes ; le foyer et la boîte à fumée sont complètement fermés et étanches. La boîte à fumée est munie de deux cheminées : l'une J, qui aboutit sur le pont du bateau, et l'autre K, qui sort par la partie inférieure ; ces deux cheminées sont fermées par des robinets L et M. Sur la devanture du foyer se trouvent montés : un brûleur à pétrole N, système d'Allest, et un tuyau d'arrivée d'air ou d'oxygène venant des réservoirs après avoir traversé un détenteur O, placé dans la chaufferie ; une autre tubulure O' conduit dans le foyer l'air refoulé par un ventilateur P ; le pétrole, puisé par une pompe dans la caisse d'approvisionnement, est refoulé dans un cylindre Q, sous un piston dont la face supérieure est en communication avec la mer. Lorsque le bateau navigue à la surface, la flottaison se trouve placée un peu au-dessus de la coque ; la chaudière fonctionne alors à la façon d'une chaudière ordinaire : le pétrole pénètre dans le foyer avec une pression due à sa hauteur d'écoulement, au poids du piston et de la petite colonne d'eau, qui agissent sur lui. L'air soufflé par le ventilateur P vient activer la combustion du pétrole, et les produits de la combustion s'échappent par la cheminée J, dont on a ouvert le robinet L.

Lorsque le bateau est complètement immergé et se trouve à une certaine profondeur, on ferme le robinet L ; on ouvre M, et l'oxygène nécessaire à la combustion, au lieu d'être fourni par le ventilateur, est alors puisé dans les réservoirs.

Cet air ou oxygène à haute pression, avant d'arriver dans le foyer, traverse le détendeur-régulateur O, lequel, au lieu d'être réglé, comme les détendeurs ordinaires, par un ressort, est commandé par un piston mis en communication avec la mer par l'une de ses faces ; il règle ainsi automatiquement la pression de l'air, qui varie dans le foyer de telle sorte que cette pression est toujours un peu supérieure à celle de la colonne d'eau chargeant la base inférieure de la cheminée K. Le pétrole est projeté dans le foyer avec la même pression relative que lorsqu'on marche à l'air libre, car la charge qui le projette a augmenté avec l'enfoncement du navire, à cause de la colonne d'eau pressant sur le piston de distribution Q. Les produits de la combustion sortent de la chaudière par la cheminée K, d'une manière continue ; le combustible, ainsi que le comburant, se trouvent donc toujours introduits dans le foyer à une pression suffisante pour vaincre la résistance de la colonne d'eau qui s'oppose à la sortie des produits de la combustion.

Lorsque la chaudière, préalablement allumée à l'air libre, est en pression et qu'il s'agit d'immerger le bateau et de naviguer sous l'eau, on ferme le trou d'homme et on ouvre la prise d'eau R, qui met le compartiment D en communication avec la mer ; si on ouvre ensuite le robinet S, l'air contenu dans le compartiment D sort par le robinet, et le bateau s'enfonce graduellement. Si, une fois immergé, on veut remonter à la surface, on ferme le robinet S et on envoie dans le compartiment D, soit de l'air pris dans les réservoirs, soit les gaz de la combustion, et l'eau contenue dans le compartiment D est refoulée et chassée à travers la prise R ; le navire ainsi allégé remonte immédiatement à la surface ; on peut également, au lieu d'effectuer la manoeuvre précédente, fermer la prise R et vider le compartiment D, au moyen de la pompe de cale ou de la pompe de circulation de la machine, qui ont leur aspirateur disposé pour cela. En cas d'accident à ces pompes, on peut encore vider le compartiment D au moyen d'une pompe à bras placée dans la chambre des machines : on voit ainsi que l'immersion et l'émersion du navire sont assurées.

Une fois immergé, on met le foyer en communication avec les réservoirs d'air ou d'oxygène : le foyer se remplit immédiatement de gaz à une pression réglée automatiquement par le détendeur O, et qui est un peu supérieure à la pression correspondant à la profondeur à laquelle on se trouve ; si on ouvre le robinet de pétrole et le robinet M, la combustion se produit alors sous pression et l'écoulement des produits gazeux qui en résultent se fait d'une façon continue et régulière par le robinet M ; il suffit alors d'ouvrir la prise de vapeur de la machine et de mettre le moteur en marche ; le navire avance aussi facilement qu'à la surface.

Pour que le bateau reste toujours à la même profondeur, le gouvernail horizontal H est commandé par un servo-moteur T, qui est lui-même commandé par la tige à crémaillère d'un piston hydrostatique U.

Pour assurer l'air nécessaire à l'intérieur du bateau pendant les périodes d'immersion, une pompe aspirante à air est disposée dans le compartiment central ; l'air vicié est ainsi expulsé et enfin remplacé par de l'air frais pris dans les réservoirs ; la détente de cet air passe de la pression du réservoir à celle de la chambre des machines, qu'on maintient à la pression atmosphérique normale, abaisse la température du milieu respirable et la maintient à un degré convenable. Sous le parquet, sont disposés des bacs qui peuvent recevoir des substances absorbant, en cas de besoin, l'acide carbonique et la vapeur d'eau produits par la respiration.

Dans le cas où on voudrait remplacer le pétrole par tout autre combustible solide, charbon, coke, etc., etc., il suffirait de placer sur la devanture du foyer une trémie à double porte étanche.

Ce bateau, étudié dans son ensemble pour transporter des voyageurs, peut être également disposé pour recevoir un tube lance-torpilles.

Le « Peace Maker » ou « Pacificateur » de Tuck (1885)

En 1885, le professeur Tuck dont nous avons déjà parlé (V. p. 277) fit construire par la *Submarine Motor C°* de New-York le *Peace Maker* ou *Pacificateur* dont les essais eurent lieu l'année suivante. Ce bateau mesurait 9^{m},20 de longueur, 2^{m},65 de largeur et 1^{m},80 de creux. La coque portait un trou d'homme surmonté d'un dôme muni de hublots. Une sorte de crête ou quille supérieure régnait sur toute la longueur de la coque pour la protéger contre les chocs de corps flottants.

De chaque côté du dôme se trouvaient des torpilles sphériques légères que leur flottabilité positive faisait monter verticalement quand on les abandonnait de l'intérieur du bateau. Des électro-aimants devaient les faire adhérer à la quille des navires attaqués. Des manches en cuir, fixées au dôme, permettaient de placer les torpilles à la main. L'immersion s'obtenait, au repos, par l'introduction d'eau et en marche par l'action de gouvernails horizontaux placés à l'arrière.

Le moteur à vapeur, du type Westinghouse, était d'une puissance de 14 chevaux. Il était alimenté par une chaudière à soude, système Honigman, déjà appliquée à la traction des tramways.

Le dégagement de chaleur se produisait lorsque la soude caustique absorbait de l'eau.

Avec son équipage, composé seulement de deux hommes, le *Peace Maker* a évolué à 17 mètres de profondeur, est passé sous des steamers en marche et a accosté un remorqueur sans être aperçu.

WADDINGTON (1886)

En 1885, l'ingénieur naval anglais James-Franklin Waddington, de Birkenhead, prit un brevet pour un sous-marin électrique qu'il construisit et lança, en 1886, à Seacombe, près de Liverpool.

Fig. 192. — Sous-marin électrique de J.-F. Waddington (1886).

Les essais eurent lieu en présence de délégués du Gouvernement britannique et de divers autres gouvernements.

Ce sous-marin est fusiforme et mesure 11^{m},30 de longueur et 1^{m},85 de largeur (fig. 192 à 195).

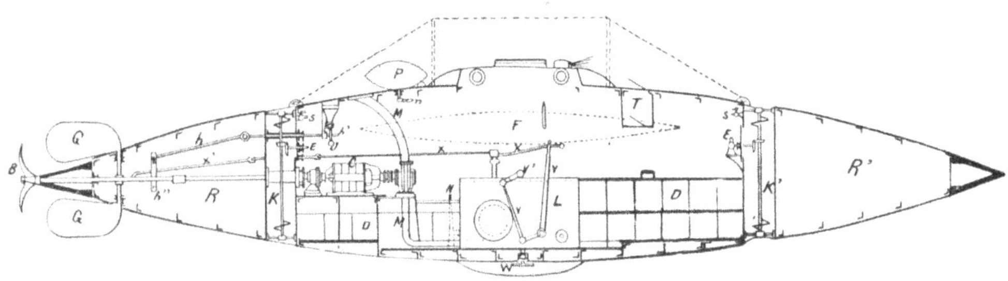

Fig. 193. — Le *Waddington* (1886).

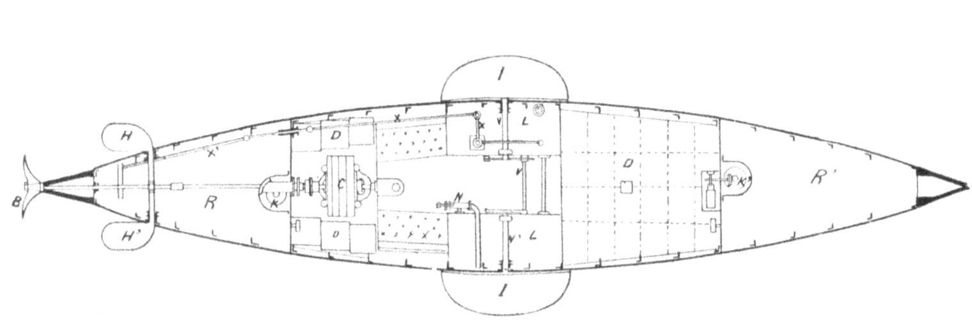

Fig. 194. - Coupe longitudinale du *Waddington*.

L'intérieur est divisé en trois compartiments étanches dans le sens de la longueur. Celui du milieu est destiné à la machinerie : accumulateurs, moteurs, pompes, etc., et à deux hommes d'équipage. Les deux compartiments extrêmes servent de réservoirs à air comprimé. A la partie inférieure du compartiment du milieu se trouvent les réservoirs à lest d'eau.

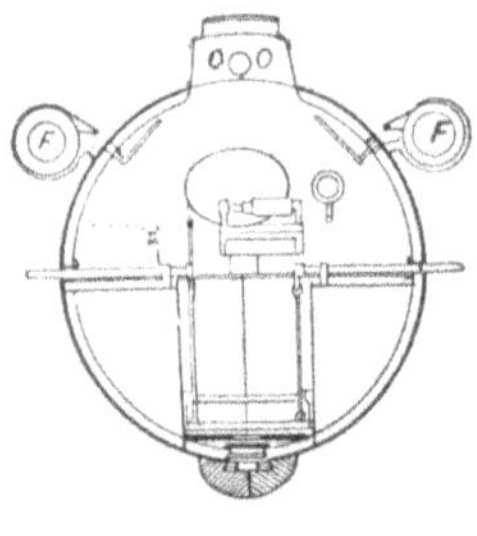

Fig. 195. — Coupe transversale du Waddington (1886).

On retrouve dans ce sous-marin l'application de certaines idées de Nordenfelt.

Sa principale caractéristique est l'emploi de quatre hélices à axe vertical, placées dans deux puits situés dans les compartiments extrêmes, tout contre les parois qui les séparent du compartiment du milieu.

Ces hélices actionnées séparément, chacune par un petit moteur électrique, servent à l'immersion au repos, le bateau ayant en général un excès de flottabilité.

En marche deux paires de gouvernails horizontaux, placés deux à l'arrière et deux sur les côtés, juste au milieu, servent à la plongée.

Les gouvernails horizontaux d'arrière étaient actionnés automatiquement par un pendule qui, oscillant entre deux contacts électriques, en faisait varier l'inclinaison.

Un gouvernail vertical donne la direction dans le plan horizontal.

L'armement se compose de deux torpilles fixées extérieurement sur les flancs et à la partie supérieure, à l'aide de griffes spécialcs qui, par un déclenchement intérieur, rendent la torpille libre en mettant en mouvement le mécanisme de son moteur.

Une torpille flottante est placée à la partie supérieure du bateau ; elle est destinée à être lâchée en passant sous les cuirassés à l'ancre lorsqu'ils sont entourés de leurs filets pare-torpilles. Un fil électrique relié à la torpille devait la faire exploser. Un poids de sécurité placé sous la quille permet, en cas d'accident ou d'avarie, de remonter rapidement à la surface.

M. Waddington avait prévu également l'emploi de l'air comprimé comme force motrice.

Ce sous-marin a figuré à l'exposition de Liverpool où il a obtenu une médaille. Sa conception est très rationnelle et son exécution a été très soignée.

Goubet I
(1885-1891)

En 1885, Goubet prit un brevet pour un petit sous-marin auquel il appliqua son joint sphérique, pour rendre l'hélice mobile dans tous les sens, comme l'avaient déjà fait Merriam et Roeber, en 1866 (V. p. 260), et Drzewiecki, en 1879 (V. p. 272).

Les dimensions de ce sous-marin étaient : 5 mètres de longueur, 1 mètre de largeur et $1^{m},80$ de hauteur au milieu. Son déplacement de 1 tonneau 800 faisait de lui un véritable microbe à côté des puissants cuirassés.

La coque avait la forme lenticulaire allongée et était composée de deux fragments de surface de révolution engendrée par un arc de cercle tournant autour de sa corde (fig. 197 à 199). Cette coque était en bronze et fondue d'une seule pièce.

L'immersion s'obtenait par un lest d'eau, en remplissant les réservoirs inférieurs . Ceux-ci étaient subdivisés en une série de compartiments ne communiquant entre eux que par des petits trous afin d'éviter les déplacements trop rapides d'une trop grande quantité d'eau à la fois, ce qui aurait déterminé un mouvement de tangage nuisible à la stabilité de l'embarcation. Une disposition très ingénieuse permettait d'obtenir automatiquement le transport de la quantité d'eau voulue, d'une extrémité à l'autre du bateau, pour maintenir constant l'équilibre

Fig. 196 - Goubet (1838 - 1903)

horizontal. Un pendule, placé au centre, actionnait une pompe à double effet, agissant tantôt dans un sens et tantôt dans l'autre, et sa robinetterie à trois voies, de manière à envoyer l'eau dans le sens contraire de l'inclinaison du bateau. Un poids de sécurité était retenu au moyen d'une tige à déclic.

La force motrice était fournie par une batterie de piles ou d'accumulateurs électriques, actionnant une dynamo. L'hélice pouvait être également manœuvrée à la main. Il y avait, en outre, une paire de rames, à pales articulées, traversant des joints sphériques étanches. Ces rames s'appliquaient contre les parois quand on ne voulait pas s'en servir.

Une pompe à air chassait l'air vicié. Des bouteilles en acier contenaient de l'oxygène pour régénérer l'air du sous-marin.

A l'exécution, Goubet plaça ses réservoirs à air comprimé dans le coffre formant siège pour le commandant et le seul homme d'équipage. Ceux-ci étaient assis au centre, dos à dos, la tête à hauteur des hublots de la coupole. Devant lui, le commandant avait un gros robinet permettant de communiquer avec les personnes se trouvant à la surface de l'eau à l'aide de dépêches contenues dans des étuis légers qui, s'échappant du boisseau du robinet, venaient flotter à la surface. A la pointe avant du sous-marin se trouvait une tige verticale servant de mire pour se diriger.

Une ampoule électrique permettait d'éclairer devant soi, et une tige, manœuvrée de l'intérieur et pouvant sortir de 2 mètres par un joint sphérique, portait des cisailles ou autres instruments pour couper les fils des torpilles dormantes des défenses fixes. L'aide placé en arrière surveillait le moteur, agissait sur le volant de direction et lançait la torpille-bouée.

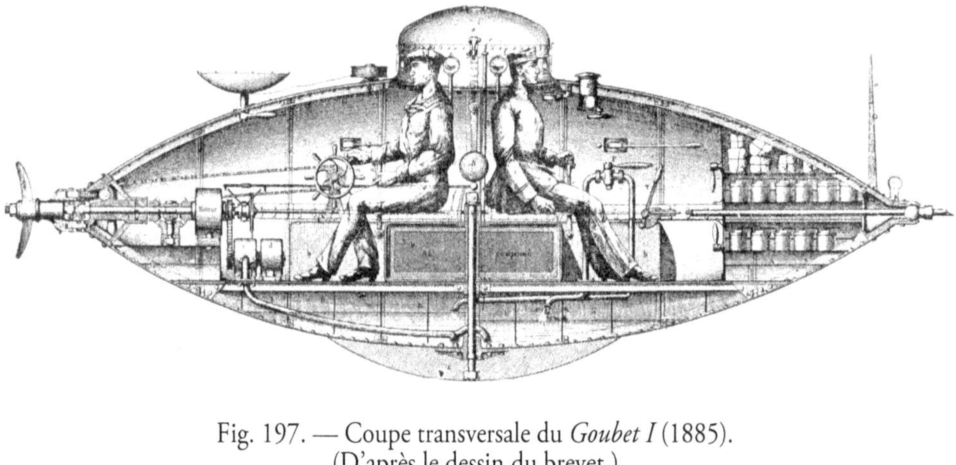

Fig. 197. — Coupe transversale du *Goubet I* (1885).
(D'après le dessin du brevet.)

Celle-ci, placée dans une sorte de coupe et reliée à un fil électrique, était abandonnée à elle-même et venait s'appliquer contre la carène des vaisseaux comme dans la *Tortue* de Bushnell et le *Nautilus* de Fulton. On y devait mettre le feu à l'aide d'un courant électrique.

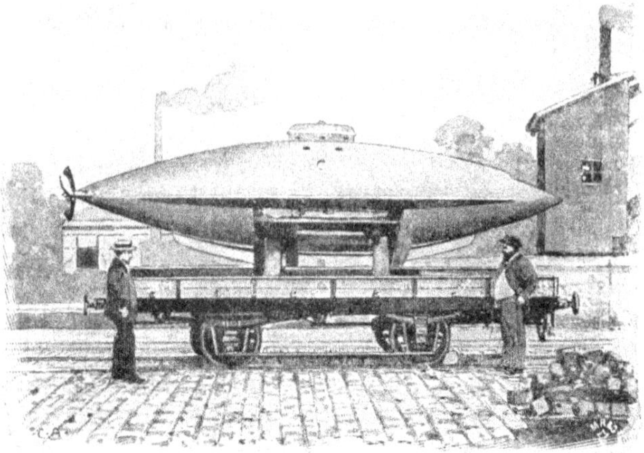

Fig. 198. — Le *Goubet I* placé sur truck, prêt à être expédié par chemin de fer.

Dans la suite, Goubet munit son sous-marin d'un tube optique, véritable chambre claire formée de deux prismes à réflexion totale, pour la marche en immersion.

Le 12 septembre 1886, l'amiral Aube étant Ministre de la marine, un marché fut passé avec Goubet pour l'acquisition d'un sous-marin de son modèle, qu'il était prêt à fournir pour 40 000 francs.

Le *Goubet I* fut mis en chantier le 26 septembre 1886 et lancé le 20 mars 1887.

Les essais eurent lieu à différentes reprises, de 1887 à 1891, à Toulon et à Cherbourg. Toutes les publications techniques, françaises et étrangères, et tous les journaux politiques français ont parlé de ces essais, des déboires et des vicissitudes de l'inventeur. C'était le retour des difficultés rencontrées par Fulton, par Bauer..., par tous les inventeurs et tous les novateurs.

Fig. 199. — Le *Goubet 1* suspendu à une grue et prêt à être mis à l'eau ou embarqué à bord d'un cuirassé ou d'un paquebot quelconque.

Comme toujours, ce furent les maladresses et les attaques inconsidérées des amis de l'inventeur qui lui firent plus de tort que l'hostilité de ses ennemis. Oubliant ou ignorant le passé, on alla jusqu'à prétendre que Goubet était le père de la navigation sous-marine, le génial inventeur du premier sous-marin, lequel devait révolutionner le monde de la marine, etc. Les partisans des gros cuirassés, hostiles à l'esprit novateur et clairvoyant de l'amiral Aube, réagirent énergiquement contre les tendances nouvelles. La violente campagne de presse qui fut menée par des publicistes plus ou moins techniques contre l'administration de la marine, et la trop sage lenteur avec laquelle elle procédait aux essais, furent néfastes à Goubet.

L'administration de la marine, traitée de « *bouteille à l'ancre* », réagit contre la pression, peut-être trop intéressée, des amis de Goubet et, en présence des imperfections et des lacunes évidentes du *Goubet I*, refusa le minuscule torpilleur sous-marin.

C'était en 1891. Goubet pouvait désormais méditer les paroles de Voltaire :

« *Que Dieu me préserve de mes amis ; je saurai bien me défaire de mes ennemis.* »

Il pouvait également, faisant son examen de conscience, reconnaître, dans son for intérieur que, non seulement il n'était pas le père de la navigation sous-marine, comme d'aucuns voulaient le faire croire au public par le canal de la presse parisienne, mais encore que la paternité de son propre sous-marin devait être partagée avec l'ingénieur russe Drzewiecki. En effet, ce fut celui-ci qui, le premier, lui en avait donné l'idée alors qu'en 1879 il s'était adressé à la maison Piat, où Goubet était chef de l'atelier de dessins, pour appliquer le joint sphérique Goubet à l'hélice mobile.

L'ingénieur Drzewiecki, lié par le secret d'État, encore plus rigoureux en Russie qu'ailleurs, n'ayant pu ni prendre de brevet ni même revendiquer une priorité quelconque, dut garder le silence dans la fâcheuse polémique qui était un défi porté à la vérité et à l'histoire. C'est seulement en 1892 que Drzewiecki, dégagé du secret professionnel, put rétablir la réalité des faits par une correspondance appuyée d'attestations, qui fut publiée dans l'Électricien du 8 octobre 1892.

La réponse de Goubet dans l'Électricien du 22 octobre et la riposte de Drzewiecki dans le numéro du 5 novembre suivant remettent les choses au point et montrent que Goubet avait seulement repris et fait siennes les idées de Drzewiecki : celui-ci ayant reconnu les inconvénients de l'hélice mobile, qui rendait le sous-marin par trop sensible, l'avait, en effet, abandonnée avec son joint Goubet et avait adopté l'hélice et le gouvernail ordinaires (V. p. 276).

Goubet, mis en goût, étudia un modèle de sous-marin dans lequel il appliqua de réelles ressources d'ingéniosité personnelle de mécanicien et créa successivement ses Goubet qui eurent sur le grand public la même action en faveur de la navigation sous-marine, que les Santos-Dumonts en faveur de la navigation aérienne.

De ce côté, on peut dire que les essais et les déboires de Goubet eurent une réelle action sur la marche progressivement ascendante de la navigation sous-marine, grâce au concours obscur de l'opinion publique qui s'agitait confusément et plus par sentiment que par connaissance exacte et précise des choses.

Quoi qu'il en soit, l'élan était donné et rien ne devait plus arrêter le mouvement de progrès qui s'était nettement dessiné en faveur de la navigation sous-marine depuis les expériences de Nordenfelt à Landskrona, de Waddington à Liverpool et de Goubet à Cherbourg.

Chapmann et Brin (1886)

En 1886, l'Anglais Chapmann et les Français Brin frères imaginèrent un sous-marin auquel devait être appliqué l'emploi de l'oxygène obtenu par le procédé spécial à ces derniers.

La forme générale du bateau était celle d'un cigare à section circulaire sauf vers le milieu où elle était elliptique. L'avant, où se trouvait la torpille, se terminait par une calotte sphérique (fig. 200 à 202). La tourelle d'observation était à éclipse.

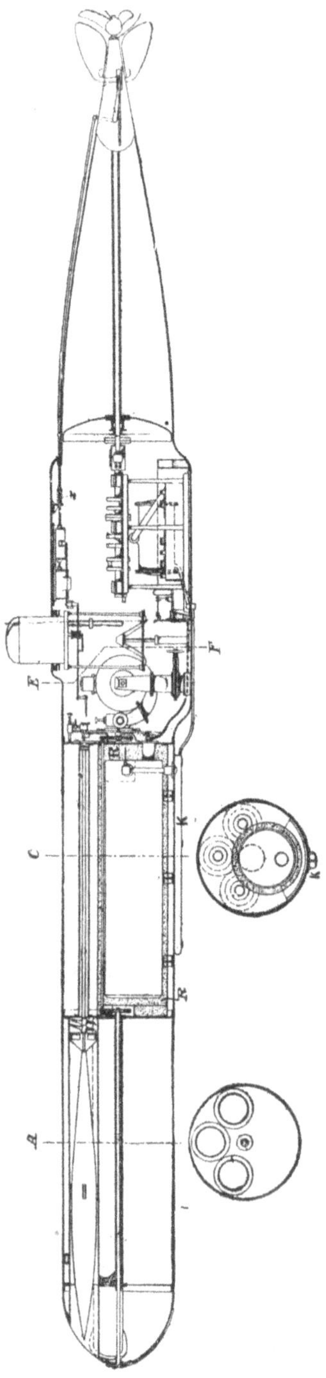

Fig. 200 à 202 - Coupe du sous-marin de Chapmann et Brin (1886)

La particularité de ce sous-marin était d'avoir une chaudière chauffée en vase clos au pétrole dont la combustion était activée par un jet d'oxygène. C'était l'idée de la chaudière pyrotechnique de Payerne. MM. Chapmann et Brin frères avaient pensé également à l'emploi direct du pétrole et de l'oxygène dans un cylindre de moteur à gaz. Indépendamment des réservoirs pour le lest d'eau et de gouvernails horizontaux, les inventeurs avaient pensé se servir de la réaction produite par un jet d'eau violent pour obtenir l'immersion du bateau.

Un appareil électrique permettait de régler automatiquement l'immersion obtenue par l'inclinaison de gouvernails horizontaux. Dans ce but, un tube manométrique renfermant du mercure recevait la pression extérieure. Un contact métallique placé dans la branche recourbée du manomètre déterminait la fermeture d'un circuit qui agissait sur le gouvernail par l'intermédiaire d'un électro-aimant.

Le « Gymnote » de Gustave Zédé (1886-88)

Le premier torpilleur sous-marin construit dans les chantiers de l'État, en France, depuis le Plongeur de Bourgois et Brun (V. p. 241), a été le *Gymnote*, conçu par Dupuy de Lôme et étudié par Gustave Zédé, l'éminent ingénieur qui fut directeur des constructions navales.

Charles-Henry-Laurent Dupuy de Lôme est né à Lorient le 16 octobre 1816 ; il est mort à Paris le 1er février 1885. Fils d'un officier de marine, il était lui-même passionné pour les choses de la mer. Il fit ses études d'ingénieur des constructions navales et dès l'âge de 26 ans il avait su faire apprécier la rectitude de son jugement, sa puissance de travail et ses grandes dispositions pour l'art de la construction navale. Envoyé en mission sur les chantiers de la Mersey, de la Clyde, de la Tamise, d'où commençaient à sortir les premiers navires en fer, il rédigea un journal de mission qui est resté longtemps le manuel de la construction en fer.

Dupuy de Lôme trouva une flotte entièrement en bois, navires de commerce comme navires de guerre, et mue en partie par les voiles, en partie par les roues à aubes ; l'hélice faisait son apparition sur quelques avisos.

Fig. 203. — Dupuy de Lôme (1816-1885).

Il entrevit la flotte de l'avenir et proposant le grand navire en fer avec une protection spéciale, il construisit en fer ses deux premiers bâtiments le *Caton* et *l'Ariel*, puis le *Napoléon* qui allait révolutionner la tactique et la stratégie navales. Devenu le chef incontesté présidant à la construction de la flotte, Dupuy de Lôme donna carrière à son génie créateur qui enfanta les vaisseaux rapides et les frégates, et enfin la première flotte cuirassée. Le *Charlemagne*, la *Gloire*, le *Solférino*, le *Magenta*, le *Suffren*, le *Marengo*, *l'Océan* et le *Friedland* montrèrent la fécondité et la hardiesse de ses conceptions et la justesse de ses vues.

Sous l'égide d'un tel chef, la plus noble émulation fit surgir de remarquables disciples et des continuateurs comme Gustave Zédé.

Gustave-Alexandre Zédé naquit à Paris en 1825. Son père était ingénieur de la marine, membre du Conseil des travaux de la marine et maître des requêtes au Conseil d'État. Entré à l'École polytechnique à l'âge de 18 ans, avec le numéro 2, Gustave Zédé suivit la carrière paternelle. Sa remarquable intelligence lui attira l'amitié du grand Dupuy de Lôme dont il fut le second pendant les dix années durant lesquelles le célèbre ingénieur occupa le poste de directeur du matériel. Ayant quitté la marine, Gustave Zédé devint successivement administrateur, puis vice-président du conseil d'administration de la compagnie des Forges et Chantiers de la Méditerranée.

En 1870, pendant le siège de Paris, il construisit avec Dupuy de Lôme le premier aérostat dirigeable, posant, pour la première fois, les principes, dont on ne s'est pas écarté depuis, relatifs à la direction des ballons.

C'est à cette occasion que, cherchant un moteur à la fois puissant et léger, Gustave Zédé collabora, avec le commandant d'infanterie Krebs, à la construction du moteur électrique qu'il devait appliquer plus tard à son *Gymnote*. Pour Dupuy de Lôme, comme pour Gustave Zédé, l'étude de la direction des machines dirigeables plongées dans l'air n'était que le prélude, le point de comparaison devant servir à l'étude d'une machine dirigeable plongée dans l'eau, c'est-à-dire du navire sous-marin.

M. Zédé fit à l'Académie des Sciences, dans sa séance du 5 avril 1886, la communication suivante :

G. L. PESCE

Sur les navires sous-marins.

La question des navires sous-marins est aujourd'hui partout à l'étude et l'Académie apprendra certainement avec intérêt que mon regretté maître et ami, M. Dupuy de Lôme, en avait trouvé une solution simple et pratique. Il me répétait souvent que la question des aérostats et celle des bateaux sous-marins étaient intimement liées et que, le jour où la première serait résolue, la seconde serait bien près de l'être. En effet, le point capital lui paraissait, dans les deux cas, d'imaginer un moteur puissant et léger, ne changeant pas de poids pendant son fonctionnement. Aussi, dès qu'il apprit la réussite du ballon de Meudo*, grâce à son moteur électrique, il me dit : « Nous allons reprendre maintenant l'étude du bateau sous-marin, et nous mettrons d'accord les torpilleurs et les cuirassés en les annulant tous deux. » Dans la situation géographique et internationale de notre pays, il voyait en effet un grand intérêt pour la France à la solution du problème de la navigation sous-marine. Malheureusement la cruelle maladie qui nous l'enleva ne lui permit pas de donner suite à son projet. J'ai alors considéré comme un devoir de réunir les idées si souvent émises par lui, et de leur donner un corps en étudiant complètement le navire sous-marin, tel qu'il le concevait.

Fig. 204 - Gustave Zédé (1825 - 1891)

L'état actuel de la science ne permet pas encore, il est vrai, d'atteindre le but qu'entrevoyait M. Dupuy de Lôme, mais on peut cependant déjà produire des navires sous-marins pouvant rendre de sérieux services de guerre, et aussi des services d'un tout autre ordre : pour certaines explorations scientifiques, certains travaux, et même pour des navigations spéciales, dans le cas, par exemple, où l'on voudrait s'affranchir des mouvements de la surface de la mer.

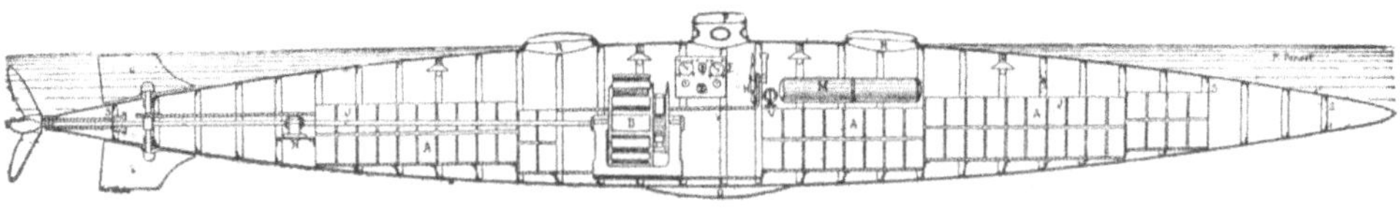

Fig. 205. — Le *Gymnote* de Gustave Zédé (1886).
(Coupe longitudinale théorique.)

* Le ballon dirigeable La France de Renard et Krebs.

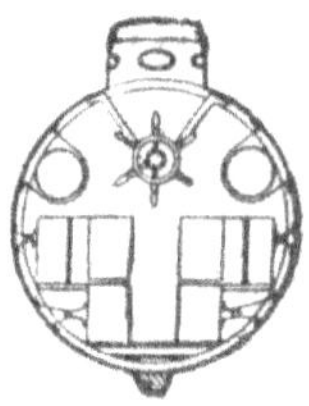

Fig. 206. Coupe transversale théorique du *Gymnote* de Gustave Zédé (1886).

La forme naturelle de ces bâtiments est celle d'un fuseau, et l'on pourrait dès à présent leur donner de grande dimensions, mais, dans une question aussi nouvelle, où tant de détails auront besoin d'être consacrés par l'expérience, il semblait au contraire prudent de commencer par concevoir le plus petit navire possible pouvant rendre des services militaires utiles ; j'ai donc adopté le diamètre de $1^{m},80$ qui permet tout juste à un homme de se tenir debout.

En donnant au bateau une longueur de 20 m, qui est très modérée, on arrive à un déplacement d'eau d'environ 30 tonnes, et l'on peut soutenir une vitesse de 11 nœuds pendant trois heures au moyen d'un moteur dynamo-électrique du système du capitaine Krebs, moteur qui est actionné par des accumulateurs spéciaux. Comme les temps de fonctionnement varient sensiblement en raison inverse des cubes des vitesses, on voit qu'en réduisant celle-ci, on accroîtra très vite l'espace franchissable. Il suffirait d'ailleurs d'accepter des dimensions plus grandes pour augmenter la vitesse ou le rayon d'action, dans la mesure qu'on jugerait utile.

Tout ce qui concerne l'habitabilité et la navigation a été prévu dans la mesure du possible ; des réservoirs d'air comprimé permettent de renouveler l'atmosphère

Fig. 207 - Le Gymnote transporté par voie ferrée.

ambiante et de régler la pression intérieure : des réservoirs d'eau, vidés ou remplis par une pompe mue par une petite machine électrique, permettent de régler à chaque instant la flottabilité et l'assiette ; deux gouvernails, l'un vertical, l'autre horizontal, actionnés également par des machines électriques, donnent la faculté de suivre la route voulue en direction comme en profondeur ; des lampes à incandescence éclairent l'intérieur ; enfin un appareil optique spécial permet de voir dans l'air, lorsqu'on est près de la surface, et dans l'eau lorsque l'on plonge. La réussite d'un pareil bateau paraît donc assurée, et son prix n'aurait rien d'excessif.

J'ajouterai, en terminant, que j'ai cru devoir, avant de faire la présente communication à l'Académie, m'assurer de l'assentiment du Ministre de la marine, qui a l'esprit si ouvert à toutes les idées nouvelles. Il n'a vu aucun inconvénient à divulguer, dans la mesure que comportait cette note, la conception de Dupuy de Lôme, et j'ai été heureux de pouvoir établir, à l'honneur de sa mémoire, que notre plus illustre ingénieur naval avait posé les vrais principes de la navigation sous-marine, comme il avait posé ceux de la navigation aérienne.

Après la disparition de son ancien chef et ami, Gustave Zédé, alors en retraite et administrateur de la Compagnie des Forges et Chantiers de la Méditerranée, traça les plans du *Gymnote* et les présenta, en 1886, à l'amiral Aube qui les approuva.

Le *Gymnote* a la forme d'un fuseau effilé, de $17^{m},20$ de longueur sur $1^{m},80$ de diamètre au milieu. Son déplacement est de 30 tonneaux (fig. 205 à 208).

Fig. 208. — Le *Gymnote* en marche à fleur d'eau.

Il fut mis en chantier sur les cales de l'arsenal du Mourillon, à Toulon, le 20 avril 1887, et sa mise à l'eau eut lieu le 24 septembre suivant. Il fut construit sous la direction de M. Romazzotti et du capitaine Krebs pour la partie électrique.

La propulsion est donnée par une hélice de $1^{m},50$ de diamètre actionnée par un moteur électrique avec une vitesse de 9 à 10 nœuds à l'heure. A l'avant et à l'arrière, des réservoirs contiennent un lest d'eau, que l'on charge ou décharge à l'aide d'une pompe mue par une petite dynamo.

Des accumulateurs électriques d'un poids de 9 tonnes et demie fournissent l'énergie électrique. Le moteur Krebs de 52 à 55 chevaux est d'un poids de 2 tonnes.

L'équipage du Gymnote est de 5 hommes y compris le commandant.

Les premiers essais du Gymnote eurent lieu, en rade de Toulon, le 17 novembre 1888 avec un équipage d'élite, car il était composé de MM. Zédé, le commandant Krebs, Romazzotti, ingénieur de la marine, Baudry de Lacantinerie, lieutenant de vaisseau, et Picon, chef contremaître qui avait dirigé la construction du navire.

Les essais continuèrent pendant l'année 1889 et il fut constaté que le navire évoluait assez bien dans toutes les positions, à la surface ou en immersion, mais en marche, en plongée, il avait des mouvements de tangage assez sensibles, indiquant qu'il avait de la peine à maintenir sa position d'équilibre. On a d'ailleurs, depuis, remédié à cet inconvénient, dit Delpeuch ; le *Gymnote* a, maintenant, une stabilité parfaite d'immersion. La vitesse fut de 7 nœuds à la surface et de 5 nœuds en immersion. Le rayon d'action est d'environ 200 kilomètres.

Gustave Zédé ne devait pas jouir longtemps de son succès, car pendant une des expériences auxquelles ils se livrait, en 1891, dans le laboratoire de l'École normale, pour des recherches au sujet de la propulsion des torpilles par déflagration d'une poudre lente, une terrible explosion se produisit ; Gustave Zédé eut la cuisse fracassée et quelque temps après il succombait.

Baron et Boisseau (1886-1890)

En 1886, M. Paul Baron fit breveter un projet de propulsion mixte pour bateaux sous-marins, dans lequel il préconisait l'emploi d'un moteur à hydrocarbures pour la navigation à la surface, et à air comprimé pour naviguer en immersion.

Aucun dessin n'accompagnait sa demande de brevet. Plus tard il demanda à Abel Boisseau d'étudier un projet comportant un moteur à pétrole et un moteur à air comprimé disposés de manière à pouvoir actionner alternativement l'arbre porte-hélice.

Nous renverrons, à ce sujet, le lecteur à Forest et Noalhat.

Nordenfelt II (1886-87)

Fig. 209. — M. Th. Nordenfelt.

Les essais de Landskrona, en 1885, ne furent pas entièrement heureux ; néanmoins ils présentèrent une grande utilité parce qu'ils permirent à l'ingénieur Nordenfelt de perfectionner son premier modèle (V. p. 279).

L'année suivante, Nordenfelt, s'étant associé à MM. Garrett et Walter d'Alton, fit construire en Angleterre, à Barrow-in-Furness, un torpilleur sous-marin d'un nouveau modèle qui lui avait été commandé par le gouvernement turc.

Les essais eurent lieu en 1887 à Constantinople, dans la rade de la Corne d'Or et dans le Bosphore. Ils furent dirigés par le Révérend Garrett, l'inventeur d'un sous-marin que nous avons décrit précédemment (V. p. 270) et par l'ingénieur Lawrie qui avait suivi aux chantiers la construction du *Nordenfelt*.

Le nouveau modèle différait de l'ancien en ce que les deux hélices-lest servant à la plongée, au lieu d'être placées latéralement, le furent vers les extrémités et à la partie supérieure de la coque, suivant l'axe longitudinal, à mi-distance du centre aux extrémités (fig. 211 à 213).

Cette disposition obviait, dans une certaine mesure, à l'inconvénient du tangage. Un petit moteur distinct actionnait chacune de ces hélices, comme dans le premier modèle. Les gouvernails horizontaux avaient été supprimés à l'avant et placés à l'arrière.

Les dimensions du *Nordenfelt II* étaient de 33 mètres de longueur et 4 mètres de diamètre au milieu. Il déplaçait 160 tonneaux.

Fig. 210. — M. Walter d'Alton.

Au lieu de deux réservoirs d'eau chaude, il n'en avait plus qu'un seul, placé vers l'avant. Comme armement, le Nordenfelt II était pourvu de deux torpilles et d'un tube lance-torpilles placé à l'avant, à la partie supérieure de la coque, et de deux mitrailleuses Nordenfelt placées sur le pont. Cette dernière arme ne peut guère convenir à un sous-marin, aussi ne la voit-on plus appliquée sur aucun de ces bateaux, sauf dans une simple tentative de Holland. Les essais furent très pénibles d'abord parce que les constructeurs eurent beaucoup de difficultés pour dresser des équipages turcs. D'autre part, la stabilité longitudinale en immersion ne put jamais être obtenue.

Dès qu'il prenait la moindre inclinaison, soit en avant, soit en arrière, l'eau de la chaudière et des réservoirs se portant dans le même sens venait augmenter encore l'angle d'inclinaison. Il oscillait perpétuellement comme le fléau d'une balance, dit *l'Engineer* du 8 février 1901, et aucune surveillance humaine ne pouvait le maintenir de manière à ce que sa quille restât horizontale pendant plus d'une demi-minute.

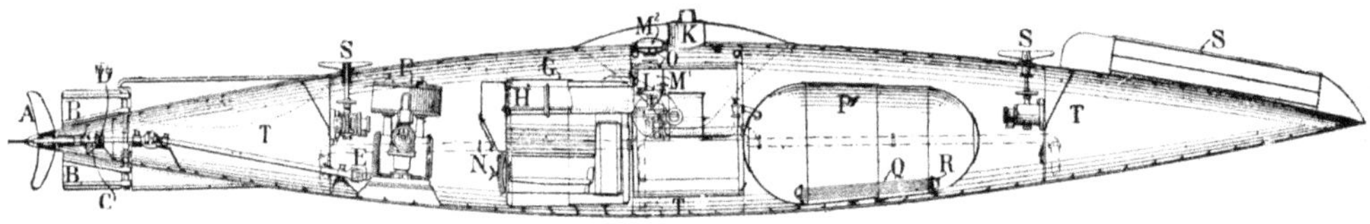

H Chaudière à vapeur.
P Réservoir d'eau chaude.
F Moteur à vapeur.
A Hélice de propulsion.
S S Hélices-lest d'immersion.
B B Gouvernails verticaux.
T T Réservoirs d'air comprimé.
S' Torpille et tube lance-torpilles.

Fig. 211. — Coupe longitudinale du *Nordenfelt II* (1887).

A la suite d'un lancement de torpille que l'on exécuta, le navire se dressa verticalement et se mit à plonger sur le fond, l'arrière le premier. Dans une autre circonstance, identique à celle qui fut cause d'un des naufrages du fameux *David* de la guerre de Sécession (V. p. 255,) peu s'en fallut que le *Nordenfelt II* ne disparût corps et biens.

Le bateau était en train de s'enfoncer lentement, M. Garrett se tenant dans la tourelle d'observation. L'opération, quoique délicate, s'effectuait bien, en présence d'une commission d'officiers turcs, quand un bateau à vapeur vint à passer dans les

Fig. 212. - Le *Nordenfelt II* en chantier (1887).

environs. Ses remous firent embarquer, par la tourelle dont la coupole n'était pas fermée, de l'eau en quantité telle que le sous-marin faillit couler. Grâce à la présence d'esprit de M. Garrett qui put fermer rapidement la coupole et de M.

Fig. 213. — Le *Nordenfelt II* en rade.

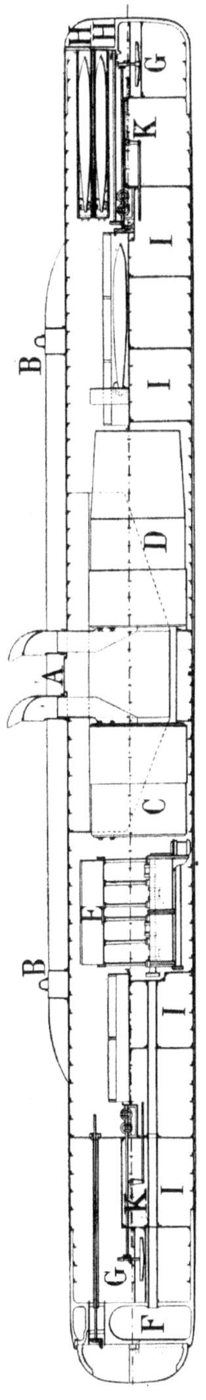

A Panneau d'entrée.
B B Tourelles d'observation.
C Chaudière à vapeur.
D Réservoir d'eau chaude.
E Moteur à vapeur.
F Emplacement de l'hélice de propulsion.
G G Hélices-lest d'immersion.
H H Tubes lance-torpilles.
I I Réservoirs à lest d'eau pour la plongée.
K K Leviers de manœuvre des gouvernails horizontaux.

Fig. 214. — Coupe longitudinale du *Nordenfelt III* (1887).

Lawrie qui fit fonctionner aussitôt les pompes pour chasser l'eau des réservoirs, le *Nordenfelt II* ne sombra pas. L'équipage était composé de six hommes. Bien que les essais n'eussent pas entièrement réussi, le *Nordenfelt II* fut acquis par le Sultan ; mais il n'a jamais été mis en service et repose encore sous un des hangars de l'arsenal de Constantinople, « rongé par la rouille, dit l'Engineer, à moins qu'il n'ait passé morceau par morceau chez les marchands de matériel de la marine ».

Nordenfelt III (1887)

En 1887, un troisième modèle fut construit par Nordenfelt, en Angleterre, à Barrow-in-Furness. Cette fois la forme du sous-marin, nouvelle d'aspect, fut entièrement changée. La section longitudinale, dont les dimensions étaient de 37^{m},50 de longueur et 3^{m},60 de largeur, était rectangulaire. La section transversale, de 3^{m},60 de diamètre au maître-couple, était parfaitement circulaire au milieu et allait en se rétrécissant jusqu'aux extrémités qui étaient plates (fig. 214 à 216).

Cette forme était favorable à la navigation et à l'immersion, mais elle offrait une certaine résistance dans les virages et les déplacements latéraux.

Les réservoirs d'immersion se trouvaient répartis entre l'avant et l'arrière.

Les hélices-lest pour l'immersion étaient placées cette fois tout près des extrémités et à mi-hauteur de la coque. Les deux torpilles et les tubes lance-torpilles se trouvaient à l'avant, mais à l'intérieur de la coque. Le panneau d'entrée était placé au milieu et deux tourelles d'observation étaient situées à l'emplacement qu'occupaient les hélices-lest dans le *Nordenfelt II*.

Le moteur à vapeur de 500 chevaux, la chaudière et le réservoir d'eau chaude étaient à peu près établis dans les mêmes conditions que dans les modèles précédents.

Ce bateau submersible déplaçait 250 tonnes en immersion et était destiné à naviguer surtout à la surface et à ne s'immerger qu'au moment même du besoin. L'air contenu dans la coque devait suffire à la respiration de l'équipage composé de neuf hommes, pendant six heures. La principale gêne était causée par la chaleur qui s'élevait à 50°.

Fig. 215. — Le *Nordenfelt III* en chantier à Barrow-in-Furness (1887).

Cette fois encore, les qualités indispensables de stabilité en immersion manquaient au nouveau submersible.

Les réservoirs d'eau étaient trop grands et si un des hommes de l'équipage venait à changer de place, toute l'eau se portait dans un sens, le navire plongeait brusquement et allait toucher le fond comme cela lui arriva sur le *Mother-Bank*, dans le Solent.

Le problème de l'équilibre en immersion non résolu par Bourgois et Brun ne le fut pas davantage par Nordenfelt. Néanmoins le *Nordenfelt III* fut acheté par la Russie, mais pendant

Fig. 216. — Le *Nordenfelt III* sur le point de s'immerger (1887).

le voyage qu'il accomplissait de Barrow à Cronstadt, il fit naufrage, par temps de brume, sur les côtes du Danemark.

Nordenfelt offrit, en 1886, au gouvernement français de lui construire un submersible de ce modèle mesurant 37^{m},64 de longueur et 3^{m},65 de diamètre avec un déplacement de 233 tonneaux. Le moteur de 1000 à 1200 chevaux devait lui imprimer une vitesse de 15 à 18 nœuds à la surface et 15 nœuds sous l'eau, quoique Nordenfelt considérât que dans la pratique il fût dangereux de marcher à plus de 3 à 4 nœuds en immersion. Ce submersible devait avoir un rayon d'action à la surface de 1000 milles et de 20 milles sous l'eau, avec la vapeur emmagasinée.

L'inventeur demandait 525 000 francs pour construire le premier navire et 450 000 francs pour chacun des suivants. Ces prix furent trouvés trop élevés bien qu'en réalité ils ne fussent nullement exagérés.

Nous verrons plus loin que Nordenfelt fit également des offres au gouvernement des Etats-Unis, ce qui décida ce dernier à organiser un concours le 4 octobre 1888.

Peral
(1887)

Fig. 217 - Le marquis D. Isaac-Luis Peral

Le 8 octobre 1887, fut lancé à Cadix le *Peral*, bateau sous-marin construit sous la direction de D. Isaac-Luis Peral, lieutenant de la marine espagnole qui en avait conçu le projet en 1885. On peut trouver la description de ce sous-marin dans la *Revista general de Marina* de 1890.

Ce sous-marin avait la forme d'un cylindre terminé par deux troncs de cône et mesurait 22 mètres de longueur et 2^{m},87 de diamètre au milieu (fig. 218 à 220).

Il déplaçait 87 tonneaux. Deux hélices, placées à l'arrière, étaient mises en mouvement par deux moteurs électriques de 30 chevaux chacun alimentés par 480 accumulateurs. Une autre batterie de 120 éléments fournissait le courant à trois autres moteurs de 5 chevaux chacun servant à actionner les pompes et les ventilateurs.

Un tube lance-torpilles était placé à l'avant. Les premiers essais du *Peral* eurent lieu le 6 mars 1889 à Cadix ; mais les essais officiels n'eurent lieu qu'à partir du 17 décembre 1889.

Nous donnons le compte rendu de ces essais d'après la *Revista general de Marina* et la *Revue maritime et coloniale*, qui reproduisirent la dépêche suivante du commandant de la marine au Ministre :

Le *Peral* est sorti ce matin, à 9 heures, de l'arsenal de la Carrache, a traversé la baie sans incident, se dirigeant vers Rota. Arrivé devant cette place, il a fermé sa porte, rempli ses compartiments, réglé les conditions de sa submersion pour la marche, et a plongé à une profondeur de 9 mètres, naviguant au S.-0. Il a

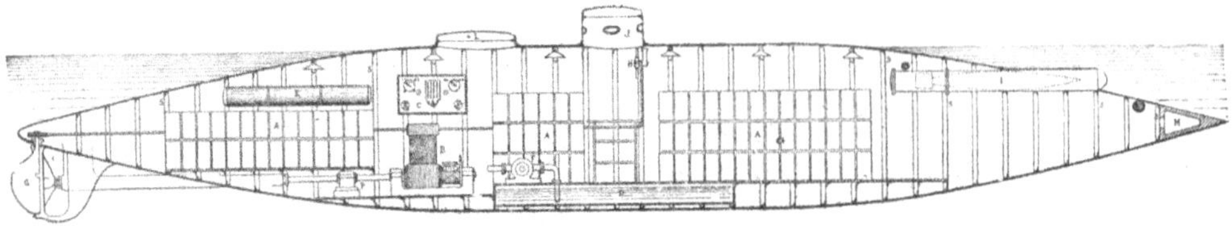

Fig. 218. — Coupe longitudinale du *Peral* (1887).

navigué ainsi pendant plus de 16 minutes, et est revenu à la surface de l'eau sans arrêter sa marche. Peu après il a plongé une seconde fois, parvenant à se maintenir, pendant la marche, à la profondeur qui avait été fixée, sans variation plus grande que deux ou trois décimètres. Cette seconde course a duré 20 minutes. Il a mouillé ensuite dans la baie, puis est rentré à Cadix vers 4 heures du soir. Le lieutenant Peral estime qu'il a fait quatre milles de navigation sous-marine.

La *Revista general de Marina* donne le compte rendu détaillé de toutes les épreuves auxquelles a été soumis le *Peral* sous la direction d'une commission que présidait le capitaine général du département maritime de Cadix.

Le programme de ces épreuves, approuvé le 24 mars, n'a pu commencer à être suivi qu'à partir du 21 mai, principalement à cause du mauvais temps. Il comprenait les quatre divisions ci-après :

1. Épreuves de vitesse et de rayon d'action ;
2. Épreuves de navigation sous-marine ;
3. Épreuves de tir de torpilles et d'invisibilité ;
4. Épreuves à la mer.

Le 21 mai, le Peral ne peut naviguer que deux heures, à quart de batterie, parce que la forte mer de l'Ouest, quand elle le prenait du travers, lui faisait éprouver des mouvements de roulis violents et d'une grande amplitude. Le lendemain, la mer étant moins forte, il navigua à demi-batterie, et l'épreuve dura depuis 6h30 du matin jusqu'à 3h50 de l'après-midi, sauf quelques interruptions par suite d'accident de machine. Il était allé en mer jusqu'à deux milles du parallèle du cap Roche.

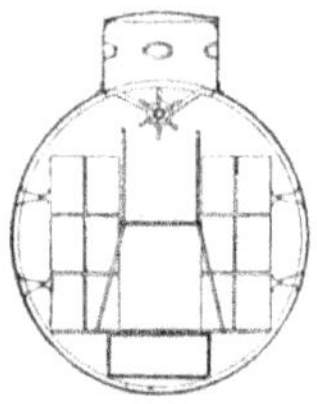

Fig. 219. - Coupe transversale du *Peral* (1887).

Quoique l'épreuve de la navigation à quart de batterie pût être considérée comme faite le 21 mai, le *Peral* la recommença le 6 juin. Sorti à 5h53 du matin, au régime de la demi-batterie, il prit celui du quart de batterie à 7h45 et le conserva jusqu'à 1h5 de l'après-midi. L'état de la mer lui avait permis même de tenir la porte ouverte à partir de 8 heures. Revenu au mouillage de Cadix vers les 2 heures, et, à 3 heures, accompagné de la Salamandre, il se livra à quelques expériences préparatoires d'immersion, en vue de l'exécution prochaine de la seconde partie du programme.

Dans une de ces expériences, qui dura 8 minutes, il atteignit la profondeur de 9 mètres, et l'on constata que tous les appareils fonctionnaient bien à bord.

Ce fut le 7 juin, à 9 heures du matin, que furent données les dernières instructions pour les épreuves d'immersion, et les manoeuvres préparatoires commencèrent à 11h30. Il se submergea à 11h46, marcha en avant pendant

4 minutes, revint au régime du quart de batterie pendant 6 minutes, puis reparut complètement à la surface. Pendant ce mouvement sous-marin, il croisa la route d'un brick, lui passant devant à quelques encablures. A midi, il fit une immersion de courte durée à une plus grande profondeur, puis, ayant pris 30 minutes pour renouveler l'atmosphère de l'intérieur, il plongea jusqu'à 8 mètres, mais revint promptement à la surface pour reconnaître d'où venait l'eau qui entrait dans l'intérieur, et la cause en fut promptement constatée et supprimée.

Fig. 220. Vue d'ensemble du *Peral* désarmé et abandonné dans un coin de l'arsenal de la Carrache, à Cadix.

Après avoir communiqué directement avec le capitaine général, le capitaine du *Peral* fit une nouvelle immersion de 2^h43 à 2^h52, puis signala à 2^h55 qu'il allait commencer la course sous-marine, à 10 mètres de profondeur, pendant une heure. Il fit route, en effet, à l'Ouest jusqu'à 4 heures dans ces conditions, et tout fonctionna d'une manière complètement satisfaisante.

Le 21 juin on procéda aux expériences d'attaque et d'invisibilité. Le programme adopté était de faire des immersions occasionnelles pour apparaître inopinément et effectuer l'attaque, la tourelle d'observation étant seule au-dessus de l'eau ; mais l'on dut s'abstenir de faire les immersions, et comme le Peral ne cessait pas d'être vu, excepté quand il était à grande distance, il ne parvint pas à effectuer les attaques projetées. Ce ne fut que la nuit, grâce à l'obscurité et à la petitesse de la cible qu'il offrait à la vue, qu'il put effectuer ses attaques avec succès et à petite distance.

Dès le 7 juin, après le résultat satisfaisant de l'épreuve de navigation sous-marine, le capitaine général du département de Cadix avait envoyé au Ministre de la marine une dépêche télégraphique pour lui faire connaître le succès obtenu et demander une récompense exceptionnelle en faveur du lieutenant de vaisseau *Peral* et de tous ses coopérateurs, suivant leur emploi respectif. Dès le lendemain, le capitaine général recevait la réponse du Ministre, lui annonçant que la reine accordait toutes les récompenses demandées et félicitait chaleureusement l'inventeur d'un procédé de navigation qui contribuerait sans doute à la grandeur de la patrie. Le lieutenant de vaisseau D. Isaac Peral, recevait, à titre exceptionnel, la croix de seconde classe du Mérite naval, avec la marque distinctive rouge et le titre de marquis ainsi qu'une dotation de 500 000 francs. Le Ministre ayant rendu compte aux Cortès du succès des expériences de navigation sous-marine, l'enthousiasme fut très grand dans les deux Chambres, et leurs présidents adressèrent des télégrammes de satisfaction, dans les termes les plus flatteurs, au capitaine inventeur du *Peral* et à tous ses compagnons.

L'enthousiasme fut très grand pendant quelque temps dans toute l'Espagne, mais bientôt il se calma et depuis l'on n'entendit plus parler du *Peral*, qui gît quelque peu oublié et délaissé dans un coin de l'arsenal de la Carrache à Cadix.

HOVGAARD
(1887)

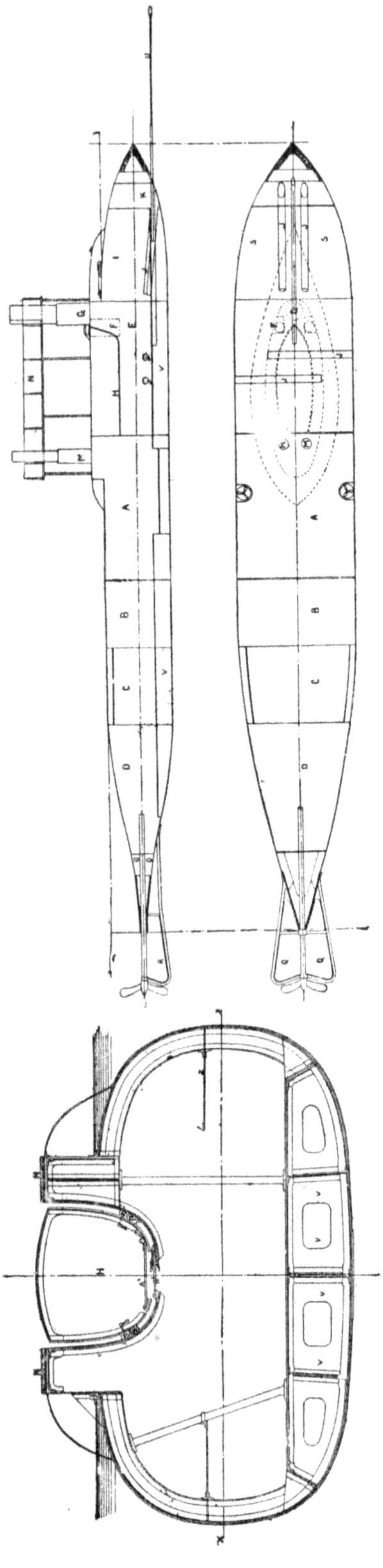

Fig. 221 et 222 - Le submersible autonome de Hovgaard (1887)

En 1887, le lieutenant Hovgaard, de la marine suédoise, a publié dans son ouvrage : *Submarine boats*, un intéressant projet de submersible.

Ce submersible autonome était prévu avec une double force motrice : la vapeur pour la navigation à la surface et l'électricité pour la navigation en immersion (fig. 221 à 223).

La forme de cigare, aplati dans le sens vertical, était plus favorable à la marche à la surface qu'à celle en plongée. Les dimensions prévues étaient 42^{m},70 de longueur, 6^{m},70 de largeur et 3^{m},65 de hauteur. Le déplacement était de 800 tonneaux.

Indépendamment des réservoirs à lest d'eau, il y avait deux hélices-lest sur les côtés du submersible ; suivant le principe adopté par Nordenfelt, ce bateau avait une flottabilité positive qu'il fallait vaincre pour s'immerger, soit par les hélices à axe vertical, soit par les gouvernails horizontaux.

Ces gouvernails manœuvrés automatiquement étaient reliés à un moteur électrique actionné par un pendule. De même les hélices d'immersion étaient réglées automatiquement pour une profondeur donnée.

La machine à vapeur devait donner 2 800 chevaux pendant 18 ou 19 heures. Les dynamos fournissaient 800 chevaux pendant 6 heures. L'habitabilité était assurée pour un équipage de douze hommes par une provision d'air comprimé à 70 atmosphères.

Pendant la marche à la surface, une passerelle mobile pouvait être élevée à 4^{m},80 au-dessus de l'eau. Un bateau de sauvetage était prévu, enclavé à la partie supérieure de la coque de ce submersible, comme pour le *Plongeur* de Bourgois et Brun (V. p. 240).

Un lest de sécurité de 20 tonnes, formé par des parties détachables de la pille, permettait de remonter rapidement à la surface.

L'armement était composé de quatre tubes lance-torpilles dont deux à l'avant et un sur chaque flanc. Il y avait en outre une torpille à hampe comme dans les anciens torpilleurs.

Ce torpilleur submersible a dû, pensons-nous, rester à l'état de projet.

Concours ouvert par l'Amirauté des États-Unis (1888)

En 1888, le gouvernement des États-Unis ayant reçu des propositions de fournitures de sous-marins de M. Nordenfelt d'une part, d'autre part d'une Compagnie américaine intitulée *Nautilus Torpedo Boat Company*, et enfin de M. George C. Baker, les fit examiner en mai 1888 par une Commission.

Grâce à l'obligeance du très distingué Secrétaire d'État à la marine, Sir Hilary A. Herbert, nous avons eu communication, en son temps, du Rapport du *Bureau of Ordnance*. Nous y voyons que les offres des soumissionnaires ne furent pas agréées. Les deux premiers demandaient des prix trop exagérés : 175 000 dollars (875 000 fr.) pour le *Nordenfelt*, et 135 000 dollars (675 000 fr.) pour le *Nautilus*, sans offrir aucune garantie dans l'exécution, bien que quatre bateaux de chaque modèle eussent déjà été exécutés. Le dernier ne semblait pas suffisamment étudié.

Le bateau proposé par M. Nordenfelt était du deuxième modèle que nous avons déjà décrit.

Celui de la Compagnie américaine, système Holland, était plus petit ; il devait mesurer $25^{m},50$ sur $3^{m},60$ de diamètre au milieu. L'immersion s'obtenait au moyen de lest d'eau et de gouvernails horizontaux réglés automatiquement.

La puissance motrice pour la navigation ordinaire comme pour la navigation sous-marine devait être fournie par de la vapeur, les chaudières étant chauffées au pétrole. Le moteur devait développer une force de 350 chevaux. La distance parcourue devait être, à la surface, de 360 milles à la vitesse de 15 nœuds, et en immersion, de 346 milles à la vitesse de 14 nœuds. Ce bateau devait, en outre, être protégé par un cuirassement cellulaire en acier. Des réservoirs d'air comprimé devaient fournir l'air respirable pour l'équipage, et l'éclairage était prévu à l'électricité. Enfin, l'armement devait se composer de tubes lance-torpilles.

Le sous-marin de M. Baker présentait une disposition des plus originales et des plus caractéristiques. La propulsion était obtenue au moyen de deux hélices mobiles, articulées aux extrémités d'un même axe passant par le centre de gravité. Elles étaient actionnées par un double moteur, à vapeur pour la navigation à la surface, électrique pendant la submersion, et pouvaient faire une révolution complète dans le plan vertical et perpendiculaire à l'arbre moteur.

En présence de cette situation incertaine, le *Navy Department* résolut de mettre au concours la fourniture d'un sous-marin d'après un programme bien défini élaboré sous la direction de Sir William C. Whitney, alors Secrétaire d'État à la marine.

Ce programme fut annoncé le 20 août 1888 et publié le 4 octobre suivant. Les concurrents avaient jusqu'au 4 janvier 1889 pour transmettre leurs projets et offres.

Le programme établi par l'Amirauté des États-Unis a été analysé par le commandant Z... et H. Montéchant dans leur remarquable ouvrage : *Les Guerres navales de demain*. Nous leur empruntons cette analyse :

> Pour être acceptables, les plans de plongeurs devront indiquer comment pourra être manoeuvré le bâtiment dans tous les cas qui sont susceptibles de se présenter, et surtout comment il sera conduit dans une action à distance.
> Les qualités primordiales à exiger de pareils navires sont : la vitesse, la sûreté de route, l'invisibilité et la protection contre les feux de l'ennemi. Il est indispensable que les calculs annexés aux plans fassent voir la valeur de chacune de ces forces en même temps que les avantages qui résulteraient de la diminution de l'une d'elles au profit des autres.
>
> Le Département, n'ayant aucune connaissance des moyens les meilleurs pour assurer l'approche d'un objet constamment en mouvement et changeant

continuellement de direction, estime que ce but ne paraît guère pouvoir être obtenu que par le maintien d'une visibilité continue, ou encore à intervalles très rapprochés, et il en conclut la nécessité d'une très grande vitesse, aussi bien au-dessous de l'eau qu'au-dessus ; si, en dedans de la zone dangereuse, une partie de la vitesse à la surface peut être sacrifiée pour obtenir une protection d'eau, encore faut-il que ce moyen de protection ne fasse point perdre une trop grande part des chances de succès. Pour mieux préciser, le plongeur doit être considéré dans trois positions différentes :

1. A flot, naviguant comme un bateau ordinaire ;
2. A fleur d'eau, naviguant presque masqué, mais pouvant voir ;
3. Sous l'eau, protégé, mais n'y voyant pas.

Conditions de vitesse.

Le sous-marin devra fournir : 15 nœuds à flot ; 12 nœuds à fleur d'eau ; 8 nœuds sous l'eau.

Endurance.

Il devra pouvoir naviguer au moins trente heures à flot ou à fleur d'eau à toute vitesse, et seulement deux heures sous l'eau, mais la force d'au-dessus de l'eau devra pouvoir, à l'occasion, se transformer en force utilisable sous l'eau.

Manoeuvre.

Pour ne pas rester trop longtemps exposé aux coups de l'ennemi, le plongeur devra pouvoir passer en moins de trente secondes de la position à fleur d'eau à la position sous l'eau. Au repos, il devra être capable de se maintenir à une profondeur invariable, mais ce desideratum ne semble pas réalisable par le simple effet d'une variation dans le poids spécifique du navire.

En marche, l'immersion devra être facile à conserver et le bateau devra pouvoir tourner très rapidement sans renverser la marche de ses hélices.

Stabilité.

En quelque position que se trouvera le sous-marin, il devra posséder une bonne stabilité. Celle-ci, dépendant en grande partie de la flottabilité du navire, il ne faudra jamais se débarrasser complètement de cette dernière, à moins qu'il ne soit nécessaire de reposer sur le fond, dans le but de conserver de la puissance motrice.

Solidité.

La coque du submersible devra être suffisamment forte pour supporter une pression d'eau extérieure correspondant à 150 pieds d'immersion.

Pouvoir offensif.

Le bâtiment devra être capable de lancer, dans de bonnes conditions d'attaque, contre un navire en marche, des torpilles portant des charges d'au moins 50 kilogrammes de substance explosive. Les moyens pour atteindre ce but sont laissés à la disposition des inventeurs, mais il y a lieu d'insister sur ce point que la méthode qui donnera la plus grande portée sous l'eau, avec justesse, devra être préférée. La rapidité de lancement, la grandeur de l'angle dans lequel les torpilles pourront être tirées, le nombre des torpilles que l'on pourra porter seront autant de facteurs à considérer au point de vue de la puissance offensive.

En dehors de ces principaux desiderata, le bateau devra posséder les moyens susceptibles de permettre au commandant de voir et de suivre l'objet attaqué, soit quand il navigue à fleur d'eau, soit quand il marche sous l'eau.

Une vision circulaire, un instrument remplaçant les compas ordinaires sont à rechercher.

Il faudra aussi étudier les questions de l'aération intérieure, de la température, de l'échouage, du déséchouage, de l'éclairage, etc.

La plus grande initiative sera laissée aux constructeurs quant au choix des organes susceptibles de réaliser le but proposé.

« Nous avons tenu à indiquer, dans leurs moindres détails, les conditions du programme de l'Amirauté des États-Unis, ajoutent les auteurs des Guerres navales de demain, parce que, de toutes celles exigées par les différentes marines, ce sont les plus intelligentes, les plus logiques, les plus sages. Le problème est donc mieux posé aux États-Unis qu'en Europe. »

Nous ajouterons qu'il n'y a pas lieu de s'en étonner, car le peuple américain est éminemment favorable au progrès et à l'esprit d'initiative ; sa grande puissance et son exceptionnelle vitalité résident précisément dans cet esprit large et ouvert à tout progrès, d'où qu'il vienne.

Son gouvernement, essentiellement démocratique, capte et utilise, *intégralise*, dirons-nous, toutes les forces vives de la nation. Ce pays devrait servir de modèle et d'exemple à notre vieux continent, par trop routinier et souvent rétrograde.

Fontes Pereira de Mello
(1889)

En 1889, le lieutenant de vaisseau portugais Joào-Augusta de Fontes Pereira Mello établit les plans d'un sous-marin dont un modèle fut construit et mis à l'eau le 27 juillet 1890. Ce bateau, d'après les Annales de Club militaire naval de 1893, mesurait 11m,35 de longueur totale et avait la forme d'un cylindre de 7^{m},35 de longueur terminé par deux cônes de 2 mètres (fig. 223 et 224). Devant servir aux essais de plongée et d'habitabilité, il n'était pas muni de propulseur ni de moteur. Il déplaçait 17 tonneaux.

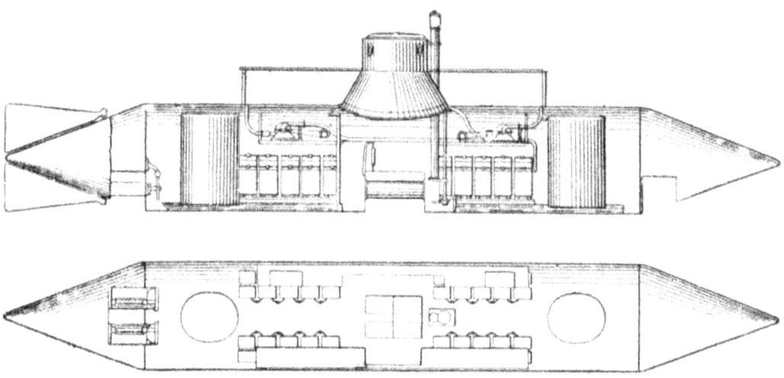

Fig. 223 et 224. — Bateau sous-marin de A. de Fontes Pereira de Mollo (1889).

Les cônes de proue et de poupe étaient séparés du corps du navire par une cloison étanche. A leur partie inférieure étaient ménagées deux cavités rectangulaires destinées à loger des poids servant à la fois d'ancres et de lest de sécurité. Ces poids étaient manoeuvrés de l'intérieur à l'aide de manivelles agissant sur les tambours d'enroulement des câbles. Le panneau d'entrée était placé à la partie supérieure de la tourelle d'observation et au milieu du bateau.

L'intérieur était séparé en deux par un plancher horizontal au-dessous duquel se trouvaient les réservoirs à lest d'eau.

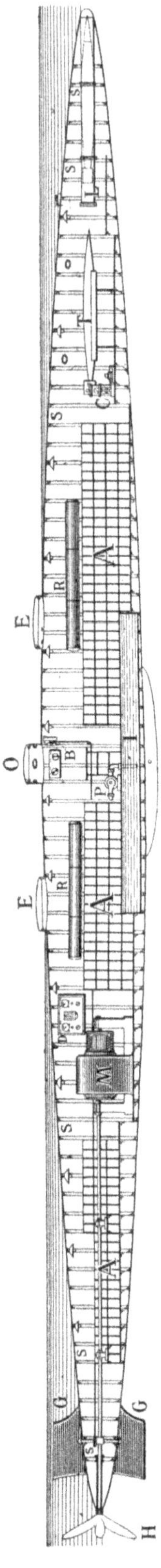

Fig. 225 - Le *Gustave-Zédé.*

Deux réservoirs cylindriques contenant chacun 500 litres d'eau, l'un vers l'avant et l'autre vers l'arrière, servaient de régulateurs d'immersion. Ils communiquaient avec deux pompes électriques actionnées par des accumulateurs. Deux ventilateurs actionnés par un petit moteur électrique amenaient l'air de l'extérieur. Enfin un tube optique de 3^{m},35 de longueur et de 11 centimètres de diamètre tournant autour de son axe pouvait s'élever au-dessus du bateau en avant de la tourelle d'observation.

Les gouvernails verticaux et horizontaux se trouvaient à l'arrière.

Le 10 décembre 1890, une commission d'officiers fut chargée d'examiner ce sous-marin ; malgré le désir de l'inventeur, elle n'autorisa pas les essais en eau profonde, mais seulement dans un bassin de l'arsenal de Lisbonne. La stabilité, les plongées et la vision furent jugées excellentes, mais comme le navire n'avait aucun moteur ni propulseur, on ne put apprécier ses qualités de navigabilité ni sa stabilité de route.

La « Sirène » ou « Gustave-Zédé » de MM. Gustave-Zédé et Romazzotti (1890)

Après les essais du *Gymnote*, passant, peut-être trop brusquement, d'un navire d'essais à un vrai navire de combat, l'Amirauté française avait donné l'ordre, en 1890, à M. Romazzotti, ingénieur des constructions navales, de construire un bateau sous-marin beaucoup plus grand que le *Gymnote* et étudié par Gustave Zédé. Ce sous-marin, nommé tout d'abord la Sirène, fut, par la suite, appelé le Gustave-Zédé, pour honorer la mémoire de l'inventeur du *Gymnote* et de la *Sirène*.

Le Gustave-Zédé (fig. 225 à 227) a été lancé le 1er juin 1893 à l'arsenal du Mourillon à Toulon.

De forme cylindrique, il est terminé par deux ogives.

Il est en bronze et mesure 48^{m},50 de longueur et 3^{m},30 de diamètre. Il déplace 266 tonneaux. Sa puissance de 720 chevaux est fournie par une dynamo empruntant l'énergie électrique à des accumulateurs.

Pendant de longues années, les essais du nouveau navire se sont poursuivis ; mais le succès est venu couronner les recherches et les travaux des ingénieurs et des officiers de marine qui se sont occupés de ce bateau. On peut dire, en effet, aujourd'hui, que le *Gustave-Zédé* était un engin sous-marin aussi parfait que possible pour la fin du XIXe siècle.

En 1899, le *Gustave-Zédé* se rendit sans accident de Toulon à Marseille, quoique la mer fût assez mauvaise.

Fig. 226. - Le Gustave-Zédé au repos à fleur d'eau.

L'année précédente, il avait exécuté contre le Magenta, au mouillage et en marche, des lancements de torpilles qui avaient parfaitement réussi.

Le 2 juillet 1901, le *Gustave-Zédé*, commandé par le lieutenant de vaisseau Jobard, appareillait de Toulon, convoyé à distance par le remorqueur *l'Utile*, comme il était d'usage lorsque le sous-marin devait effectuer des essais de longue durée, le long de la côte. Il n'avait été aperçu par aucune vigie.

Fig. 227 - Le Gustave-Zédé en marche à fleur d'eau

Or, le lendemain, 3 juillet, au moment où l'escadre de la Méditerranée sortait de la rade d'Ajaccio, le cuirassé *Charles-Martel* ressentit un léger choc. Il avait été frappé par une torpille lancée par le *Gustave-Zédé* qui, après avoir passé tout un jour et une nuit à la mer, venait, invisible, d'accomplir son simulacre de destruction. Le *Gustave-Zédé* s'est ensuite rendu, toujours par ses propres moyens, à Marseille, où il est arrivé le 9 juillet et a pu pénétrer dans le port sans avoir été signalé par les guetteurs.

Nous avons dit plus haut que les dimensions du *Gustave-Zédé* avaient peut-être été un peu exagérées, étant donné que toutes les expériences faites avant son apparition avaient été accomplies seulement par le *Gymnote*, de dimensions assez faibles. Aussi, lorsque le gouvernement français, entrant dans la voie activement suivie aujourd'hui, donna l'ordre de construire une flottille de bateaux sous-marins, le premier des navires mis sur cale, le *Morse*, fut-il d'un tonnage intermédiaire à ceux de ses deux prédécesseurs. C'est là du reste, ajouterons-nous, la méthode scientifique, dite par approximations successives, que l'on applique le plus souvent quand on recherche, par tâtonnements, la solution optima d'un problème.

Le 11 avril 1901, M. Loubet, Président de la République, pendant le séjour qu'il fit à Toulon, descendit dans le *Gustave-Zédé* et accomplit sous l'eau, durant vingt minutes, diverses évolutions et manoeuvres qui l'intéressèrent vivement.

CHAPITRE XXIV

Période de 1890 à 1895

WI et W2 allemands, type Nordenfelt. — Projet de submersible de F. Forest. — Le Plunger I ou Holland VI. — L'Audace de Degli Abbati. — Le sous-marin en laisse de Sims. — Le Hollandais Van Witten à Terre-Neuve. — Le Delfino de Pullino. — Sous-marin autonome de Baker. — Le bélier garde-côte américain Katandin. — Le Goubet II. — L'Argonaute junior de Simon Lake.

« WI » et « W2 » type Nordenfelt (1890)

En 1890 deux sous-marins du type Nordenfelt furent construits à Kiel et à Dantzig sous les lettres W1 et W 2, puis expérimentés à Wilhelmshaven et à Dantzig. Ils mesurent 35 mètres de longueur. Deux hélices-lest servent à l'immersion. A l'avant se trouvent deux tubes lance-torpilles et un canon à tir rapide ; trois torpilles Mac Evoy sont placées sur le pont.

En 1891 un autre sous-marin du même type mais d'un déplacement moindre a été construit aux chantiers Howaldt.

F. Forest (1891)

En 1891, l'ingénieur français F. Forest prit un brevet pour un sous-marin qui peut être classé au nombre des mieux étudiés parmi les projets dressés par des ingénieurs civils. La coque est en acier et a 30 mètres de longueur : la coupe transversale est elliptique à grand axe vertical ; la coupe longitudinale est symétrique ; les deux extrémités sont des tracés paraboliques (fig. 228 à 230).

Cette forme elliptique ou ovoïde offre l'avantage de descendre et d'éloigner le centre de gravité du centre de carène, d'ajouter à la stabilité de poids une stabilité de forme, et elle se prête mieux à l'arrimage des divers appareils accessoires du bord.

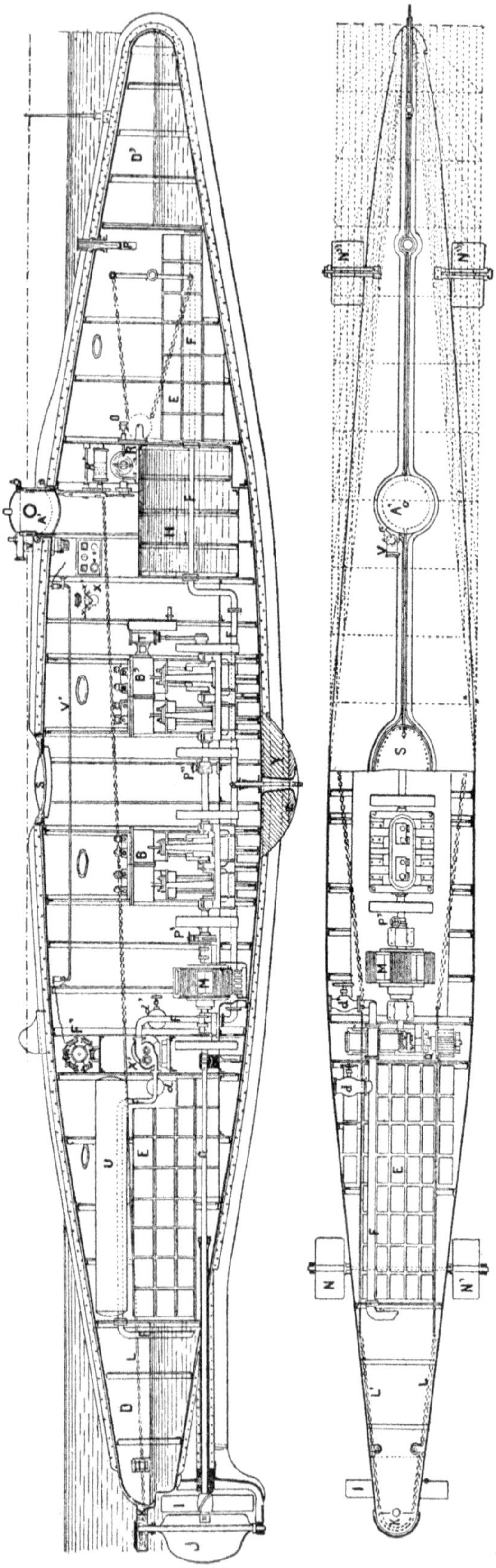

Fig. 228 et 229 - Coupes longitudinales verticale et horizontale du Forest (1891)

« Certains ingénieurs de la marine préfèrent la forme circulaire pour la seule raison qu'elle se prête moins aux déformations, qu'elle présente une plus grande résistance à l'écrasement. C'est une erreur, dit M. Forest, car si la coque de forme ovoïde est étudiée et construite d'un bordé d'égale résistance, deux coques de même déplacement, l'une circulaire, l'autre ovoïde, seront, à poids égal, exactement de même résistance.

«Il y a évidemment plus de difficulté à border une coque de forme ovoïde qu'une coque de forme circulaire ; mais, à notre avis, ce n'est pas à la difficulté de la construction que l'on doit avoir égard pour des bateaux de ce genre, mais à la stabilité. Nous ne pouvons développer dans cette description toute notre idée ; nous renvoyons le lecteur au livre II, au chapitre spécial de la *forme.* »

Nous ne partageons pas entièrement cette manière de voir de M. Forest. Tout en préférant la forme elliptique, pour des raisons de stabilité et d'habitabilité, nous estimons qu'à poids égaux la coque ayant une section circulaire de même surface offrira une plus grande résistance.

L'hélice est actionnée par trois moteurs montés sur le même arbre et accouplés par des embrayages progressifs et élastiques à friction, système Forest, qui permettent d'actionner l'hélice par un moteur, par deux, ou par trois, d'embrayer en pleine marche un ou deux moteurs, ou de les retirer du circuit. Un appareil spécial sert à faire marche avant, marche arrière et à stopper. L'armement n'avait pas été prévu, car il pouvait être fait indifféremment au moyen d'un tube lance-torpilles à l'avant ou de carcasses extérieures.

Nous croyons intéressant de faire connaître en détail certaines dispositions de cet intéressant projet, d'après la description qu'en a donnée M. Forest lui-même.

L'immersion est obtenue par lest d'eau, et la plongée par gouvernail ; on laisse affluer l'eau dans deux réservoirs, placés au centre et à la partie la plus basse de la coque ; puis on incline de l'arrière à l'avant, avec une seule manoeuvre, quatre gouvernails horizontaux N, N', N", N"', placés sur les côtés de la coque, et le sous-marin plonge à la profondeur voulue, par l'effet de la marche en avant, tout en conservant l'horizontalité absolue de son axe longitudinal.

Ces quatre gouvernails sont réunis deux par deux sur un même arbre, deux à l'avant et deux à l'arrière, et les mouvements leur sont transmis par le treuil O, de telle façon qu'ils présentent tous un angle uniforme de même valeur.

Stabilité d'immersion.

Il importe de connaître exactement et de limiter la profondeur que doit atteindre le sous-marin et de pouvoir se diriger dans un plan horizontal à une profondeur déterminée. A cet effet, il est placé sous la vue du commandant, à l'intérieur de la coque, un manomètre sensible X divisé de 1 à 3 atmosphères, pour donner une grande amplitude de mouvement à l'aiguille. Ce manomètre est en communication avec l'eau extérieure, qui fait pression sur son diaphragme ; cette pression indique exactement la profondeur à laquelle se trouve le sous-marin.

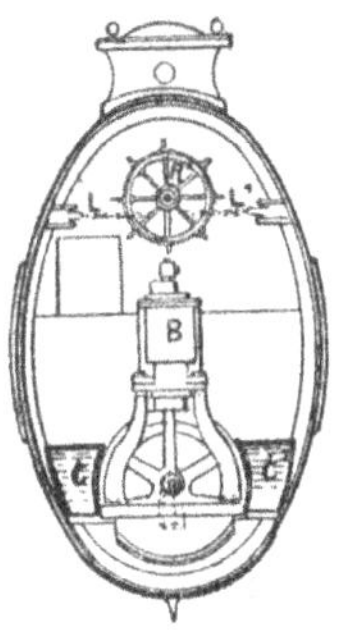

Fig. 230. — Coupe transversale du Forest (1891).

Deux curseurs mobiles x, x', sont amenés, à droite et à gauche du chiffre marquant la profondeur atteinte et celle à laquelle on veut se maintenir ; si le sous-marin s'élève ou s'enfonce, l'aiguille vient au contact avec l'un des curseurs et ferme un circuit électrique qui, par un conjoncteur, commande une magnéto, laquelle tourne dans le sens voulu pour l'introduction ou l'évacuation de l'eau extérieure, qui pénètre ou sort des réservoirs à lest d'immersion.

Dans un cas, le sous-marin allégé tend à remonter vers la surface ; dans l'autre cas, l'excédent de poids le fait s'enfoncer, ce qui permet, à une faible variation près, de naviguer à une profondeur connue et déterminée d'avance.

Le remplissage des réservoirs s'opère en faisant échapper l'air de ces réservoirs dans la coque du sous-marin, et la vidange s'obtient au moyen d'une pression exercée par l'air comprimé.

Dans les bas-fonds, et en cas de repos du sous-marin, la stabilité verticale est maintenue par un poids de sonde qu'on laisse descendre jusqu'au sol.

Stabilité horizontale en immersion.

La stabilité horizontale est assurée de la manière suivante :

A chaque extrémité de la coque est une chambre étanche d'environ 4 mètres cubes de capacité. Ces deux chambres D, D' sont réunies par un fort tuyau F, lequel est branché sur une pompe rotative système Greindl, X', pouvant fonctionner dans les deux sens de rotation pour amener l'eau du réservoir d'avant et la refouler dans celui d'arrière, et vice versa, suivant les besoins de la stabilité. Cette pompe est actionnée par une dynamo F' marchant également dans les deux sens.

Ces appareils sont sous la dépendance d'un niveau à mercure V' construit sur le principe des niveaux d'eau des arpenteurs. Il se compose d'un tube horizontal en fer, de plusieurs mètres de longueur, et de deux éprouvettes verticales en verre ; ce tube est rempli de mercure, et les deux éprouvettes jusqu'à moitié environ de leur hauteur. Dans chaque éprouvette plongent deux tiges métalliques qu'on peut amener à quelques millimètres de la surface du mercure. Une des tiges est reliée à quelques accumulateurs et l'autre commande la dynamo de la pompe centrifuge.

La moindre dénivellation de l'axe longitudinal du sous-marin amène le mercure au contact des deux tiges métalliques et ferme ainsi le circuit, qui doit actionner la dynamo Q dans le sens de rotation nécessaire pour rétablir la stabilité horizontale, rompue par une cause quelconque, notamment par le déplacement des hommes de l'équipage. Le poids d'eau déplacé est égal à la moitié de la charge, qui a momentanément rompu cette horizontalité. Des robinets d et d' servent à introduire l'eau de mer dans les compartiments D, D', et à l'évacuer, pour alléger le sous-marin, lorsque l'on envoie dans lesdites chambres une pression d'air supérieure à la pression exercée par l'eau ambiante sur les orifices de sortie.

Orientation.

Pendant la marche à la surface, les observations se font dans une petite tourelle A' garnie de quatre hublots avec lentilles en verre protégés par des armatures métalliques. Cette guérite est fermée par un couvercle pour l'entrée et la sortie des hommes d'équipage. Le commandant voit la route à suivre à travers les hublots et donne la direction à l'aide de la roue de gouvernail placée sous sa main. Il peut encore voir autour de lui en augmentant le champ de vision ; pour cela, il se sert d'un tube optique portant, à son extrémité supérieure, un objectif et une glace intérieure inclinée à 45° sur le plan de l'horizon ; ce tube peut être élevé de plusieurs mètres au-dessus de la flottaison, par des raccords qu'on visse les uns aux autres et qui glissent à frottement doux dans un presse-étoupe.

La direction ayant été donnée par la visibilité, on la conserve, lorsque le sous-marin est immergé, à l'aide d'un gyroscope de Foucault. Ce gyroscope R a pour objet de faire connaître les variations qui peuvent se produire dans la marche rectiligne, le sous-marin étant immergé. Il est actionné par une petite dynamo montée sur son axe.

Ce sous-marin possède un projecteur de lumière électrique P glissant dans un presse-étoupe. On le fait sortir pour les projections et on le rentre à l'intérieur lorsqu'il ne fonctionne pas.

Habitabilité.

L'air nécessaire à la respiration est fourni par des réservoirs à air comprimé U. Ces réservoirs sont en tôle d'acier, résistant à une pression intérieure de 50 à 60 atmosphères ; leur contenance est calculée pour l'aération du sous-marin pendant vingt heures de marche en immersion et pour pouvoir, au besoin, établir à l'intérieur de la coque une contre-pression d'air supérieure à la pression de l'eau ambiante, même à une profondeur de 25 mètres, pression pouvant être supportée momentanément par l'équipage. Par l'effet de cette contre-pression intérieure, l'eau ne peut pénétrer dans la coque, même en cas d'accident grave, et cela permet d'aveugler facilement une voie d'eau qui viendrait à se produire.

Sécurité.

Comme tous les sous-marins, ce bateau possède un poids de sécurité Y, retenu sous la carène par deux vis ZZ et que l'on peut abandonner brusquement pour ramener rapidement le sous-marin à la surface.

Un manomètre qui ne figure pas sur le plan indique la contre-pression d'air à l'intérieur pour éviter les fuites ou les conséquences d'une voie d'eau.

Force motrice.

La force motrice nécessaire à la propulsion est donnée par trois moteurs indépendants pouvant être réunis à volonté à l'aide d'embrayages.

1° Deux moteurs à hydrocarbures (essence de pétrole) B, B', système F. Forest et G. Gallice, dont la force maxima est de 30 chevaux chacun. Ces moteurs sont indépendants l'un de l'autre et peuvent être réunis ensemble à l'aide de l'embrayage P', de telle sorte que leur force totale puisse être utilisée à la propulsion ou bien encore que l'un d'eux, B' par exemple étant inactif, soit employé à faire fonctionner le compresseur d'air T ;

2° Une dynamo M de la force de 30 chevaux environ. Cette dynamo a une double fonction :

a- Celle de recharger les accumulateurs E, E' ; dans ce cas, elle est disposée comme génératrice, et la force motrice lui est fournie par un des deux moteurs B ou par les deux accouplés au moyen de l'embrayage P' ;

b- D'être une dynamo productrice de force pour actionner l'hélice ; dans ce cas, elle devient réceptrice par inversion de courant, les deux moteurs étant débrayés, et la dynamo est réunie à l'arbre de l'hélice au moyen de l'embrayage P'.

Cette disposition permet, si l'on veut obtenir un maximum de vitesse, d'additionner toute l'énergie produite par les deux moteurs B, B', et celle de la dynamo.

La provision d'essence de pétrole est emmagasinée dans un réservoir. Ce réservoir est divisé en un certain nombre de compartiments qu'on laisse se remplir d'eau de mer au fur et à mesure que l'un des compartiments est vidé de pétrole, de façon à conserver le tonnage total du chargement.

Par l'emploi des moteurs à hydrocarbures, dit M. Forest, on obtient les avantages suivants :

1° Mise en marche instantanée, sans perte de temps pour la mise en pression ;

2° Absence complète de fumée qui décèle au loin la marche d'une embarcation à vapeur ;

3° Absence de dégagement de chaleur qui rend le sous-marin inhabitable ;

4° Renouvellement forcé de l'air dans la coque, lorsque le sous-marin en flottaison est actionné par ses moteurs à hydrocarbures, ou par l'un d'eux ;

5° Emploi d'un combustible riche en carbone, lequel est complètement utilisé, sans résidu. Il est en outre facile à arrimer sans perte de place.

L'emploi de la dynamo comme moteur offre les avantages suivants :

1° Elle assure une marche absolument invisible, lorsque le sous-marin est en immersion ;

2° Elle ne vicie pas l'air renfermé dans la coque, et elle ne le raréfie pas, comme le ferait un moteur quelconque, ce qui permet de réduire considérablement le volume d'air comprimé dans les réservoirs et de limiter ce volume aux besoins de l'équipage et de certaines manoeuvres ;

3° Elle n'exige pas de communication avec l'air extérieur, lorsque le sous-marin est en immersion.

D'après les dimensions de son bateau sous-marin, M. Forest estime que la puissance motrice totale sera de 90 chevaux, formée par deux moteurs de 30 chevaux et, comme nous l'avons vu précédemment, par une dynamo de 30 chevaux pouvant fournir dix heures de travail consécutif ou intermittent. Le réservoir de pétrole contient 6 mètres cubes d'essence à 0,7 de densité, soit un poids de 4 200 kilogrammes.

Un moteur de 30 chevaux consommant 15 kilogrammes de pétrole par heure, il y a donc une marche assurée de deux cent quatre-vingts heures, c'est-à-dire plus de onze journées en petite vitesse, et près de six journées en grande vitesse, les deux moteurs étant accouplés, plus dix heures de marche par la dynamo, les accumulateurs ayant été préalablement chargés.

Le « Plunger I » ou Holland VI (1892)

En 1892 John P. Holland prit un brevet pour un semi-submersible à flottaison variable, qui reçut le nom de *Plunger I (le Plongeur)*, mais, par contre, ne devait jamais s'immerger complètement. La tourelle, la cheminée et la prise d'air émergeaient hors de l'eau. Les réservoirs à lest d'eau se trouvaient à la partie supérieure de la coque et cette masse d'eau à l'égal d'une cuirasse devait protéger les oeuvres vives du semi-submersible. Les formes de la partie supérieure du *Plunger* avaient été étudiées de manière à fendre l'eau comme un soc de charrue fend la terre. La tourelle et les couloirs de descente étaient blindés.

Deux hélices, un gouvernail vertical et deux gouvernails de plongée ou hydroplanes se trouvaient à l'arrière. Une quille détachable formait poids de sécurité.

L'armement consistait en un tube lance-torpilles à l'avant, un autre à l'arrière, entre les deux hélices, deux canons pneumatiques vers le milieu, l'un en avant de la tourelle et l'autre en arrière ; enfin un canon à tir rapide se trouvait sur une tourelle arrière.

En temps normal, le *Plunger* était destiné à naviguer à l'état lège. Au moment de l'action il devait s'immerger jusqu'à ce que toute la partie supérieure de la coque fût entièrement submergée et enfin, au moment précis de l'attaque, il s'immergeait jusqu'au niveau des hublots de la tourelle d'observation.

L' « Audace » de Degli Abbati (1892)

En 1892, l'ingénieur italien Pietro Degli Abbati procéda à Civita-Vecchia à des essais avec un bateau-plongeur auquel il avait donné le nom *d'Audace* et dont la description a été publiée dans *Natura ed Arte* du 15 juillet 1892.

Ce bateau, construit pour le compte d'une Société romaine, a la forme d'un cétacé (fig. 231 et 232).

Il mesure 8^{m},70 de longueur sur 2^{m},16 de largeur et 3^{m},50 de hauteur.

La section transversale est ovale, la partie inférieure renflée, tandis que la partie supérieure est angulaire, afin de rendre plus facile l'émersion.

La coque est construite avec de fortes tôles d'acier et offre une résistance permettant de descendre à une centaine de mètres.

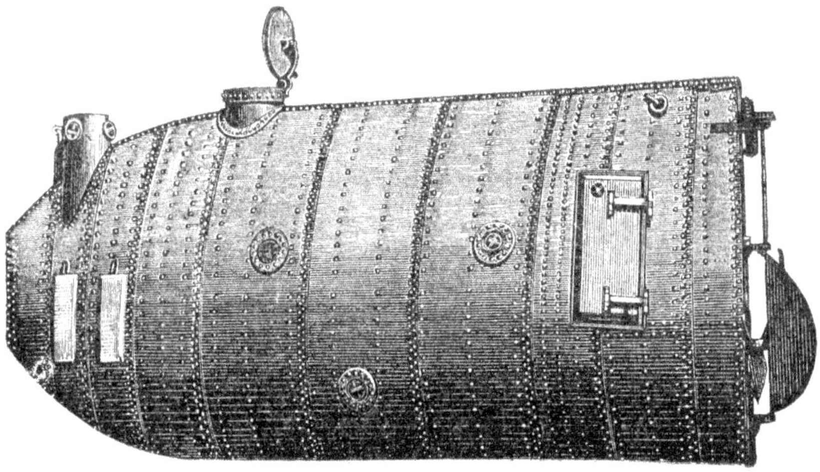

Fig. 231. — *L'Audace* de Degli Abbati (1892).

Dans sa partie supérieure et à l'avant se trouve la tourelle d'observation hermétiquement close, et un peu en arrière l'ouverture pour pénétrer à l'intérieur du bateau. Sur le côté gauche de la coque une porte s'ouvre pour permettre à des scaphandriers de sortir du bateau et de procéder aux recherches sous-marines.

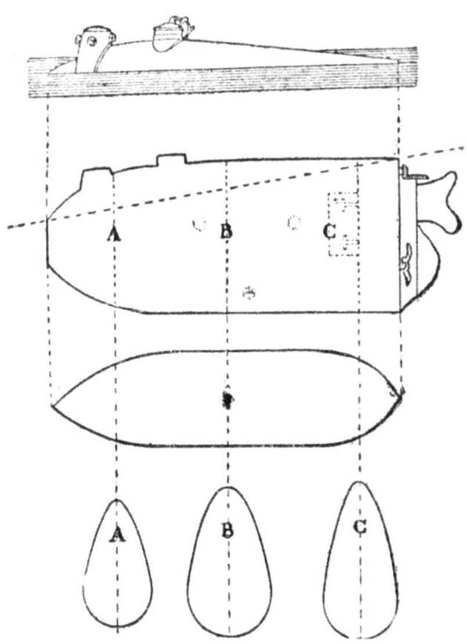

Fig. 232 - L'Audace de Degli Abbati (1892)
Sections en A, B et C)

A l'arrière sont placés l'hélice et deux gouvernails verticaux dont l'un, le supérieur, est en forme de queue de poisson, ainsi que le représente la figure 232. Un moteur électrique actionne l'hélice. L'intérieur, divisé en trois compartiments, est éclairé à l'électricité.

Son équipage se compose de quatre hommes.

L'Audace est donc surtout un bateau-plongeur pour scaphandriers.

L'insuffisance des ressources financières ne permit pas de perfectionner cet intéressant appareil destiné à l'industrie et non à la guerre sous-marine.

Sims
(1892)

En 1892, l'ingénieur américain Sims, de Willet's Point, a fait avec un torpilleur électrique submersible des expériences très curieuses.

Ce bateau était relié par un câble à une source d'énergie électrique qui permettait non seulement de le faire mouvoir avec rapidité mais encore de le diriger à distance, comme le même inventeur l'a fait pour sa torpille dirigeable. D'après la *Revue maritime et coloniale*, il aurait parcouru une distance de 3 650 mètres à une allure très rapide.

Malgré les inconvénients que peut offrir dans certains cas ce fil électrique tenant en laisse le sous-marin ou la torpille, il y a souvent intérêt cependant à faire usage de cette disposition.

Van Witten
(1892)

En cette même année 1892, la *Revue maritime et coloniale* signala un bateau sous-marin construit à Terre-Neuve par l'armateur hollandais Van Witten qui en dirigea la construction.

La forme était celle d'un cigare de 68 mètres de longueur. Il était pourvu de deux hélices et de deux gouvernails. L'équipage était composé de quatorze hommes.

Van Witten se proposait, après un voyage d'essais sur la côte américaine, de tenter la traversée de l'Atlantique et de se rendre à Bordeaux.

Le « Delfino » de Pullino
(1892)

Fig. 233. — Pullino (1837-1898).

En 1892 l'ingénieur italien Pullino, directeur des constructions navales, construisit à Spezia un sous-marin auquel il donna le nom de *Delfino* (Dauphin) et que l'on nomme également le *Pullino* du nom de son éminent inventeur (fig. 234).

Ce bateau a été construit, comme le Gymnote, à titre de modèle d'expérience afin qu'on pût, après les essais, en construire d'autres d'un modèle plus parfait.

Ses dimensions sont : 24 mètres de longueur et $2^{m},90$ de diamètre au maître-couple. Il déplace 95 tonneaux à la surface et 107 en immersion. Des dynamos empruntant l'énergie électrique à une batterie de 300 accumulateurs actionnent trois hélices dont l'une, pour la propulsion, est située à l'arrière et les deux autres, pour l'immersion, sont placées à la partie supérieure et dans le sens longitudinal du navire, comme dans le *Nordenfelt II* (V.295). Un gouvernail vertical sert à la direction et des gouvernails horizontaux, placés sur les côtés, aident à réaliser la plongée en marche. Au-dessus de la tourelle d'observation, placé un peu en arrière, se trouve le tube optique d'un système spécial, appelé *cleptoscope* par son inventeur l'ingénieur Trivulzi.

A l'avant un tube lance-torpilles avec deux torpilles et des coupe-filets constitue l'armement de ce torpilleur sous-marin qui passe à juste titre, d'après l'opinion de Delpeuch, pour l'un des plus perfectionnés qui aient existé.

Une provision d'air comprimé sert pour une durée de douze heures d'immersion à l'équipage composé de quatre hommes.

Le 29 avril 1892 les premiers essais du *Delfino* ou *Pullino* furent exécutés dans la rade de Spezia. Il resta immergé pendant 5 heures consécutives à plusieurs mètres sous l'eau avec ses

Fig. 234. — Le Delfino de Pullino (1892).

quatre hommes d'équipage. En mars 1894 de nouvelles expériences eurent lieu tandis que les amiraux Racchia et Salvano se trouvaient à bord.

Le *Pullino* s'immergea, traversa toute la rade et reparut subitement près du vaisseau-école *Maria-Adelaide* contre lequel il exécuta un lancement de torpille.

Le 11 janvier 1901 il effectua une série d'essais ayant à bord l'amiral Carlo Marchese, président de la Commission d'essais.

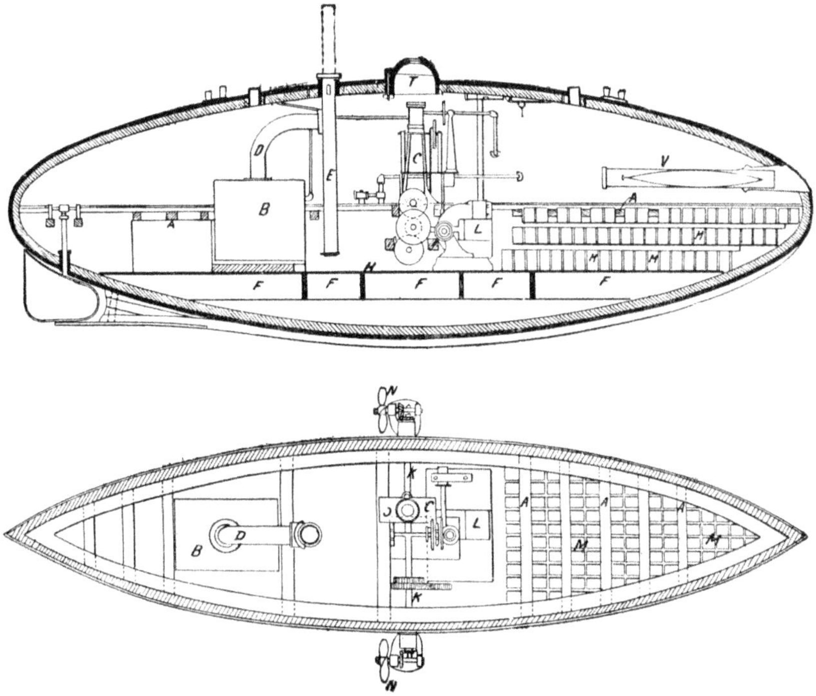

Fig. 235 et 236. — Le *Baker* (1893).

Le 30 mai suivant, en présence du Roi Humbert, le *Pullino*, immergé, entra à l'arsenal et exécuta une série de manoeuvres et de lancements de torpilles. Il fut ensuite minutieusement inspecté par le souverain.

Le lendemain 1er juin, ayant à bord le duc des Abruzzes et l'amiral Marchese, le *Pullino* sortit en grande rade, s'immergea, lança une torpille, fit diverses évolutions, et, toujours immergé, rentra dans l'arsenal.

Delpeuch fait remarquer que les deux hélices placées à la partie supérieure de la coque sont, par le seul fait de leur position, sujettes à des avaries capables d'annihiler les facultés d'immersion.

Cela est exact surtout si la capacité prévue des réservoirs d'immersion n'est pas suffisante pour pouvoir obtenir l'immersion sans le concours des hélices-lest. Dans les modèles récents les hélices-lest ont été placées au milieu de puits comme l'avait déjà fait Waddington (V. p. 285).

La partie supérieure de la coque ainsi que la tourelle sont cuirassées. La coque en acier a 5 cm, et la tourelle en bronze a 15 cm d'épaisseur.

Baker (1893)

En 1893, l'ingénieur américain George-Collins Baker, de Chicago, prit un brevet pour un sous-marin offrant de très intéressantes dispositions.

La coque de ce sous-marin, qui fut construit, était en bois, de 13 centimètres avec un doublage métallique de 2 centimètres d'épaisseur. Entre la coque et le doublage se trouvait une toile goudronnée assurant l'imperméabilité (fig. 235 à 237).

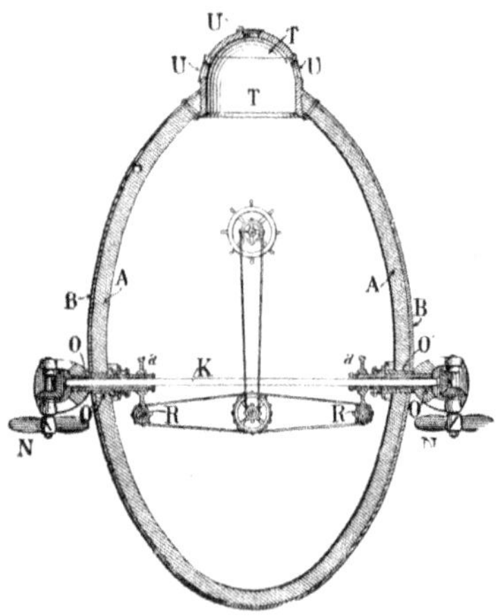

Fig 237. — Coupe transversale du Baker (1893).

Le Baker avait la forme d'un ellipsoïde aplati dans le sens de la hauteur et se terminant en lame de couteau arrondie à l'avant et à l'arrière. Ses dimensions étaient 14 mètres de longueur sur $2^{m},70$ de creux. Il déplaçait 20 tonneaux. Sa section se rapprochait comme forme et proportions du sous-marin de F. Forest (V. p. 309).

La caractéristique principale de ce sous-marin était l'emploi d'une paire d'hélices mobiles latérales N, destinées à la fois à la propulsion et à l'immersion.

En effet, leur mobilité, par un joint universel, autour de l'arbre moteur transversal K, leur permettait de prendre toutes les dispositions voulues dans un plan vertical normal à l'arbre K.

Un gouvernail vertical servait à la direction dans le plan horizontal en aidant l'action des hélices agissant avec l'inclinaison voulue. L'arbre K passait exactement par le centre de gravité du bateau.

Une autre particularité du *Baker* résidait dans son autonomie obtenue grâce à une double force motrice. Un moteur à vapeur C de 60 chevaux, de Robert P. Willard et Cie, de Chicago donnait la puissance motrice pour la marche à la surface. Il permettait, en outre, de charger 232 accumulateurs électriques M, type Wodward, dont l'énergie, emmagasinée pendant un arrêt à une station ou en route, était utilisée pendant les plongées. La dynamo L, construite par Jenney de Fort Wayne, actionnait les hélices à 300 tours par minute.

Le générateur de vapeur B avait une cheminée d'évacuation formée d'une partie fixe D et d'une partie mobile E à mouvement télescopique. Au moment des plongées la cheminée, comme dans l'installation des Nordenfelt (V. p. 279 et 295), était rentrée, et une fermeture hermétique empêchait l'eau de s'y introduire. Des réservoirs d'immersion se trouvent à la partie inférieure du bateau et sont remplis par une pompe duplex Worthington qui sert également à alimenter la chaudière à vapeur.

A la partie supérieure une tourelle T surmontée d'une coupole est munie de hublots U. L'armement se composait d'un tube lance-torpilles V placé à l'avant, au-dessus des accumulateurs, et de torpilles automobiles.

George C. Baker fut, avec Nordenfelt, Holland et Lake, un des concurrents les plus sérieux du concours ouvert par l'Amirauté américaine en 1888.

Sa mort, survenue en 1894, l'empêcha de perfectionner son premier modèle et de le mettre au point. Ce sous-marin offre néanmoins plus d'une disposition à retenir pour des applications ultérieures.

LE « KATADHIN » (1893)

En présence des sérieuses difficultés offertes par la construction et l'emploi des sous-marins et des submersibles, les Américains ont pensé qu'il était préférable de construire des navires à flottaison variable ou semi-submersibles pouvant s'immerger de manière à ne plus offrir aux coups de l'ennemi qu'une très faible surface (fig. 238).

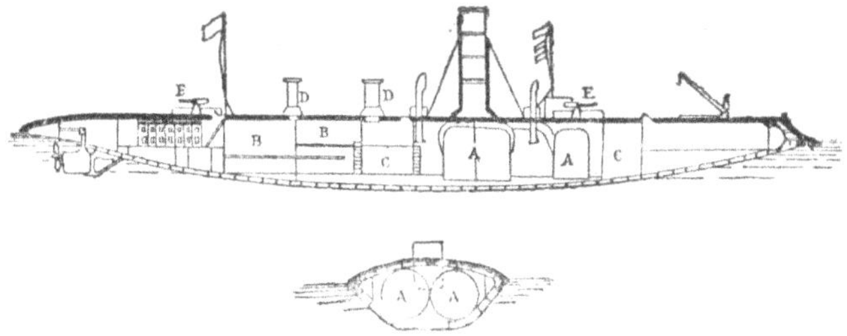

Fig. 238. — Le monitor Katadhin (1893).

Le *Katadhin*, bélier cuirassé construit sur ces principes, fut lancé à Bath en 1893. Ce garde-côte a son pont supérieur fortement cuirassé, avec la forme dite *whaleback* (à dos de baleine). Son arme principale est l'éperon, quoiqu'il soit également muni de quelques pièces de canon. Ses caractéristiques sont : longueur $76^{m},30$, largeur $13^{m},07$, tirant d'eau normal $4^{m},56$, déplacement correspondant 2 155 tonneaux. Des réservoirs placés dans le double fond dont est muni le navire peuvent recevoir 200 tonnes d'eau. Le pont se trouve à 30 centimètres au-dessous de la surface de l'eau et seuls, la cheminée, les prises d'air et les canons se trouvent émerger hors de l'eau.

LE « GOUBET II » (1895-1902)

Fig. 239. — Le Goubet II (1895).

En 1895, Goubet, aidé par quelques amis, fit construire un nouveau modèle de son premier sous-marin (V. p. 286), mais plus grand et mieux agencé (fig. 239 à 245).

Les figures 240 à 242 ont été faites d'après les dessins originaux de Goubet.

Les dimensions du nouveau bateau étaient : 8 mètres de longueur et $1^{m},75$ de diamètre au maître-couple. La coque, en bronze, pesait 6 700 kilogrammes et avait la forme d'un fuseau obtenu par la révolution d'un arc de cercle autour de sa corde comme axe, forme qui a été définitivement reconnue la plus favorable à une bonne stabilité et à un facile déplacement. Elle avait 25 millimètres d'épaisseur sur les côtés, et 8 millimètres aux extrémités. Elle avait été fondue en trois tronçons, par la fonderie Muller et Roger, de Paris.

Pour lui donner une plus grande stabilité, deux ailerons horizontaux, venus de fonte avec la coque, se trouvaient de chaque côté sur la ligne médiane et s'étendaient sur presque toute la longueur de la coque.

Fig. 240. — Premier projet du *Goubet II* (1895).
(D'après un dessin original de Goubet.)

Au-dessus des ailerons se trouvaient des carcasses ou griffes destinées au maintien de torpilles automobiles.

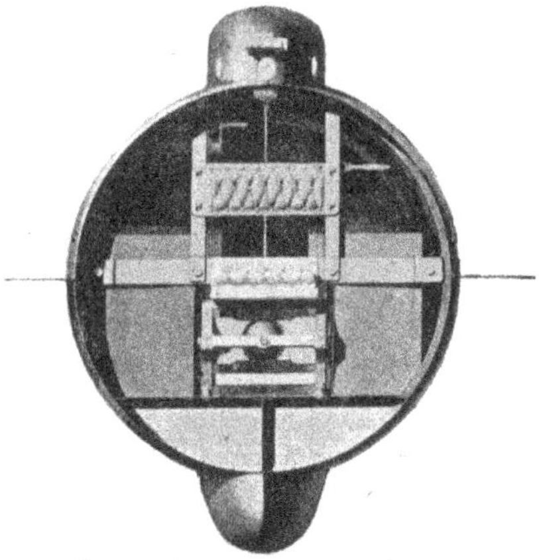

Fig. 241. — Coupe transversale en arrière de la coupole du premier projet du Goubet II (1895).

A la partie supérieure, un trou d'homme ovale donnait accès à l'intérieur du bateau. Cette ouverture se fermait hermétiquement par un dôme étanche, à charnière, offrant une saillie de 25 centimètres et présentant à sa périphérie 7 hublots garnis de glaces épaisses.

Sur les côtés et au-dessous des ailerons horizontaux, une paire de rames, à pales articulées, servaient par intermittence. Elles s'appliquaient contre la coque lorsqu'on ne s'en servait pas. Sous la quille du bateau se trouve un poids en fonte de 1200 kilogrammes servant de lest amovible. On se débarrassait de ce poids de sécurité en cas de danger.

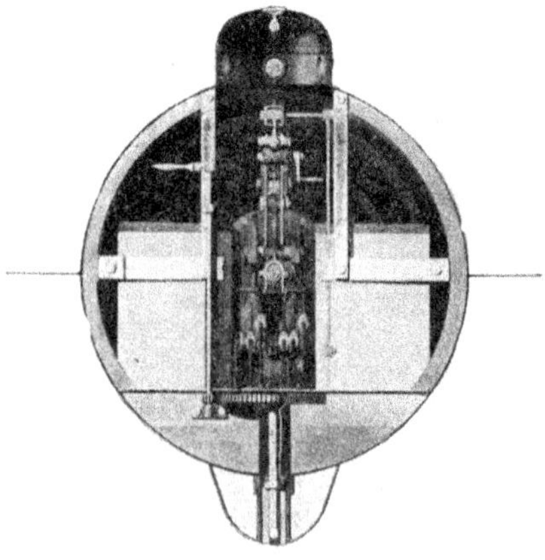

Fig. 242. — Coupe transversale sur le milieu du premier projet du Goubet II (1895).

La propulsion était obtenue par une hélice mobile, à joint Goubet, laquelle servait également à la direction, car, comme dans le premier modèle, il n'y avait pas de gouvernail vertical. Cette disposition a été très critiquée ; elle donne au bateau une trop grande sensibilité et rend difficile le réglage de la direction en lui enlevant toute précision.

L'immersion était obtenue par l'introduction de l'eau dans une série de petits compartiments placés au fond du bateau. Le réglage pour le maintien à une profondeur déterminée s'obtenait automatiquement par des contacts électriques placés sur le manomètre et qui déterminaient alternativement l'introduction de l'eau ou son évacuation.

Un moteur électrique actionnait les hélices, les pompes à eau et à air. Il était alimenté par des piles ou des accumulateurs.

Fig. 243. — Goubet sur son sous-marin prêt à descendre par le trou d'homme dont le dôme est soulevé.

Des bouteilles en acier renfermaient l'oxygène pour la respiration de l'équipage, composé de deux hommes et du commandant. Celui-ci se trouve placé au centre, sur un fauteuil pivotant, lui permettant de parcourir tout l'horizon d'un rapide coup d'oeil circulaire.

Un tube optique traversant le dôme de la coupole sert, en immersion, et jusqu'à 3 mètres de profondeur, à explorer l'horizon. L'officier avait à sa portée la commande de l'hélice-gouvernail, et sous ses pieds le levier permettant de déclencher le boulon d'attache du poids de sécurité. A l'arrière devait se placer l'homme chargé du moteur et des batteries électriques et à l'avant, l'homme qui manoeuvre les rames. Celui-ci a au-dessus de sa tête une sorte de grand robinet ou de petit tour, permettant de transmettre des lettres ou de menus objets aux personnes placées à la surface, grâce à des étuis-flotteurs que l'on y introduit et que l'on abandonne à leur force ascensionnelle.

Fig. 244 - Intérieur du *Goubet II* (1895)

Au moment d'une attaque, pour lancer les torpilles, l'officier commence par explorer l'horizon soit en naviguant à la surface, soit en restant immergé si l'on est trop rapproché de l'ennemi. Une fois le cuirassé à atteindre repéré et la distance évaluée, le torpilleur s'immerge à la profondeur voulue — environ 4 mètres pour frapper un cuirassé dans ses oeuvres vives — et met le cap dessus. Arrivé à proximité, le moteur est arrêté pour ne pas déceler la présence du sous-marin, et l'on manoeuvre à la rame. Après avoir visé, on lance les torpilles, chacune séparément au moment voulu, en manoeuvrant un simple levier de déclenchement.

On dégage ainsi un taquet qui retient la torpille prisonnière dans la cage ou carcasse métallique. Dès que la torpille se trouve libre, elle se met en mouvement sous l'action de son propre moteur à air comprimé. La torpille, étant guidée à frottement doux sur la moitié de sa longueur, prend une direction déterminée qu'elle conserve aisément.

Le *Goubet II* fut mis à l'eau à Argenteuil au mois de novembre 1895. Il était destiné à un État de l'Amérique du Sud. Ses essais durèrent longtemps.

En janvier 1900, on procéda à Toulon, pour le compte du gouvernement français, à des essais officiels qui furent repris au mois de février 1901 . Les résultats obtenus avec le *Goubet II* ne semblèrent pas, à la Commission officielle chargée de suivre à Toulon les essais de 1900 et 1901, plus probants que ceux donnés à Cherbourg en 1891 par le *Goubet I*. Le marché passé par l'amiral Aube le 12 septembre 1886 se trouvait définitivement rompu[36].

Ruiné dans ses espérances, atteint dans ses intérêts et sa santé, Goubet ne trouva plus les crédits nécessaires pour tenter le sort en construisant un nouveau modèle répondant entièrement aux légitimes exigences de l'Amirauté française. Ses créanciers, en présence d'une situation qui ne leur laissait plus d'espoir, firent saisir et vendre son matériel.

La figure 245 montre le Goubet II dans les docks de Saint-Ouen et son aspect lugubre lui donne l'apparence d'un vrai sous-marin funéraire.

C'est dans les termes suivants que *l'Illustration* du 20 septembre 1902 raconte la triste fin du Goubet

La vente du Goubet II aux docks de Saint-Ouen.

C'est là que le vendredi 12 septembre 1902 s'est déroulée l'une de ces scènes capitales de sa vie. A la requête d'un certain nombre de créanciers de l'inventeur, ruiné et découragé, on vendait publiquement le sous-marin.

Fig. 245. — Le Goubet aux docks de Saint-Ouen (1902).

Pour la circonstance on l'avait remis à l'eau, dans l'un des bassins des docks.

Il faisait un temps affreux et bien en harmonie avec la tristesse de cette destinée pitoyable du bateau. La pluie tombait à verse, criblant de ses flèches le miroir croupissant du bassin, et dans les intervalles de deux ondées, tandis que les photographes, maugréant, s'appliquaient à fixer l'image du malheureux Goubet émergeant à moitié de l'eau noire, tout petit — il n'a que 8 mètres de longueur sur 1^{m},80 de grand diamètre, — le grand arbre qui, de la berge, s'égouttait, semblait pleurer de vraies larmes.

Les enchères troublées par la pluie commencèrent au bord même du bassin. Et, après une lutte assez vive entre un marchand d'antiquités de la rue des Saints-Pères et un ancien secrétaire de la Chambre des huissiers, le bateau fut adjugé moyennant 45 000 francs à ce dernier, agissant dit-on, pour le compte d'un groupe d'amis de M. Goubet.

Las et découragé, voyant ses ressources épuisées et son crédit irrémédiablement atteint, Goubet, suivant les conseils qui lui furent donnés dans la presse, tenta fortune en Angleterre, comme Fulton, juste un siècle auparavant.

36 Voir dans *Le Yacht* des 18 février 1899, 6 janvier 1900 et 23 février 1905, les intéressants articles qui furent consacrés au *Goubet* par le lieutenant de vaisseau Emile Duboc.

Son exode éveilla de patriotiques inquiétudes chez quelques-uns de ses amis et protecteurs. L'un d'eux fut assez heureux pour le rejoindre à temps et le ramener en France. Il obtint même l'appui officieux d'un membre du gouvernement : celui-ci s'engagea personnellement à faire exécuter à Goubet un nouveau sous-marin qui devait être le *Goubet III*, répondant mieux aux justes exigences des services compétents de la marine.

Goubet remit donc entre les mains du ministre tous ses plans et se tint prêt à étudier un nouveau sous-marin de plus grandes dimensions et possédant à un plus haut degré les qualités de jour en jour plus nombreuses exigées d'un torpilleur sous-marin moderne.

Cependant l'état de santé de Goubet, déjà gravement altéré par ses luttes prolongées, ses vicissitudes continues et ses déboires successifs, s'aggrava, et l'inventeur mourut le 15 janvier 1903 sans avoir pu obtenir la satisfaction qu'il avait espérée[37].

Le rôle de l'historien n'est pas de prendre parti dans les luttes dont il suit les évolutions, mais d'en rechercher les causes et de tâcher de les expliquer.

Ainsi que nous l'avons dit plus haut (V. p. 288) et malheureusement le fait ne se produit que trop souvent, Goubet a été un peu la victime du trop grand zèle déployé par quelques-uns de ses amis, surtout par ceux qui ont mené une campagne de presse trop violente et insuffisamment documentée en le représentant comme l'inventeur génial, le créateur, le père de la navigation sous-marine. Or, on a pu voir dans la présente monographie qu'en 1885, quand fut construit le *Goubet I*, la navigation sous-marine avait déjà de nombreux et fervents adeptes parmi les ingénieurs et les techniciens les plus capables et les plus renommés de tous les pays. La légende créée en faveur de Goubet lui a donc été plus funeste qu'utile en présentant la question sous un jour qui n'était pas réel.

Certes si les minuscules *Goubets* avaient été construits un siècle ou seulement vingt ans plus tôt, leur succès eût été incontestable ; mais, à l'époque où ils furent conçus et exécutés, les nombreuses tentatives faites en France et à l'étranger par les Nordenfelt, les Waddington, les Holland, les Simon Lake, les Drzewiecki et les essais plus récents du *Gymnote* de Gustave Zédé, obligeaient à de grands perfectionnements. Il fallait, en outre, des sous-marins autonomes d'un plus fort tonnage et d'une plus grande vitesse pour avoir un rayon d'action plus étendu. Les idées semblent même s'orienter de jour en jour davantage vers la solution de torpilleurs submersibles autonomes à grande flottabilité et, par suite, à grand rayon d'action plutôt qu'aux petits sous-marins embarcables, moins bien armés pour les combats. Il fallait pouvoir disposer de forts capitaux que Goubet ne possédait malheureusement pas.

Les *Goubets* occupent néanmoins une place honorable dans l'histoire de la navigation sous-marine.

L' « Argonaute Junior » de Simon Lake (1894)

Simon Lake doit être placé avec Holland au premier rang des inventeurs américains qui consacrèrent leurs efforts les plus constants au perfectionnement des bateaux sous-marins. Dès l'âge de dix ans, à la suite de la lecture du roman de Jules Verne : *Vingt mille lieues sous les mers*, Simon Lake rêva sans cesse à ces bateaux. A l'âge de quinze ans il forma le projet d'en construire un et en 1894, à 28 ans, il construisit le premier modèle auquel il donna le nom *d'Argonaute* (fig. 246).

37 Les renseignements que nous publions sur la dernière phase de la vie de Goubet nous ont été fournis par des membres de sa famille et par quelques uns de ses amis qui furent au nombre des principaux acteurs des scènes que nous enregistrons.

Ce n'était pas un torpilleur à fière allure. C'était un modeste bateau-plongeur en bois comme celui qu'avait dû construire Denis Papin pour le Landgrave Charles de Hesse-Cassel ou semblable à la patache de Barrié dit de Pradines. Simon Lake y avait ajouté des roulettes pour lui permettre, une fois au fond de l'eau, de se mouvoir comme une automobile... sous-marine. Certes ce bateau automobile à roulettes n'a pas dû faire du 120 à l'heure, ni du 12, ni même du 8 comme nos modestes fiacres. Cette patache sous-marine n'avait d'ailleurs d'autre but que de permettre à des scaphandriers, recherchant des épaves, de trouver un refuge dans ses flancs hospitaliers et d'y renouveler leur provision d'air respirable.

Fig. 246. — L'*Argonaute junior* de Simon Lake (1894).

L'Argonaute junior fut construit dans les ateliers *Atlantic Highlands*.

Comme pour toutes les choses de la marine, le plus grand secret fut observé sur sa construction et ses essais. Ceux-ci ayant réussi, le fait s'ébruita et se répandit au point qu'ayant trouvé des commanditaires Simon Lake dut quitter Baltimore et s'établir à New-York pour réaliser des projets plus grandioses.

L'*Argonaute junior* avait 4^{m},5o de longueur, 1^{m},35 de largeur et 1^{m},60 de hauteur.

Un arbre coudé actionné à bras mettait en mouvement les roues et cahin-caha le modeste équipage... hypothalassique, allant à la conquête de la Toison d'or, roulait sur le fond des plaines sous-marines qui s'étendent le long des côtes américaines. Il descendit jusqu'à 5 mètres sous l'eau, ce qui est beaucoup pour une si jeune patache sous-marine.

A l'intérieur de l'Argonaute se trouvait un récipient pour la fabrication du *soda-water* en guise de réservoir à air comprimé, et une petite pompe servait au jeu du lest d'eau.

Si l'on organise jamais un musée de la navigation sous-marine, ce prototype des submersibles modernes devra y occuper un poste d'honneur, car il fut un pionnier utile et, par ses essais pratiques, convertit à l'idée hydronautique bien des capitalistes qui aidèrent dans la suite au progrès de ses successeurs.

Comme ses grands frères, l'Argonaute junior pouvait naviguer à la surface, à la voile ou à rames, plonger jusqu'à une profondeur dépassant quatre fois sa taille, y rester de longues heures et rapporter sa bonne part de butin. Il pouvait en outre rouler sur le fond. Que voulez-vous de plus ? Beaucoup de ses aînés n'auraient pu en faire autant !

CHAPITRE XXV

Période de 1895 à 1900

L'Aquapède d'Alvary Templo ou vélocipède hydrostatique. — Bicyclette sous-marine. — Le Plunger II ou Holland VII. — Concours pour un projet de torpilleur sous-marin ouvert par M. Édouard Lockroy, Ministre de la marine. — Programme et résultats du concours. — L'Argonaute I de Simon Lake. — L'Argonaute II de Simon Lake. — Les Aquablindés de Drzewiecki. — F. Forest. — Philippeau. — Rutley. — Le Narval de Laubeuf. — Le Morse de Romazzotti. — Le Français et l'Algérien de Romazzotti.

« Aquapede » d'Alvary Templo
(1896)

En 1896 un ouvrier américain de Brooklyn, Alvary Templo, reprenant les idées de Holland (V. p. 267) chercha à construire comme lui un podoscaphe-torpilleur auquel il donna le nom *d'Aquapède* (fig. 247).

La description nous en est fournie par le *New-York World* et le *New-York Herald* du 30 novembre 1896, qui informent le lecteur qu'Alvary Templo employa avec constance pendant dix années ses loisirs et ses modestes ressources à mettre au point son *Aquapède*. Celui-ci consiste en un vélocipède sous-marin pour scaphandrier-torpilleur dans lequel les roues sont remplacées par une hélice à l'arrière.

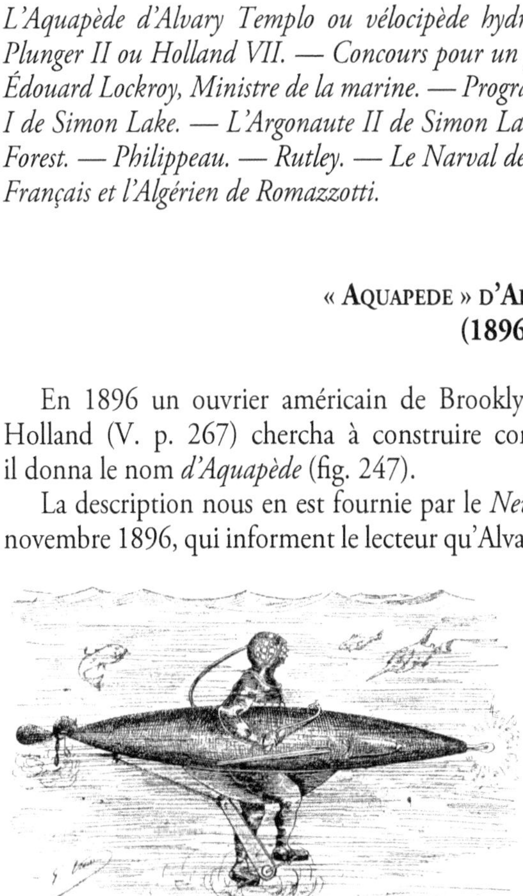

Fig. 247 - Aquapède d'Alvary Templo (1896)

Un réservoir fusiforme de 5 mètres de longueur et $0^{m},70$ de diamètre reçoit l'eau d'immersion et renferme l'air comprimé nécessaire à la respiration du scaphandrier dont le casque est relié par un tuyau flexible à ce réservoir. La provision d'air est suffisante pour une durée de six heures. Le scaphandrier se trouve logé dans un trou cylindrique qui traverse le réservoir de part en part. Au centre se trouve la selle servant de siège.

Pour lui donner de la légèreté, le réservoir et la plupart des pièces de ce podoscaphe sous-marin sont en aluminium. Un gouvernail à l'arrière, en forme de queue de poisson, donne la direction. Un poids de sécurité se trouve sous la coque entre les jambes du cavalier hydronaute.

Une lampe électrique, placée à la pointe avant, sert à éclairer la route de ce voltigeur-éclaireur sous-aquatique.

Naturellement le verre est de bonne épaisseur pour résister à des chocs. Le reporter du New-York World prétend qu'en sa présence Alvary Templo a frappé violemment sur l'ampoule électrique avec un marteau pesant sans la casser !

Sur les flancs du réservoir se trouvent deux torpilles à hampe. Le scaphandrier-torpilleur, armé de pied en cap comme un chevalier bardé de fer du temps des croisades, va, lance au poing, foncer sur l'ennemi. Il rompt sa lance mais non sans faire aux flancs de son gigantesque adversaire une large blessure.

Ce vélocipède hydrostatique est ingénieux et n'a rien qui puisse choquer les hydronautes ; mais on peut faire des réserves sur son application comme torpilleur. Il est probable que sa destruction serait fatale par suite de la violence du choc. Il serait préférable d'employer des torpilles adhérentes et un fil électrique que l'on déroule, ou bien des torpilles à mouvement d'horlogerie comme celles de Fulton.

Il pourrait en tout cas être utilisé pour des promenades sous-marines... d'agrément.

Bicyclette sous-marine (1897)

L'exemple de Holland et d'Alvary Templo a mis en goût les inventeurs pince-sans-rire et les humoristes anglais qui, de tout temps, cherchant à discréditer la navigation sous-marine, ont publié des projets plus ou moins plaisants, mais nullement irréalisables. Le sport sous-marin pourra peut-être un jour avoir recours aux bicyclettes submersibles proposées.

Fig. 248. — Bicyclette sous-marine d'un humoriste anglais (1897).

Le *Success*, de Londres, du 9 janvier 1897, a publié un court article avec la gravure que nous reproduisons, sans dire si cette amusante bécane-plongeante a été exécutée ou non (fig. 248).

La bicyclette sous-marine pour scaphandrier sportif se compose d'une bicyclette ordinaire sur les côtés de laquelle se trouvent deux réservoirs cylindro-coniques en cuivre de $2^{m},50$ de longueur reliés au casque du bicycliste-scaphandrier. Ces réservoirs contiennent de l'air comprimé et, dans un double fond, l'eau servant de lest pour l'immersion.

Une hélice placée à l'arrière reçoit le mouvement des pédales et sert à la propulsion. La roue d'avant sert de gouvernail et le guidon de barre.

Avec cet appareil, l'oeil au monocle de son casque et ses tuyaux flexibles flottant au gré des ondes, le scaphandrier-cycliste a tout l'air d'un sportsman accompli et nul doute qu'il n'arrive à conquérir les bonnes grâces des sirènes. Il n'aura pas besoin de se mettre de la cire dans ses oreilles, comme les compagnons d'Ulysse, les scaphandriers étant généralement sourds aux voix s'élevant dans le sein des eaux.

LE « PLUNGER II » OU HOLLAND VII
(1895-97)

A la suite du concours ouvert par le Gouvernement des États-Unis, celui-ci passa le 3 mars 1893 un marché avec la *John P. Holland Torpedo Boat Company* de New-York pour la construction d'un torpilleur sous-marin autonome au prix de 750 000 francs, sous réserve d'une pénalité de 900 000 francs au cas où les conditions du marché ne seraient pas remplies.

A	Accumulateurs électriques.	H'	Hélices inférieures à l'arrière.
B E	Petits moteurs à vapeur et pompes.	H"	Hélices horizontales (celle de proue se trouve à l'avant du coupe-lames).
C	Chaudière à vapeur.	L	Réservoir à lest d'eau.
C'	Cheminée.	M	Moteur à vapeur.
D	Dynamos.	O	Tourelle d'observation.
F	Réservoir d'air comprimé.	T	Tube lance-torpilles.
G	Gouvernails verticaux.	*t t*	Torpilles automobiles.
H	Hélice-arrière.		

Fig. 249. — Le Plonger II ou Holland VII (1895).

Il s'agit d'un sous-marin autonome naviguant à la vapeur à la surface et à fleur d'eau, et à l'électricité en plongée. Les batteries d'accumulateurs sont chargées par des dynamos , qu'actionne le moteur à vapeur pendant les émersions. Une chaudière chauffée au pétrole fournissait la vapeur (fig. 249 et 250).

Fig. 250. — Le *Plonger II* ou *Holland VII* en marche (1895).

Le *Plunger II*, comme d'ailleurs tous les bateaux de Holland, est en forme de poisson, très renflé à l'avant. Les dimensions étaient : $25^{m},5o$ de longueur et $3^{m},35$ de diamètre maximum. Son déplacement était de 138 tonneaux en immersion et 118 à l'état lège. La coque construite en acier de 9 mm d'épaisseur est assez résistante pour lui permettre de séjourner sans danger à une profondeur de 21 mètres. Un régulateur d'immersion à diaphragme et à contact électrique limite la profondeur de la plongée à 21 mètres. Son appareil moteur consiste en deux moteurs de 500 chevaux actionnant chacun une hélice.

Un moteur auxiliaire de 300 chevaux actionne une troisième hélice. Les hélices sont également actionnées par des dynamos auxquelles des accumulateurs fournissent le courant. L'immersion est obtenue par l'introduction d'eau dans des réservoirs placés à la partie inférieure de la coque. Deux hélices à axe vertical aident à la plongée ainsi que des gouvernails horizontaux.

La cheminée est télescopique et se rentre complètement dans l'intérieur du bateau, dont toutes les ouvertures peuvent être fermées par des portes étanches. L'aération se fait, soit directement au moyen d'une manche s'élevant au-dessus de la surface de l'eau, lorsque le bateau navigue à peu de profondeur, soit au moyen d'air comprimé contenu dans des réservoirs.

L'armement consistait en tubes lance-torpilles sous-marins et aériens pneumatiques. La tourelle d'observation devait également être armée de deux petits canons à tir rapide, comme le *Nordenfelt II*, mais on ne donna pas suite à cette idée, la vraie défense du sous-marin étant l'immersion rapide.

La compensation des poids perdus ou acquis se faisait par un procédé fort ingénieux qui a été l'objet d'un brevet intéressant à consulter. Ce brevet est intitulé : Perfectionnement aux bateaux sous-marins pour assurer l'invariabilité de leur poids et de leur équilibre. L'immersion devait s'obtenir très rapidement. On passait en une minute de la position à la surface à la position submergée.

Ce *Holland* eut quelques vicissitudes dans sa construction. Commandé le 3 mars 1893 et mis en chantier le 23 juin 1896, il fut lancé le 7 août 1897 et subit des modifications successives dont quelques-unes très radicales.

Entre temps un nouveau modèle *Holland VIII* avait été étudié et la *Holland Torpedo Boat Company* offrit au Gouvernement américain de remplacer l'ancien modèle par un nouveau en remboursant le Département de la marine des sommes versées s'élevant à 470 000 f (94 364 dollars) d'après Alan H. Burgoyne. La proposition fut acceptée et un nouveau contrat remplaça l'ancien.

Concours Lockroy
(1896)

Lorsqu'une question est neuve et mal définie, le meilleur moyen de la faire mûrir est de la soumettre à l'étude d'un grand nombre de spécialistes. De l'échange et du choc des idées naît la lumière.

Étant Ministre de la marine, M. Édouard Lockroy, disciple et héritier intellectuel de l'amiral Aube, résolut d'ouvrir un concours public pour la recherche du meilleur modèle de sous-marin. En stimulant le zèle des inventeurs il espérait recueillir un certain nombre de projets et d'idées utiles qui, approfondis par les ingénieurs des constructions navales, devaient donner comme résultat un sous-marin modèle. Son attente ne fut pas vaine. En agissant de la sorte il suivait, d'ailleurs, l'exemple donné par l'amiral Hamelin en 1858 (V. p. 240).

Le *Plongeur* de Bourgois et Brun naquit du premier concours, le *Narval* et toute la jeune flottille de sous-marins et submersibles français actuels furent enfantés par le second.

L'élaboration du programme du concours fut confiée à l'éminent ingénieur Bertin, alors Directeur des constructions navales et successeur de Gustave Zédé à ce poste.

Ce programme, dont les conditions avaient été établies avec clarté et précision, fut publié le 24 février 1896.

Voici, d'après le *Journal officiel* du 26 février 1896, le programme imposé aux Concurrents :

MINISTÈRE DE LA MARINE

PROGRAMME D'UN CONCOURS DE TORPILLEUR SOUS-MARIN

I — Il est ouvert au ministère de la marine un concours pour l'élaboration d'un projet de torpilleur sous-marin parmi les constructeurs et les personnes étrangères à la marine qui s'intéressent à la question.

Les conditions minima à remplir sont, comme indication :

Vitesse : 12 nœuds ;

Distance franchissable totale : 100 milles à 8 nœuds ;

Distance franchissable sous l'eau : 10 milles à 8 nœuds ;

2 torpilles prêtes à être lancées.

II — Les concurrents chercheront d'ailleurs à dépasser les conditions ci-dessus, comme vitesse, à fleur d'eau et sous l'eau, comme distance franchissable, comme durée de l'immersion possible sous l'eau, comme armement. Toute latitude est laissée aux concurrents en ce qui concerne les mécanismes de direction et de plongée, etc.

Le déplacement total du bâtiment ne devra pas dépasser 200 tonneaux.

Chaque concurrent devra remettre une étude complète comprenant :

Fig. 251. — M. Édouard Lockroy.
(Ancien Ministre de la Marine.)

1. Une note indiquant les vues d'ensemble, d'après lesquelles son projet a été établi et les conditions qu'il se propose de réaliser ;
2. Tous les calculs de déplacement, de stabilité, de puissance motrice, etc., justifiant les dispositions et les dimensions adoptées ;
3. Un plan des formes du torpilleur ;
4. Une coupe au maître et des coupes diverses en nombre suffisant pour définir exactement la charpente du navire et permettre au besoin d'en entreprendre l'exécution ;
5. Un devis des échantillons ;
6. Des calculs de résistance justifiant l'indéformabilité de la coque immergée à une profondeur de 30 mètres ;
7. Un devis des poids ;
8. Des plans détaillés des emménagements ;
9. Des plans d'ensemble de l'appareil moteur, appuyés du calcul des dimensions principales de cet appareil ;
10. Des plans détaillés des appareils de plongée, des régulatcurs d'immersion, des gouvernails de direction, etc. ;
11. Des plans détaillés des appareils militaires ;

12. Des plans détaillés des appareils spéciaux que l'inventeur croira devoir proposer pour atteindre tel ou tel but particulier.

Les plans d'ensemble seront à l'échelle de 5 centimètres par mètre, les plans de détail au 1/10e.

III — Les projets présentés au concours devront être adressés à M. le ministre de la marine dans le délai d'un an à compter de ce jour. Ils pourront être signés ou anonymes : dans ce dernier cas, les concurrents devront les distinguer par une devise reproduite sur chacun des documents formant l'ensemble du projet.

Toutes les pièces constituant un projet seront accompagnées d'un bordereau détaillé indiquant leur nombre et leur désignation.

IV — Les projets présentés au concours seront soumis à l'examen du conseil des travaux, qui en établira le classement.

Une prime de 10 000 fr. sera attribuée à l'auteur du projet classé avec le n°1.

Des primes moindres pourront être attribuées aux projets classés à un rang inférieur.

V — En dehors de ce concours pour l'ensemble du projet, il en est également ouvert un pour les inventions nouvelles et appareils de nature à faire progresser quelqu'une des questions accessoires qui se rattachent à l'étude des sous-marins, par exemple :

1. Étude des moteurs, permettant la marche réversible, spécialement appropriés à la navigation sous-marine ;
   Étude des appareils propres à assurer la continuité de l'échelle des vitesses ;
2. Appareils de réglage de l'immersion et de la stabilité de route, verticale et horizontale ;
3. Appareils de sécurité, de toute nature ;
4. Appareils de vision ;
5. Appareils militaires, etc., etc.

Cinq primes, d'une valeur totale de 10 000 fr., seront décernées, s'il y a lieu.

Les projets présentés au concours d'ensemble pourront participer pour leurs diverses parties au concours de détail.

47 concurrents prirent part au concours du Ministère de la marine. 28 projets dignes d'attention furent retenus. Ils avaient été envoyés par 6 officiers et 22 personnes étrangères à la marine.

Les 6 officiers de marine étaient :

MM. les lieutenants de vaisseau Chéron et Darrieus ; les ingénieurs des constructions navales : Laubeuf, Maugas, Romazzotti et l'enseigne de vaisseau Turc ; puis venait le chef d'escadron de gendarmerie Senchet.

Nous donnons ci-après les résultats du concours d'après le *Yacht* du 25 septembre 1897.

Résultat du concours pour projets de sous-marins.

Les projets de sous-marins adressés au Ministère de la marine à l'occasion du concours ouvert en 1896 viennent d'être examinés et classés par le Conseil des travaux. Quarante-sept auteurs ont pris part au concours. Six seulement ont envoyé des projets complets : ce sont MM. Romazzotti, Maugas, Laubeuf, ingénieurs des constructions navales ; Drzewiecki, ingénieur russe, auteur de remarquables travaux théoriques sur l'utilisation des hélices; Forest, inventeur d'un moteur à pétrole spécial, et Philippeau, ingénieur. Les autres concurrents ont borné leur travail à des avant-projets ou à une exposition de leurs idées personnelles sur le sujet. M. Turc, enseigne de vaisseau, et M. Senchet, commandant de gendarmerie, ont envoyé des descriptions de bâtiments à œuvres-mortes très réduites et cuirassées. MM. Darrieus et Chéron, lieutenants de vaisseau, qui ont commandé les sous-marins que nous possédons déjà, ont rappelé les travaux que précédemment ils avaient adressés au Ministère.

Fig. 252. - M. Bertin.
(Ancien Directeur des constructions navales.)

L'examen des projets a été fait dans le plus grand secret ; aussi, faute d'éléments, est-il impossible d'apprécier leur valeur intrinsèque. D'après leurs dispositions générales, du moins, on peut affirmer que le concours n'a mis en lumière aucune idée absolument originale. Les auteurs des différents projets se sont bornés à perfectionner les types de sous-marins déjà en service ou qui sont actuellement à l'étude ou en construction.

MM. Romazzotti et Maugas, à qui sont dus les plans du *Gustave-Zédé* et du Morse, et qui ont déjà dirigé la construction de nos premiers sous-marins, le *Gymnote* et le *Gustave-Zédé,* ont envoyé deux projets de bâtiments entièrement mus par l'électricité et inspirés par leurs travaux antérieurs. Ces projets présentent plus que probablement une supériorité notable sur le *Gustave-Zédé* et le *Morse*, mais ils participent fatalement de leurs défauts : faible rayon d'action, vitesse maxima de 13 à 14 nœuds à la surface, obligation de revenir à l'arsenal, après chaque sortie, pour recharger leurs accumulateurs.

MM. Laubeuf, Drzewiecki, Forest et Philippeau ont choisi comme modèle, dans leur travail, le sous-marin dit autonome. Dans ce type, la puissance motrice, au lieu d'être emmagasinée sous forme d'électricité, l'est sous forme de combustible, charbon ou pétrole. Il possède un plus grand rayon d'action que le sous-marin entièrement électrique ; comme il est plus facile de trouver du combustible qu'une usine électrique puissante, il est bien plus indépendant que lui.

Le sous-marin autonome est muni d'un appareil moteur ordinaire qui actionne les hélices quand le bâtiment navigue à fleur d'eau, d'accumulateurs et de dynamos qui assurent la propulsion dans le cas où l'immersion est complète. Au moment de plonger, on évacue la chaufferie, on rentre la cheminée et les manches à vent, on ferme toutes les ouvertures du pont au moyen de tapes étanches. Quand le bâtiment est sous l'eau, la vapeur qui reste dans la chaudière fait tourner la machine jusqu'à ce qu'elle soit épuisée. Ensuite les accumulateurs entrent en action et font tourner les hélices au moyen d'une dynamo. Ces accumulateurs peuvent d'ailleurs être chargés en marche par le moyen de la machine motrice et de la dynamo. Dans les projets de MM. Laubeuf et Drzewiecki, l'appareil moteur se compose d'une chaudière et d'une machine à vapeur ordinaire. M. Forest a donné la préférence à un moteur à huile lourde de son invention.

L'infériorité actuelle du sous-marin autonome sur le sous-marin électrique, c'est qu'il n'a pas, comme ce dernier, la sanction de l'expérience.

Le défaut commun à tous les projets de sous-marins présentés, qu'ils soient électriques ou autonomes, est le manque de vitesse. Le programme imposait une vitesse minima de 12 nœuds lorsque le bâtiment naviguerait à la surface, et de 8 nœuds lorsqu'il serait complètement immergé. La vitesse des différents projets, calculée d'après le poids disponible pour leurs appareils moteurs n'a guère dépassé les minima indiqués, 12 ou 13 nœuds à la surface et 8 nœuds sous l'eau.

Ce manque de vitesse s'explique aisément. Lorsqu'un sous-marin navigue complètement immergé, la moindre variation dans sa flottabilité due à l'action brusque des gouvernails horizontaux l'expose à plonger à une grande profondeur ; de là nécessité de construire la coque de manière qu'elle résiste à la pression qui règne à cette profondeur. Les échantillons d'un sous-marin sont beaucoup plus forts que ceux d'un bâtiment ordinaire. Le poids de coque d'un sous-marin autonome, dont les formes se rapprochent de celles d'un torpilleur ordinaire, est beaucoup plus grand que le poids de coque de ce dernier bâtiment, d'abord par suite de l'augmentation des échantillons, ensuite à cause de la présence des réservoirs à lest d'eau. Si donc on suppose que lorsque le sous-marin navigue à fleur d'eau, il a le même déplacement que le torpilleur qui sert de comparaison, le poids disponible pour l'appareil moteur est bien plus faible sur le sous-marin que sur le torpilleur. Sur le sous-marin, ce poids disponible doit de plus être réparti sur deux machines, une à vapeur, l'autre électrique, qui se relaient mais n'ajoutent pas leurs efforts. En général, la puissance de l'appareil moteur du sous-marin pourra à peine égaler le quart de la puissance de la machine du torpilleur. Lorsque le sous-marin navigue sous l'eau, le lest liquide qu'il est obligé d'embarquer occasionne une augmentation de déplacement et de résistance qui diminue encore sa vitesse.

Ce défaut de vitesse est absolument sans remède ; il rend le sous-marin inutilisable contre des bâtiments en marche. Il a été très heureusement évité dans un projet accessoire présenté par M. Drzewiecki.

Le bâtiment décrit dans ce projet consiste en une coque complètement immergée, qui contient les machines et les appareils de lancement des torpilles et qui supporte un petit pont de manoeuvre élevé à une certaine hauteur au-dessus de la surface de l'eau. L'espace, compris entre le pont de manoeuvre et le dessus de la coque immergée, forme une sorte de tranche cellulaire remplie par des matières encombrantes.

La stabilité du bateau ainsi que sa flottabilité sont assurées indépendamment de la tranche cellulaire, qui peut être criblée de projectiles et envahie par l'eau, sans mettre le bâtiment en danger. Les cheminées, les manches à vent, les échelles d'accès à la coque supérieure traversent la tranche cellulaire dans des tubes légèrement cuirassés. Sur le pont de manoeuvre se trouvent le blockhaus du commandant et les appareils de transmission des ordres. Pratiquement, un pareil bâtiment est aussi invulnérable à la petite artillerie qu'un sous-marin. Son grand avantage est que sa coque, qui n'est pas exposée à descendre à de grandes profondeurs peut être construite comme coque ordinaire. Le poids disponible pour son appareil moteur pourrait être aussi grand que dans un torpilleur. La tranche cellulaire offrirait certainement une résistance supplémentaire, mais néanmoins la vitesse pourrait atteindre 23 à 24 nœuds.

Dans les mémoires qu'ils ont présentés, MM. Turc et Senchet partent du même principe : rendre un torpilleur plus ou moins agrandi et modifié, invulnérable à la petite artillerie, mais au lieu de recourir à une tranche cellulaire pour assurer cette invulnérabilité, ils préconisent le cuirassement des oeuvres mortes, qu'ils réduisent d'ailleurs au minimum.

En résumé, comme il fallait s'y attendre à moins de compter sur une découverte géniale, le concours a permis de comparer les trois types de torpilleurs protégés, dont l'état actuel de la science et de l'industrie rend possible la construction avec quelque chance de succès : le sous-marin électrique, le sous-marin autonome, le torpilleur mixte protégé par une tranche cellulaire ou une cuirasse légère.

Chacun de ces types a une utilisation déterminée en cas de guerre.

Le sous-marin électrique, presque aveugle, sans vitesse, contraint d'évoluer à faible distance de l'usine électrique qui alimente ses accumulateurs, ne peut guère que jouer le rôle de torpille vigilante et servir à la défense des rades et des ports ouverts. Il a surtout sa raison d'être par l'effet moral que sa présence présumée produira sur l'ennemi.

Le torpilleur autonome, qui peut croiser n'importe où, est susceptible de rendre de meilleurs services et de contribuer très efficacement à la défense des côtes et au forcement d'un blocus.

Seul le torpilleur protégé peut devenir une arme offensive. Il est donc regrettable que le Conseil des Travaux n'ait pas accordé à ce dernier type la même attention qu'aux deux premiers.

Comme sanction au concours, le Conseil des Travaux a accordé un second prix de 5 000 francs à M. Drzewiecki, un troisième prix de 3 000 francs à M. Forest, et un quatrième prix de 500 francs à M. Philippeau. MM. Chéron, Darrieus, Laubeuf, Maugas et Romazzotti, ont reçu chacun une médaille d'or. De plus, sur la proposition du Conseil, le ministre a décidé d'activer la construction du Morse, de mettre à l'étude le projet présenté par M. Laubeuf et d'essayer sur un torpilleur l'appareil de lancement des torpilles de M. Drzewiecki et le moteur à pétrole lourd de M. Forest.

Indépendamment du pas que les projets présentés font certainement faire aux différents problèmes de la navigation sous-marine, le concours de l'année dernière a donc le grand avantage d'activer la construction des sous-marins.

Argonaute I de Simon Lake (1897)

A la suite des essais probants exécutés par l'*Argonaute junior* (V. p. 323) une compagnie se fonda, en novembre 1895, sous le titre de *Lake Submarine Company*. Elle fit construire par la *Columbian Iron Works and Dry Docks Company* de Baltimore un modèle plus grand auquel fut donné le nom d'*Argonaute I*.

Ce bateau plongeur n'avait pas la taille du *Gustave-Zédé* mais était néanmoins en progrès sur son aîné, car il mesurait déjà, après deux seules années d'existence, près de 11 mètres de longueur et $2^{m},80$ de largeur. *L'Argonaute I* n'avait plus l'aspect chétif d'une carriole submergée mais une forme et une allure de grand bateau. Il

Fig. 253. — *L'Argonaute I* de Simon Lake (1897).

avait un moteur de 30 chevaux, une dynamo, des réservoirs à lest d'eau et à air comprimé, une pompe à eau et tout ce qui était nécessaire à la navigation sous-marine. Les figures 253 et 254 montrent l'*Argonaute I* en chantier et en exploration. La figure 255 est une coupe schématique représentant les différentes parties du bateau. On n'y voit que la seule roue arrière, celles d'avant ayant été supprimées pour montrer la distribution des compartiments intérieurs. Au centre se trouve le carré de l'équipage A. Vers l'avant, sont situés le sas à air B, le compartiment à éclusée C pour les scaphandriers et le poste du pilote K. De l'observatoire sous-marin partaient des faisceaux de lumière pour éclairer la route. De l'écluse C les scaphandriers sortaient par le panneau inférieur I.

Fig. 254. - *L'Argonaute I* en exploration le long d'une épave submergée.

En arrière se trouvait le compartiment des machines D. Celles-ci actionnaient l'hélice en flottaison et les roues H au fond de la mer.

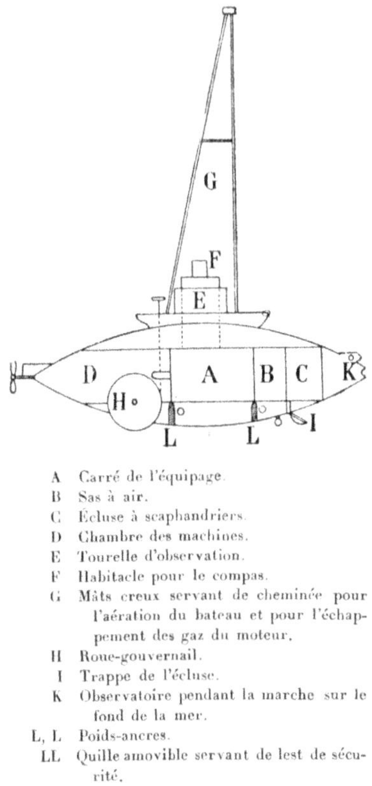

Fig. 255. — Coupe schématique de *l'Argonaute I* (1897).

Des poids-lesteurs LL faisant fonction d'ancres se trouvaient au 1/3 de la longueur du bateau. Entre ces deux poids-ancres étaient placés les réservoirs à lest d'eau et le poids de sécurité formé par une partie détachable de la quille.

A la partie supérieure était la tourelle d'observation E surmontée d'un habitacle F qui renfermait le compas. En arrière de la tourelle se voit le volant commandant le gouvernail. Celui-ci était formé par la roue arrière, qui, sur le fond, donnait également la direction.

Deux longs mâts creux G, entretoisés, servaient de cheminées, celui d'arrière pour l'échappement des gaz du moteur, et celui d'avant pour l'aération.

Quand on veut immerger le bateau, on commence par mouiller les poids-ancres sur le fond de la mer comme on le faisait pour les bateaux-cloche de Merriam (V. p. 260) et d'Halstead (V. p. 262), puis on laisse pénétrer l'eau dans les réservoirs à lest jusqu'à ce que la flottabilité soit inférieure au poids des deux ancres, soit 750 kilogrammes. Les câbles reliés aux ancres sont ensuite enroulés sur leurs treuils respectifs et le bateau-cloche est ainsi tiré au fond de la mer jusqu'à ce qu'il repose sur ses roues, opération qui s'exécute sans chocs ni secousses, mais lentement et graduellement grâce à la flottabilité presque nulle de l'ensemble. Pour donner de la stabilité on introduit de l'eau dans les réservoirs et l'on gradue ainsi la charge sur les roues suivant le terrain sur lequel on se trouve. Dans les fonds vaseux on donne à peine 50 kilogrammes de charge, tandis que sur les terrains durs et résistants on charge de 500 à 750 kilogrammes. On peut donc régler l'assiette de l'Argonaute à volonté, suivant la nature des fonds, le mouvement des vagues ou les courants rencontrés dans les profondeurs où le bateau doit opérer.

Quand on est bien en place, les scaphandriers descendent sur le fond en passant par le sas à air et la chambre à éclusée. L'équipage de l'Argonaute comprend 5 hommes.

En 1898 l'Argonaute parcourut 2 000 milles, tant à la surface que sur le fond, dans la baie de Chesapeake et le long des côtes de l'Atlantique, en exécutant toutes sortes d'essais. Au mois de décembre de la même année il fut envoyé à New-York après avoir essuyé les tempêtes d'octobre et de novembre pendant lesquelles plus de 200 navires naufragèrent le long des côtes où il faisait sa croisière.

Argonaute II de Simon Lake
(1900)

L'année suivante Simon Lake apporta de nombreux perfectionnements à son bateau-plongeur et les fit exécuter par les chantiers de la *J.-N. Robbin's Dry Dock Company* à Brooklyn et à Bridgeport. La longueur du bateau fut portée à 20 mètres et sa hauteur à 3 mètres. La partie devant résister à la pression de l'eau avait 17 mètres sur 2^{m},75 de hauteur. Il reçut une superstructure lui donnant l'aspect d'une goélette (fig. 256). Dans la partie supérieure se trouvaient les réservoirs à air et à gazoline.

Un moteur à gaz de 60 chevaux de White et Middleton servait à la propulsion à la surface et en immersion à la manoeuvre des pompes à air et à eau. Un moteur de 4 chevaux servait à l'éclairage électrique, etc. La provision d'air était suffisante pour une durée d'immersion de 28 heures, sans communication avec la surface.

Fig. 256 — L'*Argonaute II* de Simon Lake (1900).

Comme dans les précédents modèles, une chambre à éclusée permettait de sortir et de marcher sur le fond de la mer qu'éclairaient des lampes électriques. Une installation téléphonique permettait aux scaphandriers de communiquer entre eux et avec la surface. Le 6 janvier 1898, le premier message téléphonique sous-marin fut adressé par M. Lake de *l'Argonaute* submergé sur le fond de la rivière Patapsco au maire de Baltimore l'Hon. W.-T. Malster.

De nombreuses excursions et parties de plaisir ont été organisées par M. Lake avec *l'Argonaute* en l'honneur de la presse et d'amateurs. Le 16 décembre 1897, vingt-deux représentants de la presse de New-York, Philadelphie, Chicago, Baltimore, etc., au nombre desquels se trouvait une dame, firent une plongée et une excursion qui dura une heure et demie.

La deuxième excursion dura quatre heures. Un scaphandrier qui était sorti du bateau pendant l'immersion fut ramené à la surface, après s'être installé dans la nacelle placée à la partie supérieure du bateau-plongeur.

> Dans les rivières, raconte M. Lake, nous avons invariablement trouvé un fond de vase, et, dans les baies, nous avons rencontré des fonds de différentes espèces. Dans certains endroits ils étaient si vaseux que les plongeurs enfonçaient jusqu'aux genoux, tandis que, dans d'autres places, le terrain était dur. Une

fois nous roulâmes sur un fond qui était composé de graviers ressemblant à des grains de blé.

Cependant, au large, dans l'océan, on trouve un fond idéal aux excursions sous-marines. Ces fonds, parfaitement unis, consistent en sable et grès fin presque aussi dur que des routes macadamisées. Durant ces voyages, nous visitâmes plusieurs épaves dans la baie de Chesapeake et sur les côtes adjacentes.

Fig. 257. — Intérieur de l'Argonaute II. (Observation du compas dans l'habitacle.)

Les vaisseaux que nous abordâmes étaient chargés de charbon. Épaves sans valeur par elles-mêmes ; mais le prix du charbon que l'on aurait pu en extraire aurait largement couvert la main-d'oeuvre, ce qui aurait pu être exécuté facilement avec notre équipement.

Nous trouvâmes une vieille épave à l'embouchure de la rivière Patuxent. Le naufrage remontait à quatre années. On ne distinguait plus rien excepté quelques charpentes et poutres du pont, lesquelles étaient presque détruites par le teredo[38]. Nous ramenâmes quelques planches de cette épave, lesquelles étaient recouvertes d'huîtres, de moules et de plusieurs sortes de végétations sous-marines. Les parties du bois non rongées par les teredos furent trouvées aussi dures que le fer, entièrement imprégnées de vase bleu foncé dans laquelle la coque était ensevelie. Quand nous eûmes ramené quelques charpentes à la surface, nous remarquâmes, après les avoir sciées en deux, qu'elles dégageaient une forte odeur de pin, et nous en conclûmes que le bois devait être de cette espèce, quoique noir comme de l'ébène.

Des toadfish (poisson-crapaud) avaient dû également trouver dans cette vieille épave une habitation convenable, et quand la main du plongeur se trouva en contact avec le dos visqueux de cette ignoble bête à large bouche et forte mâchoire, il eut une violente répulsion.

La pièce de bois que nous amenâmes avait à l'intérieur d'une cavité trois de ces animaux qui avaient établi leur demeure dans cette partie du pont. La chose la plus curieuse c'est que ces animaux se trouvaient prisonniers dans cette demeure par suite de leur croissance au bout d'un long séjour.

M. Lake décrit un peu plus loin une expérience faite pour montrer l'utilité de l'Argonaute dans la destruction des défenses sous-marines d'un port.

Nous restâmes quelque temps à Hampton Roads, comme quartier général, pour accomplir plusieurs descentes dans les environs ; nous étions désireux de rechercher les câbles reliant les mines de défense de l'entrée du port aux postes de commandement. Nous nous immergeâmes à l'entrée de la rivière Patuxent et, nous dirigeant à l'aide du compas, nous parcourûmes le fond de la rivière jusqu'à ce que nous rencontrâmes un câble que nous avions immergé

38 Le teredo est une espèce de ver de mer qui perce le bois comme une vrille et qui multiplie tellement ses trous que le bois qu'il attaque peut être comparé aux gâteaux de cire que préparent les abeilles pour y déposer leur miel.

préalablement : nous le tirâmes à l'intérieur du bateau au moyen d'un crochet long de 1^{m},30 à peine.

On voit avec quelle facilité nous aurions pu détruire tout un système de défense basé sur un réseau de mines sous-marines.

Fig. 258. — L'Argonaute immergé.
(M. Simon Lake est au premier plan à gauche.)

Il est intéressant de connaître ces résultats bien probants quant à la possibilité de descendre sous l'eau, de s'y promener et de faire toutes sortes d'opérations. Bientôt on verra peut-être une compagnie organiser des excursions Cook sous-aquatiques et des sportsmen posséder des yachts-plongeurs avec lesquels ils iront faire des croisières sous-marines comme d'autres font avec des ballons des croisières aériennes.

Les hommes, à quelque nationalité qu'ils appartiennent, sauf peut-être les Américains, commencent toujours par s'étonner et rire de tout ; mais, après s'être moqués, ils finissent par trouver les plus naturelles du monde les choses qui, au début, leur paraissaient absurdes ou extravagantes : locomotion mécanique ; navigation aérienne ; télégraphie et téléphonie avec et sans fil ; et tant d'autres merveilles enfantées par le génie humain..., par le génie de quelques inventeurs généralement victimes de la foule imbécile, de ceux qui profitent ensuite de leur fécond labeur et leur élèvent des statues, après leur mort, tout en les laissant auparavant mourir de faim

Les « Aquablindés » de Drzewiecki
(1896)

Abandonnant les sous-marins proprement dits et s'inspirant des idées de Lagane (V. p. 273) et de Holland, M. Stéphane Drzewiecki avait, dès 1888, présenté à l'Amirauté russe un projet de sous-marin autonome submersible de 150 tonneaux de déplacement, auquel il avait donné le nom de torpilleur submersible aquablindé.

Au concours ouvert, en 1896, par le Ministre de la marine M. Lockroy, M. Drzewiecki a présenté un projet analogue (V. p. 332) auquel on accorda la deuxième prime, de 5 000 francs, la première n'ayant pas été attribuée. Son aquablindé de 1896 déplaçait 190 tonneaux.

La caractérisque de ce nouveau submersible consistait dans la protection de toute la partie supérieure de la coque rendue vulnérable aux coups de l'ennemi par suite de son émergence hors de l'eau. Au lieu de protéger cette partie supérieure de la coque par un matelas de bois, comme Lagane, l'ingénieur russe, reprenant l'idée de Holland (1892), se servait d'une double coque et remplissait avec de l'eau l'intervalle existant entre les deux coques, de telle sorte que, même si la coque extérieure était perforée, la coque intérieure se trouvait à l'abri, étant située à une certaine distance de la surface. Un moteur à vapeur devait imprimer à l'aquablindé une vitesse de 15 nœuds à la surface. Un moteur électrique actionné par des accumulateurs devait suffire à une marche en immersion de 3 heures à une vitesse de 12 nœuds. Ce bateau était armé de carcasses ou appareils lance-torpilles, d'un système breveté, de M. Drzewiecki et adopté par différentes marines de guerre.

Depuis, M. Drzewiecki, renonçant à l'immersion complète, comme Lagane, et au double moteur, a proposé un type nouveau de semi-submersible avec moteur à pétrole, tant pour la marche à la surface que pour la marche en hémi-plongée.

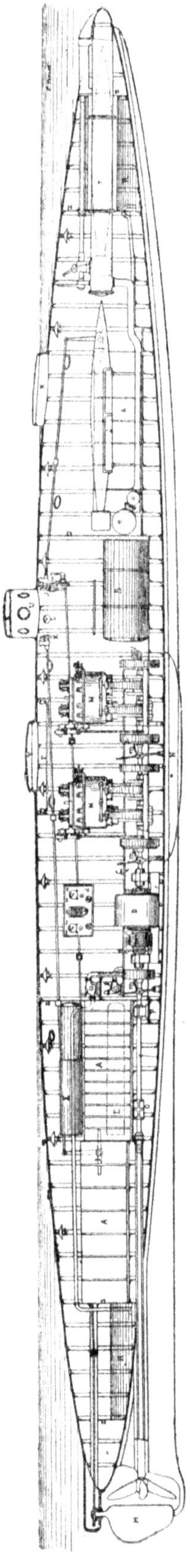

Fig. 259 - Forest (1896)

FOREST
(1896)

Au concours ouvert, en 1896-1897, au Ministère de la marine, pour l'élaboration d'un projet de torpilleur sous-marin, M. Forest a présenté trois projets complets différant par les moteurs et par le mode de propulsion. L'ensemble de ses travaux a été classé avec le n° 3, le n° 1 n'ayant pas été attribué. M. Forest a reçu, comme deuxième récompense, un prix de 3000 francs, et le Conseil des travaux a retenu son moteur à pétrole lourd et émis le voeu qu'il fût essayé sur un torpilleur.

Le torpilleur submersible de M. Forest est de forme circulaire ; la coque, en acier, a 33 mètres de long, 2^{m},80 de diamètre au fort (fig. 259). Sauf la section, qui était circulaire au lieu d'être elliptique, et quelques modifications de détails, ce submersible ressemble beaucoup au projet de 1891 auquel nous renverrons le lecteur (V. p. 309).

La modification principale portait sur l'armement. La proue du sous-marin était munie d'un tube lance-torpilles.

PHILIPPEAU
(1896)

La troisième récompense du concours a été accordée au peintre français H. Philippeau. A l'exemple de Fulton, M. Philippeau quitta pour quelques instants ses pinceaux et ne s'en trouva pas mal puisqu'il réussit à obtenir un quatrième prix au Concours de sous-marins.

Son submersible devait être actionné par un moteur à pétrole à la surface et par un moteur électrique pendant l'immersion (fig. 260 à 262).

La forme était celle d'un ellipsoïde allongé, à section circulaire, terminé par 2 cônes. Les dimensions prévues étaient 60 mètres de longueur et 5 mètres de diamètre au maître-couple. La forme trapue présentait sans doute des inconvénients au point de vue de la vitesse mais, par contre, elle offrait de sérieux avantages sous le rapport de la stabilité, de l'habitabilité et de la facilité d'évolution. La coque était à double paroi, avec un écartement de 20 à 25 centimètres. A l'avantage d'une plus grande rigidité se joignait celui d'une plus complète sécurité ; car, en cas de déchirure de la première enveloppe, la seconde pouvait encore sauver l'équipage et le matériel. L'espace annulaire compris entre ces deux parois servait de réservoir d'air comprimé.

L'intérieur était divisé en trois compartiments ; celui du milieu, à section rectangulaire, mesurant 8 mètres de longueur sur 3m,20 de largeur et 2m,50 de hauteur, servait de chambre des machines et de carré pour l'équipage, et les deux extrêmes, de logement pour les réservoirs de pétrole et de lest d'équilibre.

Les réservoirs d'immersion se trouvent à la partie inférieure. A la partie supérieure sont placés les réservoirs d'air comprimé.

Tout autour des parois verticales et au-dessous du plancher se trouvent les accumulateurs électriques placés dans les alvéoles ou casiers.

Un moteur à pétrole de 400 chevaux, deux dynamos de 200 chevaux chacune, les cônes de changement de vitesse, des pompes, etc., sont groupés au milieu de la chambre des machines. L'hélice était mobile et servait à la direction.

Pour l'immersion en marche, deux paires de gouvernails compensés, commandés par des servo-moteurs, se trouvaient à l'avant et à l'arrière.

La stabilité longitudinale était obtenue à l'aide du transvasement automatique du lest d'équilibre placé dans les petits réservoirs à eau situés aux deux extrémités du bateau. La stabilité transversale était obtenue au moyen d'une large quille placée à la partie inférieure de la coque.

A la partie supérieure se trouve la tourelle d'observation, à laquelle on accède par une échelle et une trappe à glissement horizontal et à fermeture hermétique de manière à pouvoir isoler complètement l'habitacle de la tourelle de l'intérieur du sous-marin. Deux torpilles jumelles sphériques à flottabilité positive se trouvent logées dans des étuis situés à la partie supérieure de la coque et elles fonctionnent comme dans le torpilleur de Tuck (V. p. 277 et 284).

Le projet de submersible autonome renferme une série de particularités fort intéressantes qui ne peuvent trouver place dans un livre de vulgarisation, telles que les régulateurs automatiques : d'immersion, de stabilité longitudinale et latérale, de pression d'air, etc. ; le lecteur trouvera les détails de ces différents dispositifs dans l'ouvrage de Forest et Noalhat, auquel il faut se reporter pour les renseignements techniques.

Rutley (1896)

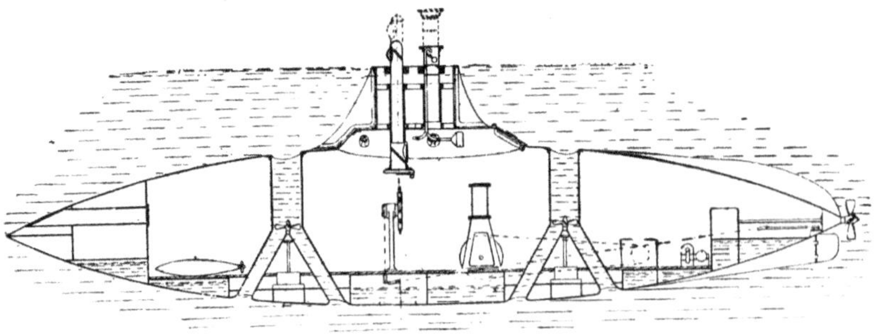

Fig. 263. — Rutley (1896).

En 1896, M. Robert Rutley prit un brevet pour un sous-marin à flottabilité positive et à immersion dynamique obtenue par deux hélices-lest pla-

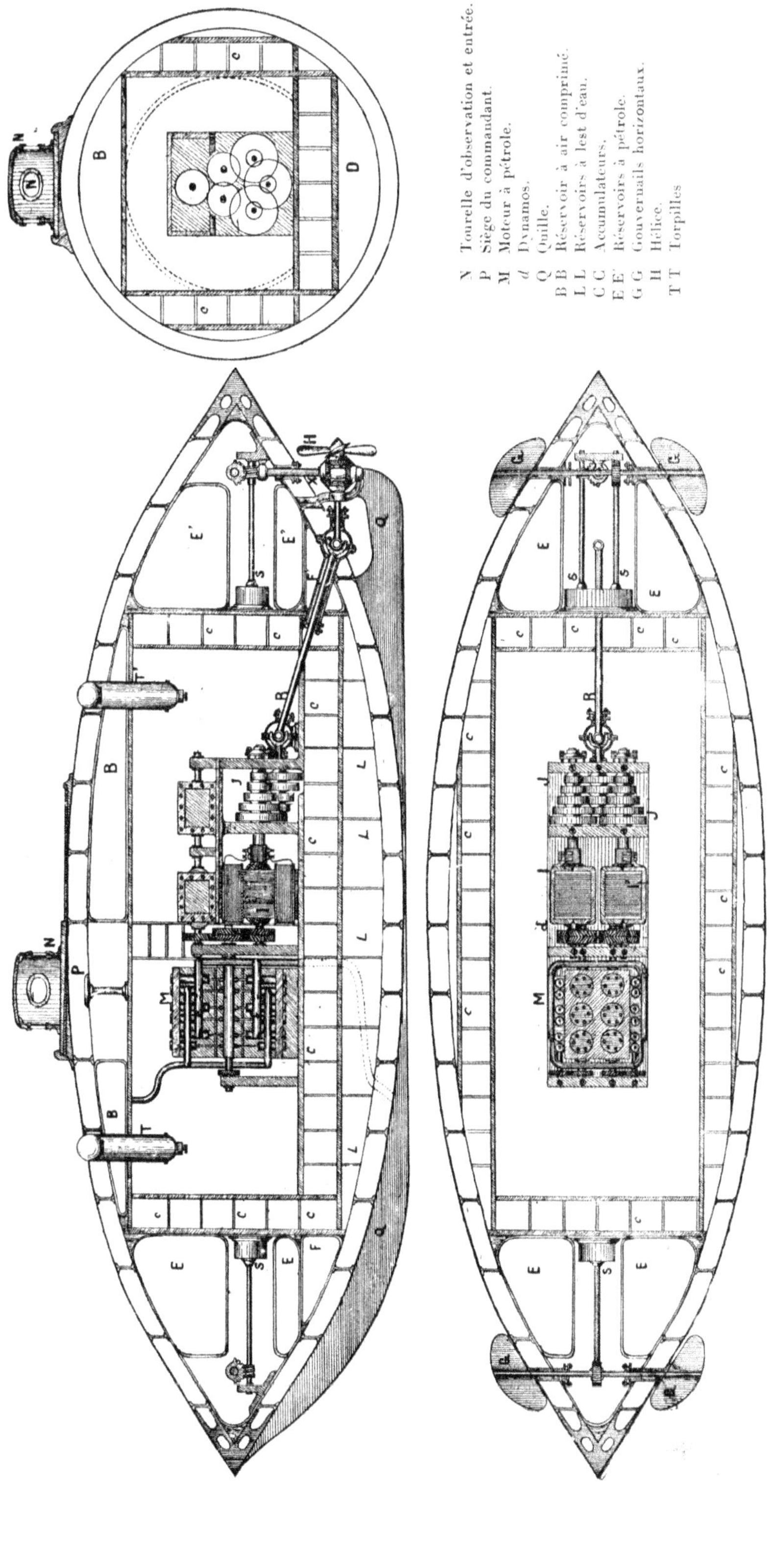

N Tourelle d'observation et entrée.
P Siège du commandant.
M Moteur à pétrole.
d Dynamos.
Q Quille.
B B Réservoir à air comprimé.
L L Réservoirs à lest d'eau.
C C Accumulateurs.
E E' Réservoirs à pétrole.
G G Gouvernails horizontaux.
H Hélice.
T T Torpilles

Fig. 260 à 262 - Philippeau (1896)

cées sur l'axe longitudinal, au tiers de sa longueur, comme dans le *Nordenfelt II*, le *Delfino* de Pullino et le *Holland VI* (fig. 263). L'innovation consiste à loger ces hélices au milieu de puits traversant la coque dans toute sa hauteur. Ces puits sont subdivisés en deux couloirs en forme de fourche donnant l'aspect d'un Y renversé. Cela permet de placer le moteur juste au-dessous des hélices et d'agir directement sur leurs arbres.

La forme est celle d'un cigare légèrement aplati dans le sens de la hauteur. Au milieu se trouve une partie surélevée recevant la tourelle d'observation munie de son tube optique et d'une prise d'air à cheminée télescopique.

La force motrice est fournie par un moteur à pétrole actionnant une dynamo pour le chargement d'accumulateurs. Des dynamos auxiliaires sont appliquées à la manoeuvre des engins destinés à chaque opération : propulsion, immersion etc. Après le lancement d'une torpille l'équilibre est rétabli par une adjonction d'eau.

Fig. 264. — Le Narval sur chantier (1899).
(D'après *l'Illustration*.)

Le « Narval » de Laubeuf (1896-99)

Nous avons vu que le concours ouvert par le Ministère de la marine, en 1896, sur l'initiative de M. Lockroy, eut pour résultat la mise en chantier du projet primé de M. Laubeuf, ingénieur en chef des constructions navales à Toulon (V. p. 329).

M. Maxime Laubeuf appartient à la brillante pléiade des disciples et continuateurs de Gustave Zédé et de Dupuy de Lôme, dont font également partie MM. Maugas et Romazzotti.

Jusqu'en 1896, les sous-marins français, le Gymnote, le Gustave-Zédé et le Morse, étaient électriques.

Le nouveau projet, rompant hardiment le cadre trop étroit de la tradition surannée, entra brillamment dans une voie toute différente qui

Fig. 265 - Le *Narval* en marche

devait être bientôt suivie par presque toutes les nations. Abandonnant le sous-marin défensif, à cercle d'action restreint, M. Laubeuf créa le torpilleur submersible autonome ou sous-marin offensif, à grande flottabilité et par suite à grand rayon d'action.

Le Conseil des travaux approuva les plans et les idées de M. Laubeuf et ordonna la mise en chantier du nouveau type de torpilleur submersible, auquel il donna le nom de Narval. Il fut mis en chantier le 1er juin 1898 et lancé en 1899. Après une longue et glorieuse période d'essais, le Narval sert à présent aux essais de renflouement. Voici la description que nous donnions de ce bâtiment dans notre première édition :

Les dimensions du Narval sont : 34 mètres de longueur, $3^{m},80$ de largeur et $1^{m},60$ de tirant d'eau, à l'état lège, avec un déplacement de 116 tonneaux. En immersion, il déplace 200 tonneaux.

Il a une double coque en acier : l'une intérieure cylindro-conique à enveloppe résistante et une coque extérieure mince, ayant la forme d'un torpilleur ordinaire, pour pouvoir naviguer à grande vitesse.

L'espace libre entre les deux coques sert de réservoir d'immersion. Les réservoirs de stabilité et les réservoirs compensateurs sont placés dans la coque intérieure. L'ensemble était divisé en compartiments par six cloisons étanches.

L'immersion jusqu'à fleur d'eau s'obtient par un lest d'eau. Pour vaincre la flottabilité restante et produire l'immersion complète on se sert de deux paires de gouvernails compensés placés à l'avant et à l'arrière (fig. 264). Cette disposition est préférable à celle adoptée sur le Gymnote et le Gustave-Zédé, car elle permet la plongée lente et graduelle, sans accentuer l'inclinaison toujours fâcheuse lorsqu'elle est trop brusque, non seulement pour les hommes mais surtout pour le matériel.

Ces gouvernails sont montés deux à deux sur le même axe et manoeuvrés tous les quatre simultanément et uniformément de manière à avoir un même angle d'inclinaison.

La force motrice est empruntée à un moteur à vapeur de 250 chevaux construit par MM. Brulé et Cie. La chaudière multitubulaire, chauffée à l'huile lourde, est du système Adolphe Seigle.

Au moment de l'immersion la cheminée rentre à l'intérieur du sous-marin et toutes les ouvertures sont hermétiquement fermées.

Des accumulateurs Fulmen de Donato Tommasi fournissent l'énergie électrique à une dynamo qui actionne l'hélice lorsque le sous-marin navigue en immersion.

Le *Narval* navigue dans trois positions :

1. A la surface, comme un torpilleur ordinaire ;
2. A fleur d'eau, la coque étant immergée, le dôme et la cheminée restant seuls hors de l'eau ;
3. En immersion complète, la cheminée rentrée et toutes les ouvertures hermétiquement closes.

A la surface, mû par son moteur à vapeur, le *Narval* possède un rayon d'action de 250 milles à une vitesse de 12 nœuds, soit 21 heures de navigation ou 620 milles à une vitesse de 8 nœuds, soit 78 heures de navigation. En immersion, marchant à l'électricité, il peut parcourir 25 milles à une vitesse de 8 nœuds ou 72 milles à une vitesse de 5 nœuds.

L'armement du *Narval* se compose de quatre appareils lance-torpilles, système Drzewiecki, deux de chaque bord, placés sur le pont. L'équipage comprend deux officiers et neuf hommes.

Le *Narval* a été lancé le 24 octobre 1899 et a procédé à des essais prolongés qui ont permis de constater certaines légères imperfections dont la plus importante était, sans conteste, la lenteur de la manoeuvre d'immersion. Il fallait vingt minutes au moins pour pouvoir passer de l'état lège à l'état de marche en immersion.

Le 23 mai 1901 , le Narval est resté 48 heures consécutives en action pour montrer ses qualités d'autonomie et d'habitabilité, et a fait le trajet de Cherbourg à Brest.

Le 13 juin suivant, il est resté immergé pendant 12 heures de suite.

Le Narval constitue un grand perfectionnement sur tous les bateaux précédemment construits. Il a ouvert une voie nouvelle dans laquelle on s'est engagé résolument en créant le torpilleur submersible autonome.

Le « Morse » de Romazzotti (1897 - 99)

Procédant par approximations successives pour arriver au type optimum du sous-marin idéal, l'Amirauté française, après l'écart considérable existant entre le *Gymnote* et le *Gustave-Zédé*, décida de mettre en chantier un nouveau sous-marin électrique, mais de dimensions intermédiaires.

Ce type intermédiaire fut étudié par M. Romazzotti, ingénieur en chef des constructions navales, et mis en chantier, en 1897, à Cherbourg. On lui donna le nom de *Morse* et il fut lancé le 4 juillet 1899 (fig. 266).

Ses dimensions sont : L = 36^{m} ; l = 2^{m},75 ; D = 140^{tx} [39].

La coque fusiforme était en bronze *Roma*.

Le moteur électrique du type Thury, comme celui du Gustave-Zédé, est de 360 chevaux. L'énergie est fournie par des accumulateurs de la Société des Métaux.

39 Nous nous servirons quelquefois de ces abréviations : L = longueur du sous-marin; l = largeur (diamètre); D = déplacement.

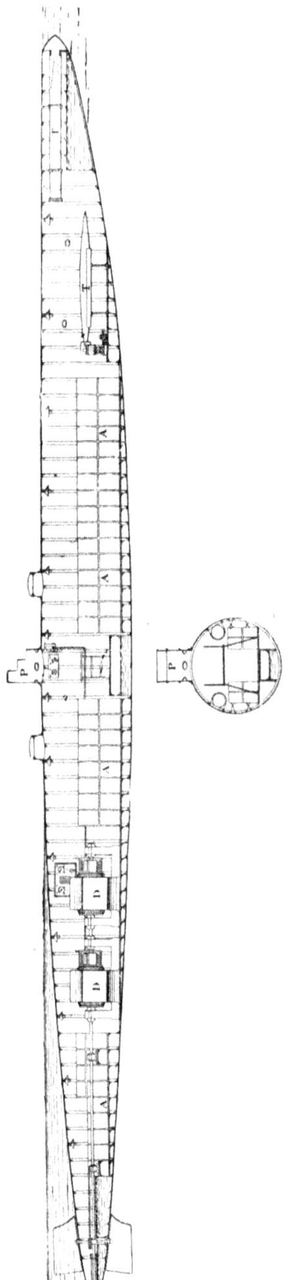

Fig. 266 - Le Morse de M Romazzotti (1899)

L'immersion est obtenue par l'action combinée d'un lest d'eau et d'un gouvernail de plongée placé à l'arrière.

Sauf quelques modifications de détails, le *Morse* est semblable au *Gymnote* et au *Gustave-Zédé*.

L'armement comporte trois torpilles et un tube de lancement.

Il fut question de le transformer, de sous-marin complètement électrique en sous-marin autonome à grand rayon d'action, et, dans ce but, on mit à l'étude l'application d'un moteur à pétrole ; mais il semble que l'on ne donna pas suite à ce projet, et le *Morse* est resté un sous-marin défensif sans autonomie propre. Il possède cependant un rayon d'action de 100 milles à 6 nœuds.

Aux essais il a donné une vitesse de $12^{n},32$.

LE « FRANÇAIS » ET L' « ALGÉRIEN » DE M. ROMAZZOTTI (1899-1900)

En 1899, à la suite des remarquables essais du *Gustave-Zédé*, le journal *Le Matin* prit l'initiative d'une souscription publique pour offrir en don national un sous-marin à la France.

La souscription dépassa les espérances ; son résultat fut brillant et la somme recueillie considérable : elle se montait à environ un million : aussi, au lieu d'un sous-marin, on put en construire deux.

Les deux bateaux, mis en chantier en 1900 à Cherbourg, reçurent les noms de *Français* et *Algérien* (fig. 267). Leurs caractéristiques sont les suivantes : L 36^{m} ; l = $2^{m},8o$ et D = 143^{tx}. Tirant d'eau arrière, $2^{m},75$.

Ils furent construits sur les plans de M. Romazzotti et se rapprochent du type Morse. Ce sont des sous-marins défensifs mus électriquement, avec un rayon d'action de 50 milles. Le *Français* fut lancé le 29 janvier et *l'Algérien* au mois de mai 1901.

Le 1er septembre 1902 eut lieu, à Cherbourg, à bord du *Français*, une explosion due à l'hydrogène produit par les accumulateurs. Le même accident se reproduisit à bord de *l'Algérien* le 12 mai 1903. Pour parer au retour de semblables événements, on a proposé d'entourer les accumulateurs de toiles métalliques.

Aux manoeuvres de septembre 1902, le Français, se trouvant à 6 mètres de profondeur, reconnut la présence du *Bouvines* par le bruit de ses hélices. Il lui lança une torpille qui atteignit le cuirassé à la hauteur et au travers des machines. Il plongea alors à 17 mètres, passa sous la quille du *Bouvines* et lui lança, sur l'autre flanc, une seconde torpille, qui l'atteignit

Fig. 267. — Le *Français* de M. Romazzotti.

également. *L'Algérien*, de son côté, parvint aussi à torpiller le *Bouvines* au cours des mêmes manoeuvres.

Vers la fin de 1907, ce dernier sous-marin coula dans le port de Cherbourg par suite d'une fermeture incomplète de ses robinets. Il n'y eut pas d'accident de personnes.

CHAPITRE XXVI

Période de 1900 à 1911

FRANCE - ÉTATS-UNIS - ANGLETERRE - ALLEMAGNE - RUSSIE - ITALIE. - DANEMARK - SUÈDE - NORVÈGE - JAPON.

A partir de 1900, en égard au grand nombre de projets exécutés ou en cours d'exécution dans tous les pays, l'ordre chronologique ne pouvant plus être rigoureusement suivi et n'offrant plus, d'ailleurs, le même intérêt que pour les périodes précédentes, nous considérons qu'il est préférable d'adopter la classification par nations.

Il y a en effet, à présent, des corps de doctrines nettement établis, des habitudes d'esprit et des nécessités locales qui s'imposent dans chaque pays.

En publiant par catégories nationales les renseignements que nous avons recueillis, il découlera de cette sorte de tableau synoptique un enseignement particulier qui frappera davantage le lecteur et lui fera mieux saisir les caractéristiques de chaque type national de sous-marin.

Pour chaque pays nous conserverons l'ordre chronologique ; on saisira mieux ainsi les fluctuations d'opinion et le résultat définitif de cette poussée inconsciente vers une solution optima finale du problème de la navigation sous-marine que bien peu entrevoient... et peuvent entrevoir à l'avance.

Bien souvent en écrivant ce livre nous avons souhaité que les fervents apôtres de la navigation sous-marine, tels que Drebbel, Bushnell, Fulton, Payerne, Bauer, Phillips, Bourgois et Brun, Dupuy de Lôme, Zédé et l'amiral Aube lui-même, parti trop tôt, pussent revenir, ne fût-ce qu'un instant, pour voir à quel degré de perfection est déjà parvenue la réalisation de leur rêve.

FRANCE
(1900 - 11)

Type Sirène de M. Laubeuf (1900 - 01). — Type Farfadet de M. Maugas (1901). — Type Naïade de M. Romazzotti (1901-03). — Dauphin. ancien X de M. Romazzotti (1901-03). — Z de M. Maugas (1901-03). — Y de M. Bertin (1902-05). — Aigrette et Cigogne de M. Laubeuf (1902-03). — Argonaute, ancien Oméga de M. Bertin (1903-04). — Type Émeraude de M. Maugas (1903-08). — Type Guêpe de M. Petithomme (1904-). —Circé et Calypso de M. Laubeuf (1904-07). — Type Pluviôse de M. Laubeuf (1905-08). — Type Brumaire de M. Laubeuf (1906-10). — Bâtiments d'essai : Type Archimède de M. Hutter (1906-09). — Type Amiral-Bourgois de M. Bourdelle (1906-09). — Type Mariotte de M. Radiguer (1906-09). — Type Charles-Brun de M. Maurice (1906-09). — Type SCi de M. Laubeuf (1906-09). — Nouveaux submersibles de M. Simonet.

« Sirène » – « Triton » – « Espadon » – « Silure » de M. Laubeuf
(1900 - 01)

Fig. 268 - M. Maxime Laubeuf

Nous disions dans notre précédente édition :

Les essais de sous-marins se sont multipliés, des progrès croissants ont été réalisés et avec eux s'est accusée la tendance générale à augmenter le tonnage des sous-marins et des submersibles. Cependant, au cours de ces dernières années, deux courants d'opinion se sont nettement dessinés, en France, dans les sphères officielles comme dans le public.

Les uns considèrent que les petits sous-marins d'essais ont fait leur temps et veulent entrer hardiment dans la voie des forts tonnages, en construisant des torpilleurs submersibles de haute mer, autonomes et offensifs, à grande flottabilité et à grand rayon d'action.

Les autres, au contraire, plus favorables à la défense des côtes qu'à l'attaque en pleine mer, sont partisans des sous-marins défensifs, voire même embarcables, que l'on pourrait facilement transporter à bord des cuirassés et même des paquebots ordinaires, comme tout autre matériel de guerre.

Ces faucons de mer, que les cuirassés devraient porter accrochés à leurs portemanteaux, comme les faucons de chasse sont portés sur le poing, ne seraient lancés contre l'ennemi qu'à petite distance, ce qui leur permettrait de fondre sur leur proie, au moment voulu, sans subir auparavant aucune fatigue, sans courir aucun danger.

L'idée est séduisante, sans doute, mais elle offre aussi des inconvénients, si bien que de cette lutte d'idées et d'opinions – lutte féconde et favorable au progrès – sont issus de nombreux échantillons de sous-marins de tous les modèles, de toutes les, dimensions et de tous les tonnages.

Ces futurs combattants sont entrés en lice et l'on pourra bientôt juger de leurs qualités et de leur vaillance réciproque. D'ici peu l'on sera fixé ; les idées, mûries par l'expérience et nivelées par le temps, s'orienteront spontanément vers la voie qui conduira insensiblement à la solution finale.

Nous ajouterons, à présent, que l'expérience a démontré l'incontestable supériorité des submersibles de grand tonnage et à grande flottabilité sur les sous-marins de petit tonnage et à faible flottabilité, à telle enseigne que toutes les marines du monde ont adopté des dimensions sans cesse croissantes pour la presque totalité des nouvelles unités qu'elles mettent en chantier.

Parmi les plus valeureux champions de la navigation sous-marine, M. Maxime Laubeuf, ingénieur en chef des constructions navales en retraite, a été incontestablement un chef de file des plus distingués et un initiateur du plus grand mérite. Il sut être homme moderne et

Fig. 269 - Le submersible Sirène de M. Laubeuf, en rade de Cherbourg

de progrès en ne sacrifiant pas à la tradition, quelque respectable qu'elle fût. Cherchant dans une voie différente de celle tracée par Dupuy de Lôme et Gustave Zédé, tout en appliquant les principes établis par eux, il sut trouver une solution élégante du problème de la navigation sous-marine appliquée à la guerre navale. Novateur hardi, il se proposa de combiner les qualités du torpilleur de haute mer et celles du sous-marin, et créa ce type de torpilleur amphibie qui est une merveille, d'élégance et constitue une solution absolument heureuse du problème doublement compliqué de la navigation à la surface et de la navigation en immersion.

Nous avons vu comment, à la suite du concours Lockroy de 1896, M. Laubeuf fut mis en évidence par son projet de torpilleur autonome submersible qui donna lieu à la mise en chantier du Narval, prototype de tous les submersibles autonomes modernes (V. p. 342).

A la suite des essais fort concluants faits avec le *Narval*, pendant une longue période, l'Amirauté française chargea M. Laubeuf de l'étude et de la construction de nouveaux submersibles dérivés du *Narval*, modèles conservant les qualités du type primitif, mais excluant ses défauts ; car, comme toute invention humaine, le *Narval* offrait quelques défauts qu'il était difficile d'éviter dans la construction du premier modèle. Le plus grave était sa trop grande lenteur d'immersion. Il fallait, au début, vingt minutes pour passer de la position à la surface à la position en immersion. Cela n'a rien d'extraordinaire si l'on songe qu'il était

Fig. 270. — Submersible *Triton*, type *Sirène*, de M. Laubeuf.

nécessaire d'éteindre les feux, de fermer toutes les ouvertures, de remplir l'entrecoques d'un lest d'eau supérieur à 80 tonnes, de mettre en marche la dynamo actionnant l'hélice et enfin de donner l'inclinaison voulue aux gouvernails d'immersion. Or, de toutes ces opérations, les premières sont les plus longues, surtout l'extinction des feux et le remplissage des réservoirs d'eau.

Grâce aux dispositions nouvelles prises par M. Laubeuf, la durée de 20 minutes, nécessaire à l'immersion du *Narval*, a été notablement réduite. Sur le *Narval* lui-même, elle avait été abaissée à 12 minutes. Ce progrès est considérable, car, ainsi que le faisait observer une revue technique, pendant le temps employé primitivement par le *Narval* pour s'immerger, un navire filant 15 nœuds pouvait parcourir 5 milles —un canon de 76 millimètres lancer 400 projectiles et un canon de 152 millimètres tirer 148 coups. Le submersible se serait donc trouvé exposé au tir de l'artillerie et même à l'éperon d'un croiseur ou d'un torpilleur ordinaire dans un rayon de plusieurs milles. Depuis le type Sirène jusqu'au type SC1 lancé dernièrement, tous les nouveaux submersibles sont donc placés dans de meilleures conditions de sécurité que leur ancêtre, le *Narval*.

Le groupe homogène du type *Sirène* (fig. 269), comprenant *Triton* (fig. 270), *Espadon* (fig. 271) et *Silure*, a été mis en chantier à Cherbourg, en avril 1900 et lancé en 1901, dans l'espace d'un an.

Les caractéristiques de ces bâtiments sont les suivantes

L=33^{m}, 70 ;l= 3^{m}, 45 et 2^{m},20 de tirant d'eau à l'état lège. D = 157^{tx} ; P= 217 chevaux. R = 600 milles. La coque est en acier. L'équipage se compose de 2 officiers et 10 hommes.

Armement : 2 appareils lance-torpilles dits tubes-carcasses et 2 du système Drzewiecki, soit 4 torpilles prêtes à être lancées. Ces appareils sont sur le pont.

Fia. 271. — Le submersible Espadon de M. Laubeuf.

Aux essais le *Silure* a employé 9 minutes pour l'immersion et le *Triton* 6 minutes et demie au lieu des 12 minutes nécessaires au *Narval*. La vitesse obtenue a été de 10^{n} en moyenne à la surface et 6^{n} en immersion.

Fig. 272 - M. Maugas

En décembre 1901 *l'Espadon* a donné 9^{n},53.

La *Sirène* et le *Silure* sont descendus à 39 mètres.

Le 14 juin 1902 , un accident s'est produit à bord du *Silure*, pendant qu'il exécutait l'essai de 24 heures consécutives en plongée. Le submersible, escorté par le remorqueur *Marsouin*, avait commencé depuis 5 heures du matin sa navigation à la surface avec le moteur à vapeur alimenté par sa chaudière à pétrole et, après 9 heures de marche, il plongea. Deux heures après l'immersion, vers 4 heures, le timonier et 2 marins donnèrent des signes de malaise tels que le commandant crut devoir remonter à la surface, ouvrir rapidement les dômes et se diriger en toute hâte vers l'arsenal où il arriva une heure après. Les médecins reconnurent les symptômes de l'asphyxie dus à l'inhalation d'oxyde de carbone.

L'accident était dû à l'aération insuffisante du foyer et à la mauvaise obturation de la chaudière au moment de la plongée. Il s'est produit, depuis, sur divers autres sous-marins employant des moteurs à vapeur avec des chaudières chauffées au pétrole. C'est là le plus sérieux inconvénient qu'on puisse reprocher à ce mode de propulsion. Aussi a-t-on été conduit à remplacer les moteurs à vapeur à triple expansion par des moteurs à explosion. De la sorte on est arrivé à réduire la durée du temps nécessaire à la plongée, en évitant les inconvénients signalés ci-dessus et en augmentant sensiblement le rayon d'action.

Au point de vue militaire, le type *Narval* modifié a fait ses preuves.

Les 29 et 30 juillet 1902, les quatre frères se sont rendus, par leurs propres moyens, de Cherbourg à Brest, par mauvais temps, et sont repartis sans avoir été aperçus *ailleurs que dans le port.*

« Farfadet » — « Korrigan » — « Gnome » — « Lutin » de M. Maugas (1899-1901)

Le 27 septembre 1899 fut mise en chantier, à Rochefort, la série homogène des quatre sous-marins électriques : *Farfadet, Korrigan, Gnome* et *Lutin*, sur les plans de M. Maugas.

Les caractéristiques de ces sous-marins, qui constituent un type intermédiaire entre le *Gustave-Zédé* et le *Morse*, sont les suivantes : L = 41^{m},35 ; l = 2^{m},90 ; D = 184^{tx}.

Il n'y a pas de moteur thermique pour la marche en surface. Le rayon d'action est donc très faible.

Le moteur électrique et les accumulateurs leur donnent un rayon d'action de 50 milles.

L'armement se compose de quatre appareils lance-torpilles (tubes-carcasses placés à l'extérieur), et l'équipage comprend 2 officiers et 12 hommes.

Comme le *Narval*, ce sous-marin était divisé en compartiments étanches de manière à parer, dans une certaine mesure, aux avaries qui pouvaient survenir à la coque.

Le 17 mai 1901 a été lancé le *Farfadet* (fig. 273), le premier de cette série ; il est devenu tristement célèbre à Bizerte, en juillet 1905, par la catastrophe qui coûta la vie à presque tout son équipage composé de 14 hommes.

Fig. 273. — Le sous-marin *Farfadet* de M. Maugas.

En 1903, il s'était rendu, ainsi que le *Korrigan*, de Rochefort à Bizerte[40].

Au cours d'exercices en rade de Bizerte, le 5 juillet 1905, le *Farfadet* coula à pic, de la même manière que le *Plongeur-Marin* de Bauer et le *David* de la Guerre de Sécession. Le capot n'ayant pas été suffisamment bien fermé avant la plongée, l'eau s'y introduisit rapidement.

Fig. 274. — Le *Korrigan* de M. Maugas.

Le commandant Ratier qui se trouvait dans la tourelle entr'ouverte et deux hommes de l'équipage furent chassés au dehors par suite de l'inclinaison que prit le bateau et purent se sauver. L'enseigne de vaisseau Robin avait donné l'ordre d'évacuer les réservoirs à ballast ou lest d'eau et de fermer les portes étanches ; malheureusement, projeté en avant, il fut pris sous une des portes étanches et ne put se dégager. L'eau avait envahi l'avant du sous-marin ; le Farfadet, alourdi, s'inclina et piqua de l'avant dans la vase où il s'enfonça. Tous les moyens de sauvetage dont on disposait à Bizerte, à Bône et à Messine même, furent mis en œuvre, mais inutilement. Deux chaînes se rompirent successivement au moment où l'on était sur le point de faire affleurer le capot par où auraient pu sortir les infortunés naufragés. On entendait déjà leur voix :

40 Un récit fort intéressant, bien qu'un peu fantaisiste, de cette traversée a été fait par M. Delpeuch, sous le pseudonyme d'Yves Madec, dans les nos d'avril, mai et juin 1904 de la revue *Le Monde moderne*, sous le titre : *Une traversée extraordinaire de Rochefort à Bizerte en sous-marin.* — Maurice Delpeuch a, depuis, commandé le *Korrigan*. C'est lui que l'on voit sur le dôme, près du drapeau (fig. 274).

Fig. 275 - Le Farfadet renfloué dans le bassin de l'arsenal de Bizerte

Vite, l'eau nous gagne ; dans un quart d'heure il sera trop tard !

Hélas ! l'une des deux grues qui soutenaient cette masse énorme, pesant plus de cent tonnes, se rompit sous l'effort, et le *Farfadet*, glissant une seconde fois, s'enlisa de nouveau dans la vase remuée par les scaphandriers appliqués à faire passer les chaînes destinées au renflouement. On dut renoncer à sauver les malheureux, emprisonnés vivants dans leur tombe sous-marine ; le cas s'est hélas ! présenté de nouveau, depuis, ainsi que nous le verrons plus loin.

Fig. 276. — Enseigne de vaisseau Robin.

Les heures d'angoisse vécues à cette date sont encore trop présentes à toutes les mémoires, et la fin tragique de ces victimes du devoir a trop douloureusement impressionné le monde entier pour qu'il y ait lieu de rappeler les détails de la funèbre opération de sauvetage. Qu'il nous soit permis, du moins, de saluer la mémoire de ces glorieux martyrs de la navigation sous-marine.

Les drames de ce genre n'empêcheront pas le progrès de continuer son oeuvre, car le courage est le compagnon naturel de ces modestes héros de la mer qui, chaque jour, risquent leur vie presque en se jouant.

Ce n'est qu'après dix jours d'efforts que l'on put arracher à la vase les victimes du Farfadet, en se servant d'un dock flottant.

Dans son beau *Livre de mes fils*, au chapitre : *Le courage*, M. Paul Doumer, prenant comme exemple la mort des marins du *Farfadet*, parle d'eux en ces termes :

> Ceux-ci se rendaient compte des efforts qu'on faisait pour les secourir ; ils révélaient leur présence aux scaphandriers en frappant sur la coque du bateau, paroi de leur prison et bientôt de leur cercueil. L'eau montait, montait toujours, réduisant l'espace encore libre. C'était la mort qui approchait. Jusqu'au dernier moment ils se défendirent, tentèrent tout pour conserver un peu d'air respirable. Et la lutte finie, l'inévitable défaite arrivée, ils entrèrent dans le grand repos.
>
> Quelques jours plus tard, le bateau renfloué, on retrouva les corps des dix hommes. Leur visage était calme, leurs muscles n'étaient point contractés. Ils semblaient s'être endormis dans la paix de l'âme, en braves gens qui ont fait leur devoir jusqu'au bout et à qui le sacrifice de la vie ne coûte pas.
>
> Pour qui connaît le caractère des marins, beau de courage, de simplicité héroïque, il n'est pas douteux que les hommes et le jeune officier du Farfadet ont noblement fini leur vie. Ils ont vu la mort venir sans effroi, et l'ont acceptée sans plainte, sans révolte. On peut inscrire sur la pierre qui recouvre aujourd'hui leurs restes : morts au devoir, en servant la Patrie.

Que des plus nobles fleurs leur tombe soit couverte !

La figure 275 représente le *Farfadet* gisant dans le bassin où l'a déposé le dock flottant.

Le sous-marin *Lutin*, commandé par le lieutenant de vaisseau Fépoux et portant un équipage de 14 hommes, sombra au large de Bizerte le 16 octobre 1906. Une valve incomplètement fermée, parce qu'un caillou l'avait obstruée, et la résistance insuffisante des tôles d'un réservoir, avaient occasionné la perte du sous-marin. Il ne put être renfloué qu'après huit jours de pénibles et persévérants efforts. Les honneurs funèbres ne purent être rendus aux victimes de la fatalité que le 30 octobre.

L'expérience acquise par l'examen des divers accidents survenus aux sous-marins permettra de prendre, à l'avenir, toutes les précautions voulues pour éviter le retour de semblables catastrophes. Le *Lutin* a été rayé de la liste de la flotte.

Le *Korrigan* et le *Gnome* sont en réserve à Bizerte en attendant leur désarmement.

« Naiade » – « Protée » – « Perle » – « Esturgeon » – « Bonite » – «Thon » – « Souffleur » – « Dorade » – « Lynx » – « Ludion » – « Loutre » – « Castor » – « Phoque » – « Otarie » – « Méduse » – « Oursin » – « Grondin » – « Anguille » – « Alose » – « Truite » de M. Romazzotti (1901 - 04)

En 1901, on mit sur chantier toute une flottille de petits sous-marins, type *Naïade*, étudiés par M. Romazzotti. Quatre furent construits à Cherbourg : *Naïade, Protée, Lynx* et *Ludion* ; six à Rochefort : *Loutre, Castor, Phoque, Otarie, Méduse* et *Oursin* ; dix à Toulon : *Perle, Esturgeon, Bonite, Souffleur, Dorade, Thon, Grondin, Anguille, Alose* et *Truite*.

Les caractéristiques de ces petits sous-marins sont les suivantes : L = $23^{m},50$; l = $2^{m},26$; tirant d'eau = $2^{m},41$; D = 68^{tx} ; R = 200 milles à 8^{n}.

La force motrice de 70 chevaux est fournie par un double moteur : thermique à la surface (moteur à benzol) et électrique en immersion. La vitesse, de 8 nœuds à la surface, est de

Fig. 277 — Sous-marin *Loutre* de M. Romazzotti.

6 nœuds en plongée. L'armement est composé de deux appareils lance-torpilles (tubes-carcasses) placés sur le pont.

Le *Protée* a été lancé à Cherbourg le 8 octobre 1903, le premier de la série.

Les 19 autres ont été lancés dans le cours de l'année I904. Le 6 février fut lancé le *Bonite*, à Toulon.

Fig. 278. — Sous-marin *Castor* de M. Romazzotti.

Le 16 mars, le *Phoque*, à Rochefort ; le 19 mars, le *Thon*, à Toulon ; le 16 avril, *l'Otarie*, à Rochefort ; le 21 avril, le *Souffleur*, à Toulon ; le 14 mai, la *Dorade*, à Toulon ; le 15 juin, la *Méduse*, à Rochefort ; le 15 juillet, le *Grondin*, à Toulon et le 8 août, *l'Anguille*, également à Toulon.

Ce type de sous-marin, trop petit, sans vitesse, sans rayon d'action et d'une habitabilité peu confortable, ne peut servir qu'à une action défensive très rapprochée d'un port ou d'une rade. Il ne sera pas reproduit.

« Dauphin », ancien « X », de M. Romazzotti (1901-1903)

En cette même année 1901 on mit encore en chantier trois autres sous-marins d'essai, de plus grandes dimensions, auxquels on donna provisoirement les noms de X, Y et Z. L'X a reçu depuis le nom de *Dauphin*. Le *Dauphin* a été étudié par M. Romazzotti. Il mesure 37^{m}, 40 de longueur, 3^{m},12 de diamètre, 2^{m},30 de tirant d'eau à l'arrière. Il déplace 168 tonneaux.

Il a une passerelle surélevée et un kiosque télescopique qui lui permet de laisser le capot ouvert par tous les temps.

Sa puissance motrice est de 220 chevaux avec un moteur à explosion et un moteur électrique. Il est pourvu de deux hélices lui imprimant une vitesse de 8 nœuds et demi. Son rayon d'action est 500 milles à 5 nœuds. Son armement se compose de deux appareils lance-torpilles.

Fig. 279. Sous-marin *Otarie* de M. Romazzotti.

Fig. 280. — Le sous-marin *Dauphin*, ancien *X*, de M. Romazzotti.

« Y » de M. Bertin (1902-05)

Le deuxième sous-marin d'essai, appelé Y, a été étudié par M. Bertin, ancien directeur des constructions navales, et mis sur cale le 22 mai 1902, à Toulon. L'ordre de mise en chantier avait été donné le 12 août 1901.

Ses caractéristiques sont: L = 43^{m},50 ; l = 3^{m} ; 3^{m} de tirant d'eau à l'arrière ; D = 222^{tx}.

L'armement se compose de 3 tubes et 2 appareils lance-torpilles.

Le sous-marin Y a été lancé, au Mourillon, le 24 juillet 1905. L'équipage comprend 14 hommes.

Sa puissance motrice prévue de 250 chevaux est fournie par des moteurs à explosion,' aussi bien à la surface qu'en plongée, devant donner une vitesse de 10 nœuds à la surface et de 6 en immersion. L'air comprimé devait servir à la combustion du pétrole. Les gaz de la combustion devaient être comprimés, puis évacués sous l'eau. Après de longs essais on a condamné ce bâtiment qui n'a jamais terminé ses épreuves.

« Z » DE M. MAUGAS
(1902 - 04)

Le Z, troisième sous-marin d'essai, a été étudié par M. Maugas. Mis en chantier en août 1902, il fut lancé le 28 avril 1904.

Ses caractéristiques sont les suivantes : L = $41^{m},35$; l =-3^{m} ; tirant d'eau à l'arrière 3^{m}; D = 202^{tx}.

Fig. 281. — Le sous-marin Z de M. Maugas.

Sa puissance motrice est de 190 chevaux fournis par un double moteur, à explosion à la surface et électrique en plongée. Sa vitesse est de $8^{n},5$. La vitesse de plongée est de 5 à 6 minutes.

Le rayon d'action est de 500 milles à 5 nœuds.

L'armement se compose de 4 appareils lance-torpilles.

Après des essais très laborieux de son moteur à pétrole et ses expériences comparatives avec *l'Aigrette* (Voir ci-après) ce bâtiment a été condamné.

« AIGRETTE » — « CIGOGNE » DE M. LAUBEUF
(1902-04)

Perfectionnant encore son premier modèle de torpilleur submersible autonome, M. Laubeuf a créé *l'Aigrette* et la *Cigogne*, qui sont des dérivés de la *Sirène* et du *Silure* comme ceux-ci étaient eux-mêmes des dérivés du *Narval.* Ils ont été construits à Toulon.

Leurs caractéristiques sont : L = $35^{m},88$; l = $3^{m},89$; tirant d'eau à l'arrière = $2^{m},53$; D = 175^{tx}. La vitesse de plongée est de 5 minutes.

La puissance motrice est fournie par un moteur Diesel à combustion interne de 150 chevaux effectifs et par une batterie d'accumulateurs pour la plongée. Ces moteurs donnent avec une seule hélice une vitesse de 9^n à la surface et $6^n,5$ en immersion. L'armement se compose de 4 appareils lance-torpilles.

Le rayon d'action est de 1000 milles à $8^n,5$. On voit l'augmentation considérable de distance franchissable réalisée par ce nouveau type par rapport aux précédents.

L'Aigrette a été lancée à Toulon le 23 février 1904 et la *Cigogne* au mois de novembre 1904.

Fig. 282. — Le submersible *Aigrette* de M. Laubeuf.

Au mois de mars 1905 de fort intéressantes expériences comparatives ont été faites, à Cherbourg, entre *l'Aigrette* et le sous-marin Z, sous la direction de la commission d'étude des sous-marins présidée par l'amiral Philibert. Les expériences ont duré une semaine à peine et la supériorité du submersible autonome s'est affirmée d'une manière éclatante, dès le début, à la fois comme tenue à la mer, facilité de manoeuvre, vitesse à la surface et en immersion, durée de la manoeuvre de plongée.

Fig. 283. — Le submersible *Cigogne* de M. Laubeuf.

Le premier essai, effectué le 10 mars, consistait à aller du Raz-Blanchard, où les deux torpilleurs avaient été conduits à la remorque, au port de Cherbourg.

La mer était grosse, *l'Aigrette* toutefois montait facilement à la lame, l'équipage placé sur le pont ne recevait pas d'eau ; le Z, au contraire, semblait alourdi par la haute passerelle dont il est surmonté et labourait la mer au lieu de s'élever à la lame ; il éprouvait de durs mouvements de tangage et de roulis.

Les expériences se sont continuées les 13, 14 et 15 mars et toujours le submersible l'a emporté sur le sous-marin. Comme vitesses et durée de plongée voici les résultats :

Ces résultats, entièrement favorables aux submersibles, firent suspendre pendant quelque temps la construction des sous-marins en chantier; on songea même à les transformer en submersibles. Cependant on a repris les travaux de construction des sous-marins de grand tonnage tels que l'Émeraude, mis en chantier à la fin de 1903 (voir ci-après), mais sans exécuter toutefois la série complète.

	VITESSE A LA SURFACE		VITESSE EN IMMERSION		RAPIDITÉ DE PLONGÉE	
	PRÉVUE	RÉALISÉE	PRÉVUE	RÉALISÉE	PRÉVUE	RÉALISÉE
Z.	11n	8n,3	7n,16	5n,8	1'30"	5'30" 4 30 10 »
Aigrette.	9n,25	8n,72	6n,8	6n,10	5' »	4'30" 4 14 5 50

« Argonaute », ancien « Oméga » de M. Bertin (1903-04)

En 1903 on mit en chantier, à Toulon, sur les plans de M. Bertin, un submersible auquel on donna provisoirement le nom *d'Oméga* et qui depuis a été appelé *Argonaute*. Ce submersible autonome mesure 48m,90 de longueur, 4m,20 de largeur, 2m,765 de tirant d'eau à l'arrière. Il a 301 tonneaux de déplacement.

Sa puissance motrice de 330 chevaux devait être fournie à l'origine par un moteur Diesel à combustion interne, tant à la surface qu'en plongée, comme M. Bertin l'avait également prévu pour l'Y. Il a été remplacé par un moteur à vapeur et une chaudière au pétrole type Pluviôse. Ce bâtiment est ainsi devenu simplement une *Aigrette* agrandie.

La vitesse a été de 11 nœuds à la surface et 7 en plongée.

L'Oméga a été lancé au mois de novembre 1904. Il a pour armement 2 tubes et 4 appareils lance-torpilles placés sur le pont. Son équipage est de 2 officiers et de 18 hommes.

« Émeraude » – « Opale » – « Rubis » – « Saphir » – « Topaze » – « Turquoise » de M. Maugas (1903 -08)

En octobre 1903 on a mis sur cale une série de 6 sous-marins de fort tonnage, dus à M. Maugas, auxquels on a donné les noms d'*Émeraude, Opale, Rubis, Saphir, Topaze* et *Turquoise*. Leur déplacement prévu est de 390tx à la surface et 425tx en immersion. Leurs dimensions sont : L = 44m,65; 1= 3m,90 ; tirant d'eau à l'arrière = 3m,67. L'armement comporte 4 tubes lance-torpilles.

La force de 600 chevaux est fournie par deux moteurs : à explosion pour la navigation à la surface et électrique en immersion, actionnant deux hélices. La vitesse est de 11n,4 en surface et de 9n en plongée.

Ces six sous-marins ont un équipage de 2 officiers et 19 hommes. Trois d'entre eux ont été construits à Cherbourg et 3 à Toulon. Le premier, l'Émeraude, a été lancé le 6 août 1906, les 5 autres, de novembre 1906 à août 1908.

Fig. 284. — Le sous-marin *Turquoise* de M. Maugas.

« Guêpe I » – « Guêpe II de M. Petithomme (1904-)

Le 27 octobre 1904 on donna l'ordre de mettre en chantier, à Cherbourg, un type nouveau de petit sous-marin embarcable dont les plans sont dus à M. Petithomme, ingénieur des constructions navales. On devait en construire d'abord dix, puis deux : *Guêpe I* et *Guêpe II* qui furent seuls commencés. Leurs dimensions avaient été fixées à : L = 20^m,55; 1= 2^m,10; tirant d'eau à l'arrière = 2^m,02.

Ces petits sous-marins devaient être mus par des moteurs à pétrole. Leur construction n'a pas été continuée.

On devait mettre également en chantier, à Cherbourg, sur les plans de M. Petithomme, deux sous-marins de 426 tonneaux sous la désignation de : Q 59 et Q 60.

Un crédit de 3 040 000 francs avait été affecté à la construction de ces deux sous-marins. Leurs dimensions devaient être : L = 54^m,98 ; 1= 3^m,90, et leur puissance motrice de 1200 chevaux. Leur construction a été arrêtée à la suite des essais comparatifs entre le submersible *Aigrette* et le sous-marin Z, la préférence s'étant accentuée en faveur des submersibles autonomes à grande flottabilité.

« Circé » – « Calypso » de M. Laubeuf (1904-07)

Le 8 octobre 1904 ont été mis en chantier à Toulon, sur les plans de M. Laubeuf, deux submersibles mesurant 47^m, 10 de longueur ; 41^m,90 de largeur ; 3^m, de tirant d'eau.

On a donné le nom de *Circé* et de *Calypso* à ces deux submersibles qui sont du type *Aigrette* perfectionné.

Leur déplacement est de 350^{tx} en surface et de 490^{tx} en immersion. Leur puissance motrice de 560 chevaux à la surface est fournie par deux moteurs Diesel à combustion interne, actionnant chacun une hélice. En immersion ils sont mus par 2 moteurs électriques et 2 batteries d'accumulateurs. Leur armement comporte 6 appareils lance-torpilles latéraux. Le *Circé* a été lancé le 13 septembre 1907 et le *Calypso* le 22 octobre 1907.

Leur vitesse est de 12^{n} en surface et de 8^{n} en plongée et leur rayon d'action de 1800 milles à 9 nœuds. L'équipage comprend 2 officiers et 22 hommes.

Du 6 au 8 septembre 1909, le *Circé* et le *Calypso* ont exécuté un raid de Toulon au détroit de Bonifacio, de là à Menton, puis à Toulon.

Le Calypso a fait 560 milles, en 59 heures, sans arrêt.

Circé et *Calypso* sont allés de Toulon à Bizerte et ont fait entre Bizerte, la Corse et Toulon, les grandes manoeuvres de 1910.

« Q 61 » du marquis de Dion
(1904 -)

Le 18 octobre 1904, a été mis en chantier un petit sous-marin dont le marquis de Dion, le célèbre constructeur d'automobiles, a proposé la construction.

Ce sous-marin, de petites dimensions, devait être embarqué à bord des cuirassés.

Il était dérivé du *Goubet* et ne devait déplacer que 21 tonneaux. Sa construction n'a pas été continuée.

« Pluviôse » – « Ventôse » – « Germinal » – « Floréal » – « Prairial » – « Messidor »
« Thermidor » – « Fructidor » – « Vendémiaire » – Papin » – « Berthelot » – « Fresnel »
« Watt » – « Cugnot » – « Giffard » – « Monge » – « Ampère » – « Gay-Lussac »
de M. Laubeuf.
(Août 1905-Juillet 1910)

Le 18 août 1905 on mit en chantier 18 submersibles sur les plans de M. Laubeuf dont les neuf premiers à Cherbourg, les six suivants à Rochefort et les trois derniers à Toulon. Leurs caractéristiques sont les suivantes : $L = 51^{m}$; $l = 5^{m}$; $D = 400^{tx}$ et 55^{tx} en plongée.

Le *Pluviôse* a été lancé à Cherbourg le 27 juin 1907. Les 17 autres ont été mis à l'eau d'août 1907 à juillet 1910.

La vitesse prévue de 12^{n} à la surface s'est élevée en réalité à 12^{n},2 et 12^{n},7. En immersion la vitesse a été de 8^{n} au lieu des 7^{n},65 prévus.

Le rayon d'action est de 1600 milles à la vitesse de 9^{n}. L'armement comporte 6 appareils lance-torpilles extérieurs pour une partie d'entre eux. Les autres ont en plus un tube lance-torpilles d'étrave et 2 torpilles dont 1 de rechange.

Les submersibles de ce type ont 2 chaudières chauffant au pétrole ; 2 machines à vapeur à triple expansion à graissage forcé, développant 750 chevaux ; 2 moteurs électriques et 2 hélices.

Tous ces submersibles sont actuellement terminés et en service actif. Ils ont réalisé de remarquables performances dont nous citerons quelques-unes.

Du 6 au 9 octobre 1908, le *Pluviôse*, le *Ventôse* et le *Germinal* ont parcouru 730 milles en 82 heures, soit à une vitesse moyenne de 9^{n}, en se rendant de Cherbourg à Brest, de Brest à Dunkerque et de Dunkerque à Cherbourg.

Fig. 285. — Le submersible *Ventôse* de M. Laubeuf.

Du 6 mai au 11 juin 1909, le *Pluviôse* et le *Ventôse* ont parcouru 1000 milles pendant 6 jours sans aucun ravitaillement.

En septembre 1909, le *Floréal* est allé de Cherbourg à Brest et retour en relâchant à Lézardrieux et à Saint-Malo.

Le *Prairial* s'est rendu de Cherbourg à Calais et retour.

Le *Pluviôse* a effectué la traversée de Cherbourg à Dunkerque et retour, avec relâche à Dieppe et au Havre.

Le *Papin*, du 6 au 9 septembre 1909, est allé de Rochefort à Cherbourg en relâchant à Brest ; les 22-23 du même mois il est revenu de Cherbourg à Rochefort sans escale. Convoyé par le *Henri IV*, il en est reparti le 28 septembre pour Bizerte. La traversée, sans escale, de Rochefort à Oran, soit 1230 milles, a été accomplie en 6 jours. Reparti ensuite pour Bizerte, il atteignit le terme de son voyage le 12 octobre. La distance totale parcourue est supérieure à 2 200 milles.

Le 26 mai 1910 le *Pluviôse* évoluait avec le *Ventôse* au large de Calais. Après une manoeuvre de plongée il commençait à émerger lorsque le paquebot *Pas-de-Calais*, qui venait de quitter Calais pour se rendre à Douvres, l'aborda en plein travers, avec une vitesse de 19^n, et le coula. Avec son étrave il lui fit dans les flancs deux brèches dont l'une mesurait 4^m x 0,60 et l'autre 1^m,80 x 0^m,25.

Le cercueil d'acier, avec ses 27 hommes d'équipage au nombre desquels se trouvaient le commandant Prat, de la flottille des sous-marins de Calais, le lieutenant de vaisseau Callot et l'enseigne de vaisseau Engel, s'enlisa à 22 mètres de profondeur.

Bien que le *Pluviôse* eût des boucles de relevage, dont la plupart des sous-marins furent munis depuis les précédentes catastrophes du Farfadet et du Lutin, on ne put relever son épave que seize jours après le naufrage et ce fut seulement dix jours plus tard que l'on put

Fig. 286. — Le submersible *Giffard* en marche.

rendre aux familles éplorées leurs enfants morts au service du pays et les ensevelir dans la terre de France. Cette nouvelle catastrophe qui vint frapper la marine française a plongé encore une fois dans le deuil la France et le monde entier.

Fig. 287. — Le submersible *Ampère* de M. Laubeuf.

De tristes expériences ont montré l'importance et la gravité du problème de la sécurité des sous-marins et l'insuffisance des moyens dont on dispose pour les renflouer rapidement après un accident. Il faudrait avoir, dans tous les postes de flottilles, des docks flottants comme le *Vulkan* employé par les Allemands (Voir paragraphe Allemagne) et d'un tonnage assez puissant pour pouvoir soulever facilement les plus gros submersibles.

Il semble également indispensable de munir les équipages des sous-marins de casques spéciaux, comme ceux dont l'Amirauté anglaise a prescrit l'essai.

« Brumaire » – « Foucault » – « Euler » – « Franklin » – « Frimaire » – « Nivôse » «Faraday» – « Volta » – « Newton » – « Montgolfier » – « Bernoulli » – « Joule » « Coulomb » – « Arago » – « Curie » – « Leverrier ». (Octobre 1906 - Avril 1911)

En octobre 1906 seize nouveaux submersibles, du type dit *Brumaire*, furent mis en chantier sur les plans de M. Laubeuf : les 6 premiers à Cherbourg, les 4 suivants à Rochefort et les 6 derniers à Toulon.

Ces nouvelles unités ont les mêmes dimensions que les submersibles de la série précédente du type Pluviôse. Elles ont des moteurs d'un genre différent. Les 2 moteurs à vapeur et les 2 chaudières ont été remplacés par 2 moteurs à pétrole lourd Diesel, à combustion interne, à 6 cylindres, développant ensemble 840 chevaux effectifs.

La vitesse à la surface atteindra probablement de $13^n,5$ à 14^n et 9^n en plongée. Le rayon d'action est de 2000 milles à 9 nœuds. L'armement comporte un tube lance-torpilles à l'avant et 6 appareils extérieurs placés sur le pont. Il y a en tout 8 torpilles.

Le *Brumaire*, le premier de la série, a été lancé à Cherbourg le 29 avril 1911. Il n'a pas encore fait ses essais.

« Archimède » de M. Butter (Décembre 1906-Août 1909)

L'Archimède a été construit sur les plans de l'ingénieur principal Hutter, d'après les idées maîtresses que M. Laubeuf a appliquées dans les submersibles type *Pluviôse*. Il a comme ceux-ci 2 machines à vapeur à triple expansion et 2 chaudières chauffées au pétrole, développant ensemble 1 800 chevaux indiqués. Il y a deux moteurs électriques pour la plongée.

Fig. 288. - Le submersible *Archimède* de M. Hutter.

L'Archimède diffère surtout des précédents par une grande augmentation des dimensions : L = $64^m,5o$; 1= $6^m,8o$; D = 655^{tx} à la surface et 810^{tx} en plongée ; V = $15^n,2$ à la surface et 10^n en plongée ; R = 2 500 milles à 10^n à la surface et 100 milles à 5^n en plongée. Il a 2 hélices, 3 paires de gouvernails horizontaux, un gouvernail vertical compensé à large safran.

L'armement comporte 7 appareils lance-torpilles. L'équipage est composé de 3 officiers et 26 hommes. *L'Archimède*, mis en chantier en décembre 1906, a été lancé le 4 août 1909. Il a fait ses essais à la fin de 1909.

« Amiral - Bourgois » de M. Bourdelle (Décembre 1906 -)

L'*Amiral-Bourgois*, construit sur les plans de l'ingénieur Bourdelle, se rapproche du type *Brumaire* de M. Laubeuf.

Il a 2 moteurs à pétrole lourd système Sabathé, à 6 cylindres, développant 1560 chevaux effectifs en surface, et 2 moteurs électriques en plongée.

Ses caractéristiques sont les suivantes : L = $56^m,20$; 1= $5^m,52$ D = 555^{tx} à la surface et 735 en plongée ; V = 15^n à la surface et 10^n en plongée ; R = 2 500 milles à 10^n à la surface et 100 milles à 5^n en plongée.

Les essais ne sont pas encore commencés.

« Mariotte » de M. Radiguer (Décembre 1906 - Février 1911)

Le *Mariotte*, construit sur les plans de M. Radiguer, est une modification du type *Émeraude* de M. Maugas. Il en diffère par une augmentation notable de la flottabilité : 15,5 % au lieu de 7 %. On peut dire qu'il réalise un type intermédiaire entre le submersible Laubeuf et les sous-marins Romazzotti et Maugas.

Les caractéristiques du *Mariotte* sont les suivantes : L = $64^{m},75$; 1= $4^{m},3o$; D = 530^{tx} en surface et 628^{tx} en plongée ; V = 15^{n} à la surface et 10^{n} en plongée ; R = 2 500 milles à10^{n} en surface et 100 milles à 5^{n} en plongée.

Il a deux moteurs électriques en plongée.

L'armement comporte 6 appareils lance-torpilles.

Il a été lancé le 2 février 1911. Ses essais ne sont pas encore commencés.

« Charles - Brun » de M. Maurice (Décembre 1906 -Septembre 1910)

Le *Charles-Brun*, construit sur les plans de M. Maurice, ressemble aux submersibles du type Laubeuf, mais avec une flottabilité moindre.

Il a été lancé le 15 septembre 1910.

Ses caractéristiques sont : L = 44^{m} ; 1 = 4^{m} ; D 7= 355^{tx} en surface et $45o^{tx}$ en plongée ; V = $14^{n},5$ en surface et 10^{n} en plongée.

Le *Charles-Brun* n'a qu'une seule hélice. Ses essais se poursuivent actuellement. Ce qui le différencie de ses congénères, c'est son appareil moteur composé de 2 chaudières à accumulation de chaleur système Maurice. Le moteur à vapeur doit marcher en surface avec la vapeur fournie directement par la chaudière chauffée aux hydrocarbures. En plongée les chaudières ayant accumulé de la chaleur continuent encore à fournir de la vapeur pour la propulsion après extinction des feux. Après épuisement de la réserve de vapeur, un moteur électrique et des accumulateurs continuent à assurer la marche en immersion et augmentent le rayon d'action en plongée qui serait insuffisant avec la vapeur seule.

« SC 1» de M. Laubeuf (1900- 10)

M. Laubeuf, ingénieur de la marine en retraite, a étudié récemment les plans d'un nouveau submersible perfectionné. MM. Schneider et Cie, du Creusot, en ont entrepris la construction à leurs chantiers de Chalon-sur-Saône.

L'ingénieur Laubeuf, avec une judicieuse clairvoyance, a, dès le Concours de 1896, posé le problème de la navigation sous-marine dans ses termes véritables et précis. Considérant que la plongée sous-marine n'était qu'un moyen tactique d'attaquer par surprise, il a conclu qu'il fallait surtout développer la vitesse stratégique de la navigation en surface et rendre les aménagements du bord relativement confortables afin que les forces et la santé des officiers et des équipages fussent ménagées jusqu'au moment de l'attaque.

C'est la précision avec laquelle le problème a été posé dès le début qui a permis à M. Laubeuf d'obtenir une solution en quelque sorte définitive qui n'a eu besoin, dans la suite, que de perfectionnements de second ordre, tels, par exemple, que le remplacement du moteur à vapeur par des moteurs à pétrole, non encore au point en 1897. La meilleure preuve que sa solution était la bonne c'est que, sur 48 submersibles mis en chantier depuis 1904 en France, 43 sont du type Laubeuf.

Le corps du submersible *SC1* se compose :

- D'une coque intérieure à sections ovales, très peu éloignée toutefois de la forme circulaire ;
- D'une coque extérieure partielle qui évite au corps intérieur les chocs directs venant de l'avant, de l'arrière, du fond, de tribord ou de bâbord.

A l'avant et à l'arrière le corps intérieur se termine par deux cloisons de forme sphérique, pouvant supporter la pression d'eau des plus fortes plongées. Le corps extérieur se prolonge au delà de ces cloisons pour former les extrémités du bâtiment. Tandis que le corps intérieur se rapproche des formes d'un solide de révolution, pour pouvoir supporter des pressions extérieures considérables, le corps extérieur, qui ne subit pas ces pressions, a les formes ordinaires d'un bâtiment de mer, avec une étrave droite, un arrière en voûte, des lignes d'eau fines et des sections transversales qui assurent au bâtiment de bonnes qualités nautiques. En outre la grande hauteur de la passerelle de circulation au-dessus de la flottaison, qui est d'environ 2 mètres en navigation de surface, permet le séjour sur ce pont comme sur celui d'un torpilleur de dimensions analogues, et facilite l'aération intérieure.

Réservoirs-lest. — L'espace compris entre les deux coques est divisé, par des cloisons transversales étanches, en plusieurs compartiments servant de réservoirs-lest pour la plongée. Ces réservoirs sont complètement vides en navigation ordinaire et complètement remplis d'eau en plongée. Avec cette disposition, quand le submersible est abordé ou aborde un autre bâtiment ou un obstacle quelconque, s'il est à la surface, il peut avoir un ou plusieurs ballasts crevés et remplis d'eau, mais il flotte encore et peut continuer à naviguer. L'abordage du Narval et du remorqueur Navette, en 1902, en a fourni la preuve irréfutable. Si le bâtiment est en plongée, aucun changement ne se produit dans l'assiette ni dans la flottabilité quand un ou deux compartiments sont crevés, puisqu'ils sont toujours pleins d'eau.

L'abordage, à moins d'être d'une violence exceptionnelle, comme celui du Pluviôse, abordé en plein travers par un paquebot filant 19 nœuds, ne peut donc avoir de conséquences immédiatement dangereuses. C'est ainsi que le submersible Silure, abordé en plongée par le voilier Marie, en 1904, a pu rentrer au port de Cherbourg sans le secours de personne.

Cette disposition de double coque devrait être toujours adoptée pour la navigation ordinaire à laquelle elle apporterait un surcroît considérable de sécurité qui compenserait largement l'augmentation de dépense. Quand on songe que les paquebots géants, auxquels sont confiées, par milliers, des existences humaines, parcourent les mers en courant, à chaque instant, le risque de voir crever leur mince peau, au moindre heurt, même contre une épave, on frémit à l'idée de l'insouciante quiétude des sociétés maritimes et surtout des passagers. La double coque et le cloisonnement permettraient d'épargner bien des existences ainsi légèrement sacrifiées au besoin de lucre des Compagnies de navigation. Dans les compartiments situés entre les deux coques, celles-ci étant espacées dans la mesure voulue, on logerait les marchandises.

Flottabilité. — Les sous-marins purs ont une flottabilité relativement faible. Le coefficient de flottabilité – c'est-à-dire le rapport du volume émergé en navigation de surface, au volume total en immersion complète – n'atteint pas 15%. Avec les submersibles des divers types ce rapport arrive à 22%, tandis qu'avec les submersibles Laubeuf il atteint 30%. Aussi ces bâtiments lèvent-ils mieux à la lame et sont-ils plus hauts sur l'eau, ce qui les met à l'abri des coups de mer.

Moteurs. — Les moteurs sont de deux sortes. Ceux employés pendant la plongée sont électriques. Ceux pour la marche à la surface sont à pétrole lourd, de densité au moins égale à 0,800. L'emploi des essences de pétrole (gazoline, benzine, etc.) a toujours été absolument proscrit sur les submersibles Laubeuf, en raison des graves accidents causés, dans ces dernières années, sur des sous-marins d'autres types. Il tend également à diminuer dans les autres types de sous-marins et submersibles construits dans les divers pays.

Les moteurs sont à renversement de marche.

Armement. — Les tubes de lancement des torpilles constituant des points vulnérables des bateaux sous-marins de toutes catégories, M. Laubeuf les a systématiquement écartés, dès le début. Il préfère l'emploi d'appareils extérieurs placés dans la passerelle supérieure. Il y en a quatre, tirant deux en chasse et deux en retraite. Les torpilles sont toujours accessibles et visitables pendant la navigation de surface.

Sécurité. — Un poids de sûreté, fixé à la partie inférieure, peut être déclenché instantanément de l'intérieur. Il allège le bateau d'un poids égal à environ 2% du déplacement en surface.

Fig. 289. Le submersible *SC1* de M. Laubeuf.

On peut vider très rapidement, avec l'air comprimé, la moitié des lests extérieurs et toutes les caisses intérieures de réglage, représentant environ 18%, du déplacement en plongée, soit un allégement de plus de 60 tonnes en une minute.

L'oxygène de l'air intérieur est renouvelable à volonté.

Une bouée à flotteur portant un fil téléphonique pour correspondre avec l'extérieur, se déclenche. Une manche, vissée sur un raccord spécial, permet d'envoyer de l'air à l'intérieur du submersible coulé.

Pour permettre de relever les submersibles coulés, on les munit, à demeure, de fortes ceintures en tôle d'acier, entourant la coque et se terminant par des ferrures susceptibles de recevoir le crochet des appareils de levage.

NOUVEAUX SUBMERSIBLES

«CLORINDE » – « COMÈTE » – « GUSTAVE-ZÉDÉ » – « NÉRÉIDE » DE M. SIMONET (1910 -)

La marine française a mis 4 nouveaux submersibles en chantier à la fin de 1910. Deux d'entre eux : *Clorinde* et *Comète* dérivent des submersibles Laubeuf type *Brumaire.* Ils ont 55^{m} de longueur et 430^{tx} de déplacement à la surface ; 2 moteurs à pétrole lourd à 2 temps, type Nuremberg, et 2 moteurs électriques.

Ils doivent donner 15^{n} en surface et 9^{n} en plongée.

L'armement comprend un tube lance-torpilles à l'avant et 6 appareils lance-torpilles extérieurs.

Les deux autres submersibles : *Gustave-Zédé* et *Néréide* sont commencés à titre d'essai. Ils sont beaucoup plus grands et sont destinés à être des submersibles d'escadre. La longueur atteint 72^{m}, le déplacement à la surface 780^{tx} et 1100^{tx} en immersion. La vitesse espérée devra être de 20^{n} à la surface et 11^{n} en plongée.

Il semble qu'avec ces derniers modèles on aura atteint le maximum des dimensions compatibles avec la maniabilité des torpilleurs sous-marins.

ÉTATS-UNIS

« HOLLAND IX » OU « HOLLAND VII » MODIFIÉ. – « FULTON » DE HOLLAND. – « ADDER » – « GRAMPUS » – « PIKE » – « MOCCASIN » – « PORPOISE » ET « SHARK » DE HOLLAND. – LE « PLONGER » DE HOLLAND. – LE « PROTECTOR » DE SIMON LAKE. – SEMI-SUBMERSIBLE DE CLARENCE L. BURGEE. – « SIMON-LAKE X ».

Il est à remarquer que la branche de l'art naval constituée par l'hydronautique est devenue ou plutôt est restée, de l'autre côté de l'Atlantique, une industrie privée. Loin de vouloir l'étouffer ou l'atrophier, le gouvernement des États-Unis, avec le grand bon sens pratique et l'amour du progrès qui le caractérisent, a laissé cette industrie se développer librement et l'a encouragée en lui donnant de multiples commandes. Bien mieux, il a laissé les chantiers et les Sociétés qui se sont créé cette spécialité, libres de construire des sous-marins pour tous les pays du monde... civilisés ou non.

Inspiré par la haute pensé politique du Président Roosevelt, qui, partisan résolu d'une paix digne et honorable, accepte toutefois la guerre comme le moyen extrême pour obtenir justice, le gouvernement américain a pensé, comme son grand compatriote de génie Fulton, que le sous-marin et la torpille sont « les vrais spécifiques pour la guérison radicale du mal politique de la guerre » (V. p. 143).

Aussi a-t-il laissé libre de se développer et de progresser cette industrie d'une arme de défense comme sont libres dans tous les pays la fabrication et la vente des armes d'attaque : fusils et canons, navires de guerre et torpilles.

Le « Holland IX » ou « Holland VII » modifié (1900)

Fig 290. — M. John P. Holland.

Le classement des bateaux du type *Holland*, modifié ou perfectionné, devient très difficile, car, en inventeur consciencieux, M. Holland a quelquefois poussé le scrupule jusqu'à rebaptiser un nouveau modèle du nom du précédent — dont il est issu, comme un papillon de sa chrysalide — jugeant que la métamorphose devait être considérée comme une évolution naturelle du modèle antérieur.

La coque abandonnée était la dépouille, la gangue du nouveau joyau. Nous croyons en cela que Burgoyne a raison en donnant un numéro à chaque sous-marin nouvellement mis en chantier. Nous renverrons le lecteur à cet auteur pour tous les sous-marins américains et anglais.

Le *Holland VII* que l'on voit décrit sur la plupart des publications est, en réalité, le *Holland IX* (fig. 291) ou *Holland VII* modifié à deux reprises différentes. Comme les *Plunger* qui furent au nombre de trois, le *Holland VII* ou *IX* est, en somme, le sous-marin type *Holland* qui a encore subi quelques modifications et perfectionnements dans le

B Pompe.
C Dynamo.
G Piston hydrostatique.
J Hélice.
L Gouvernails verticaux.
O Accumulateurs.
P Réservoirs d'air comprimé.
R Tourelle d'observation.
S, T Réservoir à lest d'eau.
N Torpille automobile.
N, N Torpilles aériennes.

Fig. 291 - *Holland IX* ou *Holland VII* modifié (1900)

Holland X (fig. 292 et 293). Semblable en cela à toutes les dynasties celle des *Holland* garde ses caractéristiques principales qui suffisent pour permettre de reconnaître les divers membres de cette famille, déjà nombreuse, dont quelques-uns ont fait souche de nouveaux sous-marins en Angleterre, en Russie, au Japon et autres lieux. Nous verrons plus loin la filiation des Holland à l'étranger. Nous nous limiterons ici à suivre les ébats des membres américains de cette famille qui sont actuellement au nombre de 130 en liberté, sans parler de ceux encore sur les chantiers américains.

Fig. 292 . — Vue de l'avant du Holland X.

Le *Holland* qui nous occupe a pour caractéristiques : L = $16^{m},50$; l = $3^{m},10$ à la partie renflée ; D = 65^{tx} à la surface et 74^{tx} en immersion. C'est donc 9 tonnes de lest d'eau qu'il faut pour réaliser l'immersion. Une fois immergé, son poids est inférieur de 120^{kg} environ à son déplacement et c'est grâce à l'action des gouvernails de plongée que l'immersion à une plus grande profondeur peut être obtenue et maintenue.

A la surface le *Holland* est actionné par un moteur Otto à gazoline de 50 chevaux, qui peut lui imprimer une vitesse de 10 nœuds. L'approvisionnement de 5 tonnes de gazoline lui permet une navigation d'une durée de 40 heures, ce qui représente un rayon d'action de 200 milles. La dynamo de 50 chevaux et les accumulateurs électriques permettent la navigation en immersion. Les accumulateurs peuvent être chargés, durant la navigation à la surface, par le moteur à gazoline.

Fig. 293. — Vue de l'arrière du Holland X.

M. Holland est d'avis qu'il ne faudrait pas descendre en immersion au-delà de 90 mètres. Une profondeur de 15 à 20 mètres répond d'ailleurs amplement aux besoins de la guerre sous-marine. Un des plus grands dangers à redouter pour les sous-marins est de trop s'approcher des fonds où ils peuvent déchirer leurs coques contre des roches ou s'enliser dans la vase, comme le *Farfadet*.

L'armement consiste en torpilles lancées à l'air comprimé par un tube placé à l'avant. Lors du lancement de la torpille, un système très ingénieux permet l'introduction automatique, dans un réservoir situé au-dessous du tube lance-torpilles, d'une quantité d'eau égale en poids à celui de la torpille, de telle sorte que la stabilité longitudinale et le poids total du submersible ne sont pas modifiés. L'air comprimé sert également à la chasse du lest d'eau si les pompes ne suffisaient pas. En octobre 1899, pendant des essais d'immersion, le *Holland* disparut dans des conditions anormales. Après un certain temps on put découvrir, grâce à des bulles d'air, la place où il gisait inerte et on le repêcha. Les six hommes de l'équipage étaient à moitié asphyxiés par les émanations du gaz du moteur.

Fig. 294 - M. Holland sortant d'un de ses sous-marins.

A la suite des essais qui furent faits, le 14 mars 1900, à Mount-Vernon, le Comité des Affaires navales du Congrès a été saisi d'un bill autorisant la construction immédiate de 20 sous-marins. Nous extrayons de ce rapport certains passages intéressants.

L'amiral Dewey, vainqueur de la flotte espagnole, a déclaré que s'il y avait eu deux *Holland*, à Manille, dans la flotte ennemie, il n'aurait pu remporter la victoire.
S'il y avait deux de ces navires à Galveston, a-t-il ajouté, toutes les marines du monde ne pourraient bloquer cette place. Ces sous-marins rendraient libres les croiseurs et cuirassés qui pourraient prendre l'offensive à la mer et sur les côtes ennemies.

L'amiral Dewey est plus favorable à l'emploi des sous-marins pour la défense des côtes que pour la navigation hauturière et les attaques offensives.

L'amiral Hichborn, chef du bureau des constructions navales, déclare qu'il n'est pas nécessaire d'avoir des marins de profession pour monter les sous-marins, mais des mécaniciens, et il pense que les équipages des sous-marins pourraient constituer des milices navales.

La construction d'un sous-marin pouvant être achevée en six mois, l'amiral Hichborn estime qu'il serait bon d'échelonner leur construction par séries, afin de profiter de l'expérience successivement acquise. Ce conseil fut suivi, car on ne mit en chantier que six sous-marins au lieu des vingt prévus.

« Adder » – « Grampus » – « Pike » – « Moccasin » – « Porpoise » – « Shark » de Holland (1901 - 03)

Les essais faits avec le Holland le 14 mars 1900 à Mount-Vernon et les rapports favorables des amiraux Dewey et Hichborn amenèrent le Congrès américain à autoriser, au mois de juin 1900, la construction de six sous-marins du type Holland. Ces sous-marins, qui devaient

Fig. 295. Vue de *l'Adder* en chantier.

être livrés le 25 juillet 1901, reçurent les noms de *Adder, Grampus, Pike, Moccasin, Porpoise* et *Shark*.

Leurs caractéristiques étaient les suivantes : forme de cigare renflé à l'avant ; L = 19^{m},50 ; 1 = 3^{m},3o au maître couple ; D = 120^{tx}.

Le moteur à gazoline est de 180 chevaux et la dynamo de 70 chevaux.

Les quatre premiers furent construits à Elizabethport, dans les chantiers de M. Lewis Nixon, administrateur de la *Holland Torpedo Boat CY*, et les deux autres dans les chantiers de l'*Union Iron Works* de San-Francisco.

Leur lancement eut lieu en 1901 pour *l'Adder*, le *Moccasin*, le *Porpoise*, le *Shark*, et en 1903 pour le *Grampus* et le *Pike*.

Les premiers essais de l'appareil moteur de *l'Adder* eurent lieu le 19 mai 1902 sur la rivière Potomac avec l'escorte du yacht à vapeur *Mindora*. En 2 heures 18 milles furent parcourus dont une partie en immersion.

Fig. 296 - *L'Adder* de Holland

Le plus long trajet en immersion a été de un mille et demi.

Au cours des essais du 11 novembre 1902, faits dans la baie de Paconic, *l'Adder* parcourut 15 milles en trois heures à 5m,50 de profondeur, sans remonter à la surface, avec un équipage de 11 hommes.

Des essais comparatifs fort intéressants furent faits entre *l'Adder* et le *Moccasin*.

Les essais de vitesse eurent lieu dans la baie de Paconic, en novembre 1903, dans trois conditions différentes :

- A l'état lège — émersion complète — le moteur à explosion actionnant seul l'hélice. L'essai a duré 12 heures.
- A fleur d'eau, prêt à l'immersion, mais avec la coupole de la tourelle ouverte et le réservoir principal à lest d'eau vide, le moteur à explosion fonctionnant seul.
- A l'état d'immersion, la propulsion s'effectuant avec le moteur électrique. L'essai a duré 3 heures.

Le résultat des essais fut le suivant :

	Lège.	A fleur d'eau.	Immergé.	Parcours de 10 milles.
Adder	8n,732	8n,12	7n,08	8n,86
Moccasin	8n,416	7n,898	7n,244	8n,50

Au cours des essais en immersion, le moteur électrique imprima à l'hélice 178 tours pour la vitesse de 7 nœuds en tenant compte du ralentissement à 154 tours pendant un quart d'heure pour le lancement d'une torpille. Le sous-marin se montra assez sensible à l'action des gouvernails horizontaux, mais cette action n'était efficace que si on avait une vitesse de 6 nœuds.

Pendant les essais *l'Adder* toucha à un certain moment le fond sablonneux à une profondeur de 9 mètres et s'enfonça dans la vase. Les gouvernails horizontaux, inclinés à 9° de manière à maintenir l'immersion, furent placés à 18° en sens contraire mais sans effet utile pour dégager le sous-marin.

Deux hommes se placèrent vers l'arrière sans réussir à dégager la proue. On dut recourir alors à la chasse du lest d'eau et le sous-marin remonta à la surface. L'équipage garda son sang-froid et observa la discipline, bien que le moment fût très critique.

Fig. 297. — Le *Moccasin* de Holland.

A peine revenu à la surface, on rechargea de nouveau le compartiment vide assez rapidement pour que la tourelle restât émergée seulement une minute et demie.

Le moteur électrique est resté en mouvement durant toute cette opération.

La ventilation se faisait au moyen de plusieurs ventilateurs. Le premier, actionné par un moteur électrique, est placé au-dessus du moteur à explosion pour chasser les gaz qui s'accumulent à cct endroit ; le deuxième aspire l'air de la partie avant du sous-marin et le chasse vers le moteur à explosion qui l'aspire ; le troisième ventilateur aspire l'air de la chambre des accumulateurs électriques et le chasse au dehors.

Dans les essais d'immersion du 14 novembre, *l'Adder* se trouvant à l'état lège employa 26 minutes pour être prêt à plonger. Ce temps a été nécessaire pour arrêter le moteur à explosion, fermer les tuyaux des ventilateurs, le dôme de la tourelle, charger de lest d'eau les réservoirs d'immersion et embrayer l'hélice avec le moteur électrique. Dans un deuxième essai, fait trois jours après avec le même bateau, on employa 29 minutes et demie, tandis que le *Moccasin* ne mit que 25 minutes dans les mêmes conditions. La lenteur de l'immersion tenait à ce que les appareils de mesure étaient réunis sous le contrôle d'une seule personne, privant les autres de la connaissance des conditions d'immersion du sous-marin.

Bien que les essais aient duré 7 jours seulement, avec une période de 6 heures de travail par jour, les hommes se sont sentis très fatigués. Ils n'avaient cependant pas dormi ni pris leur nourriture à bord. Les 2 hommes chargés de la manoeuvre des gouvernails verticaux et horizontaux furent les plus éprouvés à cause de leur tension d'esprit continue et de la position fort incommode dans laquelle ils durent demeurer pendant les essais.

Parmi les faits à signaler, il y en a un que nous reproduisons d'après un journal de Montréal, le *Canada*, et relatif au *Porpoise*. Ce fait remonte au mois de septembre 1904.

> L'équipage d'un sous-marin s'est trouvé vingt minutes face à face avec la mort, une mort terrible, enseveli vivant sous 120 pieds d'eau. Le sous-marin *Porpoise* manoeuvrait au large du port et venait de plonger pour aller faire une attaque simulée contre le croiseur *Péoria*.
>
> Au moment où le sous-marin atteignait une profondeur de 20 pieds, l'officier qui le commandait, le lieutenant Nelson, voulut arrêter la descente, mais le bateau refusa d'obéir et continua à descendre jusqu'au fond, qui est à 120 pieds. Arrivé là, le bateau reposait sur un fond de vase et, malgré les efforts des pompes

Fig. 298. — Lancement du *Fulton* de Holland (13 juin 1901).

pour vider les réservoirs, ne pouvait bouger. Aussitôt les hommes comprirent le danger qu'ils couraient, car, déjà, sous l'énorme pression, les joints de la tôle d'acier commençaient à laisser passer l'eau. Tous, d'un commun accord, se précipitèrent aux pompes. Vains efforts, l'eau pénétrait toujours et les valves qui fuyaient empêchaient les réservoirs de se vider.

Durant vingt minutes ce fut une lutte terrible pour l'existence et tout à coup le bateau se souleva légèrement, oscilla sur sa couche de vase et, partant comme une flèche, revint à la surface en quinze secondes. Immédiatement le lieutenant se fit remorquer au bassin des torpilleurs.

Un examen du *Porpoise* a montré que les valves étaient usées et que les fuites ôtaient aux pompes le contrôle des réservoirs. N'eût été l'énergie déployée et la discipline exemplaire du bord, on aurait eu à enregistrer une catastrophe fatale.

Les Holland sont de purs sous-marins : leur réserve de flottabilité est limitée ; ils sont si bas sur l'eau que, dans les conditions ordinaires de navigation, avec une mer calme, le timonier est forcé de rester en permanence hors du bateau ; la boussole, extérieure au bateau, est exposée aux avaries ; leur habitabilité est très défectueuse par suite du manque de place, de vivres, d'eau potable et l'absence de w. c.

Le grand rayon d'action qu'ils possèdent à la surface leur est en quelque sorte inutile. La puissance propulsive pouvait être mieux utilisée en affinant les formes du sous-marin, et c'est ce que les Anglais ont bien compris. En mettant sur chantier d'autres sous-marins de ce type, ils en ont porté la longueur à $30^{m},48$.

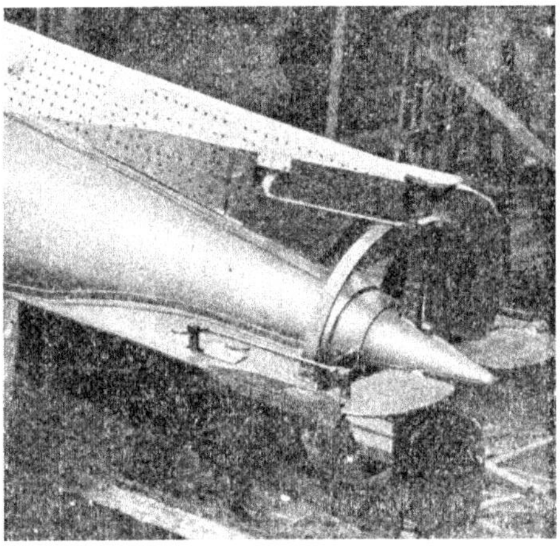

Fig. 299. — Arrière du *Fulton* de Holland.

Le moteur, par lui-même et par son installation, n'est pas ce que l'on pouvait faire de mieux. Le moteur à explosion ainsi que le moteur électrique transmettent leur puissance à l'arbre de l'hélice par l'intermédiaire d'engrenages avec une réduction de vitesse, et c'est, indépendamment de l'absorption d'une partie de l'énergie utile, une source de bruit désagréable à l'intérieur du bateau. En outre, la place occupée par le moteur à explosion et son poids sont trop considérables. Il prend en effet 3 mètres de longueur, $2^{m},30$ de hauteur et pèse 6 tonnes. Même en admettant une puissance de 200 chevaux à 360 tours, on a un poids de 30^{kg} par cheval, c'est-à-dire environ le triple du poids d'une puissante machine à explosion.

Un autre grave défaut résulte de l'obligation d'employer le moteur électrique chaque fois qu'il est nécessaire d'effectuer la marche en arrière. L'encombrement causé par les moteurs et le mécanisme des engrenages est tel que l'on a dû réduire le nombre des torpilles de 5 à 3, et cela au détriment de la valeur militaire du torpilleur.

Il leur manque un poids de sécurité pour remonter à la surface si les clapets d'échappement de l'eau des réservoirs à lest venaient à être obstrués, comme cela est arrivé au *Porpoise*. Enfin l'unique paire de gouvernails d'immersion provoque dans les plongées et les émersions des inclinaisons très fortes qui sont la source de nombreux inconvénients.

Pour gagner de la place et du poids, la batterie d'accumulateurs électriques a été constituée par des unités trop grandes de 1900 ampères-heures qui se déchargent chacune en 3 heures, ce qui conduit à un poids d'environ 225^{kg} par élément du type Faure et d'environ 350^{kg}

par élément du type Planté, poids peu maniables. Un court-circuit dans un ou plusieurs éléments, — il s'en est produit souvent au cours des essais de *l'Adder* — soustrait une partie considérable d'énergie de la quantité totale. Un autre inconvénient résulte de l'adoption d'éléments sans fermeture étanche ; l'hydrogène formé dans certaines circonstances a déjà produit, dans les bateaux de ce modèle et dans d'autres, des explosions dangereuses pour

Fig. 300. — Le *Plunger* de Holland au repos.

le personnel, notamment sur le *Fulton* américain et sur le AI anglais. En ce qui concerne la stabilité, le type *Holland* se trouve dans de bonnes conditions. Il possède en effet, en émersion, une hauteur métacentrique supérieure à 25 centimètres[41].

De quelques passages extraits du rapport officiel des essais donnés par le *Naval Constructor Woodward* et publiés dans l'*Army and Navy Gazette* de Washington du 6 décembre 1902, il résulterait que, le bateau étant immergé, 2 hommes du poids total de 160^{kg}, en se déplaçant de 6 mètres vers l'avant, font incliner le bateau de 1°,5 à 2° tandis que, s'ils se déplacent de 4 mètres vers l'arrière, le bateau s'incline de 1° à 1°,5. De ce même rapport il résulterait que les vitesses de *l'Adder* et du *Moccasin* sont supérieures à celles indiquées par le commandant Russell White.

Le dispositif de lancement des torpilles par l'emploi de l'air comprimé et au moyen d'un tube fixé à l'avant est certainement le système capable de donner les meilleurs résultats, dit l'ingénieur Laurenti. Le dispositif de commande des gouvernails verticaux et horizontaux par de faibles tiges extérieures semble défectueux, ajoute-t-il, car il peut être facilement endommagé et compromettre la partie la plus vitale du bateau en lui-même.

41 Le métacentre est le point d'application de la poussée du liquide déplacé sur la coque immergée. Le centre de gravité est le point d'application des forces de la pesanteur.

La hauteur métacentrique est la distance qui sépare le centre de gravité du métacentre. Pour un bon équilibre, il faut que le centre de gravité soit au-dessous du métacentre.

Fig. 301. — Le *Plunger*.

Ces critiques de l'éminent ingénieur italien semblent assez fondées, car l'Amirauté anglaise s'est empressée, à la suite des premiers essais, d'introduire dans le modèle primitif des modifications radicales. Elle a même changé le type quand elle a dû mettre de nouveaux bateaux sur chantier.

Le « Fulton » de Holland (1901 - 04)

Le *Fulton* (fig. 298 et 299) est du type *Adder*. Construit comme modèle d'essai, aux chantiers Lewis Nixon, à Elizabethport, il a été lancé le 13 juin 1901. Les essais faits avec ce sous-marin devaient permettre la construction de la série *Adder, Moccasin, Grampus, Pike, Porpoise* et *Shark* avec les perfectionnements suggérés par l'expérience.

Sa coque est en acier. Elle mesure : L = $19^{m},20$; l= $3^{m},55$; D = 122^{tx} en immersion et 105 à flot. La propulsion à la surface est obtenue à l'aide d'un moteur à gazoline type Otto, à 4 cylindres, de 160 chevaux effectifs ou 200 nominaux. En plongée une dynamo de 70 chevaux est alimentée par 60 accumulateurs Planté. A la proue se trouve un seul tube lance-torpilles. L'armement comprend 3 torpilles de 45^{cm} de diamètre.

La tourelle de commandement est en acier, plutôt petite, mais plus haute que celle du type *Adder*.

Au mois de novembre 1901 le *Fulton* a plongé à une profondeur de 15 mètres et s'y est maintenu pendant 15 heures sans que l'équipage ait ressenti la moindre fatigue ni le moindre malaise.

Le 29 avril 1902 il y eut à bord du *Fulton* une explosion due à la gazoline dont on avait embarqué la veille un approvisionnement de 3 400 litres. Heureusement, il se trouvait non loin de la jetée de Delaware et l'on put lui porter secours. Deux officiers et 3 hommes furent blessés.

En 1903, le gouvernement américain ouvrit entre constructeurs et inventeurs américains un nouveau concours qui, publié le 23 juillet 1903, fut clos le 13 octobre suivant. Deux sociétés y prirent part

La *Lake Torpedo Boat CY*, de Bridgeport, qui se présenta aux essais avec le *Protector* et la *Holland Torpedo Boat CY*, de New-York, qui soumit aux essais comparatifs le *Fulton*.

Au moment fixé pour les essais, aucun des deux sous-marins ne se trouvait en état d'y prendre part, et l'on dut renvoyer ces essais au 16 novembre suivant. A cette date, une avarie, survenue au mécanisme de la marche arrière du moteur de gauche du *Protector*, empêcha les essais. Un nouveau délai fut accordé, mais le 12 janvier 1904, la *Lake Torpedo Boat CY* déclara renoncer à concourir, par suite de l'obligation où elle se trouvait de modifier les hélices de son sous-marin, la disposition des gouvernails et les accumulateurs.

Fig. 302. — Le *Plunger* en marche.

Le *Fulton* ayant eu également besoin de quelques améliorations avant d'être soumis à de nouveaux essais, ceux-ci ne purent avoir lieu que du 1er au 10 du mois de juin 1904.

Une Commission, composée de 5 officiers, constata que le *Fulton* s'immergeant au repos était resté une heure à la profondeur de 6 à 7 mètres. Le temps nécessaire pour passer de la surface à une profondeur de 6 mètres fut de 11' 50''. Le diamètre au cercle d'évolution à toute vitesse, en émersion, a été de 280 mètres, le *Fulton* employant 2'34" à parcourir le cercle complet. En immersion, ce diamètre mesure seulement 115 mètres, et le temps nécessaire pour le parcourir est de 1'36".

Le rayon d'action à la vitesse maxima de 7^n,86 à la surface serait de 286 milles, et de 680 milles à là vitesse économique de 6^n,13 à l'heure.

La Commission a constaté que le *Fulton* réalisait un progrès sur *l'Adder* au point de vue de l'habitabilité et de la sécurité.

LE « PLUNGER » DE HOLLAND (1895 - 1902)

Le 1er février 1902 a été lancé le dernier *Plunger* (fig. 300 à 302), en construction depuis plusieurs années à Elizabethport, aux chantiers de Lewis Nixon. Il est le troisième de ce nom et le dixième ou douzième *Holland*. Depuis la mise en chantier du premier *Plunger*, les modifications introduites successivement dans le projet initial conduisirent à transformer le modèle primitivement adopté, au point que le *Plunger*, lancé en 1902, n'a plus rien de commun avec celui mis en chantier au début. Ce sous-marin a 19 mètres de longueur, 3^m,30 de diamètre à la partie renflée.

Le moteur à vapeur prévu au début a été remplacé par un moteur à pétrole. Une dynamo sert pendant la plongée.

Ce qui caractérise le *Plunger*, c'est son dôme, en forme de coupole hémisphérique, qui le différencie de ses frères. Ce qui le distingue, à un autre point de vue, c'est d'avoir eu l'honneur de recevoir le Président Roosevelt, qui fit à bord, le 25 août 1905, une excursion sous-marine à Long-Island, près d'Oyster-Bay.

LE «PROTECTOR » DE SIMON LAKE (1902)

Le 1er novembre 1902 fut lancé à Bridgeport (Connecticut) le *Protector*, dernier modèle *d'Argonaute* dû au capitaine Simon Lake (fig. 303 à 308).

Fig. 303. La tourelle et le pont du *Protector* de Simon Lake.

Ce bateau sous-marin à roues offre les mêmes dispositions générales que ses aînés. Il a été établi, toutefois, plus spécialement en vue de la guerre navale et de la destruction des mines sous-marines.

Il a une tourelle de commandement blindée , en acier et en bronze, de forme ovale, de 3 mètres de longueur sur $1^{m},50$ de largeur et 2 mètres de hauteur. Un trou d'homme y donne accès. Dans cette tourelle se trouvent tous les appareils de vision et de commande. Un petit habitacle, de dimensions suffisantes pour y loger la tête, surmonte cette tourelle et sert d'observatoire quand le bateau est immergé à fleur d'eau.

La coque, en acier, est fusiforme, renflée à l'avant. Elle mesure 20 mètres de longueur sur $4^{m},20$ de diamètre au maître-couple. Le déplacement du bateau est de 136^{tx} lège, 157^{tx} à fleur d'eau et 174^{tx} en immersion complète.

Le tirant d'eau est de $3^{m},37$ en navigation à la surface.

A la partie inférieure se trouvent deux roues destinées au déplacement sur le fond de la mer. Dans l'espace intermédiaire est placé le lest de sécurité formé par une partie détachable de la quille. Il y a, en outre, deux poids-ancres aux deux extrémités avant et arrière, près du gouvernail (fig. 305). Deux trous d'hommes, situés de part et d'autre de la tourelle, donnent accès à l'intérieur du sous-marin.

Un plancher divise le bateau à mi-hauteur dans

Fig. 304 - Le *Protector* de Simon Lake en chantier (1902)

presque toute sa longueur. A l'étage inférieur sont logés les accumulateurs électriques au centre, et les réservoirs à lest d'eau, partie vers le milieu et partie vers les extrémités.

A l'étage supérieur, au centre, se trouve une cabine-salon, à l'arrière la machinerie, à l'avant le double compartiment des scaphandriers : le sas à air comprimé et celui de sortie. A l'avant et à la partie supérieure de l'étage sont situés deux tubes lance-torpilles.

Pour l'immersion en marche, M. Simon Lake se sert de gouvernails latéraux auxquels il donne le nom d'hydroplanes, parce qu'ils fonctionnent comme les aéroplanes (fig. 304). La force motrice est fournie par deux moteurs à gaz à 4 cylindres de White et Middleton, de 120 chevaux chacun. Plusieurs dynamos servent à la manoeuvre des ancres, des pompes, etc.

Nous donnons plusieurs vues de l'intérieur du *Protector* qui montrent avec quel soin et quel souci du confort a été installée cette automobile sous-marine, à deux roues comme une motocyclette.

M. Simon Lake aura eu le mérite de montrer, pratiquement, que les projets de Halstead et de ses émules, qui n'ont pas réussi, étaient des conceptions réalisables et d'une application industrielle courante.

La vitesse du *Protector* a été de $8^{n},5$ à la surface et de $5^{n},65$ en plongée. Le gouvernement des États-Unis n'ayant pas voulu acquérir ce bateau, il a été acheté par la Russie, pendant la guerre russo-japonaise et porte actuellement le nom de *Ocietr*.

Le « Simon - Lake X »
(1904)

Le 27 octobre 1904 a été lancé à Newport News le *Simon-Lake X* du type *Argonaute-Protector*. Ses dimensions sont : $20^{m},7$ de longueur, $3^{m},50$ de largeur. Il déplace 160 tonneaux. Il a deux moteurs à gazoline de 125 chevaux chacun et deux dynamos de 75 chevaux pour l'immersion.

Fig. 305. — Coupe longitudinale du *Protector* de Simon Lake.

Sa haute tourelle blindée porte un omniscope de l'invention du capitaine Lake, servant pendant les parcours en immersion complète. Une chambre de plongée, comme dans les sous-marins similaires, permet de sortir du bateau, lorsqu'il repose au fond sur ses deux roues, pour couper des câbles, placer ou enlever des mines.

Il est armé de trois tubes et de cinq torpilles.

Semi-submersibles de Clarence Le Burgee (1904)

En 1904, l'Amirauté américaine, entrant dans une voie nouvelle, donna commande de quatre semi-submersibles d'après les plans de M. Clarence Le Burgee. Ces nouveaux torpilleurs se composent d'une coque sous-marine en forme de cigare renfermant les moteurs, les logements, les torpilles et les tubes de lancement, etc., et d'une autre coque formant flotteur à la surface. Celle-ci est divisée en un grand nombre de compartiments remplis de cellulose, formant cofferdam, pour la protéger contre les projectiles. Les deux coques sont réunies par un tube de $0^m,80$ de diamètre. Un kiosque cuirassé sert pour le commandement. Les moteurs sont à gazoline.

Deux de ces bateaux ont 32 mètres de longueur et les deux autres 24 mètres seulement. Ces semi-submersibles dérivent des projets d'*hémi-plongeurs* de Donato Tommasi (V. p. 269), de semi-submersibles de Lagane (V. p. 273) et de Berkley et Hotchkiss (V. p. 274).

Fig. 306. — Cabine salon du *Protector* de Simon Lake.

« Viper » – « Cuttlefish » – « Tarantula » – « Octopus » de Holland (1905 - 1907)

Au mois de mars 1905, furent mis en chantier, à Quincy (Mass.) par la *Holland Électric Boat CY*, quatre nouveaux sous-marins : *Viper, Cuttlefish, Tarantula* et *Octopus*, ce dernier un peu plus grand que les autres.

Les caractéristiques des trois premiers sont : L = $24^m,70$; l = $3^m,59$; D = 170^{tx} en plongée. L'armement comprend un tube à l'avant et 3 torpilles ; V = $9^n,75$ à la surface, $8^n,4$ en immersion.

L'Octopus a $32^m,3o$ de longueur, $4^m,37$ de largeur et déplace 238^{tx} en surface et 275^{tx} en plongée. Sa vitesse de $11^n,5$ en surface est obtenue par des moteurs à gazoline; en plongée elle est de $9^n,5$, donnée par des moteurs électriques qu'alimentent des accumulateurs. Il est muni d'appareils de télégraphie sans fil. L'équipage comporte 15 hommes.

Les essais de résistance des coques ont été faits à 62^m de profondeur, pendant 40 minutes.

En mai 1907 *l'Octopus* s'est rendu de Newport à Boston par ses propres moyens, accomplissant le trajet de 180 milles à une vitesse moyenne de 11^n ».

Fig. 307. — Poste de l'équipage du *Protector*.

Fig. 308. — Vue de la chambre des machines du *Protector*.

« Bonita » – « Snapper » – « Stingray » – « Tarpon » – « Narwhal » – « Grayling » « Salmon » de Holland (1907-09)

En octobre 1907, furent commandés à la *Holland Electric Boat CY* sept sous-marins du type *Octopus*. Les quatre premiers : *Bonita, Snapper, Stingray* et *Tarpon* ont 35^{m} de longueur,

Fig. 309. — Le Stingray.

238^{tx} de déplacement en surface et 275^{tx} en plongée ; leur vitesse est de 11^{n} en surface et de 9^{n},5 en plongée. Ils sont pareils à *l'Octopus*. L'armement comprend 2 tubes lance-torpilles.

Les trois autres : *Narwhal, Grayling* et *Salmon* sont un peu plus grands. Ils mesurent 41^{m},15 de longueur et ont un déplacement de 280^{tx} en surface et de 345^{tx} en plongée. Leur vitesse est de 13^{n},5 en surface et de 10^{n},5 en plongée.

Leur armement comporte 4 tubes lance-torpilles à l'avant.

« Seal » de Simon Lake (1909- 11)

Le *Seal* de Simon Lake a 410^{tx} de déplacement en surface, 500 en immersion. Il a été mis en chantier à Newport News en 1909. Le lancement eut lieu le 8 février 1911 ; mais les essais ne sont pas encore faits.

« Carp » – « Barracuda » – « Pickerel » – « Skate» – « Skipjak » – « Sturgeon » de Holland (1909-11)

Ces bateaux, commandés en 1909, sont une modification de la classe *Narwhal.* Ils sont un peu plus grands. L = 49^{m},10 ; D = 370^{tx} à la surface et 435 en immersion ; V = 14^{n}/9^{n}, 5 .

L'armement comporte 6 tubes lance-torpilles, dont 4 à l'avant et à l'arrière, et 10 torpilles. Les essais n'ont pas encore eu lieu.

« Tuna » de Simon Lake
(1909 -)

Les caractéristiques du *Tuna* sont : L = 48^{m} ; D = 400^{tx}/500^{tx} ; V = 14^{n}/9^{n},5.

« Thrasher » de Laurenti
(1909 -)

Poursuivant son évolution vers les submersibles, l'Amirauté américaine a donné commande à l'ingénieur italien Cesare Laurenti, de la Fiat-San Giorgio, d'un submersible moderne qui a été mis en chantier en 1909, chez Cramp, à Philadelphie. Il a reçu le nom de *Thrasher.* Son déplacement est de 360^{tx} à la surface et 465 en immersion. La vitesse prévue est de 14^{n} à la surface et de 9^{n},5 en immersion. Le rayon d'action sera de 2700 milles. L'armement comportera 4 tubes lance-torpilles, dont 2 en avant et 2 en arrière, avec 8 torpilles.

Nouveaux sous-marins
(1911 -)

En mars 1911, quatre nouveaux sous-marins type *Holland* ont été commandés à l'*Electric Boat Cy.* Ils sont du type *Carp*.

ANGLETERRE

Série A. – Série B. – Série C. – Série D. – Série E (Type Holland-Wickers, Sons & Maxim).

Nous avons vu l'accueil fait en Angleterre, au commencement du XIXe siècle, à Fulton et aux offres de ses torpilles et de ses sous-marins (V. p. 192).

L'observation du comte de Saint-Vincent, relative à l'inutilité pour les maîtres de la mer des engins proposés, qui, s'ils réussissaient, les priveraient de leur supériorité, était frappée au coin du bon sens, et il semble surprenant qu'un habile homme d'État comme William Pitt n'y eût pas songé spontanément.

Cette raison, donnée au commencement du XIXe siècle, était toujours valable au cours des cent années qui se sont écoulées depuis les premières tentatives de Fulton. Aussi, avec leur sens pratique et une merveilleuse continuité dans leur ligne de conduite, les divers hommes d'État qui se sont succédé au pouvoir, dans le Royaume-Uni, ont-ils toujours écarté les offres qui leur furent faites par les inventeurs de doter la marine britannique de ces nouvelles unités de combat.

Tous les essais faits en Angleterre, depuis ceux de Drebbel jusqu'à ceux de Waddington, de Nordenfelt, de Campbell et Ash et de tant d'autres, sont restés lettre morte. Tous les inventeurs furent éconduits ; aucun ne fut écouté car il n'est pire sourd que celui qui ne veut pas entendre.

Fig. 310 - Le premier sous-marin anglais n° 1 (type Holland)

Fig. 311. — Le sous-marin anglais n° 2 en marche.

Si les lords de l'Amirauté ont prêté parfois une oreille attentive à certaines propositions, c'est qu'elles avaient pour objet des appareils ou engins à employer contre les sous-marins.

Le spécifique de Fulton contre le mal politique de la guerre étant considéré par eux plutôt comme un poison, ils en recherchèrent l'antidote d'autant plus avidement que la navigation sous-marine réalisait des progrès plus considérables et gagnait plus de terrain. Filets pare-torpilles ou filets pour pêcher les sous-marins — cherchant à renouveler sous cette forme les anciens combats des gladiateurs et des rétiaires — torpilles dirigeables, microphones, etc., rien ne put lutter contre ces nouveaux adversaires qu'il est difficile de saisir avec un filet, comme de simples harengs.

En présence des progrès réalisés, tant en France qu'en Amérique et en Italie, des membres de la Chambre des Communes s'émurent et questionnèrent l'Amirauté, dont la placidité voulue ne suffisait pas à calmer leur inquiétude.

Fig. 312. — Le sous-marin anglais n° 3 en marche.

Fig. 313. — Le sous-marin anglais n° 4 en marche.

A une première interpellation de M. Mac Laren, lord Goschen, premier lord de l'Amirauté, répondit dédaigneusement :

> L'idée de la navigation sous-marine est une idée maladive. Il n'y a pas à tenir compte des sous-marins dans une guerre navale. Si l'Amirauté, sous la pression de l'opinion publique, venait à construire des sous-marins, elle ne le ferait qu'au moment opportun, et après avoir connu ce qu'on peut attendre de cette arme.

La pression de l'opinion publique ne tarda pas à se faire sentir de nouveau.

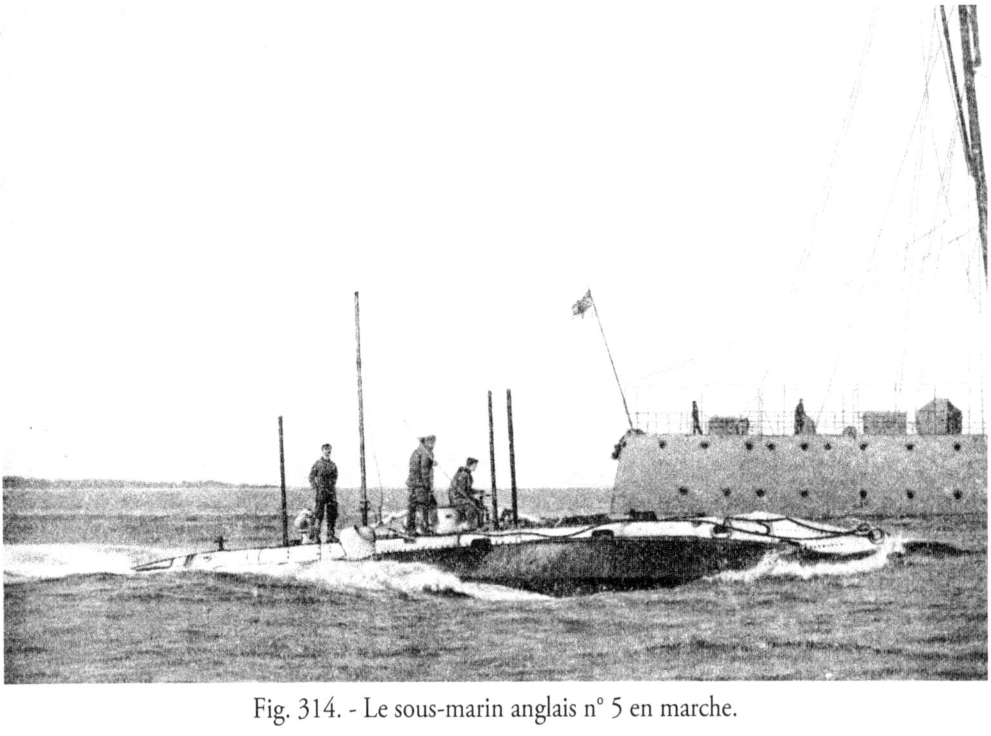

Fig. 314. - Le sous-marin anglais n° 5 en marche.

Questionné pour la seconde fois, lord Goschen déclara que l'Amirauté suivait avec attention les recherches des autres nations, tout en continuant à ne pas vouloir de sous-marins pour l'Angleterre.

Elle songe seulement, dit-il, aux moyens pratiques de se protéger contre eux.

Devant l'obsédante et lancinante question, et pour se débarrasser une bonne fois des importunes interpellations, le premier lord de l'Amirauté voulut toucher le point faible du sentiment britannique : son légitime orgueil et sa confiance dans la puissance de sa flotte et la richesse de la nation.

> Le sous-marin est l'arme des puissances pauvres, s'écrie-t-il à la séance des Communes du 13 mai 1900.

Fig. 315. — Le sous-marin anglais A2 en marche.

M. Arnold Forster, peu satisfait de cette déclaration, bien que fort juste en elle-même, revint à la charge et fit observer très judicieusement que :

> Si l'on parvient à rendre le sous-marin pratique, la nation qui le possédera cessera d'être faible et deviendra réellement puissante. Plus que personne nous aurions à craindre les attaques des sous-marins. Il n'était donc pas bon de laisser avec indifférence les autres nations travailler à la solution du problème sans essayer nous-mêmes de le résoudre.

Le jeune membre de la Chambre des Communes avait touché juste et il se trouvait être le porte-parole de la majorité. Aussi le voyons-nous devenir bientôt membre de l'Amirauté et donner des commandes de sous-marins. Le budget de 1901-1902 portait le crédit nécessaire à la construction de cinq de ces bateaux. La puissante nation britannique se décidait à s'armer de l'*arme du faible*, c'était le triomphe du sous-marin.

Toutefois une certaine réaction suivit dans la presse, surtout dans celle qui soutient les intérêts des métallurgistes et des grands constructeurs.

On chercha à déprécier la nouvelle arme. Le 15 février 1901, *l'Engineer*, examinant la question des sous-marins, s'exprimait ainsi :

Fig. 316. — Le sous-marin anglais A3 au repos.

Fig. 317. — La tourelle d'observation d'un sous-marin anglais type A modifié.

Fig. 318. — Le sous-marin anglais *B1* au repos.

C'est une embarcation de faible tonnage, instable, dangereuse, qui ne peut pas prétendre à plonger par grosse mer, qui ne peut le faire en tout cas en moins d'un quart d'heure et qui, une fois descendue, devient aussi peu clairvoyante qu'une chauve-souris et incapable de marcher même pendant un mille avec la moindre certitude de la direction dans laquelle elle se meut. Cette embarcation,

Fig. 319. — Le sous-marin anglais *B1* en marche.

marchant à tâtons dans la mer à 2 ou 3 nœuds, ne peut faire que peu de chose, sauf par chance, contre un navire à l'ancre ; contre une flotte en marche, elle serait complètement impuissante.

Le problème du bateau sous-marin peut être résolu, nous ne le regardons pas comme impossible. Nos très habiles et très ingénieux voisins peuvent réussir, mais ils n'ont pas encore fait assez de chemin dans cette voie pour que l'Amirauté britannique ait à s'en émouvoir.

Fig. 320. — Le sous-marin anglais *B1* vu de face.

Cependant quelques membres de cette Amirauté et l'opinion publique commencèrent bientôt à s'émouvoir, devant la réussite des sous-marins français.
Il est probable, s'exprimait *l'Army and Navy Gazette* du 18 janvier 1901, que si l'Amirauté voulait essayer quelques bâtiments sous-marins pour expériences, cela pourrait dissiper certain malaise. Au moins alors, serions-nous mis à même d'en connaître définitivement la valeur. Nous ne pouvons douter que les constructeurs anglais ne soient capables d'établir des bateaux sous-marins ou submersibles égaux à ceux que possèdent les Français ou les Américains. Pourquoi l'Amirauté anglaise ne donnerait-elle pas pour instruction à MM. Armstrong, Vickers, Yarrow et Thornycroft, et peut-être à d'autres encore, d'en fabriquer ?
Des prix pourraient être offerts pour les meilleurs bâtiments français et américains et des épreuves concurrentes décisives être instituées pour fixer la valeur des différents types. Il ne serait plus alors possible de reprocher à l'Amirauté son inaction.

Fig. 321. - Quatre sous-marins anglais au mouillage sous la garde d'un cuirassé qu'ils protégeront à leur tour.

SÉRIE « 1 » – « 2 » – « 3 » – « 4 » – « 5 » DE HOLLAND-VICKERS, SONS & MAXIM (1901 - 02)

Au lieu de perdre du temps et de l'argent à tâtonner, le gouvernement britannique fit de suite l'acquisition de cinq sous-marins du type *Holland*. M. Isaac L. Rice, président de la *Holland Torpedo Boat C^Y*, conclut un accord avec MM. Vickers, Sons et Maxim, de Barrow-in-Furness, et les chargea du soin de construire ces sous-marins.

> Il nous semble, dit l'ingénieur Cuniberti de la marine italienne, dans la *Rivista Marittima* de novembre 1901, qu'étant données les conditions anglaises le modèle acquis est celui qui convenait le moins à la marine britannique. Que les pays moins puissants sur mer, avec des budgets moins gros, et avec des villes florissantes non défendues sur les côtes, pensent à se pourvoir de petits sous-marins, à rayon d'action peu étendu, cela peut à la rigueur s'expliquer ; mais que la formidable marine britannique, dont le programme doit être certainement d'aller porter la guerre sur les côtes des autres pays, ait fait cela, c'est ce que l'on ne comprend pas.
>
> Il est probable que cette acquisition est simplement un moyen rapide pour offrir aux ingénieurs anglais un nouveau champ d'études dont les fruits ne se verront qu'à la prochaine commande.

C'est en effet le but que s'était proposé l'Amirauté anglaise en donnant sa première commande. Les sous-marins de la première série sont du type *Adder* que nous avons déjà décrit (V. p. 371) et ont reçu les n°s 1-2-3-4 et 5.

Voici d'ailleurs d'après le journal *Engineering* les principales caractéristiques du nouveau sous-marin anglais :

> Identique pour la forme et les dispositions d'ensemble au *99* n° 7 (V. p. 369), le navire anglais a 19 mètres de longueur, 3^{m},53 de largeur, 120 tonnes de déplacement (le navire étant immergé), 9 nœuds de vitesse à la surface et 7 nœuds sous l'eau. Un tube lance-torpilles placé à 0^{m},6o sur l'eau contiendra une torpille Whitehead de 0^{m},45. Quatre autres engins identiques constitueront l'approvisionnement offensif du navire.
>
> Quelles sont maintenant les qualités que possédera le sous-marin anglais ?
>
> A la surface, sa machine à gazoline, d'une force de 160 chevaux, lui imposera une vitesse de 10 nœuds qu'il pourra soutenir pendant 40 heures, soit un rayon d'action de 400 milles marins, c'est-à-dire 3 fois environ le parcours (aller et retour) entre Portsmouth et Cherbourg. Au-dessous de l'eau, sa batterie d'accumulateurs ne pourra lui fournir assez d'énergie que pour marcher pendant 4 heures, à la vitesse de 7 nœuds, soit un rayon d'action de 27 milles, très inférieur par conséquent à celui des sous-marins français et américains.
>
> Pour plonger, le navire sera obligé de s'enfoncer par l'avant, ce qui pourra être dangereux par grosse mer. Enfin, d'après le marché même conclu avec la maison Vickers-Maxim, le navire ne pourra lancer sa torpille que lorsque la tourelle sera à fleur d'eau, c'est-à-dire à découvert aux coups de l'ennemi. En effet, la coque du navire sera assez épaisse pour lui permettre de descendre à une profondeur de 32 mètres, et il sera muni de plusieurs cloisons étanches dont les compartiments ne communiqueront entre eux que par des portes s'ouvrant et se fermant automatiquement. La tourelle d'observation, circulaire, munie de sabords à triple paroi de verre, a un diamètre de 81 centimètres et est protégée par une cuirasse d'acier au nickel de 13 centimètres d'épaisseur. Le haut de la tourelle est traversé par un tube optique.

Le n° I, premier sous-marin anglais, fut lancé le 2 octobre 1901 à Barrow.

Les essais faits avec ce modèle permirent de perfectionner les suivants, qui furent successivement lancés les 21 février, 9 et 23 mai et 6 juin 1902, à quelques mois d'intervalle les uns des autres.

Le 2 fut muni d'appareils de télégraphie sans fil. Escortés par le torpilleur *Hazard*, le 2 et le 4 se rendirent de Barrow à Portsmouth par leurs propres moyens.

Fig. 322. — Sous-marin anglais B4 avec l'installation de la T. S. F.

Série «A1» – «A2 » – « A3 » – « A4 » de Holland-Vickers, Sons & Maxim (1901-03)

Procédant par séries ou batteries, le gouvernement britannique mit en chantier une nouvelle batterie de 4 sous-marins, mais en augmentant les dimensions et le tonnage primitifs et en les portant à 30^{m},50 de long, 3^{m},86 de large et à 180 tonneaux de déplacement. Le moteur à gazoline et à 12 cylindres, d'une puissance de 500 chevaux, imprime une vitesse de 11^{n} en surface et 7^{n},5 en plongée. L'armement comporte deux tubes lance-torpilles.

Le A1, premier de la nouvelle série, fut lancé le 16 avril 1903. La tourelle en acier a été remplacée par une tourelle en bronze, pour améliorer les conditions de la boussole. Près d'un an après son lancement, il coula à la suite d'une collision avec le *Berwick-Castle*. Il y avait deux officiers et neuf hommes à bord.

C'était le 18 mars 1904. La flottille des sous-marins de Portsmouth procédait à des exercices. Le A1, commandé par le lieutenant de vaisseau Mansergh, avait reçu l'ordre de se tenir en observation, immergé et avec son tube optique dehors, non loin du cap Nab. A 2h. 10, le transatlantique *Berwick-Castle*, de l'*Union-Castle Steamship C^{Y}*, en passant près du bateau-phare du Cap Nab pour se rendre à Hambourg, sentit un double choc sur la gauche, dû à un corps flottant entre deux eaux. Il s'arrêta, retourna en arrière et, n'ayant constaté qu'un simple remous, comme en produisent les hélices, il se contenta de signaler le fait au bateau-phare et continua sa route. Il n'avait eu qu'un léger renfoncement à la coque.

Le retard du A1 à regagner Portsmouth provoqua l'inquiétude, on fit des recherches, et le soir même à 11 heures, on constata qu'à l'endroit où le *Berwick-Castle* avait senti un choc, des bulles d'air apparaissaient à la surface.

Le lendemain matin, des scaphandriers découvrirent le sous-marin et ayant frappé sur la coque ne reçurent aucune réponse. L'équipage était mort. Le sous-marin reposait sur le fond,

Fig. 323. — Quatre sous-marins anglais *C1* dans un dock.

à une douzaine de mètres seulement de profondeur, enfoncé dans la vase, légèrement incliné sur la gauche, ayant seulement 1^{m},8o de la proue et 0^{m},90 de la poupe libres.

Il est probable que le commandant du A1, absorbé, dans son observation du croiseur *Juno* qu'il devait torpiller, n'aura pas vu arriver le *Berwick-Castle*.

En effet son périscope n'avait comme champ de vision qu'un secteur de 45° ; il devait être souvent tourné pour explorer l'horizon entier. Ce périscope fut trouvé tordu par suite du choc. Le A1, s'immergeant au moyen des gouvernails et en marche, aura mis plus de temps pour s'immerger qu'il n'en a fallu au *Berwick-Castle* pour l'atteindre. S'il avait été muni d'hélices-lest à axe vertical, comme le *Nordenfelt, le Pullino*, etc., ou de gouvernails Antoni, il aurait pu, si les fonds le permettaient, éviter le choc en s'immergeant verticalement.

Le 6 août 1910 le A1 se préparait à faire des expériences de plongée, à l'entrée du port de Portsmouth, lorsqu'une explosion, due à l'inflammation des vapeurs de gazoline, projeta à vingt mètres de hauteur le lieutenant Blunson, qui se trouvait dans la tourelle ouverte. L'officier eut une jambe brisée et l'équipage fut plus ou moins grièvement brûlé et subit un commencement d'asphyxie. L'accident n'eut pas d'autre suite, des secours ayant été rapidement apportés par six autres sous-marins qui se trouvaient dans le voisinage.

Série «A5 – A 14» de Holland-Vickers, Sons & Maxim (1903 - 04)

Les dix sous-marins suivants, de la série A, eurent leur tonnage augmenté et porté à 200 tonneaux. Le moteur à gazoline à 16 cylindres est de 550 chevaux. La construction en a été confiée aux chantiers Vickers, Sons et Maxim, de Barrow.

Le 16 février 1905, à Queenstown, en Irlande, le sous-marin A5, qui venait d'y arriver, sauta au cours de sa première sortie d'exercices, à la suite d'une double explosion qui causa la mort d'un officier et de cinq hommes.

Le 8 juin 1905, le A8, avec 14 hommes à bord, s'est perdu au large de Devon-port, au cours des exercices qu'il faisait sous les ordres du commandant Hall. Il embarqua de l'eau comme le *Farfadet*. Le A8 repose par une profondeur de 27 mètres entre Penlee-Point et l'extrémité Ouest du brise-lames.

Série « B1 – B11 » de Holland-Vickers, Sons & Maxim (1903 - 05)

En 1903, l'Amirauté fit construire chez Vickers, Sons et Maxim un nouveau modèle, type B, d'un tonnage supérieur à celui de la série A.

Fig. 324. — Le sous-marin anglais *C10*.

Le type B déplace 313 tonneaux en immersion et mesure 39^{m},60 de longueur et 4 mètres de diamètre maximum. La puissance motrice a été portée à 850 chevaux et le rayon d'action à 500 milles à 13^{n}.

Après la construction du premier modèle B, on mit dix autres sous-marins en chantier en 1904.

Série « C1 – C 38 » de Holland-Vickers, Sons & Maxim (1905 - 09)

Les dimensions de la série C sont les mêmes que pour la série B, toutefois ces sous-marins sont munis de 2 hélices qui leur impriment une vitesse de 14^{n} à la surface et de 10^{n} en immersion. Ils ont 2 périscopes.

Dans la nuit du 14 juillet 1909 le C II , naviguant en compagnie de neuf autres sous-marins, fut coulé au large de Cromer par le paquebot *Eddystone* qui se rendait à Hull. Les deux officiers de quart et un marin qui se trouvaient près de la tourelle de la sortie purent se sauver, mais les autres hommes de l'équipage coulèrent avec le C II à 28^{m} de profondeur. Le bâtiment, qui naviguait à la surface, a coulé en 35 secondes. Cette rapidité, qui explique le grand nombre de morts, est la meilleure preuve que les sous-marins anglais ont une flottabilité et un cloisonnement insuffisants.

Série « D1 — D12 » de Holland-Vickers, Sons & Maxim (1906 - 09)

Continuant à augmenter les dimensions de ses sous-marins l'Amirauté anglaise mit en chantier, en 1906-08, douze unités de la nouvelle série D dont le déplacement en immersion atteint 600^{tx}, la puissance motrice 850 chevaux, la vitesse à la surface 16^{n} et le rayon d'action 2 000 milles. L'armement comporte 4 tubes, dont 2 à l'avant et 2 à l'arrière.

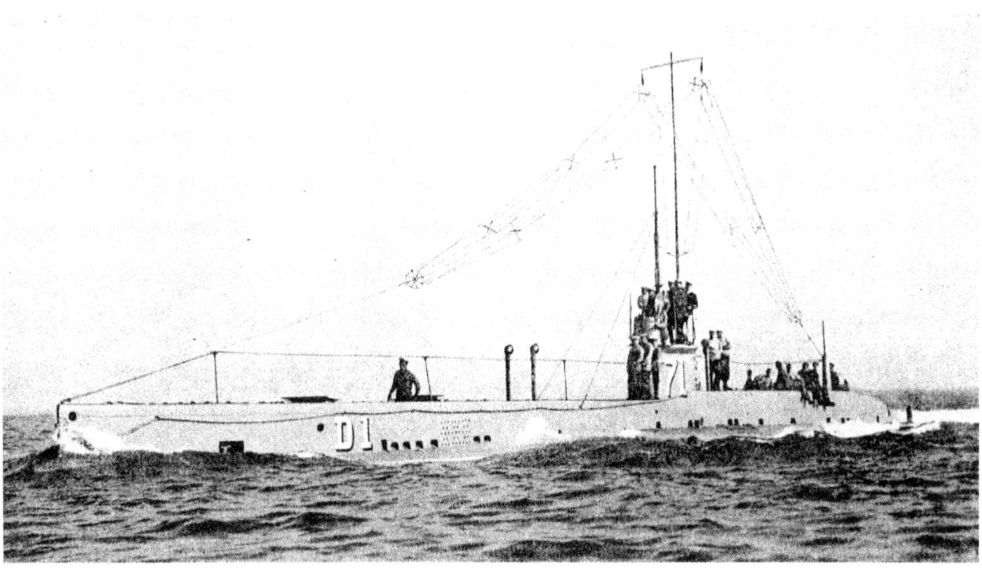

Fig 325. — Sous-marin anglais *D1* avec l'installation de la T. S. F.

Série « E » de Holland-Vickers, Sons & Maxim.
(1911-)

Continuant dans la même voie elle vient de commencer, en 1911, la construction de 2 unités série E dont le déplacement sera porté à 800^tx en immersion. L'Angleterre possède actuellement environ 74 sous-marins.

ALLEMAGNE

Type Howaldt. – Type d'Equevilley. – Série Ui de la Germania-Krupp. – Bateau-renfloueur *Vulkan*.

Les renseignements relatifs aux sous-marins allemands manquent en général de précision et sont peu détaillés : cela tient au soin jaloux avec lequel les Allemands gardent secrètes leurs expériences. Il est cependant un fait avéré : c'est que la question des sous-marins intéresse très vivement le gouvernement allemand bien qu'il semble, en apparence, y attacher une importance secondaire.

Pendant de longues années l'Amirauté allemande s'est montrée indifférente aux sous-marins. Toutefois divers essais furent tentés.

Type Howaldt
(1902)

En 1902, un petit sous-marin a été construit dans un chantier privé. Il a donné des résultats satisfaisants au cours des essais effectués à Holtenau.

En cette même année, les chantiers Howaldt de Kiel ont construit un sous-marin de 15 mètres de longueur et 2 mètres de diamètre (fig. 326).

> Les Allemands avec leur ténacité habituelle, dit M. Lestonnat, poursuivent activement la construction des sous-marins. Ils n'annoncent pas leur mise en chantier, ils les lancent sans cérémonie, ils effectuent leurs essais en silence et ce

Fig. 326 - Sous-marin allemand construit aux chantiers Howaldt (1902)

n'est que par hasard, qu'on s'aperçoit tout à coup qu'ils sont à la veille d'avoir une flottille de microbes de la mer tout aussi redoutables que les autres.

« U1 » DE LA FRIED. KRUPP A. G. GERMANIAWERFT (1906)

Fig. 327. — M. R. d'Equevilley.

Le submersible U1 a été construit par la *Fried. Krupp A. G. Germaniawerft* à Kiel, de 1904 à 1906, d'après les plans de base de M. d'Equevilley. Ses caractéristiques sont : L = 42^{m},30; 1= 3^{m},6o à la flottaison ; d = 2^{m},70 pour la coque sous-marine; D = 235^{tx} ; V = 10^{n},9 en surface et 8^{n},7 en plongée. Le rayon d'action est de 1400^{m} à la surface. Le pétrole brûlé est remplacé automatiquement par de l'eau de mer pour compenser la perte de poids.

Deux moteurs à pétrole lampant système Koerting, à 6 cylindres, de 200 chevaux effectifs, à 500 tours, actionnent 2 hélices. En plongée, ce sont des moteurs électriques qui agissent. La durée de la plongée peut être de 24h avec un équipage de 10 hommes.

Deux paires de gouvernails d'immersion se trouvent placées l'une à l'avant et l'autre à l'arrière.

L'armement comporte un tube et trois torpilles.

Fig. 328. - Le sous-marin allemand U1 naviguant à la surface.
(Type Germania-Krupp.)

« U2 » – « U16 » (1907- 11)

Pour les submersibles suivants le déplacement a été augmenté et porté à 300^{tx} en plongée. Les U2, U3, U4, U9, U10, U11, U12, U13, U14, U15 ont été construits à Dantzig, dans les

Fig. 329. - Le bateau-renfloueur *Vulkan*. Vue de l'une des extrémités, montrant le chenal longitudinal.

chantiers de l'État. Les U1, U5, U6, U7, U8, U16 à Kiel-Gaarden.

Les U5 à U12 ont été lancés en 1910-11. Quatre autres submersibles sont en construction à Kiel-Gaarden aux chantiers de la Germaniawerft.

Bateau - renfloueur « Vulkan » (1907 - 08)

L'Amirauté allemande, en prévision d'accidents aux sous-marins, a fait construire, tout spécialement, un navire de sauvetage auquel elle a donné le nom de *Vulkan*.

Ce bateau, qui a été lancé le 28 septembre 1907, a l'aspect d'un paquebot. Il est évidé longitudinalement, offrant un tunnel, découvert dans la plus grande partie de sa longueur, pour y loger le sous-marin lorsqu'il sera renfloué (fig. 329 à 332).

Au milieu du bateau ou double ponton formant dock sans fond, deux robustes arches en acier, reliées par un pont également en acier, reçoivent le mécanisme de soulèvement. Ce bateau-renfloueur est préférable aux chalands jumelés, car il évite les déplacements relatifs.

Le *Vulkan* a été construit à Kiel, dans les chantiers Howaldt, d'après les plans de l'ingénieur Philippe von Kletzing. Son déplacement est de 500^{tx}. Il a 70^{m} de long.

Pour relever un sous-marin coulé on se placera juste au-dessus, on l'amarrera par des câbles et palans qui le soulèveront de manière à l'amener sous le pont surélevé. Des poutres à charnière se rabattront alors comme un pont-levis et formeront au-dessous du sous-marin un plancher amovible que l'on enlèvera une fois les réparations faites. Le *Vulkan* possède des ate-

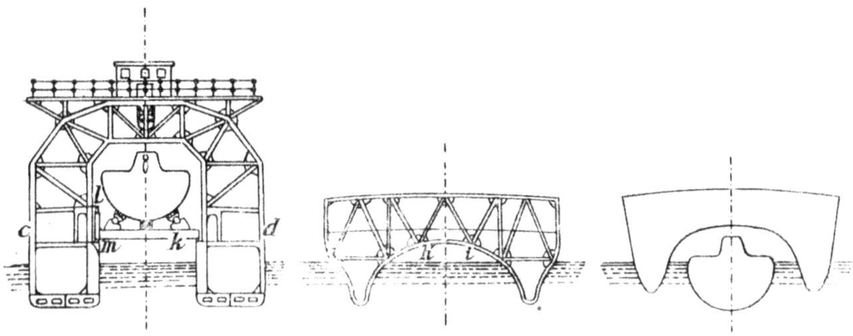

cd chevalement métallique de la partie médiane du bateau-renfloueur.
mk pont-levis.
l sous-marin renfloué.
ki chevalements de poupe et de proue.

Fig. 330 à 332 - Trois coupes transversales du Vulkan montrant les différentes positions du sous-marin renfloué.

liers de réparation et des logements pour les équipages et les ouvriers. De puissantes pompes d'épuisement permettent de vider l'eau contenue dans les sous-marins coulés.

Les essais de vitesse ont donné 14 milles en moyenne. Les essais de renflouement ont été si satisfaisants que l'on a décidé de construire un autre bateau-renfloueur semblable. L'Amirauté allemande compte doter chaque base maritime d'un bateau-renfloueur de ce genre.

RUSSIE

Série Delphin de Boubnoff. — Le Pietro-Kochka de Kolbasieff et Kouteïnikoff. — Série Somde Holland. — Le Forel de d'Equevilley. — Série Karp de la Germania-Krupp. — Série Ocietr de Simon Lake. — Le Potchtovoï de Drzewiecki. — Aquablindé de Drzewiecki. — Projet de croiseur-cuirassé submersible de Shuravieff.

En Russie on s'est beaucoup occupé de la construction des sous-marins et submersibles. L'Amirauté russe possède un échantillonnage des divers modèles. Indépendamment de 6 sous-marins du type *Holland* de 125 tonneaux, de 10 du type Lake, de 9 du type Boubnoff et de 5 du type Germania-Krupp, la flottille de sous-marins russe comprend encore un sous-marin Drzewiecki de 135 tonneaux et plusieurs autres sous-marins et submersibles en construction.

Il ne manque à la collection que des submersibles système Laubeuf et système Fiat-Laurenti, c'est-à-dire précisément ceux qui ont donné jusqu'ici les meilleurs résultats en service.

« Delphin » – « Cheremetieff » – « Kassatka » – « Skat » – « Nalim » – « Okougn » – « Makrel » – « Minoga » – « Akoula » de Bounboff (1901 - 03 - 06 - 09)

Les Chantiers de la Baltique, à Saint-Pétersbourg, ont construit de 1901 à 1906, 9 sous-marins du type Boubnoff : *Delphin*, de 1901 à 1903 ; *Cheremetieff, Kassatka, Skat, Nalim, Okougn, Makrel*, de 1904 à 1905, enfin *Minoga* et *Akoula* de 1906 à 1909. Ils se rapprochent du type *Holland*, mesurent 23^{m},50 de longueur, 4^{m},25 de largeur et ont un déplacement de 175^{tx}, sauf *Akoula* qui a un déplacement de 360^{tx}. Ils sont mus, à la surface, par un moteur à gazoline de 200 chevaux qui doit donner une vitesse de 10 nœuds et, en immersion, par un moteur électrique qu'alimentent des accumulateurs. Ils ont un équipage de 12 hommes et sont armés d'appareils lance-torpilles système Drzewiecki.

Ces bateaux diffèrent du type *Holland* en ce que les appareils lance-torpilles sont placés extérieurement et non intérieurement. En outre, ils plongent en restant dans la position horizontale au moyen d'un gouvernail avant et d'un gouvernail arrière, au lieu d'un seul gouvernail arrière.

Le 11 décembre 1903, le premier de ces sous-marins, le *Delphin*, a fait, en trente-six heures, la traversée de Cronstadt à Bjoerkce. Il est resté 10 heures sous l'eau sans remonter à la surface, en conservant une vitesse de 8 nœuds.

Le 20 juin 1904 ce bâtiment a sombré dans la Neva avec 2 officiers et 24 hommes par suite du clapotis que souleva le passage d'un bateau.

Un sous-marin de ce modèle se trouvait à Vladivostok. En mai 1905 il quitta le port et on ne le revit plus.

LE « PIETRO-KOCHKA » DE KOLBASIEFF ET KOUTEÏNIKOFF (1902)

En 1902, le gouvernement russe a fait procéder aux essais d'un petit sous-marin ayant à peu près les dimensions du *Gymnote* et dû à MM. Kolbasieff et Kouteïnikoff.

Ce sous-marin qu'on appela le *Pietro-Kochka*, en l'honneur du marin russe qui se signala par son héroïsme dans la défense de Sébastopol, a été exécuté en différents tronçons démontables pour en faciliter le transport.

Il a été transporté à Sébastopol où il semble avoir été abandonné.

« SOM » – « STERLIAD » – « CHTCHOUKA » – « LOSSOS » – « BIELOUGA » – « PESKAR » DE HOLLAND (1904 -)

En 1904, le *Fulton* de Holland (Voir p. 377) fut acheté par la Russie et envoyé à Vladivostok où il se trouve encore sous le nom de *Som*. Cinq autres sous-marins du type *Holland* se trouvent à Vladivostok et à Libau : ce sont *Sterliad, Chtchouka, Lossos, Bielouga* et *Peskar*.

FOREL DE D'EQUEVILLEY (1903 -)

En 1903, le gouvernement russe acheta le submersible *Forel* (*Truite*) (fig. 333), construit à Kiel, sur les plans de M. d'Equevilley, par les chantiers Germaniawerft, de la Société Krupp.

Le *Forel* était un petit bâtiment d'essai de I7^{tx} dont les caractéristiques étaient : L = 12^{m},35; 1= 1^{m},65 ; V = 7^{n},5/7^{n},7. L'armement se composait de 2 tubes lance-torpilles et de 2 torpilles.

Fig. 333. — Le sous-marin russe *Forel* en gare de Vladivostok.
(Type Germania-Krupp.)

M. d'Equevilley, ingénieur espagnol, ancien élève de l'École du génie maritime de Paris, est également l'auteur d'un petit volume sur les *Bateaux sous-marins et les Submersibles* dans la collection de l'*Encyclopédie scientifique des aide-mémoire*.

Fig. 334. — Le sous-marin russe *Karp* naviguant à la surface.

« Karp » – « Karass » – « Kambala » de la Fried. Krupp A. G. Germaniawerft (1905 - 07)

Trois autres submersibles de ce type furent construits de 1905 à 1907 par la Germania-Krupp pour la Russie ; ce sont : *Karp, Karass* et *Kambala.*

Leurs caractéristiques sont les suivantes : L = $39^m,9$; 1 = $3^m,10$; D =205^{tx}, en navigation à la surface et 236 en plongée. Le tirant d'eau est de $2^m,80$; V = $10^n,8/8^n,8$; R = 1100^M à $10^n,8$ et 40^M à 7^n. L'armement comporte 1 tube lance-torpilles et 3 torpilles.

Le lancement du Karp eut lieu le 30 août 1905 et la presse s'en est beaucoup occupée. Le *Karass* a été lancé le 12 juin 1906 et le *Kambala* le 16 mars 1907.

Ce dernier a été coupé en deux, dans la mer Noire, en juin 1906, par le cuirassé amiral *Panteleimon*, au cours de manoeuvres de nuit. 20 hommes ont péri dans la collision.

Fig. 335. — Chambre des torpilles du submersible russe *Karp*. (Type Germania-Krupp.)

« Ocietr » – « Kefal » – « Bytchok » « Plotva » – « Paltus » – « Sig » Alligator » – « Krokodill » – « Kaïman» « Drakon » de Simon Lake (1904 - 08)

Le *Protector* (V. p. 379), acheté par la Russie, en 1904, reçut le nom de *Ocietr* et fut expédié à *Vladivostok. Kefal, Bytchok, Plotva, Paltus* et *Sig* sont du même type. Les quatre derniers : *Alligator, Krokodill, Kaïman* et *Drakon* construits à Saint-Pétersbourg, dans les chantiers Creighton, ont 38^{m} de long, 400^{tx} de déplacement en surface et 500 en immersion. Ils ont 2 moteurs à gazoline de 1200 Ch. chacun, 2 moteurs électriques et doivent donner 14^{n} à la surface et 6^{n},5 en plongée. Il y eut, en juillet 1909, une très grave explosion de gazoline sur le *Drakon*, en essai à Saint-Pétersbourg. Une quinzaine d'hommes ont été tués ou blessés.

« Potchtovoï » de Drzewiecki
(1904 - 07)

En 1904, fut mis en chantier à l'*Usine métallique* de Saint-Pétersbourg, sur les plans de M. Stéphane Drzewiecki, le *Potchtovoï* qui fut lancé et essayé en 1906 et 1907. Ses caractéristiques sont les suivantes : L= 36^{m} ; l= 3^{m},6o ; D = 135^{tx} en surface et 149 en plongée. V = 11^{n},6 en surface et 6^{n},5 en plongée. Il a 12 hommes d'équipage et 4 appareils lance-torpilles système Drzewiecki. Il est muni de 2 périscopes.

Deux moteurs de 135 chevaux chacun actionnent une seule hélice propulsive pour la marche à la surface. En plongée on ne fait agir qu'un seul des moteurs. Un moteur supplémentaire de 60 chevaux sert à actionner un compresseur qui emmagasine l'air, sous une pression de 200 atmosphères, dans 52 réservoirs de la capacité de 1/4 de mètre cube chacun. La provision ainsi constituée peut servir pendant 5 heures de marche en plongée.

Avant de servir à la carburation dans les moteurs, l'air fourni par les réservoirs accumulateurs fait marcher un moteur à air comprimé à 4 cylindres et produit ainsi en se détendant une puissance de 24 chevaux. Avant de pénétrer dans le dernier moteur, l'air est réchauffé dans un réchauffeur par les gaz d'échappement du gros moteur. Le travail supplémentaire obtenu par la détente de l'air est utilisé pour actionner une pompe aspirante et foulante. Cette pompe aspire les gaz des gros moteurs débouchant dans un grand réservoir de 13^{m3} de capacité, qui sert de flotteur au sous-marin, et refoule les gaz dans l'eau sous le bateau en les faisant échapper par de longs tubes percés d'un très grand nombre de petits trous. Il se forme une sorte d'émulsion qui ne laisse aucune trace dans le sillage du sous-marin.

L'air, après s'être détendu dans le moteur à air, est évacué aux deux extrémités du bateau. Comme il est aspiré par le moteur au milieu du sous-marin, il en balaie l'intérieur dans toute sa longueur et y entretient une excellente ventilation.

Un réservoir spécial de lest d'eau sert à compenser le poids de l'air évacué. Le réservoir à essence, d'une capacité de 4 000 litres, se trouve à l'extrémité du sous-marin et complètement isolé de la partie habitée. Il est en outre en communication directe avec l'eau de mer qui remplace l'essence au fur et à mesure de sa consommation.

La section du *Potchtovoï* n'est pas circulaire, comme dans la plupart des sous-marins, mais elle est constituée par deux parties demi-circulaires réunies par deux parties droites dont l'écartement est maintenu par l'entretoisement d'une série de poteaux. Le réservoir d'échappement des gaz formant flotteur allongé, sert à renforcer la partie supérieure. La partie inférieure est renforcée par le réservoir à lest d'eau. De la sorte on a un ensemble dont la résistance à l'écrasement est aussi grande que celle des sous-marins à section circulaire (V. p. 99).

AQUABLINDÉ DE DRZEWIECKI

M. Drzewiecki est également l'auteur d'un projet de torpilleur aquablindé qui unit aux avantages d'un bateau ordinaire l'invulnérabilité d'un sous-marin (V. p. 338). Dans ce type de bateau, à la flottaison de combat, toutes les oeuvres vives sont protégées par une couche d'eau de 2^{m} qui est suffisante pour le garantir contre les effets destructeurs des obus, même de 150^{mm} à forte charge explosive. Les essais effectués à Cronstadt, sur un caisson représentant une tranche aquablindée, que l'on avait soumis à un tir de ce genre, ont été très concluants à cet égard.

Au-dessous du double pont aquablindé se trouverait la machinerie qui comporterait des moteurs à combustion interne de 8 000 chevaux assurant une vitesse de 26^{n} en flottaison lège et de 21^{n} en flottaison de combat. Le déplacement du bateau serait de 600^{tx} environ. L'armement comprendrait 8 appareils lance-torpilles latéraux et 2 canons à tir rapide de 75^{mm} pour se défendre contre l'attaque des torpilleurs.

Croiseur - Cuirassé submersible de Shuravieff (1910 -)

L'ingénieur de la marine russe, Shuravieff, a étudié un projet de croiseur-submersible de 4.500^{tx}, d'une hauteur totale de 7^{m},65. Un pont cuirassé de 50^{mm} d'épaisseur avec une partie inclinée cuirassée à 80^{mm} doit protéger l'intérieur du sous-marin qui possède, en outre, une enveloppe intérieure de 15^{mm} d'épaisseur. La vitesse de ce submersible devrait être de 26^{n}. L'armement comprendrait 36 tubes et appareils lance-torpilles, 200 mines flottantes et 5 canons de 120^{mm} à tir rapide placés dans des tourelles tournantes. Une adaptation spéciale de la valve Kingston permettrait une rapide immersion et les changements de niveau.

Trois projets ont été présentés par l'ingénieur Shuravieff à l'Amirauté russe dont l'un prévoit exclusivement l'emploi de moteurs Diesel à combustion interne ; les deux autres prévoient des turbines Curtis avec chaudières White Forster.

AUTRICHE-HONGRIE

Série Holland. — Série Lake. — Série Germania-Krapp. — Série Whitehead.

Série Holland (1906 -)

En 1906, l'Autriche-Hongrie a fait construire chez Vickers, Sons et Maxim, à Barrow-in-Furness, deux sous-marins du type Holland.

UB1 et UB2 de Lake (1907 - 09)

En 1907, furent mis en chantier, à Pola, deux sous-marins du type Lake auxquels on donna les lettres Ub1 et Ub2. Les caractéristiques sont : L = 30^{m},5o ; 1 = 3^{m},50 ; D = 220^{tx}/250^{tx} ; V = 12^{n},2/7^{n},3.

La plongée totale s'effectue en 2'15" quand le sous-marin affleure et l'immersion peut se faire à 47^{m},50. La puissance motrice est de 720 chevaux pour le thermomoteur et de 200 chevaux pour le moteur électrique.

L'armement comporte 3 tubes. Le lancement eut lieu le 10 février 1909.

UB3 ET UB4 DE GERMANIA-KRUPP (1908)

Les deux sous-marins Ub3 et Ub4 construits par les chantiers de la Germania-Krupp, à Kiel, ont les caractéristiques suivantes : L = $43^{m},20$; l= $3^{m},75$; D = $237^{tx}/300^{tx}$; P = 600 chevaux pour le thermomoteur et 320 chevaux pour le moteur électrique ; V = $12^{n},1/8^{n},7$. R = 1350^{M} à $10^{n},3$ et 60^{M} à 6^{n}. La plongée s'effectue en 3o". Les essais ont été faits à 50 m de profondeur. L'armement comporte 2 tubes et trois torpilles.

PAYS-BAS

« LUCTOR ET EMERGO » DE HOLLAND (1905)

Le 5 juillet 1905 les chantiers Schelde de Flessingue ont lancé un sous-marin du type Holland auquel fut donné le nom de *Luctor* et *Emergo*.

Les caractéristiques de ce sous-marin sont: L = 20^{m}; l= 3^{m} ; D = 120^{tx}. Son armement comporte I tube et 3 torpilles.

ITALIE

Série Glauco de l'ingénieur Cesare Laurenti. – Foca de Laurenti. – Série Velella de Laurenti.

GLAUCO » — « SQUALO » — « NARVALO » — « OTARIA » — « TRICHECO » DE L'INGÉNIEUR CESARE LAURENTI (1902 - 09)

Sur les plans de l'ingénieur des constructions navales italiennes Cesare Laurenti qui fut, avec l'ingénieur Pullino, un des premiers à s'occuper, en Italie, de la construction des sous-marins, ont été successivement construits, dans l'arsenal de Venise, presque tous les submersibles constituant la flottille sous-marine italienne.

Le *Glauco*, premier en date de la série, dont il fut le prototype, fut mis en chantier en 1902, lancé le 9 juillet 1905 et mis en service en mars 1906.

Ses caractéristiques sont les suivantes : L = $36^{m},80$; l= $4^{m},30$; tirant d'eau = $2^{m},50$; D = 160^{tx} en surface et 207^{tx} en immersion : V = $13^{n},5$ en surface avec des moteurs à explosion et 7^{n} en plongée avec des moteurs électriques. L'armement comporte 3 tubes lance-torpilles placés à l'avant.

A la suite des essais faits avec le *Glauco*, l'ingénieur Laurenti construisit les 4 submersibles suivants : *Squalo, Narvalo, Otarie* et *Tricheco* qui sont presque identiques au *Glauco* sauf pour l'armement qui fut réduit à 2 tubes, toujours placés à la proue. Ces submersibles furent mis successivement en chantier en mars, mai et septembre 1905, pour les 3 premiers et septembre 1908 pour le dernier. *Squalo* et *Narvalo* furent lancés en juin et octobre 1906 et entrèrent en service en août 1906 et juillet 1907.

La force motrice est fournie par trois groupes de deux moteurs accouplés Fiat à six cylindres actionnant 3 hélices dont une centrale et deux latérales. Les 3 hélices agissent ensemble si l'on veut atteindre la vitesse maxima. L'hélice centrale suffit pour le service de croisière. En plongée

Fig. 336. — M. l'ingénieur Cesare Laurenti.

on se sert des 2 hélices latérales en les actionnant par 2 moteurs électriques. Les accumulateurs du poids de 110^{kg} sont très maniables, de manière qu'on puisse les changer rapidement en cas d'avarie.

Les réservoirs à air comprimé, timbrés à 250^{kg}, contiennent 390^{m3} d'air comprimé à 150^{kg}.

Le lest d'eau, renfermé dans le double fond situé au centre du bateau, se vide au moyen de l'air comprimé ou de 2 pompes centrifuges actionnées par des moteurs électriques. Un lest de sécurité de 12^{t} de plomb peut être coulé instantanément dans le cas où 2 compartiments seraient envahis.

La plongée, qui a lieu sous un angle de 2°, ne demande que 5 minutes.

L'appareil de vision, inventé par M. Laurenti en collaboration avec M. Russo et auquel fut donné le nom de cleptoscope, permet d'embrasser d'un coup d'œil un champ panoramique de 50° d'amplitude, sans aucune déformation. L'oculaire mesurant 18^{mm} de diamètre, plusieurs personnes peuvent se servir en même temps du cleptoscope.

L'Otarie fut lancé en juin 1908 et mis en service au mois d'août suivant. Le *Tricheco*, lancé en juin 1909, entra en service au mois de novembre suivant. Leurs moteurs Thornycroft, à combustion interne, utilisent la paraffine. Chaque moteur double, de 4 cylindres accouplés, d'une puissance de 350 chevaux, actionne une hélice.

« Foca » de l'ingénieur Cesare Laurenti (1907- 09)

En février 1908 les chantiers Fiat-San Giorgio ont livré à la marine italienne le submersible *Foca* construit également sur les plans de l'ingénieur Laurenti qui se consacra à la direction de cette entreprise après avoir quitté le service de l'État.

Les caractéristiques du *Foca* sont les suivantes : L = 42^{m},48 ; 1 = 4^{m},20 pour la coque extérieure et 2^{m},88 pour la coque intérieure ; D = 185^{tx} et 235^{tx}; l'immersion avec la quille 2^{m},95 ; V=15^{n} en surface avec des moteurs à explosion et 7^{n} en plongée avec des moteurs électriques ; R = 575 milles à 9^{n},5 et en immersion 75 milles à 4^{n}.

L'armement comporte 2 tubes et 4 torpilles Whitehead.

La préparation à la plongée nécessite 5 minutes et l'immersion complète 30 secondes. La coque est divisée en 8 compartiments étanches disposés comme suit, à partir de l'avant :

1. Chambre des tubes lance-torpilles et logement de l'équipage, en communication avec l'écoutille de l'avant pour l'introduction des torpilles ;
2. Chambre des accumulateurs et logement du commandant, en communication avec la tourelle centrale ;
3. Chambre de commande ;
4. Chambre des moteurs à explosion actionnant les deux hélices latérales ;
5. Chambre des moteurs électriques actionnant les deux mêmes hélices latérales, en communication avec l'écoutille de l'arrière ;

6. Compartiment du moteur central ;
7. et 8. Accumulateurs électriques.

Le lest d'eau est contenu tout autour des compartiments 3 et 4 et au-dessous d'eux, de manière à rester toujours au centre du submersible. L'équipage est composé de 2 officiers, 4 sous-officiers et 12 hommes. Toutes les dispositions ont été prises pour assurer le maximum de confort et rendre le séjour à bord plus agréable. La partie supérieure de la coque supporte le pont. Elle est rendue étanche et fournit une réserve de flottabilité.

Fig. 337. — Le submersible italien *Foca* (type Laurenti) en marche à 15 milles de vitesse.

La tourelle centrale est construite en acier au nickel amagnétique d'une épaisseur suffisante pour résister au feu de l'artillerie de petit calibre et ne contient que le gouvernail pour la navigation en surface et le compas exactement compensé.

Pour la navigation à la surface, on se sert de 3 moteurs à explosion d'une force totale de 900 chevaux effectifs, construits par la maison Fiat de Turin. Les moteurs électriques pour la navigation en plongée ont une puissance totale de 196 chevaux. Le moteur central actionne une hélice réversible.

La vitesse de 15^n à la surface est la plus grande qui ait été obtenue jusqu'à présent, même pour des sous-marins de tonnage double.

Un dispositif permet de limiter l'immersion à une profondeur donnée et assure le déclenchement automatique d'un poids de 12 tonnes constituant un lest de sûreté. Les subdivisions et la capacité des compartiments, ainsi que le poids de lest détachable, sont calculés de manière qu'avec deux compartiments pleins d'eau le submersible puisse remonter à la surface avec une hauteur métacentrique positive et la tourelle centrale hors de l'eau pour assurer la sortie de l'équipage.

Le 26 avril 1909, le *Foca* se trouvant à Naples, on venait de procéder au remplissage de ses réservoirs à essence quand une explosion fit sauter toute la superstructure du submersible avec l'équipage qui s'y trouvait. Il y eut 14 tués et 9 blessés. On avait oublié d'ouvrir une valve de ventilation et les vapeurs de benzine, accumulées entre la coque intérieure et le pont supérieur, se mélangeant à l'air, formèrent un mélange explosif qui s'enflamma au contact d'une étincelle produite par un court-circuit dû aux accumulateurs de l'avant. Depuis cette catastrophe on a proscrit en Italie l'emploi de l'essence et, comme en France, l'on ne se sert plus que d'huiles lourdes de pétrole et de moteurs type Diesel. Le *Foca*, remorqué à Spezia, fut réparé et remis en service 6 mois après la catastrophe.

« Velella » – « Medusa » – « Jantina » – « Argo » – « Fisalia » « Salpa » – « Jalea » de l'ingénieur Cesare Laurenti

Il y a actuellement en construction dans les chantiers Fiat-San Giorgio huit submersibles pour la Marine italienne et un pour la Marine portugaise dont : *Velella, Medusa, Jardina, Argo, Fisalia, Salpa, Jalea, Velella* et *Medusa* ont été lancés récemment. Les caractéristiques de ces bateaux sont : L = 45^m ; 1 = $4^m,20$; tirant d'eau sous la quille = $2^m,95$; D = 245^{tx} et 300^{tx} ; Coefficient de flottabilité = 50% en surface et 22% au moment de l'immersion : V = 3^n et 8^n ; R = 1500 milles en surface à la vitesse de croisière et 80 milles en immersion.

Les moteurs type Diesel emploient le mazout. L'armement comporte 2 tubes et 4 torpilles. L'équipage est de 18 hommes.

Nous avons vu p. 384 que, sur les chantiers Cramp de Philadelphie, la Fiat-San Giorgio a en construction, d'après les plans de M. Laurenti, un autre sous-marin, le *Thrasher* pour la Marine américaine. Celle-ci semble vouloir adopter les submersibles à grande flottabilité et ne plus s'en tenir aux sous-marins purs du type Holland.

DANEMARK

« Dykkeren » de l'ingénieur Cesare Laurenti
(1908 - 09)

Le 18 juillet 1909, le Société Fiat-San Giorgio, de Muggiano-Spezia, a livré au gouvernement danois un submersible construit sur les plans de l'ingénieur Laurenti et auquel on a donné le nom de *Dykkeren*. Il avait été mis en chantier le 9 septembre 1908. Sa construction en dix mois a été un véritable succès pour les chantiers de Muggiano.

Les caractéristiques de ce submersible sont : L = $35^m,08$; 1 = $3^m,50$; D = 103^{tx} et 130^{tx}; V= 12^n et $7^n,5$; R= 100^M à $8^n,1$.

Les essais d'immersion ont été faits à 40^m de profondeur.

L'armement comporte 2 tubes et deux torpilles Whitehead.

JAPON

Série Holland. — Série Lake. — Série Vickers — Holland.
(1904 -1909)

Le Japon possède une douzaine de sous-marins de petit tonnage fournis par les Compagnies américaines Holland et Lake.

La Maison Vickers, Sons et Maxim a livré deux sous-marins de plus grand tonnage. Cinq sous-marins figuraient à la revue navale passée par le mikado, à Tokio, le 23 octobre 1905, en l'honneur de l'amiral Togo victorieux.

SUÈDE

Erroth de Nordenfeld. — Hajen de Richson. — Healen de Laurenti.

La Suède possède deux sous-marins construits à Stockholm : le *Erroth* et le *Hajen*.

«Erroth » de Nordenfelt
(1902)

Le Erroth, lancé en 1902, a 25^m de longueur, 4^m de largeur, 146^t de déplacement, avec une puissance motrice de 100 chevaux.

Fig. 338. — Le submersible suédois Hvalen, type Laurenti.

« Hajen » de l'ingénieur Richson (1903)

Le *Hajen*, construit d'après les plans de l'ingénieur Richson, a été lancé en 1903. Il a 20^{m} de longueur; 3^{m},50 de largeur ; 120 tonnes de déplacement, une force motrice de 200 chevaux, une vitesse de 10 nœuds à la surface et de 7 en plongée. Son armement comporte 1 tube et 3 torpilles. Il ressemble beaucoup aux Holland.

Fig. 339. — Appareils de la chambre de commandement d'un sous-marin Holland.

1. dynamo actionnant le périscope.
2. indicateur du niveau de profondeur.
3. volant d'immersion.

«Hvalen » de M. Cesare Laurenti (1908- 09)

En mai 1908 a été mis en chantier, par la Fiat-San Giorgio, sur les plans de l'ingénieur Laurenti, le submersible *Hvalen*, semblable au *Foca*, et destiné au gouvernement suédois. Le lancement eut lieu le 16 février 1909. Les caractéristiques du *Hvalen* sont : L= 42^{m},48 ; 1 = 4^{m},28 ; tirant d'eau = 2^{m}, 50 ; D = 185^{tx}. Des moteurs Fiat à gazoline, de 975 chevaux de force, actionnent 3 hélices. Le 31 juillet 1909 le *Hvalen* quitta Spezia pour Carthagène qu'il atteignit sans encombre après avoir parcouru 900 milles en 81 heures par mer agitée, sans être convoyé. L'hélice centrale fut seule employée pendant les 68 premières heures et les autres hélices pendant les 4 dernières heures. Poursuivant son voyage, toujours sans être convoyé, le *Hvalen* s'est rendu à Kiel en faisant escale à Lisbonne, Oporto, Vigo, Ferrol, Brest, Portsmouth, Ymuiden et Kiel où il est arrivé le 2 octobre, effectuant ce raid magnifique de 4 000 milles sans escorte.

NORVÈGE

Type Holland. — Kobben du type Germania-Krupp.

La Norvège a acquis un *Holland* semblable à ceux construits par les Anglais. A la demande de l'amiral Borresen, le Storthing, parlement norvégien, a voté un crédit de 875 000 francs pour cette acquisition. Depuis elle a commandé plusieurs submersibles à la Germania-Krupp.

«KOBBEN » DE LA GERMANIA-KRUPP (1909)

Les caractéristiques du submersible *Kobber*, construit par les chantiers de Kiel-Gaarden de la Germaniawerft, sont les suivantes : L = $39^m,3$; l= $3^m,70$; D = $205^{tx}/255^{tx}$; V =$11^n,9/8^n,9$; R = 1440^M à10^n et 45^M à $6^n,5$. Le tirant d'eau est de $2^m,87$. La quille de sûreté pèse 5 tonnes.

Son armement est de 3 tubes dont 2 à l'avant et un sur le pont et de 4 torpilles. Le *Kobben* a deux coques dont l'intervalle sert de réservoirs pour le pétrole, l'huile et le lest d'eau. (Fig. 340.)

La coque intérieure est sectionnée en trois tronçons boulonnés. Chaque section est formée de 3 viroles soudées.

A l'avant se trouve la chambre de l'équipage, au milieu celle des officiers, et à l'arrière celle des machines.

La machinerie comprend 2 moteurs à pétrole à 6 cylindres, d'une puissance de 440 chevaux ; deux moteurs électriques ; une batterie d'accumulateurs d'une capacité de 590 kilowatts-heures ; 3 pompes de cale avec leurs moteurs ; des compresseurs d'air pour la chasse du lest d'eau et le lancement des torpilles ; 2 ventilateurs, etc. La batterie d'accumulateurs, bien hermétiquement enfermée à fond de cale, se trouve au-dessous des chambres des officiers et de l'équipage et à l'arrière du bateau.

Ce submersible est mû par 2 hélices réversibles. Les préparatifs pour la plongée nécessitent 5 minutes et la plongée elle-même se fait alors en 15 secondes.

Le kiosque blindé qui peut contenir 3 hommes communique avec la coque intérieure par une porte étanche qui est la seule ouverture à l'intérieur du bateau.

Le *Kobben* fut lancé le 5 mai 1909 et livré au mois de novembre suivant. Après les essais officiels, à Kiel, il se rendit par ses propres moyens en Norvège, à Horten.

En cours de route, il fut soumis à un essai de haute pression dans la Baltique où il séjourna pendant 2 heures à 50^m de profondeur. Il a été construit pour pouvoir descendre, sans danger, jusqu'à 90 mètres.

Les bons résultats obtenus avec le *Kobben* ont amené le gouvernement norvégien à donner, en 1911, commande aux chantiers Germania de trois autres submersibles du même type.

Fig. 340 - Chambre des machines du submersible norvégien Kobben.
(Type Germania-Krupp.)

CHAPITRE XXVII

Torpilles et torpilleurs

Mines sous-marines de Bushnell et de Fulton. — Torpilles fixes et torpilles mobiles. — Torpilles dormantes et vigilantes de Colt et de Jacobi. — Torpilles flottantes et torpilles portées. — Torpilles dérivantes ou vagabondes et torpilles automobiles de Whitehead, de Schwartzkopf, de Howell, de Berdan. — Torpilles dirigeables de Brennan, de Sims-Édison. — Actinaute de Tarbottom, Armstrong et Orling. — Torpille Gabet. —Torpilles aériennes de Zalinski. — Torpilleurs à hampes ou espars porte-torpilles de Thornycroft, de Normand, de Yarrow, de Schichau. — Torpilleurs à tubes lance-torpilles. — Torpilleurs sous-marins et submersibles ou à éclipses. — Filets pare-torpilles.

TORPILLES

Lorsqu'on veut faire sauter une forteresse, le génie militaire creuse des galeries souterraines à l'extrémité desquelles les sapeurs vont pratiquer des fourneaux de mine que l'on fait exploser à distance, à l'aide soit de mèches soufrées ou à pulvérin, soit de fils électriques que l'on déroule derrière soi.

Les navires sont des forteresses flottantes et ambulantes que l'on peut faire sauter à l'aide de mines sous-marines.

Quand ils s'approchent des rades et des ports, on emploie des mines sous-marines fixes que l'on appelle tantôt torpilles dormantes, tantôt torpilles vigilantes, renfermant de fortes charges explosives. On y met le feu à distance à l'aide d'étincelles électriques lorsqu'un navire passe au-dessus, ou bien elles explosent spontanément au contact de la carène du navire qui les frôle. La nécessité de porter les fourneaux de mine sous les navires ennemis, qui se tiennent à distance, assiégeant et bombardant un port, a donné naissance aux torpilles mobiles

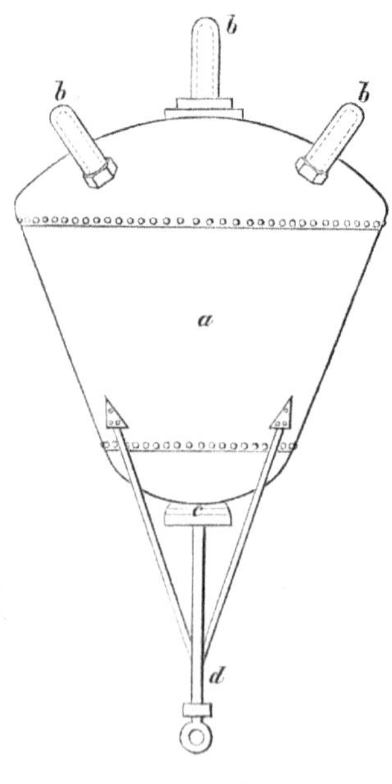

Fig. 341. — Torpille vigilante russe.

Fig. 342 - Navire russe pose-torpilles

Fig. 343. - Armement d'une torpille vigilante anglaise à bord du *Vernon* (1905).

et aux torpilleurs. Les premiers torpilleurs furent de vrais sapeurs sous-marins qui allaient poser à la main leurs fourneaux de mine sous les carènes des vaisseaux qu'on voulait faire sauter.

C'est à deux Américains : Bushnell d'abord et Fulton ensuite, comme nous l'avons vu (V. p. 126 et 185), que reviennent l'honneur et le mérite d'avoir sinon imaginé du moins employé les premiers les mines sous-marines[42].

Bushnell les appelait des *caisses à poudre* et Fulton des *carcasses* ou des *torpedoes*. Plus tard on les appela des torpilles.

Les premières torpilles dormantes, dites de barrage ou mouillées, sont encore dues à un Américain, le colonel Samuel Colt, l'inventeur du revolver, qui fit ses premières expériences en 1829, étant encore tout jeune.

Elles reposent sur le fond et on les fait exploser à distance.

Les premières torpilles flottantes ou vigilantes (fig. 341 à 343) furent imaginées par Jacobi ; les Russes les employèrent pendant la guerre de Crimée, soit dans la Baltique pour la défense de Cronstadt, soit dans la mer Noire pour la défense de Sébastopol. L'effet produit fut médiocre à cause de l'insuffisance de la charge d'explosif.

Fulton s'appliqua spécialement à l'étude des torpilles divergentes avec lesquelles il fit sauter la *Dorothée* en présence de William Pit (V. p. 194).

La figure 344 représente la disposition adoptée par Fulton. Un flotteur de surface D supporte une charge d'explosif B allégé par un flotteur immergé C.

Un harpon G, relié par une corde et une patte d'oie aux deux flotteurs C et D, est lancé par un mousqueton porte-amarre F semblable à ceux employés aujourd'hui pour les sauvetages

42 On sait en effet qu'au XVIe siècle (siège d'Anvers) et au XVIIe siècle (sièges de Saint-Malo, de Dieppe et Dunkerque, 1693-1695), les Anglais firent usage de mines flottantes ou machines infernales lancées à l'aide de brûlots particuliers appelés catamarans.

maritimes. On tire le mousquet, et le harpon va se fixer dans le flanc du navire ennemi contre lequel la torpille B s'applique par l'effet du courant que détermine la marche du navire. Une cordelette tire-feu K, s'arrachant au départ du coup, arme un appareil d'horlogerie renfermé dans la torpille en A.

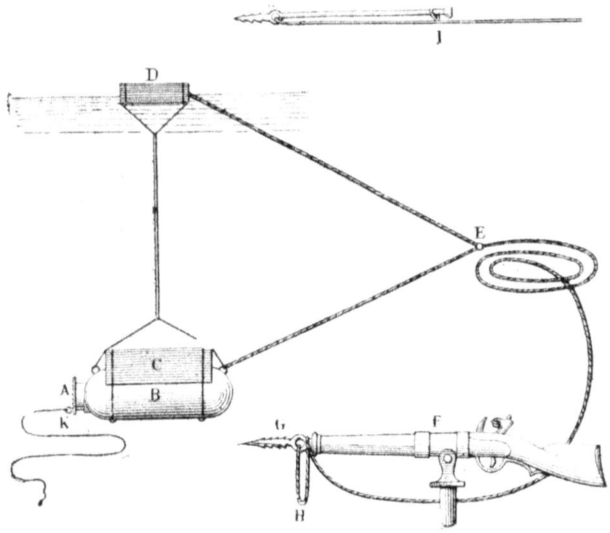

AB Torpille.
C Flotteur délesteur.
D Flotteur de surface.
E Corde et patte d'oie.
F Fusil lance-amarre.
G Harpon porte-amarre.
HK Cordelettes armant le mouvement d'horlogerie au départ.
I Harpon et corde tendue.

Fig. 344 - Appareil lance-torpilles de Fulton (1805)

Les torpilles dérivantes sont immergées au moyen d'un flotteur comme les torpilles divergentes de Fulton. On distingue les torpilles de sillage que peut abandonner un bâtiment poursuivi et les torpilles de blocus qu'un navire peut semer dans le voisinage d'une passe ou d'un port ennemi.

Les torpilles portées sont disposées à l'extrémité d'une hampe placée à l'avant d'une embarcation. La hampe immerge la torpille à une profondeur de 2 à 3 mètres et l'éloigne de 6 à 7 mètres de l'étrave du bateau porte-torpilles.

Les embarcations chargées de torpiller doivent marcher à une grande vitesse, être petites et le moins visibles possible pour que l'ennemi ne les aperçoive pas. Pendant la guerre de Sécession les Confédérés se servirent beaucoup des torpilles (fig. 345), et des torpilleurs et employèrent, dans ce but, les Davids, ainsi que nous l'avons vu.

Dans l'espace de quelques mois la marine fédérale eut plus de dix navires coulés par les torpilles des divers genres.

Les vedettes ou chaloupes porte-torpilles, malgré leur exiguïté, ont souvent porté la mort aux flancs des énormes cuirassés. Toutefois elles périssaient elles-mêmes au cours de leurs audacieuses attaques, entraînées dans le remous où sombrait l'ennemi. Pour éviter ce danger on chercha à lancer la torpille à distance. De là vint l'idée de la torpille automobile.

Torpilles automobiles.

En 1866, Whitehead inventa et construisit à Fiume, avec deux ouvriers, la première torpille automobile qu'il offrit aux divers gouvernements.

La torpille automobile (fig. 346 à 351) est composée d'un très ingénieux mécanisme, fonctionnant à l'air comprimé, et permettant à un gros cigare d'acier de porter, entre deux eaux, une forte charge de matière explosive contre les flancs d'un navire et de l'y faire exploser par le choc.

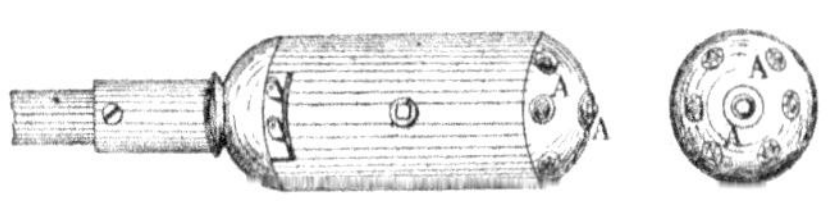

Fig. 345. — Torpille à hampe des *Davids* de la guerre de Sécession (1863).

La torpille est lancée à l'air comprimé ou à la poudre au moyen d'un tube lance-torpilles, ou bien elle est mise à l'eau par un appareil spécial. Le moteur qu'elle porte dans ses flancs se met en marche, soit au moment même du lancement, soit après l'immersion. L'orientation reste dans la direction du tir. Une fois en marche, la torpille s'arme.

Elle s'immerge automatiquement à une profondeur déterminée et revient d'elle-même à ce niveau si elle en est écartée sous l'influence d'une cause accidentelle quelconque.

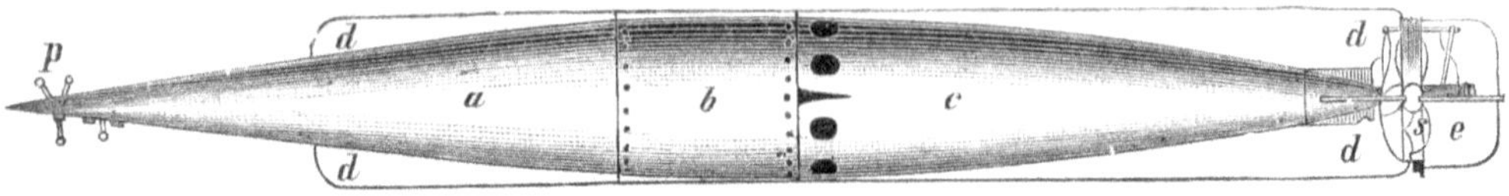

Fic. 346. — Torpille automobile.
(Premier modèle Whitehead.)

La torpille fait explosion si elle rencontre un obstacle ; si elle manque son but, elle continue sa route et parcourt une certaine distance, dépendant de la quantité d'air comprimé dont elle est munie, et qui peut être réglée avant le lancement. Elle s'arrête et remonte à la surface s'il s'agit d'un tir d'exercice ; elle coule s'il s'agit, au contraire, d'un tir de combat, afin de ne pas constituer un danger permanent pour les bâtiments neutres ou amis qui pourraient la rencontrer.

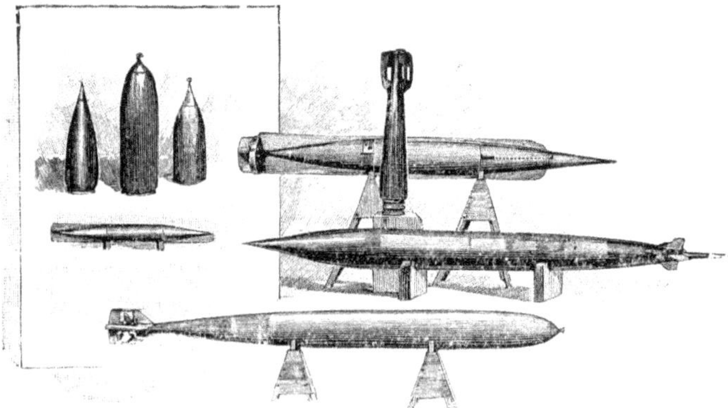

Fig. 347. — Divers modèles de torpilles automobiles.

La torpille Whitehead a la forme d'un fuseau allongé très affiné à l'arrière, un peu plus renflé à l'avant. Elle est divisée en plusieurs compartiments qui sont, à partir de l'avant :

1° Le cône de charge renfermant l'appareil percutant, l'amorce, la charge-amorce et la charge proprement dite ;

2° La chambre des régulateurs d'immersion ;

3° Le réservoir à air contenant de l'air comprimé à 70 atmosphères pour l'appareil moteur ;

4° La chambre des machines ;

5° Un compartiment assurant la flottabilité de la torpille quand il est vide et son immersion quand il est plein d'eau ;

6° Le compartiment des engrenages destinés à transmettre le mouvement de la machine à deux hélices animées de mouvements de rotation en sens contraires ;

7° La queue de la torpille avec les hélices et le gouvernail.

En 1870, l'officier de marine américain Howell imagina une torpille qui offrait d'intéressantes particularités. Le mouvement des hélices y est obtenu grâce à un mouvement rapide de giration donné, au départ, à un volant gyroscopique qui emmagasine par sa force vive le travail nécessaire à la propulsion.

Deux hélices placées côte à côte, et non l'une derrière l'autre comme dans la torpille Whitehead, sont situées de chaque côté de l'axe longitudinal. Leur vitesse différentielle réglée par le gyroscope assure une trajectoire rectiligne. Quant à l'immersion, elle est réalisée au moyen du piston hydrostatique agissant sur un pendule qui modifie l'inclinaison de la torpille dans le sens vertical.

Fig. 348. — Lancement d'une torpille automobile.

La torpille Howell, dit M. Brillié dans son livre : Torpilles et Torpilleurs, présente le grand avantage d'avoir un moteur robuste et peu encombrant ; elle n'exige pas d'appareils auxiliaires compliqués tels que les pompes de compression, réservoirs d'air comprimé, nécessaires aux torpilles Whitehead ; son entretien est facile, son fonctionnement assuré. Elle présente encore sur la Whitehead d'autres avantages : sa direction est parfaite, même dans les lancements en marche par le travers ; c'est une grande supériorité sur la Whitehead, sujette aux déviations initiales et dont la trajectoire est indiquée par l'air d'échappement ; le sillage de la Howell, au contraire, n'est pas visible.

La torpille Howell est adoptée par la marine américaine ; le type le plus récent porte une charge de 112^{kg} et peut franchir une distance de 600 mètres à la vitesse de 32 nœuds.

La torpille Berdan est adoptée par le gouvernement anglais qui en garde soigneusement le secret.

La propulsion s'obtient au moyen d'une turbine actionnée par les gaz provenant de la combustion d'une fusée.

En 1884, l'Allemand Schwartzkopf construisit une torpille automobile, en bronze phosphoreux, qui était une simple reproduction de la torpille Whitehead.

Les dernières construites ont 5 mètres de longueur, pèsent 500^{kg} environ avec 60^{kg} d'explosif. Leur rayon d'action est de 1000 à 2 000 mètres avec une vitesse de 32 à 34 nœuds.

Fig. 349. — Effet produit par l'explosion d'une torpille.

Torpilles dirigeables.

En 1871, Smith, suivi peu après par Lay ; Haight et Wood; Sims-Edison ; Patrick ; Brennan, etc., grâce à l'emploi de l'électricité, tentèrent de diriger les torpilles en les faisant dévier de leur route, suivant les besoins.

Fig. 350 - Torpilles après l'explosion.

En 1875, en Italie, Codoconati fit des essais remarquables avec son câble à un seul fil conducteur électrique ; mais à l'exception de la torpille Brennan qui a été mise en service en Angleterre pour la défense des côtes, les torpilles dirigeables n'ont pas pris un grand développement, surtout à cause de leurs inconvénients tels que :

- Visibilité par l'ennemi ;
- Peu de maniabilité à cause du poids et du volume ;
- Coût très élevé ;
- Vitesse trop faible ;
- Complications trop grandes.

Dans la torpille Patrick la propulsion est obtenue au moyen d'une machine Brotherhood fonctionnant à l'acide carbonique.

La torpille Sims-Edison a un moteur électrique que l'on actionne de terre, comme le montre la figure 352.

Les tiges reliant à l'avant le flotteur à la torpille sont inclinées de manière à permettre à l'ensemble de plonger lorsque la torpille rencontre un obstacle tel que les ceintures flottantes de protection dont un navire au mouillage peut s'entourer.

Torpilles aériennes et sous-marines.

En 1875, l'officier Zalinski imagina l'obus-torpille ou torpille aérienne dont Holland a fait de fréquentes applications sur ses sous-marins. Cette torpille très légère est en bronze ou acier doux avec une tête pleine qui place près de l'avant le centre de gravité. Elle pèse toute chargée 680^{kg}, a une longueur de 2^{m},13 et un diamètre maximum de 374^{mm}. Elle contient une charge de 270^{kg} de matière explosible spéciale qui correspond à 385^{kg} de coton-poudre.

En 1880, le capitaine Ericsson prit un brevet pour un système de canon destiné à lancer sous l'eau une torpille spéciale. Ce canon était placé au-dessous de la flottaison d'un navire qui constituait l'affût et que l'inventeur avait nommé *Destroyer* ou *Destructeur*.

L'« Actinaute » de MM. Tarbottom, Armstrong et Orling (1898).

L'appareil de transmission, situé au poste côtier, se compose d'un projecteur ordinaire à miroir parabolique, d'une lampe à arc ordinaire, située à son foyer, d'un appareil pour la production des rayons X et d'une lunette de pointage qui reçoit et transmet un rayon invisible X suffisant pour diriger la torpille à de petites distances. Il faut que le champ de manoeuvre de la torpille soit entièrement visible et battu par le rayon X. L'appareil récepteur est muni d'une plaque de sélénium dont la conductibilité électrique varie suivant la quantité de lumière qui le frappe.

Fig. 351 — Repêchage d'une torpille automobile après un tir d'expérience.

Pour utiliser cette propriété du sélénium, on se sert d'une petite boite en matière isolante contenant des plaques minces de cuivre alternativement reliées aux deux extrémités d'un circuit électrique et séparées entre elles par un bon isolant tel que le mica en feuilles. Toutes les plaques de cuivre sont soudées à une lame de sélénium placée au-dessus, fermant ainsi le circuit et dont la face supérieure est destinée à être influencée par les rayons du projecteur et, par conséquent, à faire varier la résistance du circuit.

La torpille porte à sa partie supérieure, dans une position convenable, une tige verticale qui en porte une autre horizontale formant T. A chacune des extrémités des bras horizontaux on place un des récepteurs dont nous venons de parler, la plaque de sélénium étant tournée vers l'arrière. Des diaphragmes séparent ces deux récepteurs. Les fils conducteurs descendent par le tube vertical à l'intérieur de la torpille d'où ils se rendent à l'appareil de manoeuvre qui actionne, par l'entremise d'un servo-moteur, le gouvernail vertical.

On a cherché également à remplacer les rayons X par les ondes hertziennes employées dans la télégraphie sans fil. Cette disposition peut s'appliquer indifféremment aux torpilles Whitehead, Schwartzkopf, Howell, etc.

Les premières expériences ont été faites en 1898 à Stockholm et à Langstone Harbour, près de Portsmouth, jusqu'à une distance de 3 milles.

L'appareil de direction est petit : il mesure 48^{cm} x 18^{cm} x 20^{cm}.

> La torpille automobile, dit M. W.Laird Clowes dans *The New Liberal Review* de juin 1901, a une portée limitée et une fois lancée on ne peut plus la contrôler. La torpille dirigeable ne peut être lancée ni d'un navire en marche ni d'une station qui ne possède pas une installation permanente.
>
> Le canon lui-même vaut moins que *l'Actinaute* qui a une plus longue portée, dont l'efficacité ne dépend pas d'un pointage initial, mais dont la trajectoire peut, au contraire, être modifiée et corrigée jusqu'au moment de l'impact et de l'explosion. Naturellement un coup de canon peut couler un *Actinaute* en mouvement, mais comment frapper un objet invisible et dont la source d'énergie motrice ne peut être interceptée ni supprimée ?

Fig. 352 - Poste de commandement des torpilles dirigeables Sims-Edison.

L'Actinaute peut être muni comme les torpilles automobiles d'appareils pour couper les filets protecteurs ou autres engins et, en tout cas, s'il ne peut passer, il peut frayer le chemin à un autre *Actinaute* le suivant.

M. Laird Clowes pense que *l'Actinaute* apportera une très grande révolution dans la guerre navale future et supprimera le sous-marin, qui disparaîtra, son utilité diminuant. Les faits ne semblent pas devoir confirmer ses prévisions.

D'autres inventeurs tels que Tesla, Fiske ont imaginé des appareils analogues qui ne semblent pas, toutefois, devoir remplacer les torpilles automobiles.

Des progrès très sérieux ont été faits dans ces dernières années grâce à l'emploi de réchauffeurs d'air sur les torpilles ordinaires. La première application en fut faite à la torpille américaine Bliss-Leavett, puis par la maison Whitehead, qui a acquis les brevets Armstrong-Whitworth, et enfin par la maison Schwartzkopf, de Berlin.

Ce réchauffeur consiste en une petite chambre en acier, placée entre le réservoir d'air et la machine, et contenant une certaine quantité de combustible liquide ; celui-ci brûle en réchauffant l'air qui pénètre dans le moteur. Cette adjonction allonge la torpille de 76^{mm}

seulement et en augmente le poids de $5^{kg},5$. Par contre la vitesse ordinaire de 30^{n} à 35^{n} se trouve portée à 40^{n} et 43^{n} par l'emploi de l'air chaud au lieu d'air froid.

Torpille automobile dirigeable Gabet.

Parmi les torpilles automobiles, dirigées à distance par l'emploi des ondes hertziennes, il faut signaler la torpille Gabet dont les essais ont été faits à Maisons-Laffitte en octobre 1909. (V. fig. 353.)

L'opérateur, suivant les ondes de longueur et d'intensité différentes qu'il émet de son poste de T.S.F. détermine la mise en marche de l'engin et ses changements de direction.

Fig. 353. — Torpille automobile dirigeable Gabet.

De nombreux essais ont été faits avec les appareils les plus divers ; mais aucun n'avait donné, jusqu'ici, de résultats satisfaisants.

Grâce aux efforts de M. Gabet, électricien habile, la recherche de la torpille dirigeable a fait un sérieux progrès.

La torpille construite par M. Gabet se compose d'un corps immergé contenant la charge et les appareils moteurs. Un flotteur fusiforme, rigidement fixé à cette carène, la maintient à une immersion constante pendant la marche. Au-dessus, deux mâts émergent, servant à la fois d'antennes réceptrices pour les ondes et de repères pour vérifier la direction.

Le moteur à essence, à 8 cylindres, fonctionne dans le milieu confiné où il est logé, grâce à un petit ventilateur qui prend l'air par une manche montant le long d'un des mâts.

Une batterie d'accumulateurs électriques alimente ce ventilateur et les circuits de relais dans lesquels sont intercalés les tubes de Branly.

Pour permettre les arrêts et les variations de vitesse de sa torpille M. Gabet l'a munie d'une hélice à ailes orientables dont la commande est assurée par un des moteurs électriques de relais, la transmission mécanique d'orientation des ailes agissant en même temps sur l'admission du pétrole et sur l'avance à l'allumage, de manière à régler la puissance automatiquement pour la vitesse.

La torpille est de grand volume. Elle peut porter jusqu'à 900^{kg} de fulmicoton. Le moteur doit avoir une force de 200 chevaux avec laquelle M. Gabet compte obtenir une vitesse de 20 nœuds.

Les expériences d'essai ont été faites avec un moteur de 30 chevaux.

L'emploi d'une semblable torpille pourrait être très utile pour la défense des côtes.

Torpilleurs

Torpilleurs porte-torpilles.

Les *Davids* de la guerre de Sécession furent les premiers torpilleurs ou bateaux porte-torpilles. Nous avons vu que ces chaloupes reçurent successivement des dimensions de plus en plus grandes, tels le *Spuyten-Duyvil*, le *Porter*, le *Nansei*, etc.

On donna à ces bateaux des vitesses de jour en jour plus grandes. Nous reproduisons d'après *La Nature* (fig. 354 et 355) les derniers torpilleurs à hampe qui furent construits par les chantiers de Thornycroft et ceux d'Augustin Normand, du Havre. Montés par huit ou dix hommes, marchant avec une vitesse vertigineuse, évoluant avec rapidité, dépassant à peine les flots, ne donnant que peu de prise aux boulets, tels étaient ces torpilleurs de haute mer.

> En janvier 1885, l'amiral Courbet, apprenant que l'escadre chinoise était à Shei-Poo, dit M. Brillié, s'approcha à une vingtaine de milles du mouillage et envoya contre l'ennemi les deux chaloupes porte-torpilles du *Bayard.* Le succès de cette audacieuse expédition fut complet : commandées par M. le capitaine de frégate Gourdon et M. le lieutenant de vaisseau Duboc, les chaloupes coulèrent la frégate *Yu-Yuen*. Pendant l'attaque les Chinois tirèrent les uns sur les autres et leurs projectiles coulèrent la corvette *Teheng-King*. Quant aux chaloupes, après de longues péripéties, elles parvinrent à rejoindre l'escadre française restée au large de la baie.

Ce fut la dernière fois que l'on employa des torpilles portées. Plus tard on adopta les torpilleurs lance-torpilles.

Torpilleurs lance-torpilles.

Les dangers auxquels étaient exposés les torpilleurs qui devaient aller faire exploser leurs torpilles portées contre les flancs des navires ennemis furent réduits par l'adoption des torpilles automobiles.

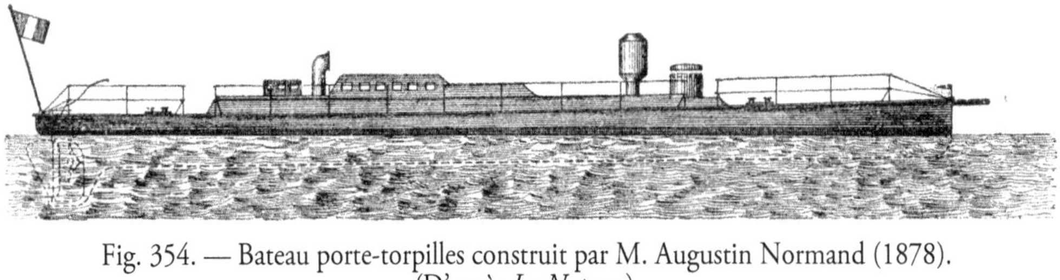

Fig. 354. — Bateau porte-torpilles construit par M. Augustin Normand (1878). (D'après *La Nature.*)

Les polémiques les plus vives furent soutenues au sujet des torpilleurs, ces microbes de la mer, dont beaucoup ne voulaient pas, à cause des dangers qu'ils offraient, même en temps de paix, par suite de leur facilité à se renverser, la quille en l'air, comme cela eut lieu pour les

« 35 mètres » : *N° 102* le 1er mars 1889, près de Toulon et *N° 111* le 21 mars 1889 près de Cherbourg.

On fit construire successivement des 34 mètres et 53 tonneaux, des 36 mètres et 79 tonneaux qui donnèrent 25 nœuds de vitesse et enfin les torpilleurs de haute mer le *Chevalier* (1893) avec ses 27 nœuds et le *Forban* (1895) qui réalisa la vitesse de 31 nœuds et fait le plus grand honneur aux chantiers Augustin Normand.

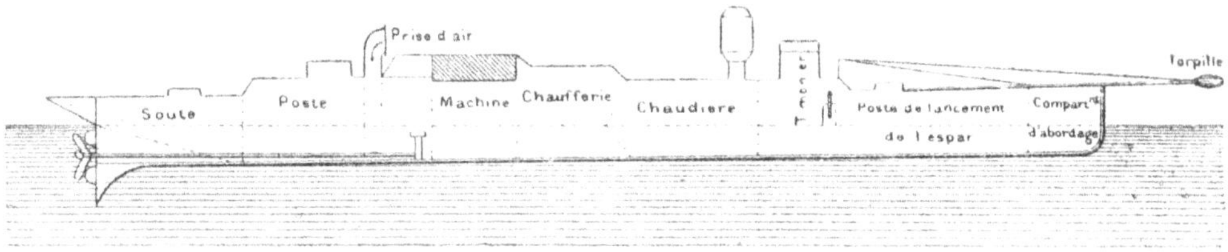

Fig. 355. — Coupe d'un bateau porte-torpilles construit par M. Thornycroft (1878). (D'après La Nature.)

A l'étranger, les chantiers Yarrow, Thornycroft, Schichau, etc. rivalisèrent dans la construction des torpilleurs et des destroyers ou contre-torpilleurs en augmentant les dimensions et le tonnage pour obtenir de grandes vitesses. Cependant il y avait des limites que l'on ne pouvait dépasser surtout au point de vue de la visibilité, le torpilleur devant s'approcher le plus près possible sans être vu.

Torpilleurs sous-marins et submersibles ou à éclipses.

De là la nécessité de s'immerger partiellement comme les semi-submersibles ou totalement comme les sous-marins et les submersibles.

On commença donc à faire de petits sous-marins dont le tonnage alla toujours en augmentant jusqu'aux submersibles actuels de 600 à 800 tonneaux.

Bientôt on verra que les pesantes cuirasses des puissants cuirassés d'escadre sont des défenses purement illusoires qui ne valent pas la couche d'eau du cuirassement hydraulique des submersibles aquablindés.

Le cloisonnement des flancs des cuirassés, en cellules étanches, deviendrait moins utile si l'on adoptait des torpilles sphériques, à flottaison positive, comme le préconisèrent Bushnell et Fulton et comme l'appliquèrent Alstitt, Tuck, etc., car on arrivera à frapper les cuirassés sous les carènes, près des quilles, dans leurs oeuvres vives, et à les mettre hors de combat en quelques instants.

Déjà les cuirasses diminuent d'épaisseur. Les Japonais ont réduit les leurs à 28^{cm}. Plus tard elles disparaîtront pour transformer les cuirassés eux-mêmes en semi-submersibles puis en submersibles aquablindés, et les flottes ennemies joueront à cache-cache sous l'eau jusqu'à ce qu'un énergique *non volumus* des peuples, devenus conscients de leur propre souveraineté, vienne mettre fin à ces horribles massacres accomplis pour la satisfaction d'un groupe de gouvernants sanguinaires qui font tuer les autres pour de faux points d'honneur et des intérêts mal compris.

De cette façon se réalisera la parole de Fulton que la torpille est le vrai spécifique du mal politique des guerres... mais combien de temps faudra-t-il pour cela ?

La tendance actuelle des nations civilisées à signer des traités d'arbitrage obligatoire semble devoir accélérer la réalisation des rêveurs utopistes d'hier qui prêchaient la paix entre les peuples.

Filets pare-torpilles.

L'idée de protéger les navires avec des filets remonte à l'époque de Fulton, au moment où la Commission présidée par le commodore Rodgers entoura de filets et de poutres l'Argus pour empêcher Fulton de l'attaquer avec ses torpilles.

Dès que la torpille automobile fit son apparition on revint à l'idée des filets pare-torpilles. Les premiers furent en fil de fer à mailles serrées. On les suspendait verticalement autour des navires à protéger jusqu'à une profondeur de 4 à 5 mètres et à une distance de 5 à 6 mètres de la coque au moyen de tangons.

Bullivant perfectionna les filets pare-torpilles en les rendant plus légers et plus maniables. Toutefois leur encombrement, la difficulté de les poser et de les replier, la facilité avec laquelle l'artillerie ennemie peut les mettre hors d'usage, l'obstacle qu'ils offrent à la marche du navire, tout cela en fit presque supprimer l'emploi.

Fig. 356. — Croiseur cuirassé torpillé, maintenu à flot grâce à ses compartiments étanches. (Frappé sous la quille, il aurait sombré instantanément.)

D'ailleurs la vitesse des cuirassés augmentant, ces filets venaient à émerger à fleur d'eau et ces jupes de gaze devenaient presque inutiles.

On a reconnu que la meilleure garantie contre les torpilles est d'avoir une double coque avec un espacement de $1^m,50$. La première coque se trouvant déchirée par la torpille, la seconde n'est pas endommagée.

Table des Illustrations

Table des Matières

MARINE & SOUS-MARINS

www.decoopman.com

www.ingramcontent.com/pod-product-compliance
Lightning Source LLC
LaVergne TN
LVHW082025051026
849532LV00011B/3267
* 9 7 8 2 3 6 9 6 5 0 2 5 6 *